Artists
Kayserburg

RITMÜLLER
EST·1795
Ritmüller
里特米勒
— Est. Göttingen 1795

RITMÜLLER
EST · 1795

上海民族樂器一廠

Shanghai No.1 National Musical Instruments Factory

“敦煌”精彩亮相第二届中国国际进口博览会

2019年11月，第二届中国国际进口博览会在上海隆重举办，“敦煌”在本届进博会上精彩亮相。期间，集上海民族乐器制作技艺与老凤祥金银细工技艺两项国家级非遗技艺于一体的敦煌牌“海上凤韵”金筝，不时地引起“围观”。“敦煌”旗下的上海馨忆民族室内乐团也在本届进博会中有精彩表演，在不同的舞台、用不同的国乐经典之声展现海派风采。“敦煌牌”礼品版小乐器在进博会的新闻中心“非遗客厅”与“2019上海特色伴手礼产品集中展示区”吸引了不少国际友人的目光。“敦煌”通过此次进博会全方位展示了民族乐器的风采，让世界各地的友人感受到中国传统文化的魅力。

“上海品牌”认证

中国非物质文化遗产

中华老字号

China Time-honored Brand

上海民族樂器一廠

Shanghai No.1 National Musical Instruments Factory

2019年，上海民族乐器一厂与上海工艺美术职业学院共建“创新中心”，并继续推进与民乐演奏大师和民间工艺大师的合作，推出了“庆祝中华人民共和国成立70周年”系列乐器、“冯少先80寿诞限量版”月琴、“创世神话”系列古筝、“故宫文化”系列乐器、1米便携式短筝等70件具有高工艺价值和高创意价值的新品乐器，获得了业界的广泛关注。其中，“华夏一家”古筝在上海国际乐器展“全球业界新品首发”活动中，入选了“2019年度20件首发新品”名录，“敦煌牌”礼品版小乐器获评“2019上海优选特色伴手礼”。

冯少先

八十寿诞限量版月琴

上海民族樂器一廠

“上海品牌”认证

中国非物质文化遗产

中华老字号

China Time-honored Brand

柏斯音樂集團
PARSONS MUSIC CORPORATION

音乐
让生活更美好

文化
Culture

推广音乐文化 培育音乐人才

制造
Manufacture

承百年经典 创世纪辉煌

教育
Education

弘扬琴艺 推崇琴学

1.5~3岁和
3~4岁幼儿音乐
培训教育试验

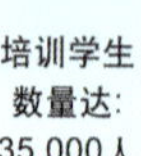

培训学生
数量达:
35,000人

每年为国内
50所高校
颁发100万奖学金

销售
Retail Service

百店连锁 世界七强

全球乐器零售商第7位

柏斯音乐官方微信

长江钢琴官方微信

www.parsonsmusic.com

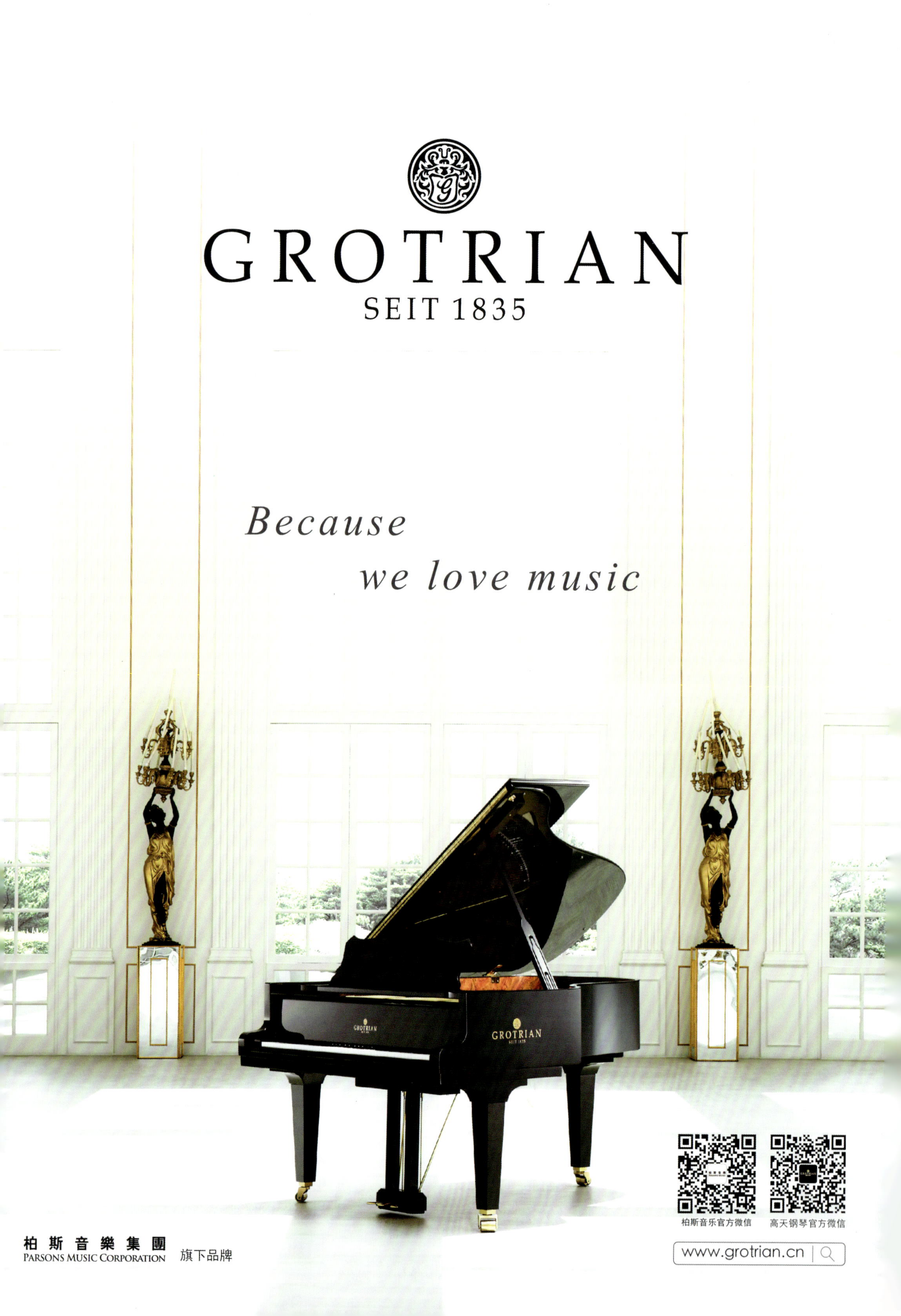

HAILUN

世界提琴

鳳靈

中国提琴产业之都

6.21凤灵会场

6.21国际乐器演奏日

党员活动

德国法兰克福展

李书为世界提琴制作比赛金将获得者颁奖

庆新中国成立70周年活动

提琴制作修光技能大赛

上海国际乐器展

Gio Batta Morassi 大师

1934年7月2日乔·巴塔·莫拉西大师出生于意大利Udine省的Arta Terme镇。祖父是当地木材厂的建设者，父亲是一名工长，常年往来于南斯拉夫、法国、德国等地。家族里不乏能工巧匠，他的叔叔曾自学制作过一把小提琴，对他成年后的发展应该不无影响。1942年由于战争和经济原因，莫拉西一家搬到了Tarvisio镇附近的 Camporosso。那里有着全意大利最为广袤的森林，年幼的莫拉西深深地爱上了大自然，幼小的心灵受到了滋养。当时正在上小学的莫拉西非常喜欢在大森林里散步，此外，课余时间也常常在木材厂给家人帮忙。这些经历使他在很小的时候就接触到大量的木材，对松树、杉树、榉树产生了浓厚的兴趣，并且认识到了这里蕴藏着巨大的可用来制琴的上好的面板材料。

在衰落了一百二十多年以后，1937年克雷莫纳市隆重纪念Stradivari 逝世200周年，为了重塑Stradivari制琴之荣光，决定建立一所国际提琴制作学校。次年意大利国家领袖亲自宣布了克雷莫纳国际提琴制作学校成立。莫拉西在克雷莫纳的求学时代，正处于克雷莫纳提琴制作复兴之路的开端。

与老师 Tatàr

1958年，服完兵役后的莫拉西回到克雷莫纳国际提琴制作学校，接替他已移民美国的老师，成为一名实用技术教师。在一次学校举办的全国提琴制作比赛中，莫拉西获得了第三名（Giuseppe Lucci 获第一名，Pietro Sgarabotto 获第二名）。凭借这个奖项，莫拉西被学校聘为助理制琴师。

1962年在Cremona与P. Sgarabotto, F. Garimberti

1962年在Cremona提琴制作学校与 G. Ornati, P. Sgarabotto

在提琴制作学校刚……间，克雷莫纳除了Ta……制琴师，直到20世纪6……尖制琴大师Giuseppe……do Garimberti、Sim……coni在此举办大师课……的伟大崛起才就此到……

1968年与F……

Giuseppe Ornat……rimberti 等两位大师……1963—1966在克雷莫……任教，莫拉西在他们……多优秀作品。由于天赋……自20世纪60年代起，……个又一个国内以及国……项，所获金奖涵盖了……提琴。此时的他行走……提琴制作文化，不断……座，并频繁出任国内……赛的评委及评委会主……

化博览馆

媒体报道

凤灵足球队风采

提琴标准工作组成立大会

二十年
专业的
世纪顶
dinan–
Sac–
琴学派

Ga–
65和
学校
了众
累，
得一
的奖
、大
传播
和讲
大

这时的莫拉西迎来了人生中最为辉煌的阶段，作品门类丰富，除了小提琴、中提琴、大提琴之外，还创作有吉他、Viola d’amore、Viola d’gamba、Violone、Pochette以及巴洛克提琴。他的作品被世界各地的演奏家、收藏家、博物馆争相拥有和珍藏，而终为一代大师。

时至今日，Ornati, Garimberti, 以及莫拉西的“琴型样板”仍然被学生们广泛使用。莫拉西作为提琴制作大师，从1971年任教至1983年，培养了众多行业精英，并使得克雷莫纳学派不断巩固、发展壮大，且广为流传。1979年莫拉西大师参与创建了意大利提琴制作协会A.L.I. 。直至今日A.L.I. 仍然在国际提琴制作领域发挥着举足轻重的作用。莫拉西桃李天下，他的学生遍布世界各地，例如：

RiccardoBergonzi、Stefano Conia、Nicola Lazzari、Primo Pistoni、Massimo Negroni、Giorgio Scolari、Bruce Car–lson、Simeone Morassi、Gianni Morassi、郑荃、高彤彤、逯翔等。克雷莫纳的制琴技艺以及精神得以传承发扬、开枝散叶。

2018年2月27日，意大利当代著名制琴大师乔·巴塔·莫拉西(Gio Batta Morassi)走完了辉煌的一生，病逝于克雷莫纳(Cre–mona)，享年84岁。做为克雷莫纳当代制琴学派的先驱及创建者之一，莫拉西大师在当今国际制琴业界有着举足轻重的地位，影响深远。中央音乐学院提琴制作研究中心的两代系领导均先后师从于莫拉西大师；制琴教学流派亦多秉承于大师。克雷莫纳学派的制琴技艺通过提琴制作研究中心三十多年来的教学和传播，已在中国开花结果、流传广远。我们深深地怀念大师。

用爱传播希望，用心成就未来

—— 津宝乐器助力社会公益在行动 ——

JINBAO MUSICAL INSTRUMENTS HELPS SOCIAL WELFARE IN ACTION

津宝乐器有限公司自创建以来，一直积极投身于各项公益事业和慈善活动。多年来，津宝乐器有限公司着重在音乐教育以及社会帮扶等方面向全国的多所学校、部队、社会团体捐赠乐器达500余万元。为社会送去爱心和温暖，传递了满满的正能量！在2020年的年初，大家经历了一场没有硝烟的战争，在面对这突如其来的“新型冠状病毒”在九州大地无情的肆虐。全国人民一起携手奋战、共克时艰的同时，我们津宝乐器有限公司董事长刘明先生和总经理刘运斌先生作为公司代表，向宝坻政府捐助了100万元。希望能为疫情贡献一份力量，共同打赢这场疫情狙击战！津宝乐器有限公司作为一个有高度责任感的企业，我们始终坚持情系民生，饮水思源，用真情和爱心回馈社会各界的厚爱，并积极参与社会公益事业，秉承着用“心”创造的价值理念，助力中国音乐教育事业，为实现强国梦作出应有的贡献，在践行企业社会责任感，反哺社会的同时，也让津宝乐器品牌刻入人心。在发展的道路上，我们不忘初心，把握当下。怀揣着梦想和希望，开启津宝乐器崭新的篇章！

地　址：天津市宝坻区迎薰路1-2号　电　话：400-605 6166　网　址：www.jinbaomusic.com

老字号熔铸工匠精神

1893 上海乐器厂前身之一永兴琴行开业

1895 施特劳斯STRAUSS品牌诞生

1956 中国钢琴行业开始公私合并，上海乐器厂成立

1958 研制成功4款中型钢琴，新中国钢琴雏形形成。

1979 施特劳斯钢琴获“中华人民共和国轻工业部优秀产品证书”

1980

金名片承载国人记忆

1995 施特劳斯荣获1995年著名品牌，并被推荐为上海名牌产品

荣获上海市工商局颁发《著名商标》证书

2011 荣膺国家商务部授予的“中华老字号”称号

2015 1月5日钢琴被中央办公厅选中，进入中南海

2019 10月，上海施特劳斯钢琴有限公司成立

2020 1月1日，全新施特劳斯钢琴隆重亮相

乐器制造

星臣、克莱文，27年优秀吉他民族品牌

品牌活动

“星臣杯”全国吉他弹唱大赛

研发基地

星臣新动线专注研发高端吉他

打造以「制造+教育」为一体的综合性乐器生态圈

音乐教育

音乐窝MUSICWOW用更好的方式学音乐

贸易全球化

乐器经销贸易服务已覆盖全球

产教融合

联合广文艺开创新办学模式

博斯纳简介

1871年，博斯纳钢琴诞生于德国什未林市，因其温暖如歌的独特的音质音色，先后被欧洲多国皇室贵族选定为“御用钢琴”而闻名遐迩，风靡世界。

2003年，博斯纳钢琴为了更好更快地发展，来到了山东烟台，开始了新的历史进程。烟台博斯纳钢琴制造有限公司不仅全权买断了德国博斯纳钢琴的商标品牌、设计图纸和制造技术工艺等，而且拥有大量的极其重要的隐形技术。

烟台博斯纳钢琴的制造者们，视产品质量为生命，以卓越的品质全力打造源自德国的烟台博斯纳钢琴品牌形象，用工匠之心延续了博斯纳钢琴纯正而又独特的德国风韵。烟台博斯纳不仅已在全国上百个大中城市设有总代理或经销商，而且还在全世界建立了广泛的国际销售网络体系，产品主要出口至德国、美国、加拿大、荷兰、英国、日本等发达国家，深得国内外广大客户的高度评价和喜爱。

诞生于德国的博斯纳钢琴，已经在山东烟台建立了研发中心和生产基地，形成了根植烟台、遍及中国、走向世界的全球化战略布局。

从2008年10月起至今，烟台博斯纳与当今世界一流的钢琴生产制造商——德国贝希斯坦钢琴公司，开展了长达十二年的优势互补、互利共赢且仍在继续的战略合作，范围在不断拓展，层次深度在不断强化。

※从2005年起至今，烟台博斯纳钢琴制造有限公司连年被中国乐器协会评为“中国乐器行业强势公司”、“中国乐器行业50强”。

※烟台博斯纳钢琴从2007年起，在全国钢琴行业中率先被世界公认的权威的专业刊物——美国《钢琴著》评为3A组产品，且之后连年获此殊荣。

※2017—2018年，烟台博斯纳制造有限公司又连续入围，美国权威期刊《音乐贸易》评定的“全球乐器与音响制品行业225强”榜单。

博斯纳钢琴从1871年诞生至今，已经走过一百五十年的风雨历程。

回顾过去，我们始终坚持以严格的产品质量与高度负责的企业信誉，赢得了国内外钢琴家、经销商和广大用户的高度信赖和赞誉。

站在新的历史起点上，烟台博斯纳将以更加饱满的热情、更加昂扬的斗志、更加务实的作风，为实现公司既定的“创建世界钢琴王国里一流的高端企业，制造世界钢琴行业里一流的高端产品”的双高战略目标而不懈奋斗，勇攀高峰！

▲烟台博斯纳钢琴制造有限公司厂区一角

▲博斯纳立式钢琴总装车间

▲博斯纳三角钢琴总装车间

▲GBT130DB手工实木雕刻装饰立式钢琴

▲GBT217专业演奏级大型三角钢琴

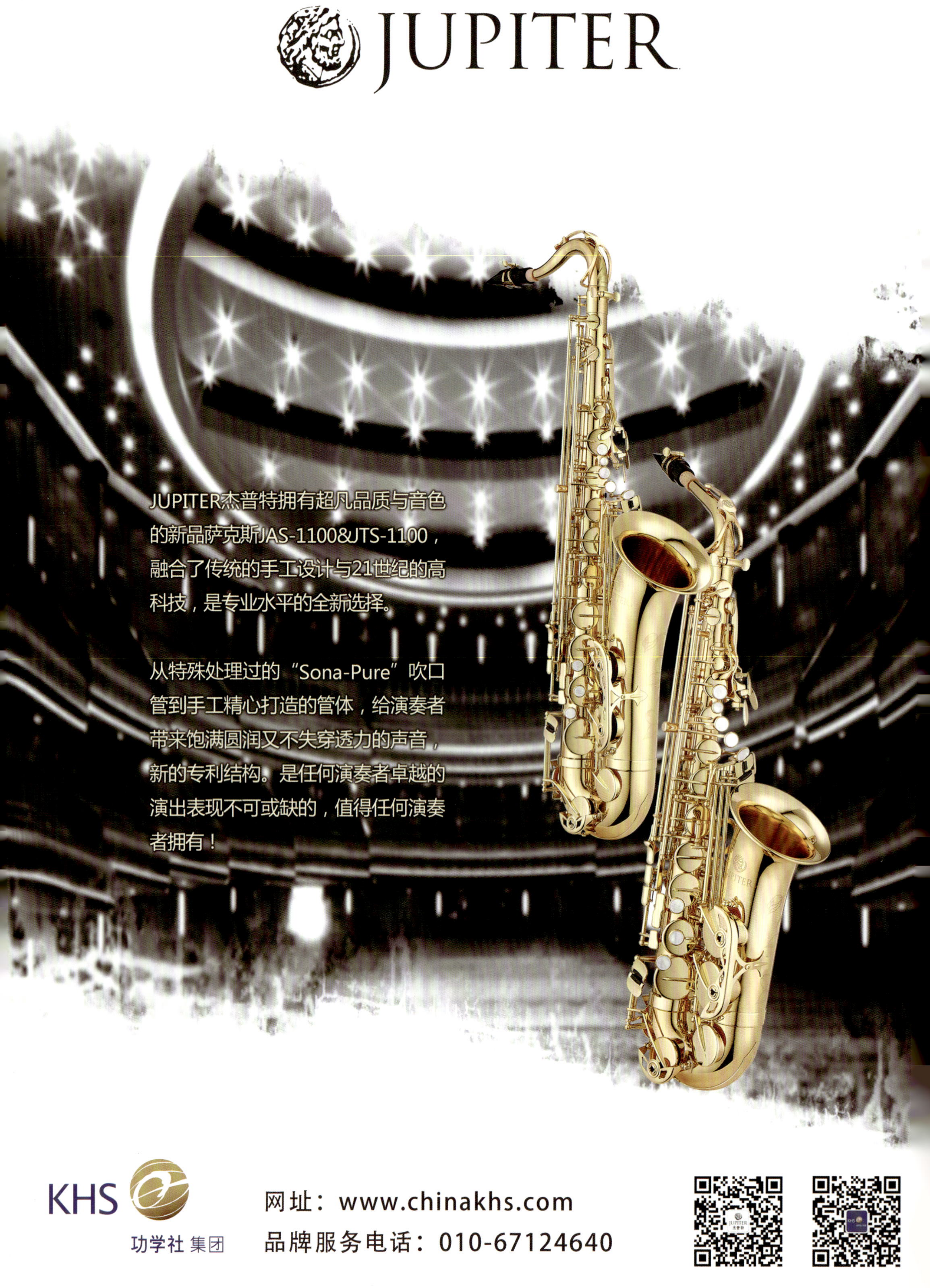

JUPITER杰普特拥有超凡品质与音色的新品萨克斯JAS-1100&JTS-1100，融合了传统的手工设计与21世纪的高科技，是专业水平的全新选择。

从特殊处理过的“Sona-Pure”吹口管到手工精心打造的管体，给演奏者带来饱满圆润又不失穿透力的声音，新的专利结构。是任何演奏者卓越的演出表现不可或缺的，值得任何演奏者拥有！

功学社 集团

网址：www.chinakhs.com

品牌服务电话：010-67124640

河北

金音集团创始于1989年

金音借中国改革开放的春风，

从大到强。迅速发展成为中

四大系列六百多个品种的西洋

乐器年产量超过80万件，乐

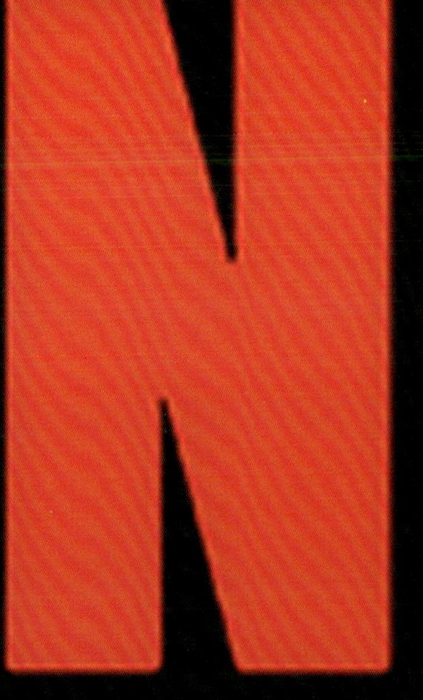

天津鹦鹉乐器有限公司

Tianjin Yingwu Musical Instrument Co., Ltd

天津鹦鹉乐器有限公司是国内外驰名的鹦鹉手风琴生产基地，在手风琴等多种乐器制作方面凝聚
厚重的历史和文化底蕴。公司坐落在天津市静海县经济技术开发区旭华道和中旺镇工业园区。随着国
有企业改革转制的不断深化，于2004年经天津市人民政府批准，由天津华韵乐器有限公司组建了天
鹦鹉乐器有限公司，企业性质为民营企业，注册资金3100万元，建筑面积3.6万平方米，现有员工66
人。近年来相继引进了国际先进设备与技术，改进了生产工艺，研发新产品，扩大生产规模，企业
展成就显著，先后获得25项发明专利。现已形成了以生产鹦鹉牌手风琴为主导，大力发展“雅乐”
脚踏风琴、爵士鼓、大小军鼓、古筝及少数民族乐器等多品种系列化产品。

2004年，本公司被国家教委列为中国教学仪器设备协会常务理事单位和推荐产品，并被中国乐器
协会评为常务理事单位。2006年8月和2010年8月，中国手风琴学会先后两次授予本公司生产的手风
“北京-手风琴全国展演大赛金奖”。

2006年9月，本公司被国家商务部认定为“中华老字号”企业。2010年，被中国乐器协会评为“
器行业50强”，2011年被中国轻工联合会、中国乐器协会评为“中国轻工精品展精品奖”，2011年
11月，鹦鹉牌手风琴、提琴被国家商标局评为“中国驰名商标”，大大提高了这一品牌在国内外市
的知名度、信誉度和美誉度，使产品供不应求，企业实现产销两旺，经济效益逐年增长。

2018年3月，本公司对意大利百年手风琴品牌布格里和07顺利完成海外并购，并获得两品牌全部
外专利，成为国内第一家实现收购国外经典乐器品牌的乐器企业。

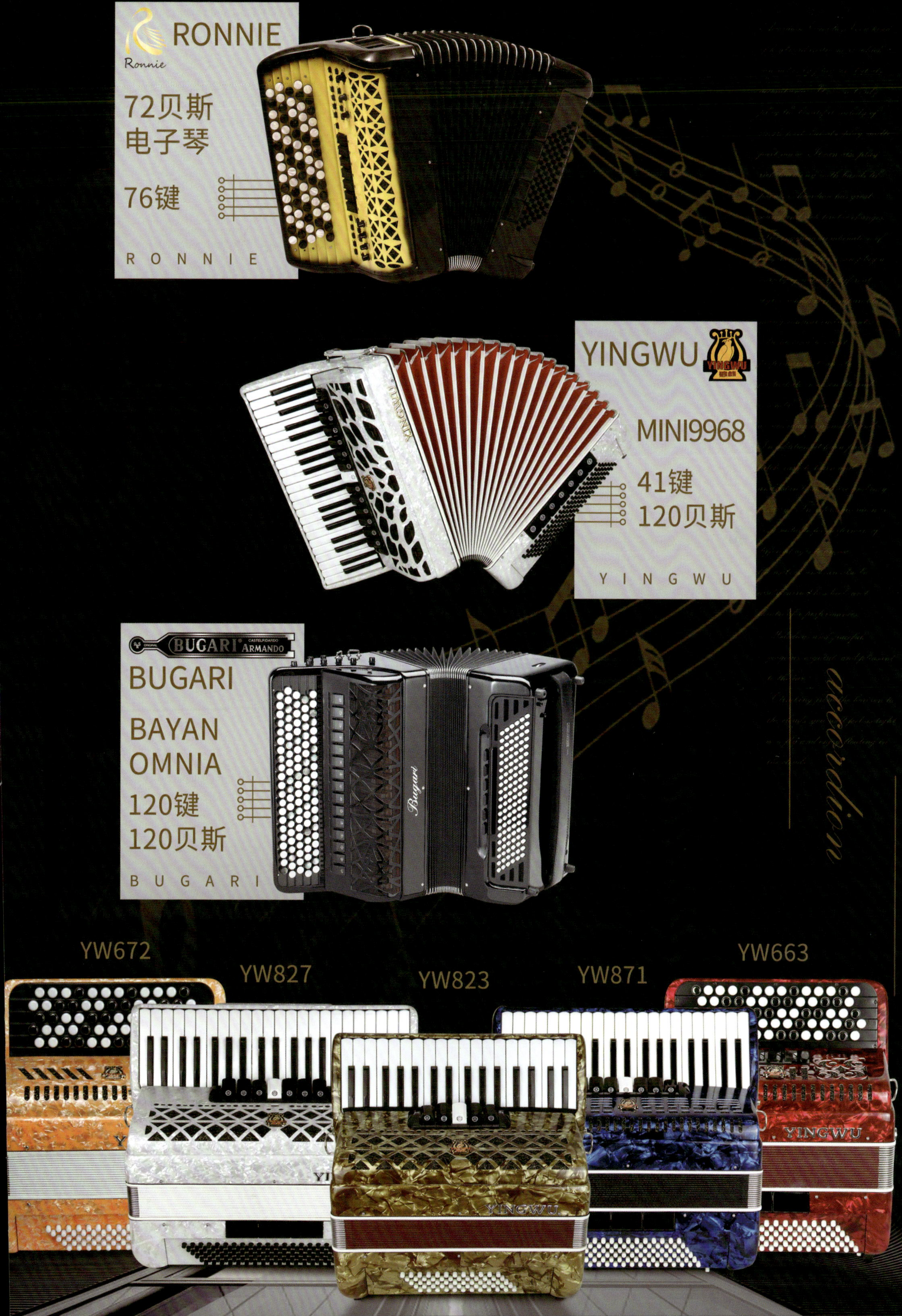

RONNIE

Ronnie

72贝斯
电子琴

76键

R O N N I E

YINGWU

MINI9968

41键
120贝斯

Y I N G W U

BUGARI ARMANDO CASTELFIDARDO

BUGARI

BAYAN
OMNIA
120键
120贝斯

B U G A R I

东方口琴博物馆简介

《东方口琴博物馆》由中国大众音乐协会口琴专业委员会、江苏惠文文化发展有限公司、江苏东方乐器有限公司联合共建，博物馆共分八个部分，分别介绍口琴的纪年表、口琴的起源、口琴的传播、口琴家族、口琴影像资料及书籍、中国口琴、亚太地区口琴、江苏东方乐器有限公司及助协口琴企业，历史跨代3600年，口琴史200余年。

博物馆建筑面积1200平米,博物馆共有口琴实物藏品3500余件,不乏世界孤品、珍品,其中国内外早期的珍贵口琴500余支,而属“馆藏之宝”的口琴达150余件;还有各类早期的中外口琴书籍、报刊、杂志和中外著名口琴家的各种唱片、CD、DVD和影像资料2000余件。

馆内博物学家蒐(sou)集的实物和资料,能大大提升口琴学习者、研究者、生产者和爱好者的实力和地位,希望在为国家和智识领域的发展提供重要框架的同时,开启民智启蒙之路迈出更坚实的一步。国家繁荣昌盛要有根基,民族强大更要有底蕴,展现在您面前的这些器物,会让你感受到国之根,国之底,国之本!

中国大众音乐协会口琴专业委员会

全国口琴专业考级总承办

江苏惠文文化发展有限公司

* 欢迎全国各培训机构、琴行及有意开展口琴考级的团体和单位联系设立考级点，
联系人：李女士　电话：18101529009

2019年6月，中国大众音乐协会经北京市文化和旅游局批准、中华人民共和国文化旅游部备案，成为首家拥有在全国各省、市、自治区开展社会艺术水平口琴考级机构资格的单位，获颁《社会艺术水平口琴考级资格证书》。

由中国大众音乐协会编，由陈宜男、陈诗德、吴申陆、邹林杉等四位口琴家主编的口琴考级教材《中国大众音乐协会社会艺术水平考级复音口琴全国通用教材》，通过了文化部专家组的评审。由白燕生主编的《中国大众音乐协会社会艺术水平考级半音阶口琴全国通用教材》也即将正式出版发行，成为国内正规的口琴考级教材。

中国大众音乐协会口琴专业委员会，承担在全国范围内组织口琴考级的工作，授权江苏惠文文化发展有限公司为全国口琴专业考级总承办单位。

*《中国大众音乐协会社会艺术水平考级口琴全国通用教材》订购电话：18101529009（微信同号）

huasheng
SINCE 1970

1849
SEILER
Flügel und Pianos
www.seiler-pianos.net
传承
CHUAN
CHENG
表现艺术
百年德国制琴工艺
品质是不可触碰的底线
SEILER

Be Inspired.

"This Blüthner had the most
beautiful singing tone I had ever found...
The piano inspired me.
I don't think I ever played better in my life"

Arthur Rubinstein

"My Many Years"

"在我喝完咖啡抽完雪茄之后，我们走进了一个有着博兰斯勒钢琴的录音室……这架博兰斯勒钢琴拥有我所遇到过的如歌般最美妙的音色……我想在我人生中，再没有哪一次弹的比那天还棒了！博兰斯勒钢琴真是堪称完美！"

阿图·鲁宾斯坦

"I wish to praise you on the excellence
of your new Blüthner concert grand piano.
The touch is outstanding and the tone is beautiful.
I have the highest regard for this instrument."

Claude Debussy

"博兰斯勒钢琴非凡的触感和如此美丽的音色让我实在无法不为它发出最高的赞美！"

克劳德·德彪西

"There are only two important things
which I took with me on my way to America.
It's been my wife Natalja and my precious Blüthner."

Sergei Rachmaninoff

"当我移居美国的时候，我是随身携带了两样最贵重的：我的妻子娜塔莉亚和我珍贵的博兰斯勒钢琴"

谢尔盖·拉赫玛尼诺夫

"...we have played on many terrible instruments.
Today, luckily we have the choice.
Blüthner is our favorite."

John Lennon

The Beatles "Let It Be" Sessions

"我们用过很多不好的乐器来演奏，今天的我们非常幸运拥有很多抉择的机会，而博兰斯勒从始至终都是我们的最爱..."

约翰·列侬 披头士乐队

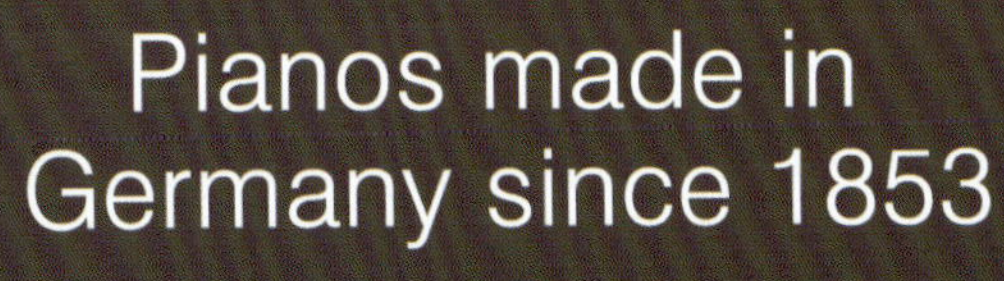

源自1853，德国莱比锡制造
德国国宝博兰斯勒钢琴

SHIGERU KAWAI

GRAND PIANO

The Passionate Quest Begin

In 1927, musical instrument legend and our company's founder, Koichi Kawai, established Kawai Musical Research Laboratory with a dream in his heart: "With these hands, I wish to create the world's finest pianos". Koichi's dream resonated with several of his colleagues as they worked together in a small, cramped warehouse. Resources were limited, but they shared a unified desire to craft excellent pianos. That year they produced the 'Showa-gata' (Showa type) upright piano, then in the following year of 1928, the first of Koichi's original grand pianos, 'Hiradai Ichi-gou' (Flat type no.1) was created. The company continued uncompromisingly, producing grand pianos one by one, following the traditional philosophy of craftsmanship with passion. And so began the story of Kawai.

CHINA MUSICAL
INSTRUMENT YEARBOOK

（2020）

中国乐器协会　编

中国轻工业出版社

中国乐器年鉴（2020）

CHINA MUSICAL INSTRUMENT YEARBOOK

主办单位：中国乐器协会

协办单位：广州珠江钢琴集团股份有限公司

支持单位：上海民族乐器一厂
海伦钢琴股份有限公司
天津市津宝乐器有限公司
北京罗兰盛世音乐教育科技有限公司
广东声凯乐器有限公司
功学社（天津）商贸有限公司
天津华韵乐器有限公司
河北华声乐器制造有限公司
河南中州民族乐器有限公司
门德尔松钢琴（上海）有限公司
德国博兰斯勒钢琴（中国）有限公司
柏斯音乐教育集团
江苏凤灵乐器集团
乐海乐器有限公司
上海施特劳斯钢琴公司
烟台博斯纳钢琴制造有限公司
河北金音乐器集团有限公司
江苏东方乐器有限公司
杭州嘉德威钢琴有限公司
烟台金斯伯格钢琴制造有限公司
赛乐尔三益乐器（上海）有限公司
河合贸易（上海）有限公司

地　　址：北京市丰台区顺三条 21 号嘉业大厦二期 1 号楼 706 室
电　　话：010-67665718
传　　真：010-67666220
邮　　编：100079
网　　址：www.cmia.com.cn
电子邮箱：zgyq@vip.sina.com

《中国乐器年鉴》编辑委员会

编 辑 说 明

一、《中国乐器年鉴》是由中国乐器协会主办、中国乐器协会信息部编撰的综合性、公报性年刊，每年出版1卷。本书以汇总乐器行业年度经济运行主要指标数据、发展特点、大事记及趋势预测为主，囊括当年度全行业管理、生产、经营、进出口等主要方面发展的基本情况，国内各省市乐器制造业及市场信息、国外乐器发展动态等重要内容，翔实、全面、系统地反映上年度我国乐器行业的发展脉络，是一本为乐器行业及社会相关部门和单位提供最新资讯服务的大型权威性行业工具书。

《中国乐器年鉴》（2020）版是继《中国乐器年鉴》（2019）版之后第十四次出版发行。年鉴编辑部以乐器行业发展为主线，按时间顺序，力求客观真实记载展现年度乐器行业发展脉络和特点，配合方便查阅的分类设置，尽可能详尽的数据图表展示，希望能在编辑的内容和形式上有所突破，突出特色，编出新意，以更好地满足读者不断提升的要求。

二、《中国乐器年鉴》（2020）在内容框架方面不断完善，设有“行业篇”“指标数据篇”“协会工作篇”“科技篇”“音乐教育篇”“海外资讯篇”6个栏目，各篇框架体系逐步充实。

三、2019年，我国乐器产业深入学习贯彻习近平新时代中国特色社会主义思想，守初心，担使命，以供给侧结构性改革为重点，践行“十四五”高质量创新发展理念，贯彻落实科技、音教双轮驱动战略，推动产业“三品战略”和中高端转型。面对中美贸易战造成乐器出口增速滞缓，热钱进驻制造实体和教育培训市场，电商分流传统琴行流通渠道等不确定因素，全行业坚持科技赋能、品牌造势、标准为基、会展助力、产业链融合、人才支撑多元发展举措，积极应对国内外乐器消费需求和生产要素重大变化，全年行业运行稳中有升，科技创新、品牌文化创建取得阶段性成果。年鉴编辑工作中，由于时间仓促、能力所限、经验不足，不可能将乐器行业一年来所有的重要事件和相关信息全部收集到本年鉴中，今后我们将加强信息汇集工作，不断提高年鉴的编辑质量和水平。我们真诚希望社会各界继续对年鉴的编辑出版工作给予关心和支持，对它的不足之处，敬请提出批评和改进意见，使之日臻完善。

四、《中国乐器年鉴》（2020）在组稿、编辑、出版过程中得到乐器生产企业、经营单位、音乐艺术教育单位以及我国台湾、香港、澳门地区的同仁、朋友们的大力支持和帮助，在此谨表示衷心感谢！

《中国乐器年鉴》编辑部

2020年9月

目录

行业篇

指标数据篇

协会工作篇

科技篇

音乐教育篇

海外资讯篇

海外资讯篇之一：全球乐器与音响制品行业225强

海外资讯篇之二：美国乐器市场

海外资讯篇之三：各国乐器市场概述

Contents

Industry

News Events

Annual Reports

Featured Events

Dialogue with leading music companies:

Annual Award:

Statistical Data

Tasks of Association

CMIA branch activities

International Communications

List of Members

Science &Technology

Working report of Science &Technology

Professional and Technical Ability Appraisal

中国乐器

CHINA MUSICAL
INSTRUMENT YEARBOOK

（2020）

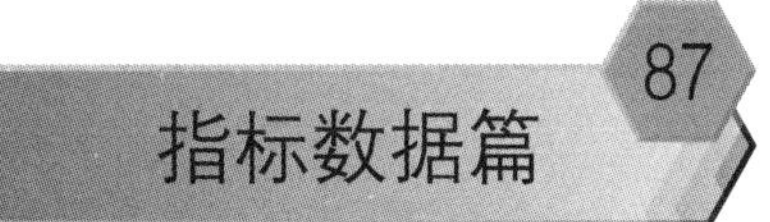
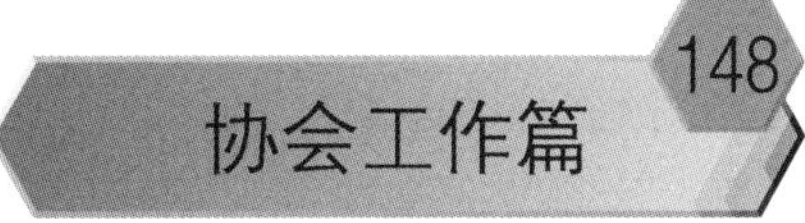
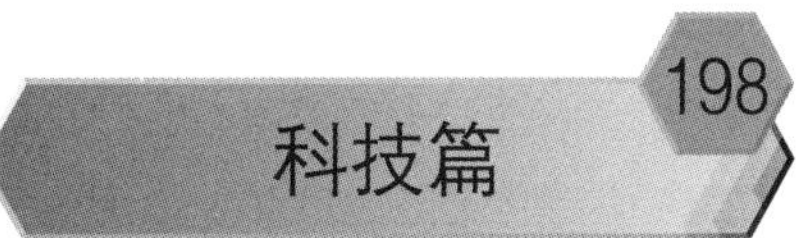
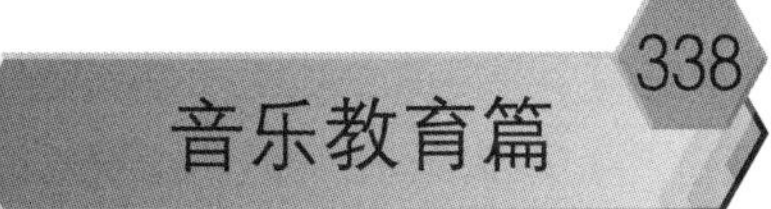

新闻综述

2019年度中国乐器行业新闻综述

1月

1. 1月11日，亚洲行进鼓乐联盟（DCA）成立新闻发布会在天津举办。该联盟由中国发起，联合日本、韩国、泰国、菲律宾、印度尼西亚、马来西亚、中国香港、中国台湾的行进艺术组织，旨在团结亚洲各国和地区，促进亚洲行进艺术的发展与进步。天津市津宝乐器有限公司总经理刘运斌任DCA亚洲行进鼓乐联盟董事会主席。

2. 1月12日，乐海乐器有限公司民族乐器转型升级项目入选2018年度河北省“十大文化产业项目”。该项目占地158亩，总投资4.75亿元，由乐海乐器有限公司投资建设。项目全部建成投产后，可实现年产扬琴、古筝、二胡、琵琶、阮等各类民族乐器60万件，年销售收入5.1亿元，提供就业岗位800个，带动相关就业人员达6000余人，具有良好的社会效益。

3. 1月19日至26日，中国乐器协会组团赴美国考察洛杉矶NAMMSHOW，并参加国际乐器行业联盟会议，组织了三场专题会议和多方会谈。展会期间，考察组在研究国际乐器市场，学习NAMM展经验的同时，走访了珠江、海伦、蔚科等20多家参展会员。

4. 1月24日至27日，NAMM国际乐器展在美国举办，来自139个国家和地区近2000家展商参展，共计展出了7000余个品牌，中国参展商超过220家。展会注册参观人数11.5万名。

3月

5. 3月2日，施坦威钢琴公司面向全球市场发布新款限量版施坦威·郎朗黑钻系列钢琴。这款钢琴由施坦威艺术家郎朗先生携手美国著名设计师达科塔·杰克逊共同倾力打造，不仅具有极高的收藏价值，而且是饱含激情的艺术杰作。

6. 3月8日，器乐文化专业委员会换届大会在北京召开。会议选举产生了新一届专委会领导班子：会长，中国乐器协会常务副理事长曾泽民（兼）；常务副会长兼秘书长，毕可炜。新一届专委会将继承和发扬优良传统，进一步加强文化展演、学术交流、科学普及和开展文化教育等方面的工作，开创乐器文化发展的新局面。

7. 3月14日上午，中国轻工业联合会党委副书记、中国乐器协会理事长王世成热情接待了来访的法国ALGAM总裁兼普雷耶国际总裁Benjamin先生和普雷耶（中国）总经理罗建峰一行。双方就普雷耶（中国）即将举办2020年玛格丽特隆钢琴大赛、普雷耶亚太项目发展路线图、法国ALGAM公司天津LAG吉他工厂、著名品牌知识产权保护等双方关心的话题进行了深入、友好会谈。

8. 3月21日，中国轻工业联合会四届五次理事会、中华全国手工业合作总社七届九次理事会在广西南宁召开。会上，中国轻工业联合会、中国财贸轻纺烟草工会联合作出决定，为全国首批共42名轻工榜样授予轻工“大国工匠”称号。其中，提琴制作大师郑荃成为乐器行业唯一获此殊荣者。

9. 3月27日，中共中央政治局委员、上海市委书记李强赴金山区进行调研，参观了在长三角路演中心进行的金山区老字号品牌展。李强书记在“敦煌”展位上询问了民乐市场以及企业的生产经营情况。李强书记参观了北京奥运会闭幕式电声二胡、上海世博会闭幕式专用琵琶、徐振高80寿诞限量版古筝等精品乐器，对企业打造文化产品的理念给予了肯定。

4月

10. 4月2日至5日，2019法兰克福国际乐器与灯光音响展在德国法兰克福展览中心举行。展会吸引了来自世界各国的54个国家的1606家企业参展，共计有超过8.5万名观众前往展会现场观展。

11. 4月10日，电鸣分会年会在上海召开，近30家电鸣企业参会。工作报告中总结了分会在科技创新、标准化制修订、企业经营管理、质量与品牌建设和行业交流合作等方面的经验和成果。会议还就“数码钢琴市场发展趋势”进行专题研讨，举办“MIDI音乐制作”讲座，并组织到得理（上海）公司和上海民族乐器一厂参观学习。

12. 4月11日，原中国轻工业联合会副会长潘蓓蕾在京会见中国乐器协会口琴行业骨干企业代表。潘蓓蕾表示，行业的健康发展，必须引入良性市场竞争机制，如此方能倒逼企业创新良性发展，激发企业发展动能；行业内经营企业在强化竞争意识的同时，更要具有大局观合作共赢意识，共同维护口琴行业整体的健康发展，以及长效市场运营机制。

13. 4月12日，中国乐器协会七届五次理事（扩大）会议暨协会30周年庆典隆重举办。中国轻工业联合会党委书记、会长张崇和，中国轻工业联合会党委副书记、中国乐器协会理事长王世成，中国国际经济交流中心首席研究员张燕生，中国乐器协会常务副理事长曾泽民，副理事长王松美、孙瑞勇，秘书长陈晋武，咨询委员会主任安志、副主任齐建平，原中国乐器协会理事长王根田，中国乐器协会副理事长、大国工匠（轻工）郑荃，中国乐器协会副理事长单位以及会员单位代表共计240余人莅临出席会议。

14. 4月12日，根据协会关于在乐器行业内开展“优秀企业家”“行业工匠”和“功勋单位”“社会公益先进单位”推荐学习的通知要求，中国乐器协会批准，决定授予王国振等32位同志为乐器行业“优秀企业家”荣誉称号；授予马纯武等27位同志为“行业工匠”荣誉称号；授予广州珠江钢琴集团有限公司等37家单位为乐器行业“功勋单位”荣誉称号；授予得理乐器（珠海）有限公司等25家单位为“社会公益先进单位”荣誉称号。

5月

15. 5月5日至8日，由中国乐器协会和中央音乐学院主办，中国轻工业联合会任指导单位，中国乐器协会提琴制作师分会和中央音乐学院提琴制作研究中心承办的第四届中国国际提琴及琴弓制作比赛在北京举行。中国提琴制作师徐云海、王晏分获小提琴、中提琴制作金奖，来自波兰的Krzysztof Krupa获大提琴制作金奖，比利时选手Simon GUILLAUME获小提琴琴弓和大提琴琴弓制作金奖，李建峰获中提琴琴弓制作金奖。组委会副主席、评委会主席郑荃获“终身成就奖”。

16. 5月25日至27日，由中央音乐学院、中国乐器协会、全国音乐教育服务联盟合作平台和上海国展展览中心有限公司共同主办的2019国民音乐教育大会在北京国际会议中心召开。本次活动“展与会融合、教与学互动”聚焦音乐教育，以“快乐学习”为主题。11个国家和地区的近150名专家学者，奉献123场精彩的主题发言、圆桌论坛、大师课和工作坊，共同打造音乐教育的盛宴。

17. 5月25日至27日，由中国乐器协会和上海国展展览中心有限公司主办的北京国际音乐生活展在京召开。展览总面积3500平方米，集中展示中西乐器、音乐教学设备、音乐教育培训课程、智能教学产品和设备、课后陪练产品、书籍和音乐教育出版物、音乐教育相关软硬件配套服务等内容，有效帮助参展企业锁定目标客户群体。

6月

18. 6月11日，北京星海钢琴集团有限公司“琴声七十载 奋进新时代”建厂70周年纪念音乐会在国家大剧院音乐厅隆重举行。星海钢琴集团总经理孟宇表示，70年，琴声悠扬，砥砺奋进，星海人用勤劳的双手，抒写中国乐器制造工业发展历史佳话。新时代的星海，将牢记为人民艺术服务的初心，坚持质量先行，坚持工匠精神，为把星海民族品牌发扬光大，做出星海人应有的贡献。

19. 6月15日，2019年中国6·21国际乐器演奏日开幕音乐会在北京隆重举行，一年一度的国际乐器演奏日正式拉开帷幕，共有来自全国176座城市的816家单位，共组织演出场次超过3200场，直接参与演出人数24万人，活动范围涉及全国31个省、自治区和直辖市，惠及数百万社会大众，在祖国大地谱写出集乐器的舞台、音乐的盛宴于一体的大众节日。

20. 6月17日至29日，第16届柴可夫斯基国际音乐比赛在莫斯科和圣彼得堡拉开帷幕。中国品牌长江钢琴作为柴可夫斯基国际音乐比赛钢琴组指定用琴，与来自世界各国的25位琴艺精英共同成为国际钢琴业界的瞩目焦点。

21. 6月20日至22日，中国乐器协会理事长王世成带队到华东地区调研。调研包括：企业党组织基本建设，开展主题教育情况；以及中美贸易摩擦影响、减税降费政策落实、乐器进校园、搭建乐器全球新品首发平台和三级科技合作项目等重点工作。组织了上海、南京、泰兴、靖江、常州、江阴、扬州等地17家乐器企业领导座谈会。

7月

22. 7月2日，中共无锡市委常委、江阴市委书记陈金虎同志率调研组到江阴金杯安琪乐器有限公司调研文化产业发展情况。陈金虎对公司“手风琴文化+教育”的产业融合发展思路给予充分的肯定和高度的赞扬。对金杯安琪乐器有限公司深厚的企业文化、产学研结合把握行业的制高点、以标准建设为抓手，掌控行业的话语权、校企合作培养技术技能型人才的运营模式予以肯定。

23. 7月8日，中国乐器协会常务副理事长曾泽民，副理事长王松美、孙瑞勇，秘书长陈晋武一行赴河北肃宁和深州两地调研，了解当地乐器产业发展情况，助力提高生产水平和产业高质量发展。考察团先后走访了星海钢琴（河北）有限公司、乐海乐器有限公司以及河北华声乐器制造公司。

24. 7月9日，国务院国资委轻工协作组“不忘初心 奉献爱心”捐赠仪式在河北省邢台市平乡县节固乡中心小学隆重举行。由中国乐器协会向节固乡中心小学捐赠电钢琴1台，中国乐器协会常务理事单位、江苏东方乐器有限公司向节固乡北周章联合小学捐赠650只口琴。希望借此次爱心捐赠活动，帮助培养当地孩子们积极健康的生活风貌，孩子可以通过享受乐器的快乐，感受生活的美好。

9月

25. 9月12日，由中国音乐家协会、宜昌市人民政府主办，中国音乐家协会钢琴学会、柏斯音乐集团承办的“第八届长江钢琴音乐节”在宜昌剧院圆满闭幕。音乐节期间，图片直播总浏览量达数万人次，同时，6场音乐会采用“视频直播”在全国范围内进行实时传播，总流量达千万人次。本届音乐节参与人数、社会关注程度均创下音乐节的历史之最。

26. 9月20日，全国乐器标准化技术委员会提琴标准工作组成立大会暨第一次工作会议在江苏凤灵乐器集团举行。第一次会上专门讨论了即将申请修订的《大提琴标准》草案，与会专家提出了许多合理、合规和具有创新点的建议，基本形成了该标准的送审稿。

10月

27. 10月7日，琴行分会年会在浙江德清召开，来自全国各地的琴行培训机构会员代表200多人参加大会。黄茂强会长在工作报告中总结了过去一年来琴行分会所开展的行业调研、交流等大量工作，还对当前市场形势做了深入分析，总结了内部、外部多方面影响因素，并提出了应对方案，还提出了筹建“琴行商学院”的构想。

28. 10月9日，由中国乐器协会指导，中国乐器协会音乐教育专业委员会主办，中国乐器协会艺培机构发展研究会、帮你教承办的“2019中国社会音乐艺术教育高峰论坛”在上海召开。共有来自全国各地的近300位社会音乐教育行业嘉宾及音乐艺术培训机构负责人出席。

29. 10月10日至13日，由中国乐器协会、上海国展展览中心有限公司和法兰克福（香港）展览有限公司共同主办，美国国际音乐制品协会大力支持的2019中国（上海）国际乐器展览会完美收官。145000平方米、13大展馆、两大室外展厅汇聚全球乐器佳品，12个国家和地区展团、2300多家参展企业集结产业矩阵，600多场炫酷激情live show，汇聚17万爱乐观众。

30. 10月10日，NAMM CMIA行业论坛在上海举行。本届NAMM CMIA行业论坛主题是“乐器集体演奏 快乐音乐分享”。中央音乐学院教授周海宏、墨尔本大学副教授Nery Jeanneret、香港教育大学教授梁宝华、九拍教育科技集团董事长李红育等嘉宾结合自身工作实际和教学实践，与观众共同分享自身独到见解。

31. 10月10日，全球业界新品首发活动于上海乐展期间隆重启幕。经过专家团评审、社会公示后，在62件入围新产品中推选出20件年度首发新品。施坦威（中国）郎朗黑钻钢琴、珠江恺撒堡GH170钢琴及蓝牙无线演奏系统，上民一厂“华夏一家”70年献礼古筝、得理（上海）高端电子合成器、津宝FEBOS系列8型马林巴等入选。本次活动实现网络直播和场内外同步转播，共同见证全球乐器产业科研创新发展成果，成为展会和业界热点、亮点。

32. 10月10日，钢琴调律师资考委工作会在上海召开。中国乐器协会副理事长、资考委主任王松美就钢琴调律师资考委的近期工作作了简要说明，介绍了中轻联拟成立第三方代理国家人社部的体系管理机构，调律师职业将作为新职业标准列入其中，并提出调律师分会应进一步规范行业标准，有序开展各项工作，在行业里起到标杆作用，进一步推进调律师工作具有重要意义。

33. 10月11日，民族乐器分会会议在上海召开。会议围绕“民族乐器行业如何走上高质量发展道路”主题展开。与会代表普遍认为创新对民乐行业高质量发展具有重要意义，要紧跟时代潮流，将传统技艺与现代科技相结合，实现产品创新的同时，保证乐器的声学品质，打造具有品牌特色的产品，助力行业高质量发展。

34. 10月11日，吟飞联合Guitar Center、上海罗迪克罗兰科技、EFNOTE、Nektar Technology、Bitwig、ESIAudio、CME、吟飞艺术中心，共同举办了“2019吟飞现代电子乐器与音乐教育国际论坛暨新品发布会”活动。整场活动分为吟飞现代电子乐器与音乐教育国际论坛和新品发布会两大环节进行，提供了一个思想交流和洞悉行业新发展的平台。

35. 10月12日，由中国乐器协会、上海计算机音乐协会、上海国展展览中心有限公司、法兰克福展览（香港）有限公司联合主办的IEMC 2019国际电子音乐大赛在上海新国际博览中心举办颁奖仪式。首届IEMC国际电子音乐大赛吸引了来自全国各地以及国外的252名参赛选手参加。

36. 10月13日，中国乐器协会王世成理事长一行到上海知音琴行总部调研。王世成对知音文化公司在22年的发展历程中，始终坚持“诚信为本、创新为要、稳中求进、快乐学习”的发展理念，主动融合互联网大数据的转型时期，站在业内发展前端的布局表示赞赏。并希望知音文化公司能够继续发挥引领作用，“不忘初心，牢记使命”，为扩大音乐人口，普及音乐教育，提高国民素质，做出更大的成绩和贡献。

37. 10月14日，钢琴分会在浙江德清钢琴之乡召开年会。来自全国的30多家钢琴骨干企业领导参加会议。李建宁会长总结了一年来钢琴制造企业在国内外环境发生重大变化下，分会和骨干企业科技创新、品牌建设和行业合作等方面的情况，提出下一步加强行业交流合作的建议。

38. 10月29日，材料配件专业委员会2019年会在浙江德清召开，来自材料配件专委会的50多名会员单位出席了会议。罗建峰会长在报告中表示，材料配件行业作为整个乐器产业的主要支撑力量，还有众多发展空间。要进一步加强自身建设，提升工艺水平和提高产品质量，共同推进材料配件行业的高质量发展。

11月

39. 11月3日至10日，中国乐器协会王松美副理事长率队赴英国、爱尔兰考察音乐教育及乐器市场。王松美一行四人受到爱尔兰皇家音乐学院德博拉·凯勒校长、约克圣约翰大学李·希金斯教授和英国乐器协会保罗·麦克马努斯会长的热情接待，双方围绕当前乐器产业和市场及社会音乐教育等共同关心的领域及话题进行了广泛深入的沟通及合作探讨等。

40. 11月27日，中国乐器协会七届九次常务理事（扩大）会暨科技大会在成都隆重召开。中国乐器协会理事长王世成，国家知识产权局原局长田力普，教育部教育装备研究与发展中心研究员吴颖等专家学者共计160余人出席大会。大会对2019年度科技创新领域的先进人物和优秀产品、科研项目进行了表彰。大会采取专题讲座、专家测评与对话、主题论坛、经验分享等形式，围绕大会主题展开，突出中高端，拉动产业升级，跨界融合打造科技合作平台。

41. 11月27日，为更好地推动中国乐器行业科技创新工作，落实乐器行业“技术路线图”，促进行业科技创新与科技进步，推动行业人才战略。中国乐器协会在行业内开展“科技之星”推荐学习活动，经个人申报、单位推荐、办公室审核、专家组投票推荐、征求相关分支机构意见及网上公示，确定授予于慧东、王风海等38名为2019年度乐器行业“科技之星”称号。

42. 11月28日，中国乐器协会与四川音乐学院交流会在川音举行。中国乐器协会理事长王世成、四川音乐学院院长刘立云、著名作曲家易柯、中央音乐学院教授郑荃以及参加科技大会的与会嘉宾等共计150余人出席大会。刘立云院长表示愿与中国乐器协会与各企业联动，用当代先进科研成果，推动民族乐器事业发展。王世成理事长表示，期待川音参与到由协会主导的各项科研活动中来，共同推动乐器产学研之间的融合，促进乐器改良与创新的发展。

43. 11月28日，四川音乐学院研究所向中国乐器协会申报的“穿斗笙”项目，经中国乐器协会专家组评审评定，认为“穿斗笙”乐器改革项目有突破性进展，决定授予该项目组“2019年度中国乐器行业创新成果奖”。

12月

44. 12月4日，由中国轻工业联合会主办的“轻工业消费升级与高质量发展”新闻发布会在北京人民大会堂举行，现场发布了10款消费升级重点产品。包括珠江·恺撒堡钢琴、海尔卡萨帝自由嵌入冰箱、格力大松金康煲、九阳蒸汽电饭煲等10个产品入选。

45. 12月14日至15日，口琴专业委员会六届五次会议在江苏靖江召开。会议充分讨论了口琴专业委员会发展规划、专项活动开展进程以及优秀项目推介等内容。参加会议的各单位还围绕口琴行业中各自情况，特别是科技创新、设备更新、产品开发、新材料应用、企业品牌效应、开展口琴音乐文化教育、乐器进校园、进课堂等方面展开热烈讨论。

46. 12月19日至20日，全国乐器标准化技术委员会换届暨第一次工作会议在厦门召开。副主任委员肖巍针对本次换届情况作了详细说明，副秘书长王瑞宣读了《第三届全国乐器标准化技术委员会章程》，并经与会委员审议通过。第三届乐器标委会由53名委员组成，资深委员、得理乐器集团副总裁盛子斐为顾问。

47. 美国《音乐贸易》杂志2019年第12期公布了2018年全球乐器与音响制品行业225强榜单。全年225强销售收入225亿美元，再次创下10年新高，员工总数11.2万。225强榜单中包括中国台湾和中国香港在内的中国企业共有36家入选，其中中国大陆28家，中国香港3家，中国台湾5家。

年度报告

2019年中国乐器行业年度报告

综述篇

2019年，我国乐器产业深入学习贯彻习近平新时代中国特色社会主义思想，守初心，担使命，以供给侧结构性改革为重点，践行“十四五”高质量创新发展理念，贯彻落实科技、音教双轮驱动战略，推动产业“三品战略”和中高端转型。面对中美贸易战造成乐器出口增速滞缓，热钱进驻制造实体和教育培训市场，电商分流传统琴行流通渠道等不确定因素，全行业坚持科技赋能、品牌造势、标准为基、会展助力、产业链融合、人才支撑多元发展举措，积极应对国内外乐器消费需求和生产要素重大变化，全年行业运行稳中有升，科技创新、品牌文化创建取得阶段性成果。

一、2019年度乐器产业运行数据分析

据国家统计局数据显示，2019年1—12月，规模以上乐器企业累计完成主营业务收入412.78亿元，同比增长5.45%，主营业务收入利润率为4.46%。海关总署数据显示，我国乐器行业全年累计出口金额17.39亿美元，同比增长6.71%；进口金额为5.28亿美元，同比增长8.22%，各项数据显示产业获利能力稳步提升。盘点乐器分支行业盈利水平，中乐器利润总额同比增幅21.34%，电子乐器与其他乐器及零件增幅分别13.27%和21.29%，见证分支行业产业活力，产业中高端结构转型成效显著。2019年，面对中美贸易摩擦，欧美市场消费滞缓，环保材料成本持续攀升，西乐器利润总额同比降幅为12.49%。分析产业影响因素，海关总署数据显示，2019年仅立式钢琴进口量值为185653架（其中二手钢琴14万架以上），出口量值17000架，钢琴进出口格局的逆转，北美出口市场的疲软，以及日韩进口二手钢琴的市场冲击，国内传统钢琴产业的智能化转型，都构成西乐器盈利数据波动的复杂影响因素。

透视乐器行业直报企业数据，66家骨干企业主营业务收入123.95亿元，较上年增幅7.90%；出口交货值34.32亿元，较上年增幅4.09%；实现利润9.98亿元，较上年增幅11.01%，利润增速高于收入增长；资产总额164.79亿元，较上年增幅2.36%，各项经济指标稳中有升。统计骨干企业2019年主要经济指标，全年主营业务收入增长5%以上企业占比30.3%，收入下降企业占12.1%，其余基本持平；实现年度利润增长企业占比34.8%，利润下降企业占15.6%，亏损企业占4.5%，其余基本持平。综观2019年全球乐器消费市场，基本与前年形势持平，内销市场竞争激烈，线下传统琴行主营业务下滑明显，线上电商业务增幅显著，对传统企业产品行销构成影响。鉴于中美贸易摩擦，中东乐器消费市场的不稳定因素，以及国内在教学装备项目投资收缩，内外因素影响乐器整体销售利润。总体而言，经济环境特征印证市场趋势变化，促成市场与制造业双向升级宏观趋向。中国乐器协会理事长王世成认为，面对行业高质量发展，需推动行业标准国内外接轨，推动供给侧结构性改革，加大中高端产品比重，市场布局合理，投资结构形成主业支撑、价值链融合，促成高品质成为新时代中国乐器的标签。

二、2019年度乐器产业经济运行特点

（一）应对中美贸易摩擦，企业调整结构，行业调研反映政策诉求

1．“不忘初心、牢记使命”主题教育，开展乐器行业“5+1”调研

2019年，按照中轻联党委部署，中国乐器协会

党支部积极参加“基层党组织标准化、规范化建设”测评试点工作，完善党建制度、规范组织建设，建设“活力和谐型”党支部。为了及时准确把握行业动态，反映行业、企业诉求，协会制定“5+1”调研计划，对“珠三角、长三角和京津冀”实地考察调研，针对二手钢琴税号、乐器进口钢丝归类、乐器进校园、美国进口原木税率，撰写专题报告，积极反映行业诉求。为应对市场需求结构变化，行业分支机构积极开展交流研讨工作。10月份，全国30多家钢琴骨干企业在浙江德清钢琴之乡召开年会，李建宁会长总结骨干企业品牌创新成果，提出加强行业交流合作建议。民族乐器分会围绕“民族乐器行业如何走上高质量发展道路”主题展开研讨，聚焦传统技艺与现代科技创新结合，提升民族乐器声学品质。琴行分会理事扩大会分析乐器市场和琴行发展形势，见证施特劳斯钢琴与乐韵公司战略合作启动，琴行分会旗下“琴行管理学院”四季度在成都启动，组织多期培训班受到行业关注。

2. 行业企业积极调整产品结构、市场结构和投资结构

透视乐器行业产业结构调整，科技要素拉动产业中高端转型，环保升级促成产业结构疏解，产业集群协同效应凸显，骨干企业创新调整投资机构，中小企业同样面临产品结构和流通渠道调整。2019年，珠江恺撒堡钢琴通过知识产权体系首次认证，入选“轻工业消费升级与高质量发展”重点推荐产品，珠江钢琴旗下恺撒堡系列和控股德国舒密尔钢琴形成双塔式拉动战略。上海民族乐器一厂全年企业销售收入突破四个亿，利润总额突破一个亿，推出70件具有高工艺价值和高创意价值的新品乐器。柏斯旗下自主品牌“长江钢琴”，成功入选“第16届柴可夫斯基国际音乐比赛”指定用琴，改写中国钢琴发展史。上海国光口琴荣获上海轻工知名品牌荣誉称号，蔚科DM-7系列全网面电子鼓荣获中国工业设计最高奖项“红星奖”，诸多骨干企业创业佳绩见证企业产品结构、市场结构和投资结构的成功路径探索。

（二）科技创新催生产业发展动力

1. 行业三级科技合作项目调研与落实

2019年4—6月，协会组织各个分支机构研究推荐，形成行业三级科技合作项目体系。行业三级科研合作项目第一期为16项，其中全行业重点项目4项，包括：材料配件专委会“钢琴音质及声学木材研究”、电鸣分会“乐器音高检测技术研究”、民乐分会“古筝声学系统研究”、西管乐器专委会“中高端产品声学品质和演奏性能提升”等。各产品行业重点项目包括：“钢琴音源声学测试与研究”等10项。三级项目以骨干企业为主，重点合作攻关项目5项。在落实三级合作项目同时，落实重点科技项目组织实施办法和运行机制。四川音乐学院研究所“穿斗笙”乐器改革项目荣获“2019年度中国乐器行业创新成果奖”。

2. 发力中高端产品，开启校企合作对话机制，跨界融合打造科技平台

盘点行业供给侧改革、高质量发展成果，上海国际乐器展、国民音乐教育大会暨北京音乐生活展规模再创历史新高；珠江钢琴、津宝乐器等民族品牌亮相祖国70华诞庆典，民族乐器精品荣登各大演出场所，全球业界新品首发平台汇聚行业科研创新成果，高水平纪念版、定制版新产品，展现了高档产品水平和创新能力。11月，中国乐器协会七届九次常务理事（扩大）会暨科技大会在成都隆重召开。中国乐器协会理事长王世成，国家知识产权局原局长田力普，教育部教育装备研究与发展中心研究员吴颖等专家学者共计160余人出席大会。大会对2019年度科技创新领域的先进人物和优秀产品、科研项目进行表彰，开启校企专家对话机制，突出中高端，拉动产业升级，跨界融合打造科技合作平台，有效推动乐器行业三级科研项目体系建设。

3. 强化规模性技术改造，提升企业创新、市场适应能力

2019年，骨干企业全年继续强化设备改造升级，珠江钢琴增城国家文化产业示范基地二期项目建成，占地431亩（1亩=666.6平方米），建设面积32.3万平方米，按年产15万架钢琴、20万台数码钢琴建设，总投资12亿元分两期建成，年内完成钢琴生产全面搬迁。乐海乐器有限公司民族乐器转型升级项目占地158亩，总投资4.75亿元，项目建成投产后，可实现年产扬琴、古筝、二胡、琵琶、阮等各类民族乐器60万件，年销售收入5.1亿元，提供就业岗位800个。天津津宝乐器全程采用ERP管理软件，软件根据不同市场订单进行自动化科学排产。2019年，津宝乐器累计投入新产品、新装备、新工艺技改资金2320万元，完成新产品开发38项，零部件创新研发77项，新设备投入180多台套，新工装、模具投入600余套，形成专利83项。综观行业全年转型升级举措，随着企业自动化、标准化水平提升，我国乐器企业已进入高质量发展阶段，工业信息化水平提升促成企业内部战略结构深度转型。

（三）"三品战略"提升行业高质量运行水平

1. 上海国际乐器展"业界新品首发"取得较好成效

10月10日，全球业界新品首发活动于上海乐展期间隆重启幕，施坦威（中国）郎朗黑钻钢琴、珠江恺撒堡GH170钢琴及蓝牙无线演奏系统，上民一厂"华夏一家"70年献礼古筝、得理（上海）高端电子合成器、津宝FEBOS系列8型马林巴等入选，活动实现网络直播和场内外同步转播，共同见证全球乐器产业科研创新发展成果，成为展会和业界热点、亮点。

2. 践行行业大国工匠精神，加强职业人才技能培训

2019年，为推动行业人才战略，中国乐器协会在行业内开展"大国工匠""科技之星"推荐学习活动。由中央音乐学院与中国乐器协会联合主办的中国第四届国际提琴及琴弓制作大赛，汇聚9个国家和地区200余名选手共437件乐器作品参赛，中国提琴制作师摘金夺银，组委会副主席、评委会主席郑荃获"终身成就奖"。同年，提琴制作大师郑荃荣获中国轻工业联合会、中国财贸轻纺烟草工会联合授予的轻工"大国工匠"称号。在国家人社部职业培训鉴定政策调整之后，中国乐器协会尽快恢复钢琴调律师培训鉴定项目，2019年1—9月完成钢琴调律师职业技能培训与鉴定513人次，其中技师、高级技师52人。乐器行业自2002年以来，共培训鉴定钢琴调律师8494人次，132人取得人社部《提琴制作师》职业资格证书。10月，钢琴调律师资考委工作会在上海召开，会议就规范行业标准，有序开展各项工作展开研讨，有序推进职业人才技能培训工作。

3. 强化MIDI国际合作交流，有序推进行业标准制修订

2019年，行业标准化制修订工作扎实推进，乐器标准化技术委员会于12月完成第三届换届流程，全国乐器标准化技术委员会提琴标准工作组成立大会专项讨论《大提琴标准》修订草案，金杯乐器完成《手风琴型号及规格命名方法》《手风琴零部件名称》两项行业标准的起草送审工作，申报《手风琴质量分级标准》行业标准的制定工作。4月，电鸣分会年会上海召开，近30家电鸣企业参会，分会总结行业科技创新、标准化制修订、品牌建设阶段性成果，并就"数码钢琴市场发展趋势"展开专题研讨。为接轨国际MIDI行业，国际MIDI技术发展和应用论坛在上海国际乐器展期间如期举行。圆桌论坛企业代表就"MIDI技术应用的现在和未来"展开探讨，并针对MIDI2.0技术的演变、5G时代无线多轨音录音技术分享前沿技术。同时，2019国际电子音乐大赛在论坛现场举行颁奖仪式，大赛评委会坚持科技创新为先导，评选出MIDI技术立意新、科创能力强的优胜获奖者。

（四）产业集群健康有序发展，助力中小企业抱团取暖

2019年，乐器行业八大特色产业集群发展良好，得到地方政府大力支持，乐器行业四个科技研发基地有所突破。海南大蟒公司科学养殖、综合利用，提高了人工繁育养殖蟒蛇质量和规模；川雅声学木材研发基地，一面深入开展校企合作，一面联合筹建新的加工基地，同时积极呼吁进口原木减免税收；吉他技术工艺研发和手风琴簧片研发基地加强行业交流学习。黄桥、平谷、扬州、郿郚、静海、

中泰、洛舍7个特色产业基地努力开展区域科技创新和技术交流。完成饶阳“民族乐器之乡”共建和评审命名，启动肃宁特色产业集群共建项目。同时细化产业链分工、与演奏家结合组织产品研究会等。行业分支机构积极开展科技创新和行业交流活动，电鸣乐器分会组织技术讲座，提琴分会开展行业调研，器乐文化专委会多年来组织了11场新特产品专家鉴定研讨会，民乐、钢琴、材料配件等分会组织专题交流活动，均收到较好的效果。2019年上海国际乐器展，黄桥、扬州、贵州、漳州、无锡、桐乡、兰考国内产业集群组团参展，各展团在展台风格搭建和参展规模均有不同程度拓展，反映地方政府文化产业政策扶持力度持续增强，助力区域乐器产业集群良性发展。值得一提的是，国际提琴制作大师郑荃教授被江苏黄桥镇特邀聘请为兼职副镇长，全力支持黄桥提琴产业之都创新发展和人才培养。总体而言，依靠地方政府、行业协会、骨干企业的协同效应，政府立足特色区域乐器产业集群发展视角，进行科学规划和产业布局，行业协会与地方政府开启对话沟通机制，将有力推动产业集群的共建与发展。

（五）音乐教育和音乐文化活动扩大延伸乐器市场

1. 国民音乐教育大会、6·21国际乐器演奏日成果显著

2019年，中国6·21国际乐器演奏日开幕音乐会在北京隆重举行，共有来自全国176座城市的816家单位，共组织演出场次超过3200场，直接参与演出人数24万人，活动范围涉及全国31个省、自治区和直辖市，惠及数百万社会大众，在祖国大地谱写集乐器的舞台、音乐的盛宴于一体的大众节日。2019国民音乐教育大会，聚焦快乐音乐教育，来自10个国家和地区近150位著名国内外专家学者，倾情奉献8场主题发言、1场高峰论坛以及114场大师课，参会代表规模超过千人。大会主题为“快乐音乐教育”，大会工作坊和特色展区，中央院继续教育学院与中国联通联手打造5G+4K远程互动教学项目，雅马哈公司和中央院远程学院联合展示的钢琴跨界远程教育，为我国音乐教育未来发展增添科技羽翼，各项内容创意设计与组织，遵循问题导向，会展社会成效可圈可点。

2. 琴行、音乐教育机构市场渠道创新，扩大和服务乐器消费市场

2019年，社会资本投放热点转向社会音乐教育培训市场，拉动全民音乐教育产业规模，消费群体和消费行为的变化，促成产品流通渠道的变局。2019上海国际乐器展音教展区面积扩容至20000平方米，参展企业由最初的20多家增至160余家。同年，骨干企业立足产业链延伸视角，积极主动布局社会音乐教育培训市场。敦煌、罗兰数字音乐教育合作开发智能交互古筝亮相北京音乐生活展暨国民音乐教育大会，珠江艾茉森与美国三森音乐辛迪音乐教育开展战略合作。海伦钢琴与中央音乐学院继续教育学院共同开发“中央音乐学院继续教育学院·海伦智能钢琴实验课室”项目。上海知音琴行旗下幼儿音乐启蒙课、“英才钢琴课”及“流连音悦”成人钢琴乐享课覆盖全年龄段的课程体系。黄桥镇政府和凤灵乐器集团共建琴韵小镇文化艺术中心，全年累计培训教师1000多人，培训学生6000多人，有序向艺术教育转型、向服务贸易转型。津宝乐器创办首届“DCA亚洲行进鼓乐联盟”锦标赛，有效巩固“津宝”品牌行业地位、提升品牌内涵。2019年，乐器消费渠道从传统琴行批发、零售，扩容至社会音乐培训产品导流渠道和网络电子商务。专业人士评估，新生电商网购消费人群总量达到近4亿人，产业拥抱数字经济，智能化转型前景可期。

三、2020年乐器产业展望

2020，是我国全面建成小康社会和“十三五”规划收官之年，乐器行业面临“稀有材料、制造成本、环境治理、贸易壁垒和人才紧缺”五大挑战。中国乐器协会理事长王世成强调，全行业要坚定不移贯彻高质量创新发展理念，组织制定好乐器行业“十四五”高质量发展指导意见；要以“品牌年”为抓手，跨界融合培育市场叫得响的品牌；利用专家库并发挥其作用，认真组织好各类标准的制修订和贯标活动，完善行业科技合作平台和产业集群区域

联动机制；要“跳出乐器看乐器，跳出矛盾解矛盾”，客观、务实评判行业发展宏观趋向，突破行业发展的核心技术瓶颈和关键节点，积极展开新冠疫情后期产业复工复产工作，推动全行业健康、有序、持续发展。

钢琴篇

2019年，我国钢琴产业以供给侧改革为核心，践行高质量发展理念，推进与落实“三品战略”以及行业三级科研项目，强化行业标准制修订，完善职业人才培训机制，培育音乐消费人口，延伸制造业价值链，推动技术改造和产业结构升级，取得阶段性成果。

一、2019我国钢琴行业运行数据分析

据我国轻工业经济运行及预测预警系统显示，2019年，钢琴行业全年累计产能为396380架，钢琴出口合计20853架。2019年1—12月，规模以上西乐器企业139家，累计完成主营业务收入229.03亿元，同比增长6.99%；出口交货值45亿元，同比增长4.95%。受中美贸易摩擦，欧美市场消费滞缓，环保材料成本持续攀升，西乐器利润总额同比降幅为12.49%，产成品存货增长18.91%。

2019年，全国乐器行业完成累计出口额17.39亿美元，同比增长6.71%。其中，出口立式钢琴（包括自动钢琴）17000架，同比下降4.88%，出口金额2558万美元，同比下降9.79%；透过钢琴出口量值的双降现象，反映外部市场需求依旧疲软，钢琴产业内部面临产品与市场结构调整转型。

针对全球流通渠道，中国立式钢琴主要出口国和地区为美国、德国、朝鲜、澳大利亚、荷兰、新加坡等，其中朝鲜、荷兰、新加坡、波兰、比利时增幅明显，分别为41.43%、38.18%、27.07%、36.4%、40.54%。但立式钢琴在美国和德国出口量和金额都出现了双降现象，降幅超过10%，反映出北美和欧洲发达经济体的市场疲软依旧持续。三角钢琴以美国、新加坡、捷克、德国、澳大利亚、韩国等为主要输出国，美国和德国的三角钢琴降幅明显，分别为45.65%、27.40%。数据显示，在中美贸易战，以及欧洲经济增速滞缓的影响因素下，我国钢琴出口在国家“一带一路”经济政策刺激下，市场结构从以北美和欧洲市场为主，出现多元化发展趋向，反映国内钢琴企业积极调整海外销售版图与产品布局。

1—12月，我国乐器行业累计进口金额为5.28亿美元，同比增长8.22%。进口的乐器产品中，钢琴累计进口额2.68亿美元（占比51%），同比增长13%。其中，进口立式钢琴（含自动钢琴）18.95万架，同比增长6.84%，进口金额1.82亿美元。进口三角钢琴（含自动钢琴）8874架，同比增长8.17%，进口金额8588万美元，同比增长12.46%。分析产业影响因素，海关总署数据显示，2019年仅立式钢琴进口量值为185653架（其中二手钢琴14万架以上），出口量值17000架，钢琴进出口格局的逆转，北美出口市场的疲软，以及日韩进口二手钢琴的市场冲击，国内传统钢琴产业的智能化转型，都构成西乐器盈利数据波动的复杂影响因素。

2019年，中国立式钢琴主要进口国和地区是日本、印度尼西亚、韩国。三角钢琴的主要进口国为德国、日本、印度尼西亚等。其中，关注焦点为日本和韩国钢琴进口量分别为81771架和80294架，进口金额分别为9150万美元和2814万美元，进口产品单价分别为1119美元（折合人民币7965元）和350美元（折合人民币2491元）。其中，来自日本有70%为二手钢琴，韩国95%为二手钢琴，我国全年合计进口二手钢琴达到14万架。透视钢琴进口市场的产品结构，反映从日本和韩国市场大批量进口的二手钢琴以低价倾销形式影响我国钢琴市场的正常秩序，中国乐器协会将针对二手钢琴低价倾销问题，继续向国家商务部和海关总署进行申诉，以保证我国钢琴市场的良性竞争秩序。

二、2019年度钢琴产业经济运行特点

综观2019年钢琴产业发展，国家文化创意产业政策扶持，民众消费需求升级反向助推钢琴产业转型升级，素质教育、文化演艺市场繁荣发展，促进全产业链上下游协同发展，市场需求从普及型产品趋向专业化、多元化发展。透视2019钢琴制造产业

宏观运行特征，环保整改继续促进产业结构调整，骨干企业依托资本、规模优势，继续调整投资结构、产品结构，高品牌附加值产品销售持续上升，低端仿制产品销售压力加大，行业总体规模稳中有升。但鉴于成本上涨压力，钢琴制造和流通系统，部分中小企业市场淘汰率加速增高，电商市场冲击传统渠道，市场结构和用户需求变化，促成市场与钢琴制造产业双向升级。

1．产业结构调整助力中高端转型升级

（1）行业调研反映诉求，分支机构助力行业合作交流

2019年，面对中美贸易摩擦、外部市场需求疲软、制造运营成本上涨不利要素，中国乐器协会秘书处针对中美贸易摩擦、企业减税降费、乐器进校园和三级科技合作项目展开“1+5”行业调研，根据调研重点和行业诉求撰写专题报告，内容涵盖进口二手钢琴独立税号、乐器用进口钢丝归类、调整美国进口原木加增关税目录等行业发展热点问题。

10月14日，钢琴分会在浙江德清钢琴之乡召开年会，来自全国的30多家钢琴骨干企业领导参加会议。李建宁会长总结一年来钢琴制造企业在国内外环境发生重大变化下，及分会和骨干企业科技创新、品牌建设和行业合作情况，提出下一步加强行业交流合作建议。德清钢琴制造商协会秘书长吴福林汇报洛社镇产业集群已有钢琴及相关配套企业近百家，从仿制和粗放加工，成长为产业链齐全、品牌和质量提升的特色产业集群。10月10日，钢琴调律师资考委工作会在上海召开，会议就钢琴调律师资考委近期工作做简要说明，介绍中轻联拟成立第三方代理国家人社部体系管理机构，调律师职业将作为新职业标准列入其中，并提出调律师分会应进一步规范行业标准，有序开展各项工作。

（2）骨干企业市场品牌创新，结构调整社会成效显著

2019年是新中国成立70周年，钢琴产业遵循“创新、协调、绿色、开放、共享”五大发展理念，创新产品助力国家重大政治活动，品牌创新与社会效益双向推进。首先，珠江恺撒堡音乐会钢琴在祖国70周年庆典晚会，亮相天安门广场。著名钢琴演奏家吴牧野在上海国际乐器展再度演奏国庆晚会珠江恺撒堡钢琴，对珠江钢琴技术进步表示首肯。2019年珠江钢琴集团狠抓“提质、增效、降耗”，大力推动产品高端发展，优化产业布局。企业先后荣获乐器行业“2019中国轻工业百强企业”“中国乐协功勋单位”“中国乐协社会公益先进单位”“2019广东轻工业创新单位”等荣誉称号，珠江·恺撒堡智能产品中国红三角琴成功入围中国轻工业联合会消费升级重点产品，各项荣誉有力提升珠江钢琴品牌形象和影响力。

同时，柏斯旗下自主品牌“长江钢琴”入选成为“第16届柴可夫斯基国际音乐比赛”指定用琴，并在2019年下半年再度入选“第16届亚瑟鲁宾斯坦国际钢琴大师赛”比赛用琴。柏斯音乐集团连续两届获得中国商业联合会、中国保护消费者基金会的“全国售后服务先进单位”，并获得香港镜报“第八届杰出企业社会责任奖”。为庆祝中华人民共和国70周年华诞，海伦钢琴助阵中央电视台网络春晚、江西卫视《跨越时代的回信》国庆特别节目，以“中国琴、中国心”为口号，海伦钢琴积极推动我国音乐事业的发展。北京星海钢琴集团有限公司在国家大剧院音乐厅隆重举行“琴声七十载奋进新时代”建厂70周年纪念音乐会，以悠扬砥砺琴韵见证星海品牌创新精神。金秋10月，广州珠江钢琴恺撒堡“中国红”系列、北京星海“70周年人民大会堂纪念款”钢琴等创意国庆主题新品登陆MUSIC CHINA。无论是在创意展区，还是在全球业界新品首发平台现场，祥瑞“中国红”成为一道行业文化风景。

2．落实推进行业科研创新项目

（1）组建行业三级科研项目体系，推动行业科技合作

2019年4—6月，协会组织各个分支机构研究推荐，形成行业三级科技合作项目体系，涉及钢琴产业项目涵盖：材料配件专委会“钢琴音质及声学木材研究”，以及“钢琴音源声学测试与研究”等10项。11月27日，中国乐器协会七届九次常务理事（扩大）会暨科技大会在成都隆重召开。本届大会对2019年度科技创新领域的先进人物和优秀产品、科研项目进行了表彰，业内精英与院校专家就全球信息化、

智能化浪潮背景下的乐器产业新品研发、创新科研项目、品牌文化重塑、乐器进校园，以及产业链的资源跨界融合议题展开深入探讨。广州珠江钢琴集团股份有限公司总经理肖巍讲述《建设国家级技术中心，铸造企业核心竞争力》，认真研判市场供需变化，强化科技创新，努力突破关键技术，增强核心竞争力。海伦钢琴股份有限公司董事长陈海伦带来《推动智能化促进企业转型升级》分享，成都川雅木业有限公司董事长张华君针对《校企合作，打造声学木材研发与应用合作平台》，骨干企业就如何通过工艺改革助力企业转型升级成功经验。

（2）强化产品技术改造，提升内生动力与活力

2019年，伴随中美贸易摩擦加剧，知识产权维权案例频现。骨干企业遵循科技先导，强化设计方案市场论证，推动供给侧结构性改革，加大中高端产品比重，合理调整国内国际布局，投资结构形成主业支撑、价值链融合。为突破中高端产品发展瓶颈，珠江钢琴完成目前全球最大的基地建设，顺利搬迁增城国家文化产业基地，实现产品结构、技术创新、品牌文化的快速升级发展。宜昌钢琴和普雷耶中国等企业收购或控股欧洲名牌产品，“施特劳斯”钢琴同样以吸纳社会资本战略举措，为国产民族品牌输入资金血液，为提升中高端产品闯出一条新路。

面对产品结构创新与调整，珠江钢琴聚焦产品的实用性和时代感，推出高科技智能自动弹奏系统和录音系统Pearl River Prodigy Player System创新项目，完全提升转型珠江自动弹奏智能钢琴的科技平台。海伦钢琴推出科技含量更高的维也纳系列钢琴、iPiano智能钢琴，同时企业与迪士尼公司合作推出迪士尼系列，受到市场欢迎，高附加值产品在企业产品结构占比也逐年增长。2019年，烟台博斯纳立式钢琴设计出更符合专业性需求、演奏性能的S系列新产品，产品声学品质、键盘弹奏触感，获得国内外专家认可。同时，企业被烟台市高新技术产业开发区管委安全生产委员会评为“安全生产先进单位”和区标杆企业。在设备升级上，金斯波格钢琴配备全套键盘、击弦机、音源数控加工设备，半成品生产过程采用恒温恒湿设备，有效地保证产品的精确性和高质量的产品品质要求。透过骨干企业的积极作为，为行业的正向稳定发展和推动起到积极推动作用。

3．推进三品战略，落实行业人才战略

（1）全球业界新品首发平台助力产业升级

2019年，我国钢琴进出口市场格局逆转，全年进口钢琴总量突破18万架，面对具有外资品牌的市场竞争，如何推进钢琴行业的品牌转型，成为当前钢琴行业的重点问题。为践行新发展理念，推动产业中高端转型升级，促进全球资源对接，2019全球业界新品首发创新平台聚焦于创新型、实用性和时代感，经过专家团评审、社会公示后，在62件入围新产品中推选出20件年度首发新品。首日授牌现场发布仪式、新品发布会、现场产品展示、媒体专访、行业测评、线上直播等一列强势宣传，最大化打造新产品、新技术和新设计的发布推广渠道，为参展企业提供展示创新科技、演示新品科研的最优平台。施坦威（中国）郎朗黑钻钢琴、珠江恺撒堡GH170钢琴及蓝牙无线演奏系统，北京星海“70周年人民大会堂纪念款”钢琴悉数亮相。活动实现网络直播和场内外同步转播，共同见证全球乐器产业科研创新发展成果，成为展会和业界热点、亮点。

（2）落实钢琴行业人才发展战略，加强职业技能培训

2019年，乐器行业累计制修订112项国标、行标和团标，乐器专利超过1223项。统计分析表明，2019年申报专利与互联网智能化结合比重加大，专利总量继续增长，结构进一步优化。2019年钢琴行业完成《钢琴金属连接件、紧固件的形制与尺寸》行业标准调研、起草与专家审定工作，团体标准启动《键盘乐器用智能系统通用技术条件》《绿色产品的设计乐器》，还有《二手钢琴等级分类标准》和《社会音乐教师职业技术标准》两项团标在积极筹备之中。在人社部职业培训鉴定政策调整之后，在联合会指导下，2019年1—9月完成钢琴调律师职业技能培训与鉴定513人次，其中技师、高级技师52人。乐器行业自2002年以来，共培训鉴定钢琴调律师8494人次。最近，根据人社部通知，协会积极组织申报国家职业技能标准库标准工作。已经做了标准修订和具备较完整的标准文本，钢琴调律师经中轻联推荐，申

请列入国家职业标准库。《国家职业大典》中同时包含钢琴键盘及乐器制作工等，按新开发职业标准申报。

4. 培育社会音乐教育，拓展社会音乐文化生活

（1）钢琴骨干企业积极参与社会音教文化建设

6月15日，2019年中国6·21国际乐器演奏日开幕音乐会在北京隆重举行，一年一度的国际乐器演奏日正式拉开帷幕，共有来自全国176座城市的816家单位，共组织演出场次超过3200场，直接参与演出人数24万人，活动范围涉及全国31个省、自治区和直辖市，惠及数百万社会大众，成为集乐器舞台、音乐盛宴为一体的大众节日。聚焦快乐音乐教育，2019北京国际音乐生活展暨国民音乐教育大会汇聚来自10个国家和地区近150位著名国内外专家学者，内容涵盖114场大师课，参会代表规模超过千人。大会以会展联动创意策划，为音乐教育行业同仁提供音乐教育产品采购、品牌加盟、教育渠道拓展、音乐教育从业者对话交流的开放多元服务合作平台。大会期间，中国轻工业联合会党委副书记、中国乐器协会理事长王世成与专家学者先后参观了珠江钢琴、柏斯音乐、海伦钢琴、雅马哈乐器等展位。珠江埃诺教育的【爱上系列】课程，柏斯音乐集团的高天系列钢琴，雅马哈音响的自动演奏钢琴，集体巡礼乐器文化创意与音乐教育科技协同发展的产业步履。

（2）社会音乐渠道与消费人口创新拓展

2019年，钢琴行业骨干企业积极推进校企合作，扩大乐器进校园，推动社会音乐教育，在延伸产业链布局的基础上，积极主动开展品牌文化与渠道创新。2019年，珠江钢琴成功主办中国音乐艺术教育发展论坛、“珠江·恺撒堡”国际青少年钢琴大赛、全国高校音乐教育声乐比赛等重大赛事，着力提升民族品牌担当。海伦钢琴积极开展校企联合工作，与中央音乐学院成功签约，共同开发“中央音乐学院继续教育学院·海伦智能钢琴实验课室”项目，将教学效果与艺术考级并轨。同时，由海伦钢琴参与承办第二届“丝路琴声”宁波国际钢琴艺术节暨音才奖中国钢琴邀请赛，赛事规模覆盖全国超过180个城市，累计近三万人次参赛选手。9月12日，由中国音乐家协会、宜昌市人民政府主办，中国音乐家协会钢琴学会、柏斯音乐集团承办的“第八届长江钢琴音乐节”，图片直播总浏览量达数万人次，6场音乐会采用“视频直播”在全国范围内进行实时传播，总流量达千万人次，在音乐节参与人数、社会关注程度均创下音乐节历史之最。企业创意布局，名家加盟助阵，有效助力全国钢琴音乐事业发展，成为钢琴行业品牌拓展与文化创新的硕果之年。

5. 展望2020

面向未来，新冠疫情对钢琴产业经济秩序恢复，以及国内终端消费信心提振，后疫情时期仍存在特殊缓冲期，钢琴产业发展机遇与挑战并行，企业发展要善于把握政策机遇，主动开拓创新市场。面对疫情以及外部市场的波动要素，钢琴产业仍需具备前瞻视野，完善行业科技平台建设，加大知识产权的维权保护力度，认真组织好标准制修订和贯标活动，积极实施智能制造和应用工业互联网。中国乐器协会理事长王世成强调，当前行业发展，要以“跳出乐器看乐器，跳出矛盾解矛盾”的战略思维，客观、务实评判行业发展宏观趋向，突破行业发展的核心技术瓶颈和关键节点。践行乐器行业高质量发展理念，推动钢琴行业健康持续发展。

民族乐器篇

中国是一个多民族的国家，习近平总书记说，中华民族是一个大家庭，一家人都要过上好日子。中华民族有56个民族，每个民族都有本民族的乐器，都有着辉煌的历史。

近年来，汉族乐器在国家相关政策的扶持下，得到了持续稳定的发展，在教育、宣传、对外交流等领域中发挥出日益重要作用。而相比之下，少数民族地区的乐器与汉族乐器还存在不小的差距。

各少数民族地区政府都加大了对少数民族乐器的扶持力度，一方面注重对少数民族乐器的改革，使少数民族乐器在演奏性能和声学品质上逐步缩小与汉族乐器的差距，另一方面在不断加大对少数民族乐器的普及力度，将少数民族乐器融合到汉族乐器之中，取得丰硕的成果。

民族乐器产业是中国音乐产业重要组成部分，2018年中国音乐产业发展迅速，总规模达3747.95亿元，同比增长7.98%，不仅连续3年高于同期GDP增速，也创造了近5年增速新高。2018年，音乐产业核心层、关联层、拓展层产值规模分别为813.47亿元、1834.4亿元和1100.08亿元，所占比重分别为21.70%、48.94%和29.35%，整体产业结构保持稳定。

从中国音乐产业各细分行业，产业规模前三与2017年保持一致，仍然是卡拉OK产业、音乐教育培训产业、数字音乐产业，表明音乐产业发展的第一动力仍然是以人为本，满足人民群众关于音乐休闲、音乐娱乐和音乐艺术教育的精神文化消费需求。增幅最大的行业为音乐版权经纪与管理，表明中国音乐产业发展的版权保护环境持续改善，这也是中国音乐产业所有细分行业全盘稳定增长的动力保障。

2019年我国民族乐器产业有如下几个特点：

一、民族乐器产业上半年旺势，下半年趋缓

据国家统计局公布的2019年乐器行业规模以上生产企业主要经济指标完成情况，乐器行业规模以上企业共计244家，民族乐器行业规模以上企业35家，累计完成主营业务收入57.48亿元，同比增长7.99%；实现全年出口交货值20.31亿元，同比增长9.88%；主营业务收入利润率为4.85%，同比增长18.38%。2019年，中国民族乐器市场趋于理性化，品牌意识、质量要求，品种要求不断加强。乐器销售形势下半年出现了平缓的形势，面对这种形势，整个民族乐器行业正在加快洗牌，当前形势正是对所有的民族乐器生产企业的考验，民族乐器产业处于一个变革的时代。

二、民族乐器改革在行动

2019年，民乐分会以及各民乐企业根据市场需求，在原有基础上不断提出新的改革方案，积极组织行业交流，与专业院校和演奏专家通力合作，从设计、材料、工艺等方面入手大胆尝试，有了一定突破，部分产品进入专家试用阶段，推动了中高端产品品质提升和规模扩展。

2019年，上海民乐一厂、乐海乐器、苏民一厂和扬州琴筝产业等，坚持中华文化与产品创新结合，不断推出技术附加值和文化附加值高的新产品，受到专家和民乐爱好者追捧。各个骨干企业推出一批高水平纪念版、定制版新产品，展现了高档产品水平和创新能力。敦煌牌玫瑰檀木“华夏一家”古筝、乐海914JZ-XL限量版奥氏黄檀木琵琶、宏音斋倍低音加键唢呐及松竹梅水墨新型超薄型古筝等入选“2019全球业界新品首发”优秀产品。

三、民族乐器发布专利同比下降20.20%

国家知识产权局专利资料显示，2019年民族乐器专利发布共计583项，同比下降20.20%，其中，发明专利99项，同比下降17.50%，占全部专利的16.98%；实用新型专利218项，同比下降19.56%，占全部专利37.39%；外观设计专利266项，同比下降21.76%，占全部专利的40.62%。

按民族乐器各类别划分，吹管乐器专利95项，同比下降38.70%，其中，巴乌1项，笛子14项，葫芦丝14项，笙9项，唢呐9项，陶笛14项，箫17项，埙17项；弹拨乐器专利369项，同比下降23.28%，其中，古筝225项，琵琶44项，阮6项，扬琴11项、古琴70项，箜篌13项；拉弦乐器专利109项，同比增长25.28%，其中，二胡99项，马头琴9项，京胡1项；打击乐器10项，比去年增长25%，其中，编钟10项。

弹拨乐器专利发布数量列居首位，单件乐器，古筝专利数量最多，二胡、琵琶、笛子、葫芦丝次、箜篌次之。

按申请人类型划分，共有305家企业、个人、院校申报民乐专利。个人有158位个人发布专利，企业有78家企业发布专利，院校有69个单位发布专利。

四、上海乐器展览会民族乐器参展商数量增长10%

民族乐器是上海国际乐器展的重要展出类别。2019年，民乐馆位于E7馆和外面临时搭建的两个馆（NE6和NE7），本届民族乐器馆展览总面积达到17500平方米，比2018年增长近10%；参展商数量420家，同

比增长9%。按产品分类划分，这届展会有156家弹拨乐器企业参展，比上年下降2.5%，拉弦乐器117家，同比增长4.4%，吹管乐器94家，同比增长20.51%，打击乐器2家，同比下降33.33%，民乐配件50家，同比增长56.25%。

按参展商来自国家和地区划分，来自韩国1家，日本1家，中国台湾3家，中国香港1家，其他为中国内地的参展商。本届展会，上年没有日本展商参展，这次参展了，上届中国台湾有2家参展，本届展会增加了1家。

近10年来，上海国际乐器展的民乐管展商数量和参展面积呈逐年增加趋势，而且非常稳定，早些年的民乐参展商不足半个展馆，逐步从半个馆，四分之三馆，最后发展到一个整馆，前两年民乐参展企业剧增，不得不在室外搭了一个棚，后来又增加到一大一小两个棚，2019年搭了两个比较规范的大馆，民乐馆各项主要指标，包括展出面积，参展商数量都比上年有近10%的增长。

五、民族乐器精品荣登各大演出场所

2019年，全国各地民族乐器生产企业继续开展不同规模的文化音乐活动，乐器精品荣登各大演出场所，影响越来越广泛。

2019年，上海民族乐器一厂支持开展的民乐演出有200多场，近5万人参加了敦煌系列赛事，进一步扩大了“敦煌”品牌的行业影响力。5月，由企业联合主办的第四届“敦煌杯”中国二胡演奏比赛首次走出了国门，在日本、新加坡设立了分赛区，以扩大中国民族音乐在海外的影响力，受到社会各界的热烈反响；由企业投资拍摄的大型纪录片《中国乐器》第二季，6月3日至6月7日每晚20:00在上海广播电视台艺术人文频道《世界艺术之旅》栏目播出，赢得了社会各界的广泛赞誉；此外，上海民族乐器一厂还参加了第二届中国国际进口博览会以及“中国品牌日”上海主场系列活动等，提升了“敦煌”品牌的知名度。

乐海乐器公司2019开年伊始，持续举办扬琴、古筝、琵琶、阮、二胡等五大类民族乐器制作技能比赛及声学品质研讨会。2019年公司持续壮大乐海签约艺术家团队，诚邀中国音乐学院二胡演奏家张尊连教授加盟，以提升乐海二胡品类品质及形象。同时全国启动乐海签约艺术家、技术顾问大师研修班、专场音乐会活动，徐阳昆明大师班，杨靖广州大师班，刘寒力北京大师班，徐阳薛淼阿里音乐会等，传承国乐技艺、传播国乐文化。

2019年，扬州民族乐器研制厂有限公司复制古代乐器藏品让文物乐器走进群众。9月中央广播电视台科教频道（CCTV-10）《探索发现》栏目纪录片《敦煌乐器·乐从画中来》，河南电视台纪录片《失传千年的五弦琵琶长啥样》进行了报道；6月10日一场特别的“广陵琴缘国风雅集”在中国驻罗马尼亚大使馆上演；8月13日，由龙凤古筝冠名的“龙凤之夜”古筝名家专场音乐会在扬州成功举办；10月20日晚由龙凤乐器协办的“大国灵韵，弦舞津城”吉炜古筝大师演奏专场音乐会在天津红旗大剧院举行。

六、各类文化活动为全年民乐产业发展提气

2019年我国民族音乐市场绚丽多彩，不仅为民乐演奏者提供了一展才华的舞台，也为观众带来了艺术与文化的熏陶，成为拉动民乐产业发展的助推器。

2019年3月，中央广播电视总台秉承“弘扬中华优秀传统文化、普及中国器乐知识、推出新人新作”的理念，启动了“中国器乐电视大赛”，大赛向全球民乐演奏者发出邀请，吸引了5566位选手报名参赛。自播出以来，45场国乐盛宴，诞生了62首国乐新作。

中国民族管弦乐学会成功举办了第八届华乐论坛暨“新绎杯”杰出民乐教育家评选活动，来自海内外近百位民乐界同仁共襄盛举。胡琴教育家马友德、胡琴教育家鲁日融、古筝教育家周延甲、柳琴教育家王惠然、琵琶教育家刘德海、胡琴教育家王国潼、古琴教育家龚一、打击乐教育家李真贵、胡琴教育家刘长福、笙教育家翁镇发、扬琴教育家黄河等11位专家获得“杰出民乐教育家”荣誉称号。

4月12日，中国民族管弦乐学会古琴专业委员会联手华东交通大学主办的第一届古琴艺术暨华东交大传统艺术节于南昌正式开幕，历经3日，成功举办了12场琴人琴家古琴音乐会、4场讲座、1场高校古琴论坛以及2场重磅民乐名家音乐会。

4月22日晚，“第36届上海之春国际音乐节·第二届上海二胡艺术周”开幕式音会在上海音乐学院贺绿汀音乐厅隆重上演，为期4天的二胡艺术盛会由此开启序幕。

7月15日—27日受意大利政府邀请参加“达芬奇国际艺术节”中意交流活动，三个核心团队+乐器制作家，打造了“达芬奇国际艺术节”的盛况，乐器制作家等组成的代表团向各位专家、同道和朋友展示中国艺术的源远流长和无穷魅力。

七、2020年，疫情过后方显出英雄本色

2020年刚刚到来，新冠肺炎疫情把所有企业新一年实施计划浇了一盆冷水，民族乐器各企业在灾难来到的时候，将继续推进以文化为主线，以品牌运作和创新驱动为两翼的发展战略，与社会优质资源携手合作，为用户提供增值产品、增值服务和增值体验，为企业开拓更广阔的发展空间。企业将进一步融合推进文化营销战略，推动品牌化发展，持续推进民族乐器的改良创新，加强产品力建设，加大民族乐器制作与文化创意的深度融合，打造高文化附加值的新品乐器。

弦乐器篇

综观2019年弦乐器产业发展，面对经济下行压力加大，以及环保、材料、人工成本上涨不利要素，行业骨干企业对内强化设备升级与技术改造，优化产品结构布局，调整中高端产品比例，化解材料、人工成本压力，提振企业内生动力。对外顺应市场多元化需求，稳定外销市场流通渠道，创意延伸文化产业链条，积极对接院校消费市场，有序拓展品牌影响力和产品附加值。通过调整产业产品结构，培育拓展音乐消费人口，拉动内需市场消费潜力，全年行业发展总体水平维稳前行。

一、2019年弦乐器行业宏观运行数据

来自轻工行业经济数据显示，2019年，乐器行业全年累计利润总额18.41亿元，全国乐器行业累计资产总计245亿元，同比增长9.13%。其中，西乐器制造累计资产总计157.75亿元，同比增长13.78%，反映企业在能源环保、硬件设施与材料成本的持续投入。2019年，西乐器累计主营业务收入229亿元，同比增长6.99%；西乐器累计完成利润总额8.5亿元，同比下降12.49%，数据显示西乐器行业总体处于控制规模增速，产品结构调整的转型期。根据行业骨干企业直报数据，2019年，我国提琴总产量80.85万把，包括产业集群弦乐器产能，弦乐器总产量在150万把，吉他产能合计320万把（含国内产业集群和广东地区产量）。

来自国家海关总署数据显示，2019年，我国西乐器累计完成出口交货值45亿元，同比增长4.95%。我国出口弓弦乐器1540632只，同比增长0.97%，出口金额7784万美元，同比下降4.36%；出口其他弦乐器（吉他、小提琴、竖琴）1195万只，同比增长12.98%，出口金额3.43亿美元，同比增长7.78%。2019年，我国弦乐器进口1203只，金额140万美元；其他弦乐器进口21.7万只，金额2019万美元，同比下降1.59%。总体反映出国内市场对海外弦乐器产品需求有小幅收缩，但市场需求总体趋于平稳。

二、2019年弦乐器产业运行特征

1. 弦乐器产业布局与发展趋向

2019年，弦乐器市场受宏观经济影响相对较小，行业发展总体水平趋向平稳，根据国内和国外市场销售形势，弦乐器产品（含配件和白坯琴）的总产能预计在150万把左右，产品结构配比为：大提琴全年产能在8万把左右，其中低端产品占比60%，高档产品占比40%；小提琴产能预计接近140万把。从目前产品制作工艺水平看，工厂普及提琴基本不具备或者达不到演出专业用琴标准。价位超过3万元的高端工厂琴占总产能近10%～15%，主要面向院校教育市场和专业考级市场消费群体。

近年来，随着材料和劳动力成本攀升，普及弦乐器的产量逐年下降，中高档产品比重逐年上升，市场售价达到2万元左右，普及品与中高档产品结构配比为7∶3，产品的附加值显著提升。2019年，中国提琴产业布局和加工体系如下：江苏黄桥产业集

群完成提琴产成品近80万把左右（不含配件加工和代工白坯琴）；广东地区以红棉乐器和格雷蒙娜提琴为主导，生产提琴产成品近15万把；北京平谷地区，提琴产能在20万把左右；从北京马驹桥转移到河南雀山县的提琴产业集群，预计全年提琴产能在15万把左右。纵观国内提琴产业布局，黄桥乐器产业集群成为2019年提琴产业结构的主导。

2019年吉他行业全年产能结构配比：广东吉他行业全年产能在180万把，以广东四惠吉他产业聚集区为主导；江苏黄桥乐器产业集群木吉他产能接近100万把；河北衡水武强乐器产业集群产能在60万把左右；包括山东郿部电声产业基地的木吉他产能，我国吉他行业木吉他全年产能预计达到320万把左右。分析木吉他的产品结构，150元价位的普及品，占到行业总产能60%～70%；200～500元的中档琴，占比达到30%左右；超过500元价位的高端琴，占比在5%左右。

从产业结构的拓展看，因为企业产生合理的经济效益，促成弦乐器骨干企业在规模和文化产业投资范畴持续拓展。市场需求驱动企业的合理利润与收益，促成企业经济效益提升与发展。当前，随着国内文化教育市场持续发展，包括二胎政策的放开，国内弦乐器消费市场潜力或将成几何级数增长。分析当前弦乐器市场结构，低端普及乐器产品符合市场和行业自身发展规律，在消费需求品质提升的当下，适当提升中高端产品的比重，同样是市场反向推动行业发展典型写照。

2. 产研设备升级，提升企业内生动力

纵观弦乐器行业发展，产业布局不断优化，产业分工不断细化，劳动力生产结构不断优化，产业发展总体符合宏观经济发展趋向。一方面国外弦乐器的生产体系和订单转向国内行业市场，另一方面国内弦乐器市场消费需求不断释放，内外因素促成弦乐器产业规模化发展。

为推动弦乐器产业标准化进程，9月20日，全国乐器标准化技术委员会提琴标准工作组成立大会暨第一次工作会议在江苏凤灵乐器集团举行，会上专门讨论了申请修订的《大提琴标准》草案，与会专家提出了许多合理、合规和具有创新点的建议，基本形成标准的送审稿。2019年，凤灵乐器集团加大人才投入，重视科技、管理人才，重视制造工匠培养与提升。全面推进两化融合，实施大数据管理，实现每道流程标准化，每日工作绩效化。为适应市场需求变化，凤灵乐器集团将降低普档琴生产，扩大中、高档琴生产15%以上，全面提高效率、效益，扩大凤灵品牌世界影响力，有序向文化产业转型、向艺术教育转型、向服务贸易转型。同时，凤灵乐器集团深入致力于新技术、新材料、新产品开发和研究。其中，毛竹材料琴已出口并被北京竹乐团、河南弦乐团等团队广泛使用，获得一致好评；公司自主研发的贝拉琴科技创新项目也已通过鉴定，投放市场。2019年，凤灵乐器集团公司全年销售比2018年增长6.6%、出口总值增长3.8%、利润增长6%。

3. 依托国际提琴比赛，强化行业人才培训

2019年，弦乐器行业科研人才培训与创新成果显著。3月21日，中国轻工业联合会四届五次理事会、中华全国手工业合作总社七届九次理事会在广西南宁召开。会上，中国轻工业联合会、中国财贸轻纺烟草工会联合作出决定，为全国首批共42名轻工榜样授予轻工“大国工匠”称号。其中，提琴制作大师郑荃成为乐器行业唯一获此殊荣者。11月27日，为更好地推动中国乐器行业科技创新工作，落实乐器行业《技术路线图》，促进行业科技创新与科技进步，推动行业人才战略。中国乐器协会在行业内开展“科技之星”推荐学习活动，确定授予提琴制作师于慧东等38人2019年度乐器行业“科技之星”称号。

同年，由协会和中央音乐学院主办第四届中国国际提琴及琴弓制作比赛，郑荃教授任评委会主席，比赛吸引了中国、美国、意大利、韩国、波兰、匈牙利、马来西亚、澳大利亚、保加利亚9个国家200余名选手，共计437件乐器作品参赛。规模比第三届增加30%。本届比赛，中国提琴制作师徐云海、王晏分别获小提琴、中提琴制作金奖，李建锋获中提琴琴弓制作金奖。大、中、小提琴及琴弓金银铜奖项中仅有4名国外选手，其余均为中国制琴师，占总数77.8%。

4. 产业集群建设集中体现区域政策推动力

2019年，黄桥、扬州、贵州、漳州、无锡、桐乡、兰考国内产业集群组团参展上海国际乐器展，各展团在展台风格搭建和参展规模均有不同程度拓展，反映地方政府文化产业政策扶持力度持续增强，助力区域乐器产业集群良性发展。值得一提的是，国际提琴制作大师郑荃教授被江苏黄桥镇特邀聘请为兼职副镇长，全力支持黄桥提琴产业之都创新发展和人才培养。2019年，江苏黄桥乐器产业集群开票销售额在25.34亿元，增幅同比近12%。作为国内最大的提琴乐器产业集群，黄桥乐器产业结构发展呈现如下特点：

第一，通过打造国家级的琴韵小镇，凤灵乐器、斯坦特等骨干企业进驻特色小镇的集聚区，成为区域集群的发展龙头；

第二，当地政府为中小企业设立特色片区。除在聚集区设立音乐教育学校，政府投资创建园区统一的绿色环保提琴油漆喷涂区，一方面解决中小企业升级改造的资金压力，同时解决地方乐器工业的环保达标，优化了产业的空间布局；

第三，从艺术教育层面。江苏黄桥依托地方乐器工业聚集优势，由中国乐器协会主导，打造6·21国际乐器演奏日主会场，以及全国琴韵之星的评选活动，为江苏的音乐文化产业打下良好的基础，取得了显著的社会音乐文化成果。据悉，黄桥当地学校器乐普及率已达到100%；

第四、为提升提琴行业人才的综合素质，当地政府主导开办提琴制作艺术培训班，聘请提琴制作大师郑荃为名誉镇长，在当地展开提琴制作人才技能培训，助力当地人才队伍建设和产业工人的文化素养的提升。当前，黄桥产业园区内，乐器产业要素以22%的占比形式呈现，乐器产业成为黄桥产业总体布局的核心版块。当地政府以文化创意产业作为地方经济发展的驱动，精神文明建设和乐器工业、艺术教育有机结合，有序构建区域特色文化产业。

三、2020年弦乐器行业展望

2019年，吉他内销和外销市场趋于平稳，提琴产业内销增幅远超外销市场，外销市场增幅不超过10%，内销市场增幅超过20%。面对海外弦乐市场，由国外知名乐器制造商和经销商垄断外销渠道，但像徐州大风等企业已陆续到海外创办公司，在外销市场的品牌话语权上逐步占据主导。同时，国内弦乐器消费市场，在国家文化产业的政策扶持下，通过社会力量启动音乐教育，由此产生的消费惯性和原动力，带动区域乐器消费持续发展。在国家教育文化政策的持续刺激下，展望疫情后期弦乐器发展市场，内销市场或将为弦乐市场发展带来创新增长点。

西管打击乐器篇

一、2019年西管打击乐器行业运行数据

2019年，根据行业骨干企业直报数据，西管乐器行业全年产能配比为：小号431979只，同比增幅1.3%；萨克斯105304只，同比下降1.1%；长笛281105只，同比增幅2.3%；单簧管78058只，同比下降6.1%；中低音号137949只，同比下降3.3%。

据海关总署数据显示，2019年我国西管乐器出口持续攀升，打击乐器出口出现小幅收缩。其中，铜管乐器出口量为792425只，同比增长19.26%，出口总额为9349万美元，同比增长5.62%；其他管乐器出口量为9031665只，同比增长6.89%，出口总额为7160万美元，同比下降0.22%；打击乐器出口量为9198990只，同比下降2.70%，出口总额为1.27亿美元，同比下降4.80%。反映出西管乐器不同要素在出口市场的波动调整。其中出口铜管乐器的主要国家为美国、德国、法国和英国，其他管乐器主要出口国为美国、德国、加拿大、英国、法国等，打击乐器主要出口国家为美国、德国、荷兰和英国。

2019年，我国西管打击乐器进口市场，铜管乐器进口增幅显著，全年乐器进口数量为8305只，增幅为23.31%，进口总额为819万美元，增幅36.87%；其他管乐器进口量为38.4万只，增幅0.55%，进口总额为1374万美金，增幅为17.44%，反映产品结构趋向中高端；打击乐器进口量为1845437只，同比下降21.21%，出口额为2081万美金，同比下降15.91%。

二、2019年西管打击乐器产业运行特征

2019年，我国西管打击乐器行业规模化、标准化进程继续推进，尤其是管乐器等大批量、标准化加工的产品，形成了从材料、部件到金属配件，从模具到专用设备的社会化分工，既降低了加工技术复杂系数，又提高了标准化、专业化水平。为规范行业技师的技术水平的有序提升，国家人社部职业培训鉴定政策调整之后，中国乐器协会积极组织申报国家职业技能标准库标准工作。经中轻联推荐，管乐器制作工、打击乐器制作工入选《国家职业大典》，西管乐器打击乐器行业标准化、规范化程度有序提升。

1. 中美贸易摩擦抑制外贸市场

2019年全球经济跌宕起伏，来自美国为首的经济体的打压遏制，促使国际经济环境明显趋紧，国内经济下行压力加大，外贸、外资市场直面冲击，其副作用进一步传导到供应链、产业链、创新链，使制造业压力持续加大，国外客户对西管打击乐器产品价格借机打压，市场拓展难度进一步加大。2019年，鉴于中美贸易摩擦，中东乐器消费市场波动因素，加之国内在乐器教学装备投资的收缩，造成乐器销售出现不同程度下降。津宝乐器表示，2019年下半年，管乐和打击乐内外销市场都出现不同程度的下降，外销出口主要体现美国出口市场降幅明显，美国单方对华加征关税，导致美国乐器采购商借机打压国产乐器出口价格，导致国内乐器出口利润缩水。“尽管如此，津宝乐器全年的乐器出口仅下降1.14%，市场运营基本平稳。”刘运斌说。2019年津宝乐器新增国内外客户175家，全年累计销售5.46亿元，上缴税金5358万元，产销量继续保持同行业领先优势。

2. 校企联合，创意转型中高端市场

2019年，面对中高端产品结构调整，骨干企业与院校专家建立联动研发机制，在中高端市场创新破局。津宝乐器表示，工厂强项是乐器制造，院校教授是演奏专家，只有二者强强联合，符合专业演奏者的需求，才能形成中高端个性化产品结构的调整。基于校企联合创新理念，津宝乐器历时两年成功研发交响乐团专业小军鼓、专业定音鼓和马林巴，填补国内专业交响乐团古典打击乐的空白，产品声学品质获得院校专家认可。同时，津宝乐器与知名爵士鼓手合作，专项定制大型演唱会舞台用鼓，国内众多一线鼓手纷纷加盟助力津宝高端爵士鼓。

近年来，金音集团凭着雄厚的经济与科技文化实力，承建的全国音乐教育服务联盟（武强）基地被中央音乐学院定为音乐教师资格认证合作单位。2019年全国音乐教育服务联盟基地研制的艺术素质测评APP系统面世，作为文化企业转型创新专题节目在2019年河北省“两会”期间播放，反响强烈。创新平台立足产业链，利用大数据、云计算，拓展全局视野，整合乐器制造企业、琴行、音乐培训机构及社会各界的优势资源，开展供需对接，解决学校和社会音乐教育条块分割、区域资源浪费与匮乏等问题。将传统、单一的乐器培训和乐器销售，做到高端化、体验化、生活化，依托全新的经营模式，树立国产乐器在大众心中的品牌形象，为加盟者带来可观的经营利润。

3. 设备升级，化解环保与成本压力

近几年来，西管打击乐器制造企业成本持续攀升，环境治理投入和能源、物流成本上涨继续倒逼产业绿色转型。2019年，以天津津宝、河北金音等为首的西管打击乐器企业，在新品研发、新装备投入、新工艺改进等方面投入了更大的力度，使产品在声学品质、外观及使用舒适性等方面指标大幅提高。2019年，河北金音乐器集团荣获河北省“知名文化企业30强”称号，在环保整治、安全生产强化等各项工作中，未发生质量、安全、环保等事故，未发生违法违纪等问题，风险管控和隐患排查治理的双体系建设，获得了有关部门的肯定和称赞。

2019年，天津津宝乐器技改投入持续加力，创新成果丰富。以提升产品开发和产品工艺技术优化为重点，工艺技术标准化、自动化、智能化工作进展顺利：2019年公司累计投入新产品、新装备、新工艺等方面技改资金2320万元，完成新产品开发38项，零部件创新研发77项，新设备投入180多台套，新工装、模具投入600余套，形成专利83项。2019年，津宝乐器继续加大产品创新和技改项目投入，主要

用于产品开发、新材料应用、新工艺研究等产品创新投入以及信息化联网设备、智能机械人、自动化流水线、数控车床等先进装备方面的投入，以此保持核心竞争力的优势。

4．品牌文化创新，延伸音教产业链条

品牌推广活动投入持续加力，平台建设成果与品牌建立融合发展。2019年，西管打击乐器骨干企业依托国家文化产业扶持政策，着力打造的各类创新文化艺术活动。如津宝国际音乐节、研讨会、文化艺术培训活动资金累计投入560余万元，组织开展了为期一个月的2019津宝第五届国际音乐节，同步举办了首届“DCA亚洲行进鼓乐联盟”锦标赛，并相继组织了2019津宝蓝魔行进艺术师资培训、2019津宝第五期行进管乐师资培训、两期的奥尔夫师资培训和2019津宝第一期马林巴师资培训班，这些活动的开展为巩固“津宝”品牌行业地位、提升品牌内涵、扩大品牌影响力等方面带动效果明显，也对促进地方文化、旅游、带动区域经济起到良好的助推作用。

面对国内音乐文化事业的发展，功学社集团积极参与和大力协助各项音乐院校和音乐协会的活动，邀请许多世界知名的鼓手、音乐家、音乐教育专家来中国巡演和举办教学讲座，通过丰富的国际资源，举办多种活动邀请国际知名音乐大师与教育家，共同分享多地的音乐教学经验与传承，促进学校管乐团与专业教师的艺术文化交流。以对学校社会贡献力量，服务社会提高文化素质为目标，共同为繁荣中国乐器市场和扩大音乐学习人口作出不懈努力。

三、2020西管打击乐器行业展望

展望2020年，有经济学家认为，我国经济进入高质量发展阶段，GDP增速减缓，民众消费需求增速超过制造产业结构调整增速，国内乐器普及品虽然产能过剩，但中高端消费市场仍有待开发，产业结构调整已成定局。当前，国内中高端乐器消费有固定的消费群体，且群体规模和外延在逐步扩大，学校乐团和专业院团，包括国家重点音乐高校和近千家二级音乐学院，中高端产品需求明显增加。国内庞大的音乐教育体系和地方院团促成中高端产品需求逐年扩容；其次，随着家庭收入水平的提升，乐器品质需求不同以往，促成中高端产品市场扩容，经济和教育的持续发展，将刺激中高端乐器消费市场快速成长。我们相信，西管打击乐器骨干企业会顺势而为，对内技术改造提升内生动力，对外加快品牌文化布局，在创新发展中促进行业有序稳健发展。

专 题

与改革同行，与时代同步，中国乐器正在奏响“大国之音”

40年弹指一挥间。投身波澜壮阔的改革大潮，挣脱束缚，注入活力，面向全球大市场的中国乐器制造业一路高歌，砥砺奋进，奏响了一曲高亢嘹亮的改革之音、时代之音和大国之音。

站在纪念改革开放40年的重要节点上，我们可以自豪地说，今天的中国乐器产业早已摆脱了小弱散的传统印象，无论从规模、档次、品种、品质，还是市场、品牌影响力，都已经和正在树立起世界乐器制造大国的新形象。由中国乐器协会主办的2018中国（上海）国际乐器展览会，以全球同业第一的13.8万平方米展会面积，和汇聚了来自31个国家和地区2252家参展企业，81个国家和地区165000人次观众的规模，以及新品全球首发、国际高端行业论坛、文化教育演艺名家汇聚，实战指南大师讲坛等重磅现场活动，引发国内外业内外广泛关注，“中国乐器”的“热度”与“跨度”已然登上全球热搜榜，成为影响全球乐器行业发展的“晴雨表”。对比改革开放之初，1989年在北京举办的首届全国乐器博览会，当时的展览面积2500平方米，仅有66家乐器企业的691件乐器和1120件配件参展，今天的乐器展规模几乎是翻了40倍不止，只是一个典型个例，却集中展示了中国乐器制造业40年发展的惊人速度和成就。同样引人注目的是，随着我国社会经济快速发展，特别是近年来的文化产业大发展，互联网技术普及，百姓文化消费层次水平不断提高，音乐文化教育演艺成为发展最快的领域之一，中国已经是全球最大的乐器制造大国和第二大消费市场。一个“让音乐成为生活的刚需、让乐器成为家庭的标配”的时代越来越近。全行业正在抖擞精神，唱响“音乐让生活更美好”的主旋律，准备迎接产业发展又一个新的“黄金时代”。

回首来路，中国乐器行业的快速发展实实在在得益于改革开放的大政策、大环境、大背景，每一个转折和新的发展节点都与改革开放的大进程紧密相关，步步相随。20世纪80—90年代，作为行业发展的起步期，同样也经历了一个从以国有企业为单一计划经济体制向以公有制为主，个体民营外资多元并举的市场经济新格局的转变过程。一时间，大大小小，属性各不相同的乐器企业遍地开花，同场竞争。从统购包销围着计划转到面向市场针对需求下单，从业者的生产积极性被空前调动起来，聪明才智得到充分发挥，行业规模迅速扩大。随之而来激烈的市场竞争，优胜劣汰产生出第一批市场公认的优秀品牌和企业。进入新世纪，国际市场大门的打开，对于乐器行业发展有着至关重要的作用，让中国的乐器产业插上腾飞的翅膀，努力与国际对标，使这个阶段的乐器产业在设备、技术、标准、工艺和外观等方面都有了突飞猛进的完善与提升，呈现出一个全行业规模、产值、利税、进出口额等各项重要指标连续10多年持续攀升、高位运行的局面，被称为10年高速发展期；进入改革开放深度发展的新时期，全行业加快供给侧改革，强调科技引领创新驱动，积极落实“三品”战略，加快整体转型升级，重点推进行业整体向中高端发展；同时，适应形势、政策和市场变化需求，积极跨界拓展音乐教育服务产业，有效扩大市场增量；同时，强化推进行业职业技能培训和相关中高端人才培养，为行业持续发展提供高素质人才支持。行业正在进入内外兼修，全面提升的高质量发展期。

40年探索不止，40年奋斗不息，今天的中国乐器制造业以繁荣发展的新格局和制造大国迈向强国的新形象，自信亮相世界舞台。数字看发展，对比见变化，中国乐器行业40年发展变化的成就有目共睹。

当之无愧的乐器制造大国

不再是零打碎敲，不仅是贴牌代工，中国的乐器制造业经过40年发展，正在逐渐实现纵向上下游首尾相接，横向覆盖配套合理，各环节紧密衔接的完整产业链条和整体化、集约化发展新态势。数据显示，目前我国乐器制造企业超过6000家，90%为中小企业。其中，乐器规模以上企业主营业务收入由1989年的18.86亿元飙升至2017年的374.94亿元，增长约20倍；钢琴年产量连续17年保持30万架以上高位运行，占全球总量75%以上；提琴、管乐、吉他、手风琴等主要乐器产品产量均在全球占比60%以上。加入"世贸"后，中国乐器行业快速融入全球经济一体化潮流，产品出口到全球200多个国家和地区，产品档次、销售额和利润率持续上升，表现出强大竞争力。1997年至2017年，主要乐器出口额由2.77亿美元增长至15.48亿美元，增长458.84%；乐器进口额由3209.60万美元增长至4.03亿美元，增幅达1155.84%；行业运行效益步入良性循环。

中国不仅是全球乐器生产大国，市场消费能力与潜力也与日俱增。目前，中国乐器年消费市场额约448亿元，仅次于美国，成为世界第二大乐器消费市场，占到全球市场总量32%。近年来，国内音乐教育产业发展方兴未艾，各类音教机构如雨后春笋，遍布大中小城市。目前中国市场上已有琴行2万多家，90%以上都有音乐培训项目。据《中国音乐产业发展报告》数据，2014年音乐教育培训行业总产值为643.8亿元，其中，艺考音乐培训产值66亿元，社会音乐考级培训产值577.8亿元，各类音乐培训机构约为8500家，参加全国性音乐考级的考生人数在120万人以上，音乐教育培训产业规模呈明显上升趋势，中国乐器消费市场潜力无限。

作为现代企业发展成熟度标志之一，2012年，广州珠江钢琴集团股份有限公司率先在深圳证券交易所挂牌上市，"中国乐器行业第一股"由此诞生。随后，又一家自主品牌，国家重点火炬计划实施高新技术企业海伦钢琴有限公司在深交创业板成功上市。2015年，上海知音音乐文化公司成功在新三板挂牌上市，成为我国第一家上市的乐器零售企业。这三家公司成功迈入资本市场，标志着我国乐器企业发展又站在了一个全新的高起点上，预示着未来更大更好的发展机遇和前景。

外交主场上的中国品牌绽放

改革开放40年间，我国乐器行业基本完成了三期技术改造，产品更新换代速度加快，产销规模稳居世界前列，同时创出了一些堪与国际品牌媲美的知名品牌，多次在国家主场外交、大阅兵、国内外重大赛事、高级别音乐会等大型活动中，作为国家文化形象和民族乐器最高水平代表出场，演奏出中华民族自信优美的乐曲华章：2018年8月，国家主席习近平在北京人民大会堂同俄罗斯总统普京举行会谈，并将一把中国古老的民族乐器——古琴作为国礼赠送给普京；习近平主席夫人彭丽媛出访塔吉克斯坦参观塔吉克斯坦国立音乐学院时，向学院赠送中国传统乐器古筝，拨动琴弦，传递中国传统文化，连接两国人民情谊；珠江恺撒堡演奏会钢琴以其优异品质成为万众瞩目的G20峰会文艺演出唯一用琴；长江钢琴亮相中俄两国领导人习近平主席和普京总统出席的《中俄睦邻友好合作条约》签署15周年纪念大会，见证了中俄两国人民的伟大友谊；北京第29届奥运会闭幕式上，由上海民族乐器一厂和罗兰电子公司合作研发生产的EH-10电子二胡精彩亮相，震惊了世界；上海民族乐器一厂受邀在亚信会议第四次峰会上，向与会人员展现中国的传统乐器文化和民族风采；"星海""鹦鹉""金杯"乐器等被选送作为中央代表团专用礼品，在新疆维吾尔自治区成立60周年之际发放到全疆中小学，助推边疆音乐教育事业的发展；海伦红色九尺钢琴亮相在天安门广场举行的北京奥运会倒计时一周年纪念晚会；"第四届深圳国际钢琴协奏曲音乐周"上多名中外演奏者选择"长江钢琴"参加演出，展示了中国制造的自信与实力；津宝乐器被定为中国援外定点生产企业，多次在中华人民共和国周年大庆、澳门回归等国内外重大庆典演出中担当重任……这样可圈可点的事例和故事不胜枚举，充分展现国产乐器和民族品牌的魅力，为国增光，令业界自豪，为行业的中高端发展提供范例与经验，极大鼓舞了全行业的信心与干劲。

科技创新激发产业发展新动能

40年间风云激荡，国内外市场变化不断，尤其是大洋彼岸触发的“金融海啸”冲击了原本平稳、快速运行的中国经济列车，也对乐器行业发展提出严重挑战。面对人工成本优势弱化、材料能源成本上升，环保压力加大，国内外市场竞争愈发激烈，科技创新能力和品牌影响力不强等不利因素，乐器行业坚持科技创新驱动，实施“三品战略”，对标国际先进水平，组织力量重点攻克关键部位核心技术制约，推动中高端产品质量与档次提升，在新技术研发、新材料替代、新标准制定、新产品推出等方面成绩斐然：广州珠江钢琴公司恺撒堡艺术家（KA）系列钢琴、凤灵乐器公司“木材生物改性与提琴音质改良”、吟飞科技公司“互联网+智能化乐器”、武汉艾立卡公司“用于电吉他的延时类数字音效嵌入式系统”、广州红棉乐器公司“采用光敏油漆对木吉他静电喷涂的系统”、和声公司“R版系列创新技术的钢琴”荣获“科技进步奖”分别获得“科技进步二等奖”和“科技进步三等奖”；海伦钢琴在北美市场国际钢琴评比中获得“北美市场消费者使用钢琴”最高级别；江苏凤灵乐器公司竹制贝拉琴获得第二届中国轻工业优秀设计“金奖”称号等。

与此同时，行业科技合作及重点科技项目在扎实有效的推进下不断取得阶段性成果：民族低音拉弦乐器的改革，经过反复研究实验，与院校、专业团体合作，创作了“大华琴”“贝拉琴”“大瓷琴”等新一代样品，经专业团体使用，反映良好；声学木材研发团队由行业声学木材研发基地成都川雅木业公司与东北林学院合作，珠江钢琴、海伦钢琴、雅马哈钢琴、红棉乐器等骨干企业积极参与，项目在全球资源调研、科学选材和加工工艺研究等方面有较大突破，并进行批量投产推广，新的声学木材加工基地正在紧张建设中；民族膜鸣乐器蟒皮科研项目从人工繁育养殖和人造蟒皮两个方向突破。人工养殖蟒蛇皮所产蟒皮基本能够适应二胡等民族膜鸣乐器需求，人造蟒皮坚持绿色环保理念开辟了民族膜鸣乐器声学材料的新途径。这些行业合作和企业创新的项目取得了喜人的成果，推动着乐器产业转型升级。

专利和标准为行业发展保驾护航。改革开放40年，我国乐器行业的专利与标准制度历经了从无到有、着眼全球、制度创新等几个阶段，有效将乐器科技成果转换为专利和技术标准，成为抢占市场高地、提升产品附加值和利润的重要途径。截至2017年，全行业共完成112项国家、行业技术标准制修订，其中国家标准19项，行业标准93项。作为衡量产品和企业技术实力的技术专利工作日益受到企业重视。2017年全行业共申报技术专利1317项，其中发明专利423项，实用新型专利579项，外观设计专利315项，发明专利占总项目数32.12%。有6项少数民族乐器制作技艺入选国家级非物质文化遗产名录。

打造品牌高地硕果累累

随着改革开放深入发展和市场经济体制逐步完善，以及技术改造持续开展，质量与品牌意识不断增强，打造优秀品牌，扩大品牌影响力成为行业和企业持续努力精心培育的目标。截至2018年全行业拥有省市著名品牌90余个，高新技术企业近20余家（享受15%所得税的优惠政策），企业实力和品牌地位明显提升。星海钢琴公司和上海民族乐器一厂获得“中华老字号”称号；珠江、星海、津宝、润韵、金杯、凤灵、吟飞、乐海等20余个品牌获得“中国驰名商标”；美得理、施特劳斯、博斯纳、星臣等近100个品牌获得各省市“名牌产品”和“驰名商标”；珠江钢琴名列中国品牌价值500强，第一批获得由工信部授予的“中国制造业单项冠军示范企业”称号；上海民族乐器一厂获“全国工业品牌培育示范企业”；长江钢琴获中国国际与名牌博览会特别金奖；蔚科旗下NUX品牌 DM-1电子鼓获中国设计红星奖等。

随着乐器全球化发展加快，企业加大品牌打造投入，品牌国际化推广与合作成为新的趋势和亮点，从为众多国际品牌定制到收购国际品牌，不少骨干企业大胆尝试收购或控股国际知名品牌，例如：珠江钢琴并购德国舒密尔钢琴；柏斯音乐集团收购德国格德里安钢琴；森鹤乐器与法国著名钢琴普利耶品牌合作等都取得丰硕成果，进一步推动了国产乐器品牌的国际化、高端化。

“大国工匠”共筑乐器中国梦

虽然生产的机械化、自动化、智能化日益普及，但是乐器很大部分还是属于手工制作，技艺要求很高。顶尖的乐器产品，无论中西乐器，大至上万零部件的钢琴，小至只有七根琴弦的古琴，最终都离不开匠人精益求精的打磨修造和调试整理。乐器行业改革开放40年快速发展成果，也是传承发扬中国大国工匠精神，一大批乐器制造业工匠们的心血之作。他们中的代表人物有：从业40载，深耕高端手工提琴制作技艺，在制琴、教育、科研和国际交流等方面多有建树，曾在国际提琴制作比赛中获奖20余项，金牌4枚，开创了中国提琴制作学派的“轻工大国工匠”郑荃；“血液里流淌着争创一流、敢于担当、勇于创新”的全国劳动模范“天津津宝乐器有限公司”总经理刘运斌；在上海民族乐器一厂从事古筝制作30余年，勇于突破传统，不断探索创新，在古筝装饰、琴码调整、琴弦改良、引入标准化制筝模式等方面作出突出贡献的“中华非物质文化遗产传承人”徐振高；在2016年全国钢琴调律职业技能竞赛上脱颖而出，获得前3名的“全国技术能手”梁钊明、刘东林、张翀等等，他们代表了中国乐器行业所承载的数十年如一日，兢兢业业，精益求精的中国“大国工匠”精神，为行业发展做出了突出贡献。

国以才立，业以人兴。人才是支持行业发展的核心竞争力，人才匮乏一直是乐器行业发展短板。不断提升从业者职业技能水平，培养适应发展需要的多元化高素质人才，始终是与产业发展和市场开拓并肩齐行的行业工作重点。自2002年始，乐器行业已连续16年开展钢琴调律师和提琴制作师等专业职业技能培训鉴定工作。截至2017年底，共有6931人/次取得人社部《钢琴调律师》职业资格证书；132人取得人社部《提琴制作师》职业资格证书。即将陆续开展的还有电鸣乐器制作工（师）和民族拉弦弹拨乐器制作工（师）等行业的职业技能培训认证。同时，企业联手专业院校共同设立人才培养项目，与中央音乐学院、中国音乐学院、南京艺术学院、星海音乐学院等国家部委级到省市地级各类艺术院校合作办班、代培和定向培养专业技术人才已经在行业全面展开，校企合作项目超过20个，成效显著。为尽快缩小与国际先进水平差距，拓展与国际知名企业合作，共同推进国内中高端技能人才培养，相继与日本河合乐器公司签约合作，建立钢琴调律联盟标准，在国内开展中高级钢琴调律师培训认证工作；在中法技术合作框架下，与法国布菲乐器集团、法国欧洲音乐技师学院合作，筹建中法合作中国乐器修造学院，按国际先进体系标准要求，为国内培养培训中高端专业技术人才。目前，乐器行业人才培训工作正向覆盖基础，提升中级，突破高端的方向全面推进。

跨界融合助推音教服务，创新市场发展

适应改革开放进入到着力解决“人民日益增长的美好生活需要和不平衡不充分的发展之间的矛盾”新阶段的新要求，我国乐器行业从现有国情实际出发，积极倡导并牵头创建跨界融合发展的全国音乐教育联盟服务平台，联手国内音乐教育、文化、演艺、传媒等相关行业，博采众长，搭建平台，互动共推国内音乐教育文化演艺协同发展。与此同时，与美国国际音乐制品协会（NAMM）、欧洲音乐联盟、巴西乐器协会、国际钢琴调律师及技师协会（IAPBT）等国际组织以及维也纳音乐与表演艺术大学、澳大利亚墨尔本大学等国际知名音乐院校等开展全方位合作，先后举办了多届国际行业高峰论坛和乐器营销培训课程；引进国外先进音乐教育理念，联合打造适应我国国情的社会音乐教育服务项目；重点引进推广的“6·21国际乐器演奏日”品牌活动仅3年，至2018年，全国就已有700多家机构团体，在140多座城市，有16万人参演、近200万人参与的超大型全国性的乐器演奏活动，在世界范围内引起轰动；重点策划和举全力召开的“2018国民音乐教育大会”，来自中国、美国、奥地利、日本、捷克、英国、澳大利亚和泰国8个国家和中国台湾地区140位主讲嘉宾奉献了9场主旨发言、3场圆桌论坛、89场工作坊，集中展现当今世界及中国音乐教育文化各方面成果，吸引了国内外众多同行

的目光，被称为音乐教育史上的破冰之举；上海国际乐器展和北京音乐生活展，为行业提供国际商贸、音乐教育、器乐文化的交流与合作平台。北京音乐生活展更是以全新的视角和定位，为音乐文化产业搭建跨界融合发展的新平台，汇聚众力，促进中国音教服务产业的创新发展。

40年的努力和奋斗，我国乐器行业经历了从无到有、从小到大、从弱到强的发展历程，从学习、模仿到创新及至赶超，今天，一个全新的中国乐器制造业已然屹立于世界之林。

2019年，中国乐器协会迎来自己的30岁生日。30年来，中国乐器协会在国资委和中国轻工业联合会的领导下，在全体会员单位的大力支持下，历经七届班子接力奋斗，一步步走向成熟、壮大，正在担负起“集行业之力，办行业之事，为行业服务”的责任，助推营造“良好行业生态环境”，促进中国乐器制造业健康发展。王世成理事长根据我国乐器行业当前经济运行的总体特征，对行业未来发展作出了五个基本预判：一是国内外乐器消费市场发展前景可期；二是随着乐器人口有效扩大，家庭乐器拥有率势必出现重大突破；三是中高端品牌产品优质优价已成常态；四是新需求理念将主导未来乐器市场；五是乐器产业品质理念将引领产业未来转型升级。清晰向全行业，向国内外传达了对中国乐器产业未来发展的良好预期，展示出中国乐器行业正在从制造大国向制造强国迈进的坚定信心和稳健步伐。

改革洪流如东去春水，船行中流，尤须击楫奋进。站在新的历史起点，面对新的机遇和挑战，全行业摩拳擦掌、枕戈待发。新时期的中国乐器制造行业将以更博大的胸怀，更广阔的视野，站在全球乐器市场的高度，以国际化的经营模式和理念推进改革与发展，努力使我国乐器行业从“跟跑”“并跑”到“领跑”，向着中国乐器行业的高质量发展目标阔步迈进，让中国乐器行业的“大国之音”更加坚定悦耳，雄浑豪迈。

继往开来 再创辉煌
——中国乐器协会成立30周年历程回顾

1989年3月22日，中国乐器协会第一届理事会在宁波召开，到2019年，整整走过了30年的历程。

中国乐器协会是中国改革开放以后，在国家机构改革过程中，由微观管理转变为宏观管理，单纯管理转为服务管理，直接管理转变为间接管理，计划经济转换为市场经济的产物。

中国乐器协会是由国内乐器生产、经营企业以及与之相关的科教文化单位和对行业做出贡献并有一定影响力的个人自愿组成的，是为会员、行业和为政府服务，在政府和企业之间发挥桥梁和纽带作用的全国性非营利社团组织。

30年来，中国乐器协会在国资委党委和中国轻工业联合会的领导下，在全体会员单位的大力支持下，一步步走向成熟、壮大，担负起“集行业之力，办行业之事，为行业服务”的责任，发挥了政府与企业间的桥梁和纽带作用。

30年来，中国乐器产业经历了“单纯生产”到“面向市场，以销订产”，再到“文化营销，使乐器成为文化产业相关产品”的重要转折。中国乐器的“质”和“量”都取得了长足的进步，今天的中国已经成长为世界最大的乐器生产国和最大的乐器市场之一。

30年来，中国乐器协会走过了从初创起步，到快速发展，再到综合扩展的几个阶段，业务范围实现了从生产圈（服务于生产企业），到市场圈（琴行纳入中国乐器协会体系），再到音乐文化圈（与音乐教育机构全面合作）的巨大变化。

协会成立之前的发展概况　改革开放厚积薄发

新中国成立后，乐器归类于文教用品，由轻工业部管理，在《国民经济行业分类》标准中，乐器被列为制造业（门类）——文教、工美、体育和娱乐用品制造业（大类）——乐器制造（中类）；21世纪初，国家统计局将乐器划归文化相关产品，文化部将民族乐器技艺划归非物质文化遗产。

新中国成立后，生产关系的重大变革，极大地促进了生产力的发展，广大专业及业余文艺工作者以前所未有的革命热情投入到为人民服务，百花齐放、百家争鸣的音乐创作热潮之中，乐器的功能和使用范围发生了深刻变化，成为歌颂新中国、歌颂共产党、反映现实生活、团结人民、教育人民的重要组成部分。

伴随着20世纪50年代，新中国成立后乐器市场需求的快速增长，我国乐器制造业在全国各地相继上马，除北京、上海、苏州、天津、广州等地已经存在的民族乐器生产手工作坊以外，各地区相继建立了钢琴、口琴、手风琴、西管乐器、提琴、打击乐器等门类的乐器生产企业。

在1956年“一化三改”运动和“公私合营”高潮中，全国各地的乐器生产企业转变为全民或者集体所有制企业，通过技术革新，乐器生产逐步实现了机械化、半机械化，生产效率大大提高。

这个时期，遍及国内20多个省市的全国乐器工业体系逐渐形成，除北京、上海、广州、营口、天津、苏州等具有门类齐全的综合性乐器生产体系以外，乐器行业中的民族乐器企业遍及全国，其中以北京、天津、上海、苏州、广州5省市为重点，产量占全国的83%；西洋乐器产区11个，以北京、上海、天津、广州、苏州、营口、成都等成为集中产区；钢琴有北京、营口、上海、广州4个厂；手风琴有北京、天津、营口、上海、苏州5个厂；口琴有天津、营口、上海、广州4个厂。到20世纪50年代后期，我国基本形成了覆盖全国，门类齐全的乐器生产体系。1949—1987年期间，乐器工业隶属于文教体育用品工业。据1983年统计，乐器企业110个，所有制都是国营、大集体或者是小集体，基本上没有民营企业。

新中国成立以后，乐器行业的管理归属由国务院设立的中华全国手工业合作总社以及1965年成立的第二轻工业部管理，主要管理民乐乐器。1977年第一和第二轻工业部合并，成立了轻工业部，整个乐器行业就转归轻工业部的二轻局文体用品处负责管理。

20世纪80年代初，总产值不到全国轻工行业总产值千分之三的乐器产品从文体用品行业划分出来，单独划归乐器行业，显示出当时部领导已经看到乐器行业的重要地位和未来发展前景，在轻工业部二轻局设立了乐器管理处，对乐器行业进行规划管理，并通过各地区轻工业管理部门间接管理乐器生产企业。

1982年10月4—9日，为了便于行业协调，在苏州成立中国轻工学会乐器协会（二级协会），张连庸任理事长，轻工业部二轻局文体处处长杜世铎任副理事长兼秘书长，中国轻工学会乐器协会受中国轻工学会和轻工业部主管部门的双重领导。

在计划经济时期，乐器行业结合国家国民经济发展规划，制定了乐器行业五年发展规划，国家有计划地扶持了一批骨干企业，例如，天津的手风琴，北京的钢琴，上海的管乐器，上海苏州的民族乐器，广州的吉他等，都先后享受过国家的拨款扶持。

1989年—1998年　10年筑基快速成长

1978年，我国进入到全面“改革开放”时期，20世纪80年代初，我国经济管理模式从计划经济开始向市场经济转变。乐器企业结构从国有企业、集体企业转变为国有、民营、外资企业三足鼎立，齐头并进的发展局面。

从计划经济向市场经济转变过程中，国家机构开始酝酿改革，与市场接触最多，以人民日常消费品为主导产品的轻工业部率先进行机构改革，改革的近期目标是：政府将不再直接管理企业，而是参照国外行业协会的模式对行业进行服务性管理。

在经过将近一年的筹备工作以后，根据轻工业部机构改革、职能转变“三定方案”的统一部署，按照原国家经济委员会《关于工业行业协会若干问题的暂行规定》精神，轻工业部责成行业管理指导司拟定了上报民政部的《成立中国乐器协会的申请报告》以及《中国乐器协会章程（草案）》以及《第一届理事会组成方案》等一系列文件。当时国内有113家企业申请加入中国乐器协会。

1989年2月17日，轻工业部收到民政部发送的（1989）民社函第66号文,《关于成立中国乐器协会的批复》后，批准成立中国乐器协会，属于国家一级协会。1989年3月22—25日，中国乐器协会在浙江省宁波市召开成立大会，参会代表131人，其中来自全国乐器行业企业家代表102人，轻工业部行业管理指导司、体制改革司、中国轻工业协会联合会和浙江省轻工业厅、二轻总公司以及宁波市经委轻工业局有关负责同志出席成立大会。时任轻工业部副部长陈士能给大会发来祝贺信。

中国乐器协会第一届理事会由理事38人、常务理事18人组成，张连庸为理事长，王华朴为常务副理事长，翟康乐、徐弗为副理事长，聘任李鸿铮为秘书长，陈惠良、蒋正则为副秘书长。中国乐器协会成立以后在工作性质上与原有政府机构职能发生了很大的转变。一是会员单位范围扩大。从原来属于国营、大集体或者是小集体企业，改为国有、集体、民营、外资企业都占有一定的比例；二是协会与企业关系转变为服务管理模式；三是企业的全部生产经营活动，包括原材料采购和市场经营，“自主经营”“自我完善”“自负盈亏”。协会不参与其中。

中国乐器协会第一届理事会理事长张连庸同志在成立大会上的讲话，体现了中国乐器协会成立伊始的办会宗旨。他说，协会领导机构和工作人员必须坚持为会员服务的办会宗旨，执行民主办会，勤俭办会的方针，为会员服务，即为企业服务，要坚持生产力原则，协会各项工作活动，必须有利于企业发展生产，搞活经营，增加收益，围绕发展乐器生产，研究政策、措施。协会要时刻不忘记为企业服务，经常检查服务效果，企业要根据协会对行业管理和谋求共同利益的基础上强化沟通，大家默契配合，把协会真正办成“企业之家”。在中国乐器协会走过的第一个十年中，共经历三届理事会，第一届理事会从1989年至1992年，期间召开过三次会议，除第一次在宁波召开以外，其他两次分别在辽宁大连和吉林浑江召开。第二届理事会是采取通讯选举的形式产生，1992年11月10日完成，中国乐器协会第二届理事会由71位理事组成，常务理事29人，理事长徐永，副理事长张连庸、王华朴、翟康乐、徐弗、庄瑞泉、王志新，秘书长李鸿铮。第二届理事会期间共计召开过两次会议，一次是在宁波召开，一次在西安召开。第三届理事会任期为1997年至2001年，1996年9月15日—11月12日完成通讯选举，理事会由理事76名，常务理事39名组成，名誉理事长张连庸，理事长张崇和，副理事长李鸿铮、童志成、翟康乐、黄永昌、吕新、丁弘戬、王懋祖、林伯龙，秘书长李鸿铮（兼）。期间召开过两次理事会议，一次是在北京怀柔，另一次是在广州召开。

在中国乐器协会成立后第一个10年，我国政治经济生活正处于确立以邓小平理论指导下。1992年邓小平同志南方视察讲话激发了我国广大人民深入改革开放的热情，20世纪90年代我国经济发展速度明显加快。在当时我国政治经济形势的引领下，我国乐器生产形势出现了前所未有的发展高潮。我国乐器行业产业开始发生重大转变。

一是乐器产品随着人民物质文化生活提高，人民对乐器等文化娱乐教育用品的需求量有生产明显的上升。从此结束了我国乐器生产长期低产量徘徊的局面。

二是乐器行业在企业所有制构成方面形成了以公有制为主体，国有、集体、民营、外资、股份制多种所有制经济成分共同发展的经济框架。

三是国有企业按照“产权分离、权责明确、政企分开、管理科学”的现代企业要求，完成了或者正在完成所有制的改革，广州珠江钢琴集团有限公司和北京星海钢琴集团公司取得了突出成效。

四是乐器市场正式形成“国际”和“国内”两个市场。乐器经营从统购包销的经营模式转变为企业自主经营，工商联合、商业网点齐布的经营模式。进入国际乐器市场并逐步形成依靠外资公司、企业自营出口、企业自由组团参加世界各大乐器展览会等多种渠道。

五是乐器作为文化相关产业和商品的定位，在国内消费品市场得到认同。国家开始重视和强调乐器和音乐教育在文化教育等领域的重要性，乐器逐步成为文化类产品的重要组成部分。

1989—1998年，中国乐器协会成立后的10年，是我国乐器行业开始“走出去”，走上国际化，规模化发展道路的第一步。10年间，我国乐器行业在各项重要经济指标上都有了成倍的提升。乐器行业年度工业总产值为从3.34亿元到90亿元，10年增长了26.9倍；年出口创汇从3505万美元到3.87亿美元，增长了11倍，钢琴产量从5.02万架到20.92万架，增长了4.16倍。在中国乐器行业起步快速发展的这十年间，也是中国乐器协会成立的第一个十年，中国乐器协会为行业的发展起到了政府桥梁、政策引领、服务协调、搭建平台、促进发展的重要作用。主要办了三件大事。

1. 把企业组织起来，明确方向和目标，凝聚力加快发展

在中国乐器协会成立之前，各乐器生产企业在各地基本上单兵作战，各自为政，即使有些地方成立了行业组织，也多是以协作组形式存在的。中国乐器协会成立以后，相继成立了九个分会和专业委员会，分别为民族乐器分会、电子乐器分会、西管乐器专业委员会、口琴专业委员会，钢琴分会、钢琴调律师分会、提琴专业委员会、手风琴专业委员会、吉他专业委员会。这些协会分支机构成立以后，定期召开会议，制定行业发展规划，为促进本行业发展，健全和规范市场经营秩序，都发挥了重要作用。其中，钢琴调律师分会成立以及钢琴调律师资考委的成立，将我国数千名分散的钢琴调律师组织起来，初步形成了一支有技能，有职业道德的调律师队伍，为规范钢琴调律市场秩序，保障消费者服务需要，促进钢琴事业的发展发挥了重要作用。

2. 当好桥梁，为企业上规模，上产量，健康发展助力

在这10年里，中国乐器协会根据改革开放以后，乐器生产企业的结构发生了重大的变化，多了许多外资企业和民营企业。在新形势下，中国乐器协会拟定了《乐器行业改组改造、发展生产的基本思路》《钢琴行业改组改造和投资指南》《钢琴调律师资格考试办法》等一系列指导文件，同时编制《乐器行业九五发展规划》等，引导行业向着正确的轨道发展。这里，应当特别提到两个突出发展的企业，一个是广州珠江钢琴集团有限公司，另一个是北京星海乐器有限责任公司。广州珠江钢琴从20世纪90年代初期，以每年增产1万架钢琴的速度上产量，到20世纪90年代后期，跃居四大钢琴厂第一位，钢琴年产量7万架。北京星海钢琴通过二期技术改造，同时引进德国钢琴专家，组成拥有23个分公司、12个子公司、10个商业分公司、一个海外分公司的跨地区、跨行业、跨所有制的联合体，成为北京市重点企业。

在国务院明确将电子琴产品归口轻工业部管理以后，中国乐器协会组织了系统内外电子琴生产企业制定了《电子琴国家标准》《电子琴行业国家企业升级标准》和《电子琴生产许可证实施细则》，促进了电子琴生产的健康发展和行业管理的凝聚力。

中国乐器协会在编制“九五”期间行业技术改造项目计划时，根据轻工总会及有关部委要求进行大量调研工作，提出了乐器行业“九五”期间技术改造“双加工程”计划，呈上级有关部门平衡考证。1995年广州珠江钢琴工业公司、北京钢琴厂提出的技术改造项目，均被列入了国家经贸委下达的技术改造“双加工程”导向项目计划。

中国乐器协会成立之后，深刻认识到如果要想实行乐器行业可持续发展，必须实现原料的质量和数量保障，为此中国乐器协会先后在吉林省浑江市钢琴木材基地和河南兰考县建立民族乐器原材料生产基地。

3. 搭建平台，让企业在市场的汪洋大海游刃有余

10年间，中国乐器协会多次与政府相关部门共同组织不同类型的乐器展览会，吸引了我国大多数乐器生产企业参加展览，通过参加乐器展览企业基本上解决了如何面对市场的问题，逐步走上以销定产的良性发展轨道。

据统计，中国乐器协会在这10年间共组织过8次国内展览会，以及组织企业赴德国、美国等参加国际性展览会，都取得了良好的效果。国内展览有1989年11月4日在北京举行的首届全国乐器博览会、1990年到1992年在广州举办第二届和第三届国际乐器及制造机械展览会。此外，还参加了轻工业部在北京举办的第二届和第三届全国轻工业博览会，另外，还与演艺物资协会等单位共同组织过4届乐器展览会。

中国乐器协会在办好国内乐器展览会的同时，还组织厂商赴德国法兰克福国际展，到德国钢琴、管乐、提琴厂参观、考察、调研，并宣传我国乐器工业快速发展和乐器市场日益繁荣的大好形势及我国展览会的规模、内容、前景等。通过参观、考察、调研，协会以及各乐器生产企业基本了解到我国乐器产品在质量、品种、档次、配件、包装等方面的差距和不足，以及国外乐器生产企业在人才培训、企业管理、原材料的采选、工艺技术设计、关键零部件的加工等方面的先进经验。中国乐器行业顺利地走过了起步阶段，蓄势待发，准备迎接新的发展高潮的到来。

1999年—2008年　规范运作　步入正轨

在21世纪的头10年，中国乐器行业所采取的一系列“走出去，请进来”的措施，已经完全使中国乐器行业融入全球化发展，与世界乐器行业接轨，资源共享，中国成为全球最大的乐器生产基地和最活跃的乐器市场，世界发达国家所有著名乐器品牌几乎全部进入中国。中国乐器企业在全球乐器225强的数量也在不断增长，从原来仅有5个，2008年达到13家企业，居世界乐器第三位。

中国乐器协会的第二个10年间，我国乐器行业在各项重要经济指标上又有了较大的提升，尤其是出口额方面。乐器行业年度规模以上企业工业总产值为从90亿元到159亿元，10年增长了76.66%；年出口创汇从3.87亿美元到15.2亿美元，10年增长了3.9倍，中国乐器出口到世界上166个国家，占全世界所有国家比例的80.97%，钢琴产量从21万架到31万架，增长了47.62%。

在这10年间，乐器在国民经济和社会发展中的地位明显提高，党和国家领导人，各省市主要领导都曾视察乐器生产企业，对发展乐器生产作出重要指示。

从2000年起，钢琴和高档乐器被国家统计局列入耐用消费品目录中，国家质检总局分别于1997年，1999年对风琴和钢琴实行国家级产品质量抽检，钢琴和二胡被列入中国名牌产品评价目录，钢琴、西管乐器进入中国驰名商标行列，钢琴、吉他、提琴进入国家免检产品目录。

乐器成为发展文化产业、教育事业的重要设备工具。乐器已经被列入教育部颁布的“九年义务教育全日制音乐教学器材设备目录”。乐器行业所有制结构改革基本完善。中国乐器行业的生产格局已经从国有企业占垄断地位转变成多种经济成分共同发展，国有企业、民营企业、外资企业都占有一定的优势，具备不同特点。国有企业仍然居乐器行业的主导地位，珠江、星海钢琴、敦煌民族乐器在市场上仍占有较大的份额，民营企业大都为中小企业，产品质量稳定上升。外资企业具有资金雄厚，技术先进，装备精良的优势，在进入中国以后表现强大的发展势头。覆盖全国的乐器经营体系初步形成，并担负着推动城市文化建设的任务。专业化分工合作紧密的生产体系基本建立。同时生产模式发生了巨大的变化，钢琴、西管乐器、提琴等乐器类别已经基本从传统的大而全，小而全生产方式转变为部件专业化生产，成品厂组装的生产方式。

在中国乐器协会走过的第二个10年里，经历了第四届和第五届理事会。共召开过8次理事扩大会议。中国乐器协会第四届理事会历时四年，先后召开过4次理事扩大会议。四届一次会议于2001年11月19—20日在北京召开，选举产生了由赵惠臣等42名同志组成的常务理事会和以王根田为理事长，童志成、赵惠臣、姜建荣、刘作人、张大鸣、王国振、林伯龙、焦永达、张振启为副理事长，齐建平为秘书长的协会领导集体。聘请张连庸同志为中国乐器协会名誉理事长。四届二次理事扩大会议于2002年10月14—15日在上海召开。四届三次理事扩大会议于2003年10月在杭州召开。四届四次理事扩大会议于2004年10月在江苏泰兴召开。

中国乐器协会第五届理事会历时四年，先后召开过4次理事扩大会议。五届一次理事会于2005年12月21日至22日在北京召开，选举产生了由赵惠臣等62名同志组成的常务理事会和以王根田为理事长，童志成、赵惠臣、张大鸣、王国振、郑荃、李书、焦永达、张振启、马申杭、刘卫国、罗森鹤、陈海伦、黄炳金、刘明、朱文玉、兰汉民、齐建平为副理事长，齐建平兼任秘书长的协会领导集体。五届二次理事扩大会议于2006年12月在广州召开。五届三次理事扩大会议于2007年12月在上海嘉定区召开。五届四次理事扩大会议于2008年12月在福州举行。

中国乐器协会在1999—2008年10年间，除日常工作自身建设外，主要做了10方面工作：

（1）总体上完善了协会分支机构建设，成立了中国乐器协会下属的钢琴等13个分支机构的注册登记工作。协会所属各分会（专业委员会）在秘书处的配合下，特别是会长单位的积极支持和带动下，都相继开展了行业活动，制定了行规行约，为促进行业发展，增进行业的凝聚力，加强信息交流与合作，做了很多工作。

（2）加强了乐器信息工作，成立了中国乐器协会信息部，编辑发行《中国乐器》杂志，《中国乐器年鉴》，开通了“中国乐器协会”网站。同时协会加强行业调研，密切协会与企业以及地区行业协会关系。10年里协会领导足迹遍及15个省市的乐器生产企业，通过信息部每半年一次对重点企业和琴行就企业生产经营和出口情况进行电话采访。此外，在南方发生低温冰雪、5·12汶川地震、金融危机等国内外重大事件或特殊情况时，协会都对乐器行业重点企业进行跟踪，适时了解企业动态、存在问题和困难，并据此向主管部门反映并提出政策建议。

（3）从2002年开始，举办由中国乐器协会、上海国际展览中心有限公司、法兰克福（香港）展览公司三方合作的中国（上海）国际乐器展览会。每年举办的上海国际乐器展成为中国与世界音乐、乐器界相互沟通的主要窗口和桥梁，大大加强了中国乐器行业与世界音乐与乐器产业的联络。10年间，上海乐器展展会面积从1.5万平方米增加到6.5万平方米，增长了4.3倍，参展商单位由280家发展到1164家，增长了4.1倍。

（4）开展乐器行业强势企业及优秀人物的推荐宣传工作。为了总结乐器行业每年所取得的生产经营业绩以及广大干部、职工的奉献精神和先进事迹，进一步调动大家的积极性，增强行业的凝聚力，自2002年起，协会坚持开展乐器行业50强企业及优秀人物，优秀分支机构的评选工作。

（5）开展国际合作与交流，中国乐器协会每年组团考察美国NAMM展和德国法兰克福国际乐器展，通过了解国际乐器市场、考察当地乐器生产企业，为企业进一步开展技术交流与经贸合作，开拓国内外市场，提供了机会。中国乐器协会还先后与美国国际音乐制品协会（NAMM）、德国钢琴制造商协会、英国乐器协会、国际钢琴制造技师及调律师协会（IAPBT）、日本全国乐器协会、日本音乐电子事业协会、日本钢琴调律师协会、新加坡华乐协会、澳大利亚乐器协会、我国台湾地区乐器工业同业公会和台北市乐器同业公会进行互访和交流，2005年6月，中国乐器协会钢琴调律师分会正式加入国际钢琴制造技师调律师协会（IAPBT）。

（6）开展乐器标准化工作，国家职业标准的编审，编制乐器行业“十一五”发展规划。2008年10月经国家标准化委员会批准，由中国乐器协会和标准化中心牵头组织成立全国乐器标准化技术委员会。中国乐器协会组织了行业内专家，于2002年至2004年先后完成了《钢琴调律师》《钢琴制作工》《提琴制作工》《民族拉弦与弹拨乐器制作工》《管乐器制作工》5项国家职业标准的编审。2006年初，中国乐器协会进行乐器行业“十一五”规划的编制工作，根据企业提出的建设性意见，进行修订补充后，最终形成乐器行业“十一五”规划正式文稿并报中轻联。

（7）乐器职业技能鉴定站建设及职业技能培训鉴定工作有序展开。2002年以来，在中国轻工业职业技能鉴定中心的指导下，经劳动和社会保障部批准分别在北京、广州、泰兴建立了乐器行业特有工种职业技能鉴定站，积极开展相关行业职业技能资格培训和鉴定工作。

（8）开展乐器行业名牌产品的评介和推荐工作。经过多项评介程序后，由中国名推委和国家质检总局认定珠江牌钢琴、星海牌钢琴、海伦牌钢琴、诺地斯卡钢琴为中国名牌产品。之后，协会还配合各省（市）名推委为当地乐器强势企业、优质产品提供资质证明，参加各省市“名牌产品”或“著名商标”“守信企业”等荣誉称号的评选。这期间，全国乐器行业共有25个乐器产品获得省市名牌产品或著名商标称号。

（9）培育和发展乐器行业特色区域。协会从2005年起开展“乐器行业特色区域”荣誉称号的试点工作，2005年11月份授予泰兴市溪桥镇“中国提琴之乡”称号。2009年分别授予昌乐县鄌郚镇“中国电声乐器产业基地”和北京市平谷区东高村镇“中国提琴产业基地”称号。与此同时，协会对河北、天津、浙江、山东、广东、河南等一批正在创建的乐器产业集群加强关注和调研。

（10）积极完成各有关部委交办的各项工作。协会除完成中国轻工业联合会交办的反馈行业信息，提出政策建议等任务以外，还承担了文化部、教育部、商务部、国家林业局、国家质检总局、国家标准化委员会等有关部门交办的一系列工作。

中国乐器协会的第二个10年，是协会工作走向规范化发展道路的10年，不仅实现了当好政府参谋，为企业做好服务的目的，同时，协会自身实力有明显改善。2006年底，中国乐器协会利用自有资金购置了办公用房共420平方米，到2009年，协会资产总额达到1200多万元。

2009年—2018年　完善服务　创新驱动

中国乐器协会的第三个10年间，我国乐器行业在各项重要经济指标持续保持稳中有进基础上，又出现新的态势。乐器行业年度规模以上企业工业总产值为从159亿元到375亿元，10年增长了2.35倍；年出口创汇达到15.84亿美元；进口乐器总额达到4.03亿美元；钢琴产量从31万架到34万架，增长了9.7%。中国不仅是世界第一大乐器生产国，而且成为世界最繁荣的乐器消费品市场之一。2018年国内乐器消费总额达到448亿美元，仅次于美国，占全球总量的32%。音乐教育机构如雨后春笋层出不穷，遍布大中小城市，目前全中国已有2万多家琴行，90%以上都有音乐培训。音乐考级培训机构约为8500家，参加全国性音乐考级的考生人数约为120万，这些数字说明了，中国乐器行业在改革开放新时代的10年间，在多年来持续保持世界第一大乐器生产国位置之外，开始向国内市场转移，国内乐器消费品市场向更深、更广的层次发展。

这10年间，中国乐器行业持续发生着深刻的变化：一是进入资本市场，珠江钢琴、海伦钢琴、知音琴行先后成功上市，乐器行业有了自己发行的股票；二是乐器优秀品牌知名度越来越高，珠江恺撒堡三角钢琴在G20峰会文艺演出亮相，敦煌电子二胡震惊了世界；长江钢琴先后两次与施坦威钢琴同时成为中国（深圳）国际钢琴协奏曲比赛用琴等；三是企业科技创新能力明显增强；四是企业环保意识不断提升，绿色生产迅速铺开；五是国际化合作步伐加快，珠江钢琴、柏斯音乐集团先后分别收购了德国老牌钢琴企业，并推出自有高端品牌；六是跨界合作领域不断拓宽，乐器产业自身产业链愈加完善，同时与文化、音教、文创等相关产业跨界融合形成新的产业发展生态圈；七是涌现出一大批大国行业工匠，乐器制造师在社会上受到前所未有的尊重。

中国乐器协会的第三个10年，中国乐器协会共经历了第六届和第七届理事会，召开过10次理事会扩大会议。第六届理事会历时5年，先后召开过6次理事扩大会议。中国乐器协会第六届理事会于2009年12月28—29日在北京江西大酒店举行，共由118名理事组成，安志为理事长，王国振、李书、刘卫国、朱文玉、刘运斌、齐建平、吴天延、陈学孔、陈海伦、张振启、杨盛惠、张鉴堂、郑荃、林伯龙、罗建峰、赵惠臣、盛子斐、黄伟林、黄志康、黄茂强、焦永达、蓝汉民为副理事长，曾泽民为秘书长。六届二次理事扩大会议于2010年12月，以通讯会议形式召开。六届三、四、五次理事扩大会议均在北京召开，六届六次理事扩大会议于2014年4月在浙江德清召开。

中国乐器协会第七届理事会截止到2018年底共召开过四次理事会扩大会议，四次常务理事扩大会议暨科技研讨会。七届一次理事扩大会议于2015年3月20日在北京京瑞大酒店举行。会议选举中国轻工业联合会副会长兼秘书长王世成兼任第七届中国乐器协会理事长，曾泽民担任常务副理事长，王松美、李建宁、王国振、李书等27人担任副理事长，陈晋武担任秘书长。四次理事扩大会议均在北京召开。常务理事扩大会议暨科技研讨会分别在北京、青岛、宁波、广州召开。

本届理事会经过不断梳理和完善工作思路与重点，制定执行“乐器行业‘十三五’发展规划”“乐器行业改善消费品供给专项行动计划”和“乐器行业技术路线图”的明确目标和要求。按照把握一个目标：让乐器成为家庭的标配、让音乐成为生活的刚需，为“每个国民一生学会一件乐器，每个家庭一年听一场音乐会”提供消费升级服务；突出两个重点：扩大中高端产品比重和扩大我国音乐人口，努力为喜爱音乐、玩乐器的朋友搭建购销桥梁，扩大乐器市场；夯实三个基础：分支机构建设、标准化工作和人才培养与职业技能培训；完善六大平台：科技创新平台、行业信息平台、市场商贸平台、音乐教育平台、产业集群平台、国际交流平台，努力有序有效推动工作。

服务平台重点活动如下：

（1）制定和落实乐器行业技术路线图，推动行业科技合作。按照中国轻工业联合会统一部署，协会组织专家团队，经过行业调研和反复研究，提出乐器行业“十三五”技术路线图试行方案。为了加强行业科技合作，协会先后审批建设了四个行业科研基地，搭建行业科技交流平台，取得了阶段性科研成果。在制定乐器行业技术路线图的同时，组织了“乐器声学木材选材测试与应用、民族低音拉弦乐器研发与应用、电鸣乐器MIDI技术研发应用、乐器配件标准化及专用设备研发”等重点合作项目专题研讨。行业标准化工作，乐标委组织了多次专题会议，对推荐性标准进行集中复审，完成了8个国家标准和行业标准的制修订工作。

（2）连续三年（青岛、宁波、广州）召开协会常务理事扩大会暨科技研讨会，开展“乐器声学品质科研与应用”“中高端产品需求与研发”研讨活动，为企业转型升级，产品更新换代研究路径和方法。还对乐器行业“科技之星”和民族低音拉弦乐器阶段成果进行了表彰。

（3）与中央音乐学院、中国音协管乐学会和中国教育学会音乐教育分会等单位正式联合成立全国音乐教育服务联盟合作平台。引进推广“6·21国际乐器演奏日”品牌活动，2018年，全国共计700多家单位在140座城市组织了6·21国际乐器演奏日活动，16万人参演、近200万人参与。召开2018国民音乐教育大会，以“音乐让生活更美好”为主题，以创建“美好生活，美丽中国”为宗旨，倡导“每个国民一生学会一件乐器，每个家庭一年听一场音乐会”，来自9个国家和地区140位主讲嘉宾奉献了9场主旨发言、3场圆桌论坛、89场工作坊，集中展现当今音乐教育各方面成果。

（4）反映行业、企业诉求，加强协会自身建设。2015年初“启动进口二手钢琴反倾销诉讼”。委托两家律师事务所，由协会和钢琴行业配合，开展反倾销调查和申诉。2018年年底，又在中轻联部署下，向国家质检总局提交了有关技术壁垒的政策建议，得到了国办领导的高度重视，做出批示。

（5）努力创新，抢占制高点，办好上海国际乐器展。协会与上海国展公司精诚团结，用创新的思维和有力的措施，确保展会年年有新意，每届有突破。2018年上海国际乐器展达到13.3万平方米，31个国家和地区的2252家国内外参展商，16.5万多观众，成为目前世界规模最大、最有影响的国际乐器展。行业的深度参与和国际合作，扩大了国际影响力。组织了行业论坛、培训课程、华乐论坛、大师讲坛等配套活动火爆。尤其是加大对科技创新板块的支持，在国际MIDI技术交流、钢琴调律师培训基础上，增加了“最佳科技创新产品”评选，尝试“全球业界新品首发”等活动。

（6）加强国际交流合作，协会与美国国际音乐制品协会组织行业高峰论坛、培训课程；协会领导带队组团考察NAMM和法兰克福国际乐器展，考察德国施坦威、珠江舒密尔钢琴、捷克佩卓夫钢琴、爱沙尼亚钢琴、日本卡瓦依公司、岛村琴行及培训学校和三益印度尼西亚钢琴工厂等国际知名企业。参加国际乐器联盟会议，介绍音乐教育服务联盟合作平台；与欧洲音乐产业联盟举行第11次会谈等。

（7）推动乐器标准化工作，落实标准制修订和贯标活动。已完成112项国家、行业技术标准制修订（不含完成审定报批的项目），其中国家标准19项，行业标准93项。2018年完成了《MIDI键盘通用技术条件》《尤克里里》《小提琴》《小提琴弓》《提琴通用技术条件》五项标准审定。同时对《乐器有害物质限量》《废旧乐器回收利用通用技术规范》等国家标准进行宣贯。

（8）继续加强乐器特色产业基地和音教服务示范基地建设。完成了扬州琴筝之都与天津静海区、河北饶阳县共建乐器产业基地的审批命名工作，以及黄桥“提琴之都”和杭州中泰“竹笛之乡”复评。

（9）在国家政策过渡期间，启动申请，加强管理，全面推进行业职业技能资格培训鉴定体系，恢复钢琴调律师、提琴制作师职业技能培训与鉴定，仅2017年就完成97名提琴制作师，486名钢琴调律师相应级别的培训鉴定工作。同时，着手筹备计划在条件成熟时，在电鸣和吉他等行业开展职业技能培训鉴定工作。

提琴制作技师培训鉴定有了重大突破，组织了首批考评员培训认证，完成了部分级别的培训教材，组织提琴技师培训鉴定试点，为进一步提高行业职业培训水平，协会与日本河合株式会社经过深入研究和试点，签署了钢琴调律联盟标准培训认证合作协议，作为国家职业标准的补充和中高端技能人才培训的试点。

（10）中国乐器协会与中国就业培训技术指导中心、中国财贸轻纺烟草工会全国委员会、中国轻工业职业技能鉴定指导中心，共同主办2016全国钢琴调律师职业技能比赛。初赛选手近400名，进入复赛的选手158名，64名选手进入全国决赛，决赛由广州珠江钢琴集团协办。中国残联拨专款组织了盲人调律师比赛，全国有33名选手参赛，16人进入复赛，最后有4名进入全国决赛。竞赛最终有梁钊明、刘东林、张翀被人力资源社会保障部授予“全国技术能手”荣誉称号。张韵铮等12人被中国轻工业联合会授予“全国轻工行业技术能手”荣誉称号。2016年5月，中国乐器协会和中央音乐学院联合举办第三届中国（北京）国际提琴及琴弓制作比赛。吸引了来自中、法、德、意、美等9个国家和地区200余名选手，377件乐器参加。最终9把提琴获得金、银、铜、奖，我国选手成绩突出。

伴随着改革开放的步伐，中国乐器协会30年风雨兼程，为行业发展助力，成就变革。

2019年，中国乐器协会开启又一新的10年。让我们不忘初心、牢记使命，在实现“两个一百年”奋斗目标、实现中华民族伟大复兴中国梦的新征程上努力创造无愧于时代的新业绩！

献礼国庆 共和国器乐文化记忆

编者按：金秋10月，恰逢祖国70华诞普天同庆的辉煌时刻，与时代同行，祝福祖国，讴歌新时代。按照中国轻工业联合会党委国庆献礼的精神导向，从乐器行业70载发展历程的特殊视角，以乐器工匠精神为魂，展现我国乐器行业从一穷二白，发展成为全球乐器制造与消费大国的历史壮举，本刊特别汇编《人民日报》的“新中国70年第一”的乐器专题报道，共同纪念共和国乐器制造与文化发展的历史记忆。

1950年，第一架钢琴戴上了大红花

1950年底，北京东单冰渣胡同5号，拥挤狭窄的空间里，30名乐器工人终于制作完成了一架钢琴。新中国乐器厂生产出第一台钢琴在此诞生。琴身上，印制了唯一的、意义非凡的铜制标牌——“501型 新中国乐器工厂制造”。501，意为1950年第一架钢琴，也是新中国第一架钢琴。这架凝聚着新中国第一代乐器人心血的钢琴，后来进入北京市育才学校，开启了教书育人的新旅程。

“乐器之王”钢琴，结构复杂、工序繁琐。新中国成立之初，除了民族乐器和少数提琴、风琴，我国还没有一架真正国产的钢琴。1950年6月起，北京东单冰渣胡同5号的新中国乐器厂内，王来安和王宝荣两位老师傅带领30多名工人，克服原料、工艺等重重困难，双手打造出了新中国第一架钢琴。

亲历者刘春祯，67岁，原新中国乐器工厂员工。在他的记忆中，新中国成立后，新中国乐器工厂老师傅王来安和王宝荣提议：制造出新中国的第一架钢琴，向新中国成立1周年献礼。

决心易下，实现不易。钢琴结构复杂，有8000多个零件，需170多道工序，涉及木材、铸造、机械、纺织和化工等众多领域。刘春祯说，“一架小小的钢琴，折射的是一个国家的工业能力。”

先说木材。钢琴上有6种不同类型的木料。刘春祯翻开图册，“音板要用白松，击弦机得用枫木，琴键宜使红松，框架需要水曲柳，外壳少不了椴木，最后还得选一种木材做外表装饰。”再看工艺。“200多根琴弦，张力达到18000千克。”这对钢铁冶炼和铸造能力要求甚高。刘春祯说，直到今天，国产钢琴弦仍需进口，何况60年前。

没有材料，就到旧货市场踅摸，从旧家具里挑

选。没有钻床，就手摇钻孔，一点一点磨出来。没有琴丝，就劈开轮船缆绳，用打弦机拉直再拔丝。刘春祯回忆，王来安经常白天在外修钢琴，晚上回厂研究方案。“他每天都工作十三四个小时，双眼通红，但憋足了一口气要造出钢琴来。”就这样，不分昼夜地边摸索边制作，1950年底，新中国第一架国产钢琴终于造成。

后来，这架钢琴进入北京市育才学校。刘春祯记得，“佩戴大红花的钢琴拉出工厂大门的时候，全厂30多名职工夹道欢送，泪光闪烁。”这一年，新中国乐器工厂还生产了风琴10架，大小提琴100把和一大批民族乐器，工厂和新中国的音乐事业一起，开始腾飞逐梦。经过70年的发展，我国已成为世界第一乐器制造国和第二乐器消费国。钢琴年产36万架，约占世界总量的69%。西洋乐器主要产品产量均超过世界总量的50%。而这架1950年的国庆献礼钢琴将永远矗立在新中国乐器制造工业的历史起点。

第一台国产手风琴，小厂拉响西洋乐

1952年初，新中国的第一台手风琴开始研制。吴英烈和吴天方带领天津乐器厂工人，经过两年的努力，一台34键盘60贝斯型号，可以实现5种变音，重达7千克左右的小规格手风琴终于试制成功。

1952年，中央音乐学院搬离天津，其中乐器维修部独立成为天津乐器厂。在厂里总工程师吴英烈的带领下，新中国第一台手风琴试制成功。以此为发端，在一代又一代乐器工程师的不断攻关下，中国手风琴的质量和种类不断攀登高峰。1964年起，国内的文艺团体纷纷换装国产手风琴，国产手风琴开始占领国内市场，并出口国外。

亲历者刘作人，70岁，原天津乐器厂厂长。在他的记忆中，“第一台手风琴源自一个手风琴爱好者的朴素愿望。”这是采访中，刘作人反复念叨的一句话。“当时的厂总工程师吴英烈是个手风琴迷，在哈尔滨做学徒时，就研究手风琴。”刘作人记得，当时吴英烈看到国内的手风琴全部依赖进口，乐器厂一成立，就张罗要造第一台手风琴。

手风琴是一种源自西方却天生带有中国基因的乐器。1777年，一位传教士把中国的笙带回欧洲，仿照笙的簧片发声原理，欧洲人发明了手风琴。手风琴一经诞生就很受欢迎，19世纪二三十年代欧洲浪漫主义音乐盛行，手风琴音色亮丽、热情有力，迅速成为风靡欧洲尤其是东欧的乐器。

手风琴是将簧片固定在音槽内，拉动风箱产生气流震动簧片，通过左右手按键打开气口盖，发出声音。一台手风琴看着不打眼，里面却有4000多个大大小小的零部件。吴英烈从模仿出发，借鉴当时的意大利手风琴。“工艺原理清晰了，但还要闯过核心零部件的制造难关。”

风箱纸板是第一关。“风箱的开合，就像唱歌需要张开嘴巴一样。”刘作人说，风箱纸要求纸有韧性、密闭性好，不跑气。为了达标，吴英烈他们四处寻找，最终选定了辽阳纸板厂定做风箱纸。包裹在手风琴外壳上的特种塑料——赛璐珞，也不易得。“这种塑料，遇火就会爆炸，当时国内无法生产。久寻无果，最后进口意大利的材料才得以补全。”刘作人说。

最难的一关要数簧片。簧片之于手风琴，相当于声带之于人。一台手风琴能否出声响，全靠簧片。簧片细薄且有弧度，不同的弧度决定了每个键的音色。刘作人翻开一张图册解释，簧片对铜制品的宽度和厚度要求极高，当时没有专门的工厂生产，工人们就用钟表上的表条替代。“当时没有精密的车床设备，师傅们用双手一个一个打磨出来，再按照意大利手风琴，逐个看弧度接近哪个音色，将簧片摆放在对应的位置。”

逢山开路，遇水架桥。工序上百道，全部由吴英烈和吴天方两位师傅研制，定型后交由厂里的十多个工人生产制造。随后，以“小快灵”见长的手风琴发展迅速、广受欢迎。国产手风琴崭露头角走向国内外市场，开启了我国手风琴的辉煌历史。

中国乐器协会国际交流合作
汇聚协同发展的强大力量

2015—2019年，中国乐器协会求真务实，扎实推进国际交流，积极整合资源，赋能融合，汇聚起国际乐器协同发展的强大力量。中外乐器资源优势互补，互利共赢，为中外乐器企业深入交往创造了有利条件，受到国际社会广泛关注。

一、国际资源融合赋能，汇聚起国际乐器协同发展的强大力量

经过不懈努力，过去的5年中国乐器协会与世界主要国家乐器行业协会和相关组织建立起全方位对外交流合作机制。截至2020年4月，中国乐器协会与美国国际音乐制品协会，美国MIDI制造商协会、欧洲音乐产业联盟，国际音乐教育学会，日本乐器协会，韩国钢琴调律师协会、英国乐器协会，西班牙乐器协会，德国乐器制造商协会，意大利乐器零售商协会，法国乐器协会、捷克乐器协会、澳大利亚乐器协会，巴西乐器协会、巴西乐器工业协会及港台等20多个国家和地区的乐器行业同业协会建立起互利互惠、友好合作关系，有效互动，互利共赢，务求成效，扎实开展的国际乐器行业活动和紧密联络，为协会的发展拓宽了广阔的国际空间。

过去5年，中国乐器协会成功举办诸多中国主场乐器活动，如6.21国际乐器演奏日，国民音乐教育大会，扎实的工作和富有成效的努力，展现出中国乐器行业和乐器人的良好风貌，为激发世界音乐热情做出了实实在在的贡献，得到各国行业协会主动参与和广泛认可，各国乐器同行愿与协会保持积极沟通，对未来与中国乐器的深入合作充满期待。

二、疫情当前，全球乐器行业凝心聚力，同声战“疫”

在今年初新冠疫情发生后，美国、法国、德国、捷克、韩国及欧洲音乐产业联盟等各主要国家乐器行业同行纷纷在第一时间通过不同渠道和方式向中国乐器协会表示有力支援和慰问。法国和捷克协会主要负责人还专门录制视频，向中国乐器行业表达支持。美国国际音乐制品、美国音乐救助基金会已与协会商得一致，决定向湖北武汉捐赠价值数万美元的乐器；雅马哈中国、韩国英昌等在华外资乐器公司也向中国捐款百万元人民币，支持中国抗击新冠疫情。

抗击疫情，协会在行动。大爱无国界，中国乐器协会与国际乐器同仁加强协作，共克时艰，彰显出共同战胜挑战的决心和信心，充分展示了乐器凝聚社会团结发挥的强大力量。

三、国际乐器同行稳致远相向同行

中美务实合作，成果丰硕。过去5年，中国乐器协会与美国音乐制品协会在美国洛杉矶和中国上海举行定期会晤。特别是2017年以来，在中美贸易摩擦背景下，协会始终与NAMM保持沟通，密切关注中美贸易进展。美方充分发挥行业组织特有优势，向美政府游说，正式发布《支持乐器自由贸易的声明》。协会对美国乐器同行的立场表示赞赏，中美双方为克服不利因素干扰，维护乐器会员核心利益和贸易往来作了大量工作，取得显著成效。

此外，中美乐器行业协会精心策划的NAMM CMIA行业论坛合作举办了13届，每场均座无虚席，契合国内乐器市场需求的同时，为业界洞悉国际乐器行业的发展提供了极佳观察视角。

四、中欧精诚会晤，成效显著

中国乐器协会与欧洲音乐产业联盟形成定期会晤机制，至2020年共举行14次会晤。中欧多轮会谈期间，双方围绕焦点和诉求，持续沟通，积极反馈，高端乐器进口关税大幅降低。协会主动创设议题，完

善中国与德意奥英法捷等欧盟各成员国之间的乐器双（多）边协调机制，在降低乐器关税门槛，乐器市场信息、音乐教育、乐器有害物质限量、乐器知识产权保护等主题上广泛交换意见，与国际老牌乐器企业积极互动，致力于中欧乐器产业的绿色发展和可持续发展，努力提升中国乐器高质量发展水平。

五、国际合作项目取得显著成效，6·21国际乐器演奏日成功引入中国

在国际同行和会员企业大力支持下，由中国乐器协会主导策划的中国6·21国际乐器演奏日模式成功引入中国，从大漠以北到前沿特区，从西南边陲到沿海之滨，长城脚下，太行山上，处处响彻着乐器之声，极大激发出神州大地音乐热情，活动获得巨大成功。

在由NAMM组织召开的国际乐器联盟会议上，中国乐器协会应邀就6·21中国经验，中国音乐故事，中国乐器成就与各国同行共同分享，受到国际乐器界广泛瞩目。

国民音教大会自创办以来，国际社会非常感兴趣并给予高度关注，欧洲、美国等11个国家和地区派出高级代表积极参加大会发表主旨、主题演讲或举办工作坊，以实际行动展示对中国乐器活动的积极支持，对大会的作用和效果予以高度评价。

六、分支机构国际交流日趋活跃，各项活动彰显中国的乐器大国担当

中国乐器协会分支机构电鸣乐器分会，美国MIDI协会，日本电子音乐事业协会在MIDI普及应用推广上做了大量有效工作。年度MIDI论坛影响力越来越大，参与人数越来越多，成为国际MIDI界的重要活动。骨干企业的中国代表入选国际MIDI技术委员会委员，在MIDI标准制修订上逐渐发出中国声音。

协会提琴制作师分会加入了国际提琴大师学会，与国际相关提琴制作师组织开展友好交流，2019年，提琴制作师分会在北京成功举办第四届“中国国际提琴琴弓制作比赛”，共有来自9个国家200余名选手申报的437件乐器作品参赛，规模比上届增长30%。其中中国选手金银铜获奖比重达77.8%。大赛为培养高端人才，提升提琴品质发挥了重要作用，极大活跃了中外提琴制作师交流，让国际提琴制作界更好了解到中国实力，受到业界同行高度赞誉。

钢琴调律师协会也与美、欧、日、韩等相关国际钢琴调律师专业组织建立了良好的定期交流互动机制。2018年底由中国乐器协会钢琴调律师分会主办的亚洲钢琴技师协会年会在浙江桐乡成功举办。中国已成为亚洲乃至全球首位的钢琴生产和消费市场，大会对于增强亚太各钢琴技师组织间的友谊、交流分享行业信息和技术、共同推动钢琴品质提升方面发挥了重要推动作用。此次大会在中国举办，显示出大会与时俱进的时代性和兼容并包的开放性，表明中国钢琴调律师正在朝着创新发展的国际化道路阔步前行。

口琴分会成功举办2018亚太口琴节。2018年底，北京第十二届亚太口琴节在北京昌平区举行，这是目前世界上规模最大的口琴活动之一。每两年举办一届，至今已举办12届。亚太口琴节发展不再局限于亚太地区，随着越来越多亚太之外国家和地区的口琴爱好者参与，活动已发展成为世界级的口琴节，是全世界口琴人的盛会。此次口琴节首次在中国北京举办，即受到国内外音乐艺术界和各口琴团体、口琴爱好者的广泛关注。大赛展示了当代中国口琴的形象与实力，进一步提升带动了中国乐器中高端发展水平。

七、上海国际乐器展国际交流平台的桥梁纽带作用充分展现

中国乐器协会经过对世界三大乐器展会阶段性的考察，在数量和规模上，上海国际乐器展实际已成为名副其实的世界第一大展，受到国际乐器界的广泛关注。2019年上海国际乐器展览会面积达14.5万平方米，展商2414家，展会四天共吸引来自79个国家和地区的122519名海内外专业观众前来参观，同比增长11%。近5年来，展会吸引了世界近20个国际展团参展，国际展商每年不断增加，世界对深入与中国乐器同行的交流充满期待。

八、国际涉乐政策协同取得重大突破

过去5年，中国乐器协会主动参与回应涉及乐器

行业利益的重大关切，与国际同行一道，在濒危物种保护方面取得重大突破。在2019年11月在瑞士日内瓦召开的国际濒危物种保护组织执委会会议上，最终决定放松对玫瑰木用材重量标准的认定，放宽对乐器贸易跨国（境）流动的限制。目前，各国乐器行业协会正在进入执行层面，会同本国林业主管部门呼吁本国海关逐渐认同并执行该决议。

这一国际协同成绩的取得，凝结了中国行动。中国乐器协会主动参与国际协同行动，广泛听取会员单位意见，多次向国内林业行政主管部门撰写调研报告，为此做了大量组织衔接工作，贡献出中国力量。

乐器是中国轻工业40多个行业中国别交流最多的行业之一。过去5年的实践证明，中国乐器行业的对外交流合作务实有效，成果显著，在感知世界乐器多姿搏动的同时，也让世界在此找到中国机遇，认识到中国乐器市场焕发的巨大音乐消费潜力。中国乐器的国际化道路必将行稳致远，在持续深入，融合发展过程中不断拓展！

中国乐器修造人才和职业培训需求调研报告

为了更有针对性地开展好乐器修造人才培养和职业技能培训工作，中国乐器协会在骨干企业和技师队伍中组织了问卷调研，先后在23家企业和22位技师中展开，现将基本情况报告如下。

一、乐器骨干企业修造人才调研情况

（一）乐器企业最短缺的技术人才

23个企业中，产品设计人员、技术工艺人员和机加工配件工占前三位，分别是14、11、11单；其次是技术服务人员和有演奏能力的质检员，分别是10和9单（图1）。

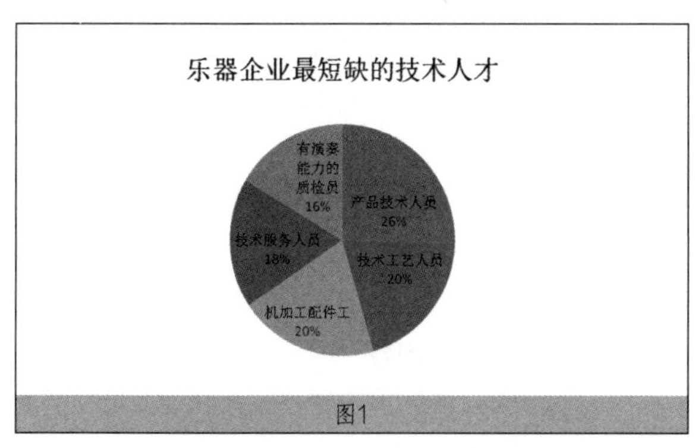

图1

（二）乐器高级技能人才（技师、高级技师）应具备的知识和技能

演奏与调试能力占首位，有18单，占总数78.26%；声学检测分析第二，占17单；第三是传帮带能力占16单；乐器材料与加工、通用专用设备操作和精品组装位其次（图2）。

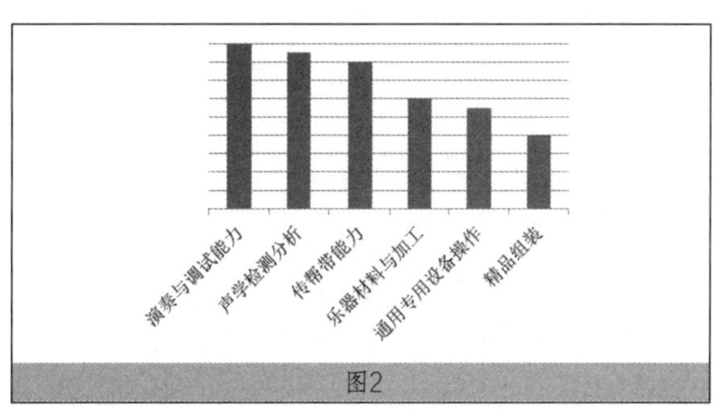

图2

（三）制造企业技术检验人员继续学习的重点

产品性能调整、整理调音和声学测试评价是重点，均为16单，占总数69.56%；其次是设计原理，13单；其他还提出，乐器产品和专业使用人员需求，产品制作技术、标准掌握等项目（图3）。

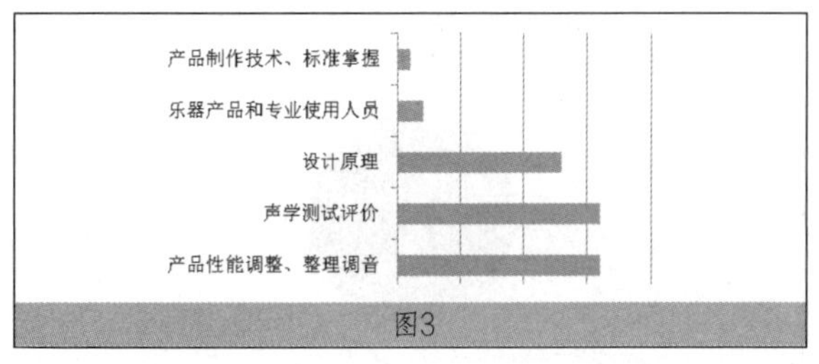

图3

（四）市场技术服务人员专业重点是哪些

产品质量诊断为首，占20单，占总数86.97%；整理整音和更换部件居第二，分别是13和12单；外观修整及表面处理为第三，有10单（图4）。

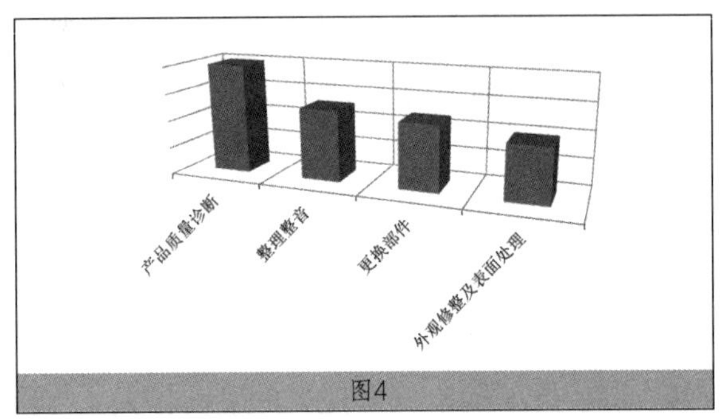

图4

（五）是否需要乐器修造学院和技术培训基地

23个单位一致答复是“很有必要”。

（六）有无意向选派技术骨干参加中高级职业技能培训

16家单位有意向，占总数69.56%，需考虑的6家，占26.08%，有困难和不愿意的没有。

（七）本单位需要哪些专业学生入职

民族乐器7单，钢琴调律5单，吉他、提琴分别为3单，西管乐器1单，其他类，懂音乐的电子专业学生7单。表明流行音乐呈较快增长趋势。

二、技师高级技师调研情况

（一）乐器中高级技能人才应当具备的知识和技能

传帮带能力占首位，有19单，占总数86.36%；乐器选材、加工和精品组装占第二位，都是16单。其次是演奏、调试能力与声学监测分析，分别占14、12和11单。其他项增加技术创新能力（图5）。

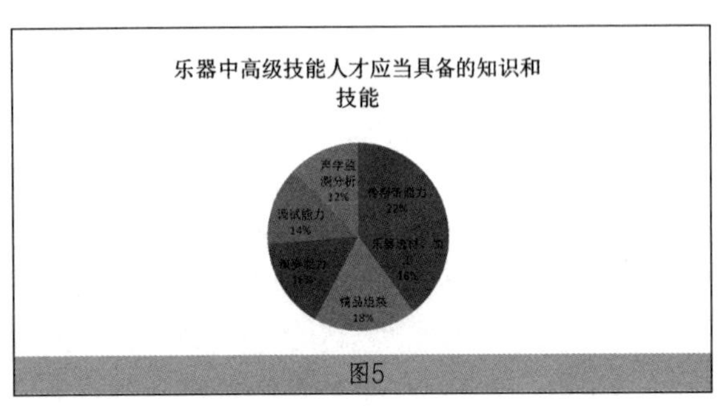

图5

（二）制造企业技术检验人员继续学习专业重点

产品性能调整、整理调音有20单，占总数的90.91%；产品设计原理占19单，占总数86.36%；声学测试评价12单；提出增加专业考试和取证的需求（图6）。

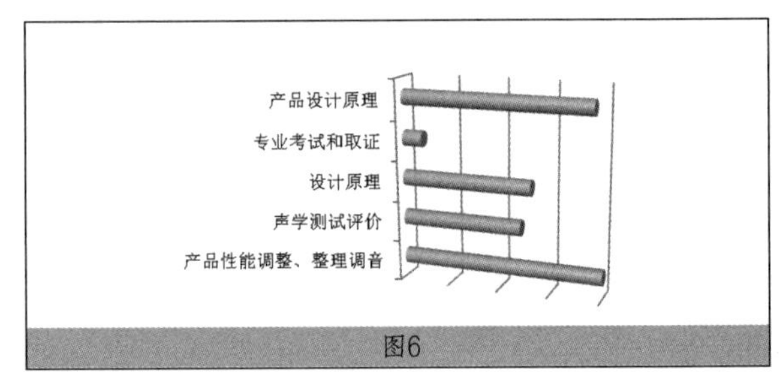

图6

（三）市场技术服务人员学习专业重点

产品质量诊断为首，有19单，占总数86.36%；更换部件和整理调音居第二，均为17单，占总数77.27%；其次是外观修整和涂层翻新，分别占14和8单（图7）。

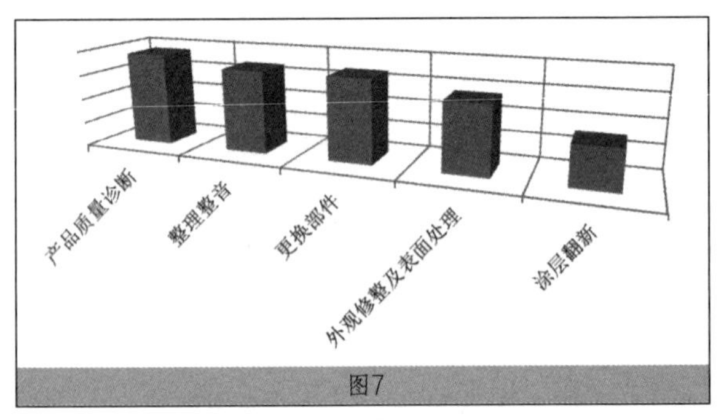

图7

（四）是否需要乐器修造学院和技术培训基地

参加调研的技师和高级技师一致表示“很有必要”。

（五）关于推进乐器行业职业技能培训与鉴定的建议

1. 标准与培训内容

一是，应当增加乐器材料振动性能及特性方面的内容，培养懂声学原理，会检测分析的专业人员；二是，职业技能标准文件要通俗易懂、简明适用，同时保障师资的稳定性和专业水平；三是，建议组织行业和院校力量，根据国家和行业职业技能标准，编写乐器材料学、乐器制作工艺、声学、力学等相关专业知识的分类教材；四是，标准制修订力争协会、分支机构和骨干企业广泛参与，并与专业院校合作，保证专业性和广泛性。

2. 关于培训鉴定管理办法

一是，建议多开展各类技术专业培训，发挥职业鉴定站和骨干企业的作用，结合新技术发展和存在的问题，坚持需求导向，有针对性开展专项培训；二是，行业、企业与专业院校结合，定向、定点培养，开办相关培训专业；三是，加强理论和实操双向培养，考核内容也要不断更新提升；四是，全面提升培训质量，做好技能培养、评价、选拔使用和激励等方面统筹协调工作。

3. 其他建议

一是，建议乐器行业与院校合作，探讨共建乐器声学实验及检测实验室，为行业、企业提供大数据支撑；二是，推广标准化生产，加速民族乐器发展速度；三是，中小企业最需要复合型技术人才，多设一些培训专业，丰富技术人才知识、技能结构。

还有一些很好的建议，协会将继续深入做好乐器技术人才和职业培训市场调研工作，为行业、企业服务，为跨界合作和国际化交流提供方向和参考意见。

中国民族乐器行业改革开放40年进行曲

中国的民族乐器是世界乐器的重要组成部分，也是中国传统优秀文化的一部分，俗话说：琴棋书画，琴为先，说明中国民族乐器在我国传统文化中占据着十分重要的地位。

2018年是中国改革开放40周年。40年来，中国的乐器行业已经发展为世界最大的乐器生产国和乐器市场。民族乐器产业早在新中国成立之前，在北京、上海、苏州等地区就已经有了多个手工作坊，民族乐器行业是新中国成立逐渐形成乐器工业体系中的分支，民族乐器学习与演奏在我国具有十分雄厚的群众基础和影响力。随着我国改革开放的不断深入，我国民族乐器也开始走出国门，出口到世界各国，不仅受到华人和华侨的喜爱，而且一些外国人也都开始学习民族乐器，甚至在一些国家和地区，如日本和韩国也在开始尝试制造中国民族乐器，不仅在本国销售，并且开始在中国建立销售网点，以图占领一席之地。改革开放40年，中国民族乐器无论是质还是量都发生了翻天覆地变化，中国民族乐器正在成为世界性乐器，大踏步地走向世界。

回顾40年前，改革开放初期，20世纪80年代初，我国民族乐器生产企业主要是单一国有企业经济体制，大约有100家，主要的企业有北京民族乐器厂、上海民族乐器一厂、上海民族乐器二厂、上海民族乐器三厂，苏州民族乐器一厂、苏州民族乐器三厂，天津民族乐器厂、广州民族乐器厂，另外还有长春乐器厂、沈阳乐器厂、延边乐器厂、徐州民族乐器厂、呼和浩特民族乐器厂、新疆乌鲁木齐民族乐器厂、长沙乐器厂、郑州乐器厂、武汉乐器厂、昆明乐器厂、成都民族乐器厂、贵州玉屏箫笛厂，泉州乐器厂等。

这些乐器厂大都是在新中国成立以后，经过合作化高潮，由各地区手工作坊合并起来的民族乐器生产企业，在经过“文化大革命”以后依然保留下来的企业。由于改革开放之前，我国实行半封闭的政策，对外不开放，洋音乐基本上在中国没有市场。因此，民族乐器还能够维持，但是日子也不好过，时起时伏，有的时候企业产品销售不出去，只能改产，做其他产品维持生存。

20世纪80年代到改革开放初期，国门大开，西方音乐像泉水一样涌进国门，钢琴，电子琴市场快速上升，那时，钢琴要凭票购买，电子琴销售更是供不应求。当时，电子琴放在北京琉璃厂乐器一条街的马路边上卖，一上午，50台电子琴一抢而光。

可是这个时候，民族乐器市场急转直下，产量大幅度下降，各民族乐器厂都面对严重的销售危机。大型民族乐器厂基本上都有部分产品转产，如北京民族乐器厂根据上级领导的安排与乐器机修厂合并，并调入风琴车间，开始生产音箱、架子鼓、电子琴、风琴、百叶窗帘等副产品，上海民族乐器一厂则建立了雅马哈电子琴生产流水线，苏州民族乐器一厂从1973年开始生产钢琴、电子琴、木梳和康乐球台等。

当时轻工业部对民族乐器生产曾提出一个口号，叫“留根保苗，借庙躲雨”，意思是保存实力，渡过难关。可想而知，在改革开放初期，20世纪80年代，国有性质民族乐器生产企业的日子是非常难过的。

到了20世纪80年代后期，民族乐器市场有所转机，各民族乐器厂逐步减少了副产品的生产，以主要精力生产民族乐器。这时，轻工业部实行优质产品评选制度，北京民族乐器厂的扬琴和中虎音锣、上海民族乐器一厂的琵琶、苏州民族乐器一厂的二胡、武汉锣厂的大抄锣被评为国家银质奖产品，各厂还有一批乐器被评为部优质产品。当时，北京、上海、苏州成为我国三大重点民族乐器生产企业，占据主要的市场份额。而其他地区的民族乐器厂逐步萎缩，化整为零，分散生产，甚至解体。

20世纪80年代末，我国城市经济体制改革深入进行，各地民族乐器生产企业相继进入转制承包阶段。这时的国有民族乐器生产企业出现了多渠道分流发展的状况。一是合资风，当时有北京民族乐器厂和香港粤华行合资，将北京民族乐器厂一分为二，成立了北京星海粤华乐器有限公司，专门生产扬琴。上海民族乐器一厂与香港利源贸易有限公司水文彬合资成立了上海敦煌乐器有限公司，苏州民族乐器一厂和台湾先进乐器公司陈焕辉成立了苏州虎丘民族乐器有限公司。二是产品扩散，大兴加工点之风，各大民族乐器厂开始走与农村相结合，产品扩散的道路。北京民族乐器厂在河北饶阳、肃宁、怀来等地成立联营厂及河北怀来响器分厂，上海民族乐器厂将笛箫转至浙江余杭中泰乡成立笛箫加工厂。苏州民族乐器一厂将二胡转到苏州北郊的江南乐器厂进行委托加工。三是下海风，各地民族乐器厂一些技术骨干出现了一股下海风，一些技术工人凭借自己的技术，有的辞职后自谋生路，有的退休后办起了民族乐器厂。当时，北京民族乐器厂退休职工李俊杰在北京前门三井胡同办起了街道工厂，以后成为北京荟萃民族乐器厂，企业规模不断扩大。另外，还有满瑞兴、田双琨、张祥云、刘进兴、吴仲孚等人，分别成立了规模不等的民族乐器作坊。苏州民族乐器一厂有少量人下海但都没有形成气候。上海民族乐器一厂原厂长常敦明在退休以后在家乡江苏扬中县办起了扬中长鸣乐器厂，以生产笛箫为主，而其他技术人员，企业及时采取相应措施，提高技术工人工资待遇，刹住了下海风。

而这时，全国各地具备条件的乡镇企业也开始生产民族乐器，他们利用具有一定技术的工人办起了乐器厂，在当地逐渐形成气候，当时有天津静海子牙镇潘庄子村，在王泽林、王泽云等人的带领下生产笛箫、笙、唢呐、葫芦丝等。扬州先期研制生产古筝，是在张弓、田步高、卢玉平等人的带动下，逐步发展起来的，以后生产规模越来越大，打造出一个“扬州古筝之乡”。另外，1985年浙江余杭中泰乡，董仲彬等人利用当地的天然资源在上海周林生老师的指导下，开始批量研制生产笛箫。而这时河南兰考由于具有制作民族乐器音板最佳资源的优势，在兰考汤大法等人的积极努力下，逐渐成为被轻工业部正式授予的民族乐器音板加工基地。从此兰考的大批农民走上了种植、采伐、加工泡桐板材的谋生道路，当年兰考县委书记焦裕禄种下的泡桐树使兰考农民走上了脱贫致富的道路。

到20世纪90年代末，新世纪初，在经过一番市场经济洗礼以后，我国民族乐器生产企业格局基本定型：个别国有企业保留、涌现出大量新兴的民营企业、数以千计的个体手工作坊点缀其中（实际上应当是数以万计），一批民族乐器产业基地逐步形成。

国有及集体所有制企业：是指上海民族乐器一厂和西安音乐学院乐器厂。上海民族乐器一厂原属上海轻工控股集团公司及上海英雄集团公司领导，后划归上海红双喜集团有限公司，集体所有制性质，企业相继在上海郊区及河南兰考建立民族乐器生产基地，成立企业室内乐团，举行敦煌杯民族器乐比赛，企业经济效益和社会效益明显提升，逐步拉开了与其他民族乐器生产企业的差距，成为民族乐器行业的领军者。西安音乐学院乐器厂属西安音乐学院领导，属事业单位编制。而原属于北京星海钢琴集团公司下属的北京民族乐器厂由于几经搬迁，技术人员大量流失，元气大伤，最后只保留一个销售门市部，其他人员全部分流到钢琴厂，北京民族乐器厂名存实亡。苏州民族乐器一厂也在1999年实行转制，企业性质改为股份制民营企业，名称苏州民族乐器一厂有限公司，2016年企业转让给苏州圣典堂红木家具有限公司，总经理张礼东，企业经营形势出现了转机。其他全国各地的国有性质的民族乐器厂基本解体分流。

民营企业：年销售额在1000万元以上的大约有30家企业，其中有代表性的企业有：乐海乐器有限公司、北京钧天坊古琴文化艺术传播有限公司、苏州民族乐器一厂有限公司、扬州金韵御工坊乐器有限公司、扬州雅韵乐器有限公司、扬州民族乐器研制厂有限公司、武汉市海平乐器制造有限公司、开封中原民族乐器有限公司、饶阳北方民族乐器有限责任公司、扬州琼花民族乐器有限公司、河北霸州威名乐器有限公司、天津静海盛兴民族乐器厂等。

个体手工作坊：指家庭式手工作坊，几乎每个城市都会有他们的身影，他们采用简单的通用机械，自制的手工工具，购进半成品原材料，有的雇佣一二个工人，有的干脆是夫妻店。每月加工十件至数十件乐器，自产自销，他们没有营业执照，没有商标，过着殷实的小康生活。

民族乐器产业基地13个，分别是，扬州古筝之乡（古筝）、天津静海民族管乐器生产基地（笛箫、唢呐、笙、葫芦丝）、河北饶阳大官厅乡民族乐器生产基地（民族拉弦乐器，弹拨乐器）、河北肃宁县民族乐器生产基地（民族拉弦乐器，弹拨乐器）、河南兰考民族乐器原材料生产基地（原材料，古筝，古琴）、无锡梅村二胡基地（二胡）、山东临沂二胡基地（二胡）、余杭中泰笛箫生产基地（笛箫）、贵州玉屏笛箫生产基地（笛箫）、云南昆明乐器生产基地（葫芦丝），徐州柳琴生产基地（柳琴），内蒙古呼和浩特马头琴生产基地（马头琴），山西长子县铜响器之乡（响铜乐器）。历史翻开了新的一页，在21世纪的头20年发展时期，伴随着中国以史无前例的加速度成为世界第二大经济体时，中国的传统文化，民族音乐放射出从未有过的夺目光辉，从而带来了民族乐器产业连续多年的直线上升以及民族乐器市场持续多年的繁荣。

改革开放40年，中国的民族乐器行业与40年前相比，有了多项重大变化：民族乐器已经从过去的普通轻工文体用品，发展成为中国传统文化的重要组成部分，文化产业的相关产品，非物质文化遗产的技艺产品，列入到教育部中小学音乐教学设备目录之中。许多地区政府以民族乐器为城市名片，大力发展文化产业，如，辽宁省辽源市“琵琶之乡”，云南省德宏州梁河县葫芦丝基地，江苏省无锡市梅村镇二胡博物馆，扬州市甘泉琴筝文化产业园区等。国内11所专业音乐学院全部建立了民乐系，并设立了主要民族乐器学习专业，编写完备了主要民族乐器教学教材。琵琶等专业已经培养出第一批博士生。古筝从一件冷门乐器已经发展为目前学习人数仅次于钢琴的热门乐器，据不完全统计，国内拥有古筝学习人数近1000万人，年产古筝50万架左右。上海民族乐器一厂敦煌古筝从1978年年产155架到2018年生产11万架，增长709倍。古琴从一件国内仅100多人会弹的高雅乐器，在古琴艺术2003年被列入联合国非物质文化遗产目录后，有了井喷式的增长。现在的古琴不只限于老年人学习，而是老少皆宜，涌现了大量的少年儿童古琴学习班。据不完全统计，现在国内有50万人在学习古琴，年产古琴20万架。一些濒于失传的民族乐器得以恢复，如箜篌、阮等。阮形成系列化，成为乐队弹拨乐声部的重要乐器；箜篌进入到专业音乐学院专业教学。一些少数民族乐器融入汉族乐器，成为大众喜闻乐见的乐器，如葫芦丝、马头琴等。

民族乐器的功能已经不限于演奏娱乐，而是开始跨界融合，产品销售范围扩大到收藏、拍卖、旅游、博物馆。产品与美术、香道、茶道、国学相结合，成为恢复发展中国传统文化的重要组成部分，成为向世界传播中华民族悠久文化的重要内容。目前我国在世界各地建立的孔子学院已经部分建立了民族乐器培训班，如敦煌讲堂。民族乐器的产值和质量有了几何级数的增长，据不完全统计，1978年，民族乐器年销售收入大约是7000万元左右，到2018年，国家统计局发布的37家规模以上民族乐器生产企业主营收入为50.79亿元，再加上数百家规模以下的民族乐器生产企业销售收入，总计可以达到100亿元，比40年前增长了142倍。在产品质量方面，民族乐器产品已经从40年前土里土气，价值低廉的产品，发展为普及与中高档兼有的乐器文化消费品，民族乐器进入千家万户百姓家庭，还成为国家领导人赠送外国元首的国礼，一架古筝，一把二胡，一张古琴也可以卖到数千到上万元了。

历史是由人创造的，伟大的时代造就了一批无愧于这个时代的英才。我们在这里要提出五位具有突出事迹的典型代表人物，他们为40年来中国民族乐器的繁荣发展做出了杰出的贡献。

上海民族乐器一厂厂长王国振，他在担任厂长20年期间，以远见卓识的战略思维，通过企业文化创新的手段，把一个传统的民族乐器厂带上了年销售额数亿元领军者的道路，同时以行业领军者的姿态，带领全行业实现了民族乐器产业的升级换代，使民族乐器行业彻底摆脱了“又土又乱”的落后形象，中国民族乐器从此登上世界音乐舞台的大雅之堂。

乐海乐器有限公司董事长宋从甲。他从一个微不足道的加工二胡弓的个体手工作坊做起，经过30多年创业发展，在北京民族乐器厂的扶持之下，把企业创办成一个总资产3.6亿元，北方规模最大的综合性民族乐器生产企业，扬琴、琵琶、阮、古筝、二胡等产品产量都在国内民族乐器市场占有主要份额。宋从甲是一个成功的创业者，他在不断追求，不断探索。2017年，他开始与北京星海钢琴联合，打造肃宁千亩国际乐器产业基地，未来河北肃宁将成为中西乐器合璧的北方乐器重镇。

北京钧天坊古琴文化艺术传播有限公司创办人王鹏。他毕业于沈阳音乐学院乐器工艺系，他从一名斫琴师做起，经过近30年的发展，他把他的公司打造国家级非物质文化遗产基地，他的事业不仅涵盖古琴制造、传承、教学、演出、影视制作。同时跨界涉及建筑设计、室内装饰、家居设计等业界，王鹏现在的影响力已经远远超出了民族乐器界。

北京满氏乐器厂创始人满瑞兴，20世纪50年代起，满瑞兴从北京民族乐器手工作坊学徒开始，成为北京民族乐器厂的一名技术骨干，获得技师称号。改革开放后，他下海办厂，顶住了来自企业诸多不公正的待遇，坚定一条心，一定要让北方琵琶发扬光大。他凭着自己坚韧的毅力，刻苦研究的精神，聪明的才智，使北方琵琶制作技术有了很大的提升，声学品质有了很大的改善，从而赢得了国内专业演奏琵琶特别是专业音乐学院的主要市场份额。他今年已经83岁了，仍然坚持在生产第一线，不断地作出新的贡献。

河北涿州宏亮乐器厂总经理赵宏亮。他在他的爷爷赵伯纯（原北京民族乐器厂制笙技师）的教导下，从零开始学习制笙技术，经过刻苦钻研，不仅全面掌握了36簧加键扩音笙制作技术，而且在质量上完全达到专业演奏家的演奏要求。数年内，他所制作的各种类型的加键笙基本上控制了国内以及港澳台地区专业品市场。同时他还研发了高、中、低、倍低音加键笙系列，逐步装备到国内及海外的大型民族乐团，为中国民族管弦乐队管乐声部建设作出了十分重要的贡献。

历史的车轮滚滚向前，中国改革开放40年带来了我国民族乐器行业的一片繁荣，具有伟大历史使命感的民族乐器开拓者们正在以更大的信心和勇气，绘制着更新、更美的画卷。

名企对话

提质增效 优化布局 推动钢琴产业创新生态

李建宁

中国乐器协会副理事长、钢琴分会会长、
广州珠江钢琴集团股份有限公司党委书记、董事长

2019年是新中国成立70周年，也是珠江钢琴人辛勤耕耘、成果颇丰的一年。珠江钢琴集团狠抓“提质、增效、降耗”，积极开展新工艺、新产品的研发，大力推动产品高端发展，优化产业布局，推动各业务板块协同发展。企业先后荣获乐器行业“2019中国轻工业百强企业”“中国乐协功勋单位”“中国乐协社会公益先进单位”“2019广东轻工业创新单位” 等荣誉称号，珠江· 恺撒堡智能产品中国红三角钢琴成功入围中国轻工业联合会消费升级重点产品。

2019年，珠江钢琴积极开展各类品牌活动，不遗余力促进中国音乐艺术事业繁荣发展。成功主办中国音乐艺术教育发展论坛、“珠江 · 恺撒堡”国际青少年钢琴大赛、全国高校音乐教育声乐比赛等重大赛事，着力提升民族品牌担当，2019年品牌强度908，品牌价值47.97亿元。旗下品牌珠江 · 恺撒堡、里特米勒等先后亮相2019年央视春晚舞台、庆祝新中国成立70周年晚会、中意、中希友好交流故事会等重大活动现场。依托珠江钢琴国家文化产业基地开展公益音乐会、爱国科普等益民活动，提升珠江钢琴品牌形象和品牌影响力。

2020年，珠江钢琴集团将继续坚持创新驱动发展战略，深化企业改革，深入推进“乐器+教育+服务”产业新生态的有机融合，稳步推动国际化运营，持续推进品牌建设，不断提升集团在国际钢琴市场的影响力。

文化营销 创意融合 启动品牌创新两翼战略

王国振

中国乐器协会副理事长、民族乐器分会会长、
上海民族乐器一厂厂长

2019年，上海民族乐器一厂大力推进文化营销、文化产品、文化型工匠队伍的建设。在全体员工的共同努力下，企业无论是经济效益，还是社会影响力，均取得了稳健提升。2019年，企业销售收入突破四个亿，利润总额突破一个亿，主要经济数据均实现了两位数的增长。

在新品研发方面，企业加大乐器生产与文化创意的深度融合，提高乐器文化附加值。2019年，企业继续推进与民乐演奏大师和民间工艺大师的合作，推出了70件具有高工艺价值和高创意价值的新品乐器。在上海国际乐器展上，“庆祝中华人民共和国成立70周年”系列、“冯少先80寿诞限量版”月琴、“创世神话”系列古筝、“故宫文化”系列乐器、“春花秋月”系列乐器、1米便携式短筝等新品乐器，不仅迅速获得业界的广泛关注，而且得到十余家社会媒体的深度报道。其中，“华夏一家”古筝在上海国际乐器展“全球业界新品首发”活动中，入选了“2019年度20件首发新品”名录，“玉兔衔桂”古筝荣获“中轻万花杯创新产品金奖”，“敦煌牌”礼品版小乐器获评“2019上海优选特色伴手礼”。2019年，企业申请外观专利53项，为历年最高。为推进产、学、研合作进程，企业立足乐器改良，与中央音乐学院李萌合作，成功推出了古筝专业C型弦，更好地满足专业用户的使用需求；与伽倻琴演奏家彭丽颖合作，继续改良升级敦煌新型伽倻琴，满足现代伽倻琴作品的演奏需求；推出的1米便携式短筝，高中低音区协调，保持了传统古筝的音色特点，受到市场追捧。2019年6月，企业与上海工艺美术职业学院共建“创新中心”，将优秀工艺美术文化嫁接到民族乐器当中，合力打造具有影响力的文化产品，展现中华工艺之美。

面对品牌文化建设。2019年，企业以合作包容的姿态，共建和谐的文化营销生态链。由企业投资拍摄的大型纪录片《中国乐器》第二季，于2019年6月在上海广播电视台艺术人文频道《世界艺术之旅》栏目首播，赢得了社会各界的广泛赞誉。文化活动方面，2019年5月，由企业联合主办的第四届“敦煌杯”中国二胡演奏比赛首次走出了国门，在日本、新加坡设立了分赛区，以扩大中国民族音乐在海外的影响力，受到社会各界的热烈反响。该系列赛事已成为专业结构体现最完整、评委专业高度和规模最大，社会参与面最广、参与人数最多的中国民族器乐单项赛事。2019年，由企业支持开展的民乐演出200多场，近5万人参加了敦煌系列赛事，进一步扩大了“敦煌”品牌的行业影响力。此外，企业继续参展有影响力的大型展会，如美国阿纳海姆国际乐器展、德国法兰克福国际乐器展、上海国际乐器展、第二届中国国际进口博览会以及“中国品牌日”上海主场系列活动等，提升了“敦煌”品牌的知名度。

展望2020年，面对产业的高质量发展和“品牌年”的推进，企业将继续推进以文化为主线，以品牌运作和创新驱动为两翼的发展战略，与社会优质资源携手合作，为用户提供增值产品、增值服务和增值体验，为企业开拓更广阔的发展空间。企业将进一步融合推进文化营销战略，推动“敦煌杯”“敦煌国乐”“敦煌之夜”“敦煌之星”等系列活动的品牌化发展；持续推进民族乐器的改良创新，加强产品力建设，加大民族乐器制作与文化创意的深度融合，打造高文化附加值的新品乐器。并且注重实用新型项目的研发，推动产学研深入合作，探索对智能技术和信息技术的应用，推进民族乐器生产的数字化、科学化进程。

品牌升级 校企联合 以中国心铸造中国琴

陈海伦

中国乐器协会副理事长、钢琴分会副会长、海伦钢琴股份有限公司董事长

2019年，在乐器市场相对降温的大环境下，海伦钢琴股份有限公司乐器产品销量及营业收入仍有不错的表现。公司针对消费升级的需求而推出的质量更好、科技含量更高的维也纳系列钢琴、iPiano智能钢琴市场知名度、美誉度进一步扩大，销量也有不错的表现。我公司与迪士尼公司合作推出的迪士尼系列也越来越受到市场欢迎。以上技术升级、消费档次更高的产品在我公司产品结构中的比例经过几年来的增长，在2019年也保持了相对稳定，我公司的品牌提升成果得到进一步强化。同时，海伦品牌吉他进行了升级，海伦品牌的尤克里里、电爵士鼓产品成功上市。

2019年，海伦钢琴积极开展校企联合工作，与中央音乐学院成功签约，海伦钢琴与中央音乐学院继续教育学院共同开发“中央音乐学院继续教育学院·海伦智能钢琴实验课室”项目，通过中央音乐学院旗下的名师研发教材，对海伦公司在各地区的授权加盟商的授课教师进行师资培训与指导，将教学效果与艺术考级并轨，更有效地开展钢琴教学工作，开启艺术教育和钢琴教学的新时代。为“中央音乐学院继续教育学院·海伦智能钢琴实验课室”项目配套推出了原声智能钢琴A122、A126，该教育项目与两款钢琴均获得了市场的瞩目，招商工作进展顺利。

2019年，海伦钢琴参与承办第二届“丝路琴声”宁波国际钢琴艺术节暨音才奖中国钢琴邀请赛，赛事规模覆盖全国超过180个城市，累计近3万人次参赛选手，总决赛参赛人数达到1000多人，赛事评委会汇聚著名中国音乐学院硕士生导师李民、英国北方皇家音乐学钢琴系主任、教授格雷厄姆·斯科特等众多名家加盟助阵，有效助力全国钢琴音乐事业发展。2019年，为庆祝中华人民共和国70周年华诞，海伦钢琴助阵了中央电视台网络春晚、江西卫视《跨越时代的回信》国庆特别节目、枣庄九三学社庆华诞“快闪”等活动。70年的砥砺奋进，我们的国家发生了天翻地覆的变化。

海伦钢琴以“中国琴、中国心”为口号，将积极推动我国音乐事业的发展，不忘初心，奏响时代主旋律，做时代的音乐追梦人！海伦钢琴在钢琴制造领域取得了骄人成就，在世界乐器制造历史上以罕见的发展速度成为年产销量位居世界前列、欧美市场具有较强影响力、欧美多项大奖加身的钢琴制造商。目前，海伦钢琴在艺术教育领域持续发力，海伦智能钢琴教室项目在市场上广受关注，该项目深刻体现了董事长、总经理陈海伦“让更多的孩子喜欢上乐器，让更多的孩子学得起乐器”的理念，海伦艺术教育已经成为中国音乐教育领域冉冉升起的新星。

面对产业的高质量发展和“品牌年”的推进，海伦钢琴新一年的战略规划将立足主业，积极开展多元化经营。未来，海伦将致力于打造一个产业闭环，也就是通过加强在音乐教育领域的支持，提升音乐教育的品质和人群数量，同时扩大乐器产品的市场容量。进而通过汇聚艺术大师，开展音乐讲座、大师班、音乐会，服务于日益增长的音乐人群提升技艺、欣赏优秀演出的需求；通过音才奖国际钢琴邀请赛，提供音乐学子展示和交流的平台，选送优秀的音乐人才进入国内优秀音乐院校乃至世界排名前列的欧美音乐学院深造，而这些优秀人才深造以后将反过来促进中国的音乐教育事业的发展，从而实现产业闭环的良性发展。

两化融合 教育转型 践行高品质发展理念

李 书

中国乐器协会副理事长、提琴分会会长、
江苏凤灵乐器集团董事长

2019年，凤灵集团走进了第50个年华，在党的改革政策指引下、在各级党委政府、行业协会的支持下、在全体员工的奋斗下，始终保持健康、稳定的发展。2019年，公司全年销售比2018年增长6.6%、出口总值增长3.8%、利润增长6%。

2019年是凤灵深入改革创新之年，公司始终致力于新技术、新材料、新产品的开发和研究。我们开发的毛竹材料琴已出口并被北京竹乐团、河南弦乐团等团队广泛使用，获得一致好评；公司自主研发的贝拉琴科技创新项目也已通过鉴定，投放市场。

2019年公司向艺术教育方面进行扩大转型，成立琴韵小镇文化艺术中心，与中央音乐学院、江苏新基因有限公司等合作，在提琴、吉他、钢琴、古筝、架子鼓等课程对中小学生、教师进行培训，全年累计培训教师1000多人，培训学生6000多人。

2020年是"十三五"最后之年，是全国小康成功的决胜之年，也将是我们凤灵集团高质量、高品牌发展之年！我们将始终坚持开拓创新，不忘初心、继续前行，用心为客户服务，不断总结提升，用专业的团队和标准的流程保障好客户利益。

一、2020年公司将加大人才投入，重视科技、管理人才聘请与培训，重视制造工匠培养与提升。

二、全面推进两化融合，实施大数据管理，实现每道流程标准化，每日工作绩效化。

三、公司将降低普档琴生产，扩大中、高档琴生产15%以上，全面提高效率、效益，扩大凤灵品牌世界影响力，向文化产业转型、向艺术教育转型、向服务贸易转型。

四、始终坚持科技创新、市场创新、管理创新、产品创新、经营创新、服务创新、效率创新，为热爱音乐的社会大众提供更好的产品和服务。

新的一年凤灵集团始终坚持向高文化、高品质、大担当、大贡献的大美大好企业发展。

三喜临门 自主创新 推波助澜钢琴艺术教育

吴天延

中国乐器协会副理事长、钢琴分会副会长、柏斯音乐集团总裁

2019年，我们国家迎来了新中国成立70年华诞。70载沧桑巨变，70载壮丽征程，每一个中国人都为我们伟大的祖国70年来所取得辉煌成绩而感到无比骄傲和自豪。

柏斯音乐集团成立于中国改革开放的1986年，至今已走过了从创业，到奋起，再到辉煌的33年峥嵘岁月。

2019年，柏斯音乐集团迈上了一个全新的发展起点，在这一年，柏斯好事多，大事也多。这一年，柏斯音乐集团及旗下自主品牌"长江钢琴"遇到了三喜临门：

10月1日，在北京举行的新中国成立70周年大阅兵和群众游行活动中，我与吴雅玲总裁，作为香港特别行政区特邀代表，分别以湖北省政协常委的身份和北京市政协委员的身份应邀出席，与海外华侨、港澳同胞、各方嘉宾和各界代表一起，见证祖国的荣光盛事。

柏斯音乐集团在2019年连续两届获得中国商业联合会、中国保护消费者基金会的"全国售后服务先进单位"，并获得香港镜报"第八届杰出企业社会责任奖"，以及中国乐器协会"功勋单位（科技创新型）"和国家轻工业乐器信息中心"乐器文化推广贡献奖"。

柏斯旗下自主品牌"长江钢琴"，2019年入选成为"第16届柴可夫斯基国际音乐比赛"指定用琴，从此改写了中国钢琴的发展史。并在下半年再度入选"第16届亚瑟鲁宾斯坦国际钢琴大师赛"比赛用琴，并成为2020年1月13日在厦门举行的"第二十二届斯克里亚宾国际钢琴大赛"唯一指定用琴。

不仅如此，长江钢琴在2019年更是收获颇丰，频创佳绩：从助力国际选手摘取"第三届珠海莫扎特国际青少年音乐周"钢琴C组桂冠、荣登俄罗斯"克里姆林宫大剧院"、奏响庆祝中华人民共和国成立70周年大型文艺晚会、献声中俄建交暨中俄友协成立70周年招待会，到入选央视大型纪录片《长江序曲——来自长江经济带的报告》，长江钢琴用实际行动书写着中国钢琴品牌的骄傲！

这一年，柏斯音乐集团为中国钢琴艺术事业推波助澜，勇攀新高。签约了11位中国钢琴翘楚成为"长江钢琴艺术家"；致力文化传承与保存，助力李名强教授典藏级钢琴专辑发布；举办大型音乐巡演促进钢琴艺术蓬勃发展，再度举办第八届长江钢琴音乐节，并以“我和我的祖国”系列活动——将爱国之声欢洒各地。

这一年，柏斯音乐集团在探索音乐人才培养方面走出新路，启动“长江钢琴全国青少年艺术家培养计划”，举办湖北省第六届“长江钢琴杯”青少年音乐比赛，举办2019年西安市“长江钢琴杯”青少年音乐比赛，举办2019年湖北高校音乐教育专业教师基本功展示活动，举办第六届KAWAI亚洲钢琴大赛等。

2020年已经到来，2020年是具有里程碑意义的一年。我国将全面建成小康社会，实现第一个百年奋斗目标。柏斯音乐集团将在新的一年里，不忘初心，牢记使命，锐意进取，开拓创新，为全面建成小康社会伟大胜利的目标贡献我们的力量，迈向伟大征程，实现伟大梦想！

转型升级 回报社会 厂商共建创新销售模式

陈学孔

中国乐器协会副理事长、西管乐器专业委员会会长、河北金音乐器集团总经理

回顾2019年，国际局势复杂多变，国内外市场严重萎缩、下滑。河北金音乐器集团冲破艰难险阻，逆势而上，变压力为动力，乐器产量、质量及市场销量均稳步提高。特别是出口销售逆势上扬，外贸创汇稳居河北第一，名列国家文化出口重点企业。

2019年，河北金音乐器集团荣获河北省知名文化企业30强，在环保整治、安全生产强化等各项工作中，未发生质量、安全、环保等事故，未发生违法违纪等问题，风险管控和隐患排查治理的双体系建设，获得了有关部门的肯定和称赞。金音集团凭着雄厚的经济与科技文化实力，承建的全国音乐教育服务联盟（武强）基地被中央音乐学院定为音乐教师资格认证合作单位；被中央电视台中学生频道丽帆艺术团定为河北金音艺术培训基地，“央音”全国青少年艺术展演活动基地，举办了“‘央音’河北省青少年艺术展演钢琴赛场”“‘央音’河北省青少年艺术展演吉他赛场”等，被河北省旅游发展委员会定为旅游重点项目。

在新时代，如何转型升级，引领大众创业，回报社会，扶贫济困，走向共同富裕，是金音人面临的新课题。历经三年的研制，三年的砥砺，全国音乐教育服务联盟基地聘请国内外音乐教育专家和软件开发人才共同研制的艺术素质测评APP系统闪亮面世，在音乐教育行业里开辟先河，荣登央视，作为文化企业转型创新专题节目在2019年河北省“两会”播放，反响强烈，称赞不已。同时，立足产业链，利用大数据、云计算，拓展全局视野，整合乐器制造企业、琴行、音乐培训机构及社会各界的优势资源，开展供需对接，解决学校和社会音乐教育条块分割、区域资源浪费与匮乏等问题。将传统、单一的乐器培训和乐器销售，做到高端化、体验化、生活化，依托全新的经营模式，树立国产乐器在大众心中的品牌形象，为加盟者带来可观的经营利润。

展望2020年，面对激烈挑战和历史机遇，金音乐器集团将坚定不移地为实现“经济和社会的高效益，产品和企业的高档次”的“双高”目标，着力提升产品质量和品牌价值，生产出更多更好的品质卓越、性价比更高的乐器产品。同时，着力企业转型升级，创新品牌，把艺术素质测评APP+直播平台+综合业务做大做强，助力琴行和培训机构，并由原来传统的销售模式，向新零售方向转移，在全国各琴行与培训中心大力推广，为琴行与培训机构创造高速发展引擎，进入全新的销售模式，利用自有资

源，挖掘乐器后市场的宝藏，在投入做更多品种配合新的消费群体，会同业内同行在新形势下打造一个全新的生产—销售—服务的链条，应战疫情后的严冬市场。“与君远相知，不道云海深”。新的一年，金音集团面对音教文化转型，诚邀业界精英，共举千秋伟业，展示自身价值，实现人生梦想！

做优做强 数字管理 智能制造过硬产品

刘运斌

中国乐器协会副理事长、打击乐器专业委员会会长、天津津宝乐器有限公司总经理

2019年全球经济跌宕起伏，大国崛起与来自美国为首的经济体的打压遏制，促使国际经济环境明显趋紧，国内经济下行压力加大，外贸、外资市场直面冲击，其副作用进一步传导到供应链、产业链、创新链，使制造业压力持续加大，国外客户对产品价格借机打压，市场拓展难度进一步加大。我们一是挖潜力：通过稳步推进数字化车间建设，促进产品质量与服务的改善，同时进一步优化产品成本，使产品在行业内始终保持了较强竞争力；二是抓市场：在积极稳定美国业务的同时，努力激活亚、欧、非国家的潜在市场，大力拓展国内市场业务，多措并举，保持了总体销售形势的稳定。

（1）市场及主营业务销售：2019年新增国内外客户175家，全年累计销售5.46亿元，上缴税金5358万元，产销量继续保持同行业领先优势。

（2）技改投入持续加力，创新成果丰富。以提升产品开发和产品工艺技术优化为重点，工艺技术标准化、自动化、智能化工作进展顺利：2019年公司累计投入新产品、新装备、新工艺等方面技改资金2320万元，完成新产品开发38项，零部件创新研发77项，新设备投入180多台套，新工装、模具投入600余套，形成专利83项。

（3）品牌推广活动投入持续加力，平台建设成果与品牌建立融合发展：我们依托国家文化产业示范基地载体功能，着力打造的津宝国际音乐节、研讨会、文化艺术培训三个平台板块的活动的影响力进一步扩大，平台活动资金累计投入560余万元。组织开展了为期一个月的2019津宝第五届国际音乐节，同步举办了首届“DCA亚洲行进鼓乐联盟”锦标赛，并相继组织了2019津宝蓝魔行进艺术师资培训、2019津宝第五期行进管乐师资培训、两期的奥尔夫师资培训和2019津宝第一期马林巴师资培训班，这些活动的开展为巩固“津宝”品牌行业地位、提升品牌内涵、扩大品牌影响力等方面带动效果明显，也对促进地方文化、旅游、带动区域经济起到良好的助推作用。

2020年，面对产业的高质量发展和“品牌年”的推进，公司将在以下六个方面做好充分准备：

（1）继续坚持“做优、做精、做强”的发展思路，以过硬的产品、超值的服务应对市场的变化，在稳步开发现有产品市场的同时，着力拓展高附加值产品和新产品市场业务，培养新的增长点；

（2）围绕全员管理数字化的主线，通过管理的深入，继续优化能源、材料、人效等产品成本结构，争取更大竞争优势；

（3）继续加大产品创新和技改项目投入，计划投入技改资金2400余万元，主要用于产品开发、新材料应用、新工艺研究等产品创新投入以及信息化联网设备、智能机器人、自动化流水线、数控车床等先进装备方面的投入，以此保持核心竞争力的优势；

（4）加强人才队伍建设，完善公司人才培养机制，大力挖掘、培养后备人才，建立公司的人才梯队，强化公司智力资本；

（5）创新津宝国际音乐节、研讨会、师资培训等活动的举办模式，提升国际影响力，深入挖掘音乐节的文化内涵及社会经济效益；

（6）继续完善品牌宣传与管理，强化知识产权申报与保护。

新的一年面对困难与挑战，津宝乐器将在党和国家的正确引领下、在各界朋友的支持下，不断解放思想，创新担当，以严谨周到的工作作风，开放共赢的视野和格局，全面提升我们的服务质量，用优质的产品与服务回馈每一位客户的关爱，让乐器成就每个精彩的人生，让世界同奏和谐的乐章！

精雕细研 专家助力 打造产供销综合服务平台

宋从甲

中国乐器协会副理事长、民族乐器分会副会长、乐海乐器有限公司董事长

2019年，乐海乐器集乐器研发、生产、文化旅游为一体的乐器产业园区一期工程行政办公楼、自动化加工中心、自动化喷涂车间、恒温恒湿库房、智能装配车间、大师斫琴艺术工坊等相继完工封顶，园区建设进入紧张的装修、设备安装阶段。为更好地传承民族乐器文化精髓，乐海乐器投入巨大的人力物力建成面积2500平方米的民族乐器博物馆，三个展室分别是中国传统乐器史料馆、中国传统乐器制作技艺馆和中国传统乐器制作体验馆。

乐海始终秉承持续创新、超越自我的制作核心理念，内部秉承工匠技艺传承优良传统，传承培育出大批行业技术骨干，开发民族乐器制造专用设备，传统和科技结合，以标准化、自动化、数据化贯穿产品生产制造全过程。同时通过持续举办扬琴、古筝、琵琶、阮、二胡等五大类民族乐器制作技能比赛及声学品质研讨会，外部吸收国内音乐学院、演奏团体教育、演奏专家需求和建议，内外结合，通过不断的试验和评估，持续提升公司各类产品声学品质，为广大民族乐器爱好者提供品质更优、适合市场需求的产品。祖国70华诞之际，乐海敬献紫云君高端琵琶，以自然存放50年之久的酸枝老料为背板，自然存放10年以上兰考桐木经特殊工艺处理为音板，嵌以万年猛犸象牙为相条、山口、扶手条，外观以民国时期张云福凤尾如意琵琶琴首为模，由乐海专业技师精雕细研而成，并由著名琵琶演奏家品鉴，外观音色兼具，得名紫云君，彰显典雅与富贵，为乐海2019年推出的精品代表。

2019年沿着开创乐海品牌价值新时代营销战略，提出天人合一，万物互联的营销理念。持续壮大乐海签约艺术家团队，诚邀中国音乐学院二胡演奏家张尊连教授加盟，持续推进乐海二胡品类品质及形象。同时全国启动乐海签约艺术家、技术顾问大师研修班、专场音乐会——徐阳昆明大师班，杨靖广州大师班，刘寒力北京大师班，徐阳薛淼阿里音乐会等，传承国乐技艺、传播国乐文化。以创新思维推出乐海琴坊新零售，打通用户线上交易线下体验，全方位服务的新销售模式。持续开展民族乐器维修技术培训，加快乐海售后维修服务中心的建设，推进10公里服务圈工程，首开民族乐器售后服务创新服务新模式。组织专家、技师、营销团队、核心经销商五天六夜体验贵州山水文化、民族风情，寄情于山水之间，融汇苗壮各族文化于国乐艺术，提升团队国乐素养，凝聚海纳百川的乐海企业文化。

2019年乐海乐器内外发力，多措并举，万物互联，在各大类产品专业认可度持续提升基础上，推出符合市场需求的古筝、扬琴、琵琶、二胡等新品近百款；宏观布局营销体系，推出乐海琴坊新零售、建设售后维修服务中心、国乐进校园等新项目，实现营销多元化突破。开发中乐驿岸APP，融国乐文化、产品、教育、服务于一体的综合性平台。2019年乐海乐器面对激烈的市场竞争，协力同心，以传承国乐精粹推动国乐文化繁荣为导向，以打造国乐

精品为基石，以创建忠诚经销团队为支撑，从而使得经济效益和品牌效益均实现了稳健增长和可持续发展。

2020年中期，乐海乐器将整体搬迁新建园区，自动化加工中心、自动化喷涂车间、智能装配车间、恒温恒湿库房全面投入使用，必将促进乐海产品品质的跨越式提升，为全国民族乐器爱好者提供更高品质的国乐精品。2020年也将迎来乐海乐器35周年庆典，借此契机，乐海汇聚各行业专业人士于一堂，共同探讨民族乐器发展、国乐文化发展大计，全面深化公司产品、战略规划，为乐海腾飞注入新动力。新的一年开启新的希望，乐海人将一如既往和乐器界朋友携手并进，朝着新的目标开启新的征程，用新时代的工匠精神照亮未来，为传承和弘扬民族文化做出更大的贡献，为促进文化事业的繁荣和发展贡献力量。

强化售后 服务院校 国际资源助力文化教育

林志明

中国乐器协会副理事长、西管乐器专业委员会会长、打击乐器专业委员会副会长、功学社（天津）商贸有限公司董事长

过去的2019年是功学社（天津）商贸有限公司稳步发展的一年，是全体员工用辛勤、用汗水，用诚信、笃实、突破、创新的精神拼搏的一年。

岁月不居，天道酬勤。回眸过去的2019年，尽管竞争与挑战日益加剧，市场环境更加严峻，但功学社（天津）商贸有限公司却依然继续保持了良好的上升势头，在中国市场销售总额再创新高。在这一年之中，公司成功地开展与合作了近30场品牌推广与维修售后服务活动，通过这一系列活动宣传，增加了新产品的曝光机会，使消费者对我们的产品有了更深层次的认识。

面对国内音乐文化事业的发展，功学社集团一贯秉持深化国民生活质量与教育文化的创社理念，融入到企业发展的方方面面。2019年期间，公司积极参与和大力协助各项音乐院校和音乐协会的活动，邀请许多世界知名的鼓手、音乐家、音乐教育专家来中国巡演和举办教学讲座。美国知名鼓手Alex Landenburg、Rashid Williams，德国国宝级爵士鼓教育家Claus Hessler，国际知名马林巴演奏家与教育家She-eWu，美国知名音乐教育家Peter Loel Boonshaft教授，SAXHONP演奏家董舜文老师等知名乐手，演奏家和专家学者分别在北京、广州、成都、银川、兰州、常州等各大中城市举行巡回演出和讲习演奏，并进行面对面的交流。尤其是美国知名音乐教育家Peter Loel Boonshaft，受公司邀请，与当地管乐协会合作，深入成都、广州、深圳、郑州、南京、北京等地中小学乐团，针对中小学管乐团的教学状况，与各地老师分享乐团教学理念与经验，系统化地指导乐团排练，在提升老师在管乐团组建、训练、管理等行政方面以及管乐团指挥，声部教学等教学方面的综合素质与能力方面提供了国际经验，同时彰显了公司要服务与贡献学校和社会的音乐理念。

功学社不仅注重在音乐交流上与国际知名音乐家合作，更注重与音乐家们在产品中的合作研发，推出更多高质量的精品产品，服务于广大的音乐爱好者和艺术家。像JUPITER管乐与维也纳音乐学院Barbara Gisler-Haase教授共同研发的弯管长笛，此款长笛更获得德国红点设计大奖，产品人体工学设计理念是照顾到初学者小朋友脊柱不再弯曲，呼吸更加顺畅自然。

值得一提的是与美国西北大学打击系主任She-eWu教授共同研发的马林巴木琴，更是颠覆了传统马林巴设计概念，洪都拉斯顶级玫瑰木音板，采用了全铝框架、单边升降系统、三个半八度的可调整共鸣装置，全橡胶音柱等设计使音乐可以多面向地延展，与其说是马林巴精益求精的设计，不如说是马林巴的变革更为恰当。外观的流线时尚而华丽，内在声音温暖和清澈。非常适合演奏家在独奏和录音时对音乐的高标准要求。此款马林巴面世，受到了国际打击乐专家的推崇和喜爱!

爵士鼓近年来在中国非常火热，MAPEX更是在产品的创新中孜孜不倦，开创声音先河。像黑豹系列的磁悬浮中鼓座，是与美国众多音乐家合作而创造出来，运用磁力的变化调整鼓腔的延音，其产品需要极其精密的制作工艺，这也证明功学社在生产工艺上的突破和创新。

今年花开胜去年，料得明年花更红。展望2020年，功学社公司将在巩固2019年取得的成绩上继续努力，谋求技术进步，强化企业管理，加快产品开发和品牌推广。同时大力加强与国内优秀演出团体和专家老师的合作，通过丰富的国际资源，举办多种活动邀请国际知名音乐大师与教育家，共同分享多地的音乐教学经验与传承，促进学校管乐团与专业教师的艺术文化交流。以对学校社会贡献力量，服务社会提高文化素质为目标，共同为繁荣中国乐器市场和扩大音乐学习人口作出不懈的努力。

标准筑基 文化为魂 高端定制提升附加价值

时建明

中国乐器协会副理事长、手风琴专业委员会会长、江阴金杯安琪乐器有限公司董事长

回顾2019年公司总体经营情况，可以用“在艰难中前行”来概括。2019年对于公司来说虽艰难，但在艰难中求发展，取得了一定的成绩。一年来，我们不忘做中国最好的手风琴的“初心”，牢记作为中国手风琴领军企业应有的“使命”，引领推动中国手风琴制造行业的高质量的发展。2019年公司营业收入同比增长9.6%，利润同比增长8.5%，出口增长2.6%。坚持科技音教双轮驱动，持续推动技术改造和产品升级，拓展产品销售渠道，培育音乐消费人口，标准为基础，人才为支撑，多元发展。

公司2019年运营总体良好。2019年，公司把创新作为企业发展的原动力。一年来，在创新意识驱动下，全年共开发完成了手风琴新品7个：7244高端演奏用琴、2046键钮中档练习琴、1860中档练习琴、C11双系统启蒙练习琴、32键两排簧练习琴、96贝斯37键四排簧、96贝斯37键五排簧。丰富了手风琴品种，满足不同人群对手风琴的不同需求。

2019年完成了《手风琴型号及规格命名方法》《手风琴零部件名称》两项行业标准的起草送审工作。申报了《手风琴质量分级标准》行业标准的制定工作。公司共获国家发明专利1项，实用新型专利6项。

面对品牌文化建设，我们对其内涵理解是指某一品牌的拥有者、购买者、使用者和向往者之间共同拥有的，与此品牌相关的独特的信念、价值观、仪式、规范和传统的综合。“金杯”商标是“中国驰名商标”“江苏省著名商标”，金杯品牌具有较高的含金量。2019年，公司在增强品牌的溢价能力，培养品牌的忠诚度，增强品牌的竞争力等品牌文化创新上加大了工作力度，取得了较好的成绩。

2019年，我们成功举办了“敦煌琴韵”——第三届金杯手风琴艺术节；报名参加了2019年上海国际乐器展新品全球首发仪式；参加了美国阿纳海姆国际乐器展；第20届中国教育装备展；2019年上海国际乐器展；协办了“上海之春”手风琴艺术节、深圳宝安国际手风琴艺术周；参与了国家文化部艺术职业教育指导委员会向贫困地区捐献乐器的活动，向云南、广西捐助了手风琴100台。同时，公司加强校企合作，继续办好与江苏省连云港艺术学校联合培养手风琴修造专业技术技能型人才的工作。开展乐器进校园活动，新增中小学手风琴特色学校4所，开辟了老年大学手风琴培训基地。

展望2020年，金杯乐器的品牌建设上主要有两方面：一是2020年3月达成与意大利斯康达利手风琴公司的合作，国际手风琴联盟主席、斯康达利公司老板米高先生带领他的技术团队，对我公司手风琴生产的技术加以指导，并在我公司按照斯康达利的技术标准生产斯康达利牌手风琴。二是融合创新发展，提升品牌的价值。走手风琴艺术化发展的道路。将中国传统艺术，如绘画、书法、雕刻，现代的喷绘、动漫艺术与手风琴生产相结合，开展手风琴个性化的定制，提升手风琴的艺术品位，丰富手风琴文化，提升手风琴的附加值，满足不同的人群对手风琴的不同需求。

三轮并轨 管理升级 创建新型消费服务体系

秦 川

中国乐器协会常务理事、琴行分会副会长、
河北秦川文体乐器有限公司董事长

刚刚过去的2019年，对全体秦川人来说是不平凡的一年、是具有里程碑意义的一年。在新中国成立70周年的宏大历史背景下，秦川乐器用实际行动深入贯彻习总书记“不忘初心，牢记使命”的总要求，坚持“乐器销售”“音乐教育”和“文化传播”三轮并轨，协同发展。用汗水浇灌收获，以实干笃定前行。

2019年，秦川乐器一路攻坚克难，在变革中不断催生发展活力，努力打造极具体验感的经营环境，全面升级改造了秦川乐器体验旗舰店，建立起以博兰斯勒、北京京珠、首德、鲍德温、北京星海、中加海资曼钢琴、博斯纳、乐器总汇、古钢琴百年文化展示交流中心、霍洛维茨音乐中心、乐器维修中心等集展示、交流、学习、演艺为一体的综合性音乐艺术圣地，用更多元化的体验，服务广大爱乐人。除了纵向整合经营产品，还寻求横向市场布局突破。2019年我们建成德国施坦威钢琴（河北）旗舰店、施坦威钢琴（衡水）蓓蕾店，新建3所并升级改造7所音乐教育培训学校，积极培育音乐人口，普及推广音乐教育。

不破不立，切换脑力；不忘初心，增加自信。秦川人不惧拼搏、锐意创新，在2019年全新研发了管理软件系统3.0版，将琴行（零售）管理、艺校（课程）管理与财务管理有机融合，实现门店数字化、员工顾问化、人客一体化的新跨越，由“产品思维”向“用户思维”转移，为消费者打造“内容电商化、场景视觉化、体验极致化”的新型消费服务体系。与此同时，秦川乐器不遗余力地参与协办各项高端音乐赛事，如香港国际音乐节、周广仁夏季学院钢琴技能大赛、施坦威全国青少年钢琴比赛、第18届星海杯全国钢琴大赛等；邀请国际音乐大师举办多类音乐活动，如首德钢琴200周年庆典（巴拉兹·佐科莱依国际大师音乐会）、李坚大师班琴童选拔赛、“郎朗和他的朋友们”琴童海选及钢琴音乐会、田佳鑫多钢琴音乐盛典等，大大提升品牌影响力，推动音乐艺术文化的传播和发展。

新的一年，面对乐器产业“高质量”的要求和创新“品牌年”的挑战，全体秦川人将同心同力，矢志打造一个质量优、服务精、系统强、协同高的强大乐器王国。首先继续纵向优化整合产品线，同时依托全新管理系统——“鲸果”，完善健康多元化的零售及教育生态体系，提升品牌核心价值；在横向拓展上，要“先城市后县城”，寻求志同道合的伙伴拓展加盟业务，精准布局，扩大市场占有率，提升品牌传播力度。

积力之所举，则无不胜也；众智之所为，则无不成也。未来，秦川乐器将本着“协同共生”的原则，积极链接更多的伙伴，实现资源互动互联，谋求自身和行业的持续健康发展。

跨界合作 设施升级 科研助力琴筝电声化发展

熊立群

中国乐器协会常务理事、民族乐器分会副会长、扬州金韵乐器御工坊有限公司总经理

回首2019，面对国内外乐器消费需求和生产要素重大变化，金韵乐器一直稳步前行。2019年我们加大了设备的投入，使生产逐渐自动化、标准化。2019年的上海乐器展，我们采用了新的模式，各类新品发布会和演奏展示活动丰富多彩，吸引了观展老师和专业采购商的眼球，较之以往取得了很大的进步。

在技术方面，开发了“如是”钢丝筝、“电筝”等有着重大突破的新品种。尤其是历时3年时间，自主研发、行业首创的——电筝，他将成为一个划时代的产品，为民族乐器走向世界奠定了坚实的基础。这款电筝具有颠覆性的创新理念，无共鸣腔体、无木质材料，采用环保轻质复合料制作。音频输出口采用国际通用的6.5毫米音频接口，可以根据用户的需求转接各种效果器，在不改变原有演奏方法的基础上，能创造出神奇的乐音。使中国民乐元素和现代电子乐队有机的融合，真正实现了传统文化与现代文明交相辉映，为中国民族乐器融入世界乐器之林创造了更为深邃的空间。

金韵乐器一方面守研发创新之路，建立校企合作的新机制，与江苏旅游学院工艺美术学院签约，双方强强联合，在乐器的技术研发、资源共享、市场营销和人才培养等进行深入的合作；另一方面狠抓内功，没有好品质，品牌就是无源之水，无本之木。

我们要做到：金韵等于一流的品质。

展望2020“品牌年”，也是品质提升之年，新的一年危机与机遇并存，压力和动力同在，做强做精之路，任重而道远，我们仍将坚持一贯路线，走精品发展之路不变。我们将进一步优化资源，跨界融合，提高经营管理水平，强化员工专业能力，提升团队核心竞争力。

2020已经到来，我们需要团结一心，为乐器行业综合指标的提升而加倍努力。

优化布局 攻关核心 创造中国钢琴的好声音

张华君

中国乐器协会常务理事、材料配件专业委员会副会长、川雅木业有限公司总裁

对川雅木业来说，2019年是极不平凡的一年。这一年，中美贸易战加剧，购自于美国阿拉斯加的优质声学木材资源被加征20%以上进口关税；人民币贬值，欧洲云杉的进口成本也大幅攀升，木材资源持续紧张。面对严峻局面，川雅木业及时调整产业布局，深化木材利用，强化科技研发，狠抓高端产

品，最终实现了企业的健康发展。

2019年初，公司就前瞻性调整了产业布局。一方面稳定做好钢琴音板、肋木、琴键板、背架等传统产品，保持高端化发展势头。另一方面，贯彻落实“好声音才是好钢琴”的理念，对标德国技术，优化钢琴共鸣盘的设计、配置和装配技术，不断改进产品技术性能，2019年，川雅木业研发的共鸣盘总成产品取得了不错的出口成绩。与此同时，公司在江苏镇江新民洲的国际乐器木材产业基地项目的一期顺利投产，使到港的进口原木木材实现了就地加工。

积极充分发挥全国声学木材研发基地的作用，深入扩大钢琴声学部件的研发工作。2019年，我们通过多年努力，基本完成的声学木材研发的一项重大课题，就是要填补我国钢琴制造行业缺乏高端专业化和稳定可靠的弦轴板配件空白，克服严重阻碍钢琴音准质量发展，影响调音操作性能、调音稳定性和调音周期等一系列难题。钢琴弦轴板固定着200多颗弦轴钉和琴弦，几十甚至上百吨的琴弦总张力需要依靠弦轴来张紧，如果在张力作用下，弦轴有扭动或变化现象，钢琴音准就会发生异常变化；因此，弦轴板的质量性能对钢琴音准的决定性作用不言而喻。川雅木业经过六年多的不懈努力，对比试验了十几种木材组合、结构性能、加工工艺、产品结构形式，最终研发出了具备稳定抱合握钉扭矩和灵敏调音性能的实木复合弦轴板系列，并与德国某顶级品牌合作顺利应用到该公司的高端钢琴产品中。不仅如此，为应全球不同档次产品市场需求，我们根据产品材料结构和技术性能，将弦轴板档次丰富为高端、中端和经济型产品，以顺应不同用户需求。

在钢琴声学品质研究中，我们深知，采用实木音板制作的三角钢琴会获得更好的声学品质，我们在2019年欧洲云杉European spruce和西加云杉Sitka spruce实木音板供不应求情况下，我们将充分对标德国、奥地利同行做法，按照全球技术和规模领先水平，加速追加投入实木音板专业化生产线，壮大实木音板的生产规模，只为向正在转型和升级中的钢琴整机生产企业提供更加稳定可靠、更好声音的“钢琴实木音板”。

在未来的发展思路上，川雅木业需要更加秉持在忠实理解和忠于坚守乐器传统制造技术的基础上，发挥创新思维，加大科技投入和技术研发，以最先进的木材资源采购利用规模、最优异的产品性能价格比、最具持续保障力的企业竞争优势，服务于乐器整机生产企业。

创新为本 拓宽布局 转型专业数字乐器制造商

赵 哲

中国乐器协会副理事长、电鸣乐器分会副会长、蔚科电子科技有限公司董事长

继往开来迎新岁，与时俱进贺丰年。2019年，蔚科科技继续贯彻执行科技驱动战略，积极推动技术改造和产业结构升级，拓展产品行销渠道，延伸制造业价值链，取得了阶段性成果。回首去年，面对经济大环境的下行，乐器市场的低迷，在这种形势下，我们依然完成了年初制定的销售目标，同时还有近15%的增长，这一切离不开所有蔚科人的努力奋进。2019年蔚科科技依然坚决地贯彻以研发为本的原则，在诸多领域取音箱、效果器等也有着突破性的成果。诸如SA-40原声吉他音箱、Mighty Air无线迷你音箱、NBP-5贝斯前级等产品均获得了市场的检验，并且广受好评。面对乐器行业中高端转型发展的态势，及日益严酷的市场环境，我们依然坚持研发创新为本的策略，同时致力于提升产品品质，完善产品性能，研发更多具有市场前瞻性的产品。

在品牌文化创新与市场培育上。我们签约了多位一线艺术家，促成了NUX品牌的代言家族。顺应现在的自媒体时代，我们成立了自媒体NUXTV，除了产品简介，还有很多音乐、产品、文化等相关内容的介绍分享。同时，投入了众多线上媒体和纸质媒体的宣传。海外方面，我们邀请到专业的评测机构、艺人为品牌做演示和推广，让越来越多的海外观众也能关注这个来自中国的品牌！

迄今，蔚科科技已经成功地从一个配件制造商转型为专业数字乐器设备的制造商和销售商，从国内首款自主研发的综合效果器，到全新一代的数字音箱，以及电鼓、电钢琴、无线系统等，我们的产品线不断完善，科技研发更是渗透到每一件产品中。同时，在国内市场持续稳定增长的态势下，蔚科科技将继续关注海外市场，让我们的产品继续闪耀世界的各个角落。

展望2020年，我们心怀美好，充满期待。新的一年，新的开始，新的挑战，让我们团结一心、锐意进取，共同描绘中国乐器行业更加壮美的蓝图。

开放纳新 客户为本 高质量运营强化核心竞争力

方 阳

德国博兰斯勒集团中国区总裁

2019—2020年度，中国钢琴市场竞争日趋激烈，博兰斯勒集团依然完成重大突破，产品销量同比增长近10%。面对市场的不确定性，博兰斯勒中国秉承“持续完善核心竞争力、扩大经销商网络、提升专卖店服务质量”的理念，一方面积极调整运营部署，甄选扩充优秀经销商合作伙伴，同时将德国先进钢琴制造技术引进中国，加强技术研究与开发，提升博兰斯勒集团旗下中国组装产品的核心竞争力与创新力。2019年，正值新中国成立70周年，从承载华夏灿烂闻名的长城之巅到伟人诗句中的橘子洲头，从直贯云霄象征中国高度的广州塔，再到峰林音乐盛典舞台上飞扬的70周年彩带，博兰斯勒钢琴携手中国黄龙音乐季，与以元杰、杨珊珊、李成伟为代表的一众中国青年钢琴家，用磅礴动人的中国音乐，来表达对中国的祝福，同时向世界传达中国的声音。

回首2019年，博兰斯勒中国的创业轨迹：

一、立足市场需求，完善核心竞争力

2019年，系德国博兰斯勒品牌进入中国第12年，面对品牌结构创新与拓展，博兰斯勒家族霍普菲德与欧米勒等国产系列继续推陈出新，隆重推出献礼中华人民共和国建国70周年的IR70和HU70，以及工作室专供系列K121T、K123Y等数款全新型号。同时，博兰斯勒对家族旗下霍普菲德畅销工作室系列的钢琴音源系统进行全面更新升级，在弦列长度、铁支架结构、肋木选材与配置、音板弧度的结构与配置等方面采用全新设计，有效提升同档产品的性价比。

二、开放纳新，扩大经销商网络

2019年，随着投资24亿元的钢琴投资项目的全面投产，扩大经销商网络，特别是开发中国三、四线城市的经销商队伍，成为博兰斯勒的重要工作。在新晋经销商开发上，博兰斯勒中国总部更加看重经销商投资人的格局、专业性及创新性，并将经销商按不同类型进行分类，全面细化、加强对不同类型经销商的专业培训。2019年，博兰斯勒在广东、广西、河北、青海等地开发的新晋经销商都取得飞速的发展。

三、客户为本，升级专卖店服务体系

为加强客户为本的经营理念，保证市场客户的零售体验及运营质量，博兰斯勒在2019开启了解、超越客户期待的专卖店服务体系全新升级的项目。通过制定全新的品牌专卖店VI、品牌展示系统和专卖店服务细则等店面升级举措，营造无缝交互的客户体验。未来，所有新加入博兰斯勒专卖的经销店均将按照新升级的标准打造。

展望2020，面对日新月异的市场变革和消费升级，博兰斯勒中国将继续专注核心竞争力的完善，同时发扬以客户为本的理念，全面加强经销商团队的服务洞察力与服务质量。在营销方面，博兰斯勒将积极利用新媒体资源，推广品牌与音乐文化。此外，博兰斯勒将继续践行音乐文化推广使命，积极发起各类创意文化活动，为中国的音乐爱好者提供良好的音乐文化资源，创造良好音乐氛围，努力推动中外音乐文化的艺术交流。

以人为本 设施升级 迎战高质量创新“品牌年”

张绪斌

中国乐器协会理事、烟台金斯波格钢琴有限公司总经理

回顾2019年，在中国乐器协会的引导及合作伙伴的共同努力下，我公司以强化管理、技术更新、品牌推广、拓展市场、调整产品结构等措施，应对当前整体经济低迷等复杂多变的市场环境，取得了可喜的佳绩。

过去的一年对于金斯波格钢琴来说是极具挑战的一年。在企业管理上，我们提出向管理要效益，开展节能降耗、清洁生产等措施，顺利完成公司新旧动能的转换；在人才培养上，我们始终秉承“以人为本”的企业文化理念，招纳高水平人员，不断加强人才的培养；在设备引进上，配备全套键盘、击弦机、音源数控加工设备，半成品生产过程采用恒温恒湿设备，有效地保证了产品的精确性和高质量的产品品质要求；在产品上创新了高端精品“克劳斯·芬纳”系列产品结构，并研发出国庆70周年献礼版GQ-70立式钢琴；K2、K5、K6、K8高档精品立式琴，K175、K280高档三角专业演奏用琴。为实现企业产品结构的转型升级，我公司将产品进行合理分级，创新推出KS、KH系列产品，以K系列精品钢琴为制造目标，用先进的技术结合传统工艺，采用数控化、自动化的最新设备，结合传统的德国工艺，传承德国钢琴设计大师的设计精髓，有效提高产品制造工艺精度，学习施坦威百年钢琴制造经验，保留高技能人才手工工艺技术，如手工弦槌整音、击弦机零件手工组装、坚持传统自然干燥的色木陈木选材工艺等；同时生产高档系列钢琴，满足各阶层的学习、演奏需要，丰富产品品种。

2019年对于金斯波格来说也是钢琴质量、品牌飞跃发展的一年。产品质量较以往有了很大提升，在上海乐器展上更是受到专家、钢琴演奏家、国际国内知名钢琴企业的认可和赞许。在品牌宣传方面我们积极与国内外多所知名院校合作，组织钢琴比赛、音乐会、艺术沙龙等多种宣传活动，积极参与“6·21国际乐器演奏日”及国庆70周年系列庆祝活动，拓展了乐器消费群体和潜在需求。

2020年正值乐器行业进入“十四五”高质量发展轨道，乐器产业迎战创新“品牌年”。新的一年昭示着新的希望，光荣和梦想同在、挑战与机遇并存。让我们携起手来，积极进取，金斯波格继续秉承“质量求生存、诚信带客户”的经营理念，以更加饱满的热情、更加科学的理念、更加务实的态度，继续谱写金斯波格发展的新篇章，继续创新当代金斯波格“有色彩的音色”钢琴品牌。

教学研创 云端服务 重塑乐器文化营销新业态

黄路阳

中国乐器协会副理事长、琴行分会副会长、上海知音音乐文化股份有限公司总经理

2019年，恰逢新中国成立70周年，改革开放40周年。自1997年成立至今，知音音乐文化已成立的23年。从最初坚持“只售有保障的乐器”的一家琴行，逐步发展为今天涵盖乐器供应链、音乐教育、文化活动等业务板块，致力于扩大音乐人口、普惠音乐教育。尽管过去的2019年，中美贸易战持续升级，经济下行压力进一步加大，但知音在创新中发展，与时俱进、砥砺前行，2019年多方面业绩依旧不错。

知音始终对音乐教育心存敬畏，也意识到音乐教育的重要性，于是将“扩大音乐人口，让音乐走进每一个家庭”作为理念。近年来，知音在“个性化”的音乐教育中不断探寻科学性、体系化特征，研发教材、开发课程，希望能够做到音乐教育课程标准化、科学化。截至2019年，知音已建立起一套成熟、标准化的教学体系，“知音宝贝”幼儿音乐启蒙课、“英才钢琴课”及“流连音悦”成人钢琴乐享课，覆盖全年龄段的课程体系。

2019年，知音互联网技术团队自主研发的管理系统正式推出，作为辅助工具，同时赋能教学、运营管理。实现线上线下教学相结合，开发趣味音乐游戏辅助教学，云端课件实现课件标准、统一化，数据统计等功能便于管理。

为了扩大音乐人口，激发音乐学习的兴趣和热情，2019年知音共举办了近200场不同形式的音乐活动。多场国内外重大音乐赛事，以及音乐会、专家教授大师班、讲座、音乐沙龙等各类活动，成为大家音乐才能展示、交流、学习的平台，让更多的人参与到音乐活动中来，从而热爱音乐，同时也提升了知音品牌的影响力、美誉度。

2020年，在机遇和挑战同在、动力和压力并存的时局下，知音将不忘初心、在创新中寻求发展，通过多方面、跨行业的异业合作，让音乐传播到各个角度，进一步扩大品牌影响力。同时，知音希望能进一步深耕音乐文化产业市场，激活存量、探索增量。知音在课程、系统及营销方案的探索，也希望以合作的形式一步传输给音乐追梦者们，共探音乐文化消费市场增量，共同发展、实现共赢。最后，祝全行业稳步向前，音乐产业对国民经济贡献持续加大，为稳步推进文化建设强国而努力。

年度评选

关于表彰“2019年度中国乐器行业50强及先进集体”的决定

中国乐器协会按照“中国乐器行业50强和先进集体”评选办法，根据指标测评和广泛征求意见，决定授予广州珠江钢琴集团股份有限公司等50家单位“2019年度中国乐器行业50强”称号，授予中国乐器协会电鸣分会等3家单位“2019年度中国乐器行业先进集体”称号。

希望受表彰的单位再接再厉，再创佳绩。希望各单位以先进为榜样，锐意进取，不断发展壮大，为实现我国乐器行业的更大进步而共同奋斗。

附件：1. 2019年度中国乐器行业50强名单

2. 2019年度中国乐器行业先进集体名单

中国乐器协会

2020年6月4日

附件1

2019年度中国乐器行业50强名单

行业类别	单位名称	行业类别	单位名称
钢琴	广州珠江钢琴集团股份有限公司	电鸣	武汉艾立卡电子有限公司
	海伦钢琴股份有限公司		深圳市蔚科电子科技开发有限公司
	北京星海钢琴集团有限公司		广州珠江艾茉森数码乐器股份有限公司
	烟台博斯纳钢琴制造有限公司	打击	天津市津宝乐器有限公司
	门德尔松钢琴（上海）有限公司	口琴	江苏奇美乐器有限公司
	烟台金斯波格钢琴有限责任公司		江苏东方乐器有限公司
	福州和声钢琴股份有限公司		江苏天鹅乐器有限公司
	浙江乐韵钢琴有限公司	手风琴	江阴金杯安琪乐器有限公司
	湖州华谱钢琴制造股份有限公司		天津华韵乐器有限公司
民乐	上海民族乐器一厂	材料配件	森鹤乐器股份有限公司
	乐海乐器有限公司		宁波市北仑乐器配件制造有限公司
	饶阳北方民族乐器制造有限责任公司		宁波四海琴业有限公司
	扬州天韵琴筝有限公司		成都川雅木业有限公司
	扬州金韵乐器御工坊有限公司		广州市罗曼士乐器制造有限公司
	河北乐之洋乐器制造有限责任公司	琴行	上海知音音乐文化股份有限公司
西管	河北金音乐器集团有限公司		四川盛音乐器有限公司
	天津圣迪乐器有限公司		浙江天目琴行有限公司
	河北华声乐器制造有限公司		河北秦川文体乐器有限公司
提琴	江苏凤灵乐器集团		大连福音乐器有限公司
	广州格利蒙那提琴有限公司		长沙飞达琴行有限公司
	北京华东乐器有限公司	综合	柏斯琴行（中国）有限公司
吉他	广东声凯乐器有限公司		功学社（天津）商贸有限公司
	江苏大风乐器有限公司		北京罗兰盛世音乐教育科技有限公司
电鸣	得理乐器（珠海）有限公司		上海艾克斯尔乐器音响有限公司
	吟飞科技（江苏）有限公司		赛乐尔三益乐器（上海）有限公司

附件2

2019年度中国乐器行业先进集体名单

中国乐器协会电鸣乐器分会

中国乐器协会琴行分会

中国乐器协会器乐文化专业委员会

关于开展2019年乐器行业“科技之星”“创新产品奖（业界新品首发）”和“优秀项目组织奖”推荐学习活动的通知

2019年，为更好地推动行业科技创新工作，落实乐器行业《技术路线图》，协会在继续评选行业“科技之星”的基础上，根据科技创新进展，新增加了“创新产品奖（业界新品首发）”和“优秀项目组织奖”两个新的奖项，着重表彰在本年度科技创新工作中表现突出的技能人才、首发新产品和优秀项目组织方。经各分支机构推荐，协会专题研究，决定授予于慧东等38名同志2019年乐器行业“科技之星”荣誉称号；授予天津市津宝乐器有限公司的FEBOS系列8系马林巴等12个首发新品2019年“创新产品奖（业界新品首发）”荣誉称号；授予中国国际提琴及琴弓制作比赛组委会和IEMC国际电子音乐大赛组委会2019年“优秀项目组织奖”荣誉称号。

望取得荣誉称号的单位和个人，再接再厉，不断开拓，持续创新。同时，请各分支机构、企业单位以先进为榜样，持续努力，积极开展科技创新活动，为推动乐器行业高质量发展和行业转型升级做出更大贡献。

附件：

1. 2019年乐器行业“科技之星”名单
2. 2019年“创新产品奖（业界新品首发）”获奖名单
3. 2019年“优秀项目组织奖”获奖名单

中国乐器协会

2019年11月18日

附件1

2019年乐器行业“科技之星”名单

（以姓氏画划为序）

序号	姓名	单位名称（分会）
1	于慧东	提琴制作师分会
2	王风海	烟台金斯波格钢琴有限公司
3	王书春	天津市津宝乐器有限公司
4	王传赡	上海民族乐器一厂
5	王锡玉	烟台博斯纳钢琴制造有限公司
6	朱小宏	吟飞科技（江苏）有限公司
7	朱沛枝	广州珠江恺撒堡钢琴有限公司
8	刘春清	广州珠江艾茉森数码乐器股份有限公司
9	李　书	江苏凤灵乐器集团
10	李同志	扬州天韵琴筝有限公司
11	李建锋	提琴制作师分会
12	邴艳丽	烟台博斯纳钢琴制造有限公司
13	时建明	江阴金杯安琪乐器有限公司
14	吴东亮	武汉艾立卡电子有限公司
15	吴定军	天津市津宝乐器有限公司
16	吴姝蓉	上海民族乐器一厂
17	邱剑锋	深圳市蔚科电子科技开发有限公司
18	何四海	宁波四海琴业有限公司
19	何建文	广州珠江恺撒堡钢琴有限公司
20	宋营彬	乐海乐器有限公司
21	张开峰	森鹤乐器股份有限公司
22	张国民	天津奥维斯乐器有限公司
23	张　敏	江苏奇美乐器有限公司
24	张　蕾	成都川雅木业有限公司
25	陆克明	得理电子（上海）有限公司
26	陈红梅	江苏天鹅乐器有限公司
27	陈洁珺	得理电子（上海）有限公司

续表

序号	姓名	单位名称（分会）
28	陈祥伟	提琴制作师分会
29	呼晓鹏	吟飞科技（江苏）有限公司
30	秦宏伟	吟飞科技（江苏）有限公司
31	聂草根	上海民族乐器一厂
32	徐小峰	江苏凤灵乐器集团
33	徐云海	提琴制作师分会
34	郭学成	北京东奇众科技术有限公司
35	黄耿志	广州珠江恺撒堡钢琴有限公司
36	谢奇彬	得理乐器（珠海）有限公司
37	谭炽强	得理乐器（珠海）有限公司
38	潘跃强	天津市津宝乐器有限公司

附件2

2019年“创新产品奖（业界新品首发）”获奖名单

（名单不分先后，按产品名称字母顺序排序）

序号	单位名单	首发新品
1	天津市津宝乐器有限公司	FEBOS 系列 8 系马林巴
2	得理电子（上海）有限公司	Hydrasynth
3	北京家训马林巴文化艺术中心	Jm-61
4	河合贸易（上海）有限公司	KAWAI 数码钢琴 CN39
5	上海华新乐器有限公司	KS 系列发声底鼓
6	广州珠江恺撒堡钢琴有限公司	Prodigy 蓝牙无线钢琴演奏系统和 Prorecord 录音系统
7	新中音有限公司 CME PTE. LTD.	Reclouder 瓩录音机
8	上海民族乐器一厂	玫瑰檀木“华夏一家”古筝
9	北京七耳兔文化创意有限公司	七耳兔行走乐队琴 /E1
10	施坦威钢琴亚太有限公司	斯坦威朗朗黑钻钢琴 SPIRIO ｜ r 新悦钢琴演奏及录音版
11	北京星海钢琴集团有限公司	万众一心 · 华梦国琴 70 周年纪念版钢 /XG-215 三角琴
12	乐海乐器有限公司	演奏级奥氏黄檀木琵琶

附件3

2019年“优秀项目组织奖”获奖名单

1. 中国国际提琴及琴弓制作比赛组委会
2. IEMC国际电子音乐大赛组委会

乐器展览

2019中国（上海）国际乐器展览会总结报告

中国（上海）国际乐器展览会组委会

★ 展出规模达145000平方米，再度逆势增长
★ 逾177845人次观展，汇聚行业各界人士
★ 全球业界新品首发活动，打造国际乐器创新高地
★ 聚焦美育新政、延展音乐教育版块，开拓潜在市场
★ “中国交响70年”主题论坛，解读与新中国一同成长的历史与辉煌
★ 100多位海内外嘉宾，70多场会议论坛，600多场户内外演出，音乐文化的饕餮大餐

由中国乐器协会、上海国展展览中心有限公司和法兰克福展览（香港）有限公司共同主办的2019中国（上海）国际乐器展览会（Music China2019）于10月10—13日在上海新国际博览中心圆满落幕。

一、展会概况

近年来，乐器市场可谓几经动荡，在遭遇世界经济增长放缓、中美贸易摩擦、环保政策整顿、供给侧改革的重重压力下，乐器企业的生存空间面临空前挑战。在充满挑战的经济形势下，上海乐器展的行业聚拢力更备受业界关注。2019年，上海乐器展规模再创历史新高，展区面积达到145000平方米，较去年增长7000平方米，共有来自34个国家和地区的2414家国内外企业参展，来自比利时、捷克、法国、德国、意大利、日本、荷兰、西班牙、英国、俄罗斯以及中国香港、中国台湾在内的12个国家和地区展团共同亮相。珠江、敦煌、星海、凤灵、海伦、超拨、津宝、柏斯、知音、激声博韵、金音、得理、功学社、声凯、乐海、吟飞、红棉、雅马哈、卡西欧、施坦威、乐兰、英昌、三益等国内外知名乐器企业和品牌携新品、 精品展示。黄桥、扬州、贵州、漳州、无锡、桐乡、兰考等国内产业基地组团参展，展示乐器产品的同时，展现了当地的文化特色与产业集群。随着音乐教育市场的持续升温，展会的音乐教育展馆呈现了海内外各类培训模式与教学系统，通过市场的检验与整合，促进行业的良性发展与进步。

4天展期共吸引了122519名海内外观众，观众达177845人次，较去年分别增长10%和8%。来自全球的意见领袖、行业精英、教育专家、演奏大师、艺术大家等各界人士齐聚，全球无限商机尽现，是国内外商贸采购、企业品牌拓展、行业间互相交流学习的绝佳平台。展会专业观众的数量和质量稳步提升，获得了来自行业各方的认可。

观众数据分析：

95%的展商对现场订单表示满意；96%的展商通过展会建立了新的业务关系；98%的展商对观众质量表示满意；94%的展商对观众数量予以肯定。

观众感兴趣的产品

产品名称	2019 年	2018 年
钢琴及键盘	45%	40%
民族乐器	41%	41%
乐器配件	40%	36%
木吉他、弹拨乐器	39%	34%
打击乐器	37%	35%
音乐教育机构	36%	35%

续表

产品名称	2019 年	2018 年
铜管、木管乐器	35%	33%
乐谱书籍出版	35%	31%
电声乐器	31%	29%
提琴	24%	23%
音乐相关电脑硬件软件	22%	20%
口琴手风琴	13%	12%
协会 / 媒体	15%	12%
其他	1%	2%

数据显示基本反映了各类产品的受关注度，钢琴、木吉他增长较为显著。

观众业务性质

类别	2019 年	2018 年
社会音乐培训机构	25%	47%
音乐类院校、艺教中心	18%	
零售 / 批发	14%	13%
文艺团体	9%	7%
进出口 / 代理 / 经销	9%	5%
制造商	8%	5%
青少年活动中心 / 中小学 / 大学	6%	8%
协会	2%	3%
媒体	2%	2%

从观众的群体分类来看，来自音乐培训机构、音乐院校及零售/ 批发、经销的观众为展会观众的主要组成部分，专业观众占了展会参观人群的90%以上，商贸、教育类观众依然为展会群体的核心组成。

参观目的

类别	2019 年	2018 年
看样订货	55%	55%
收集市场和产品信息	53%	48%
寻求合作伙伴	30%	30%
比较不同产品 / 供货商 / 同行对手	30%	26%
联络固有的供应商和销售商	24%	24%
参加会议论坛	13%	15%
观看现场表演、活动展区	9%	15%

观众参观目的数据调研分析显示，收集市场产品信息、比较不同产品的需求比例持续上升近9%，参加同期活动、观看演出的人群的比例下调了8%，看样订货、收集市场产品信息、比较不同产品、寻求合作伙伴的需求占了大部分，其中看样订货的比例更是达到了55%，展会的贸易洽谈、国际合作、同行交流的商贸平台作用越来越显著和稳固。

二、同期活动

1. 以创新助推产业升级，以科技引领行业进步

Music China全球业界新品首发平台系列活动——展会倾力打造全球业界新品首发平台系列活动，旨在提升乐器企业科创研发能力，将展会打造成行业的新品聚集地、传播孵化点、创新推动器。一经推出，即受到了行业广泛关注，多家企业踊跃参与。展会特邀多位行业专家、音乐演奏家、教育家、专业媒体组成评委会，从创新理念、工艺质量、产品设计、市场预期、环保健康五大维度进行评审，在众多入围新品中优选出了20个具有创新性、实用性和时代感的“首发新品”进入展期特设的首发新品展示区。展会首日为20家入围企业举行了盛大的授牌仪式，并提供了产品路演、媒体专访、专家点评、VR展示、网络直播等一系列强势宣传，最大化地为新产品的发布提供推广渠道。

音乐实验室——展会新型活动区“音乐实验室”，涵盖了MIDI技术、音乐制作、数字音乐、电声产品、DJ设备等内容。历经三年打磨，已初具规模，活动内容不断升级，创新理念深入人心。活动区分为互动展示区、访谈演出区、游戏体验区，总面积达1500平方米。互动展示区内Roland、Native Instrument、Buchla、Novation、Bitwig、ASM、Hotone等圈内大牌纷纷展出潮流新品；游戏体验区内，各路玩家在苹果设备上尽情体验音乐制作软件；访谈演出区邀请到著名游戏音乐人卢小旭、电子音

乐制作人王璐（L+R）、年轻电子音乐人3ASIC等知名音乐人分享业内经验，吸引了大批音乐玩家驻足，成为了行家交流的集聚地。

2. 国际论坛引领行业方向，实操课程指导专业实践

NAMM CMIA行业论坛——行业论坛一直以其"聚焦热点"的选题、"中西合璧"的嘉宾、"多元广角"的视点和"引领行业"的导向，受到中国乐器行业上下的一致关注。今年的论坛围绕《乐器集体演奏——快乐音乐分享》展开了热烈研讨。来自国内外的业界领袖、专家大咖，包括中国乐器协会理事长王世成、美国国际音乐制品协会国际事务总监石碧天、中央音乐学院教授周海宏、墨尔本大学副教授Neryl Jeanneret女士、香港教育大学教授梁宝华、九拍教育科技集团董事长李红育以各自浸淫行业多年的亲身实践，深入探究论坛主题，在观点碰撞中为中国乐器行业寻求更多的发展思路。

"如何操作"经销商培训课程——每年一度的经销商培训课程，已成为中国乐器从业者必到的专业提升平台。今年邀请到国内知名琴行及艺校管理者秦川、刘宏、杨志钢等展会老朋友，为广大从业者带来本土发展的最新策略与成功经验，也首次加入了营销专家林加平、绩效管理资深实战专家蒋春燕、教育行业连续创业者李翼成，为行业分享了更加新鲜的视角。两位来自美国乐器行业的一线专家也不吝分享了国际同行的实践经验。两天的八节课程，精彩连连，场场爆满，共吸引了3000余名来自全国各地琴行的专业听众。

国际MIDI技术与交流论坛——为探索MIDI的技术创新和应用领域、接轨国际MIDI行业的最新发展趋势，展会连续六年举办了上海国际MIDI技术发展和应用论坛。论坛始终关注最前沿的MIDI技术，设置了技术讲座、圆桌论坛等活动，探讨MIDI应用和发展前景。本届论坛邀请了混音传奇人物Chris Lord-Alge（CLA）、制定发布MIDI 2.0标准的美国MIDI制造商协会（MMA）主席Tom White、上海计算机音乐协会会长陈强斌等国内外先锋人士作为演讲嘉宾，与业内人士和MIDI爱好者共享专业权威技术，引领行业技术发展。

钢琴高级调律师培训讲座——往年安排半天内容的钢琴高级调律师培训讲座，以其国际化与专业性的知识分享，广受中国调律师的欢迎。为了满足业界急需专业提升的现状，今年的讲座扩充为整日的内容。本次专家分别来自日本河合、雅马哈、浜名捆包输送株式会社及万宇钢琴技术服务中心。专家们在讲座现场进行了专业示范与详细讲解。紧凑充实的四节讲座，吸引了近200名中国调律工作者与会学习。

3. 提升中国音乐教育水平，为乐器产业发展蓄能

教育大师班——作为展会长期坚持的品牌活动，每年的教育大师班都是中外音乐教育名家齐聚授教的大讲堂。今年有幸邀请到中央音乐学院教授周海宏、音乐教育专家赵易山、著名钢琴家茅为蕙、《摇滚地狱吉他》作者小林信一、九拍创始人李红育、澳大利亚著名音乐教育Sarah Brooke博士与奥尔夫教学法专家徐迈。中外著名音乐教育家先后现身说法，分享话题聚焦在婴幼儿音乐启蒙、教育心理学、钢琴、吉他、爵士鼓和音乐教学法。嘉宾们娓娓道来，既为广大音乐师生传道授业、亦为众多琴童家长答疑解惑，分享教与学两大方面的经验得失。6场大师班场场爆棚，现场吸引了超过1500人次的听众。

音乐分享课——音乐分享课则聚拢了社会音乐培训知名品牌，着力聚焦中国音乐教育场的最新风向。分享课一向兼顾教育理念与教学模式，助推音乐教育事业的健康有序发展。今年共开设了17节课，涵盖钢琴、吉他、打击、智能乐器等教学门类，亦涉及音乐启蒙、音乐治疗等多个热门话题，汇聚了芬兰西贝柳斯音乐学院教授雅克·腾尼、音乐教育家叶文、上海音乐学院副研究员彭程等国内外音乐教育专家，以及敦煌艺校、珠江钢琴、金手指、罗兰、玖月教育、小叶子等一批知名机构带来不同的教育模式分享，共吸引了逾2100名关注音乐教育的听众朋友参与。

music+Talks TM——今年展会开启了一项全新的教育主题活动——music+Talks TM，致力为中国广大的社会音乐教育工作者提供国际性的专业教育、交流和服务平台。活动形式相当新颖，由音乐家、专家学者、音乐教师共同参与并完成活动内容，有效头现针对痛点、教学相长的日标。展期四天穿插进行了主题讲座、工作坊、互动论坛、音乐教育海报展及优秀海报演讲分享、儿童音乐工作坊等多种活动形式，注重分享与体验联动，聆听与交流结合，有效帮助与会的音乐教师拓展国际视野，提升教学能力，首次活动即获得广泛好评。

儿童音乐城堡——“儿童音乐城堡”是展会专为4～14岁的儿童打造的音乐趣味乐园。今年特邀了教育专家根据当下儿童的身心特征，精心设计了欢乐小鼓手、音乐爬爬梯、魔法大门、AR音乐绘本、神奇音乐积木桌、音符宝宝躲猫猫、音乐星球花园等妙趣横生的互动项目。成功将音乐与科技进行融合落地，通过形式各样的互动游戏，寓教于乐，帮助孩子们深入浅出地了解乐理知识。现场吸引了来自沪上多家音乐特色幼儿园与小学的师生们实地体验，每个体验项目前排队的孩子络绎不绝，激发了他们探索与学习音乐的热情。

4. 名师大家亲临现场，传扬中外音乐精萃

华乐国际论坛——致力于传播中国民族音乐文化的华乐论坛，今年在传统古韵中新添了几分创意色彩。跨界音乐家、国家级非物质文化遗产笙的传承人吴彤，以及旅加二胡演奏家高韶青先后带来了融入创变思维的民乐演奏，对于传统民乐多元性与未来感的激发在现场引起高潮不断。论坛也有幸邀请到传统民乐艺术家，为大家再现琴筝古老韵律：著名古筝演奏家周望拨动秦筝，奏响跨越两千年岁月的筝乐魅力；著名斫琴师倪诗韵与古琴文化学者陶艺讲述老琴修复档案，重现老琴琴韵。从传承到创新，华乐论坛联结起传统国乐的旧颜和新貌，唤醒民族音乐在走向世界舞台的征途上所迸发的无限可能。

中国传统人文空间——展会在E7民乐馆内专门开辟了150平方米的中国传统人文空间，打造专注传播中国人文生活方式的公益活动展区。活动区设计融汇国学经典元素，以中式家具、各色器物立体烘托，体现了国风美学的基底。此次活动主线是中国民乐，而茶、花、书、画等中国传统文化元素一应俱全。展期内既邀请到当代五弦琵琶代表人物方锦龙、中国音乐学院箜篌专业教师鲁璐、古琴（广陵琴派）代表性传承人田泉等国乐艺术家现场演奏与分享，亦有花道、茶艺领域的专家来此做客，共传国之风雅，散播传统之美。

艺术沙龙——今年的艺术沙龙嘉宾云集，高朋满座，迎来了多位享誉中外乐坛的音乐艺术家。首场沙龙“中国交响70年”高峰论坛分量极重，由上海交响乐团团长周平主持，著名作曲家何占豪、叶小纲、贾达群、音乐学家杨燕迪、竹笛演奏家唐俊乔、上音出版社总编辑费维耀一齐亮相，立足国际语境，共同回望与梳理中国交响乐征程上的重大事件。此外，全国十大音乐DJ周婕先后访谈了国际著名小提琴家宁峰、青年钢琴家贾然，经典947主持人洪韵对话环球音乐签约艺术家王弢，就器乐学习、古典乐普及等话题展开了精彩分享。整个沙龙活动在悠扬美妙的郑荃四重奏音乐会中画上了优美的休止符。

提琴制作大师工坊——今年提琴工坊的制琴师阵容、展示工艺、场次数量均比往年更加丰富、多元。此次邀请到了9位制琴师及制弓师现场献技，分别来自中国和意大利两大制琴国度。各位制作大师倾囊而授，为广大同行们带来零距离的学习与求教的机会。首场制作交流即由中央音乐学院提琴制作研究中心创始人郑荃教授领衔，高彤彤、于慧东、杨金龙、李建峰、吴祖亮随后带来各自多年专业积累，一展中国顶尖制琴师的风采。Stefano Conia，Andrea Schudtz等3位意大利制琴师也陆续展示了代表国外一流水准的制琴技艺。

5. 三大赛事发掘新生力量，推动本土音乐产业发展

第二届“爵士高手 乐坛争霸”赛——展会与JZ School联手推出的重磅级音乐赛事“爵士高手 乐坛争霸”如期归来。大赛不设任何门槛限制，只为全球爵士爱好者提供一展风采的舞台。两大优质平台联袂，不仅带来世界一流音乐家组成的强大评委阵容，更有JZ全国巡演计划参演名额、现金等丰厚奖品加持。集结散落在民间的爵士新势力，一同绽放中国爵士乐坛的耀眼光芒。60天海选征战，近百组参赛作品，26组乐人现场同台竞艺，自由与即兴的声音迸发出强烈的化学反应，带给听众前所未有的听觉冲击。该人气赛事尽显博爱、包罗万象的爵士魅力，助推了中国爵士乐的推广与人才培养。

第二届EDM电子音乐原创大赛——由展会与北京现代音乐研修学院联合主办，旨在推动发掘国内最具潜力的优秀电音制作人、DJ。专家评审委员会由谭伊哲、严俊、郑伟、王璐（L+R）、于思源（WhyBeatZ）、冷炫忱（Curtis）、袁立宾7位业内大咖组成，彰显比赛的专业性和权威性。本次大赛共收到326个作品，包括来自中国、加拿大、英国、美国、澳大利亚、韩国以及中国港澳台地区等全球各地的参赛作品。经过严格评选，最终有18首作品入围决赛。决赛现场，通过音频播放、现场DJ表演或参赛选手与合作歌手共同表演的方式，展开了一场电子音乐和原创才华的实力比拼，最终决出大赛冠、亚、季军及3个优秀作品奖。

2019首届国际电子音乐大赛——展会主办方与上海计算机音乐协会联合举办的“2019国际电子音乐大赛（IEMC）”，聚焦当代国际最领先的数字音乐科技领域的技术研发、行业应用与艺术创新。大赛邀请了董冬冬、楼南立、彭程等大牌音乐制作人以及中国音乐学院作曲系主任金平、上海音乐学院院聘教授金复载等国内顶尖音乐院校学术派专家，组成大赛专业评审委员会，对参赛作品进行综合评定，经过初选、复选环节，最终20部作品入围决赛，并在展会现场举行了盛大的颁奖仪式。著名美籍华裔作曲家杜韵等嘉宾也亲临现场，为获奖选手颁奖。

6. 声色无限，“乐”动人心

户外三大舞台连番上演“音乐缤纷季”现场演奏会，以近百场的音乐现场，为展会掀起一阵阵的热浪。乐手们精湛的演绎，感染着现场的每一位观众。美国吉他大神Neil Zaza用精湛的推弦、揉弦、速弹、点弦、扫弦等吉他技巧，将音乐特有的旋律和个人的吉他风格融为一体；来自音乐世家的德国鼓手Felix Lehrmann，在精准的鼓点声中，其高超的音乐造诣一览无余；音乐综艺节目《乐队的夏天》中脱颖而出的键盘手杨策，将跳动的音符和变幻的节奏，于挥舞的指间编织出一首首华丽的乐谱……

7. 展会的公益之心——“音乐开启心灵”关爱自闭症儿童公益活动

随着影响力的不断提升，展会自发承担起了更多的社会责任。自2014年起正式发起“音乐开启心灵”公益项目，6年来展会持续为多家辅读学校、康复机构带去爱心馈赠，惠及江浙沪地区的近千名自闭症儿童。今年我们将爱延续，在展期设立“有爱咖啡馆”，为自闭症儿童提供岗位培训和社会实践的基地。现场还特邀著名小提琴演奏家宁峰、单簧管演奏家王弢和旅德钢琴家解静娴作为爱心大使，与孩子们合奏互动。此次募得小号、长笛、黑管、电子琴、非洲鼓、吉他、尤克里里、乐谱书籍等多品类乐器，加上展会认捐的咖啡爱心善款及现场咖啡售卖款，均定向捐赠给了沪上10多家自闭症机构，为星星们提供更多维度的帮助。

三、媒体推广综述

展会通过线上线下全方位联动，专业媒体与公众媒体相结合的方式，在展前、展中、展后，向乐器行业相关从业人员及爱乐爱好者、消费终端进行全面报道。在运用传统且有效的推广方式的同时，也进行了新渠道的拓展和开发，使得广大观众能通过多种途径第一时间了解到展会信息。

展会历经18年的发展，已经积累了逾50万的观众数据。覆盖全球经销代理商、音乐院校、演出团体、音乐家/艺术家及广大爱乐人。并通过直邮、短信、电子展讯、电话邀约、微信推送、社群发酵等多种方式，配以新品速递、品牌介绍、活动预览等特色板块，针对不同群体进行精准定位及个性化宣传，为不同观众提供有效信息。

专业媒体方面，甄选了海内外报纸杂志17家和10家网站、1家电台、逾50家微信公众号，针对琴行经营从业者、音乐教育教师群体、社会音乐教育培训机构从业人员等行业从业者，在前期宣传、现场采访、展后总结等各方面对展会进行了全方位的报道。媒体通过对展会期间的展品发布、行业领袖采访、同期行业活动的深度报道，将业内热点问题迅速传播，使所有从业人员能第一时间获取行业最新资讯。

公众媒体针对消费终端及音乐爱好者，共选择了9个电视频道，12个电视栏目，3个电台频率，7个广播栏目，美国、欧洲、拉美、亚洲等逾1200个海外网站， 美通社大陆地区逾500家媒体进行多轮宣传，媒体曝光量近100000次，上海本地及中央电视台的多个重要栏目到场拍摄，海内外杂志网站都进行了专题报道，采用了软性广告和新闻报道相结合的形式，并在门户网站和客户端上做了较大突破和大胆尝试，更多在pc端和手机端进行投放，于多个重量级央媒上推广预热，为展会带来了更多的热度，提升了展会影响力。

在新媒体的推广上展会也是不遗余力，视频直播、朋友圈、今日头条、门户网站、搜索引擎、媒体KOL等多方位的推广，交织起展会的信息网，为不同使用习惯的观众提供多种类的信息接收方式。本届展会搜索引擎关键词达30000余条，网络直播累计观看人次逾360000人次。此外，今年展会还新增了微信小程序功能，观众除了能够第一时间了解展会动态、活动日程、新品发布等信息，还能一键通过手机端实现展会预登记、活动报名等操作，并新增了点赞和评论功能，增加与参展企业之间的互动联系，为观展提供便捷、提升体验感。

四、展会服务

为提升企业参展与观众观展的良好环境，展会主办方一直在不断改进和提高展会服务，参展商提供更为人性化的服务。从意见征询表的统计和会后的电话回访情况来看，主办方的服务得到了众多参展企业的认可，98%的展商对主办方展前工作及现场服务表示满意。

1. 音量控制

由于乐器发声的客观需求，展会的音量也是一直以来展商和观众最为关注的问题之一。更好的优化展会洽谈环境，管理音量噪声问题也是目前的主办方展会服务的工作重点。设置静音馆和有声馆，区分有展台演出和无展台演出的展馆；前两日专业观众参观日的上午全场禁演，创造安静的洽谈环境；对于有演出的相邻展台，也错开了场次，尽可能地减少干扰与噪音叠加；此外加强现场巡查管理，对于违规企业，根据严重程度，进行没收押金和停电的处罚措施。虽然管理过程中，会有很多问题与难点，主办方将会一如既往，砥砺前行，在此，也倡议所有的参展商积极配合主办方的工作，良好的展会环境需要大家的共同努力，自觉遵守相关规定，每个企业都从自己做起，不要互相看样、比拼音量，这样既影响了别人，又不利于自身，美好的环境需要大家共同来创建。

2. 展馆新规

随着乐器展展出展馆对于安全管理的日益加强，近年来逐步增加了车辆入场轮候证、空箱堆放收费管理、严禁携带KT板、展位搭建材质的清理等多个新规，主办方接到展馆通知后也第一时间制作展商手册、布展须知、现场指南等文件，通过邮件、短信、邮寄、官方微信等方式告知参展企业，帮助企业更便捷的做好展前准备工作，在现场也给予广大企业相关协助。与此同时，也希望广大企业积极配合展馆的相关规定，共创良好的参展环境。

3. 在线互动

为展商更便捷的参展备展、最大化获取贯穿全年的行业宣传平台，经过主办方多年的精心打造，展会官网、微信、展商在线服务平台已日趋成熟，完善了在线展位预订、提交资料、上传展品介绍及视频、在线邀请客户免费观展、获取展会资讯等多项便捷服务，今年更是在往年基础上，增设了官方微信的小程序功能，与官网展商在线平台联通，提供更便捷和更为人性化的服务同时，链接了参展商和展会观众的互动联系，展品速递板块不仅为展商提供了365天不落幕的展示空间，增设的观众点赞、评论功能，为企业了解观众需求、观众及时获取企业信息，搭建了良好的互通桥梁和有效联动，使展商与观众的互动和展会的平台作用延伸至全年。

2019上海乐器展已落下帷幕，在此我们衷心感谢一直以来给予我们关心和指导的各方领导及合作伙伴，感谢长久以来支持和理解我们的参展企业，感谢始终关注我们的广大观众朋友们，正是有了你们的参与和肯定，上海乐器展才能成为备受瞩目的业界盛会，才有了今天的辉煌。

2019年中国（上海）国际乐器展览会知识产权工作报告

——上海东浩法律咨询服务有限公司——

10月10日—13日，上海东浩法律咨询服务有限公司受展会主办方的委托，作为本届展览会知识产权办公室的主要成员协助主办方在展会期间，对知识产权侵权纠纷进行了调查、取证、协调、处理、咨询等项工作。

一、案件投诉处理概况

本次展会共受理9项知识产权投诉，共计处理9起投诉案件。

1. 知识产权类别：实用新型专利

实用新型名称：一种古筝

专利号：2018 2 1536317.7

权利人：广州羽角乐器有限公司

投诉人：徐州明昇乐器有限公司

展位号：NE7E04

被投诉人：宁波伊藤乐器有限公司

展位号：NE7E03

投诉日期：2019/10/10

投诉内容：被投诉人侵犯投诉人专利权。

处理结果：涉及产品次要部位是否属于判定范围，现场无法评判。

2. 知识产权类别：外观设计专利

外观设计名称：小提琴盒

专利号：2015 3 0058926.1

权利人：南京爱韵乐器有限公司

投诉人：南京爱韵乐器有限公司

展位号：E4C12

被投诉人：宁波余姚市萨尔搏乐器配件厂

展位号：E3C90

投诉日期：2019/10/11

投诉内容：产品小提琴盒外形侵权。

处理结果：被投诉人自愿撤下展品。

3. 知识产权类别：外观设计专利

外观设计名称：座椅（音乐家w8815）

专利号：2016 3 0485308.X

权利人：邢洋洋

投诉人：永清县硕达舞台设备有限公司

展位号：N5A71

被投诉人：永清县嫦月乐器有限公司

展位号：E3B72

投诉日期：2019/10/11

投诉内容：座椅外观侵权。

处理结果：产品外观不构成相同或相似。

4. 知识产权类别：实用新型专利

实用新型名称：一种竖竹笛

专利号：2017 2 0290849.6

权利人：聂艺林

投诉人：聂艺林

展位号：NE6H06

被投诉人：杭州余杭区中泰街道丁小林乐器厂

展位号：NE6F01

投诉日期：2019/10/12

投诉内容：和一种竖竹笛产品结构完全一样，仅为材质不同。

处理结果：投诉时间较晚，送达被投诉人未收到答辩。

5. 知识产权类别：实用新型专利

实用新型名称：一种适用于竖吹乐器的通用吹嘴

专利号：2018 2 2034758.3

权利人：王太平

投诉人：成都王师傅乐器有限公司

展位号：NE6G12

被投诉人：顺笛

展位号：NE6H06

投诉日期：2019/10/12

投诉内容：吹嘴侵权。

处理结果：被投诉人亦拥有相似专利，现场无法判断。

6. 知识产权类别：外观设计专利

外观设计名称：音响机壳（圆角形）

专利号：2013 3 0610318.8

权利人：佛山市南海蜚声演出器材制造有限公司

投诉人：佛山市南海蜚声演出器材制造有限公司

展位号：N3A02

被投诉人：恩平市奥美音响有限公司

展位号：N3C26

投诉日期：2019/10/11

投诉内容：音响机壳（圆角形）侵犯投诉人外观设计专利。

处理结果：被投诉人撤下涉嫌侵权产品。

7. 知识产权类别：外观设计专利

外观设计名称：舞台灯（KM-MH13059）

专利号：2019 3 0124855.9

权利人：王玲玲

投诉人：广州金木舞台灯光设备有限公司

展位号：N4A03

被投诉人：广州悦明舞台灯光有限公司

展位号：N4B16

投诉日期：2019/10/11

投诉内容：侵犯外观设计专利。

处理结果：被投诉人撤下涉嫌侵权产品。

8. 知识产权类别：外观设计专利

外观设计名称：音响

专利号：2018 3 0198532.X

权利人：d&b音频技术公司

投诉人：d&b音频技术公司

被投诉人：山东醉美声音响有限公司

展位号：N3C34

投诉日期：2019/10/10

投诉内容：侵犯外观设计专利。

处理结果：被投诉人自行撤下涉嫌侵权产品。

9. 知识产权类别：外观设计专利

外观设计名称：音响

专利号：2018 3 0209617.3

权利人：d&b音频技术公司

投诉人：d&b音频技术公司

被投诉人：山东醉美声音响有限公司

展位号：N3C34

投诉日期：2019/10/10

投诉内容：侵犯外观设计专利。

处理结果：被投诉人自行撤下涉嫌侵权产品。

二、投诉处理意见

上述为本次展会涉及的知识产权投诉具体案件情况，现就今年知识产权现场投诉处理提供如下意见，仅供主办单位参考：

1. 2019年展会现场知识产权处理案件总体数量平稳

鉴于绝大多数展商知识产权维权意识上升，现场案件投诉数量比去年有所下降。经过主办方多年的展商培育、相关知识产权法律法规的普及和教育和主办方展前相关工作的铺垫，作为多年参加展会的展商们知识产权意识已经有了明显的提高，对于知识产权受法律保护，不可随意未经许可使用他人的知识产权产品也充分了解和尊重。且不仅仅从知法守法的角度约束自己的行为，而是从维权的角度出发，对于自行设计制造的产品等多数都申请了专利，防止别人侵权。但伴随这些展商知识产权保护意识的不断加强，各自专利证书的拥有量也激剧上升，造成很多投诉案件中，投诉人和被投诉人都拥有相关的专利证书，特别是实用新型和外观设计。由于我国目前的专利申请机制中，只有对发明是进行实质性审查的，其他两类实用新型和外观设计均只进行形式审查，对上述专利的在先性、独特性等实质内容并不审查，故事实上造成了大量相类似这两类专利的存在。我们实践中，也多次遇到相同的产品不同展商拥有相似的专利证书，这种情况后续还存在一个去伪存真的过程，比如向专利局申请别人专利无效等后续的纠错机制。但目前多数展商还无法完全知晓到这全部的内容，他们多数形成的意识就是，我拥有了专利证书，别人都是侵我的权，殊不知别人也拥有相同的专利证书。碰到此种情况，投诉受理机构就要花很多的精力去和展商解释是怎么回事，且未必人人都能接受和了解这一现状。基于此，很多投诉案件我们无法做出初步的判断进行协调，双方都握有专利证书，对投诉案件处理造成了很大的难度。另投诉人对于依据主办方与展商签署的合同中，主办方有权将涉嫌侵权展品撤展这一条内容抱有很大期望，故现场投诉中纷纷提出上述要求，然实际操作中除非被投诉人自动撤展，否则主办方是不会采取上述行动的，实际运用中也很难达成上述预期，故投诉展商的心理落差较大。

2. 民族乐器的侵权投诉大幅上升，且配合处理纠纷的难度较大

多年来，我们乐器展中知识产权投诉的焦点一直集中在西洋乐器中，多数的侵权投诉纠纷也集中在此，不管是实用新型还是外观设计。经过多年摩擦、融合，该部分的展商已经形成了很高的知识产权维权意识，接受投诉处理机构的意见和协调相关纠纷的态度都较好，相关的问题都能得到比较好和平和的处理。但我国的民族乐器展商恰恰之前是很少遇到这种问题的。今年的展会主办方特意将民族乐器单列一馆，单独展示我们的民族乐器，本意当然是大力弘扬民族文化，促进民族乐器在普通百姓中的推广和普及。但相关的知识产权问题也随之而来，今年的民族乐器侵权投诉案件大幅上升，将各家展商集中放置一馆之中，大家的展品一览无遗，矛盾也随之爆发，各种类型侵权投诉蜂拥至投诉机构这里。由于缺乏这方面的了解和经验，投诉者这方缺乏必要的相关材料的准备和投诉程序的了解，被接受的投诉案件并不多，造成投诉者的不满。另一方面，被投诉者这方缺乏必要的知识产权意识，对于可能涉及侵权的问题也完全无动于衷，配合度非常低，且情绪抵触。之前的矛盾因为分馆展示的方式而被掩盖了，但并不代表问题不存在，相对于西洋乐器部分，民族乐器部分的展示面积较小，但却是今后主办方知识产权维权工作的重点。加强该部分展商的知识产权意识已经是当务之急。

3. 知识产权专业人士的加入势在必行

根据现行展会相关法律法规的规定，大型展会且会期超过3天，主办方可以申请专业知识产权机构驻场提供现场专利侵权纠纷的指导。另根据正在起草的《上海市会展业条例》也明确了相关的内容。相关专业人士的缺失给现场办公室的投诉问题处理的权威性和专业性造成一定的影响。乐器展作为国际性大型展会建议申请上海知识产权局驻场提供现场专利侵权纠纷的指导，是符合相关规定，也是必然的趋势。从专业性的角度而言，知识产权局或其委派的专利代理机构的驻场能很好地解决专利这项专业性极强的知识产权评判的问题，而不像目前仅仅停留于表面性的一些辨识，专业性及权威性都有所缺失，现场的执法难度得不到有效的解决。另鉴于我们多年为其他展会提供知识产权现场服务的经验，我们意识到主办方与展商良好的沟通，往往可以化解很多的这方面矛盾，投诉展商和被投诉展商与展会关系最为密切的就是其招展人员，在知识产权办公室工作人员处理纠纷的过程中，相关招展人员给予必要的联络沟通和协商，将极大地有助于投诉问题的解决。故我们建议在处理相关投诉的过程中，相关展商招展人员的同时介入将有助于问题的解决。

2019北京国际音乐生活展暨国民音乐教育大会

聚焦快乐音乐教育　探寻产业创新未来

编者按：聚焦快乐音乐教育，以开放多元国际化音乐视野，助力社会音乐教育产业未来发展。2019北京国际音乐生活展暨国民音乐教育大会在北京国际会议中心完美收官。来自10个国家和地区近150位著名国内外专家学者，倾情奉献8场主题发言、1场高峰论坛以及114场大师课。参会代表规模超过千人，大会主题为"快乐音乐教育"，内容涵盖国家基础教育、高等教育、学前教育、社会教育、家庭教育以至学校教育，涉及范围之广，史无前例，堪称音乐教育领域中探索交流、跨界融合、专业提升的社会音乐教育盛会。大会配套北京国际音乐生活展全面聚焦音乐教育，更以会展联动创意策划，为音乐教育行业同仁提供音乐教育产品采购、品牌加盟、教育渠道拓展、音乐教育从业者对话交流的开放多元服务合作平台。

群贤毕至　跨界合作

本届国民音乐教育大会由中央音乐学院、中国乐器协会、全国音乐教育服务联盟合作平台和上海国展展览中心有限公司主办，中国乐器协会、上海国展展览中心有限公司承办，大会得到美国国际音乐制品协会、欧洲音乐产业联盟、国际音乐教育学会、国际键盘手风琴联盟大力支持，美国国际音乐制品协会选派著名国际音乐教育专家作主题发言和大师课。中国民族管弦乐学会陶笛专业委员会、北京学前教育委员会、北京乐器学会、辽宁乐器学会、江苏文化艺术科学技术协会和深圳乐器行业协会协办，各专业和地方协会以及世界著名音乐院校、企业团体的大力支持，彰显大会开放多元、国际化运作视野。中国轻工业联合会党委副书记、中国乐器协会理事长王世成，中央音乐学院党委书记、教育学家赵旻，美国国际音乐制品协会国际事务总监石碧天，上海国展展览中心有限公司总经理吴江红，中国舞蹈家协会会长冯双白，著名指挥家、中国音协管乐学会主席于海，国民音乐教育大会专家委员会主席、著名音乐教育家吴斌，美国国家音乐教师协会主席、美国宾州州立大学音乐教育专业教授琳达·桑顿等嘉宾莅临到会，开幕式由专家委员会主席、著名音乐教育家吴斌主持，中国轻工业联合会党委副书记、中国乐器协会理事长王世成宣布2019北京国际音乐生活展暨国民音乐教育大会隆重开幕。

王世成理事长在接受央视音乐频道专访时表示，本届国民音乐教育大会群贤毕至，为国民音乐教育大会增光添彩，为北京音乐生活展助力引航，中国乐器协会谨代表主办、承办方，向中外合作伙伴、协办和支持单位、各级领导、各位专家学者和各界朋友表示衷心感谢和诚挚敬意！本届大会主题突出、专家给力、体制内外、多方融合，主办协办、团结尽责。大会直面学校和社会音乐教育的热点、难点，以国内外著名专家为引领，给音乐教师和音乐工作者赋能。通过跨界交流合作，为快乐教、学、用搭桥，助力乐器制造业市场拓展，为实现"音乐是生活的刚需、乐器是家庭的标配"的奋斗目标而执着以求，持续发力。

大会创意特色专题层出不穷，音乐启蒙、社会音乐教育机构与合作单位共同策划运作社会音乐教师海报展，同步增加优秀中小学音乐课例展示与点评环节。在大会工作坊和特色展区，中央院继续教育学院与中国联通联手打造5G+4K远程互动教学项目，雅马哈公司和中央院远程学院联合展示的钢琴跨界远程教育，为我国音乐教育未来发展增添科技羽翼。同时，民乐、合唱、舞蹈特色元素的引进，助力大会主题架构的拓展与丰实。大会初步构筑国际化社会音乐教育交流平台，初步挖掘乐器消费的潜在市场。各项内容创意设计与组织，遵循问题导向，会展社会成效，可圈可点。

"让音乐成为生活的刚需，让乐器成为家庭的标配，是音乐教育服务联盟合作平台提出的奋斗目标。"

中央音乐学院党委书记赵旻开幕致辞中表示，本届大会主题聚焦“快乐音乐教育”，艺术学习要从基础做起，要具备长效视野，艺术教育不仅要重视巨大的市场，更要关注音乐教育本体的长远发展，提升音乐学习者的人文素养和人生幸福指数。本次大会坚持问题导向、需求导向，从理论到实践，从内容到形式，展开深入研讨交流，以跨界交流合作，联合社会各方资源，助推音乐教育事业和音乐人口拓展，助力全面小康建设和全民艺术素质提高。作为主办方，中央音乐学院将发挥音乐艺术教育优长和社会音乐教育的潜能，积极主动竭诚为社会音乐学习、音乐普及尽股肱之力。

拓展音教　国际视野

立足乐器全产业链的视角，从乐器材料、乐器制造、乐器营销，延伸至音乐教育和民众的音乐生活。中国乐器协会立足乐器行业社会职能，跨界整合院校和社会音乐教育机构资源，为校内外音乐教育工作者创建国际化音乐教育交流平台。与社会各界优质音乐教育资源，共同促进国民音乐教育的进步与健康发展。中国乐器协会常务副理事长曾泽民在接受央视音乐频道时表示，当前音乐教育存在两大问题，资源配置的不平衡和教育信息的不对称，大量的教师和教育资源，大量的体制内教学项目和国外优秀教育项目，与当前国内基层单位对接不畅，需要国际化创新音乐教育对话平台。为发动基层教师和琴童家长，摆脱早期应试教育观念，转变为终身快乐学习。中国乐器协会发出“让每个国民一生学一件乐器，让每一个国民一年听一场音乐会”的倡议号召。为了这一目标，中国乐器协会不仅要加强与国家行业结构组织和专业音乐教育机构的合作，还要广泛地发动广大社会音乐教师和琴童，同时依托各地方政府、各部委以及社会媒体的关注支持，共同助力国民音乐教育的创新发展。

“美国音乐制品协会作为非盈利组织，主要是为支持科学研究、慈善捐赠和公共服务项目，推动社会人群参与音乐制品行业中来。”美国音乐制品协会国际事务部总监石碧天表示，2008年加拿大某实验室研究表明，从小接受演唱、音乐教育影响的婴儿，他们未来的社会认知行为会有更好的发展。认知能力的开发，能够提升儿童的演说和处理能力，从而进一步推动其社交能力的拓展。同样，在对亚洲75岁以上老年人的跟踪研究，发现经过音乐教育的老年人，他们患病的几率大大下降。除此之外，老年人的阅读写作，还有文字游戏方面会有更好的表现，他们的自信程度，抵抗孤独感的能力，以及记忆力、认知和学习新事物的能力都有所提高。基于这些科研项目的理念支持，美国音乐制品协会希望透过国民音乐教育大会、国际乐器演奏日创新音乐交流平台，将新的教育研究成果和理念分享给中国的教育同仁，同时倾听社会音乐大众和教育者的诉求，从而让音乐制品服务商提供更加优质的产品，这正是各国音乐制品相关行业组织致力社会音乐教育事业拓展的社会职责所在。

欧洲音乐产业联盟（意大利）负责人克劳迪亚表示，作为欧洲乐器行业协会参与本届大会深感荣幸，中国政府和行业协会重视音乐教育投资，这是正确的决策。2019国民音乐教育大会得到欧美音乐制品行业组织机构的加盟支持，以创新国际化、专业化社会音乐教育视野，创造重大的历史机遇，向合作方展示出音乐教育美好的发展前景。英国约克圣约翰大学博士Ruth Currie同样表示，社区音乐通常是一种跨学科的行为，英国社区音乐者往往会与一些志愿者机构，或者是一些法定机构，或者文化机构来共同合作。在更多的环境当中提供音乐服务，并且以一种非正式的方式，非正式的教学方法来帮助更多人表达自身的音乐观点，创造出社区意识以及安全的生活空间，透过社区音乐提升社会的包容性和平等性。

会展联动　创意服务

作为大会配套北京国际音乐生活展，由中国乐器协会和上海国展展览中心有限公司主办，展会全面聚焦音乐教育，为音乐教育行业同仁提供音乐教育产品采购、品牌加盟、教育渠道拓展、音乐教育高峰论坛与大师班等专业化、精准化行业交流合作平台。其中，展览总面积3500平方米，集中展示中西乐器、音乐教学设备、音乐教育培训课程、智能教学产品和设备、课后陪练产品、书籍和音乐教育出版物、音乐教育相关软硬件配套服务等内容。会展联动，全新布局，助力企业锁定目标客群，展区与九大音乐教育主题会议配套分布，形成会议、商务沟通紧密结合互动的格局，有效帮助参展企业锁定目标客户群体。

大会期间，中国轻工业联合会党委副书记、中国乐器协会理事长王世成与中央音乐学院党委书记、教育学家赵旻等出席开幕式的嘉宾参观了北京音乐生活展，先后参观了珠江钢琴、上民一、柏斯音乐、海伦钢琴、河北乐海、雅马哈乐器等展位。在中央音乐学院继续教育学院联手中国联通打造的智慧音乐教育展位，体验了5G互联、AR、VR等智能技术。随后，在“6·21国际乐器演奏日”展位考察了特色文创产品。王世成理事长表示，科技创新是产业发展的核心动力，社会音乐教育产业作为乐器制造产业链的延伸与拓展，更要主动借势5G等现代数字音乐创新科技带动产业链上下游协同发展。

综观本届北京国际音乐生活展，聚焦音乐教育配套产业，展会聚集几十家音乐教育品牌厂家参与展示交流，特别是中央音乐学院的裸眼3D音乐会、AR/VR乐器赏析，首次把裸眼3D技术应用于交响音乐会.极具层次的画面感使音乐会更为生动，更加形象，更加直观。AR/VR技术利用增强现实和虚拟现实技术，在虚拟世界体验乐器的全方位多维展示与拆解，聆听真实名琴的最美音色，音画时尚，告别枯燥单一教学。上海民族乐器一厂与工艺美术大师翁纪军合作的“鹿王本生”古筝，珠江埃诺教育的“爱上系列”课程，柏斯音乐集团的高天系列钢琴，雅马哈音响的自动演奏钢琴，苏州民族乐器一厂的“鸿骞凤立”和“云起龙襄”二胡，中音科技的iMusic数字云音乐教学系统，易智生教育科技的易古筝智能音乐教室，集体巡礼乐器文化创意与音乐教育科技协同发展的产业步履。

聚焦快乐　探寻本质

本届国民音乐教育大会主题为“快乐音乐教育”，大会各重量级嘉宾聚焦儿童启蒙教育、社区音乐、音乐美学等方面，围绕目前音乐教育培训行业的现状、市场痛点、政策趋势、发展空间和增长点，为观众提供政策分析、前沿理念和商业模式分享。

“中国目前有近4000万的琴童，如何在专业和正能量的领域内，让琴童愉悦地接受专业的艺术教育，塑造琴童健康的人格和音乐观，是当前所有教育工作者要深入思考的教育课题。”著名钢琴家茅为蕙表示，任何一门技术或者艺术，都需要学习者付出相应的努力和艰辛，琴童在克服困难与学习阻力的过程中，教师和家长需在其中起到正能量的促进作用，在关怀、鼓舞和支持中，引领琴童走向正确的艺术人生之路。让他们觉得因为钢琴和音乐，他们是快乐的人，是能够表达自己情感和思想的人，而不仅仅是为了一纸证书或者技术。

“我的学琴之路其实经历了很多艰辛的过程。但是慢慢地，通过父母和良师的引导，真正进入到音乐艺术世界的时候，我体会到了真正意义上的快乐。这种快乐并不是外在的、物质的、浅层面的感受，而是音乐艺术真正对心灵上的一种滋养，是一种更高级的快乐。”当代古筝演奏家、教育家袁莎如是说。

“回顾中国人的性格，是不畏艰险，不怕吃苦；再就是古语中所说的寓教于乐。一个是快乐，一个是音乐。”著名音乐教育家刘沛从心理学角度分析，依托传统文化理念，加上最近几十年认知神经科学的发展，可以肯定是快乐学习使我们的学习记忆时间更长、体验更好、获得更多。

“世界上没有不爱学习的孩子，只有让孩子不爱学习的家长和老师。快乐教育不是只快乐不教育，而是让教育的本身充满了快乐。”中央音乐学院教授、著名音乐教育学家周海宏表示，音乐课枯燥乏味，是不正常的音乐教育现象；“学琴苦”成为全社会的共识，是音乐教育的悲剧。造成音乐枯燥，学琴苦现象的根本原因有二：一是没有明确音乐教育的根本目标与终极目的；二是由于缺少对人性学基本原理的指导，不了解教育与学习的心理学规律，没有按音乐学习的规律设计既快乐又有获得感的音乐教育体系与方法。通过学琴热爱音乐，通过音乐热爱艺术，通过艺术热爱生活，通过生活体验幸福。这是我们学琴教育的根本的路线图。我们应该把孩子的错误问题，当作成就目标期待，而不是去惩罚。

JZ Music创始人任宇清表示，国外的音乐教育，尤其是启蒙教育的阶段遵循三“C”理论：第一是“Confidence”，给孩子自信；第二是“Creative”，培育创造能力；第三是“Communication”，其实是聆听欣赏，三个要素变成支撑孩子音乐教育最重要的东西。音乐带给孩子的应该是他们人生的一个经历。做音乐教育是非常有责任的，非常有担当的一件事，如果你想要把这件事做好，需要你的专业、你的耐心、你的良心。

5G+4K　智造未来

聚焦音乐教育的痛点，关注产业科技创新未来。在移动互联技术风行的当下，5G、4K、VR、AR技术在音乐教育领域的强势渗透融合，无疑成为远程音乐教育和线下音乐教育领域的科技黑马。会展当日，著名音乐教育家吴斌、中国音乐学院教授谢嘉幸、首都师范大学音乐学院教授郑莉、中国音乐学院教授刘沛、中国联通网络技术研究院长张涌、中央音乐学院继续教育学院院长孔聪就《音乐教育的快乐学习与未来学习》专题展开观点碰撞。同时，在远程音乐教育专场中，音乐教育家、中国音乐学院教授谢嘉幸讲述音乐慕课O2O模式的探索，雅马哈乐器（音响）投资有限公司院校机构组组长彭湃与青年钢琴演奏家、中央音乐学院钢琴系副教授童薇现场连线，带来远程课示范“借助科技精确还原，美妙乐声实时再现”，中央音乐学院现代远程音乐教育学院教师吴昊分享“‘央音在线’现场线上互动教学——节奏与律动”，让与会者亲身触碰音乐教育产业的创新未来。

据记者调查，所谓慕课（MOOC）即大规模开放在线课程，是“互联网+教育”的产物。英文直译“大规模开放的在线课程（Massive Open Online Course）”，是新近涌现出来的一种在线课程开发模式。慕课是当代社会新发展起来的创新音乐教学方式，在海外和国内教学领域内发展迅速，2019年国家教育部将慕课在线教育作为教学改革的重要举措。中国音乐学院教授谢嘉幸表示，随着5G时代的到来，音视频信号的延迟问题将不复存在，线上线下的互动教育与演示将实现真正意义上的同步。如何让慕课成为当前教师必备的音乐数据库，是顶层教育机构要探索和推行的重点工作；其次，慕课体现出教育的开放性和多元性，便于传播和推广，可形象地称为没有围墙的教学；第三，慕课同时也强调线上与线下教学资源的融合，远程教育与线下课堂音乐教育的融合，即O2O的音乐教学观念，以创意精彩的片段式教学内容，帮助教师解决线下教学的个性化问题。方便教师利用碎片化的时间进行高效学习。

5G带来了什么？5G使音乐教育可以跨越时空，因为5G有高带宽的实验效果，我们目前已经做到20毫秒。孔聪院长向与会代表描绘了未来基于5G和5G加上其他的现代IT技术，包括AR、VR人工智能技术的创意融合，最终使音乐教育得到全新的提升，特别是在普及性和大众的教育方面。孔聪院长认为会带来一个革命，使音乐教育不再是阳春白雪，可以走进千家万户，走进农村，走进社区，走进从幼儿园一直到大学，使音乐熏陶遍及每一个学生孩子，这是5G对音乐可能会带来最大的改变。

中国联通网络技术研究院长张涌表示，基于人工智能的视频识别技术，如果指法音准有错误的话，不用通过老师就可以指导。音乐是机器人最难处理的，艺术的教育是离不开老师的，未来的机器是老师一个很好的辅助，基本的教育功能和基本的问题不用老师再来手把手的教，可以大大提高老师的教学效率，减轻老师的教学压力，但是最终的艺术教育仍然是需要人的，机器可以做基础的培训，但是机器不可能培养出一个音乐家，音乐教育最终还要以人为本。

结束语：音乐教育和艺术教育在社会生活中起到怎样的作用？古往今来，音乐在中华民族的生活当中都是最重要的部分。毋庸置疑，音乐可以改善人的灵魂，音乐可以提升你的生命境界。艺术学习要从基础做起，要具备长效视野，艺术教育不仅要重视巨大的市场，更要关注音乐教育本体的长远发展，提升音乐学习者的人文素养和人生幸福指数。2019北京国际音乐生活展暨国民音乐教育大会倡导的“快乐教育”理念，必将继续助推我国音教事业发展、助推音乐人口扩大、助力全民艺术素质提高，与广大社会音乐教育同仁共同奏响“快乐音乐教育”的时代华章。

2019年世界乐器展览会回顾

2019年，世界各大洲共举办10个品牌乐器展览会，主要集中在亚洲、欧洲和北美洲。尽管2019年世界经济形势错综复杂，国际贸易艰难踟蹰，世界各大乐器展会深挖本国本地区乐器市场潜力，努力凸显自身特色优势。

德国法兰克福乐器展积极谋划提升参展展商和观众满意度。主办方表示，作为欧洲最大的乐器展览会，为吸引广大年轻受众，主办方充分利用数字化和人工智能等技术红利增强展会活力，扩大音乐群体，不断为大众提供增值服务。2020年，德国法兰克福国际乐器展览会将迎来办展40周年庆典，主办方拟以此为重要契机，发挥法兰克福位于欧洲中心腹地的优势，进一步提升该展在欧洲及国际的辐射影响力。

2019年全球十大主要乐器展览会中，有四家展会在北京、上海、广州等地成功举办，充分凸显出中国乐器消费市场的本土化、规模化优势。中国经济克服国际国内各种风险和挑战，在转型升级中向高质量发展方向稳步迈进。中国音乐人口众多，潜力巨大，魅力无限，2019北京音乐生活展同期成功举办的国民音乐教育大会进一步实现音乐要素跨界融合和资源整合。实践证明，“展中有会，以会带展”的策展模式行之有效，吸引新兴音乐人口参与成效显著。

2019年金秋10月，在中国人民喜迎建国70周年庆典的热烈氛围中，上海国际乐器展再次成功举办。在中国乐器协会等主办方倾力策划和精心打造下，上海乐展规模创下历史新高，展会总面积达14.5万平方米2400多家参展商参展。为期4天的2019上海国际乐器展览会期间，来自79个国家和地区的122519名海内外观众参观上海国际乐器展，总人数较2018年增长11%。主办方致力于服务中高端发展目标，精心打造“全球新品首发平台”，以精品乐器引领行业科技创新成为本年度上海展会的重中之重，展现出科技创新对乐器行业的导向引领作用。

综合发展，多元发力，成为2019年展会发展的重要举措。意大利克蕾蒙娜乐器展突破传统、单一的弦乐器展览展示范围，逐步囊括钢琴、吉他、手风琴等主要乐器门类；美国NAMM乐器展主办方主动与国际娱乐技术协会合作，不遗余力推广乐器普及和应用范围。回顾2019年，面对经济不确定因素增多，全球各大乐器展会保持定力，不惧风雨坚定前行，以立足本国，面向国际的昂扬姿态，努力为实现“让乐器成为家庭标配 音乐成为生活刚需”的恢宏目标不懈努力。

2019年世界乐器展览会回顾一览表

展会名称	展会届别	展会日期	展会地点	主办单位
美国洛杉矶阿纳海姆乐器展（The NAMM Show）	第 117 届	2019.1.24—1.27	阿纳海姆	美国国际音乐制品协会（NAMM）
中国（广州）国际专业音响、灯光、乐器展览会	第 16 届	2019.2.24—2.27	广州	广东省科学技术厅、广东省文化厅、国家轻工业乐器信息中心
德国法兰克福国际乐器、乐谱及附件展览会（Musikmesse 2019）	第 40 届	2019.4.2—4.5	法兰克福	德国法兰克福展览公司
PALM 2019 北京乐器展	第 28 届	2019.5.23—5.26	北京	中国演艺设备技术协会
北京国际音乐生活展	第 5 届	2019.5.25—5.27	北京	中国乐器协会、上海国际展览中心有限公司
印度乐器音响展（Musician Expo 2019）	第 18 届	2019.5.31—6.1	孟买	印度 DIVERSIFIED 公司
美国 NAMM 夏季乐器展（Summer NAMM Show）	每年夏季	2019.7.18—7.20	纳什维尔	美国国际音乐制品协会
NAMM& 法兰克福俄罗斯乐器展	第 8 届	2019.9.12—9.14	莫斯科	美国国际音乐制品协会、法兰克福展览公司
意大利克雷蒙娜乐器展（Cremona MondonMusica 2019）	第 32 届	2019.9.27—9.29	克雷蒙娜	克雷蒙娜乐器展组委会
中国（上海）国际乐器展览会（Music China）	第 18 届	2019.10.10—10.13	上海	中国乐器协会，上海国际展览中心有限公司，法兰克福（香港）展览公司

展品范围	展会规模
各种乐器、音响	来自 139 个国家和地区参展商的 2000 多家参展商，11.5 万名注册观众参展、参会，中国参展商超过 220 家
西乐器、民族乐器	展会面积 4.5 万平方米，展商 700 家
各类乐器、乐器配件、乐谱、音乐硬软件、音乐出版物等	观众总人数 8.5 万，来自 130 个国家和地区
乐器	展览面积 3.5 万平方米，展商近 800 家
钢琴、弦乐器、电声乐器、乐器配件、民族乐器、铜管乐器、打击乐器、相关协会媒体、乐谱、音乐书籍等	展览面积 3500 平方米
音响和电声乐器为主	参观总人数 2.5 万名
以美国国内乐器商展示和音乐教育人士使用的乐器为主	展商 500 余家
乐器综合类、钢琴、弦乐器、打击乐器、电声乐器、配件、乐谱、音响设备等	观众总数 1.8 万
以提琴等弦乐器为主，兼展弹拨乐器、琴弓、配件、乐谱等	展商 309 家，参观人数 18127 名
钢琴、弦乐器、电声乐器、乐器配件、民族乐器、铜管乐器、打击乐器、相关协会媒体、乐谱、音乐书籍等	展会面积 14.5 万平方米，展商 2414 家，展会 4 天共吸引来自 79 个国家和地区的 122519 名海内外专业观众前来参观，同比增长 11%

名牌产品

乐器产品获中国驰名商标，国家、省（市）级名牌产品、著名商标、老字号品牌名录

中国驰名商标

品牌（商标）名称	商标注册人	认定商品或服务项目
珠江	广州珠江钢琴集团股份有限公司	钢琴
星海 XINGHAI 及图形	北京星海钢琴集团有限公司	钢琴
津宝及图形	天津津宝乐器有限公司	爵士鼓、军鼓、萨克斯
Taishan	山东泰山管乐器有限公司	管乐器
嘉德威	杭州嘉德威钢琴有限公司	钢琴
卡西欧 CASIO	日商・樫尾计算机株式会社	计算器、手表、电子音乐仪器等
润韵	扬州天韵琴筝有限公司	筝、乐器、弦乐器、七弦琴、弹拨乐器、木琴、电子乐器、乐器键盘、乐器弦轴、乐器盒
金杯及图形	江阴市金杯安琪乐器有限公司	手风琴、簧（管）乐器等
凤灵 fitness 及图形	泰兴凤灵乐器有限公司	小提琴、中提琴等
Orient	宁波森隆乐器股份有限公司	钢琴部件
YAMAHA 及图形	雅马哈株式会社	钢琴
奇美	江苏奇美乐器有限公司	竖笛、口风琴、口琴
鹦鹉 YINGWU 及图形	天津鹦鹉乐器有限公司	手风琴、提琴
吟飞 Ringway	吟飞科技（江苏）有限公司	乐器
乐海 The Ocean of Music 及图形	河北乐海乐器有限责任公司	扬琴、琵琶
天鹅及图形	江苏天鹅乐器有限公司	口琴、口风琴
爱迪 Aidi 及图形	香河天音乐器有限公司	西乐器
HAILUN 及图形	海伦钢琴股份有限公司	钢琴
芳鸥及图形	武汉市海平乐器制造有限公司	铜锣等

省（市）名牌产品

省（市）地区	品牌（商标）名称	商标注册单位	认定商品或服务项目
上海市	施特劳斯	上海钢琴有限公司	钢琴
	敦煌牌	上海民族乐器一厂	民族乐器（古筝、二胡、琵琶）
	海曼	上海中雅钢琴有限公司	钢琴
	华星	上海华新电子电器总厂	电子琴

续表

省（市）地区	品牌（商标）名称	商标注册单位	认定商品或服务项目
天津市	津宝	天津津宝乐器有限公司	爵士鼓、西管乐器
	Singer's day	天津圣迪乐器有限公司	萨克斯、小号
	雅乐	天津华韵乐器有限公司	手风琴
	鹦鹉	天津鹦鹉乐器有限公司	手风琴
江苏省	润韵、天籁	扬州天韵琴筝有限公司	古筝
	碧泉	扬州市正声民族乐器厂	古筝
	凤灵	泰兴凤灵乐器有限公司	吉他、提琴系列产品
	奇美	江苏奇美乐器有限公司	竖笛、口风琴、口琴
	摩德利	南京摩德利钢琴有限公司	钢琴
	天鹅	江苏天鹅乐器有限公司	琴笛
	雅韵	扬州龙凤琴筝有限公司	古筝
	凤韵	扬州龙凤琴筝有限公司	古筝
	大风	江苏大风乐器有限公司	古筝
	Easttop、蜜蜂	江苏东方乐器有限公司	口琴
	英杰	扬中市华联手风琴有限公司	手风琴
	虎丘	苏州民族乐器一厂有限公司	二胡
	吟飞	吟飞科技（江苏）有限公司	电子乐器
广东省	珠江	广州珠江钢琴集团股份有限公司	钢琴
	AMASON 艾茉森	广州珠江钢琴集团股份有限公司	数码钢琴
	恺撒堡	广州珠江钢琴集团股份有限公司	钢琴
	里特米勒	广州珠江钢琴集团股份有限公司	钢琴
	吉声	广州吉声琴业有限公司	电吉他
	Blue Diamond	广州保嘉乐器制造厂有限公司	鼓乐
	星臣 starsun	四会市华声乐器有限公司	吉他
	红棉	广州红棉吉他有限公司	提琴
	Ayalea	揭阳市长城乐器有限公司	吉他
	杜鹃花	揭阳市长城乐器有限公司	吉他
	美得理	得理电子（珠海）有限公司	数码钢琴、电子琴、电子管风琴、电子鼓音箱
河北省	JY	河北金音乐器制造集团有限公司	西管乐器
	乐海	乐海乐器有限责任公司	民族乐器
	月坛	饶阳北方民族乐器制造有限公司	二胡
	成乐	饶阳成乐民族乐器有限责任公司	扬琴
山东省	金斯波格	烟台金斯波格钢琴有限公司	钢琴
	SEJUNG（世正）	青岛世正乐器有限公司	钢琴

续表

省（市）地区	品牌（商标）名称	商标注册单位	认定商品或服务项目
山东省	仙乐	百灵乐器公司	电吉他
	飞灵	潍坊惠好乐器有限公司	电吉他
湖北省	TOYAMA（托雅玛）/ Yangtze River 牌钢琴	宜昌金宝乐器制造有限公司	钢琴
	艾立卡	武汉艾立卡电子有限公司	乐器音箱、电吉他配套音箱
福建省	HARMONY（哈曼尼）	福州和声钢琴有限公司	立式钢琴
河南省	中州	开封中原民族乐器有限公司	古筝

省（市）驰名商标

省（市）地区	品牌（商标）名称	商标注册单位	认定商品或服务项目
河北省	JY	河北金音乐器制造集团有限公司	钢琴
	乐海	河北乐海乐器有限责任公司	民族乐器

省（市）著名商标

省（市）地区	品牌（商标）名称	商标注册单位	认定商品或服务项目
上海市	施特劳斯	上海钢琴有限公司	钢琴
	海曼	上海中雅钢琴有限公司	钢琴
	敦煌	上海民族乐器一厂	民族乐器
天津市	津宝	天津津宝乐器有限公司	军鼓、爵士鼓、萨克斯
	鹦鹉	天津鹦鹉乐器有限公司	手风琴、提琴
	雅乐	天津市雅乐尔乐器有限公司	风琴
	佰笛及图形	天津市佰笛乐器有限公司	手风琴
	WSMAN 及图形	天津市欧斯曼乐器有限公司	钢琴
	singer'sday	天津圣迪乐器有限公司	号（乐器）、乐器
	森雀	天津市静海县盛兴乐器厂	中乐器、笛子、笙、箫
	奥维斯	天津奥维斯乐器有限公司	乐器、笛、号（乐器）
江苏省	摩德利	南京摩德利钢琴有限公司	钢琴等
	天鹅及图形	江苏天鹅乐器有限公司	口琴、口风琴、竖笛等
	凤灵及图形	江苏凤灵乐器文化产业有限公司	小提琴、吉他、大提琴等
	奇美	江苏奇美乐器有限公司	手风琴、钢琴、口琴等
	雅韵及图形	扬州龙凤琴筝有限公司	打击乐器、胡琴、筝等
	虎丘及图形	苏州民族乐器一厂有限公司	二胡
	碧泉 BIQUAN 及图形	扬州市正声民族乐器厂	筝

续表

省（市）地区	品牌（商标）名称	商标注册单位	认定商品或服务项目
江苏省	和声及图形	江苏省和声琴行有限公司	钢琴
	金韵及图形	扬州开发区金韵乐器厂	筝
	GOLDENCUP 及图形	江阴市金杯乐器有限公司	手风琴
	润韵	扬州天韵琴筝有限公司	筝
	吟飞及图形	吟飞科技（江苏）有限公司	电子键盘
	玉振 YUZHEN	扬州市金声古筝有限公司	乐器、琵琶等
广东省	kayserburg	广州珠江钢琴集团股份有限公司	乐器（钢琴）
	珠江	广州珠江钢琴集团股份有限公司	长笛、小号、萨克斯
	Ritmiiller	广州珠江钢琴集团股份有限公司	中西乐器（钢琴）
	吉声	广州吉声琴业有限公司	吉他
	Martin	广州吉声琴业有限公司	吉他
	红棉	广州红棉吉他有限公司	中乐器，西乐器
	ALICE	广州市罗曼士乐器制造有限公司	乐器弦
	永美	揭西县美声电子电器厂	电子琴
	美得理	得理乐器（珠海）有限公司	乐器（电子琴，数码钢琴）
河北省	JY	河北金音乐器制造集团有限公司	钢琴
	成乐	饶阳成乐民族乐器有限责任公司	扬琴
	月坛	北方民族乐器制造有限公司	二胡
	秦川	河北秦川文体乐器有限公司	琴行
	乐海	乐海乐器有限责任公司	民族乐器
	秦川乐器	河北秦川文体乐器有限公司	乐器经营
山东省	KINGSBURG 及图形	烟台金斯波格钢琴有限公司	钢琴
	仙乐及图形	昌乐百灵乐器有限公司	吉他
	博斯纳及图形	烟台博斯纳钢琴制造有限公司	钢琴
	MERCURY	龙口锦盛乐器有限公司	簧（管）乐器
	图形	龙口市博奥乐器制造有限公司	簧（管）乐器
	FAREST 及图形	龙口金鸣乐器有限公司	笛
浙江省	HAILUN 及图形	宁波海伦乐器制品有限公司	钢琴
	嘉德威	杭州嘉德威钢琴有限公司	钢琴
	拉奥特	浙江乐韵钢琴有限公司	钢琴
	LUODELAISI	湖州华谱钢琴有限公司	钢琴
湖北省	芳鸥	武汉市海平乐器制造有限公司	铜锣
	银可可	武汉银可可琴行有限责任公司	乐器经营

续表

省（市）地区	品牌（商标）名称	商标注册单位	认定商品或服务项目
湖北省	皇玛 HUANGMA	湖北华都钢琴制造有限公司	钢琴、电子琴、乐器键盘
	TOYAMA 托雅玛	宜昌金宝乐器制造有限公司	钢琴
	长江	宜昌金宝乐器制造有限公司	钢琴
福建省	HARMONY （哈曼尼）	福州和声钢琴有限公司	钢琴
河南省	中州	开封中原民族乐器有限公司	古筝、琵琶
	鸣韵	鸣韵兰考县鸣韵乐器有限公司	吉他、乐器、琵琶、七弦琴

老字号品牌

分类		注册商标	企业名称
中华老字号		敦煌	上海民族乐器一厂
		STRAUSS	上海钢琴有限公司
		星海	北京星海钢琴集团有限公司
		鹦鹉	天津鹦鹉乐器有限公司
		老天华	福州台江老天华乐器行
地方老字号	北京市	星海钢琴	北京星海钢琴集团有限公司
	天津市	鹦鹉乐器	天津鹦鹉乐器有限公司
	广东省	珠江	广州珠江钢琴股份有限公司
		张长合	汕头市龙湖区张长合乐器店
	湖北省	高洪太	武汉高洪太铜响乐器有限公司
	福建省	老天华	福州台江老天华乐器行

注：① 中国名牌战略推进委员会2008年第3号公告，2005、2006、2007年公布的中国名牌产品，有效期满后不再继续使用。

② 我国新商标法认定“驰名商标”并非荣誉称号，从2014年5月1日起，“驰名商标”禁止出现在商品包装上，也不能用于广告宣传、展览。

③ 以上发布的品牌信息来源于商务部，国家工商行政管理总局，各省市工商行政管理总局，国家质量监督检验检疫总局，各省市地区质量检验局网站的公告信息，如有遗漏，请相关企业与我协会取得联系，进行信息补充和更正。

CHINA MUSICAL INSTRUMENT YEARBOOK

(2020)

2019年度中国乐器行业经济运行报告

一、乐器及轻工业运行概况

（一）乐器行业运行概况

2019年，规模以上乐器企业244家，累计完成主营业务收入412.77亿元，同比增长5.45%；工业增加值增速为4.7%，略高于同期全轻工行业平均水平4.4%；主营业务收入利润率为4.46%，同比下降12.86%；乐器行业亏损面为9.42%，同于2018年同期。

（二）乐器直报企业数据概况

行业直报企业数据显示，66家骨干企业2019年总体运行较好，主营业务收入保持7%以上速度增长，实现利润增速好于收入增长，达11.01%，出口交货值继续保持稳步增长态势，资产总额也保持稳中有升趋势。

（三）轻工运行概况

2019年，轻工业规模以上企业108554个（较上年同期减少4541个），实现主营业务收入197953.71亿元（占全国工业的18.7%），同比增长2.83%，低于同期全国工业增速0.97个百分点（见图1）；实现利润12953.94亿元（占全国工业的20.9%），同比增长7.14%，比去年同期加快1.23个百分点，高于同期全国工业增速10.44个百分点。轻工业主营业务收入利润率为6.54%，较去年同期提高0.26个百分点，高于同期全国工业平均主营业务收入利润率0.68个百分点（见图2）。

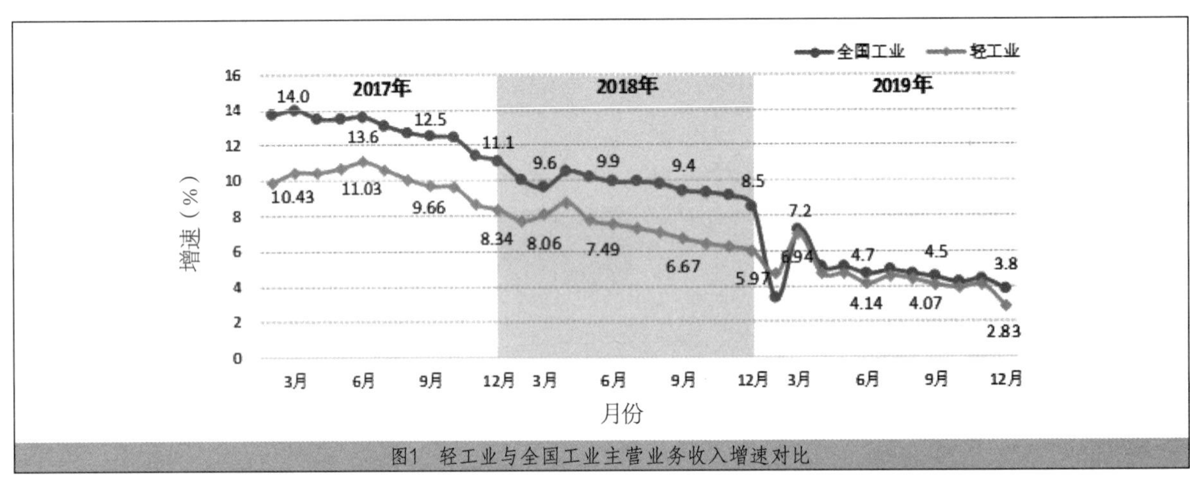

图1 轻工业与全国工业主营业务收入增速对比

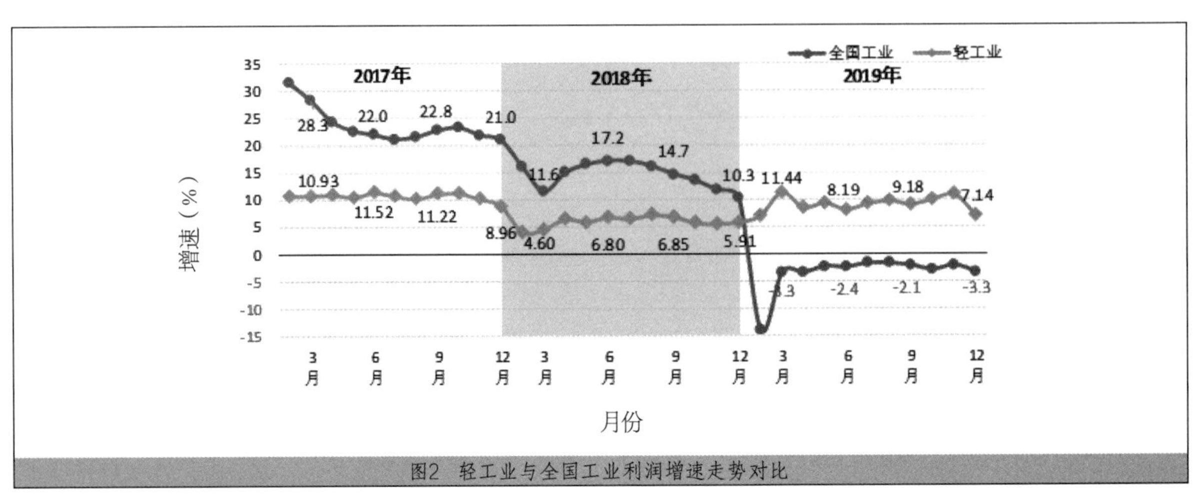

图2 轻工业与全国工业利润增速走势对比

二、乐器行业运行概述

2019年，乐器行业244家规模以上企业（本报告引用效益及产量数据均为规模以上企业汇总数据）实现主营业务收入412.77亿元，同比增长5.45%。乐器行业主营业务收入利润率为4.46%，低于轻工业平均水平2.08个百分点；累计出口17.39亿美元，同比增长6.71%，比轻工业平均值高1.29个百分点；累计进口5.28亿美元，同比增长8.22%，比轻工业平均值高0.52个百分点（见表1）。

表1　2019年乐器行业主要指标及增速情况

指标	单位	指标值	增速（%）
规上企业数	个	244	–
主营业务收入	万元	4127779	5.45
营业收入利润率	%	4.46	–
亏损面	%	10.45	–
应收账款及票据	万元	228620	−9.72
产成品存货	万元	155127.9	10.64
出口总额	万美元	173914.12	6.71
进口总额	万美元	52833.12	8.22

三、经营效益情况分析

（一）营收情况分析

2019年，乐器行业子行业中：35家中乐器制造企业完成主营业务收入57.48亿元，同比增长7.99%；49家其他乐器及零件制造企业完成主营业务收入44.58亿元，同比下降1.35%；21家电子乐器制造企业完成主营业务收入81.68亿元，同比增长3.45%；139家西乐器制造企业完成主营业务收入229.03亿元，同比增长6.99%（见表2）。

表2　2019年乐器行业企业数及主营业务收入子行业分布表

行业名称	企业数（家）	亏损企业数（家）	营业收入（亿元）	同比（%）
轻工全行业	108554	15485	197953.71	2.83
乐器行业	220	23	412.77	5.45
中乐器制造	35	3	57.48	7.99
其他乐器及零件制造	49	3	44.58	−1.35
电子乐器制造	21	2	81.68	3.45
西乐器制造	139	15	229.02	6.99

2019年，中乐器制造企业数量占乐器行业的14.34%，主营业务收入占13.92%；其他乐器及零件制造企业数量占乐器行业的20.08%，主营业务收入占10.80%；电子乐器制造企业数量占乐器行业的9.61%，主营业务收入占19.79%；西乐器制造企业数量占乐器行业的56.97%，主营业务收入占55.48%。

（二）运行质量分析

2019年，从乐器各子行业运行质量对比看：

中乐器主营业务收入和利润增速均高于乐器行业平均水平；电子乐器制造行业虽主营业务收入增速较低，但利润仍实现较快增长，表现出较高的运行质量。西乐器制造行业主营业务收入和利润增速均低于乐器行业平均水平（见图3）。

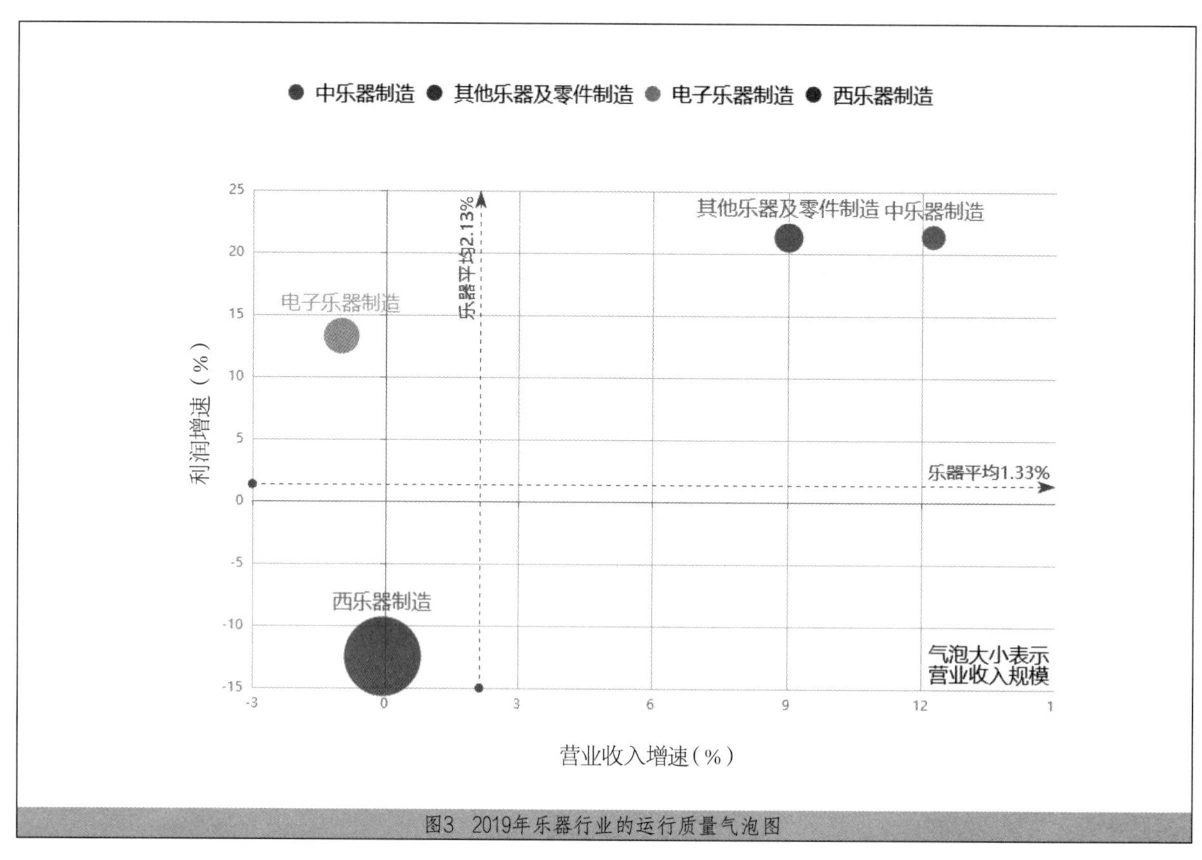

图3 2019年乐器行业的运行质量气泡图

（三）账款及库存分析

2019年，乐器行业累计应收账款及票据22.86亿元，同比降低9.72%，较上年同期下降9.82个百分点，比同期轻工业平均应收账款及票据增速低11.85个百分点。其中，中乐器制造应收账款及票据2.57亿元，占乐器行业的11.25%，同比增长21.51%；其他乐器及零件制造应收账款及票据3.21亿元，占14.02%，同比增长0.66%；电子乐器制造应收账款及票据4.14亿元，占18.09%，同比增长11.37%；西乐器制造应收账款及票据12.95亿元，占56.64%，同比降低20.6%。

2019年，乐器行业累计产成品存货15.51亿元，同比增长10.64%，增速低于上年同期12.11个百分点，比同期轻工业平均产成品存货增速高7.59个百分点。其中，中乐器制造产成品存货1.76亿元，占乐器行业的11.38%，同比增长8.61%；其他乐器及零件制造产成品存货1.44亿元，占9.3%，同比增长0.07%；电子乐器制造产成品存货1.72亿元，占11.1%，同比降低16.18%；西乐器制造产成品存货10.58亿元，占68.22%，同比增长18.91%（见表3）。

表3 2019年乐器行业应收账款及票据与产成品存货情况

行业名称	应收账款及票据（亿元）	同比（%）	产成品存货（亿元）	同比（%）
轻工全行业	24787.02	2.13	9859.09	3.05
乐器行业	22.86	−9.72	15.51	10.64
中乐器制造	2.57	21.51	1.76	8.61
其他乐器及零件制造	3.21	0.66	1.44	0.07
电子乐器制造	4.14	11.37	1.72	−16.18
西乐器制造	12.95	−20.6	10.58	18.91

（四）经营成本分析

2019年，乐器行业累计营业成本207.42亿元，同比增长0.64%，比同期轻工全行业营业成本增速低1.75个百分点；乐器行业每百元主营业务收入中的营业成本81.48元，比轻工全行业平均值低1.97元；营业费用、管理费用、财务费用三项费用合计增长8.25%，比轻工平均增速高8.03个百分点；乐器行业三费占营收比重9.74%，比轻工业平均值高1.01个百分点。

乐器行业子行业中，中乐器制造行业营业成本增长较快，同比增长11.15%；其他乐器及零件制造行业每百元主营业务收入的营业成本较高，为85.42元；其他乐器及零件制造行业三费增速较高，同比增长20.46%；电子乐器制造行业三费占营收比重较大，为11.61%（见表4）。

表4　2019年乐器行业经营成本情况

行业名称	经营成本增速（%）	每百元营收成本（元）	三费增速（%）	三费占营收比重（%）
轻工全行业	2.39	83.45	0.22	8.73
乐器行业	0.64	81.48	8.25	9.74
中乐器制造	11.15	79.57	12.08	9.49
其他乐器及零件制造	6.74	85.42	20.46	6.69
电子乐器制造	−3.78	77.55	5.15	11.61
西乐器制造	−1.05	82.23	7.02	9.92

四、国际贸易情况分析

（一）行业进出口概述

根据海关统计数据，2019年，我国乐器行业实现商品进出口总额22.67亿美元，占轻工全行业进出口总额的0.26%，同比增长7.06%，增速比去年同期下降了4.49个百分点，比轻工业平均增速高1.12个百分点。

2019年，我国乐器行业实现商品出口额17.39亿美元，占轻工全行业出口总额的0.26%，同比增长6.71%，增速比去年同期下降了1.44个百分点，比轻工业平均增速高1.29个百分点（见表5、图4）。

2019年，我国乐器行业实现商品进口额5.28亿美元，占轻工全行业进口总额的0.26%，同比增长8.22%，增速比去年同期下降了16.41个百分点，比轻工业平均增速高0.52个百分点（见表5、图5）。

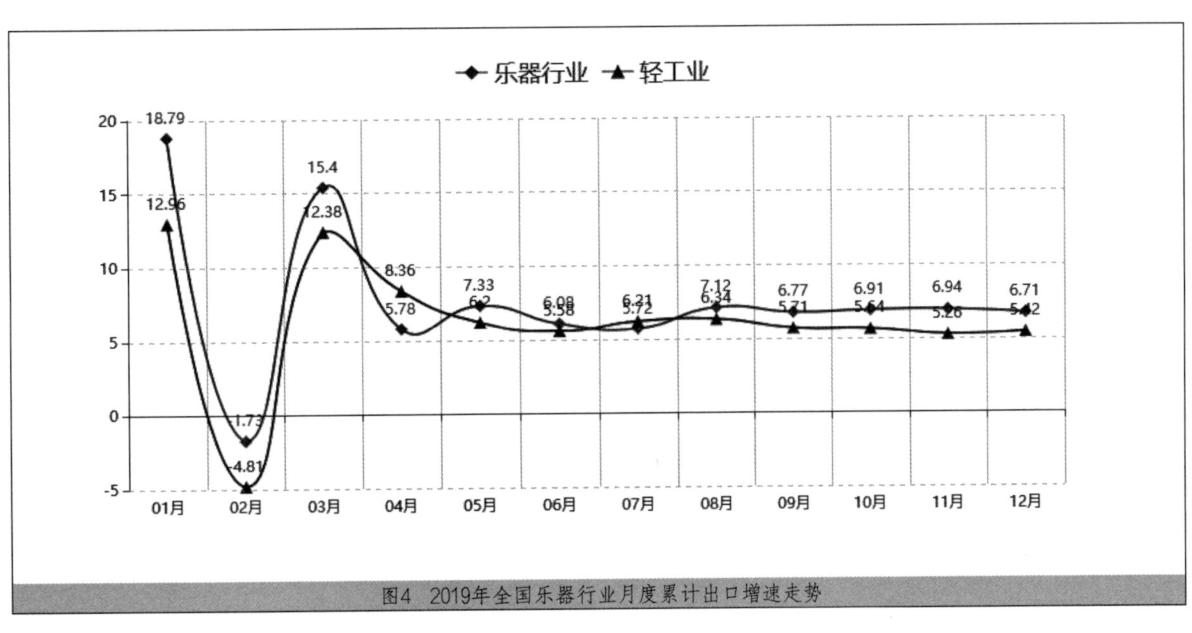

图4　2019年全国乐器行业月度累计出口增速走势

图5 2019年全国乐器行业月度累计进口增速走势

表5 2019年乐器行业进出口情况

行业	出口额（万美元）	出口额同比增长（%）	进口额（万美元）	进口额同比增长（%）
乐器	173914.12	6.71	52833.12	8.22
1. 钢琴	4970.24	−12.72	26947.75	13.88
2. 打击乐器	12729.43	−4.8	2081.23	−15.91
3. 电子乐器	62995.91	15.6	7835.99	17.23
4. 其他乐器及零件	51058.84	3.4	13808.91	0.78
5. 弦乐器	42159.7	5.31	2159.22	−5.94

（二）子行业贸易结构

1. 子行业出口结构

2019年，乐器行业各子行业中，按出口额大小排序依次为：电子乐器、其他乐器及零件、弦乐器、打击乐器、钢琴。其中电子乐器出口额6.3亿美元，占全行业36.22%，占比较上年同期增加2.78个百分点（见图6）。

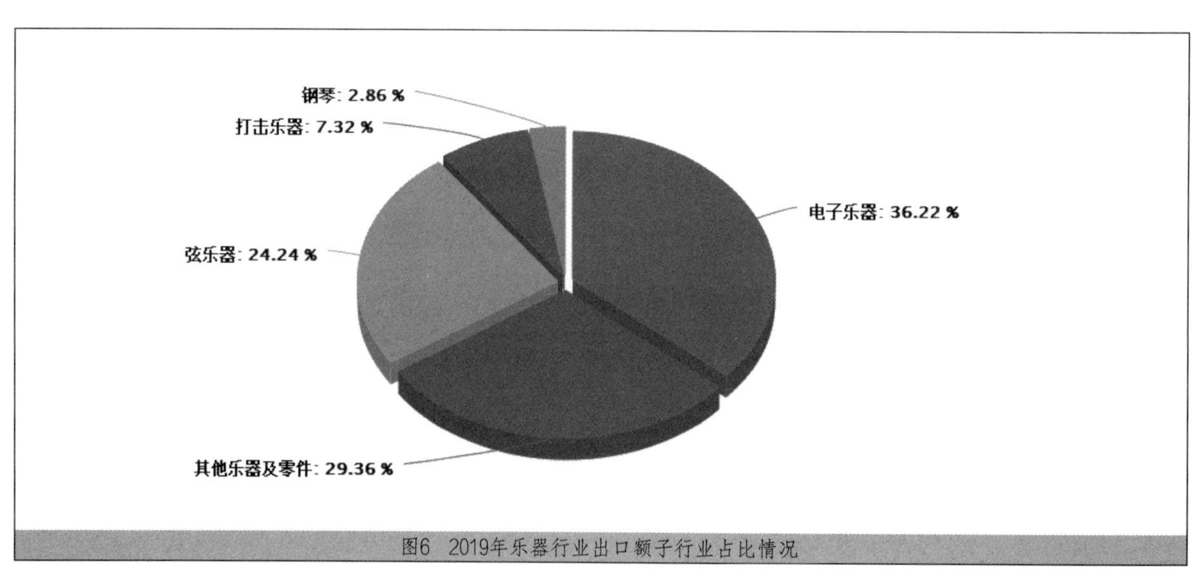

图6 2019年乐器行业出口额子行业占比情况

2019年，从乐器行业各子行业出口额增速对比看，电子乐器、其他乐器及零件、弦乐器等子行业保持了正增长，钢琴、打击乐器等子行业均出现了不同程度的负增长。钢琴、打击乐器、其他乐器及零件、弦乐器等子行业出口额增速低于乐器行业平均值（见图7）。

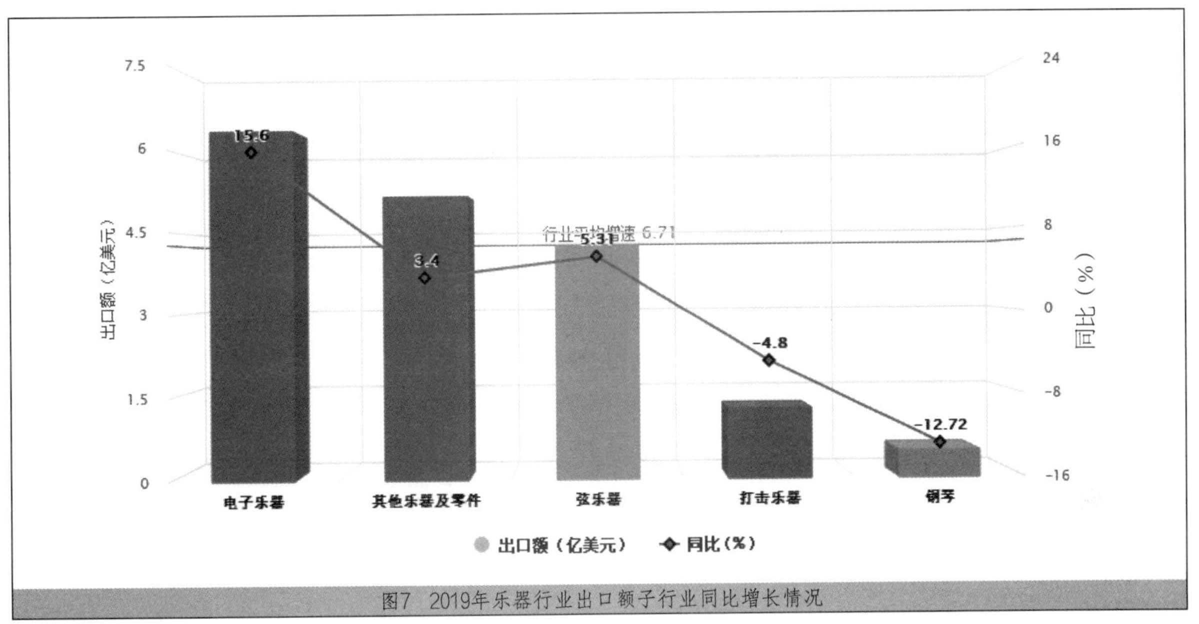

图7　2019年乐器行业出口额子行业同比增长情况

2. 子行业进口结构

2019年，乐器行业各子行业中，按进口额大小排序依次为：钢琴、其他乐器及零件、电子乐器、弦乐器、打击乐器。其中钢琴进口额2.69亿美元，占全行业51.01%，占比较上年同期增加2.54个百分点（见图 8）。

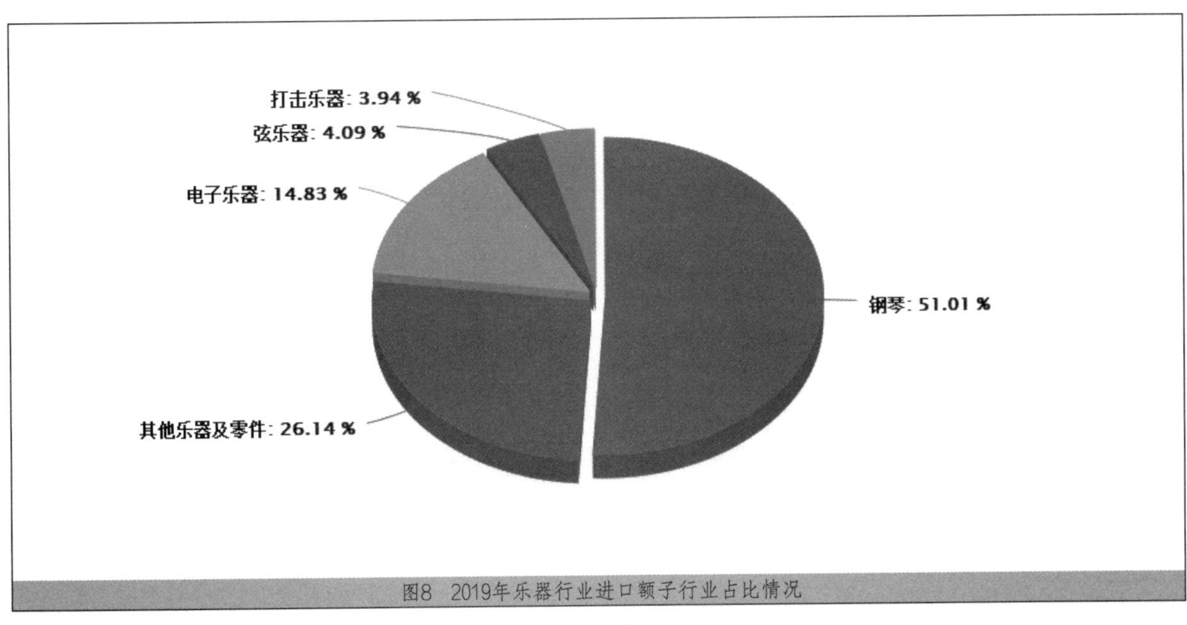

图8　2019年乐器行业进口额子行业占比情况

2019年，从乐器行业各子行业进口额增速对比看，钢琴、电子乐器、其他乐器及零件等子行业保持了正增长，打击乐器、弦乐器等子行业均出现了不同程度的负增长。打击乐器、其他乐器及零件、弦乐器等子行业进口额增速低于乐器行业平均值（见图9）。

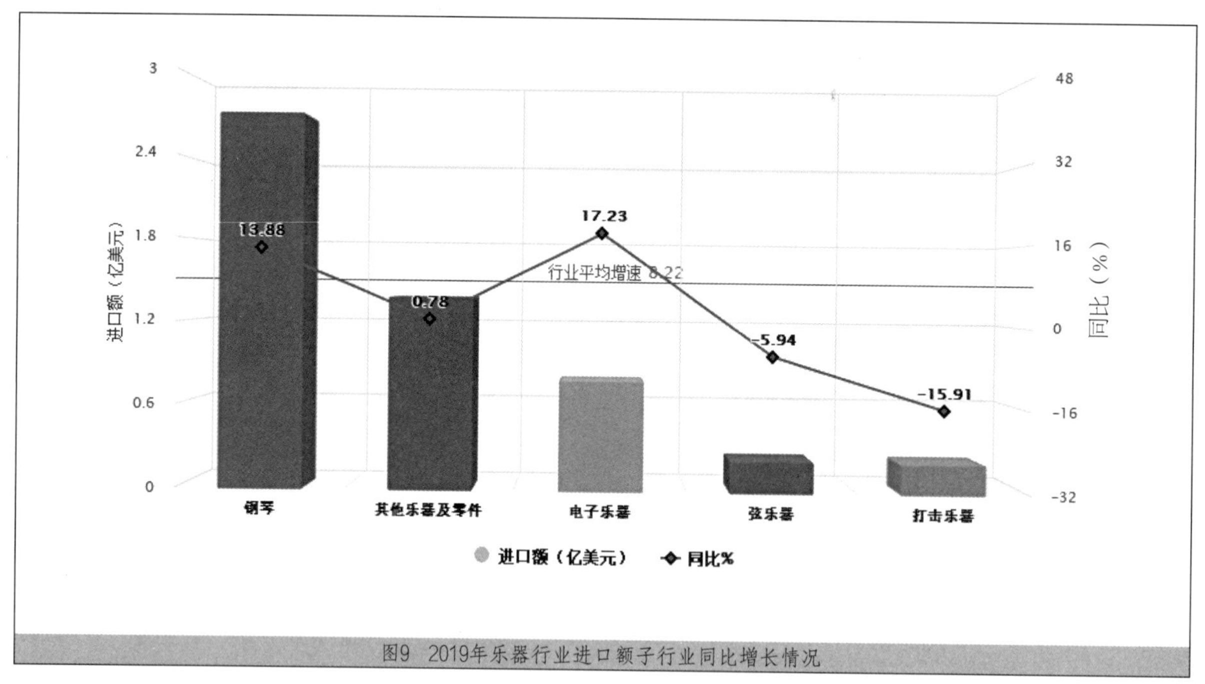

图9 2019年乐器行业进口额子行业同比增长情况

（三）商品贸易价格分析

1. 商品出口价格分析

乐器行业主要商品中，2019年有0种商品出口价格较去年提高，其中商品出口价格涨幅较大；5种商品出口价格较去年下降，钢琴、弦乐器出口价格降幅较大（见图10）。

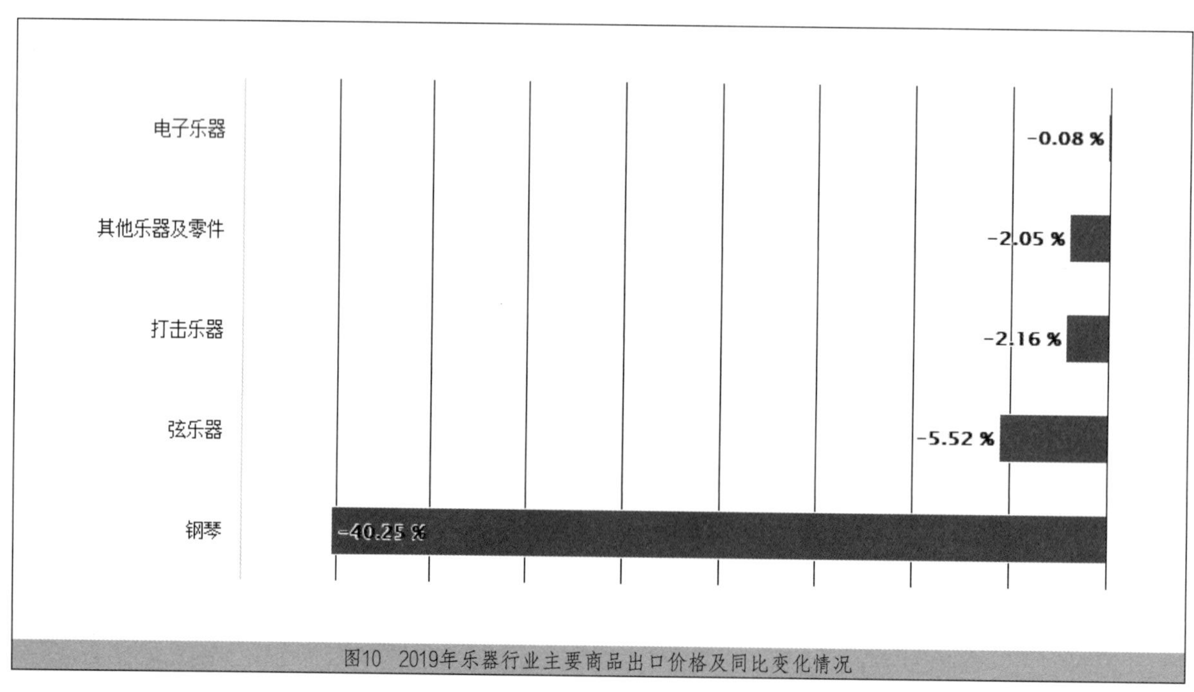

图10 2019年乐器行业主要商品出口价格及同比变化情况

2. 商品进口价格分析

乐器行业主要商品中，2019年有3种商品进口价格较去年提高，其中电子乐器、打击乐器、钢琴等商品进口价格涨幅较大；2种商品进口价格较去年下降，其他乐器及零件、弦乐器进口价格降幅较大（见图11）。

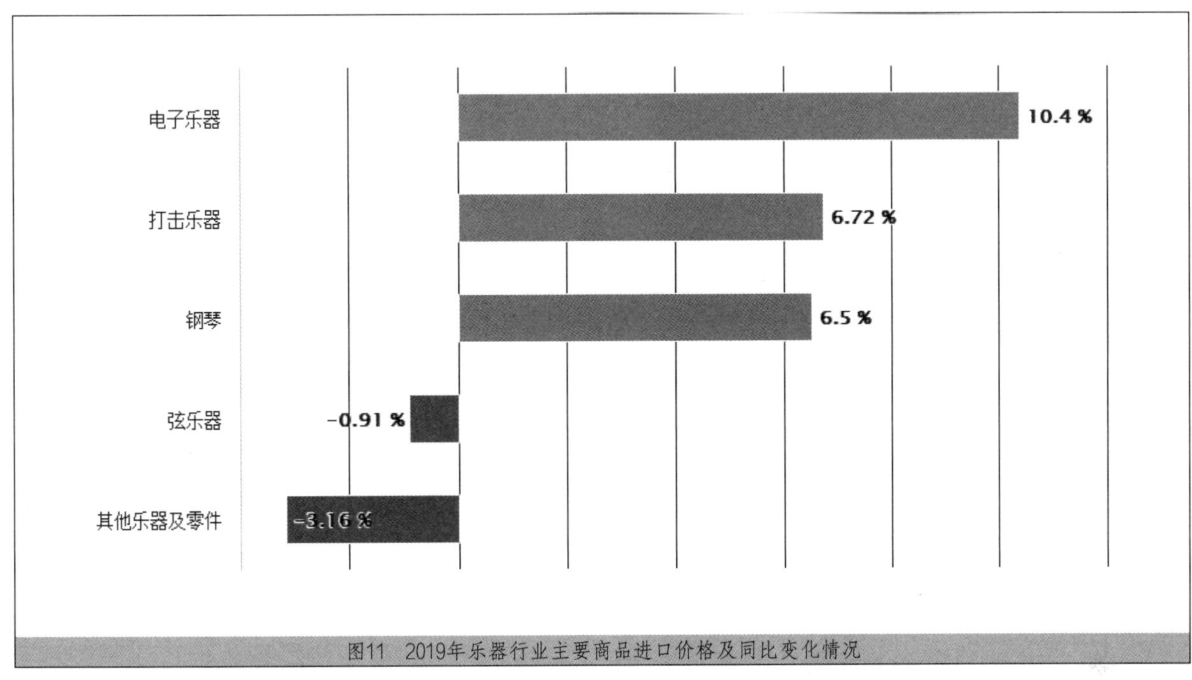

图11 2019年乐器行业主要商品进口价格及同比变化情况

3. 进出口价格差对比

2019年对外贸易中，除打击乐器乐器商品外，其他乐器商品的进口平均价格均高于出口平均价格。其中，电子乐器、钢琴、弦乐器的进口平均价格是出口平均价格的2倍以上。与去年同期相比，打击乐器商品的进出口价格差距有所缩小；打击乐器、电子乐器、钢琴、弦乐器等4种商品进出口价差扩大。尽快提高乐器产品附加值依旧是行业整体努力的方向（见表6）。

表6 2019年乐器行业主要商品进出口价格比值及变化情况

商品名称	进出口价格倍差	进出口价格倍差较去年同期变化
电子乐器	6.09	0.58
弦乐器	3.17	0.15
钢琴	2.29	1.01
其他乐器及零件	1.72	−0.02
打击乐器	0.81	0.07

（四）主要国际市场分析

1. 贸易国别格局概况

（1）出口情况

2019年，我国乐器行业商品主要出口到美国、德国、日本、英国、印度尼西亚、韩国、巴西、荷兰、法国、澳大利亚等国家。其中：向美国累计出口5.05亿美元，同比增长2.19%；向德国累计出口1.7亿美元，同比增长6.76%；向日本累计出口1.08亿美元，同比增长14.5%（见表7、图12、图13）。

（2）进口情况

2019年，我国乐器行业商品主要进口自日本、印度尼西亚、德国、韩国、美国、马来西亚、法国、墨西哥、中国大陆和中国台湾等国家地区。其中：从日本累计进口1.7亿美元，同比增长14.86%；自印度尼西亚累计进口1.39亿美元，同比增长7.14%；自德国累计进口6426.17万美元，同比降低6.54%（见表8、图14、图15）。

表7　2019年乐器行业向主要贸易国出口额及同比情况

国别	累计出口额（万美元）	占比（%）	同比（%）
全球合计	173914.12	100	6.71
美国	50513.25	29.04	2.19
德国	16971.33	9.76	6.76
日本	10839.1	6.23	14.5
英国	8786.06	5.05	11.13
印度尼西亚	6835.3	3.93	12.13
韩国	5904.98	3.4	22.2
巴西	5000.48	2.88	2.37
荷兰	4780.14	2.75	20.1
法国	4688.2	2.7	0.47
澳大利亚	3662.48	2.11	15.94
其他国家	55932.81	32.16	6.23

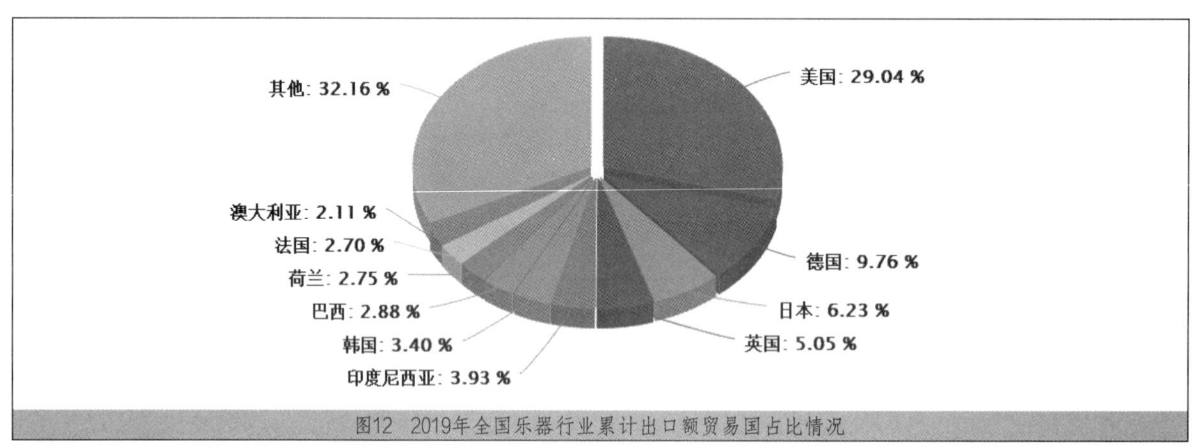

图12　2019年全国乐器行业累计出口额贸易国占比情况

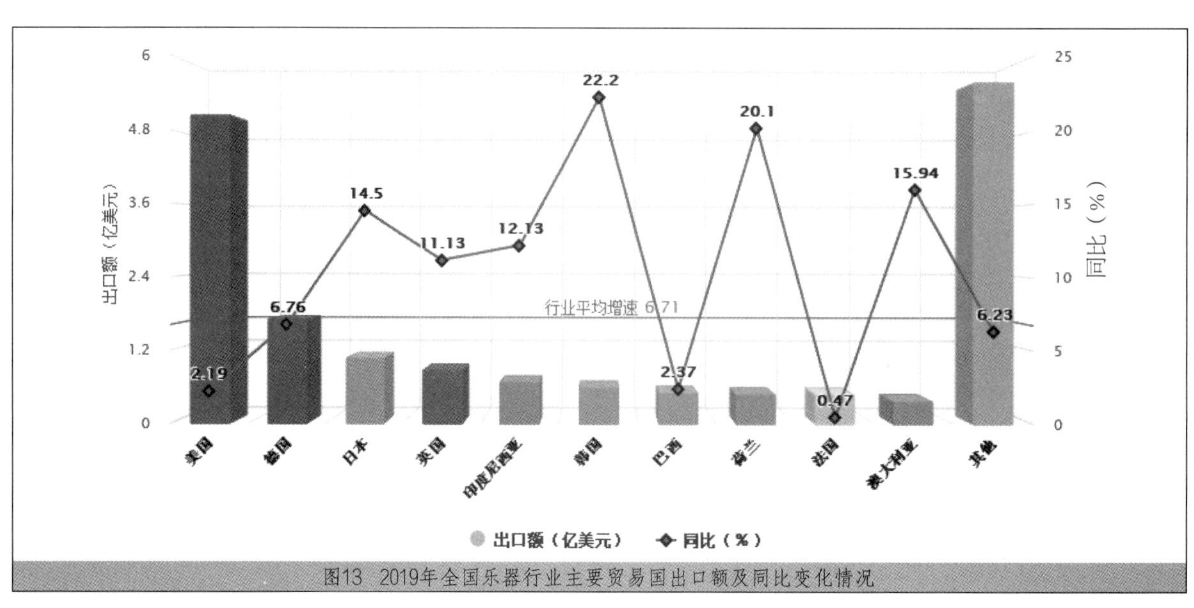

图13　2019年全国乐器行业主要贸易国出口额及同比变化情况

表8 2019年乐器行业自主要贸易国和地区进口额及同比情况

国别	累计进口额（万美元）	占比（%）	同比（%）
全球合计	52833.12	100	8.22
日本	17047.03	32.27	14.86
印度尼西亚	13899.08	26.31	7.14
德国	6426.17	12.16	−6.54
韩国	3508.4	6.64	6.79
美国	2557.35	4.84	−0.32
中国台湾	2293.46	4.34	7.56
马来西亚	1848.84	3.5	49.07
法国	997.4	1.89	43.43
墨西哥	699.95	1.32	16.37
中国大陆	658.99	1.25	−18.38
其他国家	2896.45	5.48	3.32

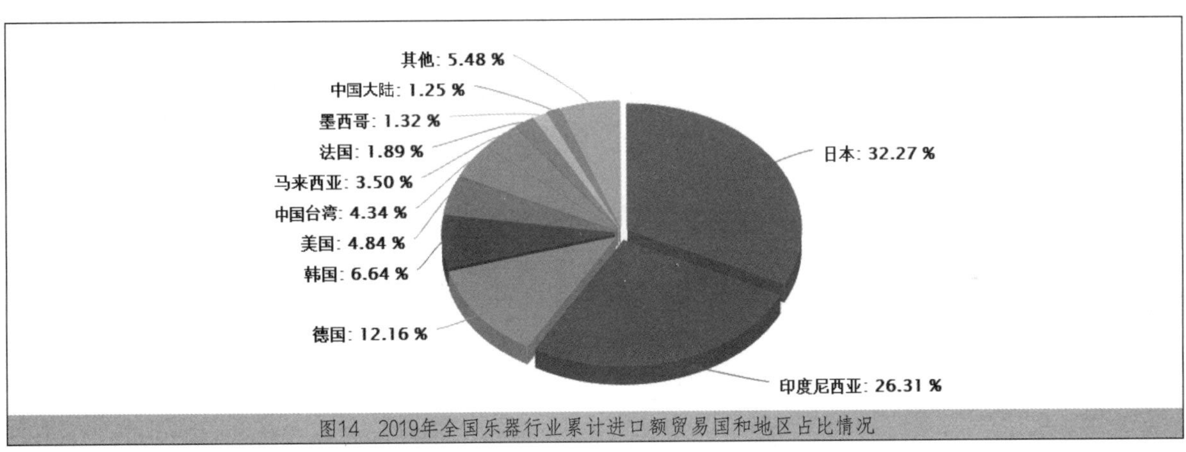

图14 2019年全国乐器行业累计进口额贸易国和地区占比情况

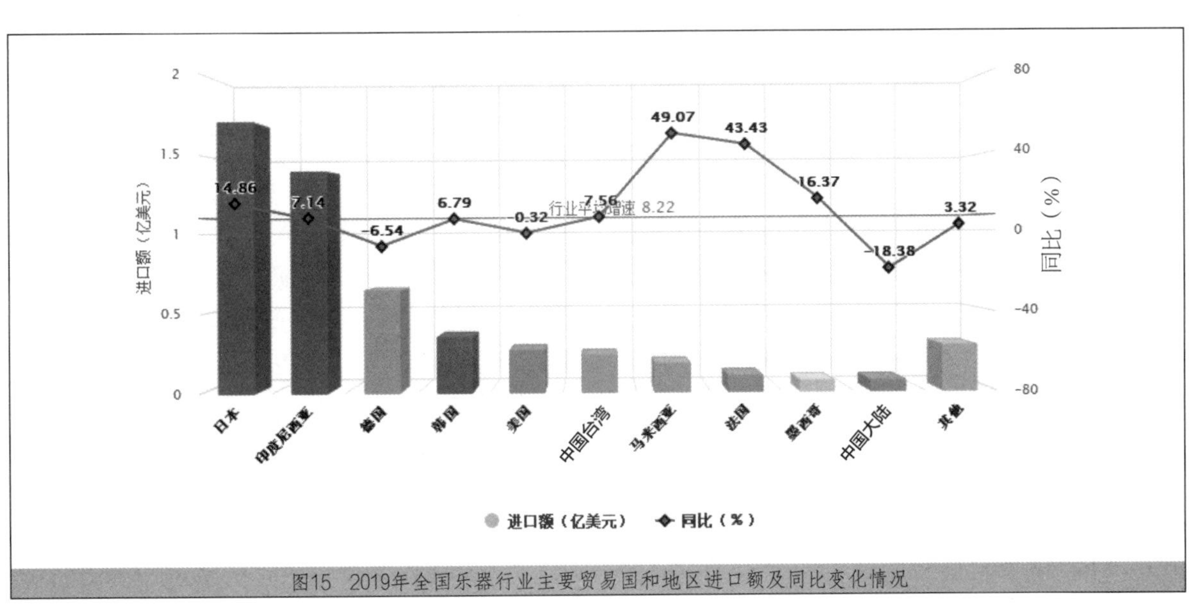

图15 2019年全国乐器行业主要贸易国和地区进口额及同比变化情况

2. 重点国别贸易分析

（1）与美国贸易情况

2019年，我国出口到美国的主要乐器产品为电子乐器（出口额1.84亿美元，占比36.4%）、其他乐器及零件（出口额1.41亿美元，占比27.99%）、弦乐器（出口额1.26亿美元，占比25.03%）、打击乐器（出口额4260.36万美元，占比8.43%）。其中，电子乐器、其他乐器及零件的出口额较去年同期有所提高，弦乐器、打击乐器、钢琴的出口额较去年同期均有不同程度下降（见表9）。

表9 2019年乐器行业各子行业出口美国的贸易额及同比情况

行业名称	出口额（万美元）	占比（%）	同比（%）
乐器行业合计	50513.25	100	2.19
电子乐器	18384.56	36.4	10.35
其他乐器及零件	14139.11	27.99	2.86
弦乐器	12641.21	25.03	−2.95
打击乐器	4260.36	8.43	−2.96
钢琴	1088.01	2.15	−32.25

2019年，我国自美国进口的主要乐器产品为其他乐器及零件（进口额1184.66万美元，占比46.32%）、电子乐器（进口额409.27万美元，占比16%）、弦乐器（进口额393.57万美元，占比15.39%）、打击乐器（进口额299.94万美元，占比11.73%）。其中，其他乐器及零件、电子乐器、弦乐器的进口额较去年同期有所提高，打击乐器、钢琴的进口额较去年同期均有不同程度下降（见表10）。

表10 2019年乐器行业各子行业自美国进口的贸易额及同比情况

行业名称	进口额（万美元）	占比（%）	同比（%）
乐器行业合计	2557.35	100	−0.32
其他乐器及零件	1184.66	46.32	1.54
电子乐器	409.27	16	9.32
弦乐器	393.57	15.39	14.97
打击乐器	299.94	11.73	−4.78
钢琴	269.91	10.55	−26.51

（2）与日本贸易情况

2019年，我国出口到日本的主要乐器产品为电子乐器（出口额5702.69万美元，占比52.61%）、其他乐器及零件（出口额3005.65万美元，占比27.73%）、弦乐器（出口额1622.31万美元，占比14.97%）、打击乐器（出口额381.2万美元，占比3.52%）。其中，电子乐器、其他乐器及零件、弦乐器、钢琴的出口额较去年同期有所提高，打击乐器的出口额较去年同期均有不同程度下降（见表11）。

2019年，我国自日本进口的主要乐器产品为钢琴（进口额1.22亿美元，占比71.74%）、其他乐器及零件（进口额4227.73万美元，占比24.8%）、电子乐器（进口额374.83万美元，占比2.2%）、打击乐器（进口额164.97万美元，占比0.97%）。其中，钢琴、其他乐器及零件、电子乐器、弦乐器的进口额较去年同期有所提高，打击乐器的进口额较去年同期均有不同程度下降（见表12）。

表11　2019年乐器行业各子行业出口日本的贸易额及同比情况

行业名称	出口额（万美元）	占比（%）	同比（%）
乐器行业合计	10839.1	100	14.5
电子乐器	5702.69	52.61	20.72
其他乐器及零件	3005.65	27.73	3.25
弦乐器	1622.31	14.97	27.89
打击乐器	381.2	3.52	−15.24
钢琴	127.25	1.17	12.13

表12　2019年乐器行业各子行业自日本进口的贸易额及同比情况

行业名称	进口额（万美元）	占比（%）	同比（%）
乐器行业合计	17047.03	100	14.86
钢琴	12229.21	71.74	17.6
其他乐器及零件	4227.73	24.8	10.28
电子乐器	374.83	2.2	10.26
打击乐器	164.97	0.97	−26.92
弦乐器	50.28	0.29	19.44

（3）与德国贸易情况

2019年，我国出口到德国的主要乐器产品为电子乐器（出口额8031.41万美元，占比47.32%）、其他乐器及零件（出口额4133.36万美元，占比24.35%）、弦乐器（出口额3190.98万美元，占比18.8%）、打击乐器（出口额1242.85万美元，占比7.32%）。其中，电子乐器、弦乐器、打击乐器的出口额较去年同期有所提高，其他乐器及零件、钢琴的出口额较去年同期均有不同程度下降（见表13）。

表13　2019年乐器行业各子行业出口德国的贸易额及同比情况

行业名称	出口额（万美元）	占比（%）	同比（%）
乐器行业合计	16971.33	100	6.76
电子乐器	8031.41	47.32	12.93
其他乐器及零件	4133.36	24.35	−0.62
弦乐器	3190.98	18.8	4.75
打击乐器	1242.85	7.32	15.81
钢琴	372.72	2.2	−26.47

2019年，我国自德国进口的主要乐器产品为钢琴（进口额4432.18万美元，占比68.97%）、其他乐器及零件（进口额1623.3万美元，占比25.26%）、打击乐器（进口额318.06万美元，占比4.95%）、弦乐器（进口额47.88万美元，占比0.75%）。其中，钢琴的进口额较去年同期有所提高，其他乐器及零件、打击乐器、弦乐器、电子乐器的进口额较去年同期均有不同程度下降（见表14）。

表14　2019年乐器行业各子行业自德国进口的贸易额及同比情况

行业名称	进口额（万美元）	占比（%）	同比（%）
乐器行业合计	6426.17	100	−6.54
钢琴	4432.18	68.97	3.26
其他乐器及零件	1623.3	25.26	−22.13
打击乐器	318.06	4.95	−20.29
弦乐器	47.88	0.75	−45.78
电子乐器	4.75	0.07	−57.95

3. 经济组织贸易分析

（1）与欧盟贸易情况

2019年，我国出口到欧盟的主要乐器产品为电子乐器、其他乐器及零件、弦乐器、打击乐器，分别实现出口额1.86亿美元（占比41.24%）、1.17亿美元（占比25.96%）、1.04亿美元（占比22.98%）、3068.54万美元（占比6.79%）。其中，电子乐器、其他乐器及零件、弦乐器、打击乐器的出口额较去年同期有所提高，钢琴的出口额较去年同期均有不同程度下降（见表15）。

表15　2019年乐器行业各子行业出口欧盟的贸易额及同比情况

行业名称	出口额（万美元）	占比（%）	同比（%）
乐器行业合计	45199.54	100	10.55
电子乐器	18641.34	41.24	20.28
其他乐器及零件	11734.83	25.96	3.59
弦乐器	10386.04	22.98	8.54
打击乐器	3068.54	6.79	3.26
钢琴	1368.79	3.03	−9.92

2019年，我国自欧盟进口的主要乐器产品为钢琴、其他乐器及零件、打击乐器、弦乐器，分别实现进口额5450.29万美元（占比56.78%）、3202.79万美元（占比33.37%）、561.4万美元（占比5.85%）、231.27万美元（占比2.41%）。其中，钢琴、电子乐器的进口额较去年同期有所提高，其他乐器及零件、打击乐器、弦乐器的进口额较去年同期均有不同程度下降（见表16）。

表16　2019年乐器行业各子行业自欧盟进口的贸易额及同比情况

行业名称	进口额（万美元）	占比（%）	同比（%）
乐器行业合计	9598.5	100	0.09
钢琴	5450.29	56.78	5.93
其他乐器及零件	3202.79	33.37	−2.6
打击乐器	561.4	5.85	−13.39
弦乐器	231.27	2.41	−39.82
电子乐器	152.76	1.59	22.65

（2）与东盟贸易情况

2019年，我国出口到东盟的主要乐器产品为其他乐器及零件、电子乐器、弦乐器、打击乐器，分别实现出口额7906.48万美元（占比41.17%）、5189.28万美元（占比27.02%）、4484.51万美元（占比23.35%）、938.17万美元（占比4.89%）。其中，其他乐器及零件、电子乐器、弦乐器、钢琴的出口额较去年同期有所提高，打击乐器的出口额较去年同期均有不同程度下降（见表17）。

表17　2019年乐器行业各子行业出口东盟的贸易额及同比情况

行业名称	出口额（万美元）	占比（%）	同比（%）
乐器行业合计	19204.37	100	24.48
其他乐器及零件	7906.48	41.17	12.62
电子乐器	5189.28	27.02	61.07
弦乐器	4484.51	23.35	21.38
打击乐器	938.17	4.89	−4.94
钢琴	685.94	3.57	36.08

2019年，我国自东盟进口的主要乐器产品为电子乐器、钢琴、其他乐器及零件、弦乐器，分别实现进口额6266.6万美元（占比39.13%）、6074.79万美元（占比37.93%）、2317.66万美元（占比14.47%）、888.06万美元（占比5.54%）。其中，电子乐器、钢琴、其他乐器及零件的进口额较去年同期有所提高，弦乐器、打击乐器的进口额较去年同期均有不同程度下降（见表18）。

表18　2019年乐器行业各子行业自东盟进口的贸易额及同比情况

行业名称	进口额（万美元）	占比（%）	同比（%）
乐器行业合计	16016.5	100	10.35
电子乐器	6266.6	39.13	14.52
钢琴	6074.79	37.93	18.51
其他乐器及零件	2317.66	14.47	4.35
弦乐器	888.06	5.54	−12.12
打击乐器	469.39	2.93	−31.41

（3）与“一带一路”国家贸易情况

2019年，我国出口到“一带一路”国家的主要乐器产品为其他乐器及零件、电子乐器、弦乐器、打击乐器，分别实现出口额1.21亿美元（占比34.43%）、1.07亿美元（占比30.65%）、9222.87万美元（占比26.35%）、1595.76万美元（占比4.56%）。其中，其他乐器及零件、电子乐器、弦乐器、钢琴的出口额较去年同期有所提高，打击乐器的出口额较去年同期均有不同程度下降（见表19）。

2019年，我国自“一带一路”国家进口的主要乐器产品为钢琴、电子乐器、其他乐器及零件、弦乐器，分别实现进口额6857.52万美元（占比40.34%）、6267.76万美元（占比36.87%）、2421.37万美元（占比14.24%）、916.72万美元（占比5.39%）。其中，钢琴、电子乐器、其他乐器及零件的进口额较去年同期有所提高，弦乐器、打击乐器的进口额较去年同期均有不同程度下降（见表20）。

表19　2019年乐器行业各子行业出口“一带一路”国家的贸易额及同比情况

行业名称	出口额（万美元）	占比（%）	同比（%）
乐器行业合计	34995.87	100	17.88
其他乐器及零件	12050.68	34.43	8.09
电子乐器	10726.58	30.65	39.91
弦乐器	9222.87	26.35	16.7
打击乐器	1595.76	4.56	−5.79
钢琴	1399.97	4	9.64

表20　2019年乐器行业各子行业自“一带一路”国家进口的贸易额及同比情况

行业名称	进口额（万美元）	占比（%）	同比（%）
乐器行业合计	16999.52	100	10.74
钢琴	6857.52	40.34	18.88
电子乐器	6267.76	36.87	14.5
其他乐器及零件	2421.37	14.24	3.6
弦乐器	916.72	5.39	−10.31
打击乐器	536.15	3.15	−28.4

4．中美出口贸易指数

为直观反映中美经贸摩擦对轻工行业出口贸易的影响，中国轻工业信息中心编制轻工行业中美出口贸易指数。轻工行业中美出口贸易指数以轻工业季度累计对美出口额为基础数据，指数以100为临界值，高于100表示贸易额高于中美经贸摩擦发生前（2017年）同期水平，低于100表示贸易额低于中美贸易摩擦发生前同期水平。

2017年，乐器行业对美累计出口额为4.78亿美元，2018年为4.94亿美元，2019年为5.05亿美元。从指数走势看：2019年乐器行业中美出口贸易指数为105.59，较1-9月下降2.91点，在100临界值以上运行，比轻工全行业中美出口贸易指数高5.57点（见图16）。

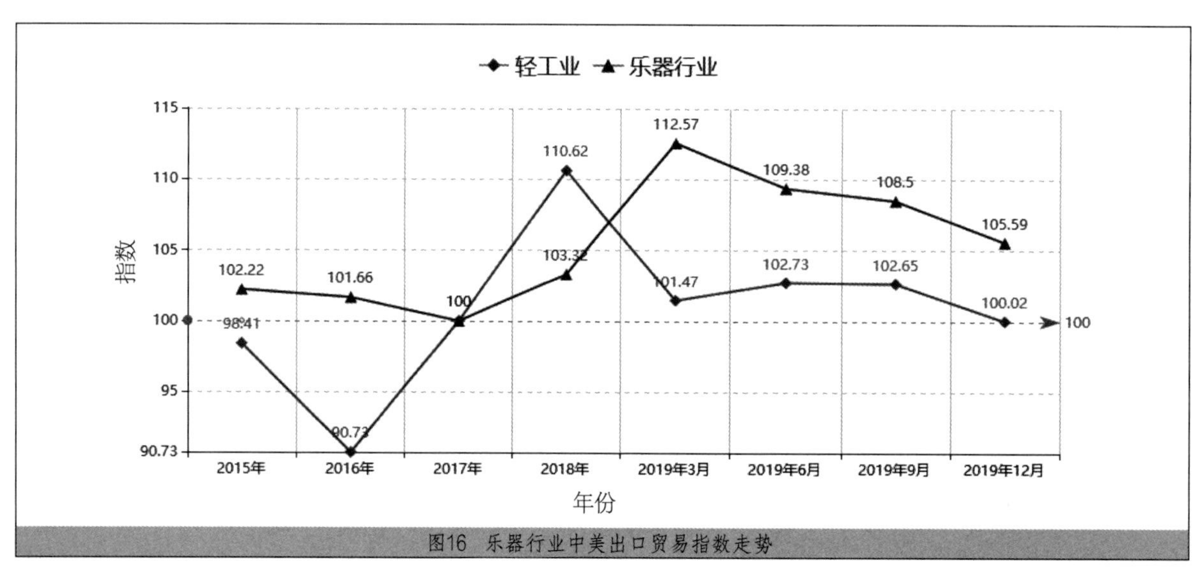

图16　乐器行业中美出口贸易指数走势

（五）外贸优势地区分析

1．外贸地区格局概况

（1）主要出口区域格局

2019年，全国乐器商品出口主要集中在广东、天津、浙江、江苏、上海、山东、河北、福建、北京、辽宁等地区。其中：广东出口6.71亿美元（占38.57%），同比增长8.53%、天津出口2.51亿美元（占14.42%），同比降低4.49%、浙江出口2.03亿美元（占11.65%），同比增长17.11%、江苏出口1.98亿美元（占11.4%），同比增长7.65%、上海出口8965.35万美元（占5.16%），同比降低8.67%（见表21）。

表21　2019年乐器行业出口地区分布情况

地区	累计出口额（万美元）	占比（%）	同比（%）
全国合计	173914.12	100	6.71
广东	67074.13	38.57	8.53
天津	25074.07	14.42	−4.49
浙江	20255.92	11.65	17.11
江苏	19822.71	11.4	7.65
上海	8965.35	5.16	−8.67
山东	7114	4.09	11.93
河北	6584.66	3.79	15.32
福建	5039.88	2.9	1.69
北京	4051.08	2.33	−8.56
辽宁	3315.41	1.91	−0.84
其他地区	6616.91	3.8	44.08

（2）主要进口区域格局

2019年，全国乐器商品进口主要集中在上海、浙江、广东、北京、天津、江苏、湖北、山东、福建、河北等省（市）。其中：上海进口3.02亿美元（占57.19%），同比增长17.18%、浙江进口4802.49万美元（占9.09%），同比增长6.16%、广东进口4732.67万美元（占8.96%），同比降低11.92%、北京进口2954.51万美元（占5.59%），同比降低4.44%、天津进口2257.34万美元（占4.27%），同比降低0.25%（见表22）。

表22　2019年乐器行业进口地区分布情况

省（市）	累计进口额（万美元）	占比（%）	同比（%）
全国合计	52833.12	100	8.22
上海	30214.81	57.19	17.18
浙江	4802.49	9.09	6.16
广东	4732.67	8.96	−11.92
北京	2954.51	5.59	−4.44
天津	2257.34	4.27	−0.25
江苏	2251.84	4.26	25.94
湖北	1556.41	2.95	−20.66

续表

省（市）	累计进口额（万美元）	占比（%）	同比（%）
山东	1537.31	2.91	11.33
福建	930.35	1.76	32.32
河北	642.52	1.22	−15.57
其他地区	952.87	1.8	−19.9

2. 优势地区外贸分析

（1）广东行业贸易情况

①出口情况：2019年，广东乐器行业累计出口6.71亿美元，同比增长8.53%。主要出口产品为电子乐器、弦乐器、其他乐器及零件、打击乐器、钢琴，其出口额分别为3.34亿美元、1.76亿美元、1.21亿美元、2174.31万美元、1733.05万美元（见表23）。

表23　2019年广东乐器行业商品出口结构

行业名称	出口额（万美元）	占比（%）	同比（%）
乐器行业合计	67074.13	100	8.53
电子乐器	33449.92	49.87	16.34
弦乐器	17587	26.22	3.3
其他乐器及零件	12129.86	18.08	3.22
打击乐器	2174.31	3.24	−5.58
钢琴	1733.05	2.58	−12.12

从出口国看，2019年，广东乐器行业商品主要出口到美国、德国、日本、英国、新加坡、马来西亚、巴西、印度、荷兰等国家和中国香港地区，其中，向美国出口1.63亿美元（占24.36%），同比降低4.69%；向德国出口7349.54万美元（占10.96%），同比增长11.43%；向日本出口4991万美元（占7.44%），同比增长27.72%。

②进口情况：2019年，广东乐器行业累计进口4732.67万美元，同比降低11.92%。主要进口产品为其他乐器及零件、钢琴、电子乐器、打击乐器、弦乐器，其进口额分别为1996.33万美元、1288.66万美元、861.73万美元、414.69万美元、171.26万美元（见表24）。

表24　2019年广东乐器行业商品进口结构

行业名称	进口额（万美元）	占比（%）	同比（%）
乐器行业合计	4732.67	100	−11.92
其他乐器及零件	1996.33	42.18	−18.88
钢琴	1288.66	27.23	−15.06
电子乐器	861.73	18.21	24.74
打击乐器	414.69	8.76	−17.75
弦乐器	171.26	3.62	−14.52

从进口国看，2019年，广东乐器行业商品主要进口自德国、日本、印度尼西亚、韩国、中国大陆、墨西哥、美国、波兰、马来西亚等国家和中国台湾地区，其中，自德国进口1207.3万美元（占25.51%），同比增长0.35%；自日本进口544.77万美元（占11.51%），同比降低17.3%；自印度尼西亚进口512.85万美元（占10.84%），同比降低30.75%。

（2）上海行业贸易情况

①出口情况：2019年，上海乐器行业累计出口8965.35万美元，同比降低8.67%。主要出口产品为其他乐器及零件、电子乐器、钢琴、弦乐器、打击乐器，其出口额分别为4531.06万美元、1628.79万美元、1002.93万美元、912.26万美元、890.31万美元（见表25）。

表25　2019年上海乐器行业商品出口结构

行业名称	出口额（万美元）	占比（%）	同比（%）
乐器行业合计	8965.35	100	−8.67
其他乐器及零件	4531.06	50.54	−0.58
电子乐器	1628.79	18.17	−24.01
钢琴	1002.93	11.19	−20.76
弦乐器	912.26	10.18	−7.77
打击乐器	890.31	9.93	3.37

从出口国看，2019年，上海乐器行业商品主要出口到美国、德国、日本、新加坡、加拿大、澳大利亚、法国、英国等国家和中国台湾、中国香港地区，其中，向美国出口3234.89万美元（占36.08%），同比降低7.34%；向德国出口1008.42万美元（占11.25%），同比降低5.67%；向日本出口497.39万美元（占5.55%），同比降低17.96%。

②进口情况：2019年，上海乐器行业累计进口3.02亿美元，同比增长17.18%。主要进口产品为钢琴、电子乐器、其他乐器及零件、弦乐器、打击乐器，其进口额分别为1.98亿美元、6287.61万美元、2446.28万美元、1290.73万美元、364.65万美元（见表26）。

表26　2019年上海乐器行业商品进口结构

行业名称	进口额（万美元）	占比（%）	同比（%）
乐器行业合计	30214.81	100	17.18
钢琴	19825.53	65.62	18.68
电子乐器	6287.61	20.81	16.71
其他乐器及零件	2446.28	8.1	29.47
弦乐器	1290.73	4.27	−11.56
打击乐器	364.65	1.21	6.2

从进口国看，2019年，上海乐器行业商品主要进口自印度尼西亚、日本、德国、马来西亚、韩国、美国、墨西哥、中国大陆、意大利等国家和中国台湾地区，其中，自印度尼西亚进口1.19亿美元（占39.39%），同比增长13.11%；自日本进口1.01亿美元（占33.36%），同比增长24.27%；自德国进口3904.95万美元（占12.92%），同比增长10.77%。

（3）天津行业贸易情况

①出口情况：2019年，天津乐器行业累计出口2.51亿美元，同比降低4.49%。主要出口产品为电子

乐器、其他乐器及零件、打击乐器、弦乐器、钢琴，其出口额分别为9149.33万美元、9074.68万美元、5413.03万美元、1225.25万美元、211.77万美元（见表27）。

表27　2019年天津乐器行业商品出口结构

行业名称	出口额（万美元）	占比（%）	同比（%）
乐器行业合计	25074.07	100	−4.49
电子乐器	9149.33	36.49	10.41
其他乐器及零件	9074.68	36.19	−10.79
打击乐器	5413.03	21.59	−9.5
弦乐器	1225.25	4.89	−17.89
钢琴	211.77	0.84	−34.07

从出口国看，2019年，天津乐器行业商品主要出口到美国、德国、法国、英国、日本、韩国、巴西、墨西哥、加拿大、尼日利亚等国家和地区，其中，向美国出口7942.16万美元（占31.67%），同比降低0.94%；向德国出口2965.88万美元（占11.83%），同比增长3.84%；向法国出口1404.66万美元（占5.6%），同比增长6.28%。

②进口情况：2019年，天津乐器行业累计进口2257.34万美元，同比降低0.25%。主要进口产品为其他乐器及零件、钢琴、打击乐器、电子乐器、弦乐器，其进口额分别为1400.37万美元、305.85万美元、295.43万美元、241.01万美元、14.68万美元（见表28）。

表28　2019年天津乐器行业商品进口结构

行业名称	进口额（万美元）	占比（%）	同比（%）
乐器行业合计	2257.34	100	−0.25
其他乐器及零件	1400.37	62.04	−3.49
钢琴	305.85	13.55	1.59
打击乐器	295.43	13.09	−26.56
电子乐器	241.01	10.68	144.01
弦乐器	14.68	0.65	47.65

从进口国看，2019年，天津乐器行业商品主要进口自美国、日本、法国、德国、泰国、意大利、韩国、丹麦、加拿大等国家和中国台湾地区，其中，自中国台湾进口757.86万美元（占33.57%），同比增长23.8%；自美国进口408.99万美元（占18.12%），同比降低30.35%；自日本进口341.23万美元（占15.12%），同比增长14.27%。

（六）贸易方式结构分析

1. 出口贸易方式结构

2019年，我国乐器行业商品出口贸易方式以一般贸易、进料加工贸易为主。其中，一般贸易出口10.15亿美元（占58.39%），同比增长10.26%；进料加工贸易出口4.87亿美元（占28%），同比增长1.81%（见表29、图17）。

表29 2019年乐器行业出口贸易方式结构

贸易方式	累计出口额（万美元）	占比（%）	同比（%）
贸易方式合计	173914.12	100	6.71
一般贸易	101547.53	58.39	10.26
进料加工贸易	48698.88	28	1.81
保税区仓储转口货物	10064.01	5.79	−13.4
其他	7875.87	4.53	−3.36
保税仓库进出境货物	4391.94	2.53	94.61
边境小额贸易	945.34	0.54	83.43
来料加工装配贸易	378.51	0.22	−18.09
出料加工贸易	11.54	0.01	323.33
国家间、国际组织无偿援助和赠送的物资	0.34	0	−98.83
对外承包工程出口货物	0.15	0	−56.67

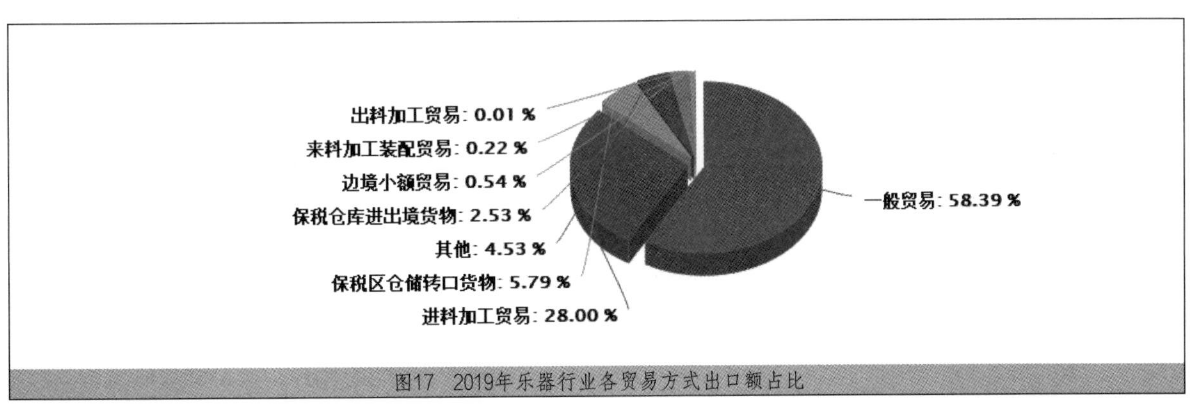

图17 2019年乐器行业各贸易方式出口额占比

2. 进口贸易方式结构

2019年，我国乐器行业商品进口贸易方式以一般贸易、保税区仓储转口货物为主。其中，一般贸易进口4.04亿美元（占76.4%），同比增长9.8%；保税区仓储转口货物进口7208.61万美元（占13.64%），同比增长5.62%（见表30、图18）。

表30 2019年乐器行业进口贸易方式结构

贸易方式	累计进口额（万美元）	占比（%）	同比（%）
贸易方式合计	52833.12	100	8.22
一般贸易	40363.86	76.4	9.8
保税区仓储转口货物	7208.61	13.64	5.62
进料加工贸易	4047.92	7.66	−13.21
保税仓库进出境货物	897.02	1.7	223.31

续表

贸易方式	累计进口额（万美元）	占比（%）	同比（%）
来料加工装配贸易	186.46	0.35	3.08
其他	96.36	0.18	30.54
出料加工贸易	18.53	0.04	28.57
边境小额贸易	14.29	0.03	-37.45
出口加工区进口设备	0.07	0	0

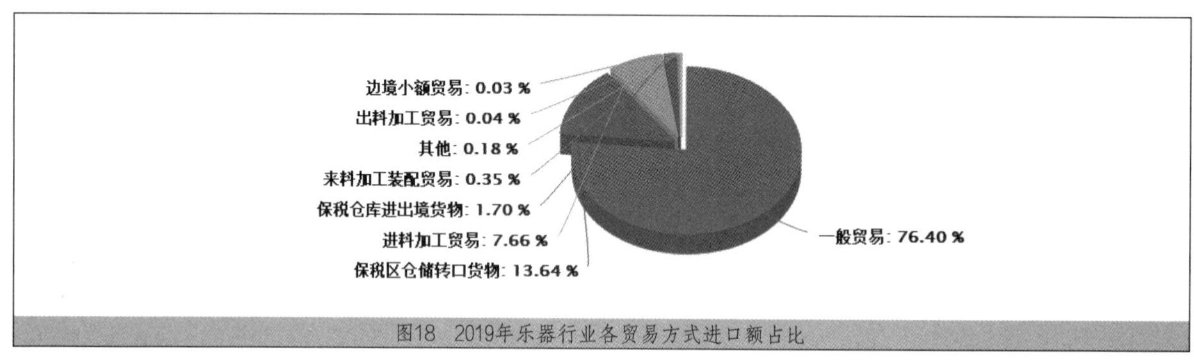

图18　2019年乐器行业各贸易方式进口额占比

（七）钢琴行业进出口分析

（1）出口情况

2019年，全国钢琴行业累计完成出口额4970.24万美元，同比降低12.72%，较去年同期下降39.45个百分点。其中：1月份出口489.91万美元，同比增长6.81%；2月份出口300.12万美元，同比降低25.55%；3月份出口0美元，同比降低100%；4月份出口387.35万美元，同比降低44.24%；5月份出口452.57万美元，同比降低4.67%；6月份出口353.25万美元，同比降低47.48%；7月份出口442.82万美元，同比降低18.41%；8月份出口433.54万美元，同比降低12.95%；9月份出口399.94万美元，同比降低8.73%；10月份出口361.67万美元，同比降低31.02%；11月份出口457.92万美元，同比降低3.22%；12月份出口535.22万美元，同比增长10.11%（见图19）。

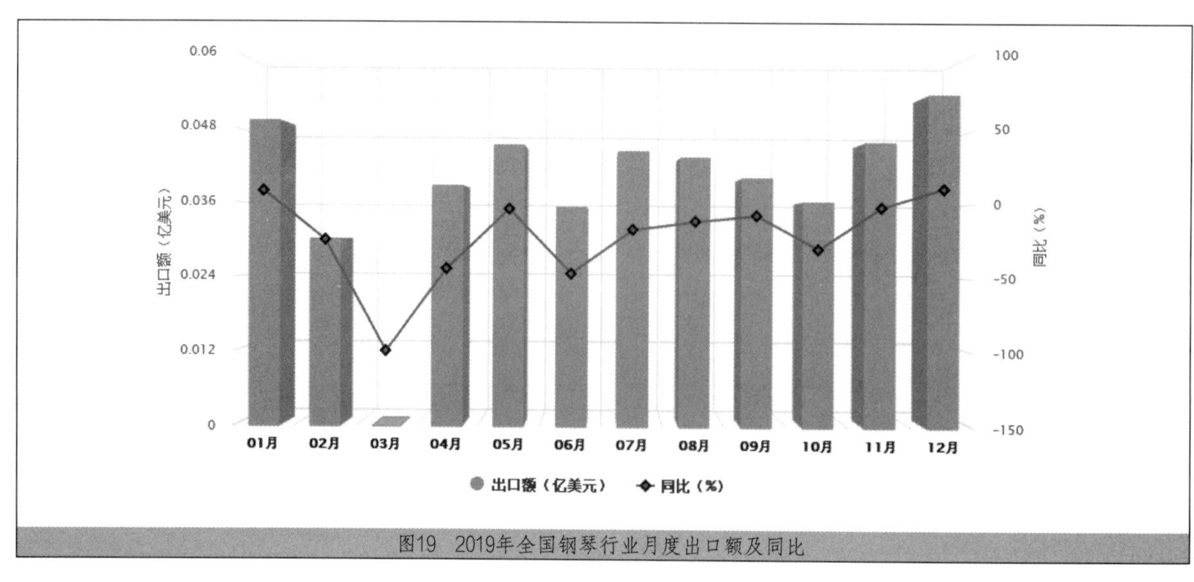

图19　2019年全国钢琴行业月度出口额及同比

2019年，全国钢琴行业商品出口主要集中在广东、上海、浙江、湖北、山东、辽宁、天津、江苏、福建、北京等省（市）。其中：广东出口1733.05万美元，同比降低12.12%；上海出口1002.93万美元，同比降低20.76%；浙江出口967.88万美元，同比降低7.32%；湖北出口486.51万美元，同比降低3.38%；山东出口225.66万美元，同比降低11.65%；辽宁出口221.15万美元，同比增长36.67%；天津出口211.77万美元，同比降低34.07%；江苏出口54.08万美元，同比降低33.32%；福建出口40.04万美元，同比增长147.04%；北京出口14.07万美元，同比降低69.18%（见图20、图21）。

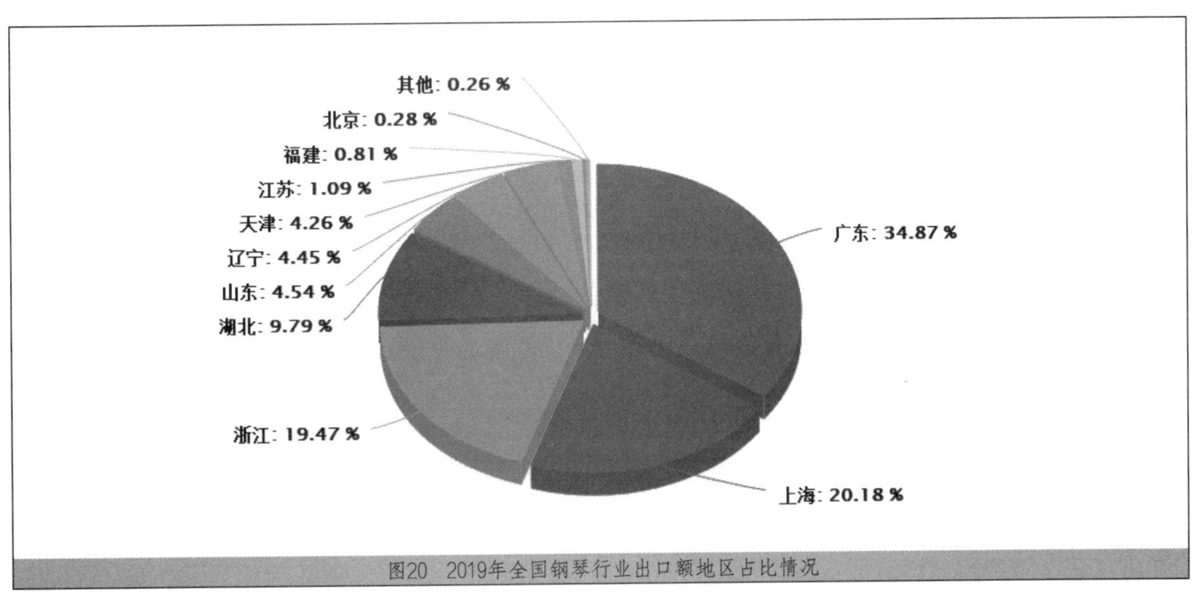

图20 2019年全国钢琴行业出口额地区占比情况

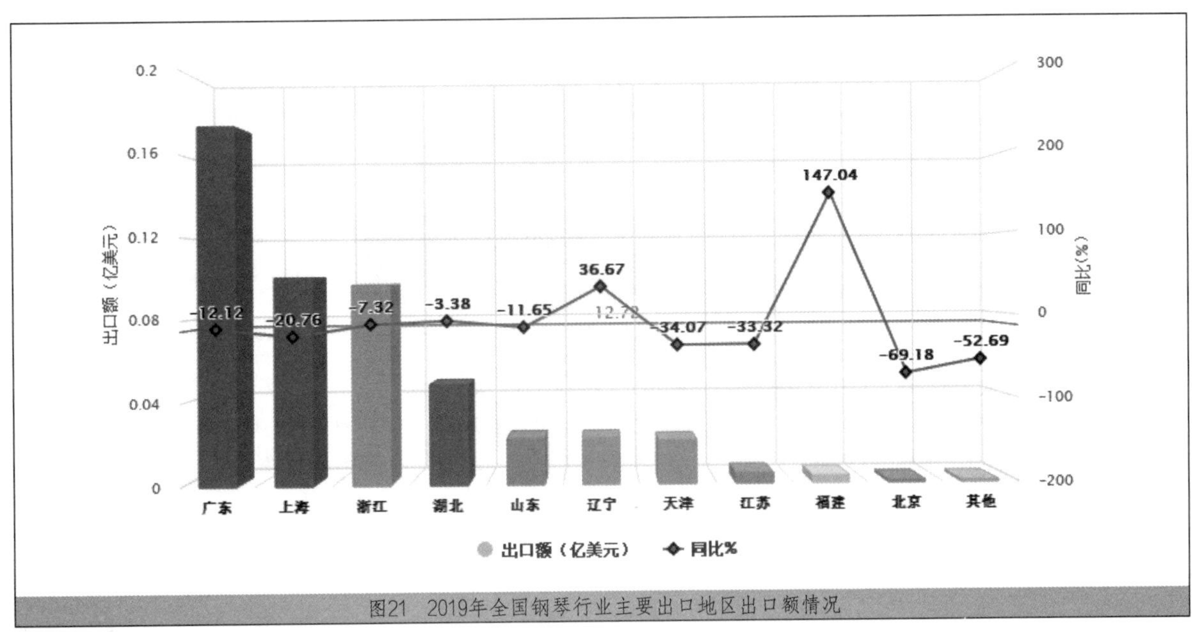

图21 2019年全国钢琴行业主要出口地区出口额情况

2019年，全国钢琴行业商品出口主要集中在美国、德国、新加坡、澳大利亚、韩国、朝鲜、荷兰、捷克等国家和中国香港、中国台湾地区。其中：向美国出口1088.01万美元，同比降低32.25%；向德国出口372.72万美元，同比降低26.47%；向新加坡出口365.1万美元，同比增长92.16%；向澳大利亚出口307.29万美元，同比降低1.38%；向韩国出口209.95万美元，同比降低7.84%；向朝鲜出口196.64万美元，同比增长48.27%；向荷兰出口192.88万美元，同比降低3.32%；向捷克出口173.16万美元，同比降低7.94%；向中国香港出口167.08万美元，同比降低60.68%；向中国台湾出口135.1万美元， 同比增长70.9%（见表31、图22）。

表31 2019年钢琴行业向主要贸易国和地区出口额及同比情况

国家和地区	累计出口额（万美元）	占比（%）	同比（%）
全球合计	4970.24	100	−12.72
美国	1088.01	21.89	−32.25
德国	372.72	7.5	−26.47
新加坡	365.1	7.35	92.16
澳大利亚	307.29	6.18	−1.38
韩国	209.95	4.22	−7.84
朝鲜	196.64	3.96	48.27
荷兰	192.88	3.88	−3.32
捷克	173.16	3.48	−7.94
中国香港	167.08	3.36	−60.68
中国台湾	135.1	2.72	70.9
其他地区	1762.31	35.46	−3.61

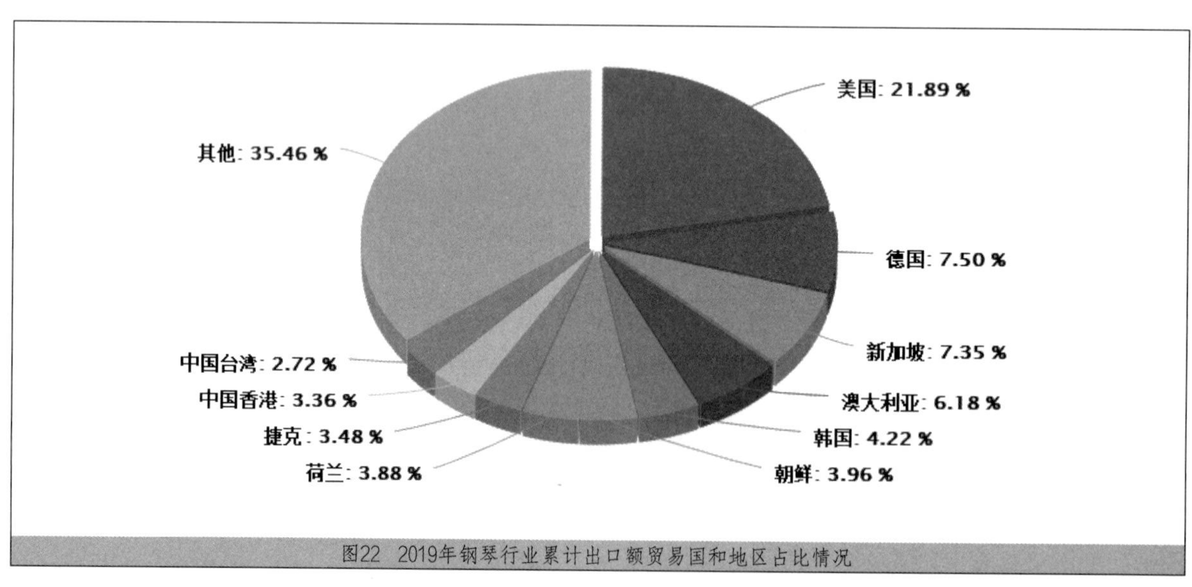

图22 2019年钢琴行业累计出口额贸易国和地区占比情况

2019年， 从全国钢琴行业出口贸易方式分布看：一般贸易出口3675.51万美元，同比降低5.69%；保税区仓储转口货物出口779.02万美元， 同比降低16.42%；进料加工贸易出口322.63万美元，同比降低54.26%；来料加工装配贸易出口67.26万美元， 同比降低38.83%；其他贸易出口66.19万美元， 同比增长62.5%；保税仓库进出境货物出口50.48万美元，同比增长737%；边境小额贸易出口8.8万美元，同比增长173.25%；国家间、国际组织无偿援助和赠送的物资出口3385美元，同比增长24.86%（见表32、图23）。

表32　2019年钢琴行业出口贸易方式结构

贸易方式	累计出口额（万美元）	占比（%）	同比（%）
贸易方式合计	4970.24	100	−12.72
一般贸易	3675.51	73.95	−5.69
保税区仓储转口货物	779.02	15.67	−16.42
进料加工贸易	322.63	6.49	−54.26
来料加工装配贸易	67.26	1.35	−38.83
其他贸易	66.19	1.33	62.5
保税仓库进出境货物	50.48	1.02	737
边境小额贸易	8.8	0.18	173.25
国家间、国际组织无偿援助和赠送的物资	0.34	0.01	24.86

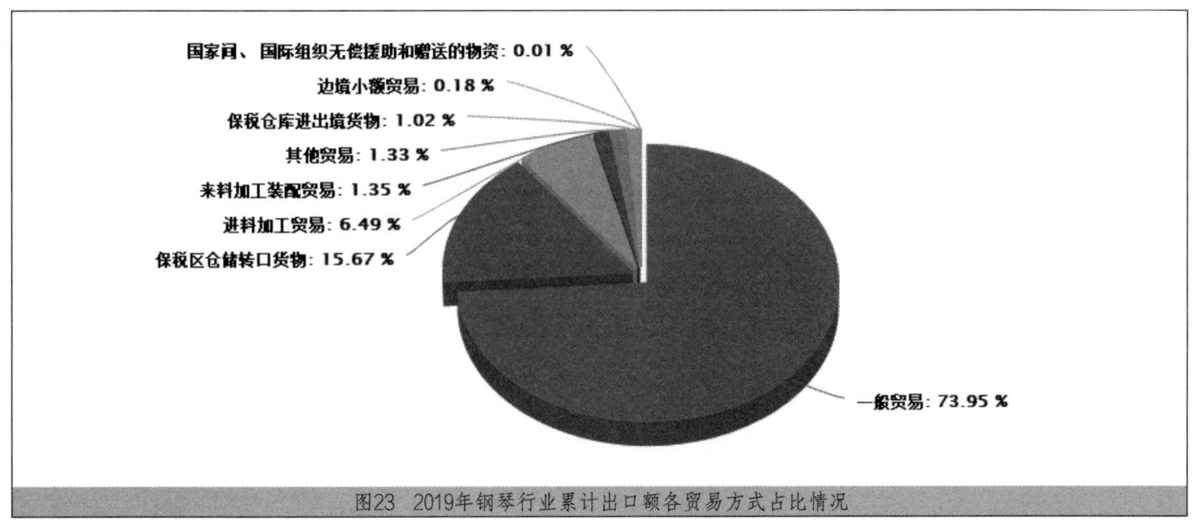

图23　2019年钢琴行业累计出口额各贸易方式占比情况

（2）进口情况

2019年，全国钢琴行业累计完成进口额2.69亿美元，同比增长13.88%，较去年同期下降6.41个百分点。其中：1月份进口2114.6万美元，同比增长50.84%；2月份进口1751.99万美元，同比增长47.02%；3月份进口0美元，同比降低100%；4月份进口2399.28万美元，同比增长22.64%；5月份进口1955.09万美元，同比降低15.58%；6月份进口2412.65万美元，同比增长13.66%；7月份进口2598.84万美元，同比增长31.95%；8月份进口2021.75万美元，同比降低13.02%；9月份进口2276.78万美元，同比降低2.21%；10月份进口2457.34万美元，同比增长41.65%；11月份进口2400.77万美元，同比降低10.46%；12月份进口2482.27万美元，同比增长27.91%（见图24）。

2019年，全国钢琴行业商品进口主要集中在上海、江苏、广东、湖北、北京、山东、浙江、天津、辽宁、福建等省（市）。其中：上海进口1.98亿美元，同比增长18.68%；江苏进口1692.54万美元，同比增长56.34%；广东进口1288.66万美元，同比降低15.06%；湖北进口882.44万美元，同比降低32.31%；北京进口779.05万美元，同比降低27.08%；山东进口733.81万美元，同比增长35.35%；浙江进口634.64万美元，同比增长43.57%；天津进口305.85万美元，同比增长1.59%；辽宁进口246.41万美元，同比降低7.12%；福建进口173.22万美元，同比增长0.3%（见表33、图25）。

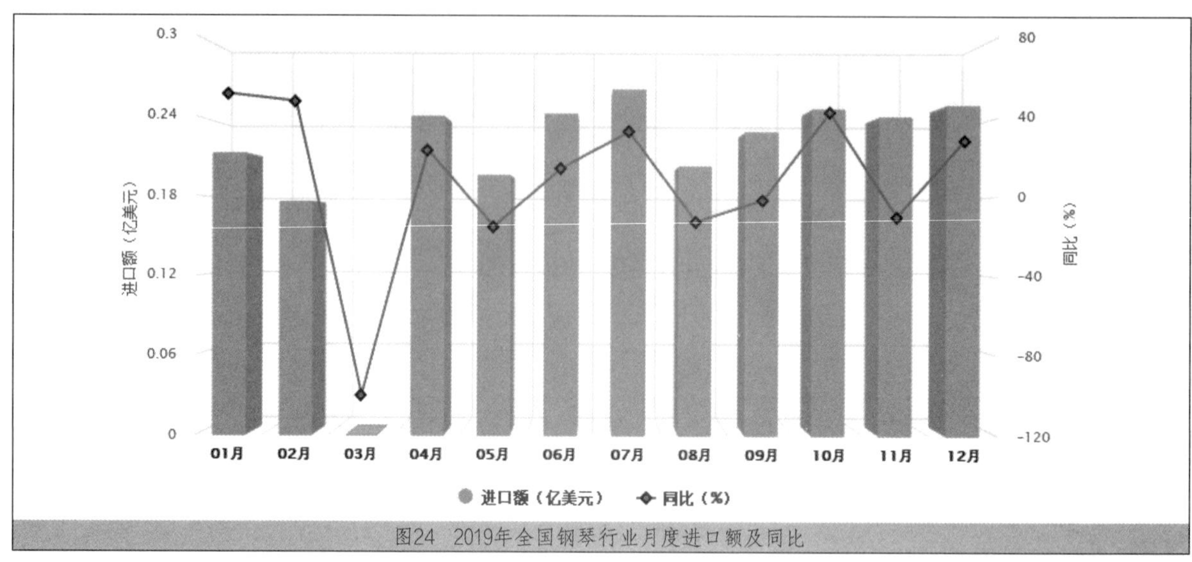

图24 2019年全国钢琴行业月度进口额及同比

表33 2019年钢琴行业进口地区分布情况

地区	累计进口额（万美元）	占比（%）	同比（%）
全国合计	26947.75	100	13.88
上海	19825.53	73.57	18.68
江苏	1692.54	6.28	56.34
广东	1288.66	4.78	−15.06
湖北	882.44	3.27	−32.31
北京	779.05	2.89	−27.08
山东	733.81	2.72	35.35
浙江	634.64	2.36	43.57
天津	305.85	1.13	1.59
辽宁	246.41	0.91	−7.12
福建	173.22	0.64	0.3
其他地区	385.61	1.43	45.92

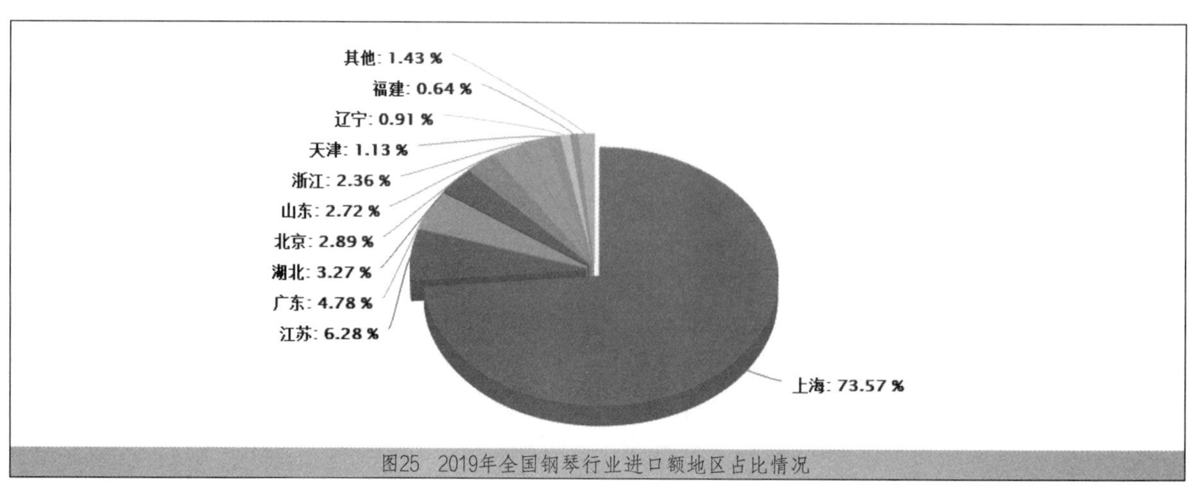

图25 2019年全国钢琴行业进口额地区占比情况

2019年，全国钢琴行业商品进口主要集中在日本、印度尼西亚、德国、韩国、捷克、美国、波兰、奥地利、意大利等国家和中国台湾地区。其中：自日本进口1.22亿美元，同比增长17.6%；自印度尼西亚进口6060.08万美元，同比增长18.38%；自德国进口4432.18万美元，同比增长3.26%；自韩国进口2833.16万美元，同比增长9.8%；自捷克共和国进口527.45万美元，同比增长5.56%；自美国进口269.91万美元，同比降低26.51%；自波兰进口223.19万美元，同比增长74.99%；自奥地利进口110.92万美元，同比增长13.31%；自意大利进口92.33万美元，同比增长38.94%；自中国台湾进口41.14万美元，同比增长96.93%（见表34、图26）。

表34　2019年钢琴行业自主要贸易国和地区进口额及同比情况

国家和地区	累计进口额（万美元）	占比（%）	同比（%）
全球合计	26947.75	100	13.88
日本	12229.21	45.38	17.6
印度尼西亚	6060.08	22.49	18.38
德国	4432.18	16.45	3.26
韩国	2833.16	10.51	9.8
捷克	527.45	1.96	5.56
美国	269.91	1	−26.51
波兰	223.19	0.83	74.99
奥地利	110.92	0.41	13.31
意大利	92.33	0.34	38.94
中国台湾	41.14	0.15	96.93
其他地区	128.19	0.48	37.84

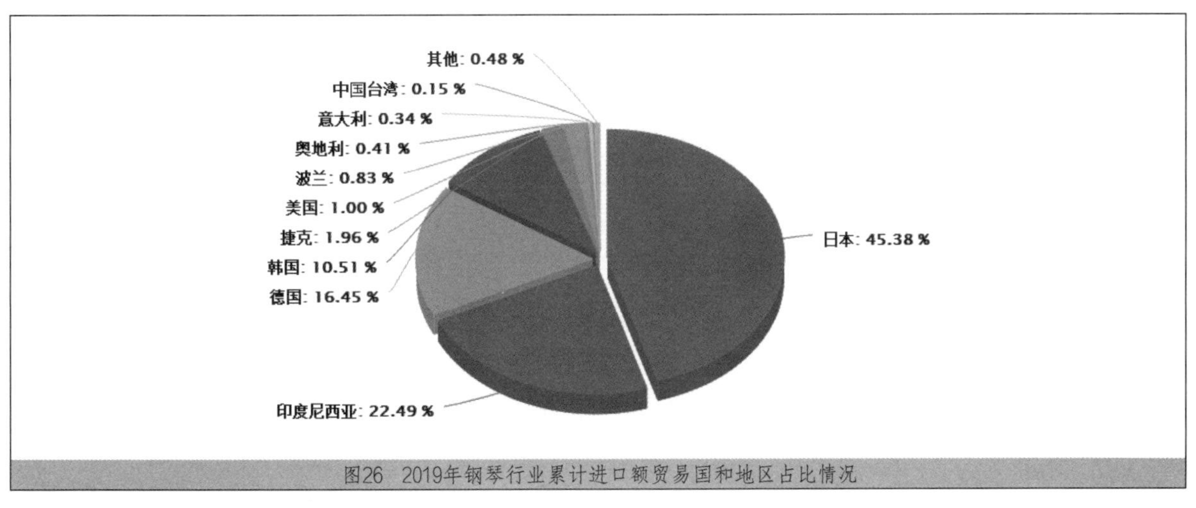

图26　2019年钢琴行业累计进口额贸易国和地区占比情况

2019年，从全国钢琴行业进口贸易方式分布看：一般贸易进口2.22亿美元，同比增长15.34%；保税区仓储转口货物进口4695.88万美元，同比增长7.5%；来料加工装配贸易进口51.19万美元，同比降低19.65%；其他贸易进口12.3万美元，同比增长150.77%；保税仓库进出境货物进口11.35万美元，同比增长0%（见表35、图27）。

表35　2019年钢琴行业进口贸易方式结构

贸易方式	累计进口额（万美元）	占比（%）	同比（%）
贸易方式合计	26947.75	100	13.88
一般贸易	22177.03	82.3	15.34
保税区仓储转口货物	4695.88	17.43	7.5
来料加工装配贸易	51.19	0.19	−19.65
其他贸易	12.3	0.05	150.77
保税仓库进出境货物	11.35	0.04	0

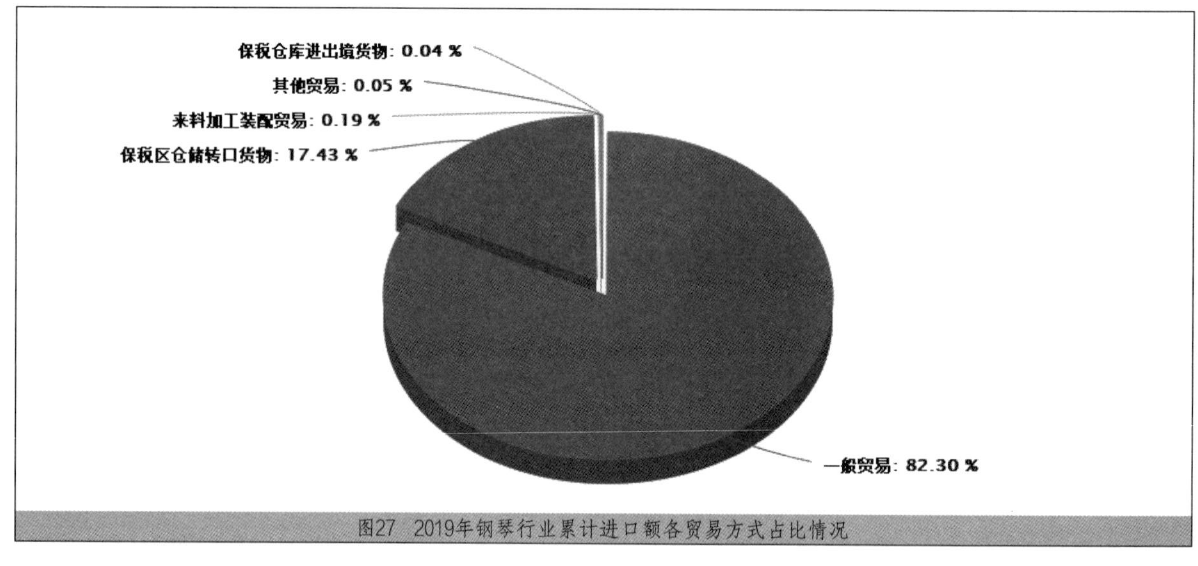

图27　2019年钢琴行业累计进口额各贸易方式占比情况

2019年乐器行业规模以上企业主要经济指标完成情况

（按产品类别划分）

（金额：千元）

产品类别		中乐器	西乐器	电子乐器	其他乐器及零件	总计
汇总企业数（个）		35	139	21	49	244
主营业务收入	2019年累计	5,748,411	22,902,371	8,168,445	4,458,571	41,277,797
	2018年累计	5,323,096	21,406,085	7,896,031	4,519,585	39,144,798
	同比（%）	7.99	6.99	3.45	−1.35	5.45
出口交货值	2019年累计	2,031,773	4,505,505	2,301,637	289,992	9,128,907
	2018年累计	1,849,153	4,293,001	2,272,100	297,367	8,711,621
	同比（%）	9.88	4.95	1.30	−2.48	4.79
应收账款净额	2019年累计	257,143	1,294,852	413,651	320,554	2,286,200
	2018年累计	211,630	1,630,777	371,423	318,446	2,532,276
	同比（%）	21.51	−20.60	11.37	0.66	−9.72
产成品存货	2019年累计	176,458	1,058,317	172,204	144,300	1,551,279
	2018年累计	162,473	890,022	205,445	144,196	1,402,136
	同比（%）	8.61	18.91	−16.18	0.07	10.64
流动资产净值平均余额	2019年累计	1,214,353	10,035,578	1,919,800	1,287,435	14,457,166
	2018年累计	1,120,824	8,667,703	1,922,411	1,186,229	12,897,167
	同比（%）	8.34	15.78	−0.14	8.53	12.10
主营业务成本	2019年累计	2,088,809	11,526,319	3,971,332	3,155,075	20,741,535
	2018年累计	1,879,240	11,648,397	4,127,135	2,955,856	20,610,628
	同比（%）	11.15	−1.05	−3.78	6.74	0.64
资产总额	2019年累计	1,879,556	15,775,478	4,545,838	2,287,504	24,488,376
	2018年累计	1,722,276	13,864,545	4,382,151	2,209,115	22,178,087
	同比（%）	9.13	13.78	3.74	3.55	10.42
利润率（%）	2019年累计	4.85	3.71	5.98	5.02	4.46
	2018年累计	4.10	4.79	4.92	5.12	5.12
	同比（%）	18.38	−22.55	21.70	−1.92	−12.86
亏损企业（个）	2019年12月	3	15	2	3	23
	2018年12月	2	16	4	4	26

（数据来源：海关总署 中国轻工业信息中心 中国乐器协会信息部）

备注：由于每年参与统计的规模以上企业与前一年并不完全相同，故不同年份的数据不可比。各单位在使用过程中，请用当年的同比数据。

备注：由于2018年统计局数据口径变化，各类乐器统计省市数量减少，因此协会对数据进行了调整，只发布主营业务收入及出口交货值；

1. 主营业务收入，2017年数据参考2017年底发布的原始数据（不用新发布数据），2018年数据各类别预估增长5%左右（见表头），然后算出总数，进行比较；
2. 出口交货值，由于给的原始数据中包括各省市，相比较后发现2018年底发布的较2017年的减少了很多省市，经领导同意，将缺少的省市数据补充到2018年数据中后，再与2017年发布的数据进行同比和合计。

2019年中国乐器海关出口量值

商品名称	单位	数量			金额（美元）		
		2019 年	2018 年	同比（%）	2019 年	2018 年	同比（%）
竖式钢琴（包括自动钢琴）	台	17,000	17,873	−4.88	25,583,443	28,359,416	−9.79
大钢琴（包括自动钢琴）	台	8,731	11,273	−22.55	21,996,209	26,550,533	−17.15
拨弦古钢琴及其他键盘弦乐器	台	58,393	28,448	105.26	2,122,749	2,037,928	4.16
弓弦乐器	只	1,540,632	1,525,828	0.97	77,840,621	81,391,896	−4.36
其他弦乐器（如：吉他、小提琴、竖琴）	只	11,954,134	10,580,602	12.98	343,756,335	318,929,914	7.78
铜管乐器	只	792,425	664,475	19.26	93,492,407	88,517,521	5.62
键盘管风琴；簧风琴及类似的游离金属簧片键盘乐器	只	1,493,129	1,961,558	−23.88	10,002,435	11,513,258	−13.12
手风琴及类似乐器	只	270,476	275,096	−1.68	10,626,036	11,694,650	−9.14
口琴	只	5,037,976	5,370,652	−6.19	10,222,542	11,860,292	−13.81
其他管乐器，但游艺场风琴及手摇风琴除外	只	9,031,665	8,449,495	6.89	71,602,138	71,760,393	−0.22
打击乐器（如鼓、木琴、响板、响葫芦）	只	9,198,990	9,454,170	−2.70	127,294,343	133,716,924	−4.80
通过电产生或扩大声音的键盘乐器	只	6,850,234	5,634,969	21.57	456,041,252	386,862,036	17.88
其他通过电产生或扩大声音的乐器（如：电吉他）	个	2,569,986	2,507,067	2.51	173,917,896	158,073,661	10.02
百音盒	个	17,563,332	16,006,789	9.72	48,047,120	41,538,754	15.67
未列名的其他乐器	个	76,855,375	81,217,586	−5.37	20,149,519	18,200,199	10.71
乐器用弦	千克	379,801	445,347	−14.72	6,066,143	7,226,507	−16.06
钢琴的零件、附件	千克	8,540,952	6,748,085	26.57	49,719,080	42,773,673	16.24
弓弦乐器的零件、附件	千克	4,875,631	4,953,161	−1.57	46,555,818	48,005,047	−3.02
电子乐器的零件、附件	千克	6,780,578	6,138,481	10.46	55,402,250	51,713,960	7.13
节拍器、音叉及定音管	千克	130,049	103,685	25.43	3,229,792	2,949,787	9.49
百音盒的机械装置	千克	369,343	352,174	4.88	4,339,075	3,916,235	10.80
未列名乐器的零件、附件	千克	11,723,641	12,197,507	−3.88	81,134,002	82,117,348	−1.20
合计					1,739,141,205	1,629,709,932	6.71

（数据来源：海关总署 中国轻工业信息中心 中国乐器协会信息部）

2019年中国乐器出口世界各大洲概况

洲别	占比（%）	金额（美元）		
		2019 年	2018 年	同比（%）
北美洲	31.12%	541,260,779	529,098,817	2.30
亚洲	28.85%	501,797,510	454,238,764	10.47
欧洲	27.77%	482,940,017	429,651,624	12.40
南美洲	8.03%	139,644,481	148,528,721	−5.98
大洋洲	2.44%	42,373,391	36,987,490	14.56
非洲	1.79%	31,125,027	31,204,516	−0.25
合计	100.00%	1,739,141,205	1,629,709,932	6.71

（数据来源：海关总署 中国轻工业信息中心 中国乐器协会信息部）

2019年中国乐器出口贸易组织概况

组织和地区	占比（%）	金额（美元）		
		2019 年	2018 年	同比（%）
亚太经合组织	60.93%	1,059,591,530	988,063,669	7.24
欧盟	25.99%	451,995,434	408,866,202	10.55
一带一路	19.88%	345,766,488	294,766,918	17.30
东盟	11.04%	192,043,717	154,281,027	24.48
日韩	9.63%	167,440,739	142,987,783	17.10
金砖国家	6.69%	116,349,829	107,086,840	8.65
新加坡自贸区	1.99%	34,626,487	19,551,520	77.10
中国港澳自贸区	1.62%	28,112,354	45,306,179	−37.95
智利自贸区	0.91%	15,763,170	18,115,247	−12.98
中国台湾	0.88%	15,281,499	13,000,142	17.55
秘鲁自贸区	0.56%	9,807,054	10,285,957	−4.66
新西兰自贸区	0.27%	4,715,075	4,412,615	6.85
哥斯达黎加自贸区	0.05%	783,955	1,065,088	−26.40
巴基斯坦自贸区	0.03%	541,497	851,861	−36.43

（数据来源：海关总署 中国轻工业信息中心 中国乐器协会信息部）

2019年中国乐器出口国家和地区

（按出口金额排序）

排名	国家和地区	数量（件）			金额（美元）		
		2019 年	2018 年	同比(%)	2019 年	2018 年	同比(%)
1	美国	31,671,751	34,974,039	−9.44	505,132,467	494,283,438	2.19
2	德国	8,616,655	9,659,494	−10.80	169,713,291	158,971,915	6.76
3	日本	9,542,536	9,440,317	1.08	108,390,959	94,665,702	14.50
4	英国	5,683,346	5,023,701	13.13	87,860,569	79,062,731	11.13
5	印度尼西亚	10,259,987	8,927,460	14.93	68,352,971	60,959,001	12.13
6	韩国	4,358,723	4,441,885	−1.87	59,049,780	48,322,081	22.20
7	巴西	2,982,306	2,796,926	6.63	50,004,847	48,845,322	2.37
8	荷兰	2,757,029	3,714,362	−25.77	47,801,401	39,801,124	20.10
9	法国	1,968,822	2,720,390	−27.63	46,882,036	46,662,710	0.47
10	澳大利亚	1,835,851	1,630,300	12.61	36,624,809	31,589,073	15.94
11	加拿大	2,875,388	1,844,054	55.93	36,128,311	34,814,838	3.77
12	印度	10,618,352	14,725,152	−27.89	35,458,795	34,460,789	2.90
13	新加坡	816,565	3,953,813	−79.35	34,626,487	19,551,520	77.10
14	马来西亚	1,999,653	2,385,119	−16.16	33,190,155	24,440,161	35.80
15	中国香港	2,144,327	3,214,840	−33.30	27,483,183	44,372,947	−38.06
16	墨西哥	4,554,624	3,212,210	41.79	24,981,273	24,397,375	2.39
17	俄罗斯	1,985,653	1,337,661	48.44	24,268,847	15,706,550	54.51
18	泰国	1,320,706	1,613,806	−18.16	21,163,949	19,022,373	11.26
19	阿拉伯联合酋长国	1,221,056	1,074,007	13.69	19,958,046	17,064,484	16.96
20	菲律宾	3,284,891	4,487,991	−26.81	19,762,375	18,551,709	6.53
21	意大利	2,870,378	2,001,951	43.38	18,444,632	18,479,283	−0.19
22	西班牙	2,868,382	2,041,898	40.48	16,829,047	13,645,713	23.33
23	比利时	2,586,501	2,146,933	20.47	16,321,231	12,542,389	30.13
24	智利	1,718,265	1,933,091	−11.11	15,763,170	18,115,247	−12.98
25	中国台湾	1,053,670	901,963	16.82	15,281,499	13,000,142	17.55
26	越南	1,529,036	975,199	56.79	14,125,290	10,910,915	29.46
27	土耳其	2,837,158	2,690,275	5.46	13,560,857	15,039,948	−9.83
28	尼日利亚	4,166,911	1,955,285	113.11	9,843,829	9,636,677	2.15
29	秘鲁	1,196,065	1,570,226	−23.83	9,807,054	10,285,957	−4.66
30	波兰	1,082,857	1,070,635	1.14	9,500,414	6,891,329	37.86

（数据来源：海关总署 中国轻工业信息中心 中国乐器协会信息部）

2019年中国乐器各省市海关出口情况

（按出口金额排序）

排名	省市	数量（件）			金额（美元）		
		2019年	2018年	同比（%）	2019年	2018年	同比（%）
1	广东	57,849,597	44,969,251	28.64	670,741,301	618,032,223	8.53
2	天津	7,592,275	8,534,955	−11.04	250,740,672	262,533,433	−4.49
3	浙江	67,868,316	79,038,608	−14.13	202,559,155	172,959,979	17.11
4	江苏	12,659,213	11,750,849	7.73	198,227,096	184,134,422	7.65
5	上海	6,025,836	5,063,202	19.01	89,653,505	98,169,639	−8.67
6	山东	4,836,374	4,988,275	−3.05	71,139,969	63,556,191	11.93
7	河北	5,742,795	7,454,049	−22.96	65,846,617	57,098,291	15.32
8	福建	7,415,119	6,095,736	21.64	50,398,848	49,560,901	1.69
9	北京	357,947	426,707	−16.11	40,510,843	44,305,558	−8.56
10	辽宁	463,435	409,560	13.15	33,154,113	33,434,631	−0.84
11	湖北	496,498	539,567	−7.98	14,487,468	12,829,362	12.92
12	贵州	400,754	217,389	84.35	10,361,665	8,056,905	28.61
13	黑龙江	1,219,949	922,410	32.26	9,146,936	7,455,983	22.68
14	湖南	478,176	203,274	135.24	6,828,122	1,554,961	339.12
15	安徽	498,901	1,360,245	−63.32	6,270,865	3,788,408	65.53
16	河南	163,829	177,989	−7.96	5,176,936	3,399,007	52.31
17	新疆	357,179	764,477	−53.28	4,099,804	1,573,357	160.58
18	四川	135,815	94,205	44.17	2,471,167	2,369,678	4.28
19	广西	187,110	43,322	331.91	2,164,296	1,383,790	56.40
20	江西	411,415	516,823	−20.40	1,595,551	1,492,859	6.88
21	陕西	45,325	36,534	24.06	1,208,316	735,059	64.38
22	西藏	30,533	15,380	98.52	842,535	532,640	58.18
23	云南	175,101	207,743	−15.71	699,671	418,720	67.10
24	重庆	62,480	17,329	260.55	632,151	158,003	300.09
25	内蒙古	21,160	507	4073.57	98,936	5,176	1811.44
26	吉林	451,560	775,350	−41.76	63,116	155,985	−59.54
27	山西	95,750	20,028	378.08	18,751	2,014	831.03
28	海南	30			2,700		
29	甘肃	1			100		

（数据来源：海关总署 中国轻工业信息中心 中国乐器协会信息部）

2019年中国立式钢琴出口国家和地区

（按出口金额排序）

排名	国家和地区	数量（台）			金额（美元）		
		2019 年	2018 年	同比（%）	2019 年	2018 年	同比（%）
1	美国	2,623	3,037	−13.63	4,454,117	5,025,266	−11.37
2	德国	1,634	1,919	−14.85	2,354,432	3,026,519	−22.21
3	朝鲜	1,200	942	27.39	1,874,210	1,325,226	41.43
4	澳大利亚	797	797	0.00	1,705,133	1,651,098	3.27
5	荷兰	847	617	37.28	1,418,572	1,026,633	38.18
6	新加坡	838	834	0.48	1,408,656	1,108,569	27.07
7	中国香港	565	1,131	−50.04	1,193,224	2,496,507	−52.20
8	波兰	865	623	38.84	955,003	700,149	36.40
9	比利时	681	467	45.82	936,403	666,301	40.54
10	韩国	409	710	−42.39	828,253	1,428,218	−42.01
11	日本	482	388	24.23	786,520	672,977	16.87
12	法国	435	595	−26.89	588,821	800,708	−26.46
13	俄罗斯	339	305	11.15	514,450	459,155	12.04
14	意大利	496	341	45.45	463,523	462,713	0.18
15	印度尼西亚	270	85	217.65	428,801	116,522	268.00
16	马来西亚	331	312	6.09	409,169	459,809	−11.01
17	英国	577	479	20.46	366,116	646,401	−43.36
18	捷克	236	298	−20.81	365,699	583,156	−37.29
19	土耳其	285	343	−16.91	316,603	395,237	−19.90
20	阿拉伯联合酋长国	248	123	101.63	303,638	177,439	71.12
21	加拿大	191	241	−20.75	282,907	396,523	−28.65
22	奥地利	173	100	73.00	256,947	154,728	66.06
23	新西兰	97	125	−22.40	243,933	211,913	15.11
24	越南	125	83	50.60	237,121	220,263	7.65
25	印度	148	183	−19.13	235,345	305,825	−23.05
26	巴西	318	279	13.98	228,701	204,453	11.86
27	泰国	116	224	−48.21	171,229	383,463	−55.35
28	以色列	101	83	21.69	139,672	120,092	16.30
29	乌兹别克斯坦	85			111,520		
30	中国台湾	24	103	−76.70	109,093	239,074	−54.37
31	爱尔兰	116	206	−43.69	107,096	219,130	−51.13

续表

排名	国家和地区	数量（台）			金额（美元）		
		2019 年	2018 年	同比（%）	2019 年	2018 年	同比（%）
32	塞浦路斯	71	74	−4.05	106,899	93,502	14.33
33	澳门	82	186	−55.91	102,227	170,605	−40.08
34	哈萨克斯坦	66	46	43.48	90,851	66,222	37.19
35	阿塞拜疆	72	25	188.00	85,809	31,410	173.19
36	西班牙	60	100	−40.00	84,280	136,249	−38.14
37	希腊	58	58	0.00	82,702	77,736	6.39
38	哥伦比亚	61	43	41.86	80,811	53,035	52.37
39	肯尼亚	39	15	160.00	79,842	32,045	149.16
40	黎巴嫩	49	102	−51.96	71,748	145,608	−50.73
41	伊朗	42	610	−93.11	69,887	953,495	
42	厄瓜多尔	50			66,433		
43	瑞士	46			65,978		
44	菲律宾	42	17	147.06	60,424	24,909	142.58
45	保加利亚	47			55,479		
46	智利	28	45	−37.78	53,237	68,781	−22.60
47	秘鲁	41	52	−21.15	49,976	67,997	−26.50
48	丹麦	32			46,110		
49	马耳他	28	40	−30.00	42,381	61,287	−30.85
50	突尼斯	34	31	9.68	40,385	38,528	4.82
51	阿尔巴尼亚	25	10	150.00	34,673	12,790	171.09
52	埃及	21	12	75.00	34,234	15,618	119.20
53	伊拉克	29	18	61.11	33,975	18,820	80.53
54	阿根廷	21	16	31.25	30,874	23,841	29.50
55	格鲁吉亚	24	38	−36.84	28,200	62,030	−54.54
56	文莱	12	18	−33.33	28,010	40,764	−31.29
57	立陶宛	13	24	−45.83	22,751	39,084	−41.79
58	墨西哥	19	91	−79.12	22,535	117,130	−80.76
59	斯洛伐克	16	7	128.57	21,204	10,055	110.88
60	克罗地亚	12			20,656		
61	巴拿马	17	27	−37.04	18,843	31,618	−40.40
62	摩洛哥	14	4	250.00	17,524	6,829	156.61
63	马达加斯加	35			14,350		
64	波多黎各	10	11	−9.09	13,645	13,965	−2.29

续表

排名	国家和地区	数量（台）			金额（美元）		
		2019 年	2018 年	同比（%）	2019 年	2018 年	同比（%）
65	塔吉克斯坦	3			11,000		
66	卡塔尔	9	1	800.00	10,076	446	2159.19
67	尼日利亚	21	8	162.50	9,374	8,154	14.96
68	孟加拉国	6	3	100.00	8,535	6,017	41.85
69	塞尔维亚	6			8,068		
70	玻利维亚	6			7,860		
71	吉布提	5			7,697		
72	拉脱维亚	5	15	−66.67	6,809	17,527	−61.15
73	葡萄牙	6			6,147		
74	巴林	4	5	−20.00	5,603	8,665	
75	叙利亚	5			4,000		
76	缅甸	2	1	100.00	3,563	2,205	61.59
77	约旦	3	15	−80.00	3,300	17,493	−81.14
78	尼泊尔	2			2,980		
79	萨尔瓦多	2			2,845		
80	荷属安地列斯群岛	1			2,400		
81	毛里求斯	1	1	0.00	1,704	2,650	−35.70
82	埃塞俄比亚	1			1,500		
83	科特迪瓦	1			1,324		
84	所罗门群岛	1	1	0.00	1,295	1,519	−14.75
85	乌拉圭	1	11	−90.91	1,255	18,675	−93.28
86	扎伊尔	1			1,200		
87	瑞典	1			896		
88	巴基斯坦	11	2	450.00	737	3,303	−77.69
89	南非	1	8	−87.50	680	11,381	−94.03
90	白俄罗斯	5			265		
91	沙特阿拉伯	1	2	−50.00	250	6,990	−96.42
92	匈牙利	11	8	37.50	144	18,540	−99.22
93	斯里兰卡	10	47	−78.72	96	55,836	−99.83

（数据来源：海关总署 中国轻工业信息中心 中国乐器协会信息部）

2019年中国三角钢琴出口国家和地区

（按出口金额排序）

排名	国家和地区	数量（台）			金额（美元）		
		2019 年	2018 年	同比（%）	2019 年	2018 年	同比（%）
1	美国	1,588	3,069	−48.26	5,839,600	10,745,032	−45.65
2	新加坡	189	654	−71.10	2,220,097	738,544	200.60
3	捷克	328	232	41.38	1,343,636	1,136,974	18.18
4	德国	405	330	22.73	1,325,940	1,826,390	−27.40
5	澳大利亚	194	175	10.86	1,221,862	1,430,155	−14.56
6	韩国	218	119	83.19	1,166,383	767,101	52.05
7	中国台湾	419	34	1132.35	1,087,655	388,939	179.65
8	泰国	67	36	86.11	552,089	465,914	18.50
9	英国	376	1,250	−69.92	526,339	576,454	−8.69
10	马来西亚	202	52	288.46	524,905	601,282	−12.70
11	中国香港	1,898	3,833	−50.48	466,615	1,738,882	−73.17
12	荷兰	169	151	11.92	453,167	843,549	−46.28
13	日本	245	74	231.08	452,374	458,513	−1.34
14	比利时	86	96	−10.42	391,230	480,179	−18.52
15	越南	25	26	−3.85	389,014	694,329	−43.97
16	新西兰	22	12	83.33	355,660	224,792	58.22
17	巴西	115	94	22.34	337,722	301,589	11.98
18	俄罗斯	427	56	662.50	297,490	245,990	20.94
19	加拿大	283	398	−28.89	272,484	597,009	−54.36
20	波兰	65	29	124.14	237,207	137,519	72.49
21	法国	151	32	371.88	228,162	127,247	79.31
22	爱尔兰	61	68	−10.29	174,511	189,750	−8.03
23	奥地利	49	24	104.17	171,086	113,908	50.20
24	意大利	173	58	198.28	158,468	226,939	−30.17
25	乌兹别克斯坦	16			123,734		
26	阿塞拜疆	33	32	3.13	119,222	127,101	−6.20
27	阿拉伯联合酋长国	58	24	141.67	113,634	97,033	17.11
28	印度	22	24	−8.33	109,255	135,847	−19.57
29	菲律宾	224	9	2388.89	102,093	48,885	108.84
30	土耳其	33	29	13.79	99,354	97,964	1.42

续表

排名	国家和地区	数量（台）			金额（美元）		
		2019 年	2018 年	同比（%）	2019 年	2018 年	同比（%）
31	印度尼西亚	27	9	200.00	96,655	43,552	121.93
32	朝鲜	28	1	2700.00	92,152	1,000	9115.20
33	肯尼亚	15			75,040		
34	埃及	17	21	−19.05	64,559	75,549	−14.55
35	以色列	26	26	0.00	63,354	96,528	−34.37
36	丹麦	24			57,121		
37	哥伦比亚	15	7	114.29	53,039	24,420	117.19
38	哈萨克斯坦	10	5	100.00	38,995	19,105	104.11
39	卡塔尔	6			35,590		
40	塞浦路斯	9	5	80.00	35,277	18,766	87.98
41	智利	21	5	320.00	32,097	19,352	65.86
42	澳门	5	4	25.00	27,063	9,146	195.90
43	巴林	1	4	−75.00	26,173	23,640	10.71
44	科特迪瓦	3			25,498		
45	厄瓜多尔	7			25,364		
46	马达加斯加	7			24,890		
47	瑞士	5			24,661		
48	沙特阿拉伯	29			23,777		
49	墨西哥	70	22	218.18	23,769	86,217	−72.43
50	约旦	7	4	75.00	22,793	12,065	88.92
51	希腊	5	12	−58.33	22,448	48,499	−53.71
52	伊朗	5	34	−85.29	22,334	164,904	−86.46
53	波多黎各	6	4	50.00	16,904	13,440	25.77
54	马耳他	4	3	33.33	16,791	12,575	33.53
55	孟加拉国	3	1	200.00	16,460	4,660	253.22
56	巴拿马	2	6	−66.67	14,368	17,259	−16.75
57	黎巴嫩	3	15	−80.00	13,620	64,496	−78.88
58	秘鲁	4	2	100.00	13,403	7,315	83.23
59	葡萄牙	3			12,401		
60	缅甸	1			10,680		
61	尼日利亚	2			8,902		
62	保加利亚	3			7,877		
63	阿根廷	2	5	−60.00	7,818	17,660	−55.73

续表

排名	国家和地区	数量（台）			金额（美元）		
		2019 年	2018 年	同比（%）	2019 年	2018 年	同比（%）
64	阿曼	1	1	0.00	7,716	3,200	141.13
65	巴拉圭	1			7,000		
66	尼加拉瓜	1			6,546		
67	毛里求斯	1			6,532		
68	牙买加	1			5,230		
69	巴基斯坦	1			4,999		
70	南非	1	5	−80.00	4,939	18,563	−73.39
71	乌克兰	1			4,705		
72	布基纳法索	1			4,540		
73	克罗地亚	5			4,423		
74	洪都拉斯	1			4,373		
75	文莱	1			4,223		
76	塞尔维亚	2			3,757		
77	乌拉圭	1	4	−75.00	3,645	19,340	
78	摩洛哥	1	2	−50.00	3,176	6,984	
79	罗马尼亚	2			3,158		
80	匈牙利	39			2,854		
81	西班牙	137	5	2640.00	1,014	17,676	
82	斐济	1			383		
83	瑞典	7			73		
84	卢森堡	4			21		
85	爱沙尼亚	2			19		
86	芬兰	1			15		
87	斯洛伐克	1	5	−80.00	5	18,020	
88	立陶宛	1	1	0.00	2	4,653	

（数据来源：海关总署 中国轻工业信息中心 中国乐器协会信息部）

2019年中国主要乐器出口额前10位国家和地区

（按出口金额排序）

商品名称	国家和地区数量	排名	国家和地区	数量（件或千克）			金额（美元）		
				2019 年	2018 年	同比（%）	2019 年	2018 年	同比（%）
立式钢琴	93	1	美国	2,623	3,037	−13.63	4,454,117	5,025,266	−11.37
		2	德国	1,634	1,919	−14.85	2,354,432	3,026,519	−22.21
		3	朝鲜	1,200	942	27.39	1,874,210	1,325,226	41.43
		4	澳大利亚	797	797	0.00	1,705,133	1,651,098	3.27
		5	荷兰	847	617	37.28	1,418,572	1,026,633	38.18
		6	新加坡	838	834	0.48	1,408,656	1,108,569	27.07
		7	中国香港	565	1,131	−50.04	1,193,224	2,496,507	−52.20
		8	波兰	865	623	38.84	955,003	700,149	36.40
		9	比利时	681	467	45.82	936,403	666,301	40.54
		10	韩国	409	710	−42.39	828,253	1,428,218	−42.01
三角钢琴	88	1	美国	1,588	3,069	−48.26	5,839,600	10,745,032	−45.65
		2	新加坡	189	654	−71.10	2,220,097	738,544	200.60
		3	捷克	328	232	41.38	1,343,636	1,136,974	18.18
		4	德国	405	330	22.73	1,325,940	1,826,390	−27.40
		5	澳大利亚	194	175	10.86	1,221,862	1,430,155	−14.56
		6	韩国	218	119	83.19	1,166,383	767,101	52.05
		7	中国台湾	419	34	1132.35	1,087,655	388,939	179.65
		8	泰国	67	36	86.11	552,089	465,914	18.50
		9	英国	376	1,250	−69.92	526,339	576,454	−8.69
		10	马来西亚	202	52	288.46	524,905	601,282	−12.70
拨弦古钢琴及其他键盘弦乐器	95	1	美国	25,733	14,437	78.24	586,364	289,300	102.68
		2	阿拉伯联合酋长国	146	15	873.33	172,696	37,620	359.05
		3	中国台湾	3,242	535	505.98	154,242	162,504	−5.08
		4	澳大利亚	1,255	803	56.29	145,913	34,744	319.97
		5	韩国	1,053	1,094	−3.75	104,913	82,806	26.70
		6	越南	106	6	1666.67	73,299	9,388	680.77
		7	泰国	138	62	122.58	64,275	8,725	636.68
		8	印度	794	130	510.77	62,977	17,398	261.98
		9	哥伦比亚	85	100	−15.00	59,756	2,500	2290.24
		10	荷兰	498	657	−24.20	57,101	124,819	−54.25

续表

商品名称	国家和地区数量	排名	国家和地区	数量（件或千克）			金额（美元）		
				2019 年	2018 年	同比（%）	2019 年	2018 年	同比（%）
弓弦乐器	125	1	美国	409,679	449,204	−8.80	32,233,683	36,771,848	−12.34
		2	德国	66,509	63,650	4.49	4,593,034	4,449,238	3.23
		3	韩国	94,166	73,724	27.73	4,134,693	2,809,798	47.15
		4	英国	68,313	68,331	−0.03	3,432,613	3,895,112	−11.87
		5	日本	52,266	38,185	36.88	3,315,858	2,589,289	28.06
		6	加拿大	34,989	26,945	29.85	2,485,126	3,068,963	−19.02
		7	澳大利亚	32,831	27,311	20.21	2,201,901	1,880,019	17.12
		8	巴西	60,026	82,635	−27.36	1,943,797	2,801,539	−30.62
		9	法国	27,377	38,640	−29.15	1,924,848	1,818,920	5.82
		10	西班牙	27,214	23,929	13.73	1,553,985	1,463,914	6.15
其他弦乐器	165	1	美国	2,978,606	2,921,710	1.95	94,178,413	93,482,079	0.74
		2	德国	737,956	710,421	3.88	27,316,778	26,013,817	5.01
		3	巴西	715,895	732,164	−2.22	18,958,522	19,109,434	−0.79
		4	英国	645,386	571,419	12.94	16,041,956	14,677,641	9.30
		5	日本	234,338	193,682	20.99	12,907,205	10,095,442	27.85
		6	法国	241,051	178,212	35.26	11,109,123	9,495,334	17.00
		7	荷兰	279,762	217,176	28.82	10,615,532	9,241,944	14.86
		8	泰国	255,327	282,705	−9.68	9,646,508	8,308,385	16.11
		9	印度	411,186	407,724	0.85	9,518,096	10,508,031	−9.42
		10	加拿大	292,766	242,821	20.57	9,041,898	7,677,059	17.78
键盘管风琴；簧风琴等游离金属簧片键盘乐器	79	1	日本	256,191	279,080	−8.20	2,928,820	3,380,312	−13.36
		2	土耳其	343,916	530,900	−35.22	1,303,477	2,646,675	−50.75
		3	美国	28,783	23,316	23.45	1,298,074	123,263	953.09
		4	印度尼西亚	360,423	680,862	−47.06	1,255,212	2,560,272	−50.97
		5	阿根廷	55,494	32,887	68.74	395,447	169,075	133.89
		6	墨西哥	57,378	58,874	−2.54	313,570	318,481	−1.54
		7	德国	28,142	27,307	3.06	297,668	235,748	26.27
		8	智利	44,149	56,748	−22.20	279,268	274,557	1.72
		9	泰国	28,791	31,799	−9.46	218,946	213,443	2.58
		10	厄瓜多尔	30,210	22,668	33.27	166,186	131,574	26.31
手风琴及类似乐器	91	1	美国	42,486	75,755	−43.92	3,175,281	3,035,362	4.61
		2	巴西	33,167	14,160	134.23	918,666	426,849	115.22
		3	墨西哥	13,669	13,331	2.54	844,542	944,615	−10.59

续表

商品名称	国家和地区数量	排名	国家和地区	数量（件或千克）			金额（美元）		
				2019 年	2018 年	同比（%）	2019 年	2018 年	同比（%）
手风琴及类似乐器	91	4	德国	4,764	5,132	−7.17	689,626	1,084,900	−36.43
		5	日本	4,581	7,042	−34.95	526,725	578,130	−8.89
		6	韩国	3,795	2,495	52.10	522,111	623,584	−16.27
		7	哥伦比亚	10,955	21,232	−48.40	500,825	563,120	−11.06
		8	爱尔兰	3,070	1,495	105.35	386,912	304,892	26.90
		9	智利	6,985	30,567	−77.15	329,485	572,457	−42.44
		10	俄罗斯	5,942	1,917	209.96	288,718	182,842	57.91
口琴	107	1	美国	1,647,796	1,931,522	−14.69	2,925,386	3,464,668	−15.57
		2	日本	461,718	551,301	−16.25	1,472,945	2,057,294	−28.40
		3	德国	355,376	343,200	3.55	939,525	1,024,000	−8.25
		4	韩国	263,150	229,759	14.53	931,377	1,406,046	−33.76
		5	印度	369,704	261,858	41.18	586,545	325,060	80.44
		6	比利时	359,143	391,453	−8.25	576,786	600,840	−4.00
		7	巴西	186,398	112,756	65.31	321,354	240,687	33.52
		8	英国	151,467	166,900	−9.25	253,798	249,657	1.66
		9	意大利	81,040	71,864	12.77	230,154	211,200	8.97
		10	墨西哥	79,252	67,967	16.60	186,582	136,167	37.02
铜管乐器	104	1	美国	224,977	193,917	16.02	39,896,879	37,878,822	5.33
		2	德国	68,964	74,963	−8.00	11,981,561	12,471,333	−3.93
		3	法国	23,349	17,864	30.70	6,133,978	4,661,801	31.58
		4	英国	38,086	28,475	33.75	5,812,866	5,369,808	8.25
		5	巴西	35,764	20,879	71.29	4,122,116	2,090,495	97.18
		6	日本	78,529	27,055	190.26	4,011,883	3,780,339	6.12
		7	澳大利亚	16,988	14,165	19.93	1,923,678	1,973,674	−2.53
		8	中国台湾	7,896	4,407	79.17	1,747,089	1,378,252	26.76
		9	加拿大	43,630	18,459	136.36	1,688,084	1,336,343	26.32
		10	韩国	6,479	4,885	32.63	1,468,214	1,072,190	36.94
其他管乐器，但游艺场风琴及手摇风琴除外	139	1	美国	1,509,463	1,569,608	−3.83	33,197,510	31,932,005	3.96
		2	德国	311,938	234,779	32.86	6,008,129	6,143,181	−2.20
		3	加拿大	697,540	90,641	669.56	2,747,094	2,896,792	−5.17
		4	英国	206,667	232,219	−11.00	2,429,037	2,538,294	−4.30
		5	法国	123,864	92,096	34.49	2,075,073	1,908,640	8.72
		6	韩国	37,559	79,566	−52.80	1,847,417	1,487,192	24.22

续表

商品名称	国家和地区数量	排名	国家和地区	数量（件或千克）			金额（美元）		
				2019 年	2018 年	同比（%）	2019 年	2018 年	同比（%）
其他管乐器，但游艺场风琴及手摇风琴除外	139	7	中国香港	41,216	137,856	−70.10	1,768,742	2,954,993	−40.14
		8	日本	355,158	300,170	18.32	1,683,435	1,204,977	39.71
		9	秘鲁	277,569	491,792	−43.56	1,425,299	1,929,213	−26.12
		10	巴西	342,617	180,467	89.85	1,320,116	2,054,268	−35.74
打击乐器	161	1	美国	2,083,032	2,490,699	−16.37	42,603,609	43,901,091	−2.96
		2	德国	618,166	563,241	9.75	12,428,529	10,731,706	15.81
		3	荷兰	117,419	642,164	−81.72	5,462,755	6,210,697	−12.04
		4	英国	499,189	353,615	41.17	5,075,815	4,823,594	5.23
		5	尼日利亚	231,108	150,736	53.32	4,714,581	5,205,763	−9.44
		6	巴西	193,513	164,918	17.34	4,570,174	4,929,113	−7.28
		7	韩国	392,225	396,412	−1.06	4,184,234	3,556,622	17.65
		8	日本	418,363	443,646	−5.70	3,811,986	4,497,191	−15.24
		9	加拿大	145,125	170,475	−14.87	2,765,444	3,204,481	−13.70
		10	菲律宾	214,193	251,986	−15.00	2,585,035	3,482,965	−25.78
通过电产生或扩大声音的键盘乐器	161	1	美国	1,706,630	1,264,331	34.98	118,559,190	102,276,755	15.92
		2	德国	760,119	643,989	18.03	58,583,853	53,692,949	9.11
		3	日本	493,548	412,946	19.52	42,165,854	36,361,246	15.96
		4	英国	380,913	287,126	32.66	30,147,645	24,773,793	21.69
		5	韩国	175,058	142,058	23.23	19,175,589	14,904,424	28.66
		6	法国	175,739	181,905	−3.39	15,784,170	18,619,470	−15.23
		7	新加坡	133,352	57,047	133.76	15,749,187	4,978,838	216.32
		8	马来西亚	134,400	73,777	82.17	14,539,292	5,656,043	157.06
		9	印度	563,655	360,637	56.29	13,856,189	13,369,722	3.64
		10	阿拉伯联合酋长国	179,861	133,084	35.15	12,982,038	10,597,791	22.50
其他通过电产生或扩大声音的乐器	117	1	美国	887,137	804,932	10.21	65,286,361	64,331,811	1.48
		2	德国	269,734	240,282	12.26	21,730,231	17,422,618	24.72
		3	日本	166,383	126,798	31.22	14,861,027	10,876,728	36.63
		4	荷兰	145,461	131,139	10.92	13,394,709	10,912,474	22.75
		5	英国	136,179	133,037	2.36	8,653,673	8,489,755	1.93
		6	澳大利亚	57,276	50,004	14.54	4,908,709	3,403,161	44.24
		7	巴西	64,958	79,432	−18.22	3,731,962	4,403,276	−15.25
		8	马来西亚	38,490	53,388	−27.91	3,494,198	3,631,703	−3.79
		9	加拿大	38,554	51,690	−25.41	3,297,887	2,849,555	15.73
		10	法国	24,137	17,000	41.98	2,560,854	1,681,746	52.27

续表

商品名称	国家和地区数量	排名	国家和地区	数量（件或千克）			金额（美元）		
				2019 年	2018 年	同比（%）	2019 年	2018 年	同比（%）
百音盒	129	1	美国	2,928,329	2,661,936	10.01	10,424,335	9,791,430	6.46
		2	英国	1,364,743	1,186,505	15.02	5,973,727	5,381,611	11.00
		3	墨西哥	2,363,282	406,669	481.13	2,526,742	900,618	180.56
		4	日本	855,761	676,616	26.48	1,995,239	1,357,780	46.95
		5	德国	968,332	1,399,583	−30.81	1,862,174	1,559,547	19.40
		6	意大利	457,610	423,185	8.13	1,557,613	1,043,087	49.33
		7	荷兰	614,534	527,142	16.58	1,555,471	1,212,281	28.31
		8	法国	508,660	560,037	−9.17	1,418,625	1,537,821	−7.75
		9	加拿大	184,632	191,663	−3.67	1,388,088	1,094,686	26.80
		10	中国香港	670,670	1,242,985	−46.04	1,354,633	1,870,944	−27.60
其他乐器；各种媒诱音响器、哨子、号角等	180	1	美国	10,775,128	13,990,854	−22.98	3,709,769	3,916,483	−5.28
		2	菲律宾	2,027,309	3,327,220	−39.07	1,120,332	576,126	94.46
		3	日本	4,435,399	4,785,786	−7.32	1,094,767	1,102,697	−0.72
		4	印度	8,108,626	12,365,039	−34.42	1,086,061	963,482	12.72
		5	韩国	667,744	1,000,206	−33.24	828,126	440,246	88.11
		6	德国	1,637,277	2,606,330	−37.18	709,484	594,108	19.42
		7	英国	1,105,012	970,237	13.89	683,349	399,647	70.99
		8	意大利	1,327,091	514,869	157.75	664,235	205,970	222.49
		9	中国香港	626,803	611,556	2.49	423,098	867,528	−51.23
		10	马来西亚	892,847	1,316,539	−32.18	421,442	285,212	47.76
乐器用弦（千克）	119	1	印度尼西亚	74,957	144,488	−48.12	1,102,576	1,490,326	−26.02
		2	日本	24,240	16,179	49.82	513,631	320,351	60.33
		3	美国	17,671	21,319	−17.11	437,916	637,413	−31.30
		4	德国	16,666	18,062	−7.73	410,219	521,920	−21.40
		5	菲律宾	32,539	14,978	117.25	291,342	221,998	31.24
		6	印度	21,303	27,595	−22.80	283,138	354,978	−20.24
		7	英国	10,964	11,992	−8.57	221,536	436,778	−49.28
		8	俄罗斯	8,790	8,732	0.66	198,183	203,681	−2.70
		9	澳大利亚	7,707	2,924	163.58	181,600	78,404	131.62
		10	中国香港	8,474	15,156	−44.09	165,636	293,586	−43.58
钢琴的零件、附件（千克）	69	1	印度尼西亚	5,366,012	4,248,786	26.30	31,265,204	26,759,238	16.84
		2	捷克	803,431	687,216	16.91	5,113,485	4,879,024	4.81
		3	韩国	1,006,859	782,397	28.69	2,695,681	2,120,488	27.13
		4	日本	224,975	205,244	9.61	2,486,210	2,294,642	8.35

续表

商品名称	国家和地区数量	排名	国家和地区	数量（件或千克）			金额（美元）		
				2019 年	2018 年	同比（%）	2019 年	2018 年	同比（%）
钢琴的零件、附件（千克）	69	5	俄罗斯	220,215	9,028	2339.24	1,813,058	54,050	3254.41
		6	德国	320,097	306,452	4.45	1,329,149	1,285,605	3.39
		7	美国	54,194	41,398	30.91	937,363	1,420,240	−34.00
		8	白俄罗斯	168,565	1,200	13947.08	767,848	6,472	11764.15
		9	中国台湾	128,299	113,154	13.38	600,534	487,990	23.06
		10	意大利	5,617	22,575	−75.12	520,209	1,220,854	−57.39
弦乐器的零件、附件（千克）	144	1	印度尼西亚	1,180,990	838,340	40.87	11,222,362	7,580,177	48.05
		2	美国	1,070,895	1,591,975	−32.73	9,325,137	10,475,442	−10.98
		3	德国	332,258	252,725	31.47	2,962,292	2,842,272	4.22
		4	日本	364,634	284,577	28.13	2,722,003	2,266,355	20.10
		5	英国	203,698	241,383	−15.61	2,174,957	2,239,019	−2.86
		6	韩国	173,427	124,925	38.82	2,058,232	1,464,517	40.54
		7	澳大利亚	132,593	77,444	71.21	1,172,932	996,039	17.76
		8	中国香港	47,977	81,240	−40.94	971,019	1,578,473	−38.48
		9	印度	103,399	127,882	−19.14	760,298	957,495	−20.60
		10	墨西哥	65,060	48,195	34.99	741,243	697,470	6.28
键盘电子乐器的零件、附件（千克）	105	1	美国	1,453,278	1,377,036	5.54	11,931,440	11,365,984	4.97
		2	印度尼西亚	705,876	635,549	11.07	8,524,041	7,727,056	10.31
		3	中国香港	205,732	191,255	7.57	7,739,915	6,847,508	13.03
		4	韩国	626,545	576,847	8.62	4,897,277	4,024,063	21.70
		5	德国	1,191,226	1,013,402	17.55	4,463,340	4,338,328	2.88
		6	日本	406,609	336,479	20.84	3,115,554	3,508,303	−11.19
		7	马来西亚	160,124	195,706	−18.18	3,033,178	3,241,273	−6.42
		8	英国	409,252	333,943	22.55	2,068,704	1,478,544	39.91
		9	印度	114,451	30,060	280.74	1,104,157	209,854	426.15
		10	巴西	94,038	77,437	21.44	720,023	708,270	1.66
节拍器、音叉及定音管（千克）	85	1	美国	36,712	31,565	16.31	1,112,310	987,167	12.68
		2	中国香港	18,633	19,284	−3.38	970,803	1,037,708	−6.45
		3	德国	7,306	8,644	−15.48	192,839	179,065	7.69
		4	日本	5,775	5,073	13.84	119,899	82,043	46.14
		5	英国	5,624	5,704	−1.40	93,611	114,059	−17.93
		6	法国	2,759	701	293.58	66,891	11,860	464.01

续表

商品名称	国家和地区数量	排名	国家和地区	数量（件或千克）			金额（美元）		
				2019 年	2018 年	同比（%）	2019 年	2018 年	同比（%）
节拍器、音叉及定音管（千克）	85	7	韩国	3,513	619	467.53	59,696	12,749	368.24
		8	澳大利亚	4,344	2,588	67.85	57,198	45,359	26.10
		9	比利时	2,305	460	401.09	49,711	6,677	644.51
		10	巴西	5,103	894	470.81	48,084	33,725	42.58
百音盒的机械装置（千克）	66	1	斯里兰卡	59,460	99,829	−40.44	732,908	1,089,082	−32.70
		2	德国	61,105	39,983	52.83	694,461	510,928	35.92
		3	日本	68,709	87,789	−21.73	625,375	515,406	21.34
		4	法国	30,600	24,877	23.01	436,710	378,275	15.45
		5	印度尼西亚	17,909	8,170	119.20	275,372	132,294	108.15
		6	越南	12,091	1,733	597.69	194,300	12,265	1484.18
		7	美国	6,512	9,874	−34.05	125,780	154,969	−18.84
		8	哈萨克斯坦	17,166	2,254	661.58	116,396	15,824	635.57
		9	韩国	6,683	3,361	98.84	104,967	57,640	82.11
		10	中国香港	16,766	17,327	−3.24	103,358	118,764	−12.97
其他乐器的零件、附件（千克）	137	1	美国	3,780,499	3,502,545	7.94	22,893,950	22,277,008	2.77
		2	德国	857,237	1,102,584	−22.25	8,793,178	8,801,781	−0.10
		3	日本	630,933	662,186	−4.72	6,759,996	6,662,262	1.47
		4	荷兰	417,550	358,360	16.52	4,443,103	3,933,862	12.95
		5	英国	424,513	407,035	4.29	3,325,436	2,480,932	34.04
		6	韩国	411,276	431,941	−4.78	2,995,294	2,780,211	7.74
		7	中国台湾	170,218	145,292	17.16	2,594,068	2,336,780	11.01
		8	印度尼西亚	361,590	447,288	−19.16	2,140,115	2,672,447	−19.92
		9	尼日利亚	421,688	339,458	24.22	2,023,843	1,359,682	48.85
		10	加拿大	349,486	364,596	−4.14	2,004,467	2,077,949	−3.54

（数据来源：海关总署 中国轻工业信息中心 中国乐器协会信息部）

2019年中国乐器海关进口量值

商品名称	单位	数量			金额（美元）		
		2019 年	2018 年	同比（%）	2019 年	2018 年	同比（%）
竖式钢琴（包括自动钢琴）	台	189,515	177,379	6.84	182,475,895	159,163,402	14.65
大钢琴（包括自动钢琴）	台	8,874	8,204	8.17	85,883,133	76,366,062	12.46
拨弦古钢琴及其他键盘弦乐器	台	433	352	23.01	1,118,468	1,107,119	1.03
弓弦乐器	只	1,203	1,419	−15.22	1,404,385	2,443,135	−42.52
其他弦乐器（如：吉他、小提琴、竖琴）	只	216,958	228,412	−5.01	20,187,856	20,513,483	−1.59
铜管乐器	只	8,305	6,735	23.31	8,195,135	5,987,341	36.87
键盘管风琴；簧风琴及类似的游离金属簧片键盘乐器		417	3,706	−88.75	862,020	4,073,963	−78.84
手风琴及类似乐器	只	3,213	3,251	−1.17	1,073,629	417,045	157.44
口琴	只	71,248	67,469	5.60	1,810,983	1,256,464	44.13
其他管乐器，但游艺场风琴及手摇风琴除外	只	384,311	382,202	0.55	13,743,126	11,702,282	17.44
打击乐器（如鼓、木琴、响板、响葫芦）	只	1,845,437	2,342,091	−21.21	20,812,347	24,750,441	−15.91
通过电产生或扩大声音的键盘乐器	只	114,498	107,940	6.08	57,889,044	47,146,248	22.79
其他通过电产生或扩大声音的乐器（如：电吉他）	只	77,797	73,151	6.35	20,470,901	19,694,336	3.94
百音盒	个	22,622	14,184	59.49	760,447	409,854	85.54
未列名的其他乐器	个	508,968	552,268	−7.84	902,070	614,189	46.87
乐器用弦	千克	397,678	335,377	18.58	10,688,443	7,878,541	35.67
钢琴的零件、附件	千克	6,891,965	6,406,912	7.57	31,027,317	31,315,293	−0.92
弓弦乐器的零件、附件	千克	309,909	366,416	−15.42	7,226,202	7,513,686	−3.83
电子乐器的零件、附件	千克	2,160,598	2,291,052	−5.69	24,201,445	25,731,061	−5.94
节拍器、音叉及定音管	千克	43,514	29,873	45.66	1,839,659	1,330,334	38.29
百音盒的机械装置	千克	88,656	2,324	3714.80	340,888	24,493	1291.78
未列名乐器的零件、附件	千克	1,149,899	1,410,332	−18.47	35,417,760	38,766,632	−8.64
合计					528,331,153	488,205,404	8.22

（数据来源：海关总署 中国轻工业信息中心 中国乐器协会信息部）

2019年中国从世界各大洲进口乐器概况

洲别	占比（%）	金额（美元）		
		2019 年	2018 年	同比（%）
亚洲	75.02%	396,330,195	356,855,874	0.11
欧洲	18.30%	96,705,840	96,192,144	0.01
北美洲	5.25%	27,728,575	28,748,284	−0.04
南美洲	1.39%	7,355,456	6,098,670	0.21
非洲	0.02%	112,086	247,754	−0.55
大洋洲	0.02%	98,659	62,381	0.58
国别（地区）不详	0.00%	342	297	0.15
合计	100.00%	528,331,153	488,205,404	8.22

（数据来源：国家海关总署 中国轻工业信息中心 中国乐器协会信息部）

2019年中国乐器进口贸易组织概况

组织和地区	占比（%）	金额（美元）		
		2019 年	2018 年	同比（%）
亚太经合组织	81.44%	430,277,351	390,752,749	10.11%
日韩	38.91%	205,554,270	181,263,845	13.40%
一带一路	32.18%	169,995,239	153,503,952	10.74%
东盟	30.32%	160,164,994	145,137,626	10.35%
欧盟	18.17%	95,985,001	95,902,807	0.09%
中国台湾	4.34%	22,934,565	21,322,696	7.56%
金砖国家	1.32%	6,997,602	8,257,665	−15.26%
中国港澳自贸区	0.02%	87,181	90,107	−3.25%
新加坡自贸区	0.00%	7,930	66,028	−87.99%
秘鲁自贸区	0.00%	11,224	815	1277.18%
巴基斯坦自贸区	0.01%	32,273	10,039	221.48%
智利自贸区	0.00%	5,840	220	2554.55%
新西兰自贸区	0.00%	6,137		

（数据来源：国家海关总署 中国轻工业信息中心 中国乐器协会信息部）

2019年中国乐器进口国家和地区

（按进口金额排序）

排名	国家和地区	数量（件）			金额（美元）		
		2019 年	2018 年	同比（%）	2019 年	2018 年	同比（%）
1	日本	7,226,483	6,755,331	6.97	170,470,280	148,409,482	14.86
2	印度尼西亚	3,140,104	3,815,209	−17.70	138,990,811	129,726,601	7.14
3	德国	678,231	545,815	24.26	64,261,691	68,755,627	−6.54
4	韩国	299,812	309,086	−3.00	35,083,990	32,854,363	6.79
5	美国	276,369	223,382	23.72	25,573,468	25,656,828	−0.32
6	中国台湾	1,486,751	1,493,730	−0.47	22,934,565	21,322,696	7.56
7	马来西亚	521,569	518,080	0.67	18,488,408	12,402,117	49.07
8	法国	27,582	16,172	70.55	9,973,967	6,953,804	43.43
9	墨西哥	29,880	26,516	12.69	6,999,519	6,014,818	16.37
10	中国大陆	193,760	402,199	−51.82	6,589,920	8,074,179	−18.38
11	捷克	4,193	4,235	−0.99	6,139,562	5,994,188	2.43
12	意大利	93,791	123,387	−23.99	5,574,669	6,113,369	−8.81
13	波兰	4,214	1,748	141.08	2,249,462	1,297,090	73.42
14	荷兰	3,190	1,929	65.37	2,224,148	2,336,518	−4.81
15	泰国	74,358	75,391	−1.37	2,222,976	2,453,129	−9.38
16	加拿大	159,549	194,268	−17.87	2,155,107	3,091,456	−30.29
17	奥地利	5,123	3,876	32.17	2,098,953	1,458,926	43.87
18	英国	79,708	115,766	−31.15	948,631	867,505	9.35
19	瑞典	5,820	10,596	−45.07	925,264	845,864	9.39
20	丹麦	678	428	58.41	598,082	477,923	25.14
21	瑞士	2,757	582	373.71	560,450	234,279	139.22
22	西班牙	68,369	55,206	23.84	508,568	507,248	0.26
23	土耳其	6,060	5,907	2.59	476,490	475,062	0.30
24	越南	3,521	4,085	−13.81	371,080	416,715	−10.95
25	印度	25,571	5,624	354.68	241,880	124,044	95.00
26	爱沙尼亚	10	6	66.67	204,128	126,141	61.83
27	巴哈马	1,802			184,975		
28	朝鲜	2,455	2,794	−12.13	160,160	188,355	−14.97
29	俄罗斯	413	38	986.84	116,163	38,281	203.45
30	澳大利亚	603	400	50.75	92,522	62,381	48.32

续表

排名	国家和地区	数量（件）			金额（美元）		
		2019 年	2018 年	同比（%）	2019 年	2018 年	同比（%）
31	中国香港	1,168	978	19.43	87,163	90,107	−3.27
32	阿根廷	1,076	541	98.89	82,339	34,357	139.66
33	保加利亚	2,445	1,760	38.92	79,408	9,495	736.31
34	尼泊尔	29,222	58,833	−50.33	76,150	142,556	−46.58
35	罗马尼亚	748	391	91.30	72,326	31,238	131.53
36	菲律宾	843	601	40.27	70,134	72,533	−3.31
37	匈牙利	260	367	−29.16	55,405	51,588	7.40
38	巴西	357	86	315.12	43,069	21,133	103.80
39	格鲁吉亚	22	9	144.44	33,833	12,438	172.01
40	巴基斯坦	442	545	−18.90	32,273	10,039	221.48
41	塞内加尔	2,385	4,167	−42.76	28,072	47,532	−40.94
42	几内亚	2,643	1,931	36.87	22,319	28,138	−20.68
43	葡萄牙	47	88	−46.59	19,424	32,985	−41.11
44	科特迪瓦共和国	785	334	135.03	15,741	4,122	281.88
45	加纳	2,936	3,923	−25.16	15,329	25,066	−38.85
46	比利时	71	367	−80.65	14,380	6,266	129.49
47	特立尼达和多巴哥	17	154	−88.96	14,102	18,762	−24.84
48	马里	2,980	2,393	24.53	13,548	52,825	−74.35
49	缅甸	1			13,541		
50	爱尔兰	9,741	8,792	10.79	12,962	14,532	−10.80
51	哥伦比亚	38	1	3700.00	12,676	2,260	
52	斯洛伐克共和国	14			12,025		
53	秘鲁	11,937	41	29014.63	11,224	815	1277.18
54	乌克兰	368	83	343.37	10,393	2,883	260.49
55	以色列	115	474	−75.74	9,314	23,873	−60.99
56	埃及	501	224	123.66	9,288	4,055	129.05
57	斯洛文尼亚共和国	47	167	−71.86	9,147	18,619	−50.87
58	新加坡	129	1,201	−89.26	7,930	66,028	−87.99
59	南非	32	1	3100.00	6,570	28	23364.29
60	新西兰	68			6,137		
61	智利	1,666	200	733.00	5,840	220	2554.55
62	芬兰	45	37	21.62	2,507	2,676	−6.32
63	吉尔吉斯斯坦	1			1,715		

续表

排名	国家和地区	数量（件）			金额（美元）		
		2019 年	2018 年	同比（%）	2019 年	2018 年	同比（%）
64	伊朗	8	488	−98.36	1,283	2,277	−43.65
65	巴拉圭	35			889		
66	莫桑比克	7	43	−83.72	832	2,239	−62.84
67	乌拉圭	6	11	−45.45	720	1,082	−33.46
68	国别（地区）不详	12	3	300.00	342	297	15.15
69	马耳他				292		
70	乌干达	21			197		
71	文莱	50			114		
72	苏里南	1	4	−75.00	103	23	347.83
73	贝宁	1			100		
74	肯尼亚				90		
75	澳门	1			18		

（数据来源：海关总署 中国轻工业信息中心 中国乐器协会信息部）

2019年中国乐器各省市海关进口情况

（按进口金额排序）

排名	省市	数量（件）			金额（美元）		
		2019年	2018年	同比（%）	2019年	2018年	同比（%）
1	上海	2,494,570	2,233,273	11.70	302,148,074	257,841,790	17.18
2	浙江	7,457,594	7,071,162	5.46	48,024,925	45,238,761	6.16
3	广东	2,292,704	2,765,430	−17.09	47,326,684	53,734,468	−11.92
4	北京	182,197	182,823	−0.34	29,545,120	30,918,036	−4.44
5	天津	404,412	428,962	−5.72	22,573,351	22,630,146	−0.25
6	江苏	666,351	562,052	18.56	22,518,446	17,879,809	25.94
7	湖北	185,789	159,770	16.29	15,564,109	19,616,430	−20.66
8	山东	171,749	238,661	−28.04	15,373,052	13,809,078	11.33
9	福建	347,529	417,464	−16.75	9,303,538	7,031,212	32.32
10	河北	181,000	231,800	−21.92	6,425,161	7,610,298	−15.57
11	辽宁	44,586	50,890	−12.39	4,919,886	5,819,604	−15.46
12	四川	688	31,805	−97.84	1,079,226	2,059,779	−47.60
13	陕西	307	165	86.06	796,299	565,100	40.91
14	安徽	1,313	16,633	−92.11	583,271	96,028	507.40
15	重庆	724	985	−26.50	559,888	795,064	−29.58
16	吉林	2,979	4,826	−38.27	420,763	872,267	−51.76
17	河南	28,313	4,225	570.13	371,324	78,928	370.46
18	江西	757	2,927	−74.14	241,526	61,765	291.04
19	黑龙江	3,580	954	275.26	208,838	53,434	290.83
20	湖南	1,818	550	230.55	129,294	281,687	−54.10
21	云南	9,974	92,616	−89.23	112,431	172,105	−34.67
22	广西	160	218,284	−99.93	55,259	675,477	−91.82
23	西藏	16,706	24,856	−32.79	28,629	42,274	−32.28
24	内蒙古	197	212	−7.08	13,480	10,467	28.79
25	山西	9	45,131	−99.98	4,232	119,132	−96.45
26	新疆	7	1	600.00	2,181	14	15478.57
27	海南	3	122	−97.54	2,036	20,246	−89.94
28	甘肃	2			130		

（数据来源：海关总署 中国轻工业信息中心 中国乐器协会信息部）

2019年中国立式钢琴进口国家和地区

（按进口金额排序）

排名	国家和地区	数量（台）			金额（美元）		
		2019年	2018年	同比（%）	2019年	2018年	同比（%）
1	日本	81,771	75,080	8.91	91,499,232	78,452,294	16.63
2	印度尼西亚	24,188	20,356	18.82	49,296,464	41,539,357	18.67
3	韩国	80,294	78,786	1.91	28,136,840	25,727,787	9.36
4	德国	728	1,017	−28.42	7,379,915	7,723,831	−4.45
5	捷克	878	881	−0.34	3,575,032	3,496,808	2.24
6	波兰	241	183	31.69	1,419,172	951,319	49.18
7	中国台湾	615	330	86.36	406,483	208,293	95.15
8	中国大陆	367	202	81.68	182,859	113,273	61.43
9	美国	61	202	−69.80	166,541	386,058	−56.86
10	马来西亚	112	27	314.81	101,270	11,833	755.83
11	英国	76	118	−35.59	90,253	109,977	−17.93
12	奥地利	15	21	−28.57	54,723	114,350	−52.14
13	越南	50	48	4.17	44,599	48,239	−7.55
14	加拿大	29	11	163.64	36,803	8,196	349.04
15	格鲁吉亚	16	8	100.00	29,000	9,825	195.17
16	法国	31	29	6.90	24,007	35,433	−32.25
17	荷兰	10	7	42.86	14,711	11,300	30.19
18	比利时	7	1	600.00	7,222	613	1078.14
19	意大利	4	43	−90.70	3,225	188,926	−98.29
20	俄罗斯	13	6	116.67	2,575	9,413	−72.64
21	吉尔吉斯斯坦	1			1,715		
22	瑞士	2			1,146		
23	朝鲜	2			860		
24	印度	1			638		
25	丹麦	2	5	−60.00	400	3,589	−88.85
26	匈牙利	1	1	0.00	210	3,820	−94.50
27	爱尔兰		2			1,078	
28	澳大利亚		2			1,455	
29	芬兰		3			1,012	
30	瑞典		8			4,983	
31	西班牙		2			340	

2019年中国三角钢琴进口国家和地区

（按进口金额排序）

排名	国家和地区	数量（台）			金额（美元）		
		2019 年	2018 年	同比（%）	2019 年	2018 年	同比（%）
1	德国	628	679	−7.51	36,830,091	34,880,205	5.59
2	日本	5,383	5,036	6.89	29,867,161	24,958,999	19.66
3	印度尼西亚	2,241	1,942	15.40	11,300,605	9,648,317	17.13
4	美国	120	262	−54.20	2,484,619	3,241,532	−23.35
5	捷克	117	87	34.48	1,699,454	1,499,951	13.30
6	奥地利	15	15	0.00	1,054,488	864,593	21.96
7	意大利	16	7	128.57	902,607	429,870	109.97
8	波兰	49	25	96.00	812,730	324,106	150.76
9	爱沙尼亚	10	6	66.67	204,128	126,141	61.83
10	英国	18	15	20.00	193,978	62,370	211.01
11	韩国	222	79	181.01	191,274	74,237	157.65
12	中国大陆	18	9	100.00	102,052	14,832	588.05
13	法国	10	31	−67.74	58,386	134,556	−56.61
14	澳大利亚	1			50,686		
15	保加利亚	3			44,399		
16	加拿大	4			39,424		
17	俄罗斯	14			33,770		
18	巴西	1			6,600		
19	格鲁吉亚	1	1	0.00	4,500	2,613	72.22
20	马来西亚	1	1	0.00	1,204	1,103	9.16
21	中国台湾	1	1	0.00	696	590	17.97
22	丹麦	1			281		
23	比利时		5			2,609	
24	荷兰		1			5,441	
25	瑞士		1			89,265	
26	新加坡		1			4,732	

2019年中国主要乐器进口额前10位国家和地区

（按进口金额排序）

商品名称	国家和地区数量	排名	国家和地区	数量（件或千克）			金额（美元）		
				2019年	2018年	同比（%）	2019年	2018年	同比（%）
立式钢琴	31	1	日本	81,771	75,080	8.91	91,499,232	78,452,294	16.63
		2	印度尼西亚	24,188	20,356	18.82	49,296,464	41,539,357	18.67
		3	韩国	80,294	78,786	1.91	28,136,840	25,727,787	9.36
		4	德国	728	1,017	−28.42	7,379,915	7,723,831	−4.45
		5	捷克	878	881	−0.34	3,575,032	3,496,808	2.24
		6	波兰	241	183	31.69	1,419,172	951,319	49.18
		7	中国台湾	615	330	86.36	406,483	208,293	95.15
		8	中国大陆	367	202	81.68	182,859	113,273	61.43
		9	美国	61	202	−69.80	166,541	386,058	−56.86
		10	马来西亚	112	27	314.81	101,270	11,833	755.83
三角钢琴	26	1	德国	628	679	−7.51	36,830,091	34,880,205	5.59
		2	日本	5,383	5,036	6.89	29,867,161	24,958,999	19.66
		3	印度尼西亚	2,241	1,942	15.40	11,300,605	9,648,317	17.13
		4	美国	120	262	−54.20	2,484,619	3,241,532	−23.35
		5	捷克	117	87	34.48	1,699,454	1,499,951	13.30
		6	奥地利	15	15	0.00	1,054,488	864,593	21.96
		7	意大利	16	7	128.57	902,607	429,870	109.97
		8	波兰	49	25	96.00	812,730	324,106	150.76
		9	爱沙尼亚	10	6	66.67	204,128	126,141	61.83
		10	英国	18	15	20.00	193,978	62,370	211.01
拨弦古钢琴及其他键盘弦乐器	14	1	日本	373	294	26.87	925,706	582,561	58.90
		2	德国	32	11	190.91	111,791	317,969	−64.84
		3	美国	9	25	−64.00	47,934	45,163	6.14
		4	意大利	4	3	33.33	17,435	45,726	−61.87
		5	比利时	8			4,247		
		6	中国台湾	2			4,178		
		7	印度尼西亚	2	4	−50.00	3,720	3,308	12.45
		8	韩国	3	1	200.00	3,457	400	764.25
		9	法国		4			55,188	
		10	荷兰		1			36,176	

续表

商品名称	国家和地区数量	排名	国家和地区	数量（件或千克）			金额（美元）		
				2019 年	2018 年	同比（%）	2019 年	2018 年	同比（%）
弓弦乐器	25	1	中国大陆	51	684	−92.54	1,004,321	32,014	3037.13
		2	德国	248	282	−12.06	166,153	647,428	−74.34
		3	捷克	342	75	356.00	84,692	37,173	127.83
		4	罗马尼亚	428	40	970.00	50,086	3,020	1558.48
		5	意大利	9	43	−79.07	34,005	1,362,967	−97.51
		6	英国	8	40	−80.00	19,941	14,207	40.36
		7	韩国	29	12	141.67	11,976	5,603	113.74
		8	匈牙利	10	14	−28.57	11,583	9,866	17.40
		9	美国	21	14	50.00	6,647	17,776	−62.61
		10	法国	9	47	−80.85	4,878	262,484	−98.14
其他弦乐器	38	1	印度尼西亚	176,385	202,555	−12.92	8,832,564	10,066,485	−12.26
		2	美国	3,606	2,859	26.13	3,929,072	3,405,581	15.37
		3	墨西哥	14,610	15,812	−7.60	3,728,634	4,442,863	−16.08
		4	中国台湾	3,521	2,265	55.45	643,872	377,637	70.50
		5	意大利	118	82	43.90	601,282	586,325	2.55
		6	法国	90	51	76.47	566,595	281,284	101.43
		7	日本	1,187	720	64.86	499,118	420,933	18.57
		8	德国	385	232	65.95	312,601	235,489	32.75
		9	中国大陆	13,915	1,786	679.12	289,138	78,958	266.19
		10	西班牙	601	360	66.94	216,631	108,017	100.55
铜管乐器	19	1	日本	1,799	868	107.26	2,444,306	1,059,100	130.79
		2	法国	1,081	46	2250.00	2,015,054	109,421	1741.56
		3	德国	359	330	8.79	1,250,708	1,291,183	−3.13
		4	美国	593	1,195	−50.38	776,055	1,339,549	−42.07
		5	中国台湾	2,804	1,879	49.23	654,624	787,416	−16.86
		6	捷克	378	605	−37.52	534,069	733,326	−27.17
		7	西班牙	168	204	−17.65	197,130	291,850	−32.46
		8	荷兰	82	67	22.39	175,269	181,409	−3.38
		9	越南	289	195	48.21	52,232	28,441	83.65
		10	意大利	13	8	62.50	27,476	20,190	36.09
键盘管风琴；簧风琴等游离金属簧片键盘乐器	12	1	意大利	103	21	390.48	385,672	112,917	241.55
		2	瑞士	5			237,508		
		3	德国	20	19	5.26	127,138	2,772,305	−95.41
		4	荷兰	6	8	−25.00	56,675	22,669	150.01

续表

商品名称	国家和地区数量	排名	国家和地区	数量（件或千克）			金额（美元）		
				2019年	2018年	同比（%）	2019年	2018年	同比（%）
键盘管风琴；簧风琴等游离金属簧片键盘乐器	12	5	英国	1	3	−66.67	37,349	9,052	312.60
		6	加拿大	9	3,203	−99.72	7,116	1,123,819	−99.37
		7	中国大陆	162			5,625		
		8	日本	100	397	−74.81	3,173	12,910	−75.42
		9	印度	6			1,034		
		10	比利时	3			670		
手风琴及类似乐器	14	1	意大利	708	370	91.35	895,240	206,608	333.30
		2	朝鲜	2,450	2,794	−12.31	158,540	188,355	−15.83
		3	德国	15	16	−6.25	8,908	3,258	173.42
		4	瑞典	4			5,299		
		5	中国大陆	7	17	−58.82	3,018	3,722	−18.91
		6	日本	21	6	250.00	2,425	1,924	26.04
		7	印度	8	4	100.00	199	285	−30.18
		8	比利时		2			48	
		9	俄罗斯		28			5,340	
		10	法国		1			230	
口琴	11	1	日本	57,148	31,598	80.86	1,597,412	806,871	97.98
		2	德国	7,524	30,872	−75.63	104,674	427,449	−75.51
		3	韩国	1,300			59,100		
		4	印度尼西亚	806	85	848.24	30,621	3,166	867.18
		5	中国大陆	602	3,450	−82.55	9,804	11,906	−17.65
		6	波兰	3,751	1,193	214.42	9,046	6,063	49.20
		7	中国台湾	104			177		
		8	荷兰	12			121		
		9	意大利	1			28		
		10	美国		1			138	
其他管乐器，但游艺场风琴及手摇风琴除外	26	1	日本	66,324	18,408	260.30	5,712,720	3,681,405	55.18
		2	法国	2,306	2,090	10.33	2,981,324	3,159,820	−5.65
		3	中国台湾	180,699	189,091	−4.44	2,383,116	2,106,646	13.12
		4	德国	1,827	1,393	31.16	1,730,048	1,790,794	−3.39
		5	美国	1,181	1,116	5.82	270,479	392,968	−31.17

续表

商品名称	国家和地区数量	排名	国家和地区	数量（件或千克）			金额（美元）		
				2019 年	2018 年	同比（%）	2019 年	2018 年	同比（%）
其他管乐器，但游艺场风琴及手摇风琴除外		6	印度尼西亚	74,043	94,867	−21.95	254,054	102,153	148.70
		7	捷克	118	84	40.48	125,602	75,447	66.48
		8	瑞典	3,082	2,294	34.35	109,974	78,460	40.17
		9	韩国	21,446	34,611	−38.04	42,510	151,915	−72.02
		10	瑞士	2			34,344		
打击乐器	56	1	印度尼西亚	1,352,102	1,835,729	−26.35	3,825,074	5,979,856	−36.03
		2	中国台湾	140,419	108,963	28.87	3,643,439	3,803,146	−4.20
		3	德国	128,403	168,365	−23.74	3,180,614	3,990,457	−20.29
		4	美国	84,901	48,288	75.82	2,999,355	3,149,854	−4.78
		5	荷兰	767	844	−9.12	1,711,071	1,865,145	−8.26
		6	日本	7,656	12,314	−37.83	1,649,714	2,257,476	−26.92
		7	加拿大	29,893	43,716	−31.62	1,230,095	1,255,786	−2.05
		8	泰国	40,909	37,071	10.35	846,497	830,116	1.97
		9	土耳其	5,657	5,497	2.91	460,186	463,390	−0.69
		10	法国	1,943	703	176.39	439,992	210,573	108.95
通过电产生或扩大声音的键盘乐器	16	1	印度尼西亚	72,578	72,191	0.54	40,639,334	36,735,990	10.63
		2	马来西亚	33,150	17,213	92.59	12,737,886	6,130,607	107.78
		3	日本	2,092	1,565	33.67	2,539,542	2,099,160	20.98
		4	瑞典	498	413	20.58	725,729	538,077	34.87
		5	意大利	582	405	43.70	552,104	332,459	66.07
		6	中国大陆	4,703	12,650	−62.82	389,013	927,697	−58.07
		7	荷兰	6	8	−25.00	150,663	63,526	137.17
		8	越南	870	3,046	−71.44	137,201	228,212	−39.88
		9	美国	7	6	16.67	9,676	5,382	79.78
		10	法国	1			2,957		
其他通过电产生或扩大声音的乐器	33	1	印度尼西亚	37,315	43,042	−13.31	6,861,126	7,552,851	−9.16
		2	美国	5,213	5,471	−4.72	4,083,055	3,738,395	9.22
		3	墨西哥	8,294	4,002	107.25	2,873,235	1,209,920	137.47
		4	马来西亚	8,934	9,915	−9.89	2,271,759	4,071,717	−44.21
		5	中国台湾	7,695	3,995	92.62	2,109,151	1,120,475	88.24
		6	日本	2,613	3,172	−17.62	1,208,799	1,300,493	−7.05

续表

商品名称	国家和地区数量	排名	国家和地区	数量（件或千克）			金额（美元）		
				2019年	2018年	同比（%）	2019年	2018年	同比（%）
其他通过电产生或扩大声音的乐器	33	7	韩国	5,882	975	503.28	695,435	248,012	180.40
		8	加拿大	225	122	84.43	136,466	26,689	411.32
		9	中国大陆	977	1,454	−32.81	92,634	89,720	3.25
		10	德国	160	208	−23.08	45,156	113,077	−60.07
百音盒	22	1	意大利	365	52	601.92	488,917	49,041	896.96
		2	中国大陆	15,256	6,747	126.12	76,428	95,576	−20.03
		3	日本	2,714	4,476	−39.37	54,608	144,557	−62.22
		4	法国	302	5	5940.00	42,534	23	184830.43
		5	英国	514	405	26.91	35,700	21,534	65.78
		6	瑞士	160	166	−3.61	20,141	54,720	−63.19
		7	美国	57	28	103.57	17,362	19,736	−12.03
		8	菲律宾	420	102	311.76	6,572	1,474	345.86
		9	韩国	312			4,757		
		10	荷兰	29	43	−32.56	4,035	2,020	99.75
其他乐器；各种媒诱音响器、哨子、号角等	26	1	日本	118,290	126,324	−6.36	335,180	320,770	4.49
		2	德国	906	246	268.29	234,384	43,221	442.29
		3	中国台湾	112,017	141,023	−20.57	115,031	115,487	−0.39
		4	瑞士	10	2	400.00	108,468	90	120420.00
		5	加拿大	118,338	135,613	−12.74	44,351	60,377	−26.54
		6	英国	67,245	84,303	−20.23	24,413	25,392	−3.86
		7	西班牙	66,404	53,512	24.09	12,898	13,566	−4.92
		8	中国大陆	6,889	7,043	−2.19	7,324	5,351	36.87
		9	以色列	78	107	−27.10	6,255	8,419	−25.70
		10	荷兰	48	5	860.00	5,026	13	38561.54
乐器用弦（千克）	24	1	美国	90,893	64,932	39.98	5,670,403	4,325,413	31.10
		2	德国	155,871	159,686	−2.39	1,393,432	1,240,775	12.30
		3	日本	131,111	96,101	36.43	908,999	634,968	43.16
		4	奥地利	878	250	251.20	851,882	257,116	231.32
		5	丹麦	485	304	59.54	528,265	412,122	28.18
		6	印度尼西亚	4,041	4,143	−2.46	391,563	359,809	8.83
		7	墨西哥	4,308	4,571	−5.75	343,529	246,082	39.60
		8	法国	4,298	1,935	122.12	184,747	85,432	116.25
		9	意大利	2,632	1,984	32.66	152,822	230,139	−33.60
		10	英国	740	132	460.61	129,127	19,984	546.15

续表

商品名称	国家和地区数量	排名	国家和地区	数量（件或千克）			金额（美元）		
				2019 年	2018 年	同比（%）	2019 年	2018 年	同比（%）
钢琴的零件、附件（千克）	15	1	日本	6,502,356	6,112,592	6.38	21,174,314	20,317,797	4.22
		2	德国	326,316	94,729	244.47	8,833,552	9,370,866	−5.73
		3	印度尼西亚	33,989	184,865	−81.61	298,243	1,173,415	−74.58
		4	韩国	7,870	8,848	−11.05	293,125	225,047	30.25
		5	意大利	12,361	24	51404.17	213,918	1,573	13499.36
		6	加拿大	2,026	965	109.95	57,759	48,549	18.97
		7	中国大陆	3,104	77	3931.17	47,367	5,101	828.58
		8	奥地利	3,256	2,889	12.70	37,363	65,442	−42.91
		9	中国台湾	71	30	136.67	32,130	56,610	−43.24
		10	英国	178	156	14.10	14,725	13,352	10.28
弦乐器的零件、附件（千克）	31	1	中国台湾	224,252	288,588	−22.29	2,455,617	2,352,642	4.38
		2	韩国	37,298	45,527	−18.07	1,643,535	2,052,251	−19.92
		3	美国	7,694	6,305	22.03	1,097,421	927,861	18.27
		4	日本	10,765	9,378	14.79	739,126	518,218	42.63
		5	法国	926	709	30.61	383,826	317,607	20.85
		6	中国大陆	3,636	5,456	−33.36	245,492	555,998	−55.85
		7	德国	2,272	2,808	−19.09	243,688	306,446	−20.48
		8	印度	20,124	3,367	497.68	119,963	72,091	66.40
		9	意大利	390	133	193.23	98,588	9,960	889.84
		10	加拿大	873	1,483	−41.13	75,855	120,336	−36.96
键盘电子乐器的零件、附件（千克）	36	1	印度尼西亚	1,299,092	1,300,495	−0.11	8,423,163	9,111,177	−7.55
		2	韩国	143,505	130,160	10.25	3,955,839	3,972,285	−0.41
		3	马来西亚	479,318	490,872	−2.35	3,368,796	2,183,171	54.31
		4	中国大陆	94,088	111,665	−15.74	3,036,749	2,945,910	3.08
		5	泰国	26,290	29,000	−9.34	1,242,038	1,421,951	−12.65
		6	日本	34,318	71,008	−51.67	1,206,809	2,154,766	−43.99
		7	美国	9,052	6,754	34.02	1,093,729	970,366	12.71
		8	中国台湾	15,166	21,473	−29.37	852,678	978,333	−12.84
		9	意大利	56,715	114,276	−50.37	725,970	1,587,940	−54.28
		10	菲律宾	423	420	0.71	63,562	62,511	1.68
节拍器、音叉及定音管（千克）	10	1	日本	23,712	14,541	63.07	878,728	515,059	70.61
		2	德国	9,131	4,311	111.81	396,002	258,421	53.24
		3	中国大陆	5,881	5,170	13.75	390,266	363,164	7.46
		4	泰国	3,743	5,292	−29.27	88,426	132,664	−33.35

续表

商品名称	国家和地区数量	排名	国家和地区	数量（件或千克）			金额（美元）		
				2019 年	2018 年	同比（%）	2019 年	2018 年	同比（%）
节拍器、音叉及定音管（千克）	10	5	越南	506	424	19.34	65,533	48,917	33.97
		6	韩国	528			18,946		
		7	美国	2	92	−97.83	1,682	11,722	−85.65
		8	英国	11	5	120.00	76	176	−56.82
		9	中国台湾		38			195	
		10	印度					16	
百音盒的机械装置（千克）	9	1	中国台湾	85,628	102	83849.02	294,897	3,096	9425.10
		2	意大利	112			22,295		
		3	日本	2,593	40	6382.50	10,335	6,915	49.46
		4	中国大陆	203	1,944	−89.56	8,939	12,864	−30.51
		5	捷克	20			2,852		
		6	韩国	100			1,570		
		7	波兰		189			473	
		8	瑞士		29			323	
		9	斯洛文尼亚		20			822	
其他乐器的零件、附件（千克）	53	1	中国台湾	9,335,926	712,262	1210.74	733,907	9,400,019	−92.19
		2	印度尼西亚	8,828,517	63,177	13874.26	54,560	7,399,963	−99.26
		3	日本	7,209,164	174,150	4039.63	171,412	8,162,261	−97.90
		4	法国	3,266,045	16,575	19604.65	10,494	2,295,714	−99.54
		5	美国	2,906,358	72,715	3896.92	85,056	3,645,607	−97.67
		6	德国	1,854,290	42,327	4280.87	79,933	3,266,477	−97.55
		7	中国大陆	587,751	39,744	1378.84	236,131	2,696,416	−91.24
		8	意大利	392,238	2,450	15909.71	4,080	691,290	−99.41
		9	加拿大	310,535	7,435	4076.66	8,198	311,017	−97.36
		10	巴哈马	184,975	1,802	10164.98			

（数据来源：海关总署 中国轻工业信息中心 中国乐器协会信息部）

CHINA MUSICAL
INSTRUMENT YEARBOOK

（2020）

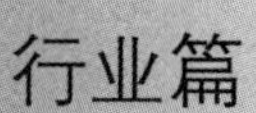
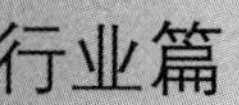

工作要点

2019年中国乐器协会工作计划

一、合力打造行业服务平台，提升协会创新力和凝聚力

1. 科技信息服务平台，让科技信息动起来

协会综合业务部对接中轻联主管部门，建立科技创新和品牌建设快速信息通道，并与国际同行业、院校科研单位和中国乐器信息中心等单位密切合作，逐步组成科技信息采集交流平台。采取重点活动对接和常态科技信息发布形式，及时准确为会员单位提供行业科技信息服务。创造条件编制《乐器科技信息快报》（网络版）。

2. 搭建科技创新专家及项目合作平台，让科技资源聚起来

拓宽行业科技合作视野，协会和分支机构积极与科研院所合作，与国际行业协会和著名企业合作，广泛聚集国内外科技项目和科研单位及专家资源，为行业和会员单位提供专家咨询、项目对接等服务。2019年支持会员单位技术中心、重点实验室建设，落实科研院校合作单位3个，国际科技合作类项目2个，充实行业及院所科研专家，逐步积累行业科技资源库，争取在科技大会期间组织“科技项目专家与行业对接洽谈活动”，发布技术专利、项目成果和交流经验。

3. 行业重点科技项目对接服务平台，把企业、行业和政府连起来

科技创新促进乐器产业集群发展，以科技绿色智慧引领集群提升。按照王世成理事长要求，协会综合业务部认真对接中国轻工业联合会综合业务部，加强行业科技创新等各方面的工作服务力度。包括：政策宣贯、推广先进质量管理方法、轻工重点实验室、技术标准制修订、品牌培育、创新项目推荐、申报绿色工厂、共建特色产业基地等十多项重点工作。协会适时加强协调服务机构力量，打通上下通道，反映行业、企业诉求，使乐器行业紧跟国家科技创新的步伐，支撑产业转型升级。

4. 职业技能培训鉴定服务平台，让技术培训活起来

乐器行业职业技能培训鉴定，是从20世纪80年代末开始的。二十多年培养了6000余名钢琴调律师和一批提琴制作技师、高级技师。2019年一要实施行业培训鉴定计划，完成标准补充修订，二要完善职业技能鉴定站培训鉴定职能，三要为乐器技能专业院校提供双证培训鉴定服务。同时积极开展钢琴调律联盟标准培训认证工作，作为行业标准的补充和中高端试点。

在推进钢琴调律技能培训鉴定基础上，加速筹备西管乐器、吉他、提琴、电鸣乐器和民族弹拨、拉弦乐器等职业技能培训鉴定工作。制定行业职业标准、培训中高级教师、完善职业技能培训课程、实操训练和行业职业鉴定等。

二、认真落实科技创新计划，加速产业转型升级

1. 梳理行业科技项目框架体系，做好顶层设计

协会和各分支机构组织专业小组，针对影响行业技术进步和产业升级的关键技术难点，梳理出全行业和本行业重点科研项目课题体系，按协会和分支机构及骨干企业三级管理，并不断完善补充。依据课题体系，制定年度科技攻关计划，分阶段组织实施。请各分支机构和行业科研基地于2019年4月底前，提出各行业科技创新两年任务体系和近期计划，各分支机构按时报告，协会组织专家组汇总整理成“乐器行业科技创新实施方案”。

技术专利转换标准，加强知识产权保护，发挥技术标准对行业引领作用。按照乐器标准化体系，组织好2019年国标、行标制修订，行业标准《手风琴》等4项制修订。同时认真落实团体标准调研起草，重点在乐器消费、技术服务和信息化、智能化等跨界合作的领域展开。现正在进行的有星海、珠江、海伦等单位起草的《键盘乐器智能系统通用技术条件》，吟飞、乐器研究所等单位起草的《绿色产品评价 乐器》两项团体标准。团体标准市场化特点，会有新的发展空间，同时又要避免系统混乱和粗制滥造的现象。

2. 落实行业年度重点攻关项目计划

乐器行业重点科技方向：乐器声学（声学材料、声学测试分析、乐器声学改善）；智能加工装备与技术工艺（通用设备应用、专用设备研发）；乐器表面处理与环保技术（木材、金属材表面砂磨与油漆）等。具体项目，一是民族低音拉弦乐器改革三个项目组在多年研发取得阶段性成果基础上，重点推动乐团试用改进，在音色融合度和演奏性能方面不断研究改进，年内争取有新的突破；二是声学木材研发项目在钢琴音板批量应用基础上，扩展到吉他、提琴音板研究与应用。乐器特色产业基地可以组织民乐泡桐、苦竹和蟒皮声学项目研究。三是环保材料和先进工艺设备推广，重点从环保油漆的选择，工艺研究与应用，环境治理经验推广。协会和相关分支机构将对以上三个重点的各个合作项目进行跟进和配套服务，组织专项交流活动。

3. 办好两展、两会，搭建全球业内新产首发平台

协会重点工作的时间节点是5月北京音乐生活展、10月上海国际乐器展和3月底理事扩大会和11月常务理事会暨乐器行业科技大会。分别承载着行业商贸、科技、音乐教育和国际合作等重点工作。北京音乐生活展调整定位，聚焦音乐教育；上海国际乐器展完善全球新品首发平台，延伸音乐生活体验；理事扩大会以国家改革开放40年和协会30年为契机，回顾总结，展望未来；科技大会集成果展示、项目交流和专家对话为一体，积极探讨市场化技术研发运行机制。

4. 筹建国际化、多专业的中国乐器修造学院

目前，乐器技术人才培养是行业发展的瓶颈，专业技术、技能人才是短板，缺乏综合性培训平台。我们总结多年国家标准培训鉴定经验，实施行业职业技能培训鉴定，钢琴调律师培训鉴定计划已经落实，每年400～500人次的规模将持续推进，其他专业也在积极筹备。为了尽快解决行业中高端人才系统培养和提升的问题，2018年在中法技术合作框架下，协会与法国布菲乐器集团、法国欧洲音乐技师学院合作，组建中法合作中国乐器修造学院为行业人才培养创造了机遇。协会推荐江苏高等职业艺术学校作为乐器修造阅历教育的共建单位，四方已经于2018年10月签订合作意向，准备在中法合作乐器修造学院先设立钢琴、提琴、吉他和西管乐器修造专业，逐步扩展到民族乐器、声学研究、工艺研究等专业，并设立面对乐器行业和社会的中高端乐器修造人才培训基地。

三、组织好国民音乐教育大会和“6·21国际乐器演奏日”，拓展音乐教育与音乐生活大市场

1. 国民音乐教育大会

这是协会与中央音乐学院、音协管乐学会和全国音乐教育合作联盟共同打造的国际化音乐教育展示交流合作平台。大会坚持国际化、高标准，2019年将在内容设计、展现形式和参与范围上重点突破。聚焦当今国内外音乐教育市场的热点、难点问题，更广泛地组织各界专家、学者和老师参与，集中展现理论研究、内容创作、师资培训、机构管理提升等方面话题和成果。时间定于5月上旬，拟调整同期北京音乐生活展的定位，聚焦音乐教育，合力打造音乐教育服务的国际化品牌。

2. 继续组织好中国“6·21国际乐器演奏日”活动，扩大音乐人口

在2018年活动规模和水平基础上，提出四条组织原则，一是坚持公益性、社会化、大众音乐文化活动原则，在北半球夏至日前后一周内，组织全民玩乐器、奏音乐；二是继续采取联合主办方共同推进的组织原则，由项目发起方（中国乐器协会、中央音乐学院、音协管乐学会、音乐教育服务合作联

盟和北京乐器学会）牵头，发动全国（含港澳台地区）青少年和各界人士积极响应，自愿组织大众音乐演出活动；三是丰富“活动”品牌内涵和形象设计，各个联合主办方积极创建各自品牌活动，并不断延伸拓展，形成相对稳定的特色活动，同时组委会与各国组委会协调，设计中国特色的“活动”形象标识和系列文创产品；四是加强各个组织单位活动资料采集和交流，适时组织地方特色展演和总结交流活动，加强国际交流合作。

四、加强行业协会党组织建设和基础建设，提高服务质量和凝聚力

1. 加强党建工作

协会按照联合会党委要求做好加强党建工作，坚持党的领导，落实各项方针政策，坚持“三重一大”民主决策程序，发挥党组织战斗堡垒作用。协会党组织积极支持会员单位党组织开展交流活动。

2. 协会基础工作

包括：不断完善管理规章制度；规范内部管理；依法依规开展行业服务和对外合作；充分调动协会分支机构和骨干企业的积极性；完善服务内容与形式；健全组织结构和运行机制；组织好专家团队和专业工作组，开展科技创新与市场服务创新；积极推动行业信用体系建设；加强学习，坚持廉洁自律。

2019年是“十三五发展规划”关键的一年，人民日益增长的音乐文化消费需求，倒逼行业高质量发展，协会工作也面临新的要求和挑战，让我们携手共进，迎接乐器行业由大到强的明天。

2019年中国乐器协会工作总结

2019年乐器行业面对产业转型升级和市场多变的压力加上中美贸易摩擦的影响，突发和不可测因素明显增加。协会认真学习贯彻党中央和国家各项方针政策，坚持科技创新推动供给侧改革，服务音乐教育扩展乐器市场，制造业继续保持稳中有升的发展态势。乐器规模以上企业累计完成主营业务收入412.77亿元，同比增长5.45%；工业增加值增速为4.7%，略高于同期全轻工行业平均水平（4.4%）；主营业务收入利润率为4.46%，同比下降12.86%；乐器行业亏损面为9.42%，同于2018年同期。

投资结构、产品结构和市场结构进一步优化，协会党建与行业服务有新的突破。

一、深入开展“不忘初心、牢记使命”主题教育，创建活力和谐型党组织

1. 深入开展主题教育活动，“不忘初心、牢记使命”

按照中轻联党委部署，党支部坚持“读原著、悟原理、谈思想”的要求，在自学同时，组织全体党员分专题讲体会，比较全面、系统地学习研讨，收效很好。党支部积极参加了党委组织的“基层党组织标准化、规范化建设”测评试点，经过完善党建制度、建立学习园地、党员活动室、信息平台和规范组织建设等全方位的学习整顿，大大促进了党支部基础工作建设。主题教育活动，党支部战斗堡垒作用明显提高，也形成了“活力和谐型”党支部建设特色。

党支部从主题教育一开始就把学习教育、调查研究、检视问题和整改落实贯彻始终。认真做好动员部署，制定方案，组织学习。在学习中坚持“读原著、悟原理、谈体会”的学习方法，组织全体党员、积极分子系统学习“习近平新时代中国特色社会主义思想”和相关资料。在自学基础上，组织了五个专题集体学习。请每个党员讲学习体会。五个专题分为“新时代中国特色社会主义思想核心内容”“中华民族伟大复兴的中国梦”“对全面改革开放的认识理解”“中国特色社会主义的经济建设、政治建设、文化建设、社会建设和生态文明建设”“党的建设是社会主义的政治保证”。党政班子成员带头宣讲。大

家一面认真读原著，一面准备演讲发言，并结合协会工作和自身成长经历讲体会、谈思想。全员参与的集中学习和专题性研究，提高的学习质量，也调动了大家学习积极性。

在此期间党支部组织了三次集体学习研讨活动，副书记孙瑞勇同志带头为党员和积极分子上了题为“守初心、担使命”的主题党课。强调“守初心坚持以人民为中心，担使命坚持敢担当善作为，找差距坚持高标准严要求，抓落实坚持重服务解难题”。书记结合开展行业调查研究作了“行业企业调研基本功”的辅导。

2. 党建标准化、规范化建设，提升党组织领导核心作用

加强党组织基础建设，对提高基层党组织战斗力会起到重要作用。结合“不忘初心、牢记使命”主题教育，对照《党章》、党规和标准化项目检查，看到了差距和问题，引起领导和党员的高度重视。经过指导组初始检查、正式测评和对薄弱环节的整改，党组织标准化、规范化水平提高，决策能力明显提升，得到党委指导组好评。

3. 组织主题党日和扶贫支教活动

7月1日乐器协会党支部与自行车协会党支部组织全体党员和职工参加联合党日活动。赴蓟县盘山烈士陵园参观学习。向革命烈士墓敬献花篮，重温“入党誓言”。参观了天津蓟州区穿山峪镇小穿芳峪村党支部带领全村脱贫致富、跨越式发展的先进事迹，与村书记深入座谈交流。社会主义新农村翻天覆地的变化，给大家十分生动的教育。

7月9日党支部在国资委轻工协作组和王世成副书记带领下，参加了河北平乡县扶贫支教公益活动。协会职工捐赠一架数码钢琴，江苏东方口琴公司捐赠650只敦煌牌口琴。还请到了著名口琴演奏家白燕升先生，给中心小学150名学生上口琴演奏课，地方政府领导和学校师生及家长一致点赞。

党支部结合学习调研，认真检视、梳理了重要问题要点。向全体党员、职工公示，征求意见。同时，开展广泛的谈心活动，组织党员自评、互评和民主评议活动。经反复研究，归纳整理出党建工作四个方面，10个主要问题，并初步提出14条整改措施，有计划地组织实施。

二、深入调研，把握行业动态，反映企业诉求

为了及时准确把握行业动态，反映行业、企业诉求，王会长亲自带领组织行业调研，制定了“1+5”调研计划和调研提纲，先后组织副理事长单位进行“减税降费”专题调查问卷；68家骨干企业参加的“1+5”问卷调查。“1+5”是指“企业党建调研，加中美贸易摩擦、企业减税降费、乐器进校园、上海展全球新品首发平台和三级科技合作项目”的全方位深入调研。协会组成三个调研小组，分别对“珠三角、长三角和京津冀”实地考察调研。一组到江苏，侧重“中美贸易摩擦造成影响”调研；另一组到天津静海，侧重对“乐器进校园”进行调研；第三组到广东惠阳，侧重对“企业减税降费落实情况”进行调研。调查表明，乐器骨干企业党组织机构健全、活动积极有效，党组织在企业发展中的核心作用发挥较好。“1+5”问卷调研中，71.2%企业建有比较规范的党组织，其中一部分骨干企业，包括：珠江钢琴集团、上海民族乐器一厂、星海钢琴、津宝乐器、华东乐器、凤灵乐器集团、天鹅乐器、奇美乐器等，还建有非常规范的党建活动基地。参加党建调研和接受问卷调查的68家单位中39家建有独立党组织；4家以联合支部形式开展活动；25家暂未设置党组织。少数小微企业因为党员人数少，有的是地方属地党组织派指导员，有的还待落实。长三角地区参加座谈会17家企业，党组织机构健全的14家，占总数82.3%；中西部和少数民族地区企业偏弱。

整个调研活动，共发出问卷68份（含“减税降费”和“1+5”两套调查问卷），截至7月2日收回68份；召开区域座谈会3次，参加企业39家；考察重点企业7家。针对调研提出的重点问题和行业诉求，组织专人撰写了四个专题报告，分别是“关于对进口二手钢琴单独设立税号的请示”“关于建议调整乐器用进口钢丝归类、税率的请示”“关于落实国家深化教育教学改革全面提高义务教育质量文件精神，合力推动乐器进校园的政策建议”，以及再次提出“中美贸易摩擦反制美国进口原木调整出增加关税目录的请示”。

三、深入开展科技创新活动，推动乐器产业转型升级

1. 组建乐器行业三级科研项目体系，推动行业科技合作

组织落实上年科技大会重点措施，2019年4—6月，协会组织各个分支机构研究推荐，形成行业三级科技合作项目体系。行业三级科研合作项目第一期为16项，其中全行业重点项目4项，包括：材料配件专委会“钢琴音质及声学木材研究”、电鸣分会“乐器音高检测技术研究”、民乐分会“古筝声学系统研究”、西管乐器专委会“中高端产品声学品质和演奏性能提升”等。各产品行业重点项目包括：“钢琴音源声学测试与研究”等10项。三级项目以骨干企业为主，重点合作攻关项目5项。在落实三级合作项目同时，落实重点科技项目组织实施办法和运行机制。

2. 中高端产品创新，拉动产业转型升级

创新产品助力国家重大政治活动。珠江恺撒堡音乐会钢琴在祖国70周年庆典晚会，亮相天安门广场；天津津宝鼓、号成为千人军乐团定制乐器；民族乐器精品荣登各大演出场所。各个骨干企业推出一批高水平纪念版、定制版新产品，展现了高档产品水平和创新能力。著名钢琴演奏家吴牧野在上海国际乐器展演奏了国庆晚会珠江恺撒堡钢琴后表示，该琴比他在G20弹的琴，各方面都有很大提高。

3. 上海国际乐器展全球业界新品首发高调亮相

在初步尝试基础上，2019年上海展组委会精心策划、积极发动，经过参展商自愿申请、专家团评审、社会公示，在62件入围新产品中推选出20件年度首发新品。于10月10—11日，举行了全球业界新品首发仪式。仪式特邀国际行业协会、各界专家、国内外采购商、经销商和40多家公众及业内媒体参加，并组织网络直播和场内外同步转播，成为展会和业界热点、亮点。

荣获新品首发的产品包括：施坦威（中国）郎朗黑钻钢琴、珠江恺撒堡GH170钢琴及蓝牙无线演奏系统、上民一厂“华夏一家”70年献礼古筝、得理（上海）高端电子合成器、津宝FEBOS系列8型马林巴、乐队琴、数码钢琴、琵琶、云录音机和加键唢呐等。会后，很多没有参加首发活动的企业，纷纷表示要认真准备，争取2020年上海乐器展上首发。

4. 国际提琴及琴弓制作比赛，中国选手成绩斐然

由协会和中央音乐学院主办第四届中国国际提琴及琴弓制作比赛，郑荃教授任评委会主席，比赛吸引了中国、美国、意大利、韩国、波兰、匈牙利、马来西亚、澳大利亚、保加利亚9个国家200余名选手，共计437件乐器作品参赛。规模比第三届增加30%。本届比赛除了选出大、中、小提琴及琴弓金银铜6类奖项外，还评选了“最佳克雷蒙娜风格奖”“最佳声音奖”“最佳油漆奖”“最佳年轻入围决赛奖”“最佳个性风格奖”等特别奖项。中国提琴制作师徐云海、王宴分别获小提琴、中提琴制作金奖，李建锋获中提琴琴弓制作金奖。大、中、小提琴及琴弓金银铜奖项中仅有4名国外选手，其余均为中国制琴师，占总数77.8%。

5. 组织跨界融合的行业科技大会

11月末，协会在成都组织全行业科技大会，会议特邀原国家知识产权局老局长田力普作知识产权讲座，组织演奏专家与行业制作师面对面测评中高端产品（二胡、萨克斯），组织了“中高端产品发展和乐器进校园”两个主题论坛和科技创新经验分享活动。大会组织了“行业科技之星、新品首发和优秀科技创新项目”表彰推荐学习活动。王会长作了重要讲话。会议期间还与四川音乐学院联合组织乐器改革交流，参观盛音乐器公司和川雅木文化产业园。大会从内容到形式都有创新和扩展。

四、特色产业基地发展，推动行业品牌建设

乐器行业四个科技研发基地有所突破。海南大蟒公司科学养殖、综合利用，提高了人工繁育养殖蟒蛇质量和规模；川雅声学木材研发基地，一面深入开展校企合作，一面联合筹建新的加工基地，同时积极呼吁进口原木减免税收；吉他技术工艺研发和手风琴簧片研发基地加强行业交流学习。黄桥、

平谷、扬州、郿郚、静海、中泰、洛舍等7个特色产业基地努力开展区域科技创新和技术交流。完成了饶阳“民族乐器之乡”共建和评审命名，启动肃宁特色产业集群共建项目。同时细化产业链分工、与演奏家结合组织产品研究会等。行业分支机构积极开展科技创新和行业交流活动，电鸣乐器分会组织技术讲座，提琴分会开展行业调研，器乐文化专委会多年来组织了11场新特产品专家鉴定研讨会，民乐、钢琴、材料配件等分会组织专题交流活动，均收到较好的效果。

行业品牌建设喜讯连连。骨干企业加大品牌建设和产品创新投入，珠江钢琴、宜昌钢琴和普雷耶中国等企业收购或控股欧洲名牌产品，为提升中高端产品闯出一条新路；上海民乐一厂、乐海乐器、苏民一厂和扬州琴筝产业等，坚持中国华文化与产品创新结合，不断推出技术附加值和文化附加值高的新产品，受到专家和民乐爱好者追捧；中华老字号“国光”口琴、“施特劳斯”钢琴实施战略合作，重振民族品牌；协会与上海计算机音乐协会、上海乐器展组委会联合主办“国际电子音乐创作大赛”，由协会MIDI技术工作委员会与上海计算机音乐协会承办，电鸣乐器分会和美国国际MIDI协会全力支持，开拓了技术与应用结合的品牌项目。

五、落实人才发展战略，提升企业核心竞争力

1. 发扬大国工匠精神，加强职业技能培训

国家人社部职业培训鉴定政策调整之后，在中国轻工业联合会指导下，协会尽快恢复钢琴调律师培训鉴定项目，2019年1—9月完成钢琴调律师职业技能培训与鉴定513人次，其中技师、高级技师52人。乐器行业自2002年以来，共培训鉴定钢琴调律师8494人次，132人取得人社部《提琴制作师》职业资格证书。

根据人社部通知，协会积极组织申报国家职业技能标准库标准工作。已经做了标准修订和具备较完整的标准文本，钢琴调律师和电鸣乐器制作工，经中轻联推荐，申请列入国家职业标准库。《国家职业大典》中其他工种：钢琴键盘及乐器制作工、提琴吉他制作工、管乐器制作工、民族拉弦弹拨乐器制作工、吹奏乐器制作工、打击乐器制作工等，按新开发职业标准申报。社会音乐教师职业技能标准，需在人社部申请新职业后，再按新开发标准申请。

2. 技术标准、技术专利稳中有进

乐标委累计完成112项国标、行标制修订。2019年完成《钢琴金属连接件、紧固件的形制与尺寸》《手风琴规格划分与型号命名方法》《手风琴零部件名称》三项行业标准经过调研、起草与专家审定，12月完成了乐标委审定程序，报工信部审批。团体标准启动《键盘乐器用智能系统通用技术条件》《绿色产品的设计 电子钢琴》，经联合会主管部门组织专家审定会，通过一项，正在完善一项。

乐器技术专利情况。2019年1—9月，发布乐器专利1223项，其中发明专利475项，实用新型专利623项，外观专利125项。发明专利占总数38.84%。统计分析表明，2019年申报专利与互联网智能化结合比重加大，专利总量继续增长，结构进一步优化。

六、市场创新，打通乐器制造、音乐教育音乐文化产业链

协会提出“科技创新促进产业升级，音乐教育服务扩大乐器市场”的工作方针。党支部发挥战斗堡垒作用，主要体现在贯彻落实党和国家路线、方针政策，研究乐器产业发展战略，提出政策建议，做好服务政府、服务会员工作；开展行业、企业调研，及时把握行业动态，反映企业诉求；坚持党风廉政建设，转变服务作风等方面。尤其是在一些创新突破性工作中，支部班子和全体党员发挥了模范带头作用。例如：组织国民音乐教育大会，领导班子带头，克服了许多意想不到的困难。跨界融合、国际合作和组织协调供需双方资源，组织10个国家和地区，近200名各界专家，设立100多场主题发言、圆桌论坛、大师课和音乐教育工作坊，近千人参会，这都是我们从前没有经历的。大家团结一心，发挥每位同志的特长和积极性，较好的完成了预计计划，乐器行业影响力明显提升。

2019年“6·21国际乐器演奏日”活动，共有73家联合主办单位，在176座城市，816家单位组织了

3200余场大众音乐演出活动，直接参演人员24万人，受众超过300万人（不含网络观众）。成为我国目前规模最大的社会公益性音乐文化活动，受到社会各界认可。

中国乐器协会七届五次理事（扩大）会议在北京召开

为努力打造行业品牌高地，推动乐器产业高质量发展，4月26日，中国乐器协会七届四次理事（扩大）会议在京隆重召开。中国轻工业联合会党委副书记、中国乐器协会理事长王世成，中国乐器协会常务副理事长曾泽民、副理事长王松美、秘书长陈晋武，咨询委员会主任安志、副主任齐建平，协会理事及会员代表近150多人出席会议。会议议程涵盖2017年度中国乐器行业50强和先进集体表彰颁奖，理事会2017年工作报告，2017年财务报告，京东战略合作推介、展示与签约仪式，“创建品牌高地，推动行业高质量发展”八项企业专题经验交流以及中国乐器协会助力品牌高地重要举措专题展示。

王世成理事长做重点总结发言，勉励行业同仁充分认识高质量发展重要内涵，扎实推进“行业六项重点工作”，为行业新的一年运营发展梳理宏观思维导向。会议审议通过了大会秘书处所做的行业工作报告、财务工作报告、关于《中国乐器协会章程》修改的说明，关于开展乐器行业企业信用等级评价管理办法以及关于增补调整理事的议案。

在协会工作议程，中国乐器协会常务副理事长曾泽民做理事会工作报告，针对乐器行业2017年总体工作进行了梳理与回顾：一是学习落实“十九大”精神，抓住新时期新特点，建设“科技、音教、职业技能培训三个体系”，做实行业服务平台；二是落实国家产业政策，开展行业调研，反映行业诉求；三是落实技术路线图，组织行业科技合作，推动人才战略；四是聚集行业及社会力量，办好特色展会，推广国际化特色音乐文化品牌；五是加强协会基本建设，健全组织、发展会员。展望2018年的重点工作：一是科技创新驱动，实施“三品战略”，推动中高端产品质量与档次提升；二以市场为导向，树立战略发展思维，创建跨界融合发展平台；三是促进跨界融合，扩展乐器行业对外合作；四是打造乐器品牌高地，推动行业高质量发展五项重要举措。

中国乐器协会副理事长王松美做中国乐器协会七届四次理事会财务及会费收支报告，介绍了2017年度中国乐器协会财务收支状况，特别是会费收支和管理情况，针对会员单位缴费的问题进行了强调和说明。

在会议期间，为表彰乐器行业先进企业和集体取得的创新社会业绩，会议对广州珠江钢琴集团股份有限公司等50家企业及中国乐器协会电鸣分会等4家单位进行了表彰。并表彰了乐器行业成长优秀企业。隆重颁奖环节仪式及上午的优秀企业品牌创建项目分享议程由中国乐器协会秘书长陈晋武主持。

2018年，乐器行业面对供给侧改革，市场需求升级和环境整顿的压力，产业结构升级，产品品质升级势在必行。为践行“十九大”报告精神，本次大会主题明确指向“努力打造行业品牌高地，推动乐器产业高质量发展”。在上午品牌创新与经验交流环节，来自广州珠江钢琴邹润慧的《国际品牌与自主品牌的协调发展》、广东红棉乐器何志强的《红小宝艺术中心发展模式》、上海民族乐器一厂王国振的《打造品牌文化内涵》以及电鸣乐器分会葛兴华的《电声乐器MIDI国际合作话语权》，从资本运作、品牌创新、文化附加值和MIDI技术的国际接轨不同层面，使与会嘉宾对我国乐器行业的品牌创新发展现状以及应对举措有了具体的认知与理解。

面对电子商务和人工智能在商业领域的快速拓展，为顺应乐器与音乐消费宏观大势，作为本次大会的重点环节，中国乐器协会与京东签署战略合作备忘录，未来双方将在招商项目、教育维修服务项目，线上线下营销活动项目、展会合作项目以及乐器电商行业标准制定方面进行深入合作，共促我国乐器行业品牌运营战略在新经济模式下纵深拓展。

面对企业特色文化活动创建，区域乐器产业集群和品牌文化活动的创建，在下午的主题经验交流环节，中国音乐学院音乐科技系韩宝强教授首先从学科建设与校企联合的视角，针对乐器行业品牌高地的创建内涵与现实举措进行了观点阐述。

来自天津津宝乐器刘珈旭的《器乐比赛与品牌塑造》，扬州琴筝协会熊立群的《产业集群品牌建设》，琴行分会刘宏的《打造琴行联盟品牌》，以及民族器乐学会毕可炜的《文化品牌建设》，从企业的创意策划，集群的智慧众筹，以及分支协会的文化创建视角，由点及面，让与会人士从品牌文化创建的经验分享中开拓了思路，激发了头脑风暴。

2018年，面对移动互联新经济创造的市场机遇与发展挑战，为顺应市场的宏观发展，提升乐器协会的社会化服务职能，中国乐器协会秘书长陈晋武针对打造自主品牌高地，推动乐器行业高质量发展，提出了四个关键词。一是制订行业科技路线图，推进“三品战略”；二是提升品质和核心技术，掌握市场“话语权”；三是“诚信担当”；四是打造行业综合服务平台，务实推进行业品牌建设。中国乐器协会副秘书长兼综合业务部主任刘金荣，信息部主任高萍和项目部主任刘勇针对乐器行业职业技能培训实施方案，行业信息综合服务、以及国民音乐教育大会和国际乐器演奏日的筹备进程进行了说明，上海国展展览有限公司项目经理房瑾针对北京音乐生活展的办展方针和主题活动策划、以及展商服务进行了详细推介，诸多创新举措得到与会人士的欢迎与价值认同。

在听取理事会的工作报告、财务工作报告，以及品牌文化创建的主题经验交流后，中国乐器协会理事长王世成做“努力打造行业品牌高地 推动乐器产业高质量发展”重点总结发言。王世成理事长在分析我国当前经济运营的总体特征后作出五个基本判断：一是乐器行业经济总量五年左右赶上全球第一的美国充满信心；二是随着乐器人口有效扩大，家庭乐器拥有率将出现重大突破；三是中高端品牌产品优质优价渐显常态；四是新零售理念将主导市场；五是乐器产业品质理念引领产业转型升级。

王世成理事长勉励行业同仁充分认知高质量重要内涵，务实推进乐器行业高质量发展六项工作：一是进一步完善行业科技创新合作平台；二要持续培育推出市场叫得响的品牌；三要大力培养激励乐器行业高技能人才；四要认真组织好标准制修订和贯标活动；五要持续创建和完善跨界融合发展平台；六要不断发力完善行业特色服务平台。全行业要努力打造行业品牌高地，推动乐器产业高质量发展。

在与会期间，为使与会同仁深切感悟文化创意即为创造生产力和品牌文化推动力的重要内涵，会议特别安排了国家文化产业示范基地北京钧天坊古琴文化艺术中心的观摩活动。

从园区的创意布局，古琴主题文化的创意策划，非遗的传承与保护，古琴的艺术教学，以及古琴制作艺术人才的培养，为观摩群体呈现出立体、多元、综合配套，以及具有文化深度和广度的优秀品牌文化创建项目，透过大会丰富的主题活动策划与设计，将进一步强化行业同仁的品牌高地创建共识，群策群力，众筹行业智慧，共同攻坚乐器品牌与文化创建的战略高地。

中国乐器协会七届五次理事会工作报告

——在中国乐器协会七届五次理事（扩大）会暨协会30周年庆典上

王世成

（2019年4月12日 北京）

伴随着共和国70周年华诞的节拍，中国乐器协会走过了30个春夏秋冬。而立之年感慨良多。值此，我谨代表中国乐器协会向为行业发展和协会建设积极贡献智慧与力量的会员单位和社会各界朋友们、向给予乐器行业大力支持和精心指导的有关部委、中国轻工业联合会、各相关地方政府表示衷心的感谢。共祝乐器协会而立之年生日快乐!

一、继往开来，30年发展令业界欣慰

与改革同行，与时代同步，中国乐器协会成立与发展的30年，是乐器企业告别弱小分散贴牌代工，走向创意创新繁荣发展的30年；是乐器行业快速融入全球经济一体化，跻身世界第二大乐器消费市场的30年；是从乐器制造大国持续向强国奋进的30年；是乐器协会传承坚守创新发展的30年；更是在“音乐让生活更美好”的时代旋律中，共迎产业新的“黄金时代” 的重要节点。30年的发展以至2018年取得的成效令业界欣慰。

30年的历程，制造大国举世公认。当前我国乐器制造企业超过6000家，其中规模以上企业主营业务收入以近400亿元（折合60亿美元）的价值量，特别是乐器产量，分别超过美、欧、日三大经济体乐器制造总量。全行业拥有省市著名品牌90余个，高新技术企业近20余家。 乐器年消费市场额约450亿元，占到全球市场总量32%。乐器进出口额得到长足发展。行业逐步呈现全产业链集约发展新态势。

30年的历程，科技创新引领发展。此间，我国乐器行业认真落实“行业规划”和“技术路线图”，基本完成了三期技术改造，注重提升研发制造能力，对标国际先进水平，在木材改性与提琴音质改良、钢琴声学品质提升、民族低音拉弦乐器改革、人造蟒皮绿色开发应用等项目中攻坚克难，重点科技项目取得阶段性成果，涌现众多行业“科技之星”和“行业工匠”，助推乐器行业创新发展。

30年的历程，品质品牌大幅提升。全面实施三品战略，企业质量体系和信用体系建设水平持续跃升，行业骨干企业品牌知名度不断扩大，2018年乐器行业主营业务收入利润率6.89%，分别高于中国工业和轻工业0.4和0.33个百分点，提质增效取得新进展。中国乐器在国家多次主场外交、大阅兵、国内外重大赛事、高级别音乐会等大型活动中，作为国家文化形象和民族品牌乐器最高水平代表出场，令业界自豪，为国增光。目前全行业共完成112项国家、行业技术标准制修订，2018年内完成6项国家和行业标准制修订，启动2项行业团体标准。电鸣分会张光中入选国际MIDI协会技术委员，为行业获得了国际标准话语权。仅2017年就申报技术专利1317项，助推乐器产品附加值有效提升。

30年的历程，人才培养持续提速。乐器行业连续16年开展钢琴调律师和提琴制作师等专业职业技能培训鉴定工作。迄今，共有6931人/次取得人社部《钢琴调律师》职业资格证书；132人取得人社部《提琴制作师》职业资格证书。组织提琴制作、钢琴调律、口琴艺术等各类大赛和国际化综合活动，推动了行业人才培养持续提速。行业特色产业集群共建有效推进，为产业发展和专业人才成长不断夯实基础。

30年的历程，展会助力消费升级。2018中国（上海）国际乐器展览会汇聚31个国家和地区2252家参展企业，展会面积突破13.5万平方米，观众规模达到165000人次。今年将突破14万平方米。新品全球首发、

国际高端行业论坛、文化教育演艺名家助力展会，促进和引领消费升级。而2002年首届的上海乐器展仅有1.5万平方米，17年规模增速高达9.2倍，MUSIC CHINA已然成为影响全球乐器行业发展的“晴雨表”。

30年的历程，开放合作成效明显。中国乐器协会已与美国国际音乐制品协会、欧洲音乐联盟、日本乐器协会、巴西乐器协会、国际钢琴调律师及技师协会（IAPBT）、美国国际MIDI协会等几十个国家、地区和国际组织开展全方位合作。同时，相继与日本河合公司签约建立钢琴调律联盟标准，与法国欧洲音乐技师学院联合筹建中法乐器修造学院。助力乐器企业跨国合作兼并、品牌整合，促进国际化步伐有序加快，并在内外融合中促进民族乐器提质增效。

30年的历程，音乐教育融合推进。近年来，我国音乐教育产业发展方兴未艾，目前中国市场上已有琴行2万多家，国内音乐教育培训行业总产值超过640亿元，中国乐器消费市场潜力无限。全国音乐教育联盟服务平台融合作用发挥得很好，共同着力的国民音乐教育大会，6·21国际乐器演奏日等，开启了社会音乐教育发展的新篇章，参会、参演和受众再创新高，为拓展乐器市场强势助力。我们相信，随着喜爱音乐、乐玩乐器人口的有效扩大，中高端品牌产品优质优价已成常态，家庭乐器拥有率势必出现重大突破，文化新需求将主导未来乐器市场，国内外乐器消费前景可期。

总结30年的基本经验和体会是：党的领导是推动乐器行业发展的根本保证，改革开放是推动乐器行业发展的不竭动力，科技创新是推动乐器行业发展的强劲支撑，跨界融合是推动乐器行业发展的时代模式，行业组织是推动乐器行业发展的重要推手，有效服务是乐器协会做优做强的活力源泉。

二、努力创新，完善协会工作思路

新的发展时期，协会工作新思路必须不断充实和创新，综合归纳为：“把握一个目标，突出两个重点，扩大音乐人口，夯实三个基础，完善六大平台”。

把握一个目标，是以“让乐器成为家庭的标配，让音乐成为生活的刚需”，为“每个国民一生学会一件乐器，每个家庭一年听一场音乐会”提供消费升级服务为目标。

突出两个重点，一是扩大中高端产品比重，在开放合作共赢的基础上，不断增大自主品牌占有率，目前为55%左右，“十三五”末争取达到60%～65%；二是扩大我国音乐人口，特指直接参与音乐学习与用音乐表达的人口数，目前大数据统计为1.1亿人，力争2020年达到1.4亿人。同时到2020年努力将城镇居民拥有量钢琴由5.1架提高到6.8架，其他中高端乐器由6.92件提高到7.48件。努力为喜爱音乐、乐玩乐器的人，搭建购销桥梁，帮助企业多卖乐器。

夯实三个基础，即：分支机构建设、质量和标准化工作、人才培养与职业技能培训。

完善六大平台，即：科技创新、行业信息、市场商贸、音乐教育、产业集群、国际交流服务平台。

三、把握形势，借势宏观经济政策

我们推动行业工作和企业发展既要脚踏实地、又要仰望星空。目前全球经济发展不确定因素增多，且我国正处在政策窗口期，务必认真研究善于借力借势。一直以来，乐器协会会同中轻联，注意急企业所急、应企业所需，只要发现政策关联点，主动与相关企业衔接，及时将诉求快速反映，受到了各级政府和部门的重视，陆续得到回应和解决。在此提请各位企业家、各位同事，注意当前国家出台政策措施中，出现频率较高的主题词是：扶持中小企业和民营经济；扩大内需改善营商环境；减税降费完善出口退税；降低实体经济运营成本；培训投入加大促进就业；政策出台征求行业组织意见等。具体如四次降准引导信贷投放、下调增值税率16%～13%、提高出口退税率及缩短一半以上货物通关时间、降低社保缴费税率；加快折旧助力新一轮高水平技术改造等。记得2019年11月28日在广东增城召开的行业科技大会上我就科技创新方面的政策作了一个梳理，这些都有待我们深入研究，找出政策契合点，真正享受政策惠及，促进企业加快发展，扩大政策效应的事半功倍效果。

四、务实推动，落实今年重点任务

乐器协会今年工作的重点任务是：全面落实“乐

器行业‘十三五’发展规划”“乐器行业改善消费品供给专项行动计划”和“乐器行业技术路线图”明确的任务，认真推进各项综合业务工作，围绕“两会两展一活动”等重点项目，在融合发力中，努力实现行业高质量发展。在此重点强调三个方面的工作，具体内容由晋武秘书长和三个部门负责同志细化展开。

1．持续着力乐器行业高质量发展，推动科技研发项目和中高端产品明显进展

——问题导向，制定行业科技创新项目体系。按照“乐器行业技术路线图”和科技大会部署，已经和正在组织各产品分支机构和行业骨干企业，征集制定三级科研技术项目体系表和课题库，并实施动态管理与更新。要求4月初完成体系设计方案，6月底前完成首批课题库。

——聚集力量，落实行业及院校技术专家库。充分发挥产品分支机构和骨干企业校企合作项目资源，组织以项目为依托的行业及跨界技术专家团队，目前已形成了基本架构。有计划地落实重点科研院所技术合作项目，如：声学测试分析与研究应用；声学材料（木材、金属材）实验室；结构与艺术设计；表面抛光与喷涂等国家及地方院校科研资源，项目重点正在进一步细化。

——搭建平台，推动行业技术交流合作。推进以项目为核心的运行机制，搭建协会、分支机构和骨干企业三级项目合作平台。由协会与专家研究，提出顶层设计和框架方案，各个分支机构和骨干企业落实近期合作项目；打通国内外和行业科技信息通道，尝试编制“乐器行业科技快报”，利用信息化手段，助力科技创新与科技合作；抓住每年行业科技大会时间节点，积极探讨展示交易结合的科技大会运行机制。积极吸收全国科研院所项目和专家参加，加强合作，在尊重和保护知识产权的同时扩展行业、企业合作空间，努力扩大合作效果。

——整合资源，打造乐器中高端产品高地。创新组织好上海乐器展的全球乐器首发平台，发挥孵化引领作用；组织和鼓励会员单位积极开展中高端产品研发推广，借助各种舞台展示品质品牌的特有魅力；协会得到了音协管乐学会大力支持，拟与我会西管乐器专委会开展专业西管乐器研发、鉴定与展示展演合作项目，请著名教育家、演奏家助力西管乐器行业中高端产品升级，年内力争有所突破；并积极策划拓展在其他品类乐器的合作，努力使“三品”行动计划在资源整合和跨界融合中得到进一步彰显。

2．持续着力音乐教育市场拓展，推动乐器消费潜在市场开发

——市场导向，积极研究和参与社会音乐教育实践活动。中国乐器产业发展，已经步入产品产销与音乐教育及音乐生活全产品链融合发展阶段。国民音乐艺术学习与欣赏的需求和国际化、信息化、智能化市场的快速发展，给乐器行业提出了不可回避的课题，制造、销售、技术服务与器乐培训、演艺欣赏几大市场密不可分。为此协会希望琴行分会、音乐教育专委会和器乐文化专委会要紧密合作，各产品分支机构也要加强相互合作，并争取专业院校和政府主管部门多方支持，积极探讨社会音乐教育的需求、方法与途径。协会各骨干企业带头，调整产业结构、市场架构，积极抢占音乐教育和音乐生活大市场，借力消费升级，进一步释放内需潜力，推动乐器消费潜在市场的开发。

——筑基强体，搭建音乐教育合作平台。协会已于2016年与中央音乐学院、音协管乐学会和教育学会音乐教育分会组建“全国音乐教育服务联盟合作平台”，开展了一系列音乐教育服务活动，受到各方积极参与和充分认可。打造社会音乐教育市场，开展学校音乐教育服务，涉及方方面面的问题。做好基础工作是关键。近期我们将发挥社会化、国际化合作的资源优势，从“社会师资标准、培训与认证”“音乐教育内容研发与推广”“音乐教学教案教法研究与推广”以及“学校音乐教育服务”几方面入手，组建若干项目小组，由点到面，积极稳妥地推进。

——品牌活动，引领服务音乐教育健康有序发展。充分发挥“国民音乐教育大会”和“6·21国际乐器演奏日”品牌活动的引领推广作用。国民音乐教育大会去年的主题是“普及音乐教育”，今年主题定为“快乐音乐教育”，还在研究今后几年的主题设计，使之环环相扣持续发展；国际乐器演奏日的策划与发动，各方面的积极性很高，参与范围、参演人员和受众将再创新高，充分反映出乐器市场的巨大潜力。这些活动的有效开展将使我们乐器人在助力全面建成小康社会、不断扩大社会音乐人口、提升全民音乐素养中持续发挥更大作用。

3. 持续着力协会服务平台增效，推动措施落地落细务实有效

——精准服务，完善协会综合与专业服务功能。目前，协会秘书处整理了四方面16项会员服务内容，我们要进一步宣传和落实好。其中享受会员专属服务中，除了信息服务、参展优惠、信用等级评价和咨询证明等以外，今年推出和深化企业品牌建设，企业家、行业工匠、创新之星专访和国际合作等方面精准服务项目，务实推进信息打包服务，也可根据行业企业需要，专属定制专项服务，助力企业转型升级。

——反映诉求，发挥服务企业的桥梁纽带作用。协会工作始终把贯彻落实党和国家产业发展的方针政策作为头等大事，认真学习研究产业发展政策。注重及时反映企业诉求，维护会员单位的合法权益。各分支机构要建好会员诉求反映快速通道，协会秘书处建立应急服务机制，不管是二手钢琴、环保治理、中美贸易摩擦、濒危物种保护、进出口及汇率变化，还是行业、企业遇到的个性问题与困难，都要做到综合分析准确反映，能采取措施或需要上报的项目，要及时调研撰写专题报告，并落实负责人和联络人。坚决做到有问必答，雷厉风行，不推不漏，要敢为善成。

——加强自身建设，共筑团结互助和谐共荣的会员之家。要以党建为统领，认真贯彻党的路线方针政策，全面抓好党风廉政建设，保证规范化有效运作；要加强协会秘书处队伍建设，不断提高重大事项决策水平，全面提升协会职业化能力；要切实加强分支机构、特色产业基地、音乐教育服务示范基地和行业科研基地及重点项目等行业机构和服务平台建设，引进市场竞争机制，各类服务平台要领导班子带头，保持充满激情的精神状态和求真务实的工作作风，逐步完善任期责任制和项目负责制；要进一步完善组织架构，大力发展热心协会事业的新会员，持续壮大队伍凝聚智慧和力量。

各位同事、同志们，恰逢伟大祖国建国70年，改革开放走过了40年，我们又迎来乐器协会30年，并展望行业发展新的30年。今天我们站在新的历史起点，感恩前人的积淀、汇聚众人的智慧、耕耘未来的市场，以更博大的胸怀，更广阔的视野，以市场化国际化的经营理念和运作思路推动行业发展。要致力培养大国气势、树立大市场大志向、努力有所大作为。共同推动我国乐器行业逐步实现从跟跑、并跑到领跑的融合与交替，向着高质量发展的目标坚实迈进，共创更加美好的明天。

中国乐器协会七届九次常务理事（扩大）会暨科技大会在成都召开

科研创新助力产业升级，校企跨界融合，创意讲述品牌文化故事。11月27日，中国乐器协会七届九次常务理事（扩大）会暨科技大会在成都隆重召开。中国轻工业联合会党委副书记、中国乐器协会理事长王世成，国家知识产权局原局长、党组书记，中国知识产权研究会理事长田力普，河南省新乡市副市长李瑞霞，中国乐器协会常务副理事长曾泽民、副理事长王松美、孙瑞勇，秘书长陈晋武，中央音乐学院教授郑荃，教育部教育装备研究与发展中心研究员吴颖，上海计算机音乐协会常务副会长申林，河南新乡市、江苏盐城阜宁教育局有关领导以及乐器科研项目负责人，四川省教育科学研究院音乐教研员徐伟，天津萨克斯学会会长王同峰，上海师范大学音乐学院教授丁一，四川音乐学院教授梁云江，上海音乐学院二胡演奏家邢力源等专家学者共计160余人出席大会。本届大会对2019年度科技创新领域的先进人物和优秀产品、科研项目进行了表彰。大会采取专题讲座、专家测评与对话、主题论坛、经验分享等形式，围绕大会主题展开，突出中高端，拉动产业升级，跨界融合打造科技合作平台。

大会首先由中国乐器协会秘书长陈晋武作年度科技工作报告，报告总结了乐器行业在建立科研项目体系、落实人才培养、开展技术交流活动等方面的重点工作，以及企业科技创新方面的成果。就乐器产业在变局中的机遇与挑战，报告中提出了2020年乐器行业科技工作重点。

接下来的表彰颁奖环节，由中国乐器协会副理事长王松美宣读2019年度乐器行业“科技之星”“产品创新奖（业界新品首发）”“优秀项目组织奖”名单。以上先进单位、先进个人，协会决定在全行业开展学习推介活动。

随着乐器行业专利申请日益增长，知识产权纠纷也越来越多。颁奖环节后，由国家知识产权局原局长田力普分享了《建设知识产权强国 实现创新驱动发展》，为参会人员普及知识产权的重要性，解读知识产权对乐器行业创新发展的启示和思路。

随后的乐器中高端产品专家测评对话板块。大会邀请了民族乐器二胡、西管乐器萨克斯方面的专家、院校教授与专业演奏家同台对话，对创新产品展开现场测评和意见反馈交流，助力企业工艺细节的把控与品质提升。

上午会议各项议程由中国乐器协会副理事长孙瑞勇主持。

随着技术改造和国内外交流合作的深入，中国乐器产品不断更新迭代，市场地位不断提升。下午首先进行了“乐器中高端产品发展”“校园乐器研究与发展”两大论坛，针对当前行业发展的宏观格局、发展痛点展开头脑风暴。

随后的创新项目分享环节中，西南交通大学信息学院副院长吴晓、珠江钢琴总经理肖巍、海伦钢琴董事长陈海伦、川雅木业董事长张华君、上海计算机音乐协会常务副会长申林围绕人工智能、企业转型升级、国际乐器比赛品牌架构等方面分享了宝贵经验。创新项目分享环节由蔚科科技董事长赵哲主持。

大会最后，中国轻工业联合会党委副书记、中国乐器协会理事长王世成以“守初心担使命，推动乐器行业高质量发展”为题做重要讲话。他指出，乐器协会的初心使命是为行业谋高质量发展、为企业谋竞争力提升、为协会谋公信力增强、为消费者谋美好生活，努力让乐器成为家庭的标配，让音乐成为生活的刚需。王世成理事长强调高质量发展内核是要求全面提高供给体系质量，推动质量变革；高质量发展要求不断优化升级要素结构，推动效率变革；高质量发展要求企业激发创新活力，推动动力变革。

对于行业的高质量发展，王世成理事长提出五条路径：一是要善于借势，把握政策机遇；二是要进一步完善行业科技创新的创新合作平台；三是跨界融合培育市场叫得响的品牌；四是认真做好标准制修订和贯标活动；五是积极实施智能制造与应用工业互联网。面对高质量发展进程中难得的发展机遇与更加严峻挑战，需要行业的共同发力，希望企业与协会在高质量发展改革进程中，勤于思考、敢于争先、善于融合与担当。

大会第二天上午，中国乐器协会与四川音乐学院交流会在川音举办，与会代表集体出席，会后与会代表参观了学校音乐与传统美术研究中心和西南少数民族乐器陈列馆。

为强化行业交流，拓展行业运营发展思维。下午，与会代表集体参观了川雅木文化园及加工车间，对现代化木材加工的集成化、规模化发展有了深刻的认知与感受。

本次理事会强化科技创新推动行业中高端发展转型升级战略，集中推动校企合作、企业创新项目科技成果发布，号召各分支机构和全体会员群策群力，众筹行业发展智慧，激发行业科技引擎，跨界整合各方优质社会资源，培育扩大音乐消费人口，有序推动乐器产业创新，健康有序发展。

协会活动

中国乐器协会七届五次理事（扩大）会议暨协会30年庆典隆重举办

4月12日，中国乐器协会七届五次理事（扩大）会议暨协会30年庆典隆重举办。中国轻工业联合会党委书记、会长张崇和，中国轻工业联合会党委副书记、中国乐器协会理事长王世成，中国国际经济交流中心首席研究员张燕生，中国乐器协会常务副理事长曾泽民，副理事长王松美、孙瑞勇，秘书长陈晋武，咨询委员会主任安志、副主任齐建平，原中国乐器协会理事长王根田，中国乐器协会副理事长、大国工匠（轻工）郑荃，中国乐器协会副理事长单位以及会员单位代表共计240余人莅临出席会议。

原中国轻工业联合会副会长潘蓓蕾会见口琴行业代表

4月11日，原中国轻工业联合会副会长潘蓓蕾在京会见中国乐器协会口琴行业骨干企业代表，并就当前口琴行业的转型升级、科研创新、品牌发展等话题，与座谈代表展开互动交流。中国轻工业联合会党委副书记、中国乐器协会理事长王世成，中国乐器协会常务副理事长曾泽民，副理事长王松美、孙瑞勇，咨询委员会副主任齐建平，中国民族管弦乐学会乐器改革制作专业委员会会长丰元凯，中国乐器协会口琴专业委员会会长、上海国光口琴厂有限公司总经理周伟义，江苏奇美乐器有限公司董事长张龙贵，江苏天鹅乐器有限公司董事长陈红梅出席座谈会。

2019中国“6·21国际乐器演奏日”启动仪式在京举行

5月25日，2019中国6·21国际乐器演奏日启动仪式在北京国际会议中心成功举行。启动仪式上由中国轻工业联合会党委副书记、中国乐器协会理事长王世成，中央音乐学院党委书记赵旻，中国音协管乐学会主席于海，著名音乐教育家吴斌，上台为部分联合主办方代表授旗。组委会主席王世成宣布2019中国“6·21国际乐器演奏日”启动。随着2019年“6·21国际乐器演奏日”活动的顺利启动，众多活动也将陆续开展。“6·21国际乐器演奏日”活动进入中国的三年以来，迅速在中国掀起热潮，通过推进“6·21国际乐器演奏日”活动，让更多的人参与到乐器演奏活动中来，享受演奏音乐带来的乐趣。这项活动的快速发展壮大，为国民音乐素养的提升、音乐人口的扩大做出了积极贡献。

中国乐器协会理事长王世成带队到华东地区调研

6月20–22日，中国轻工业联合会党委副书记、中国乐器协会理事长王世成带队到华东地区调研。调研主要内容是乐器企业党组织建设和新形势下行业运行状态，包括：企业党组织基本建设，开展主题教育情况；以及中美贸易摩擦影响、减税降费政策落实、乐器进校园、搭建乐器全球新品首发平台和三级科技合作项目等重点工作，简称“1+5”调研计划。调研组采取召开座谈会和到企业实地考察相结合的方法。6月21日在江苏黄桥，组织了上海、南京、泰兴、靖江、常州、江阴、扬州等地17家乐器企业领导座谈会，中国轻工业联合会党委副书记、中国乐器协会理事长王世成，中国乐器协会常务副理事长曾泽民，黄桥镇人民政府镇长王晓云等领导出席会议。会议由中国乐器协会常务副理事长曾泽民主持。

中国乐器协会党支部召开“不忘初心、牢记使命”主题教育动员部署会议

6月17日上午，中国乐器协会党支部召开全体党员大会，动员部署“不忘初心、牢记使命”主题教育。会议首先传达了中轻联、总社党委主题教育动员部署会议精神。党支部书记曾泽民同志带领大家认真学习了会社党委书记张崇和同志的讲话，强调了此次主题教育活动的重大意义，要求牢记十二字方针：守初心、担使命、找差距、抓落实。明确五个目标：理论学习有收获、思想政治受洗礼、干事创业敢担当、为民服务解难题、清正廉洁做表率。重点落实四项措施：学习教育、调查研究、检视问题、整改落实。扎扎实实开展一次有成效的党建主题教育活动。曾泽民同志还就协会开展“不忘初心、牢记使命”主题教育，作了详细的安排部署。

国资委轻工协作组扶贫捐赠仪式在邢台举行，乐器企业传递行业正能量

7月9日，国务院国资委轻工协作组“不忘初心 奉献爱心”捐赠仪式在河北省邢台市平乡县节固乡中心小学隆重举行。中国轻工业联合会党委副书记、中国乐器协会理事长王世成，中国轻工业联合会纪委书记陶小年，国资委轻工机关服务中心主任、党委副书记王兵，国资委离退休干部局党委书记侯孝

国，国资委离退休干部局党委副书记、纪委书记巴清宏，中国家用电器协会理事长姜风，江苏东方乐器有限公司董事长孔文忠，中国大众音乐协会口琴专业委员会会长白燕升，平乡县节固乡领导以及多位协作组专家，与节固乡中心小学学生共计200余人出席捐赠仪式。

河北省肃宁县县委书记颜世东等一行拜访中国轻工业联合会党委副书记王世成

7月24日，河北省肃宁县县委书记颜世东、县委常委、宣传部长耿树凯、副县长张国强、肃宁经济开发区管委会常务副主任齐艳庄及河北乐海乐器制造有限公司董事长宋从甲一行，为申请共建乐器产业基地相关事宜专程拜访中国轻工业联合会党委副书记、中国乐器协会理事长王世成。参加座谈的有中国轻工业联合会执行秘书长、综合业务部主任郭永新，中国乐器协会常务副理事长曾泽民、副理事长王松美和副秘书长刘金荣等。颜世东书记表示，非常感谢中国轻工业联合会和中国乐器协会对肃宁县的关心和支持，将积极组织申报产业集群，认真落实相关改进措施，争取加快产业集群的授名进程。

中国乐器协会一行赴肃宁、深州乐器企业走访调研

7月8日，中国乐器协会常务副理事长曾泽民，副理事长王松美、孙瑞勇，秘书长陈晋武一行赴河北肃宁和深州两地调研，了解当地乐器产业发展情况，助力提高生产水平和产业高质量发展。考察团先后走访了星海钢琴（河北）有限公司、乐海乐器有限公司以及河北华声乐器制造公司。考察团一行实地参观了正在筹建的深州乐器小镇项目，相关负责人详细介绍了小镇的规划、定位，以及产学研产业链综合规划，中高端乐器制造与人才聚集的特点。曾泽民常务副理事长提出，希望该项目以市场为导向、乐器产业为基础，坚持国际化和中高端引领的规划建设原则，分期有序推进，并争取省市和当地政府领导和部门的支持。

中国乐器协会孙瑞勇副理事长赴常州吟飞、江阴金杯公司进行调研

8月16—19日，中国乐器协会副理事长孙瑞勇借参加第四届“敦煌杯”二胡比赛相关活动之机，先后到常州吟飞和江阴金杯公司开展工作调研。吟飞公司总经理范廷国陪同孙瑞勇参观了吟飞集团的设计、研发部门，并到一线看望了生产车间的工人。座谈时，范廷国详细介绍了吟飞集团的发展过程。

孙瑞勇指出：传统制造行业能把工业设计放在企业经营理念的最顶端，把工程技术作为企业支撑，把艺术设计作为呈现，发展脉络清晰，思维超前，特别是与美国、英国、德国、日本等先进国家的研发团队合作，用他人之长补己之短，为传统制造业的进一步发展开拓了一条新路。他对吟飞集团很早就进入产学研的合作领域给予充分肯定。他说作为电鸣乐器的领军企业，希望能在科技创新上有所突破。

中国乐器协会组织考察河南确山县提琴产业

中国乐器协会委派中国乐器协会副理事长、中国乐器协会提琴分会会长李书一行考察河南省确山县的提琴产业，确山县政府副县长王月红、县科工局局长李伟、县文化广电和旅游局局长贺建格、竹沟镇镇长张宏艺等相关单位负责人陪同考察。近几年，在国家大力推动文化产业和产业转型升级的政策指引下，河南确山县委县政府充分利用地区性综合资源，大力吸引本地及外地提琴产业的投资商和从业者来确山投资兴业，快速的形成了特色产业的集聚效应，在国内同行业中产生了一定的影响。中国乐器协会十分关注和赞同确山县的科学举措，并将一如既往的支持和推动提琴产业的发展。

中国乐器协会王世成理事长一行赴上海知音琴行调研

10月13日，上海乐器展期间，中国乐器协会王世成理事长一行到上海知音琴行总部调研，参观并考察上海知音音乐文化股份有限公司，并与公司朱文玉董事长、黄路阳总经理座谈。王理事长期待知音文化公司能够继续发挥引领作用，“不忘初心，牢记使命”，为扩大音乐人口，普及音乐教育，提高国民素质，做出更大的成绩和贡献。

中国乐器协会七届九次常务理事（扩大）会暨科技大会在成都召开

11月27日，中国乐器协会七届九次常务理事（扩大）会暨科技大会在蓉城隆重召开。国家知识产权局原局长、党组书记、中国知识产权研究会理事长田力普，中国轻工业联合会党委副书记、中国乐器协会理事长王世成，大国工匠、中央音乐学院教授郑荃，教育部教育装备研究与发展中心研究员吴颖，中国乐器协会常务副理事长曾泽民、副理事长王松美、孙瑞勇，秘书长陈晋武，上海计算机音乐协会常务副理事长申林，四川省教育科学研究院音乐教研员徐伟，天津萨克斯学会会长王同峰，以及来自上海音乐学院、上海师范大学音乐学院、四川音乐学院的专家教授，中国乐器协会副理事长单位和会员单位代表近160人出席大会。本届大会通过年度乐器行业科技工作报告，表彰2019年度乐器行业科研创新企业，产业论坛开启中高端产品演奏家与制作家对话通道，乐器进校园论坛校企专家分享典型案例，多元立项集中巡礼行业年度科研创新成果。中国乐器协会理事长王世成表示，大会各项议程紧张丰富，知识产权讲座、专家点评对话、主题论坛、科技经验分享和推荐学习活动五位一体，助力行业科技创新和产业升级。五场折子戏精彩纷呈，体现协会搭台、校企唱戏，与会代表受益匪浅，不虚此行。

分支机构活动

中国乐器协会器乐文化专业委员会换届大会在北京召开

3月8日上午，中国乐器协会器乐文化专业委员会原中国乐器协会民族器乐学会换届大会在北京科学技术进修学院召开。中国乐器协会常务副理事长、器乐文化专业委员会会长曾泽民对换届成功表示祝贺。并对多年来，为普及音乐教育和音乐文化的传承与发展做出贡献的专家、老师表示衷心的感谢。随后，简要介绍了中国乐器协会组织的国民音乐教育大会、621国际乐器演奏日活动及协会会员享受的权利和义务等，并对换届后的专委会重点工作，提出希望和建议。希望新一届专委会，继往开来，共助中国器乐文化新发展。并强调指出，专委会要着重做好会员发展和服务、制定年度重点工作计划、抓重点项目，并加强与制造业的协同合作，研究乐器改革及普及推广工作，促进乐器行业的健康发展。

江苏省乐器技术专业委员会2019年常务理事（扩大）会在扬州召开

3月6日，江苏省文化艺术科学技术协会乐器技术专业委员会2019年常务理事（扩大）会议在扬州琴筝产业之都隆重召开。乐器专委会会长李书、副会长范廷国、熊立群等，秘书长钱富民以及江苏地区乐器企业代表70余人参加会议。中国乐器协会副理事长孙瑞勇和扬州市邗江区副区长丁明哲，邗江区文化体育和旅游局局长张天武、扬州文化产业园管委会主任陆志福等有关行业和地区领导到会并讲话。中国乐器协会副理事长孙瑞勇在发言中对会议的成功举办表示祝贺，对扬州市邗江区对会议的支持表示感谢，对江苏省乐器专委会的规范运作和取得的工作成果表示赞赏。希望江苏省的乐器行业继续齐心协力，在落实党的十九大会议精神，为区域经济发展、为乐器行业的转型升级和可持续发展，为中国传统文化发展的道路上作出更大贡献。

中国乐器协会电鸣分会年会在沪召开

5月6日，来自全国各地的中国乐器协会电鸣分会的近30家企业领导齐聚上海，参加分会年会。会议由电鸣分会会长盛子斐主持并做工作报告，会议就“数码钢琴市场发展趋势”专题研讨，举办“MIDI音乐制作”讲座，并组织到得理（上海）公司和上海民族乐器一厂参观学习。协会常务副理事长曾泽民、副理事长孙瑞勇参会并讲话。协会常务副理事长曾泽民在会议讲话中，充分肯定了电鸣分会在会长、副会长领导下取得成绩和对整个行业的贡献，同时就落实协会三级科技合作项目、加强MIDI技术合作和力戒同质化低水平竞争，提升行业运行质量等问题发表意见。孙瑞勇副理事长特意创作了“献给电鸣乐器人”的一首诗歌，会议从始至终充满着团结融合的气氛，与会同志像家人一样坦然真诚，大家怀着友情和希望而来，捧着鲜活的经验和行业重托满载而归。

中国乐器协会钢琴分会年会在德清洛舍召开

10月14日，中国乐器协会钢琴分会趁着上海国际乐器展的热度，在浙江德清钢琴之乡，召开年会。来自全国的30多家钢琴骨干企业领导参加会议。会议由钢琴分会会长、珠江钢琴集团董事长李建宁主持并作年度工作报告，他总结了一年来钢琴制造企业在国内外环境发生重大变化下，分会和骨干企业科技创新、品牌建设和行业合作等方面的情况，提出下一步加强行业交流合作的建议。中国乐器协会常务副理事长曾泽民、副理事长孙瑞勇参加会议。

中国乐器协会琴行分会理事（扩大）会议在德清召开

10月7～8日，中国乐器协会琴行分会理事扩大会议在浙江德清召开。中国乐器协会常务副理事长曾泽民，琴行分会会长黄茂强，副会长周宝强、秦川、徐胜利、翟联合、莫蓓茜、劳绍立等，来自全国各地的琴行培训机构会员代表200多人参加大会。大会由副会长兼秘书长刘为明主持。

中国乐器协会民族乐器分会2019年年会在上海召开

10月11日，上海乐器展期间，中国乐器协会民族乐器分会会议在上海召开。参加会议的有上海民族乐器一厂、乐海乐器有限公司、苏州民族乐器一厂有限公司、扬州金韵乐器御工坊有限公司、饶阳北方民族乐器制造有限责任公司、扬州天韵琴筝有限公司、河南中州民族乐器有限公司、天津盛兴元乐器有限公司和西安音乐学院乐器厂等近20家民族乐器骨干企业，中国乐器协会王松美副理事长、刘金荣副秘书长参加了会议。会议主题：“民族乐器行业如何走上高质量发展道路”。会议由中国乐器协会民族乐器分会周力秘书长主持。

全国乐器标准化技术委员会提琴标准工作组成立大会在江苏召开

9月20日，全国乐器标准化技术委员会提琴标准工作组成立大会暨第一次工作会议在江苏凤灵乐器集团举行，全国乐器标准化技术委员会秘书长王伟、江苏省市场监督管理局党组副书记、副局长黄运海、标准化处处长洪淼，泰兴市委常委、市政府常务副市长刘荣华，泰州市场监督管理局局长顾维中、黄桥镇镇长王晓云以及中国乐器协会副理事长兼提琴分会会长李书等人出席会议。会议由中国乐器协会副秘书长兼提琴分会秘书长钱富民主持。会上还专门讨论了近期即将申请修订的《大提琴标准》草案，与会专家提出了许多合理、合规和具有创新点的建议，基本形成了该标准的送审稿。最后，全国乐器标准化技术委员会秘书长王伟总结了全天的会议，对提琴标准工作组今后的工作提出了明确的工作目标。

全国乐器标准化技术委员会换届暨第一次工作会议在厦门召开

12月19～20日，全国乐器标准化技术委员会（SAC/TC371，以下简称“乐器标委会”）换届暨第一次工作会议在厦门召开。标委会主任委员、中国乐器协会常务理事长曾泽民，副主任委员、北京乐器研究所所长张小川、广州珠江钢琴集团股份有限公司总经理肖巍、吟飞科技（江苏）有限公司总经理范廷国，秘书长王伟，副秘书长王瑞及新一届乐标委委员等50余人参加了会议。北京乐器研究所书记张鑫、副所长王玮也出席了本次会议。会议由福建夏贝尔钢琴有限公司协办。本次换届工作严格按照《全国专业标准化技术委员会管理办法》的有关规定，遵循发展需要、科学合理、公开公正、国际接轨的原则进行。第三届乐器标委会有53名委员组成，资深委员、得理乐器集团副总裁盛子斐为顾问。委员们作为业内及相关领域的专家，均具有较高的理论水平、扎实的专业知识和丰富的实践经验。本届委员的代表性和比例也更加均衡，他们广泛来自于生产者，经营者，使用者，教育科研机构、检测及认证机构公共利益方等，来自任一方的比例不超过1/2。其中，生产者25名，经营者8名，使用者6名，公共利益方14名，具有广泛性和代表性。

中国乐器协会提琴分会三届五次会议在黄桥召开

11月19日， 中国乐器协会提琴分会三届五次会议暨提琴产业发展研讨会在“中国提琴产业之都”——黄桥镇召开。中国乐器协会副理事长孙瑞勇，泰兴市委常委、常务副市长刘荣华，市政府副市长邵骅，黄桥镇人民政府镇长王晓云等领导出席会议。来自北京、上海、江苏、广东、河南、山东、河北、辽宁等省市提琴产业集聚区域的会员企业代表，来自泰州市小提琴学会的老师们，共计近100人参加了本次会议。会议首先听取了中国乐器协会副理事长、提琴分会会长李书所作的工作报告，随后邀请了多名行业专家对产业发展战略做了研讨发言。本次会议还特邀国际提琴演奏大师吕思清参会，从国际高端演艺市场的角度提出了提琴产业未来的方向。会议由中国乐器协会副秘书长、提琴分会秘书长钱富民主持。

中国乐器协会材料配件专业委员会2019年年会在浙江德清召开

10月29日，中国乐器协会材料配件专业委员会2019年会在浙江德清召开。中国乐器协会秘书长陈晋武，洛舍镇党委书记唐捷，材料配件专业委员会会长罗建峰、副会长何四海，以及来自材料配件专委会的50多名会员单位出席了会议。专委会秘书长、成都川雅木业有限公司副总经理张庆恩主持会议。本次会议由德清凯诚木业有限公司承办。与会代表结合企业实际情况，分享对材料配件行业高质量发展的看法，以及在环保升级、产业结构调整、品牌战略等领域的经验，共同探讨行业面临的问题和解决方案。本次大会还审议通过了“材料配件委员会自律公约”，并通过举手表决的方式，确定增补德清凯诚木业有限公司总经理吴福林为分会副会长。

中国乐器协会口琴专业委员会六届五次会议在江苏靖江召开

12月14～15日，中国乐器协会口琴专业委员会六届五次会议在江苏靖江召开。参加本次会议的单位有江苏奇美乐器有限公司、江苏天鹅乐器有限公司、上海口琴总厂、上海国光口琴厂有限公司、江苏东方乐器有限公司、上海胤兰乐器有限公司、无锡铃木乐器有限公司、上海奉贤肖塘铜厂、江苏靖江市涛涛乐器配件加工厂、江苏靖江市金利达制品有限公司、常州联明物资有限公司等十二家单位。会议充分讨论了口琴专业委员会发展规划、专项活动开展进程以及优秀项目推介等内容，会议内容丰富、充实，时效性强。中国乐器协会秘书长陈晋武参加了此次会议。

国际交流

2019年中国乐器协会国际交流与合作

1月

21日，协会考察团出访加拿大，考察海资曼钢琴公司旗舰店和培训中心，参观著名的通利琴行，了解了加拿大乐器市场特点和社会音乐教育的发展趋势。同时还考察了老工业区改造的耶鲁镇和格兰维尔岛的文创园，先进的国际文创理念让大家深受启发。一些中国乐器企业正筹划老厂区改造，乐器产业集群在地方政府支持下，正在积极推进特色音乐小镇建设。

23日，中国乐器协会常务副理事长曾泽民参加2019国际乐器联盟会议。年会由美国国际音乐制品协会牵头，全球主要乐器生产消费国家和地区行业组织参与，共同研究讨论乐器行业的热点、焦点问题。2019年有30个国家和地区行业组织代表39人，列席代表13人参会。此次会议共有5项议程：一是由国际濒危物种保护组织法律顾问就“放宽对乐器用玫瑰木出口限制”议案作介绍，并与制造企业代表对话；二是NAMM基金会主席Mary女士作“音乐教育对人影响的研究报告”；三是国际音乐教育协会主席Suzie O'Neill报告NAMM与ISME开展音乐教育活动情况介绍；四是NAMM资源中心介绍对全球乐器行业代表人物采访情况；五是南美乐器市场介绍，由巴西乐器工业协会会长Daniel Neves与阿根廷、哥伦比亚代表介绍南美乐器市场现状。

24日，协会考察组拜访参展会员单位，走访国内外品牌展商，完成上海国际乐器展招商任务，走访了珠江钢琴、海伦、蔚科、博斯纳、津宝、金杯、鹦鹉等20余家会员单位，向会员单位了解北美及国际乐器市场变化和生产经营情况，并介绍行业科技大会、国民音乐教育大会和“6·21国际乐器演奏日”组织情况。2019年，来自139各国家和地区参展商，11.5万名注册观众参展、参会，中国参展商超过220家。中国驻美洛杉矶总领馆商务参赞刘海彦莅临现场，走访了广州珠江、天津津宝、南京舒曼、贵州正安等参展企业和地方展团。

24日，协会考察组与NAMM专项会议在展会现场召开，研究落实2019年中国国民音乐教育大会主旨、主题发言和上海国际乐器展“行业论坛及培训课程”合作事项。中国乐器协会常务副理事长曾泽民向国际音乐教育学会主席Suzie O'Neill和NAMM国际事务总监Betty等，介绍了2019年中国国民教育大会筹备情况，大会主题和主要内容框架，Betty和Suzie O'Neill代表NAMM和ISME对大会表示支持，同意选派代表和专家为大会作主旨、主题发言，并争取多推荐几个国际优秀音乐教育项目参加大会专家讲座或工作坊，提升大会国际化水平。Suzie O'Neill主席欢迎中国乐器协会加入世界音乐教育合作组织，加强中外音乐教育日常交流与合作。

24日下午1点，由美国MIDI制造商协会和中国乐器协会联合召开的专题会在阿纳海姆的希尔顿酒店举行。主要议题是，研究落实上海国际乐器展科技板块中，国际MIDI技术推广系列活动。考察组事先与一些会员单位领导研究，拟在原有协会MIDI技术工作委员会基础上，组建由行业、院校和著名专家组成的顾问小组，发挥跨界专家的引领作用，将MIDI产品制造、专业院校科研和终端应用推广紧密结合起来。

3月

14日上午，中国轻工业联合会党委副书记、中国乐器协会理事长王世成在中国轻工业联合会贵宾室热情接待了来访的法国ALGAM总裁兼普雷耶国际总裁Benjamin先生和普雷耶（中国）总经理罗建峰一行，中国乐器协会常务副理事长曾泽民等领导参加会见。协会对访问法国巴黎期间，普雷耶精心组织安排考察活动表示感谢。双方就普雷耶（中国）即将举办2020年玛格丽特隆钢琴大赛、普雷耶亚太项目发展路线图、法国ALGAM公司天津LAG吉他工厂、2019年国民教育大会、著名品牌知识产权保护等双方关心的话题进行了深入、友好会谈。

4月

2日，协会秘书长陈晋武带队参观德国法兰克福国际乐器展，走访中国乐器骨干企业，参加实地了解中美经贸摩擦背景下，中国乐器企业海外经营情况。考察团还赴比利时布鲁塞尔，参访EMD乐器公司，加强与欧洲乐器企业交流。

7日，王世成理事长代表协会向捷克佩卓夫钢琴公司总裁苏珊娜致中英文贺信，对该公司在其总部捷克共和国赫拉德克克拉洛瓦市举办的155周年庆典表示热烈祝贺。

12日，值中国乐器协会30周年庆典隆重举办之际，美国国际音乐制品协会，日本乐器协会，欧洲音乐产业联盟，英国乐器协会，法国乐器协会，德国乐器制造商协会，捷克乐器协会，巴西乐器协会等世界国际乐器组织或乐器行业协会向中国乐器协会发来贺信，对协会成立30周年表示热烈祝贺。

5月

24日，2019年国民音乐教育大会期间，中国乐器协会举办中外欢迎招待晚宴，王世成理事长致欢迎辞，对来自美国，英国，法国，奥地利，意大利，捷克，澳大利亚，中国香港等11个国家和地区的美国国际音乐制品协会，欧洲音乐产业联盟等国际乐器行业协会以及中外嘉宾支持表示诚挚感谢。

5日至15日，经中国轻工业联合会批准，中央音乐学院和中国乐器协会主办，中国乐器协会提琴制作师分会和中央音乐学院提琴制作研究中心承办的第四届中国国际提琴及琴弓制作比赛在北京举办。本届比赛由中国轻工业联合会任指导单位，欧美同学会作为支持单位，比赛还得到江苏黄桥文化创业园区管理委员会、江苏凤灵乐器集团公司、北京华东乐器有限公司、德国Pirastro琴弦有限公司、法国Colleri琴弦有限公司、法国Aubert琴马有限公司的协助和赞助。本届中国国际提琴制作比赛共吸引了来自于中国、美国、意大利、韩国、波兰、匈牙利、马来西亚、澳大利亚、保加利亚9个国家200余名选手，共计437件乐器参与，其规模比第三届增加30%。

25至27日，第21届国际钢琴制造技师调律师协会年会（IAPBT 2019）在日本滨松举办。中国乐器协会钢琴调律师分会会长冯高昆，副会长兼秘书长秦敏静以及来自全国各地的钢琴制造企业、琴行、以及高校技师代表共16人参加大会。本届年会的主题是——钢琴，钢琴，钢琴。此次国际会议由来自中国、日本、美国、韩国、澳大利亚、俄罗斯等8个国家和中国台湾地区的近300名国际钢琴调律师代表参加。出席大会的海外团体代表主要有美国钢琴技师协会（PTG），欧洲钢琴技师协会（EUROPiano），中国乐器协会钢琴调律师分会（CPTA），韩国钢琴技师协会（KPTA），中国台湾钢琴技师协会（TPTA），澳大利亚钢琴技师及调律师协会（APTTA）。

6月

19日，在中国乐器协会、法国驻华大使馆、布菲中国公司的积极推动下，各方在北京丰台职业技能学校举行会议确定丰台职校为新的合作伙伴。召开会议评估项目新进展及未来合作关系。

10月

10日，王世成理事长在上海会见美国国际音乐制品协会（NAMM）新任主席、美国马丁吉他公司总裁克里斯马丁，就当前中美乐器经贸形势交换意见，对双方再次成功合作举办第14次中美NAMM CMIA行业高峰论坛表示肯定；协会感谢NAMM正式发布《关于支持自由贸易的声明》，对美方与中国相向而行克服经贸摩擦付出的努力表示赞赏。

11日下午，在上海国际乐器展期间，王世成理事长主持召开第14次中欧乐器联盟会议。双方就中欧社会音乐教育合作，乐器市场最新进展以及双方关切的知识产权保护案例进行沟通。协会对欧方支持5月举办的北京国民音乐教育大会表示感谢。

11日，应俄罗斯展团邀请，陈晋武秘书长赴俄罗斯展团与俄罗斯展团团长及各俄乐器参展企业进行友好交流，双方一致同意扩大中俄乐器行业交流合作。

12日，中国乐器协会继续推动澳大利亚音乐未来项目在北京国民音乐教育大会和上海国际乐器展举办“非传统音乐教学法”乐器教学展示活动，10月，双方在上海举行战略合作签约仪式，就《音乐未来中国项目培训服务与知识产权》协议（草案）达成初步共识，共同建设音乐未来（中国）项目。

12日，由中国乐器协会，MIDI工作委员会以及上海计算机音乐协会和上海国展公司策划主办的2019上海MIDI国际论坛成功举办。美国MIDI协会主席汤姆怀特，日本电子音乐事业协会标准化委员会主任飞河合生等业界重量级嘉宾应邀出席活动，进一步加强中国与国际MIDI技术和标准交流，受到中外MIDI界广泛好评。

12日，应德国驻上海总领事馆邀请，陈晋武秘书长参加2019中国上海国际乐器展览会中德展商招待会。

12日，巴西乐器工业协会会长拜会协会，希望协会及中国会员乐器企业对新举办的巴西圣保罗乐器给予支持。

11月

3日至10日，应爱尔兰皇家音乐学院、英国约克圣约翰大学和英国乐器协会邀请，中国乐器协会王松美副理事长率队赴英国、爱尔兰考察音乐教育及乐器市场。王松美一行四人受到爱尔兰皇家音乐学院德博拉·凯勒校长、约克圣约翰大学李·希金斯教授和英国乐器协会保罗·麦克马努斯会长的热情接待，双方围绕当前乐器产业和市场及社会音乐教育等共同关心的领域及话题进行了广泛深入的沟通及合作探讨。

王松美副理事长分别向外方介绍了中国乐器行业包括乐器制造、音乐教育等的发展情况，以及中国乐器协会当前的重点工作，特别是新开展的社会音乐教育和职业技能人才培训等，包括国民音乐教育大会、6·21国际乐器演奏日活动的基本情况。德博拉·凯勒校长、李·希金斯教授和保罗·麦克马努斯会长都对中国当前乐器行业的发展和在国际乐器领域的地位表示认同，也分别介绍了各自机构和领域的主要情况，并针对乐器协会此次考察的主要目的，进行了针对性的详细介绍，认真探讨了可能的合作方向，几方都表示了对中国快速发展的社会音乐教育的关注和兴趣，愿意在后续就具体合作进行更加深入细致的沟通。

会员名录

中国乐器协会团体会员名录

（截止至2020年7月9日）

（排序按协会任职和地址）

序号	企业名称	会员证号	地址	联系人	协会任职
1	北京乐器研究所	0002	北京市朝阳区南新园西路甲6号	张小川	副理事长
2	功学社（天津）商贸有限公司	0219	北京市东城区左安门内大街76号龙潭湖体育馆3楼、天津市武清开发区福源道27号	林志明	副理事长
3	北京星海钢琴集团有限公司	0001	北京市通州区光机电一体化产业基地科创东五街8号	孟　宇	副理事长
4	福州和声钢琴股份有限公司	0119	福建福州市仓山区金山工业集中区浦上工业园B区红江路2号	李年官	副理事长
5	广东红棉乐器股份有限公司	0038	广东省河源市高新技术开发区高新六路28号（广州市海珠区基立道10号2楼）	余一佳	副理事长
6	深圳市蔚科电子科技开发有限公司	0279	广东省深圳市南山区蛇口南海意库1栋507室	赵　哲	副理事长
7	广东声凯乐器有限公司	0073	广东省肇庆市四会市城中街道三棵榕	黄志康	副理事长
8	得理乐器（珠海）有限公司	0311	广东珠海金湾区联港工业区大林山片区双林东路2号得理工业园	盛子斐	副理事长
9	广州珠江钢琴集团股份有限公司	0030	广州市增城永宁街香山大道38号	李建宁	副理事长
10	乐海乐器有限公司	0152	河北省沧州市肃宁县德善街1号	宋从甲	副理事长
11	河北金音乐器集团有限公司	0076	河北省武强县周窝乡工业区金音街8号衡水地区	陈学孔	副理事长
12	武汉艾立卡电子有限公司	0124	湖北省武汉市东西湖将军五路12号	张　琳	副理事长
13	柏斯琴行（中国）有限公司	0146	湖北省宜昌市宜昌东山经济技术开发区珠海路1号	吴天延	副理事长
14	吟飞科技（江苏）有限公司	0240	江苏省常州市新北区汉江西路101号	范廷国	副理事长
15	江阴金杯安琪乐器有限公司	0251	江苏省江阴市申港镇亚包大道128号	时建明	副理事长
16	江苏凤灵乐器集团	0114	江苏省泰兴市溪桥镇华溪中路18号	李　书	副理事长
17	烟台博斯纳钢琴制造有限公司	0188	山东省烟台市高新区博斯纳东路3号	孙　强	副理事长
18	上海民族乐器一厂	0020	上海闵行区七宝镇联明路400号	王国振	副理事长
19	上海钢琴有限公司	0019	上海市宝山区宝扬路2222号	罗予人	副理事长
20	上海艾克斯尔乐器音响有限公司	0126	上海市嘉定区徐行镇新建一路2411号	刘卫国	副理事长

续表

序号	企业名称	会员证号	地址	联系人	协会任职
21	北京罗兰盛世音乐教育科技有限公司	0522	上海市杨浦区平凉路1500号2号楼5楼、北京市朝阳区西大望路63号阳光财富大厦3层	程建铜	副理事长
22	上海知音音乐文化股份有限公司	0138	上海市长宁路1200号贝多芬广场3楼	朱文玉	副理事长
23	四川盛音乐器有限公司	0310	四川省成都市新生路6号	黄茂强	副理事长
24	天津市津宝乐器有限公司	0094	天津市宝坻区迎熏街1-2号	刘运斌	副理事长
25	森鹤乐器股份有限公司	0050	浙江省慈溪市逍林镇樟新公路1928号（胜山镇沙滩路）	罗建峰	副理事长
26	海伦钢琴股份有限公司	0118	浙江省宁波市北仑区龙潭山路36号	陈海伦	副理事长
27	北京华东乐器有限公司	0010	北京市平谷区东高村镇大旺务西路21号	刘云东	常务理事
28	北京中加海资曼钢琴有限公司	0003	北京市通州区光机电一体化产业基地科创东五街8号	谭宝利	常务理事
29	广州吉声琴业有限公司	0067	广东省从化市鳌头镇岭南村古塘村106国道边	梁泽敏	常务理事
30	广州格利蒙那提琴有限公司	0208	广东省广州市番禺区大石街涌口村工业三种6号	关尚持	常务理事
31	美得理电子（深圳）有限公司	0128	广东省深圳市福田区中康路卓越城1期4-505	徐　俊	常务理事
32	广东省乐器协会	0470	广州市越秀区署前路33号2号楼905室	李爱群	常务理事
33	浙江天目琴行有限公司	0151	杭州市拱墅区润园街135号	刘为明	常务理事
34	大厂回族自治县华丰铸造有限责任公司	0252	河北省大厂回族自治县夏垫村西	杨　山	常务理事
35	河北省怀来锣厂	0055	河北省怀来县新保安镇幸福村	张全富	常务理事
36	饶阳北方民族乐器制造有限责任公司	0129	河北省饶阳县大官厅	杨俊朋	常务理事
37	饶阳成乐民族乐器有限责任公司	0143	河北省饶阳县大官厅开发区	李铁成	常务理事
38	河北华声乐器制造有限公司	0213	河北省深州市前么头工业区	张立根	常务理事
39	河北秦川文体乐器有限公司	0137	河北省石家庄市建设北大街38号	秦传功	常务理事
40	河南中州民族乐器有限公司	0186	河南省兰考县固阳镇中州路003号	代胜民	常务理事
41	长春新威琴行有限公司	0369	吉林省长春市朝阳区工农大路1796号	周宝强	常务理事
42	江苏东方乐器有限公司	0090	江苏省江阴市祝塘云顾路8号	孔文忠	常务理事
43	江苏奇美乐器有限公司	0178	江苏省靖江市经济开发区兴业路	张龙贵	常务理事
44	江苏天鹅乐器有限公司	0045	江苏省靖江市马桥镇北首	陈红梅	常务理事
45	南京舒曼钢琴制造有限公司	0112	江苏省南京市雨花经济开发区龙藏大道9号	王永和	常务理事
46	苏州民族乐器一厂有限公司	0043	江苏省苏州市平江区学士街梵门桥弄15号	易慧银	常务理事
47	江苏大风乐器有限公司	0480	江苏省徐州市沛县张庄镇工业区	徐宝华	常务理事

续表

序号	企业名称	会员证号	地址	联系人	协会任职
48	扬州金韵乐器御工坊有限公司	0095	江苏省扬州开发区鸿扬路 8 号	熊立群	常务理事
49	扬州市天艺民族乐器厂	0173	江苏省扬州市邗江区甘泉镇姚湾村	汪　扬	常务理事
50	扬州民族乐器研制厂有限公司	0071	江苏省扬州市隋杨路槐泗工业园	田步高	常务理事
51	扬州雅韵琴筝有限公司	0159	江苏省扬州市西区新盛街道蜀岗果园	刘永发	常务理事
52	扬州天韵琴筝有限公司	0299	江苏省扬州市仪征刘集盘古工业园	李同志	常务理事
53	大连铜管乐器有限公司	0106	辽宁省大连市中山区鲁迅路 88 号 308 室	焦永达	常务理事
54	上海口琴总厂	0025	上海市宝山区蕰川路 510 号	蒋林森	常务理事
55	上海市乐器行业协会	0123	上海市黄浦区中山南路 917 号 5A	季秋英	常务理事
56	上海华新乐器有限公司	0109	上海市浦东新区沈梅路 600 号 C 栋	林伯龙	常务理事
57	上海中雅钢琴有限公司	0127	上海市青浦区清赵路 6158 号	马惠忠	常务理事
58	上海国际展览中心有限公司	0199	上海市长宁区娄山关路 55 号新虹桥大厦 11 楼	吴江红	常务理事
59	成都川雅木业有限公司	0132	四川省成都市龙泉驿区驿都西路 4361 号	张华君	常务理事
60	天津圣迪乐器有限公司	0284	天津市静海县蔡公庄镇四党口中村	王玉春	常务理事
61	天津华韵乐器有限公司	0087	天津市静海县中旺镇天津市静海县旭华道 13 号鹦鹉乐器大厦三楼	罗金琦	常务理事
62	浙江乐韵钢琴有限公司	0389	浙江省德清洛舍工业园顺达路 18 号	章顺龙	常务理事
63	杭州嘉德威钢琴有限公司	0184	浙江省杭州市江干区丁桥镇临丁路 1191 号	陈莲琴	常务理事
64	宁波四海琴业有限公司	0211	浙江省宁波鄞州区云龙镇前后陈村	何四海	常务理事
65	德鑫开元（北京）琴业有限公司	0525	北京经济技术开发区荣华南路 10 号好远荣华鑫泰大厦 5 号楼 1809	王　武	理事
66	小叶子（北京）科技有限公司	0687	北京市朝阳区叶青大厦北园 1 层	薄峰峰	理事
67	北京福韵国际工贸有限公司	0492	北京市大兴区青云店镇垡上电镀厂院内	李宝红	理事
68	北京天力凯业贸易有限公司	0092	北京市大兴区长子营镇郑二营村	杨　凯	理事
69	北京音乐盛世文化传播有限公司（吉他中国）	0835	北京市东城区交道口菊儿胡同 17 号南院 魔菇音乐	姜　伟	理事
70	北京华韵阿波罗艺术发展中心	0374	北京市丰台区百强大道 6 号 2 座 2610 号	姚　远	理事
71	北京卓邦乐米文化传播有限公司	0526	北京市丰台区南四环西路 188 号总部基地十一区 27 号楼 6 层	张新峰	理事
72	北京长安乐器有限公司	0153	北京市海淀区西四环北路 15 号依斯特大厦 610 号	马雪松	理事
73	晋江力达电子有限公司	0288	福建省晋江市安海镇第二工业区力达工业楼	吴希达	理事
74	福建省爱乐钢琴有限公司	0147	福建省南平市顺昌县双溪镇货场路 142、144 号	柯松理	理事

续表

序号	企业名称	会员证号	地址	联系人	协会任职
75	厦门律动钢琴有限公司	0510	福建省泉州市迎津街建材公寓 B 幢 501 室	彭清燕	理事
76	厦门斯坦伯格钢琴有限公司	0622	福建省厦门市湖里区高崎南五路 220 号航空商务广场 8 号楼 2 层	叶灯阳	理事
77	福建亚东钢琴有限公司	0669	福建漳州市芗城区金峰经济开发区北斗工业园	洪亚东	理事
78	广州市罗曼士乐器制造有限公司	0241	广东广州市花都区狮领镇育才路 13 号	郑晓明	理事
79	广东蓝洋科技有限公司（原佛山市万正涂料有限公司）	0390	广东省佛山市三水区西南镇金本工业园 B 区	肖亚亮	理事
80	广州欧米勒钢琴有限公司	0655	广东省广州市白云区江高镇神山工业园振兴路 77 号厂区 2 号厂房	方　扬	理事
81	国家轻工业乐器质量监督检测中心（广州）	0172	广东省广州市荔湾区芳村花地大道壹号国际文化广场三楼 C018	秦敏静	理事
82	广州市大同琴行有限公司	0397	广东省广州市越秀区东川路 37 号	佟伟彦	理事
83	广州珠江艾茉森数码乐器股份有限公司	0426	广东省广州市增城区香山大道 38 号 1 号楼	刘春清	理事
84	汕头市乐童乐器有限公司	0488	广东省汕头市丹阳庄东区 59 栋 802	孙丽松	理事
85	鲍德温（中山）钢琴乐器有限公司	0032	广东省中山市东升镇观栏村工业区	周有恩	理事
86	广州闻乐教育科技有限公司	0757	广州市天河区科韵路天河软件园建工路 13 号 703 房	梁永波	理事
87	河北乐之洋乐器制造有限责任公司	0191	河北省饶阳县大官厅工业园 566 号	赵爱敏	理事
88	武汉银可可琴行有限责任公司	0303	湖北省武汉市彭刘杨路 228 号金榜名苑一楼	蒋　迟	理事
89	长沙星飞达音乐器材厂长沙飞达琴行有限公司	0289	湖南省长沙市芙蓉区东牌楼新世界商贸西 1 号	劳绍立	理事
90	南京新辉琴行有限公司	0266	江苏省南京市中山北路 42 号	刘小辉	理事
91	泰兴斯坦特乐器有限公司	0041	江苏省泰兴市黄桥镇华溪西路 2 号	李荣富	理事
92	扬州市思美民族乐器厂	0282	江苏省扬州江都市武坚镇黄思工业区（邮局对面）	胡思林	理事
93	扬州风华国乐琴筝有限公司	0312	江苏省扬州市江都区邵伯工业文化产业园振兴路东首向北 200 米	刘庆阳	理事
94	扬州市正声民族乐器厂	0145	江苏省扬州市江阳工业园西湖双塘东路 28 号	周　平	理事
95	大连福音乐器有限公司	0654	辽宁省大连市西岗区中山路 236 号	李大川	理事
96	龙口锦盛乐器有限公司	0084	山东省龙口市东莱街道大李村	李传术	理事
97	青岛妙海韵好美乐文化交流有限公司	0242	山东省青岛市江西路 98 号乙	潘紫艺	理事

续表

序号	企业名称	会员证号	地址	联系人	协会任职
98	烟台金斯波格钢琴有限责任公司	0052	山东省烟台市经济技术开发区长白山路 5 号	张绪斌	理事
99	陕西省文化物资公司	0502	陕西省西安市龙首北路东段 4 号	张忠民	理事
100	卡西欧（中国）贸易有限公司	0554	上海普陀区凯旋北路 1188 号 B 座 11 楼 D	王　帅	理事
101	赛乐尔三益乐器（上海）有限公司	0269	上海市奉贤区环城北路 753 号	李炯国	理事
102	温克尔曼（上海）乐器有限公司	0467	上海市静安区大田路 129 号嘉兴大厦 B 幢 6B	应利星	理事
103	上海威堡钢琴有限公司	0239	上海市南汇坦直工业园古翠路 33 号	蒋维国	理事
104	于斯教育科技（上海）有限公司	0759	上海市浦东新区御北路 385 号 5 号楼	王　维	理事
105	上海和乐钢琴有限公司	0337	上海市青浦区练塘工业园区蒸夏路 200-8 号	姚建芳	理事
106	上海灵江乐器有限公司	0598	上海市松江区沪亭北路 218 号 F115-117 德国哈罗德钢琴	黄正达	理事
107	门德尔松钢琴（上海）有限公司	0162	上海市松江区叶榭镇浦亭路 88 号	郑明统	理事
108	英昌乐器（中国）有限公司	0335	天津市东丽区崔家码头东侧	陈香菊	理事
109	天津奥维斯乐器有限公司	0354	天津市静海县蔡公庄镇四党口中村	张国民	理事
110	天津盛兴元乐器有限公司	0103	天津市静海县子牙镇潘庄子	王泽云	理事
111	西安音乐学院乐器厂	0224	西安市高陵区西高路丝路融豪工业城内 103，104 号	张小东	理事
112	昆明乐器用品有限责任公司	0064	云南省昆明市东风西路 289 号	伍俊武	理事
113	德清县中德利钢琴有限公司	0136	浙江省德清县城关西郊路 158 号	王惠林	理事
114	德清县海尔乐器制造有限公司	0171	浙江省德清县洛舍经济开发区文明东路 18 号	王惠忠	理事
115	湖州杰士德钢琴有限公司	0176	浙江省德清县洛舍镇杨树湾工业园区	韩智杰	理事
116	浙江珠江德华钢琴有限公司	0229	浙江省德清县武康镇丰庆街 788 号	何建超	理事
117	杭州爱尔科乐器有限公司	0406	浙江省杭州市萧山区闻堰镇长安工业区	朱伟柳	理事
118	杭州顺和硅橡胶制品有限公司	0530	浙江省杭州市余杭区临平南街道高地工业园	沈国水	理事
119	湖州华谱钢琴制造有限公司	0174	浙江省湖州市德清县洛舍经济开发区	潘鸿凯	理事
120	浙江友谊电子有限公司	0262	浙江省乐清市经济开发区纬 19 路 268 号	陈天浩	理事
121	宁波市北仑乐器配件制造有限公司	0203	浙江省宁波市北仑区大矸镇俞王村	俞兆祥	理事
122	宁波市江北珂乐乐器有限公司	0321	浙江省宁波市鄞州区明珠路 428 号 3A 五角阳尼二楼	蔡赋勇	理事

续表

序号	企业名称	会员证号	地址	联系人	协会任职
123	重庆斯威特钢琴有限公司	0089	重庆市北碚区童家溪镇建设村新房组天成小学旁	王建华	理事
124	安庆新华书店有限公司	0617	安徽省安庆市集贤南路 2 号	肖金和	
125	亳州市冠中琴行经营部	0714	安徽省亳州市谯城区建安路与光明路交叉口南二十米路东	陈冠中	
126	合肥海知音乐器销售有限责任公司	0583	安徽省合肥市庐阳区长江路 276 号	李扬秋	
127	合肥市乐海琴行有限公司	0717	安徽省合肥市寿春路 88 号	邵　坚	
128	安徽省吉利琴行有限公司	0627	安徽省合肥市蜀山区潜山路与皖河支路交口商之都三楼	王　欣	
129	安徽省国声琴行有限公司	0596	安徽省合肥市桐城路 77 号 1 号门面安徽省合肥市包河区芜湖路城市华庭 C 座 2909	杨保海	
130	安徽健洋体育产业股份有限公司	0818	安徽省淮北市杜集经济开发区 202 省道以北腾飞路以西	张　峰	
131	淮北市兴华家具有限公司	0820	安徽省淮北市杜集经济开发区众诚路 2 号	郭吉文	
132	安徽吉祥科教设备有限公司	0819	安徽省淮北市杜集经济开发区紫藤路北侧	王　飞	
133	淮北市云飞商贸有限责任公司	0823	安徽省淮北市杜集区高岳镇 B2-105 幢 109 号	李林军	
134	安徽世鹏教学设备有限公司	0821	安徽省淮北市杜集区滂汇工业区	郭　彬	
135	淮北市力得科技发展有限公司	0822	安徽省淮北市相山区相山水路 55-11 号	张学勇	
136	宿州新华书店有限公司	0625	安徽省宿州市淮海中路 79 号	邓　琼	
137	安徽拂晓教育装备有限公司	0947	安徽省宿州市灵璧县经济开发区红卫庄（西集）西边	朱　柏	
138	安徽和信教学仪器设备有限公司	0514	安徽省宿州市武夷商业城 B1 区 210-222 室	陈　静	
139	北京瑞音天地文化艺术有限公司	0875	北京东城区广渠门内大街 88-12	邓　肯	
140	北京音悦莱科技有限责任公司	0972	北京市昌平区回龙观西大街龙冠商务中心银座 408	刘任凭	
141	北京爱芝音教教学设备有限公司	0425	北京市昌平区马池口镇乃干屯村 203 号北京市海淀区上庄梅所屯 207 号	宁爱中	
142	六艺星空（北京）文化传播有限公司	0556	北京市朝阳区百子湾石门村路 5 号创美东朝时代创意园西区 1-118 室	周　鹏	
143	北京雅颂华声文化传播有限公司	0917	北京市朝阳区大郊亭中街 2 号院华腾国际 2 号楼 17B	张立营	
144	北京时代众乐琴行有限公司	0667	北京市朝阳区慧忠里 304 号楼 1 层 304-2	刘小涌	

续表

序号	企业名称	会员证号	地址	联系人	协会任职
145	北京中音中音科技有限公司	0486	北京市朝阳区建国路 88 号 SOHO 现代城 D 座 0711–0712 室	赵易天	
146	北京爱新聚福电子音乐设备有限公司	0969	北京市朝阳区科学园南里中街京辰大厦 B1	刘福新	
147	北京魔音科技有限公司	0951	北京市朝阳区立清路 7 号院 5 号楼 3 层 3 单元 303	殷宝山	
148	北京唐采文化发展有限公司	0943	北京市朝阳区六里屯北里	王小亚	
149	北京春秋博乐文化传播有限公司	0946	北京市朝阳区青年路西里国峰时代 106	翟　翀	
150	北京银河润泰科技有限公司	0843	北京市朝阳区曙光西里甲 6	闫文闻	
151	乐斯（北京）教育投资有限公司	0907	北京市朝阳区四惠东华腾世纪总部公园	肖　瑶	
152	北京快乐神州科技有限公司	0811	北京市朝阳区望京东路 8 号锐创国际 1 号楼 16F	彭锡涛	
153	北京诺宝文化艺术有限责任公司	0731	北京市朝阳区向军北里瀚海文化大厦 809 室	李　薇	
154	北京星海福音琴业有限公司	0278	北京市崇文区夕照寺中街 4 号 A 座 609	胆美珍	
155	北京葡橙朵朵文化艺术有限公司（北京琴学社）	0900	北京市大兴区黄村观音寺街 31 号	贾建伟	
156	北京盛世雅歌琴行有限公司	0746	北京市东城区交道口东大街 6–6 号	于效威	
157	威柏尔乐器（北京）有限公司	0454	北京市东城区王府井大街 277 号好友写字楼 2518 室	刘　勇	
158	北京兆森乐器有限公司	0484	北京市房山区韩村河镇西东村南	孙　伟	
159	北京杜兰德科技有限公司	0867	北京市房山区绿地启航国际商务办公区三期 13 号楼 603 室	郭　树	
160	北京敦善文化艺术股份有限公司	0259	北京市丰台区大红门西马厂甲 14 号集美文化产业园 4 号楼 3 层 A08	于　添	
161	北京德勇乐器有限公司	0729	北京市丰台区南三环东路 6 号嘉业大厦 B 座 1104 室	闫丕勇	
162	北京素达文化传播有限公司	0500	北京市丰台区南四环西路 188 号总部基地 2 区 6 号楼 3 层	叶彩萍	
163	北京乐器学会	0857	北京市丰台区怡海花园恒丰园 3 号 –203	刘正辉	
164	北京龙羽时代科技有限公司	0351	北京市海淀区北三环中路 77 号 27 号楼 509 室	魏剑羽	
165	北京诺健科技发展有限公司	0592	北京市海淀区复兴路甲 36 号百朗园 1218 号	李　腊	
166	北京乐界乐科技有限公司	0899	北京市海淀区上地信息路 26 号中关村创业大厦 719	凌新爱	

续表

序号	企业名称	会员证号	地址	联系人	协会任职
167	北京家训马林巴文化艺术中心	0850	北京市海淀区紫竹院路 100 号	王家训	
168	北京安平乐乐器有限责任公司	0539	北京市海淀区紫竹院路 100 号信弘大厦 A221	安　青	
169	北京东奇众科技术有限公司	0788	北京市石景山衙门口村南（西五环内黑马家具厂南侧）北京东奇	郭学成	
170	北京市产品质量监督检验院	0255	北京市顺义区顺兴路 9 号	陈　梨	
171	金蓝国际乐器（北京）有限公司	0828	北京市通州区东燕郊开发区东贸国际 16 号楼 2 单元 2011 室	吕占武	
172	北京管乐器厂	0004	北京市通州区光机电一体化产业基地科创东五街 8 号	赵　彤	
173	北京珠江钢琴制造有限公司	0836	北京市通州区经济开发区东区靓丽 5 街 8 号	冯汉辉	
174	贵州律动文化发展股份有限公司	0765	北京市通州区梨园镇九棵树西路 90 号弘祥 1979 文化产业创意园 B 座 3 层律动乐器 8355 室	韦永勇	
175	乐器空间	0508	北京市通州区李庄佳苑 5 号楼 2 单元 902	赵文广	
176	北京中艺乐器有限公司	0722	北京市通州区马驹桥镇西马各庄村委会西 2000 米（不通邮局）	李建明	
177	环球乔治布莱耶（北京）乐器有限公司	0940	北京市通州区运河西大街乔庄路 18 号	杨宝玉	
178	北京过云楼文化传媒有限公司	0937	北京市西城区百花深处胡同 16 号	董　娜	
179	北京星海钢琴集团有限公司北京民族乐器厂	0104	北京市西城区槐柏树街乙 9 号楼地下室 赵宏伟 13801050518	宋从甲	
180	四川华之艺教育科技有限公司	0925	成都市青羊区光华东一路 75 号 2 幢 3 层 301 号	蒲　丁	
181	成都云创新科技有限公司	0886	成华区一环路东一段电子信息产业大厦 1106	刘德文	
182	弗莱契尔（厦门）乐器有限公司	0973	福建省（福建）自由贸易试验区厦门片区（保税港区）海景东路 10 号 4 层 420 号之一	钟文俊	
183	福建合声钢琴工业制造有限公司	0832	福建省东山县西埔镇拜师街泽园路 342 号开发区办公室 602 室	谢福志	
184	福州市拉维斯文化发展有限公司	0915	福建省福州市仓山区建新镇建新北路 161 号 2 号楼 1 层	廖俊伟	
185	福建音桥电子科技有限公司	0965	福建省福州市台江区五一中路 132 号抽纱大厦二层	陈雪萍	
186	晋江市法莱斯特乐器有限公司	0896	福建省晋江市安海镇安平开发区嘉禄路 2 号	周耀军	
187	晋江市美固展示柜有限公司	0928	福建省晋江市罗山梧安社区 113 号	李雪芳	

续表

序号	企业名称	会员证号	地址	联系人	协会任职
188	泉州海丝蔓电子科技有限公司	0924	福建省晋江市五里经济开发区长安路 22 号	柯俊雄	
189	泉州耐特克钢琴集团有限公司	0974	福建省泉州市晋江市东石镇井林新村（60-74）号	高泉猛	
190	泉州合乐电子有限公司	0883	福建省泉州市南安市水头镇五里桥大道 1268 号	高铭胜	
191	漳州市龙吟乐器有限公司	0674	福建省漳州市北斗工业园金华路 1 号	段性皓	
192	钰丰乐器（福建）有限公司	0313	福建省漳州市南靖县丰田镇华侨经济开发区	陈永茂	
193	漳州汉旗乐器有限公司	0846	福建省漳州市芗城区金峰北斗工业园万利达园内金华路 1 号	林天福	
194	玉丰乐器（漳州）有限公司	0954	福建省漳州市芗城区金峰开发区玉丰乐器	李水发	
195	白银辰睿新理念艺术传播有限公司	0770	甘肃省白银市白银区观澜商业街 5 楼 B 座辰睿新理念钢琴艺术中心	赵辰睿	
196	惠州恒生乐器有限公司	0800	广东省惠州市惠阳区秋长镇西湖村扶贫路	邓忠兵	
197	东莞市乐手时代乐器有限公司	0776	广东省东莞市高埗镇振兴北路米兰财富园 4 楼乐手时代乐器	何冬君	
198	东莞市华锦礼品有限公司	0847	广东省东莞市厚街镇下汴村汴康西路鑫浩源科技园一区	姜　平	
199	东莞市乾方音响设备有限公司	0750	广东省东莞市南城区水濂山绿色路澎峒工业区第 1 栋 3 楼	董　夷	
200	深圳市众郏科技有限公司	0889	广东省东莞市松山湖高新开发区新竹路万科松湖中心濮园 903	许杏生	
201	东莞市增旺精密五金有限公司	0531	广东省东莞市塘厦镇莆心湖大道北七号	姜有文	
202	佛山市小钟琴文化传播有限公司	0881	广东省佛山市禅城区南庄镇商业广场 4 座 808	李康勇	
203	佛山市盈展乐器有限公司	0986	广东省佛山市南海里水镇邓岗南隅村工业二路 18 号四楼之一	康伟光	
204	佛山市佰添乐器有限公司	0686	广东省佛山市南海区里水镇和顺官和路金星工业区东门 39-7	陈祝军	
205	佛山市南海区海韵乐器制造有限公司	0520	广东省佛山市南海区狮山镇小塘三路西路江湄工业区	胡冬花	
206	佛山市三水龙声乐器制造有限公司	0362	广东省佛山市三水区白坭镇白沙南街一号	李庆炎	
207	广州市和必括乐器制造有限公司	0553	广东省广州市白云区石井红星工业路 10 号 B 座 2 号	黄　斌	
208	广州市恒胜箱包有限公司	0606	广东省广州市花都区新华街团结村塘口四队机场安置区商业街	彭　兰	

续表

序号	企业名称	会员证号	地址	联系人	协会任职
209	广州市鸣雅玛丁尼乐器制造有限公司	0587	广东省广州市花都区新华镇凤凰北路三东工业区	汪宏齐	
210	广州二诺信息科技有限公司	0877	广东省广州市黄埔区黄埔大道东 933 号 2 层	肖志伟	
211	德国博兰斯勒钢琴（中国）有限公司	0541	广东省广州市天河北路 595–599 号创新科技广场二楼	方　扬	
212	广州弦尚文化传播有限公司	0501	广东省广州市天河区黄村路 51 号粤安工业园 A 栋 6 楼	隋细华	
213	广州市新艺宝乐器有限公司	0309	广东省广州市天河区黄浦大道西 177 号二楼	凌建聪	
214	广州传音乐器厂	0168	广东省广州市天河区天河路 228 号广晟大厦 1710 室	苏常青	
215	广州市拿火信息科技有限公司	0707	广东省广州市越秀区解放北路 568 号	陆子天	
216	广州市朗晴发展有限公司	0268	广东省广州市珠江新城华明路 9 号华普广场西塔 2613 室	周　旗	
217	惠州全丰育乐用品有限公司	0234	广东省惠阳区秋长镇长兴路鹏岭工业城	蔡赖丰	
218	深圳市巴罗克文化艺术发展有限公司（BARROCO 乐器）	0898	广东省惠州市惠城区长湖苑 1 期 9 栋 2 单元 1 号琴行	王浩然	
219	惠州市乐音乐器有限公司	0672	广东省惠州市惠阳区淡水镇铁湖路玉兰别墅 D9–10 栋	彭爱平	
220	宇声乐器（惠州）有限公司	0904	广东省惠州市惠阳区秋长街道金秋大道 75 号	冯振鑫	
221	惠州德尚乐器有限公司	0851	广东省惠州市惠阳区秋长益发工业区 A 栋	钟文辉	
222	惠州市铭仕电子制品有限公司	0785	广东省惠州市惠阳区秋长镇西湖边水村铭仕电子制品有限公司	赵建萍	
223	惠州市惠阳区新圩曼棱乐器厂	0540	广东省惠州市惠阳区新圩镇塘口工业区	李秋云	
224	惠州声柏乐器有限公司	0697	广东省惠州市惠阳区长街道秋长镇岭湖工业区亚来路 39 号	王振中	
225	惠州市思琪特科技有限公司	0918	广东省惠州市仲恺高新区陈江街道办五一大道日通达大楼 1 栋 3 楼	邱宇鹏	
226	鹤山市摰雅乐器有限公司	0602	广东省江门市鹤山市龙口镇北环路 6 号	杨建勋	
227	揭西县美科电子电器厂	0206	广东省揭西县城环城路西段	张远青	
228	揭西县美乐斯电子电器厂实业有限公司	0537	广东省揭阳市揭西县河婆街道北环一路中段（国税大楼后面）	张伟雄	
229	开平市圣诺电子有限公司	0609	广东省开平市三埠长沙光明路 82 号 102	黄美娴	
230	南雄市海伦罗曼钢琴有限公司	0664	广东省南雄市珠玑镇二塘村国道 G323 线旁	李晓勇	

续表

序号	企业名称	会员证号	地址	联系人	协会任职
231	深圳市卓乐科技有限公司	0521	广东省深圳市宝安28区陆氏工业大厦2楼	李国飞	
232	深圳市中艺盈科电子有限公司	0355	广东省深圳市宝安35区安华工业区一巷8栋A5	钟永津	
233	深圳市魔耳乐器有限公司	0593	广东省深圳市宝安区71区留仙三路25号电明6楼	朱四华	
234	深圳市阿诺玛乐器有限公司	0658	广东省深圳市宝安区宝田三路宝田工业区56栋6楼	陈海华	
235	深圳市小草音乐网络科技有限公司	0858	广东省深圳市宝安区沙井街道锦程路2070号石厦港联工业园C栋2楼	梁　海	
236	深圳市伏荣科技开发有限公司	0459	广东省深圳市宝安区西乡西城工业区12栋2楼	李　胜	
237	深圳市宏伟顺科技发展有限公司	0599	广东省深圳市宝安区新安街道44区富源商贸中心B1403	段建军	
238	深圳市和普乐器有限公司	0341	广东省深圳市福田区八卦岭八卦五路五街543栋4楼433房邮信：广东省深圳市福田区商报东路新景苑1栋603房	毛建平	
239	深圳戎马广告有限公司（琴行经营报）	0578	广东省深圳市福田区车公庙泰然六路泰然物业大厦207栋301室	林　凯	
240	深圳市和乐文化传播有限公司	0740	广东省深圳市福田区福中一路2016号深圳音乐厅首层施坦威钢琴专卖店	翁　环	
241	尼凯乐器（深圳）有限公司	0932	广东省深圳市光明新区公明街道将石新围第一工业区1栋	宋燕刚	
242	深圳市双华鑫电子有限公司	0864	广东省深圳市龙岗区布吉中元路4号楼32栋A305	江中华	
243	创尊科技（深圳）有限公司	0966	广东省深圳市龙岗区龙岗街道南联社区圳埔领路2号F栋202	张又文	
244	深圳杰高乐器有限公司	0971	广东省深圳市龙岗区平湖街道新木里花半里欣悦广场C栋609	赵进荣	
245	惠州壹号琴行有限责任公司	0747	广东省深圳市罗湖区太白路太阳新城6B	王浩然	
246	岩手一全科技（深圳）有限公司	0941	广东省深圳市南山区大新路88号金龙工业区63栋西309	陈　谦	
247	深圳金色田园教育科技股份有限公司	0773	广东省深圳市南山区高新技术园区南区A8音乐大厦905室	史　斌	
248	深圳市艾伦易登文化发展有限公司	0868	广东省深圳市南山区前海星空科技园A栋401	黄彬彬	
249	深圳市新众玩网络科技有限公司	0960	广东省深圳市南山区软件园1期3栋	许乐平	

续表

序号	企业名称	会员证号	地址	联系人	协会任职
250	深圳市伊诺乐器有限公司	0300	广东省深圳市坪山区仓坑路家德马峦工业区1区7栋	袁　雁	
251	深圳市乐器行业协会	0933	广东省深圳市坪山区坪山办事处汤坑社区同富西路67号家德马峦工业园一区7栋3楼	袁　雁	
252	中山市笛驰文体用品科技有限公司	0967	广东省中山市三乡镇麻斗工业区锚金大道19号	陆嘉诚	
253	珠海汇吉洋电子科技有限公司	0532	广东省珠海市斗门区白蕉工业园新科二路26号	王　超	
254	南宁市嘉诚琴行有限公司	0546	广西南宁市教育路7-2号	林李斌	
255	南宁市鑫金冠琴行	0781	广西南宁市星湖路37号	陈振华	
256	广州市益友箱包皮具有限公司	0980	广州经济技术开发区萝岗联合上围村中街5号	李振标	
257	帕多瓦乐器（珠海）有限公司	0964	广东省珠海市香洲区粤华路338号	黄国城	
258	广州华丰乐器制造有限公司	0852	广州市白云区人和镇汉塘村汉塘北路自编19号	李概文	
259	广州吉琴社乐器有限公司	0901	广州市白云区人和镇穗禾名庭	洪银山	
260	广州诗帝堡乐器有限公司	0891	广州市番禺区大北路150号华兴商贸大厦16层13号	谢春南	
261	广州诺英德曼钢琴股份有限公司	0919	广州市番禺区沙湾镇福冠路福正西街15号B103	靳伟明	
262	广州悠哈乐器有限公司	0978	广州市番禺区市桥富华中路39号503	黄成贤	
263	英氏婴童用品有限公司	0859	广州市海珠区广州大道南788号自编7栋	高　峰	
264	广州市威柏乐器制造有限公司	0962	广州市花都区花东镇丰园路1号（空港花都）	贾　刚	
265	广州市泰源乐器制造有限公司	0955	广州市花都区花山镇永乐村菊花石大道自编100号之六	张冬美	
266	广东琴趣网络科技有限公司	0812	广州市黄埔区茅岗村坑田大街32号鱼珠智谷E306	麦燕玉	
267	广州市雅迪数码科技有限公司	0496	广州市荔湾区桥中中路186号爱国者一楼自编45号广州市雅迪数码科技有限公司	胡　伟	
268	广州千陆文化创意发展有限公司	0975	广州市天河区凌塘新街16-2号新远景创业科技园5楼	秦千和	
269	广州市天樱电子有限公司	0763	广州市越秀区明月一路20号明月阁806房	张继发	
270	玉屏侗族自治县箫笛行业协会	0865	贵州省铜仁地区玉屏侗族自治县箫笛厂内	杨永华	
271	海南大蟒科技有限公司	0572	海南省海口市美兰区海甸五西路兆南绿岛家园绿轩17-18A	胡建智	

续表

序号	企业名称	会员证号	地址	联系人	协会任职
272	杭州卡米莉娅琴业有限公司	0921	杭州市拱墅区丽水路 166 号 F3	魏增荣	
273	杭州威勒乐器有限公司	0908	杭州市余杭区塘栖镇运溪路 186 号	常先国	
274	杭州余杭区中泰街道竹霖生乐器厂	0930	杭州市余杭区中泰街道紫荆村 17 组竹弄里 58 号	李尔王	
275	安徽麒泽教育装备有限公司	0945	合肥市蜀山区南二环路 3818 号合肥天鹅湖万达广场 1-8 幢 8- 办 1512	沈　萍	
276	北京晨语筝业教育科技有限公司	0884	河北秦皇岛海港区秦皇东大街 236 号沃金商厦 B 座 301	李　君	
277	霸州市威名乐器有限公司	0177	河北省霸州市大高各庄工业区	张维明	
278	霸州贝司克斯乐器有限公司	0861	河北省霸州兴港工业园贝斯克斯路	Han-Peter Messner	
279	赞凯尔松钢琴河北有限公司	0957	河北省沧州市肃宁县德善街	张振环	
280	沧州市金狮乐器有限公司	0227	河北省沧州市纸房头工业区	吕宝合	
281	定州市即兴音乐培训学校	0778	河北省定州市北城区大道观小学西行 50 米	佘会凤	
282	河北铭泽文体用品有限公司	0751	河北省定州市大奇工业区	张江伟	
283	定州市定海体育器材有限公司	0715	河北省定州市唐河循环经济产业园区	李增甫	
284	高碑店市佰格乐器箱包厂	0760	河北省高碑店市南大街 152 号	邓印明	
285	廊坊市圣爱工艺品有限公司	0699	河北省廊坊市安次区仇庄乡景村工业区	邓岳梅	
286	廊坊市永信实业有限公司	0261	河北省廊坊市安次区杨税务	刘家庆	
287	廊坊市斯尔曼乐器有限公司	0659	河北省廊坊市安次区祖各庄西口光辉巷	王　颂	
288	香河天音乐器有限公司	0060	河北省廊坊香河县香河经济技术开发区运泰路	曹振民	
289	饶阳县海之韵乐器有限公司	0597	河北省饶阳县东草芦村七区 46 号	李广敖	
290	三河市龙洋乐器有限公司	0393	河北省三河市新集镇	李宝玉	
291	河北康喜乐器制造有限公司	0756	河北省石家庄市新华区杜兆乡西营村和乐巷 4 号	张　喜	
292	河北学艺乐器有限公司	0931	河北省石家庄长安区体育北大街 19 号中山路体育大街北行 300 米路西	张建立	
293	廊坊韵迪乐器有限公司（原文安鑫森）	0170	河北省文安县新镇镇工业区	王景川	
294	河北鑫欧泰教学设备制造有限公司	0784	河北省盐山县南环路	徐淑英	
295	河南中弘乐器有限公司	0985	河南省开封市兰考县堌阳镇工业园区	范慧敏	
296	兰考县成源乐器音板有限公司	0848	河南省兰考县固阳镇工业区 3 号	汤二法	

续表

序号	企业名称	会员证号	地址	联系人	协会任职
297	兰考焦桐乐器股份有限公司	0910	河南省兰考县堌阳镇月起工业园（民族乐器展厅）	王　刚	
298	兰考桐韵民族乐器有限公司	0680	河南省兰考县文明路16号	袁玉刚	
299	郑州星艺新琴行有限公司	0775	河南省郑州市北二七路96号（金水路和东明路交叉口东30米路南）	翟莲花	
300	宁波海伦睿卡教育科技有限公司	0887	河南省郑州市管城区商城路东明路交叉口茂祥大厦17楼	樊国领	
301	哈尔滨七星乐器有限公司	0845	黑龙江省哈尔滨市道里区森林朝阳胡同6号2单元1层4号	王世秋	
302	牡丹江和音乐器有限公司	0650	黑龙江省牡丹江市西安区海浪路199号	贾　酝	
303	呼和浩特市艺达乐器商贸有限公司	0742	呼和浩特市新城区兴安北路2号	林清端	
304	湖北华都钢琴制造股份有限公司	0427	湖北省广水市广办西河路二路2号	汪其见	
305	随州市曾侯乙编钟编磬文化有限公司	0830	湖北省随州市舜井大街305-2号	项绍清	
306	武汉市乐王乐器有限公司	0293	湖北省武汉市东湖高新技术开发区武大科技园路7号武大航域办公楼A8栋6楼	邢福志	
307	武汉工控艺术制造有限公司	0698	湖北省武汉市东西湖将军路万家墩东村59号	高力强	
308	武汉市海平乐器制造有限公司	0125	湖北省武汉市江岸区云林街65号观湖铂金公寓321房	王志军	
309	武汉致嘉乐器销售有限公司	0100	湖北省武汉市经济开发区民营科技工业园12号M栋	周致嘉	
310	武汉余晓维金手指文化艺术咨询有限公司	0726	湖北省武汉市武昌区和平大道绿地国际金融城B2栋2611室	余小维	
311	安斯特早教投资管理湖北有限公司	0737	湖北省武汉市武昌区积玉桥万达公馆五栋1单元502室	蔡德武	
312	武汉钢的琴音乐文化发展有限公司	0748	湖北省武汉市武昌区彭刘杨路228号	伍海波	
313	武汉大音唐韵乐器有限责任公司	0873	湖北省武汉武昌彭刘杨路229号	唐志雄	
314	长沙幻音电子科技有限公司	0688	湖南省长沙市高新开发区谷苑路186号湖大科技园孵化大楼东栋201	郭润博	
315	淮安市众兴教学设备有限公司	0856	淮安市淮安区泾口镇光明居委会	钱国军	
316	淮南市海之声乐器销售有限公司	0912	淮南市田家庵区龙湖中路西段顺峰大厦三层	王治淮	
317	惠州市天音乐器有限公司	0958	惠州市大亚湾西区开城大道南11号	张又文	

续表

序号	企业名称	会员证号	地址	联系人	协会任职
318	惠州市惠阳区吉他行业协会	0831	惠州市惠阳区大剧院 1 楼右侧办公室	闫兴为	
319	惠州市汤姆乐器有限公司	0959	惠州市惠阳区秋长岭湖市场汤姆乐器厂	谢宝舰	
320	延吉市民族乐器研究所	0154	吉林省延吉市北山街爱丹路 125-2 号	赵基德	
321	长春市新博乐乐器有限公司	0894	吉林省长春市朝阳区同志街东清华路南汇华大厦 107 号	吕　硕	
322	长春市恒兴华科技有限公司	0663	吉林省长春市南关区大马路吉塔公寓 998 号	崔京宜	
323	济南新泺港琴行有限公司	0824	济南市历下区文化东路 94 号	宁春玉	
324	彤杺钢琴培训工作室	0833	江苏省常州市新北区三井街道绿都万和城三区商业广场彤松钢琴培训工作室	叶立宇	
325	淮安市经纬教学设备有限公司	0552	江苏省淮安市楚州区施河镇德福北路 186 号	成　鹏	
326	淮安市翔声民族乐器厂	0897	江苏省淮安市楚州区翔宇大道 1003 号易郡龙腾 3 号商住楼 101 室（售楼处旁）	贾　宇	
327	江苏润晨科教设备有限公司	0816	江苏省淮安市淮安区施河镇 政和路	王顺国	
328	淮安市成达教学用品有限公司	0813	江苏省淮安市淮安区施河镇德福北路 16 号	马俊成	
329	江苏宇辉教学用品有限公司	0618	江苏省淮安市淮安区施河镇德福南路	刘红兵	
330	江苏乾坤教学设备有限公司	0534	江苏省淮安市淮安区施河镇工业园区	董玉乾	
331	江苏华丰教学装备有限公司	0704	江苏省淮安市淮安区施河镇工业园区	刘长军	
332	江苏远恒教学设备有限公司	0916	江苏省淮安市淮安区施河镇工业园区	刘金云	
333	江苏强众科教设备有限公司	0736	江苏省淮安市淮安区施河镇工业园区 29 号	查永安	
334	江苏万里科教设备有限公司	0814	江苏省淮安市淮安区施河镇工业园区淮河路 18 号	施守英	
335	江苏祥信科教设备有限公司	0976	江苏省淮安市淮安区施河镇工业园区黄山路南首	刘　娟	
336	江苏大鹏科教设备有限公司	0621	江苏省淮安市淮安区施河镇淮河路	刘宝珍	
337	江苏百宇兴事业有限公司	0753	江苏省淮安市淮安区施河镇淮河路 1 号	钱国强	
338	江苏星杨月科教设备有限公司	0645	江苏省淮安市淮安区施河镇世纪大道	杨如忠	
339	江苏兴特教学设备有限公司	0701	江苏省淮安市淮安区施河镇世纪大道	施信忠	
340	淮安市长三角科教设备有限公司	0815	江苏省淮安市淮安区施河镇世纪大道 13 号	施守江	
341	淮安市迅腾教学设备有限公司	0844	江苏省淮安市淮安区施河镇世纪大道 16#	宋平安	
342	江苏月星科教设备有限公司	0646	江苏省淮安市淮安区施河镇世纪大道 2 号	葛彩珍	
343	江苏华光科教设备有限公司	0571	江苏省淮安市淮安区施河镇世纪大道 8 号	吴　斌	

续表

序号	企业名称	会员证号	地址	联系人	协会任职
344	江苏安琪尔科教设备有限公司	0735	江苏省淮安市淮安区施河镇太平西路 26 号	李晓燕	
345	江苏东大科教设备有限公司	0702	江苏省淮安市淮安区施河镇条龙村	胡国政	
346	江苏盛达教学设备有限公司	0795	江苏省淮安市淮安区施河镇长江路 1 号	王国顺	
347	江苏双丰教学用品有限公司	0798	江苏省淮安市淮安区施河镇德福路 102 号	沈卫国	
348	江苏雪峰科教设备有限公司	0817	江苏省淮安市清河区万达广场一期 3 号楼 2 单元 1 楼	单平平	
349	江苏华辰教学设备有限公司	0560	江苏省淮安市施河镇工业园区人民路南首	管益武	
350	淮安市福乐教学设备有限公司	0804	江苏省淮安市施河镇世纪大道	高云军	
351	江苏华睿科教设备有限公司	0805	江苏省淮安市施河镇世纪大道	周艾军	
352	江阴奇灵乐器有限公司	0705	江苏省江阴市申港镇澄路 1597 号	缪庆益	
353	无锡铃木乐器有限公司	0039	江苏省江阴市祝塘镇人民路 1 号	缪志兴	
354	中国大众音乐协会口琴专业委员会	0872	江苏省江阴市祝塘镇云顾路 8 号	孔文忠	
355	昆山德邦木业有限公司	0358	江苏省昆山市巴城镇正仪高科技术产业园富丽路	唐　亮	
356	南京梦飞乐器贸易有限公司	0934	江苏省南京市江宁区东山街道宏远大道 2298 号 秦淮绿洲东苑 75 幢 103 室	刘　飞	
357	南京音杰琴行有限公司	0948	江苏省南京市江宁区天元东路 523 号	安　吉	
358	南京爱韵乐器有限公司	0433	江苏省南京市雨花区软件大道 119 号丰盛商汇 6 号楼 208 室	童　磊	
359	南通市乐王琴业有限公司	0046	江苏省南通市环城东路 93 号	王夕林	
360	南通星海乐器有限公司	0929	江苏省南通市人民中路 8 号	汪祖洪	
361	江苏三毛教仪成套设备有限公司	0696	江苏省沭阳县工业园区萧山路 36 号	徐兴俊	
362	江苏金太阳科教设备有限公司	0789	江苏省沭阳县公园路 20 号金太阳科教	汤　亚	
363	江苏省华茂科教设备有限公司	0565	江苏省沭阳县经济开发区永嘉路 40 号	祁　霞	
364	江苏柠檬科教设备有限公司	0563	江苏省沭阳县章集工业园区柠檬 3 号	徐兴俊	
365	江苏新基因文化发展有限公司	0733	江苏省泰兴市黄桥镇华溪中路 18 号（黄桥乐器文化产业园内）	钱富民	
366	江苏威特诺乐器有限公司	0950	江苏省泰兴市黄桥镇金溪路东、通站路北	郭美霞	
367	泰兴琴艺乐器有限公司	0218	江苏省泰兴市溪桥镇华溪东路 8 号	吴建新	
368	江苏省苏创教学设备有限公司	0796	江苏省泰州市高港科技创业园	戴春喜	

续表

序号	企业名称	会员证号	地址	联系人	协会任职
369	江苏鸿星教学设备有限公司	0799	江苏省泰州市高港区力铺街道西工业区	吉荣进	
370	泰州市苏北实验仪器有限公司	0797	江苏省泰州市寿巷街道长太新村	芮锦成	
371	无锡市龙韵琴行	0984	江苏省无锡市梁溪区中山路金太湖国际城二楼	李子龙	
372	无锡市锡艺乐器厂	0194	江苏省无锡市新区梅村镇锡贤路 149 号	万建平	
373	无锡市新区古月琴坊	0101	江苏省无锡市新区梅村镇新南路 10 号	万其兴	
374	徐州市铜山区顺成乐器配件厂	0630	江苏省徐州市铜山区房村镇新庄	刘方盘	
375	盐城桐鹄堂琴行有限公司	0935	江苏省盐城市城南新区新都街道盐城金融城 6 幢 1707 室	张蓉蓉	
376	江苏玉河教玩具有限公司	0807	江苏省扬州市宝应县曹甸工业园区中央西路 15 号	唐素芳	
377	扬州云飞教学设备有限公司	0806	江苏省扬州市宝应县曹甸镇工业集中区	罗云谋	
378	江苏康乐玩具有限公司	0808	江苏省扬州市宝应县曹甸镇工业集中区	施乃凤	
379	江苏思礼实业有限公司	0809	江苏省扬州市宝应县曹甸镇工业集中区	李如星	
380	江苏金阳光游乐设备有限公司	0810	江苏省扬州市宝应县曹甸镇工业集中区	好自强	
381	江苏宝乐实业有限公司	0801	江苏省扬州市宝应县草甸工业区	杨军勇	
382	扬州正和民族乐器厂	0615	江苏省扬州市广陵区头桥镇迎新村	杨　越	
383	扬州市邗江区泉声民族乐器厂	0870	江苏省扬州市邗江区杨庙镇杨庙村荷花组	颜正友	
384	江苏六鑫科教仪器设备有限公司	0648	江苏省扬州市江都区浦头镇工业园区	朱美馀	
385	江苏永创教学仪器有限公司	0838	江苏省扬州市江都区浦头镇工业园区	吴亚芹	
386	泰州永创教学仪器有限公司	0839	江苏省扬州市江都区浦头镇工业园区	吴亚芹	
387	江苏大鑫教育装备有限公司	0878	江苏省扬州市江都区浦头镇工业园区	薛建萍	
388	扬州市恒厚科技发展有限公司	0879	江苏省扬州市江都区浦头镇工业园区	董　安	
389	扬州玲珑苑琴筝坊	0710	江苏省扬州市江都区武坚镇周西社区兴周路 2 号	陈后勇	
390	扬州清和文化发展有限公司	0611	江苏省扬州市江阳中路 433 号金天城 519 号	金　峰	
391	江苏出入境检验检疫局轻工业产品与儿童用品检测中心	0862	江苏省扬州市开发西路 10 号	陈　明	
392	扬州市开发区竹西琴坊	0913	江苏省扬州市泰州路保安巷 14 号	李　全	
393	扬州市维扬区御声乐器厂	0322	江苏省扬州市西湖镇司徒庙路西首－胡场	杨国富	
394	扬州翔韵琴筝有限公司	0721	江苏省扬州市西区杨庙镇	刘永勤	

续表

序号	企业名称	会员证号	地址	联系人	协会任职
395	扬州太古琴坊有限公司	0586	江苏省扬州市仪征刘集镇盘古工业园 1 号	刘　霄	
396	镇江新区汉韵民族乐器厂	0968	江苏省镇江市京口区桃花坞支路八角亭 42 号	朱　剑	
397	江苏润宏科教设备有限公司	0880	江苏扬州市江都区浦头镇工业园区	陆　静	
398	九江赛璐珞实业有限公司	0855	江西省九江市武宁县万福经济技术开发区万福大道 6 号	单成鹿	
399	江西省宏声文化艺术发展有限公司	0579	江西省南昌市国安路 112 号	刘　宏	
400	余干县民族乐器有限公司	0319	江西省余干县玉亭镇沙窝大街	张仕先	
401	晋江市锦乐电子科技有限公司	0970	晋江市安海镇安平开发区嘉盛路 147 号、149 号	俞亮生	
402	大连龙音乐器有限公司	0671	辽宁省大连市开发区辽河东路 88 号	王明瑜	
403	营口西尔伯曼钢琴有限公司	0270	辽宁省营口市西市区民兴河北街	丁弘戬	
404	山东省雷鸣教学设备有限公司	0841	临沂市兰山区临西七路小商品城二期大卖场中国教育用品采购基地三楼 3023 号	胡晓艳	
405	安徽凯瑞教育设备有限公司	0923	六安市解放南路恒生阳光城商务中心 68A1405 室	张　炜	
406	龙口市管乐器协会	0963	龙口市东莱街道大李家村	钦永庆	
407	南京南淮文化传播有限公司	0953	南京市秦淮区中山南路 315、313 号 1805、1806 室	王艺耘	
408	内蒙古艺龙琴行商贸有限公司	0761	内蒙古自治区呼和浩特市赛罕区新华东街长安金座 D 座商业二楼 204	靳英士	
409	宁波海宇科技有限公司	0926	宁波北仑区大碶徐洋峙山工业区道口南路 6 号	俞　军	
410	宁波蓝奥电子科技有限公司	0914	宁波市鄞州区朝晖路 188 号民安路 306 号 1115 室	张文河	
411	青岛美德威教育科技有限公司	0771	青岛市市南区银川西路 67 号 国际动漫游戏产业园 A 座 107B	吴丹舟	
412	青海三益琴行有限公司	0794	青海省西宁市南大街 18 号负一层	李永文	
413	清浦区简悦琴行	0882	青浦区淮海南路 23 号府山时代广场	林　宁	
414	美森翰林（厦门）钢琴有限公司	0938	厦门市湖里区五缘西二里 21 号 1502	黄大柯	
415	厦门唐基文化艺术有限公司	0905	厦门市思明区悦享中心 A 塔六楼	杨晓杰	
416	厦门市华成琴行有限公司	0774	厦门市四明东路 9 号	伊道生	
417	山东沁诚之窗教育咨询有限公司	0871	山东菏泽市牡丹区大学路菏泽学院锦苑 3 楼	郑瑞霞	
418	山东省郓城训福教学仪器有限公司	0768	山东郓城县什集镇工业园	刘建芳	

续表

序号	企业名称	会员证号	地址	联系人	协会任职
419	山东鄄城致远科教仪器有限公司	0769	山东鄄城县什集镇工业园 777 号	陈海红	
420	山东劳立斯世正乐器有限公司	0108	山东青岛城阳区春阳路 101 号	邓　莹	
421	青岛莫勒乐器有限公司	0952	山东青岛莱西夏格庄夏四村	李言明	
422	昌乐县雅特乐器股份有限公司	0876	山东省昌乐县鄌郚工业园大沂路 33203	赵卫国	
423	潍坊大唐乐器发展有限公司	0869	山东省昌乐县鄌郚镇乐器产业园	李华波	
424	昌乐县东方乐器厂	0417	山东省昌乐县鄌郚镇政府驻地	李凤英	
425	山东庆云国健教学设备制造有限公司	0783	山东省德州市庆云县经济开发区民营创业园	张建涛	
426	山东瑞世达体育器材有限公司	0854	山东省德州市庆云县崖口工业园	刘金财	
427	山东八音乐器有限公司	0469	山东省菏泽市牡丹区刘寨（原乡政府）	马宏川	
428	山东中艺音美器材有限公司	0767	山东省菏泽市鄄城县富春乡开发区 999 号	李洪强	
429	济南旭秋乐器有限公司	0441	山东省济南市高新区世纪大道理想嘉园 2 号楼 19 层 1909 室（小鸭集团）	董念春	
430	济南市金生源乐器厂	0849	山东省济南市章丘区水寨镇范家开发区	范育荣	
431	山东省济宁市颜氏调律工具有限公司	0453	山东省济宁市任城区南张工业园	颜婷婷	
432	山东山石麦尔乐器有限公司	0243	山东省聊城市花园北路 38 号	刘　冰	
433	山东省华泰教学设备有限公司	0837	山东省临沂市高新区宝山路 113 号	李永彬	
434	临沂宗沛斋工贸有限公司	0518	山东省临沂市河东区华龙路	张宗沛	
435	山东奥尚体育产业有限公司	0716	山东省临沂市兰山区后十社区 2 号楼（聚财商务中心）704 号	潘书杰	
436	山东吉诺尔体育器材有限公司	0651	山东省临沂市兰山区小商品城 22 号楼 0767-0768 号	李　娟	
437	临沂市音之源乐器有限公司	0922	山东省临沂市兰山区中国临沂小商品城北区卖场三楼 3012 号	胡鲁南	
438	山东泰山管乐器制造有限公司	0131	山东省龙口市东莱街道大李家村	赵人兴	
439	龙口金鸣乐器有限公司	0738	山东省龙口市兰高工业园	李廷东	
440	青岛帕蒂兰德乐器进出口有限公司	0766	山东省青岛市崂山区海尔路 61 号天宝国际银座 2010	展　丽	
441	青岛青大琴行有限公司	0400	山东省青岛市市南区宁夏路 127-6 号	周克岭	

续表

序号	企业名称	会员证号	地址	联系人	协会任职
442	滕州市北辛华彩琴行	0544	山东省滕州市善国北路人才市场对过	梁景永	
443	无棣县馨雅教学仪器设备有限公司	0842	山东省无棣县车王镇政府驻地	李风军	
444	济宁市兖州区声远乐器有限公司	0245	山东省兖州市谷村镇杨村	颜廷学	
445	山东黑木环保材料科技有限公司	0689	山东省淄博市桓台经济开发区泰山路 30 号	张玲玲	
446	临汾明星琴行有限公司	0758	山西省临汾市尧都区解放路辛寺街 6 号	卢　青	
447	山西普晋琴行有限公司	0334	山西省太原市青年路 12 号	董武斌	
448	忻州市东韵琴行有限公司	0885	山西省忻州市七一北路精华写字楼底商	智　建	
449	西安音乐学院朱雀琴行	0744	陕西省西安市长安中路 110 号	徐胜利	
450	延安鲁艺文化艺术有限公司	0792	陕西省延安市师范路自来水公司一楼	文星月	
451	上海市普陀区爱乐琴行	0317	上海兰溪路 119 号	许　俊	
452	菲奥娜乐器（上海）有限公司	0629	上海市宝山区呼兰西路 60 号卓越时代广场 709-710 菲奥娜乐器	王幼妹	
453	上海凯恩乐器有限公司	0413	上海市崇明县合兴镇东首	张伟明	
454	上海布戈乐器有限公司	0961	上海市奉贤区联合北路 215 号第 5 幢	唐雨晴	
455	上海萨瑟钢琴有限公司	0656	上海市奉贤区南桥镇张翁庙路 525 号 晨日科创园 G 幢 302	王立功	
456	上海敦煌乐器有限公司	0185	上海市奉贤区运河北路 1025 号	吴启明	
457	欧贸乐器（上海）有限公司	0949	上海市虹口区物华路 288 号	倪丙占	
458	精工电子商业（上海）有限公司	0681	上海市淮海中路 138 号上海广场 2701 室	濡　木 伸　二	
459	上海海音乐器有限公司	0745	上海市黄浦区中山南路 917 号	叶　晖	
460	法兰山德乐器（上海）有限公司	0297	上海市金山区枫泾工业园区钱明东路 1338 弄 35 号	陈德鹏	
461	上海邦加琴业有限公司	0287	上海市金山区亭林镇亭东村 4062 号	张琳媚	
462	上海艺音乐器有限公司	0734	上海市金山区朱泾工业区东日路 186 号	曾香梅	
463	上海顶胜钢琴有限公司	0409	上海市闵行区都会路 100 号	顾名迈	
464	巨吉贸易（上海）有限公司	0435	上海市闵行区都会路 1885 号丽琴大厦 1 楼	司马健	
465	罗切尔钢琴（上海）有限公司	0906	上海市闵行区都会路 2501 号 2 栋 2 楼	魏　硕	
466	上海乐圣乐器有限公司	0412	上海市闵行区都市路 384 号 309 室	胡祖庭	
467	瑞宝乐器（上海）有限公司	0779	上海市闵行区七莘路 182 号 B 座 301	韩　军	
468	上海华黎民族乐器厂（普通合伙）	0161	上海市南汇区大团镇永春北路 88 弄 68 号	唐华军	

续表

序号	企业名称	会员证号	地址	联系人	协会任职
469	上海鼎韵乐器有限公司	0693	上海市浦东新区大团镇宣大路 688 号	唐正君	
470	上海先韵乐器有限公司	0725	上海市浦东新区康桥路 1123 弄 146 号	岳倍先	
471	河合贸易（上海）有限公司	0349	上海市浦东新区张杨路 500 号 28 楼 C 座	八木正树	
472	上海晨川琴业材料有限公司	0320	上海市青浦区华新镇民兴工业园区徐华公路 3029 弄民兴一路 59 号	郑纪海	
473	上海胤兰乐器有限公司	0111	上海市青浦区莲溪公路 3102 号	徐建华	
474	易弹乐器（上海）有限公司	0890	上海市青浦区新团路 248 号 13 撞	王昭阳	
475	中沃舜克管乐器（上海）有限公司	0762	上海市青浦区徐泾镇沪青平公路 2152 弄 8 号	谷攀峰	
476	上海凯笙钢琴有限公司	0780	上海市松江区嘉松南路 408 号 9 号商业广场北区 3F（凯笙琴艺）	EDDIE NI	
477	上海伍韵钢琴有限公司	0942	上海市松江申港路 258 号	姚启武	
478	德国贝希斯坦钢琴制造股份公司上海代表处	0902	上海市长宁区兴义路 8 号万都中心 2608 室	周翔昊	
479	达达里奥贸易（上海）有限公司	0708	上海市长宁区中山西路 999 号华闻国际大厦 1305 室	John Daddario	
480	逻兰（上海）电子有限公司	0893	上海市长宁区紫云路 421 号 SOHO 天山广场 T1 703–705	鄂　嵋	
481	施坦威钢琴亚太有限公司	0499	上海自贸区朝鹏路 147 号	郝　叶	
482	江苏冠仪教学设备有限公司	0944	沭阳县师十字工业园区双阳路 10 号	周立梅	
483	成都伟航科技有限公司	0677	四川省成都市高新区天府大道 1480 号高新孵化园德商国际 B 座 505	彭德伟	
484	成都朝阳浪琴乐器制品有限公司	0210	四川省成都市双流区东升镇永安路二段	黎明强	
485	天府新区成都片区新兴星韵乐器厂	0709	四川省成都市天府新区新兴镇凉水村 4 组 306 号	陈东兵	
486	成都豪兴泰科技有限公司	0791	四川省成都市武侯区簇锦街办聚龙路 68 号摩尔汽配城 11 幢 10 层 41 号	暨兴培	
487	四川英才教学设备有限公司	0749	四川省绵阳市机场西路 98 号	张萃超	
488	成都好琴无忧钢琴有限公司	0888	四川省成都市武侯区普利大厦	张　恩	
489	上海各尧企业管理股份有限公司	0909	重庆市渝北区东湖南路力帆时代 3 栋 12–5	陈　浩	
490	北京扬世正雅文化艺术传播有限公司	0892	重庆市渝中区大坪龙湖时代天街 B 馆 3 号楼 2406	胡　璠	
491	自贡市贝尔吉教学仪器设备有限公司	0559	四川省自贡市国家高新技术产业区川南中小企业创业园金川路 15 号附 10 号	兰　金	

续表

序号	企业名称	会员证号	地址	联系人	协会任职
492	苏州市福合天韵乐器科技有限责任公司	0755	苏州工业园区星湖街 328 号创意产业园 1-B601 室	包伟康	
493	泰兴市通灵乐器有限公司	0977	泰兴市黄桥镇溪桥华溪中路	殷建设	
494	天津三卫乐器有限责任公司	0637	天津市北辰区北辰西路联东 U 谷产业园区 29-2 号	李国华	
495	天津华一乐器有限公司	0787	天津市滨海新区大港小王庄镇小王庄村	陈宝展	
496	天津市东丽区乐林乐器厂	0491	天津市东丽区大毕庄工业区国信路 10 号	卢启恒	
497	天津乐威乐器有限公司	0724	天津市东丽区南何庄地铁站 B 出口南 50 米	苗永伟	
498	天津创丰乐器进出口贸易有限公司	0483	天津市河北区红星路万科城市花园 F-409	贺天宝	
499	天津通宝乐器有限公司	0015	天津市河北区南口支路 6 号	姜　静	
500	天津市民族乐器厂	0018	天津市河北区南歧路 1 号	郭建文	
501	天津市佰笛乐器有限公司	0189	天津市河东区程林庄路华冠丝绸有限公司院内	赵景萱	
502	天津天同音工贸有限公司	0274	天津市河东区六纬路神州花园 26-3-101	王　琳	
503	天津市艳音乐器销售有限公司	0979	天津市河东区天津音乐艺术街 30 号	赵　艳	
504	天津市万德弗劳乐器有限责任公司	0444	天津市河东区新开路春华里 11-2-401	高志伟	
505	通宝国际贸易（天津）有限公司	0264	天津市河西区苏州道 2 号图书大厦 1515 室	恽　林	
506	天津渤轻进出口有限公司	0107	天津市河西区新围堤道 5 号	韩延林	
507	天津康耐克斯商贸有限公司	0920	天津市河西区友谊南路梅江欣水园 5-201	张　婧	
508	天津市静海县鸣鹏永兴乐器厂（普通合伙）	0786	天津市静海县子牙镇潘庄子	元景梅	
509	天津市静海县恒艺燕京乐器厂	0703	天津市静海县子牙镇潘庄子村	田树恒	
510	天津市恒诚工业用呢有限公司	0732	天津市空港经济区东九道八号	齐朝利	
511	天津扬昇国际贸易有限公司	0408	天津市南开区鞍山西道信诚大厦 704 室	许心缇	
512	天津乐海城乐器配件有限公司	0364	天津市塘沽区春风路紫云国际 5 栋 1 门 201 室	王锡华	
513	天津滨海琴行有限公司	0290	天津市塘沽区上海道 1329 号	刘祥清	
514	天津达姆特乐器有限公司	0752	天津市武清区大良镇蔡各庄	杜承柱	
515	天津劳伦斯乐器有限公司	0476	天津市武清区京津时尚广场 7 楼大厦 1002 室	刘　瑞	
516	天津吉华国际贸易有限公司	0860	天津市西青区中北工业园阜盛道 22 号	Han-Peter Messner	

续表

序号	企业名称	会员证号	地址	联系人	协会任职
517	营口乐器协会	0503	营口市沿海产业基地新联大街东 1 号，格林希尔乐器公司	郝　峰	
518	永康市新宝乐器有限公司	0863	永康市前仓镇工业区双丰路 10 号	池中贤	
519	桐林独幽古琴艺术馆	0936	云南省玉溪市红塔区东风北路玉锦园 A–3 号二单元 201 室	施宏伟	
520	浙江子昊钢琴有限公司	0504	浙江衢州市常山县金川街道创新东路 5 号	温日辉	
521	慈溪市叮当五金配件有限公司	0927	浙江省慈溪市新浦镇新胜东路 358 号	冯升科	
522	德清鲍尔钢琴有限公司	0895	浙江省德清洛舍镇工业区	鲍海尔	
523	德清县洛舍森玛钢琴配件厂	0728	浙江省德清县洛舍镇张陆湾工业区	姚小雄	
524	杭州雅马哈乐器有限公司	0212	浙江省杭州市萧山区瓜沥镇沙田头村	倪　菁	
525	杭州戴纳钢琴有限公司	0939	浙江省杭州市萧山区义桥镇御景蓝湾 2 幢 3 单元 1202	蔡蓉蓉	
526	杭州知乐数码科技有限公司	0956	浙江省杭州市余杭区仓前街道海创科技中心 4 幢 1111 室	陈闻捷	
527	杭州声贝音响有限公司	0291	浙江省杭州市余杭区黄湖镇黄湖工业园区兴湖路 19 号	蔡忠伟	
528	杭州沃尔特数码钢琴有限公司	0267	浙江省杭州市余杭区五常工业区荆长路 31 号 –A	赵为民	
529	杭州余杭鸣声乐器有限公司	0834	浙江省杭州市余杭区中泰街道紫荆村寺前头 16–1 号	丁小明	
530	吴兴东林星火钢琴配件厂	0727	浙江省湖州市吴兴区东林镇锦山工业区	施丽萍	
531	海湾乐器（嘉善）有限公司	0148	浙江省嘉善县惠民街道钱塘路 8 号	胡华丰	
532	金华市金东区辰音琴行	0903	浙江省金华市金东区清照路 828 号保集外滩山谷而广场 A4–201–212 室	朱建波	
533	上海韵乐电器有限公司	0166	浙江省乐清市淡溪镇石龙头工业区	柯应岳	
534	丽水括苍琴行	0344	浙江省丽水市括苍路 222 号	叶菊香	
535	丽水市琴府琴行	0983	浙江省丽水市莲都区花园路 832–834 号	应朝阳	
536	临海市均华乐器有限公司	0380	浙江省临海市古城街道聚景路 9 号	金云声	
537	宁波典雅提琴有限公司	0911	浙江省宁波市北仑区新大路 1069 号	胡蕴子	
538	宁波立腾音频科技有限公司	0982	浙江省宁波市海曙区洞桥镇鱼山头村	童华春	
539	宁波市鄞州正美电子元件厂	0853	浙江省宁波市鄞州区东兴工业区 1 号楼	赵届正	
540	宁波市镇海磊磊音响器材厂	0605	浙江省宁波市镇海庄市兆龙路 368 号	徐佩红	
541	瑞安市中联电声乐器有限公司	0803	浙江省瑞安市塘下罗凤北工业区万景路 588 号	林遵义	
542	绍兴飞达电声厂	0866	浙江省绍兴市皋埠镇银春路 15 号 –1	赵志刚	

续表

序号	企业名称	会员证号	地址	联系人	协会任职
543	台州狂飙琴行	0874	浙江省温岭市前溪路 158 号	刘　佳	
544	浙江格莱姆乐器有限公司	0485	浙江省温州市瓯海区郭溪下屿工业区富泉路 66 号格莱姆乐器	陈小秋	
545	温州市汉克游乐设备有限公司	0981	浙江省温州市永嘉县桥下镇垟湾工业区（章曼游乐设备有限公司内）	林　锐	
546	新昌县七星街道双明民族乐器厂	0829	浙江省新昌县七星街道下石演 60 号	俞开明	
547	永康市前仓永固乐器厂	0204	浙江省永康市前仓镇前仓村金鸡路 156 号	蒋学良	
548	浙江一恒教学仪器有限公司	0692	浙江省永康市前仓镇世纪路 6 号	章青华	
549	浙江学全科教仪器有限公司	0475	浙江省永康市石柱镇下里溪工业区百福临大道 9 号	蒋学全	
550	浙江康贝尔教学设备有限公司	0790	浙江省永康市总部中心金同大厦 26 楼	李泽林	

CHINA MUSICAL
INSTRUMENT YEARBOOK

（2020）

科技工作报告

2019年中国乐器协会科技工作报告

新中国成立70年，在改革开放大潮推动下，中国已经成为乐器制造和消费大国，全球一半以上的乐器来自中国，我国乐器市场规模已经达到470亿元（市场价格610亿元），占世界乐器市场总额的三分之一。面临国内外乐器消费需求和生产要素的重大变化，全行业团结一心，克服成本攀升、资金紧张和科研基础薄弱等困难，艰苦奋斗、勇于创新，推动技术改造和产品升级，行业科技工作取得了可喜的成绩。现简要总结如下。

一、乐器行业科技重点工作及成果

（一）组建乐器行业三级科研项目体系，推动行业科技合作

组织落实去年科技大会提出的重点措施，2019年4—6月，协会组织各个分支机构研究推荐，形成行业三级科技合作项目体系。行业三级科研合作项目第一期为16项，其中全行业重点项目4项，包括：材料配件专委会“钢琴音质及声学木材研究”、电鸣分会“乐器音高检测技术研究”、民乐分会“古筝声学系统研究”、西管乐器专委会“中高端产品声学品质和演奏性能提升”等。各产品行业重点项目包括：“钢琴音源声学测试与研究”等10项。三级项目以骨干企业为主，重点合作攻关项目5项。在落实三级合作项目同时，落实重点科技项目组织实施办法和运行机制（见专题材料）。

（二）中高端产品创新，拉动产业转型升级

1. 创新产品助力国家重大政治活动

珠江恺撒堡音乐会钢琴在祖国70周年庆典晚会，亮相天安门广场；天津津宝鼓、号成为千人军乐团定制乐器；民族乐器精品荣登各大演出场所。各个骨干企业推出一批高水平纪念版、定制版新产品，展现了高档产品水平和创新能力。著名钢琴演奏家吴牧野在上海国际乐器展演奏了国庆晚会珠江恺撒堡钢琴后表示，该琴比他在G20弹的琴，各方面都有很大提高。

2. 上海国际乐器展全球业界新品首发高调亮相

在2018年初步尝试基础上，今年上海展组委会精心策划、积极发动，经过参展商自愿申请、专家团评审、社会公示，在62件入围新产品中推选出20件年度首发新品。于10月10—11日，举行了全球业界新品首发仪式。仪式特邀国际行业协会、各界专家、国内外采购商、经销商和40多家公众及业内媒体参加，并组织网络直播和场内外同步转播，成为展会和业界热点、亮点。

荣获新品首发的产品包括：施坦威（中国）郎朗黑钻钢琴、珠江恺撒堡GH170钢琴及蓝牙无线演奏系统、上民一厂“华夏一家”70年献礼古筝、得理（上海）高端电子合成器、津宝FEBOS系列8型马林巴、乐队琴、数码钢琴、琵琶、云录音机和加键唢呐等。会后，很多没有参加首发活动的企业，纷纷表示要认真准备，争取明年“上首发”。

3. 国际提琴及琴弓制作比赛，中国选手成绩斐然

由协会和中央音乐学院主办第四届中国国际提琴及琴弓制作比赛，郑荃教授任评委会主席，比赛吸引了中国、美国、意大利、韩国、波兰、匈牙利、马来西亚、澳大利亚、保加利亚9个国家200余名选手，共计437件乐器作品参赛。规模比第三届增加30%。本届比赛除了选出大、中、小提琴及琴弓金银铜6类奖项外，还评选了“最佳克雷蒙娜风格奖”“最佳声音奖”“最佳油漆奖”“最佳年轻入围决赛奖”“最佳个性风格奖”等特别奖项。中国提琴制作师徐云

海、王晏分别获小提琴、中提琴制作金奖，李建锋获中提琴琴弓制作金奖。大、中、小提琴及琴弓金银铜奖项中仅有4名国外选手，其余均为中国制琴师，占总数77.8%。

（三）特色产业及科研基地和骨干企业科技创新能力提升

乐器行业四个科技研发基地有所突破。海南大蟒公司科学养殖、综合利用，提高了人工繁育养殖蟒蛇质量和规模；川雅声学木材研发基地，一面深入开展校企合作，一面联合筹建新的加工基地，同时积极呼吁进口原木减免税收；吉他技术工艺研发和手风琴簧片研发基地加强行业交流学习。黄桥、平谷、扬州、郾部、静海、中泰、洛舍、饶阳8个特色产业基地努力开展区域科技创新和技术交流。先后推广水溶漆、制琴与木雕漆雕工艺结合、细化产业链分工、与演奏家结合组织产品研究会等。行业分支机构积极开展科技创新交流活动，电鸣分会组织技术讲座，提琴分会开展行业调研，器乐文化专委会多年来组织了11场新特产品专家鉴定研讨会，民乐、钢琴、材料配件等分会组织专题交流活动，均收到较好的效果。

骨干企业加大品牌建设和产品创新投入，珠江钢琴、宜昌钢琴和普雷耶中国等企业收购或控股欧洲名牌产品，为提升中高端产品闯出一条新路；上海民乐一厂、乐海乐器、苏民一厂和扬州琴筝产业等，坚持中国华文化与产品创新结合，不断推出技术附加值和文化附加值高的新产品，受到专家和民乐爱好者追捧；中华老字号“国光”口琴、“施特劳斯”钢琴实施战略合作，重振民族品牌；协会与上海计算机音乐协会、上海乐器展组委会联合主办“国际电子音乐创作大赛”，由协会MIDI技术工作委员会与上海计算机音乐协会承办，电鸣分会和美国国际MIDI协会全力支持，开拓了技术与应用结合的品牌项目。今年乐器企业申报轻工行业科技创新奖有四个单位，6个项目。其中三个项目通过了专家审定。

（四）落实行业人才发展战略，加强职业技能培训

人社部职业培训鉴定政策调整之后，在联合会指导下，协会尽快恢复钢琴调律师培训鉴定项目，2019年1—9月完成钢琴调律师职业技能培训与鉴定513人次，其中技师、高级技师52人。乐器行业自2002年以来，共培训鉴定钢琴调律师8494人次，132人取得人社部《提琴制作师》职业资格证书。

最近根据人社部通知，协会积极组织申报国家职业技能标准库标准工作。已经做了标准修订和具备较完整的标准文本，钢琴调律师和电鸣乐器制作工，经中轻联推荐，申请列入国家职业标准库。《国家职业大典》中其他工种：钢琴键盘及乐器制作工、提琴吉他制作工、管乐器制作工、民族拉弦弹拨乐器制作工、吹奏乐器制作工、打击乐器制作工等，按新开发职业标准申报。社会音乐教师职业技能标准，需在人社部申请新职业后，再按新开发标准申请。

（五）技术标准、技术专利稳中有进

1. 乐器行业技术标准化工作

乐标委累计完成112项国标、行标制修订。2019年完成《钢琴金属连接件、紧固件的形制与尺寸》《手风琴规格划分与型号命名方法》《手风琴零部件名称》三项行业标准调研、起草与专家审定工作，争取年内完成乐标委审定程序，报工信部审批。团体标准启动《键盘乐器用智能系统通用技术条件》《绿色产品的设计 乐器》，已经完成送审稿，待联合会主管部门组织审定会。还有《二手钢琴等级分类标准》和《社会音乐教师职业技术标准》两项团标在积极筹备之中。

2. 乐器技术专利情况

2019年1—9月，发布乐器专利1223项，其中发明专利475项，实用新型专利623项，外观专利125项。发明专利占总数38.84%。统计分析表明，今年申报专利与互联网智能化结合比重加大，专利总量继续增长，结构进一步优化。

二、科技创新成果可期，五大理念引领发展

“创新、协调、绿色、开放、共享”五大理念已

经深植人心，并转化实践，必将对全行业经济提质增效起到积极作用。

2020年度科技创新主要工作要点：

（1）把握“五个着力点”，推动乐器行业高质量发展。“五个着力点”即第一科技赋能，打造核心竞争力；第二，品牌造势，提高市场美誉度和占有率；第三，会展助力，打造行业科技创新高地；第四，产业链融合，提升标准化、专业化水平；第五，人才支撑，保障企业高质量稳定运行。

（2）完善六大服务平台，落实行业科技创新重点工作。按照王世成理事长提出的协会工作目标和思路，把握一个目标，让乐器成为家庭的标配，让音乐成为生活的刚需；突出两个重点，扩大中高端产品比重，扩大我国音乐人口；夯实三个基础，分支机构建设、标准化工作和人才培养与职业技能培训；完善六大平台，科技创新、行业信息、市场商贸、音乐教育、产业集群和国际交流。

（3）行业三级科技合作项目按责任分工，尽快落实项目组和牵头人，制订阶段性推进计划。已经落实组织的，要制订年度实施计划，有的项目目标任务不够清晰的，要尽快细化。协会和分支机构分别组织专家团队，配套服务。行业科技合作项目能够申报地方、省部级或国家级科技项目，由主发起方牵头，组织项目申报，协会秘书处全力配合，争取资金和专家支持。

完善乐器行业专家库管理及运行模式，充分发挥业内和各界专家引领和指导作用，使科技合作项目高起点和有效推进。同时发挥分支机构和骨干企业资源优势，整合专业院所科技项目资源，不断推动校企合作项目，并在全行业推广宣传。

（4）做好科技信息采集、服务工作，《中国乐器》杂志和协会官微、官网等自媒体，积极做好国内外乐器科技信息采集和传播。定期分析乐器科技有关产品标准、技术专利成果，助力科技创新合作项目。

（5）充分发挥各个分支机构、特色产业基地和行业科研基地的作用，加强日常业内技术交流、新品测评鉴赏和参观学习活动。要把科技进步推动高质量运行列入重点工作计划。

（6）发挥行业会展优势，创新品牌活动。要继续做好上海国际乐器展全球新品首发平台，吸引更多的参展商参与和支持。还要组织好行业科技大会，根据行业科技发展情况，策划好主题与内容，整合各界优势资源，引进市场化运行机制，提高技术含量和行业参与度。

（7）协会秘书处做好科技进步相关服务，如：推荐轻工行业科技创新奖，支持企业品牌创优和信用体系建设，推荐行业工匠推荐，组织好全国第四届钢琴调律技能比赛等重点服务工作。积极开展产业集群特色创新共建，开展科研院所和兄弟协（学）会多元化合作，为行业科技进步铺路搭桥。

职业技能鉴定

2019年中国钢琴调律师行业概况

一、行业概况及培训鉴定数据汇总

2019年，国家钢琴调律师职业技能考核鉴定在全国范围开展了15个批次的调律师职业资格考核鉴定工作，共有4714人次通过了钢琴调律师职业资格考核，其中：五级216名，四级276名，三级222名。截至2019年12月31日，全国累计共有7645人次取得了各级钢琴调律师职业资格证书。

此外，中国乐器协会和日本河合乐器共同打造的高级调律师培训班活动，2019年共有9名调律师通过“高级钢琴技师”考核，2名调律师通过“钢琴技师”级考核，加上已经通过考核的学员，有25人取得“钢琴调律联盟‘高级钢琴技师’”证书，为音乐会等大型活动的调律服务培养了一批人才。

二、重要活动

1. 第21届国际钢琴制造技师调律师年会在日本举行

2019年5月25—27日，第21届国际钢琴制造技师调律师协会年会（IAPBT 2019）在日本滨松举办。来自中国、日本、美国、韩国、澳大利亚、俄罗斯等8个国家和中国台湾地区的近300名国际钢琴调律师代表参加。本届年会的主题是——Piano，Piano，Piano。

中国乐器协会钢琴调律师分会会长冯高昆，副会长兼秘书长秦敏静以及来自全国各地的钢琴制造企业、琴行、以及高校技师代表共16人参加大会。

5月25日召开的理事会主要讨论通过了第22届年会于2021年在波兰华沙举行的决定。欧洲钢琴技师协会会长Gunther Schaible表示届时将举办多场技术交流与音乐会活动，展示欧洲300多年的发展历史。大会对欧洲钢琴行业协会代表颁发了授权证书。

5月26日下午召开了IAPBT 2019全体大会。大会由日本钢琴技师协会会长齐田健主持，滨松市副市长在大会上致辞。各个团体成员单位会长致辞，中国乐器协会钢琴调律师分会会长冯高昆在主旨发言中，全面阐述了我国目前钢琴制造业发展的巨大潜力与态势，并对中国钢琴调律师的发展以及中国开展国际技术交流等情况进行全面总结。各会员单位代表也共同讨论了“音乐促进人类文明的贡献、钢琴给人类带来的快乐”这一话题，并就资源共享、技术互通以及新材料研发和利用等诸多话题达成共识。

本次年会上，施坦威等国际著名钢琴品牌相继举办了多场技术交流讲座活动以及两场著名钢琴演奏家Can Cakmur先生的钢琴独奏音乐会。向各国的钢琴技师分享了知名品牌的制造核心技术。中国调律师代表在欢迎晚宴上朗诵《钢琴技师之歌》，将欢迎晚宴推向高潮。

代表反馈本次会议最佳内容就是5月27日参观考察雅马哈和卡瓦依两家钢琴公司，代表们近距离参观了雅马哈、卡瓦依的钢琴生产过程，两个国际品牌的钢琴公司，展现给国际钢琴技师一流的制造工艺以及生产环境、制造理念。此次国际会议结束后，代表们还参观了位于滨松市的乐器博物馆，同时拜访了滨松市、名古屋市著名钢琴技师、琴行经营者以及在日本工作的调律师进行经验交流。本次年会在相互学习、共同进步的良好氛围中圆满落幕。

2. 吉林省钢琴调律师协会举行十周年庆典

9月26—27日，由中国乐器协会钢琴调律师分会、吉林省钢琴调律师协会、吉林省音乐家协会钢琴调律学会联合主办的“中外钢琴调律技术交流暨吉林省钢琴调律师协会成立十周年庆典”，在吉林艺术学院举行。吉林艺术学院副院长、吉林省音乐家协会副主席王俊杰，中国乐器协会钢琴调律师分会副会长王文琦，江苏省音乐家协会钢琴调律学会会长郑怀杰等相关领导和来自美国、日本、韩国及全国调律界同仁70余人，参加了庆典活动。

26日上午，举行了吉林省钢琴调律师协会十周年庆典开幕式。中国乐器协会、中国音乐家协会钢琴调律学会、辽宁省钢琴调律师协会、陕西省音协钢琴调律学会发来贺信贺电表示祝贺。郑怀杰、关勇、于敬东以及韩国钢琴调律师协会理事朴炳文分别发表了祝辞。

吉林省钢琴调律师协会王文琦会长，代表吉林省钢琴调律师协会，向到会的领导及嘉宾表示感谢；对吉林省钢琴调律师协会成立十周年做了总结发言，全面总结了以老带新、对外交流、培训鉴定等工作取得的成绩，并提出适应新时代钢琴市场需求的努力方向。

中外专家还开展了历时二天的，丰富多彩的钢琴调津技术交流讲座，让来自中外调律师同仁们分享了行业先进技术，推动了钢琴调律师的互动交流和技术进步。

3. 钢琴调律师资考委工作会在上海召开

2019年10月10日，中国乐器协会钢琴调律师资考委工作会在上海乐器展期间召开。参加会议的有中国乐器协会副理事长、资考委主任王松美；协会副秘书长刘金荣；钢琴调律师分会会长、资考委副主任冯高昆；钢琴调律师分会秘书长、资考委委员秦敏静；资考委委员冯汉辉、林建忠、李陆霈、王英等。

会议由钢琴调律师分会会长、资考委副主任冯高昆主持。中国乐器协会副理事长、资考委主任王松美就钢琴调律师资考委的近期工作做了简要说明并向大家介绍了协会在国家职业技能标准申报工作中所付出的努力，充分肯定了调律师分会的近两年的工作。王副理事长还介绍了中轻联拟成立第三方代理国家人社部的体系管理机构，调律师职业将作为新职业标准列入其中，并提出调律师分会应进一步规范行业标准，有序开展各项工作，在行业里起到标杆作用，进一步推进调律师工作具有重要意义。

钢琴调律师分会秘书长、资考委委员秦敏静介绍2019全国各鉴定站点考核情况。会议对本年度已申报一级和二级且考核鉴定成绩合格的52位调律师进行资格终审。

本次会议完成了预案中的所有工作内容，以及明确下一步的分会工作。协会鉴定总站将于近期召开以三个鉴定站为主的钢琴制作工、钢琴调律师行业标准、题库等工作会议，按照资考委的建议进行修改和调整资格审核标准，并制订出近期分会和资考委工作计划。

4. 2019准技师级钢琴调律师大师课圆满成功

10月14日至16日，由中国乐器协会钢琴调律师分会、上海乐器行业协会主办，海韵钢琴调律师培训学校承办的为期三天的“2019钢琴准技师大师班”，在山东海韵钢琴调律师培训学校圆满落幕。

中国乐器协会钢琴调律师分会会长冯高昆、中国乐器协会钢琴调律师分会副会长王文琦、上海乐器行业协会副会长叶晖、IAPBT国际会议钢琴技术讲师林大嘉、海韵钢琴调律师培训学校校长李玉娥、河南省调律师协会会长倪铁峰、江苏省调律师协会、浙江省音协钢琴调律分会常务副会长兼秘书长杜志钟及来自全国各地的调律界同仁约100余人参加了此次大师班活动。

此次活动是一次规模盛大的高层次、高水平的盛会，活动期间各位领导的讲话、专家的课程都高度契合了此次活动“提升国内调律师技术水平，开拓眼界，增强国人调律师自身竞争力，缩小与国外调律师整体水平差距，了解职业标准的技术要点以及技师考试技术的难点，促进国内调律行业更加蓬勃、健康、有序的发展”的宗旨。我们衷心希望所有到场参加的调律师可以以此次活动为新的起点，牢牢把握新时期对钢琴调律事业的发展趋势及要求，以高度的责任感、使命感和勇于进取的精神切实提升我国钢琴调律技术的整体水平。

2019年全国钢琴调律师考核鉴定情况统计表

鉴定站（基地）	鉴定日期	五级 / 初级技能	四级 / 中级技能	三级 / 高级技能	二级 / 技师	一级 / 高级技师	合计
北京鉴定站	2019.4	29	28	8			65
	2019.1	18					18
	2019.9（洛阳）	3	19	10			32
	2019.10	29	19	8			56
	小计	79	66	26			171
上海鉴定站	2019.4	25	36	35			96
	2019.10	19	40	37			96
	小计	44	76	72			192
广州鉴定站	2019.4	27	24	10			61
	2019.5（西安）	6	10	2			18
	2019.5（合肥）	7	20	7			34
	2019.10	32	36	11			79
	小计	72	90	30			192
中国盲人协会基地	2019.4		2	17			19
	小计		2	17			19
辽宁省钢琴调律师协会基地	2019.7	10	22	20			52
	小计	10	22	20			52
吉林省钢琴调律师协会基地	2019.4	9	18	39			66
	2019.11	2	2	18			22
	小计	11	20	57			88
2019 年合计		216	276	222			714

2019年通过钢琴调律师国家职业资格考核鉴定名单

北京鉴定站

姓名	性别	证书号码	级别
王璐鹏	男	5000059081903174	三级 / 高级技能
陈玲玲	女	5000059081903175	三级 / 高级技能
陈永峰	男	5000059081903176	三级 / 高级技能

续表

姓名	性别	证书号码	级别
焦　坤	男	5000059081903177	三级 / 高级技能
阎　杰	男	5000059081903178	三级 / 高级技能
周谢好	男	5000059081903179	三级 / 高级技能
孙德卿	男	5000059081903180	三级 / 高级技能
陈曦华	男	5000059081903181	三级 / 高级技能
董浩迪	男	5000059081903321	三级 / 高级技能
范占军	男	5000059081903322	三级 / 高级技能
付　豪	男	5000059081903323	三级 / 高级技能
葛浩翔	男	5000059081903324	三级 / 高级技能
赵世杰	男	5000059081903325	三级 / 高级技能
赵小奇	男	5000059081903326	三级 / 高级技能
胡　军	男	5000059081903327	三级 / 高级技能
宋胜利	男	5000059081903328	三级 / 高级技能
杨文龙	男	5000059081903329	三级 / 高级技能
闫星光	男	5000059081903330	三级 / 高级技能
陈雪君	男	5000059081903397	三级 / 高级技能
杨玉龙	男	5000059081903398	三级 / 高级技能
司亚飞	男	5000059081903399	三级 / 高级技能
曹亚楠	女	5000059081903400	三级 / 高级技能
金　陶	男	5000059081903401	三级 / 高级技能
赵守武	男	5000059081903402	三级 / 高级技能
胡　琦	男	5000059081903403	三级 / 高级技能
王德帅	男	5000059081903404	三级 / 高级技能
李成成	男	5000059081904179	四级 / 中级技能
王　鹏	男	5000059081904180	四级 / 中级技能
周柏村	男	5000059081904181	四级 / 中级技能
张光明	男	5000059081904182	四级 / 中级技能
付鸣九	男	5000059081904183	四级 / 中级技能
苏　强	男	5000059081904184	四级 / 中级技能
侯宝民	男	5000059081904185	四级 / 中级技能
李　琦	男	5000059081904186	四级 / 中级技能
武燕英	女	5000059081904187	四级 / 中级技能
高运佳	男	5000059081904188	四级 / 中级技能

续表

姓名	性别	证书号码	级别
刘　毅	男	5000059081904189	四级 / 中级技能
霍　达	男	5000059081904190	四级 / 中级技能
霍瑞鑫	男	5000059081904191	四级 / 中级技能
王　鑫	男	5000059081904192	四级 / 中级技能
王亚朋	男	5000059081904193	四级 / 中级技能
许　冰	男	5000059081904194	四级 / 中级技能
王晨阳	男	5000059081904195	四级 / 中级技能
李　楠	男	5000059081904196	四级 / 中级技能
周建业	男	5000059081904197	四级 / 中级技能
肖　洒	男	5000059081904198	四级 / 中级技能
孟亚欣	女	5000059081904199	四级 / 中级技能
郝　旺	男	5000059081904200	四级 / 中级技能
张博文	男	5000059081904201	四级 / 中级技能
刘晓亮	男	5000059081904202	四级 / 中级技能
何二辉	男	5000059081904203	四级 / 中级技能
陈发全	男	5000059081904204	四级 / 中级技能
杨素英	女	5000059081904205	四级 / 中级技能
曾　铮	男	5000059081904206	四级 / 中级技能
张　昕	男	5000059081904340	四级 / 中级技能
程家豪	男	5000059081904341	四级 / 中级技能
霍晓亮	男	5000059081904342	四级 / 中级技能
李建益	男	5000059081904343	四级 / 中级技能
栗　灿	男	5000059081904344	四级 / 中级技能
刘彦朋	男	5000059081904345	四级 / 中级技能
鲁鑫洋	男	5000059081904346	四级 / 中级技能
闵保健	男	5000059081904347	四级 / 中级技能
时　明	男	5000059081904348	四级 / 中级技能
黄建伟	男	5000059081904349	四级 / 中级技能
王六营	男	5000059081904350	四级 / 中级技能
吴要锋	男	5000059081904351	四级 / 中级技能
张　伟	男	5000059081904352	四级 / 中级技能
张延杰	男	5000059081904353	四级 / 中级技能
马建豫	男	5000059081904354	四级 / 中级技能
姚中华	男	5000059081904355	四级 / 中级技能

续表

姓名	性别	证书号码	级别
关纪锁	男	5000059081904356	四级 / 中级技能
黄金保	男	5000059081904357	四级 / 中级技能
郭路阳	男	5000059081904358	四级 / 中级技能
黄诗辉	男	5000059081904438	四级 / 中级技能
郗赫晶	男	5000059081904439	四级 / 中级技能
李国庆	男	5000059081904440	四级 / 中级技能
梅　盔	男	5000059081904441	四级 / 中级技能
毛超宁	男	5000059081904442	四级 / 中级技能
李立人	男	5000059081904443	四级 / 中级技能
戚振旭	男	5000059081904444	四级 / 中级技能
付士强	男	5000059081904445	四级 / 中级技能
武建泽	男	5000059081904446	四级 / 中级技能
王靖鹏	男	5000059081904447	四级 / 中级技能
李开月	男	5000059081904448	四级 / 中级技能
王以勒	男	5000059081904449	四级 / 中级技能
杨　帆	男	5000059081904450	四级 / 中级技能
柳　峥	男	5000059081904451	四级 / 中级技能
尚大造	男	5000059081904452	四级 / 中级技能
刘秉林	男	5000059081904453	四级 / 中级技能
王东平	男	5000059081904454	四级 / 中级技能
卢先强	男	5000059081904455	四级 / 中级技能
孙立超	男	5000059081904456	四级 / 中级技能
丁　娜	女	5000059081905163	五级 / 初级技能
刘广楠	男	5000059081905164	五级 / 初级技能
马金星	男	5000059081905165	五级 / 初级技能
郭　欣	男	5000059081905166	五级 / 初级技能
陈旭峰	男	5000059081905167	五级 / 初级技能
董雪俊	女	5000059081905168	五级 / 初级技能
耿红元	男	5000059081905169	五级 / 初级技能
杨会建	男	5000059081905170	五级 / 初级技能
吕龙琦	男	5000059081905171	五级 / 初级技能
张晓东	男	5000059081905172	五级 / 初级技能
吴帅波	男	5000059081905173	五级 / 初级技能

续表

姓名	性别	证书号码	级别
赵　斌	男	5000059081905174	五级 / 初级技能
何海冰	男	5000059081905175	五级 / 初级技能
颜景伟	男	5000059081905176	五级 / 初级技能
傅　政	男	5000059081905177	五级 / 初级技能
刘建欣	男	5000059081905178	五级 / 初级技能
于彦东	男	5000059081905179	五级 / 初级技能
刘金香	女	5000059081905180	五级 / 初级技能
张　阳	男	5000059081905181	五级 / 初级技能
王艳荣	女	5000059081905182	五级 / 初级技能
李乐中	男	5000059081905183	五级 / 初级技能
海　辉	女	5000059081905184	五级 / 初级技能
田　鑫	男	5000059081905185	五级 / 初级技能
金　今	男	5000059081905186	五级 / 初级技能
曾若辰	男	5000059081905187	五级 / 初级技能
王大磊	男	5000059081905188	五级 / 初级技能
龚　涛	男	5000059081905189	五级 / 初级技能
李静一	女	5000059081905190	五级 / 初级技能
李　纤	女	5000059081905191	五级 / 初级技能
傅洪润	男	5000059081905145	五级 / 初级技能
杨海斌	男	5000059081905146	五级 / 初级技能
黄荣辉	男	5000059081905147	五级 / 初级技能
许德飞	女	5000059081905148	五级 / 初级技能
余浩敏	女	5000059081905149	五级 / 初级技能
卢世恒	男	5000059081905150	五级 / 初级技能
卢保学	男	5000059081905151	五级 / 初级技能
王志鹏	男	5000059081905152	五级 / 初级技能
谢重霄	男	5000059081905153	五级 / 初级技能
綦维兴	男	5000059081905154	五级 / 初级技能
阿古达木	男	5000059081905155	五级 / 初级技能
许晓冬	女	5000059081905156	五级 / 初级技能
芦晨野	男	5000059081905157	五级 / 初级技能
辛大明	男	5000059081905158	五级 / 初级技能
周　华	男	5000059081905159	五级 / 初级技能
古新泉	男	5000059081905160	五级 / 初级技能

续表

姓名	性别	证书号码	级别
刘世臣	男	5000059081905161	五级 / 初级技能
王新雨	女	5000059081905162	五级 / 初级技能
虎天坤	男	5000059081905275	五级 / 初级技能
张世杰	男	5000059081905276	五级 / 初级技能
郭旭瑞	男	5000059081905277	五级 / 初级技能
张泽浩	男	5000059081905331	五级 / 初级技能
李勃澳	男	5000059081905332	五级 / 初级技能
焦中庆	男	5000059081905333	五级 / 初级技能
刘时云	男	5000059081905334	五级 / 初级技能
王　君	女	5000059081905335	五级 / 初级技能
张　康	男	5000059081905336	五级 / 初级技能
张愿成	男	5000059081905337	五级 / 初级技能
肖　涵	男	5000059081905338	五级 / 初级技能
郭敬龙	男	5000059081905339	五级 / 初级技能
杨伟银	男	5000059081905340	五级 / 初级技能
王亚珍	女	5000059081905341	五级 / 初级技能
吴　刘	男	5000059081905342	五级 / 初级技能
曹　雯	女	5000059081905343	五级 / 初级技能
吕　斌	女	5000059081905344	五级 / 初级技能
唐丰蔚	女	5000059081905345	五级 / 初级技能
姚依娜	女	5000059081905346	五级 / 初级技能
李冰妍	女	5000059081905347	五级 / 初级技能
李　伟	男	5000059081905348	五级 / 初级技能
倪智武	男	5000059081905349	五级 / 初级技能
林伯奇	男	5000059081905350	五级 / 初级技能
吴　强	男	5000059081905351	五级 / 初级技能
李留兵	男	5000059081905352	五级 / 初级技能
张克芳	男	5000059081905353	五级 / 初级技能
高迦男	男	5000059081905354	五级 / 初级技能
江一舟	男	5000059081905355	五级 / 初级技能
赵国强	男	5000059081905356	五级 / 初级技能
李　峰	男	5000059081905357	五级 / 初级技能
方远齐	男	5000059081905358	五级 / 初级技能
阚尧译	男	5000059081905359	五级 / 初级技能

广州鉴定站

姓名	性别	证书号码	级别
陈益峰	男	5000059081903256	三级 / 高级技能
范 东	男	5000059081903257	三级 / 高级技能
黄俊球	男	5000059081903258	三级 / 高级技能
李经慧	男	5000059081903259	三级 / 高级技能
刘家良	男	5000059081903260	三级 / 高级技能
欧阳钊	男	5000059081903261	三级 / 高级技能
王 勇	男	5000059081903262	三级 / 高级技能
魏小玲	女	5000059081903263	三级 / 高级技能
余峰松	男	5000059081903264	三级 / 高级技能
祝如娟	女	5000059081903265	三级 / 高级技能
陈煜奇	男	5000059081903266	三级 / 高级技能
周立杰	男	5000059081903267	三级 / 高级技能
华 宇	男	5000059081903288	三级 / 高级技能
李金标	男	5000059081903289	三级 / 高级技能
李金涛	男	5000059081903290	三级 / 高级技能
李子彬	男	5000059081903291	三级 / 高级技能
刘春林	男	5000059081903292	三级 / 高级技能
秦 龙	男	5000059081903293	三级 / 高级技能
王胜博	男	5000059081903294	三级 / 高级技能
陈 帷	男	5000059081903331	三级 / 高级技能
陈佐霆	男	5000059081903332	三级 / 高级技能
谷 庆	男	5000059081903333	三级 / 高级技能
李赞清	男	5000059081903334	三级 / 高级技能
彭海军	男	5000059081903335	三级 / 高级技能
涂东师	男	5000059081903336	三级 / 高级技能
王绍钰	男	5000059081903337	三级 / 高级技能
杨云清	男	5000059081903338	三级 / 高级技能
谢应超	男	5000059081903339	三级 / 高级技能
张志辉	男	5000059081903340	三级 / 高级技能
王克宽	男	5000059081903420	三级 / 高级技能
曾毕毕	男	5000059081904261	四级 / 中级技能
陈焕升	男	5000059081904262	四级 / 中级技能
陈凯植	男	5000059081904263	四级 / 中级技能

续表

姓名	性别	证书号码	级别
陈榕辉	男	5000059081904264	四级 / 中级技能
陈伟生	男	5000059081904265	四级 / 中级技能
杜明远	男	5000059081904266	四级 / 中级技能
郭加忠	男	5000059081904267	四级 / 中级技能
何文昌	男	5000059081904268	四级 / 中级技能
黄　科	男	5000059081904269	四级 / 中级技能
李志松	男	5000059081904270	四级 / 中级技能
林晓晴	女	5000059081904271	四级 / 中级技能
刘宏亮	男	5000059081904272	四级 / 中级技能
潘杰朝	男	5000059081904273	四级 / 中级技能
宋淑娴	女	5000059081904274	四级 / 中级技能
谭恒伦	男	5000059081904275	四级 / 中级技能
阳　浚	男	5000059081904276	四级 / 中级技能
杨俊迪	男	5000059081904277	四级 / 中级技能
殷自刚	男	5000059081904278	四级 / 中级技能
张　峥	女	5000059081904279	四级 / 中级技能
章靖煜	男	5000059081904280	四级 / 中级技能
赵越超	男	5000059081904281	四级 / 中级技能
钟洛传	男	5000059081904282	四级 / 中级技能
周思娜	女	5000059081904283	四级 / 中级技能
周中成	男	5000059081904284	四级 / 中级技能
高宏昌	男	5000059081904285	四级 / 中级技能
刘文博	男	5000059081904286	四级 / 中级技能
宋子磊	男	5000059081904287	四级 / 中级技能
王　文	男	5000059081904288	四级 / 中级技能
杨　开	男	5000059081904289	四级 / 中级技能
甄　宇	男	5000059081904290	四级 / 中级技能
朱珂良	男	5000059081904291	四级 / 中级技能
高银皎	女	5000059081904292	四级 / 中级技能
李振川	男	5000059081904293	四级 / 中级技能
史元朝	男	5000059081904294	四级 / 中级技能
迟冬鹏	男	5000059081904317	四级 / 中级技能
丁大鹏	男	5000059081904318	四级 / 中级技能
都谋杨	男	5000059081904319	四级 / 中级技能

续表

姓名	性别	证书号码	级别
顾志航	男	5000059081904320	四级 / 中级技能
何小琴	女	5000059081904321	四级 / 中级技能
纪月影	女	5000059081904322	四级 / 中级技能
李晓辉	男	5000059081904323	四级 / 中级技能
柳　泉	男	5000059081904324	四级 / 中级技能
孟祥玮	女	5000059081904325	四级 / 中级技能
王　丹	女	5000059081904326	四级 / 中级技能
王尚海	男	5000059081904327	四级 / 中级技能
谢忠吾	男	5000059081904328	四级 / 中级技能
谢　宇	男	5000059081904329	四级 / 中级技能
严　聪	男	5000059081904330	四级 / 中级技能
张陈陈	男	5000059081904331	四级 / 中级技能
张帝磊	男	5000059081904332	四级 / 中级技能
赵修明	男	5000059081904333	四级 / 中级技能
周　岩	男	5000059081904334	四级 / 中级技能
周宇航	男	5000059081904335	四级 / 中级技能
朱　洲	男	5000059081904336	四级 / 中级技能
曾伟锋	男	5000059081904360	四级 / 中级技能
陈宁致	男	5000059081904361	四级 / 中级技能
陈志明	男	5000059081904362	四级 / 中级技能
邓　涛	男	5000059081904363	四级 / 中级技能
杜肖雄	男	5000059081904364	四级 / 中级技能
范剑辉	男	5000059081904365	四级 / 中级技能
方保龙	男	5000059081904366	四级 / 中级技能
冯明明	男	5000059081904367	四级 / 中级技能
贺　勇	男	5000059081904368	四级 / 中级技能
黄汉文	男	5000059081904369	四级 / 中级技能
黄诗腾	男	5000059081904370	四级 / 中级技能
孔祥俊	男	5000059081904371	四级 / 中级技能
李贵锋	男	5000059081904372	四级 / 中级技能
李　乐	男	5000059081904373	四级 / 中级技能
欧　里	男	5000059081904374	四级 / 中级技能
司书悍	男	5000059081904375	四级 / 中级技能
王　绯	女	5000059081904376	四级 / 中级技能

续表

姓名	性别	证书号码	级别
严和国	男	5000059081904377	四级 / 中级技能
严　威	男	5000059081904378	四级 / 中级技能
张宇新	男	5000059081904379	四级 / 中级技能
曾韵致	女	5000059081904380	四级 / 中级技能
陈詠怡	女	5000059081904381	四级 / 中级技能
陈　游	男	5000059081904382	四级 / 中级技能
董晓艺	男	5000059081904383	四级 / 中级技能
韩嫚婷	女	5000059081904384	四级 / 中级技能
梁伟俊	男	5000059081904385	四级 / 中级技能
刘俊明	男	5000059081904386	四级 / 中级技能
罗凌轩	男	5000059081904387	四级 / 中级技能
苏芷莹	女	5000059081904388	四级 / 中级技能
王妙丽	女	5000059081904389	四级 / 中级技能
伍嘉乐	男	5000059081904390	四级 / 中级技能
张　捷	男	5000059081904391	四级 / 中级技能
张毅聪	男	5000059081904392	四级 / 中级技能
张英豪	男	5000059081904393	四级 / 中级技能
张展鹏	男	5000059081904394	四级 / 中级技能
周惠琳	女	5000059081904395	四级 / 中级技能
郝志泽	男	5000059081905225	五级 / 初级技能
黄　维	男	5000059081905226	五级 / 初级技能
黄治斌	男	5000059081905227	五级 / 初级技能
江　楠	男	5000059081905228	五级 / 初级技能
李伟杰	男	5000059081905229	五级 / 初级技能
李　武	男	5000059081905230	五级 / 初级技能
廖珑斌	男	5000059081905231	五级 / 初级技能
林志毅	男	5000059081905232	五级 / 初级技能
刘　璐	男	5000059081905233	五级 / 初级技能
马奕德	男	5000059081905234	五级 / 初级技能
彭　俊	男	5000059081905235	五级 / 初级技能
邱　泰	男	5000059081905236	五级 / 初级技能
王海青	男	5000059081905237	五级 / 初级技能
王修身	男	5000059081905238	五级 / 初级技能

续表

姓名	性别	证书号码	级别
徐峰思	男	5000059081905239	五级 / 初级技能
张　超	男	5000059081905240	五级 / 初级技能
张国志	男	5000059081905241	五级 / 初级技能
张胜意	男	5000059081905242	五级 / 初级技能
张书颖	女	5000059081905243	五级 / 初级技能
张　兴	男	5000059081905244	五级 / 初级技能
赵　亮	男	5000059081905245	五级 / 初级技能
赵维国	男	5000059081905246	五级 / 初级技能
郑木平	男	5000059081905247	五级 / 初级技能
钟　豪	男	5000059081905248	五级 / 初级技能
钟　凯	男	5000059081905249	五级 / 初级技能
钟康潮	男	5000059081905250	五级 / 初级技能
钟荣韬	男	5000059081905251	五级 / 初级技能
孟宇航	男	5000059081905252	五级 / 初级技能
嵇昉渊	男	5000059081905253	五级 / 初级技能
李帮旬	男	5000059081905254	五级 / 初级技能
同永鹏	男	5000059081905255	五级 / 初级技能
杨　昆	男	5000059081905256	五级 / 初级技能
薛家子	女	5000059081905257	五级 / 初级技能
陈建军	男	5000059081905268	五级 / 初级技能
董兴强	男	5000059081905269	五级 / 初级技能
葛朝政	男	5000059081905270	五级 / 初级技能
吴　可	男	5000059081905271	五级 / 初级技能
夏寅辰	男	5000059081905272	五级 / 初级技能
郑学文	男	5000059081905273	五级 / 初级技能
朱伟健	男	5000059081905274	五级 / 初级技能
陈庭略	男	5000059081905278	五级 / 初级技能
陈卫华	男	5000059081905279	五级 / 初级技能
代泽民	男	5000059081905280	五级 / 初级技能
邓永霖	男	5000059081905281	五级 / 初级技能
段辉勇	男	5000059081905282	五级 / 初级技能
冯湘铭	男	5000059081905283	五级 / 初级技能
何鹏飞	男	5000059081905284	五级 / 初级技能
洪文清	女	5000059081905285	五级 / 初级技能

续表

姓名	性别	证书号码	级别
胡海生	男	5000059081905286	五级 / 初级技能
黄思宇	男	5000059081905287	五级 / 初级技能
黄义特	男	5000059081905288	五级 / 初级技能
孔嘉翘	女	5000059081905289	五级 / 初级技能
孔孟丹阳	女	5000059081905290	五级 / 初级技能
匡睿琪	女	5000059081905291	五级 / 初级技能
李光攀	男	5000059081905292	五级 / 初级技能
李宇言	男	5000059081905293	五级 / 初级技能
龙继文	男	5000059081905294	五级 / 初级技能
罗华南	男	5000059081905295	五级 / 初级技能
罗云强	男	5000059081905296	五级 / 初级技能
马成兵	男	5000059081905297	五级 / 初级技能
沈广粤	男	5000059081905298	五级 / 初级技能
孙慧梅	女	5000059081905299	五级 / 初级技能
王　昊	男	5000059081905300	五级 / 初级技能
王　露	女	5000059081905301	五级 / 初级技能
韦燕豪	男	5000059081905302	五级 / 初级技能
谢小飞	男	5000059081905303	五级 / 初级技能
许建邦	男	5000059081905304	五级 / 初级技能
姚　钦	男	5000059081905305	五级 / 初级技能
叶林峰	男	5000059081905306	五级 / 初级技能
周绍毅	男	5000059081905307	五级 / 初级技能
朱伟杰	男	5000059081905308	五级 / 初级技能
邹超超	男	5000059081905309	五级 / 初级技能

上海鉴定站

姓名	性别	证书号码	级别
赵长远	男	5000059081903221	三级 / 高级技能
赵东旗	男	5000059081903222	三级 / 高级技能
赵　郑	男	5000059081903223	三级 / 高级技能
曹广靖	男	5000059081903224	三级 / 高级技能
郑中相	男	5000059081903225	三级 / 高级技能
马红伟	男	5000059081903226	三级 / 高级技能
卢　俊	男	5000059081903227	三级 / 高级技能

续表

姓名	性别	证书号码	级别
洪　芬	女	5000059081903228	三级 / 高级技能
孙毫毫	男	5000059081903229	三级 / 高级技能
周广明	男	5000059081903230	三级 / 高级技能
杜　祥	男	5000059081903231	三级 / 高级技能
宗东明	男	5000059081903232	三级 / 高级技能
贺金华	男	5000059081903233	三级 / 高级技能
吴成刚	男	5000059081903234	三级 / 高级技能
郭宏琪	男	5000059081903235	三级 / 高级技能
叶　进	男	5000059081903236	三级 / 高级技能
张龙龙	男	5000059081903237	三级 / 高级技能
刘　杰	男	5000059081903238	三级 / 高级技能
何　乐	男	5000059081903239	三级 / 高级技能
王玉徽	男	5000059081903240	三级 / 高级技能
张成志	男	5000059081903241	三级 / 高级技能
豆精精	男	5000059081903242	三级 / 高级技能
章心春	男	5000059081903243	三级 / 高级技能
周　祎	男	5000059081903244	三级 / 高级技能
沈保军	男	5000059081903245	三级 / 高级技能
曾海涛	男	5000059081903246	三级 / 高级技能
陈　曦	男	5000059081903247	三级 / 高级技能
江烈火	男	5000059081903248	三级 / 高级技能
孙佳伟	男	5000059081903249	三级 / 高级技能
金文慧	女	5000059081903250	三级 / 高级技能
吕志敏	男	5000059081903251	三级 / 高级技能
盧建存	男	5000059081903252	三级 / 高级技能
张　迎	男	5000059081903253	三级 / 高级技能
王道忠	男	5000059081903254	三级 / 高级技能
周振航	男	5000059081903255	三级 / 高级技能
王俊翔	男	5000059081903341	三级 / 高级技能
耿宗峰	男	5000059081903342	三级 / 高级技能
王　超	男	5000059081903343	三级 / 高级技能
段　丹	女	5000059081903344	三级 / 高级技能
王永民	男	5000059081903345	三级 / 高级技能
崔明亮	男	5000059081903346	三级 / 高级技能

续表

姓名	性别	证书号码	级别
阎　洋	男	5000059081903347	三级 / 高级技能
史绍杰	男	5000059081903348	三级 / 高级技能
梁成刚	男	5000059081903349	三级 / 高级技能
李世强	男	5000059081903350	三级 / 高级技能
郭勋礼	男	5000059081903351	三级 / 高级技能
张杰临	男	5000059081903352	三级 / 高级技能
梁　俊	男	5000059081903353	三级 / 高级技能
鲍　栋	男	5000059081903354	三级 / 高级技能
王馨悦	女	5000059081903355	三级 / 高级技能
冯冬冬	男	5000059081903356	三级 / 高级技能
闫　萍	女	5000059081903357	三级 / 高级技能
储长春	男	5000059081903358	三级 / 高级技能
史振飞	男	5000059081903359	三级 / 高级技能
李　伟	男	5000059081903360	三级 / 高级技能
陆兴恩	男	5000059081903361	三级 / 高级技能
陈贵毅	男	5000059081903362	三级 / 高级技能
董阿峰	男	5000059081903363	三级 / 高级技能
吕林凤	男	5000059081903364	三级 / 高级技能
王　超	男	5000059081903365	三级 / 高级技能
张　兴	男	5000059081903366	三级 / 高级技能
杨立正	男	5000059081903367	三级 / 高级技能
黄　婷	女	5000059081903368	三级 / 高级技能
战弘彬	男	5000059081903369	三级 / 高级技能
刘天威	男	5000059081903370	三级 / 高级技能
陈山锋	男	5000059081903371	三级 / 高级技能
刘　静	女	5000059081903372	三级 / 高级技能
杨　宇	男	5000059081903373	三级 / 高级技能
唐玉武	男	5000059081903374	三级 / 高级技能
应　峰	男	5000059081903375	三级 / 高级技能
殷宗铭	男	5000059081903376	三级 / 高级技能
杨勤峰	男	5000059081903377	三级 / 高级技能
陆兴恩	男	5000059081904225	四级 / 中级技能
孙　浩	男	5000059081904226	四级 / 中级技能

续表

姓名	性别	证书号码	级别
刘　飞	男	5000059081904227	四级 / 中级技能
黄　婷	女	5000059081904228	四级 / 中级技能
臧志军	男	5000059081904229	四级 / 中级技能
李启言	男	5000059081904230	四级 / 中级技能
冯冬冬	男	5000059081904231	四级 / 中级技能
李　颂	男	5000059081904232	四级 / 中级技能
彭东旭	男	5000059081904233	四级 / 中级技能
王慧慧	女	5000059081904234	四级 / 中级技能
李启剑	男	5000059081904235	四级 / 中级技能
刘　静	女	5000059081904236	四级 / 中级技能
吉瓦王力	男	5000059081904237	四级 / 中级技能
贾　旭	男	5000059081904238	四级 / 中级技能
庞文博	女	5000059081904239	四级 / 中级技能
杜开心	男	5000059081904240	四级 / 中级技能
芮　雪	女	5000059081904241	四级 / 中级技能
吴　昊	男	5000059081904242	四级 / 中级技能
张济凡	男	5000059081904243	四级 / 中级技能
耿凌霄	男	5000059081904244	四级 / 中级技能
代　松	男	5000059081904245	四级 / 中级技能
宋　文	男	5000059081904246	四级 / 中级技能
汪辛锐	女	5000059081904247	四级 / 中级技能
李　泽	男	5000059081904248	四级 / 中级技能
梁　垚	男	5000059081904249	四级 / 中级技能
曹　镭	男	5000059081904250	四级 / 中级技能
刘月凤	女	5000059081904251	四级 / 中级技能
刘　旭	男	5000059081904252	四级 / 中级技能
王　巍	男	5000059081904253	四级 / 中级技能
陈敏新	男	5000059081904254	四级 / 中级技能
吴佩欣	男	5000059081904255	四级 / 中级技能
冯进权	男	5000059081904256	四级 / 中级技能
胡以勒	男	5000059081904257	四级 / 中级技能
项祖乒	男	5000059081904258	四级 / 中级技能
王　鹏	男	5000059081904259	四级 / 中级技能
王　俊	男	5000059081904260	四级 / 中级技能

续表

姓名	性别	证书号码	级别
陈　丰	男	5000059081904396	四级 / 中级技能
马一杰	男	5000059081904397	四级 / 中级技能
王新雨	女	5000059081904398	四级 / 中级技能
赵　刚	男	5000059081904399	四级 / 中级技能
陈瑞亭	男	5000059081904400	四级 / 中级技能
张陈辰	男	5000059081904401	四级 / 中级技能
张　桓	男	5000059081904402	四级 / 中级技能
王岩松	男	5000059081904403	四级 / 中级技能
佟宇轩	男	5000059081904404	四级 / 中级技能
吕志强	男	5000059081904405	四级 / 中级技能
董　奇	男	5000059081904406	四级 / 中级技能
杨素素	女	5000059081904407	四级 / 中级技能
陈小军	男	5000059081904408	四级 / 中级技能
扈鹏飞	男	5000059081904409	四级 / 中级技能
常文帅	男	5000059081904410	四级 / 中级技能
施辰悦	女	5000059081904411	四级 / 中级技能
欧启恒	男	5000059081904412	四级 / 中级技能
杨　林	男	5000059081904413	四级 / 中级技能
郭佳龙	男	5000059081904414	四级 / 中级技能
李以杰	男	5000059081904415	四级 / 中级技能
朱　冉	男	5000059081904416	四级 / 中级技能
张晓东	男	5000059081904417	四级 / 中级技能
赵伟博	男	5000059081904418	四级 / 中级技能
杨　昊	男	5000059081904419	四级 / 中级技能
王　鑫	男	5000059081904420	四级 / 中级技能
王　杰	男	5000059081904421	四级 / 中级技能
陈家宇	男	5000059081904422	四级 / 中级技能
黄采云	男	5000059081904423	四级 / 中级技能
黄俊楠	男	5000059081904424	四级 / 中级技能
胡国梁	男	5000059081904425	四级 / 中级技能
李　晔	男	5000059081904426	四级 / 中级技能
周长涛	男	5000059081904427	四级 / 中级技能
张延磊	男	5000059081904428	四级 / 中级技能
王　鲁	男	5000059081904429	四级 / 中级技能

续表

姓名	性别	证书号码	级别
王洪远	男	5000059081904430	四级 / 中级技能
李渊智	男	5000059081904431	四级 / 中级技能
李前锋	男	5000059081904432	四级 / 中级技能
倪康明	男	5000059081904433	四级 / 中级技能
翟江涛	男	5000059081904434	四级 / 中级技能
李　敏	女	5000059081904435	四级 / 中级技能
胡凌超	男	5000059081905201	五级 / 初级技能
戴杏阳	男	5000059081905202	五级 / 初级技能
刘子海	男	5000059081905203	五级 / 初级技能
叶　晶	男	5000059081905204	五级 / 初级技能
吴　洁	男	5000059081905205	五级 / 初级技能
吴　峥	男	5000059081905206	五级 / 初级技能
张　亮	男	5000059081905207	五级 / 初级技能
钱　凯	男	5000059081905208	五级 / 初级技能
张　奎	男	5000059081905209	五级 / 初级技能
夏　琦	男	5000059081905210	五级 / 初级技能
章力彬	男	5000059081905211	五级 / 初级技能
刘晓娟	女	5000059081905212	五级 / 初级技能
孙　洁	女	5000059081905213	五级 / 初级技能
吕润芝	女	5000059081905214	五级 / 初级技能
包鹏宇	男	5000059081905215	五级 / 初级技能
吴花红	女	5000059081905216	五级 / 初级技能
张孝民	男	5000059081905217	五级 / 初级技能
陈丽丽	女	5000059081905218	五级 / 初级技能
戚　芮	女	5000059081905219	五级 / 初级技能
陈　达	男	5000059081905220	五级 / 初级技能
黄一展	男	5000059081905221	五级 / 初级技能
林允卫	男	5000059081905222	五级 / 初级技能
武浩阳	女	5000059081905223	五级 / 初级技能
祝　胜	男	5000059081905224	五级 / 初级技能
黄祥敏	男	5000059081905225	五级 / 初级技能
刘　晨	女	5000059081905310	五级 / 初级技能
李　娜	女	5000059081905311	五级 / 初级技能

续表

姓名	性别	证书号码	级别
蔡　飞	男	5000059081905312	五级 / 初级技能
朱　涛	男	5000059081905313	五级 / 初级技能
朱　俊	男	5000059081905314	五级 / 初级技能
赵　鑫	男	5000059081905315	五级 / 初级技能
李林浩	男	5000059081905316	五级 / 初级技能
许清宸	男	5000059081905317	五级 / 初级技能
李　悦	女	5000059081905318	五级 / 初级技能
尤成宇	男	5000059081905319	五级 / 初级技能
王万龙	男	5000059081905320	五级 / 初级技能
王　硕	男	5000059081905321	五级 / 初级技能
葛　翔	男	5000059081905322	五级 / 初级技能
潘晨丹	女	5000059081905323	五级 / 初级技能
张王炎	女	5000059081905324	五级 / 初级技能
曹　清	女	5000059081905325	五级 / 初级技能
张　敏	女	5000059081905326	五级 / 初级技能
郝　宁	男	5000059081905327	五级 / 初级技能
毛俊龙	男	5000059081905328	五级 / 初级技能

吉林省钢琴调律师协会

姓名	性别	证书号码	级别
吴文广	男	5000059081903182	三级 / 高级技能
吕　轩	男	5000059081903183	三级 / 高级技能
李长胜	男	5000059081903184	三级 / 高级技能
崔德明	男	5000059081903185	三级 / 高级技能
王艺霖	女	5000059081903186	三级 / 高级技能
孟显飞	男	5000059081903187	三级 / 高级技能
钟　超	男	5000059081903188	三级 / 高级技能
李星园	男	5000059081903189	三级 / 高级技能
刘　璐	女	5000059081903190	三级 / 高级技能
陈俊明	男	5000059081903191	三级 / 高级技能
刘雨顺	男	5000059081903192	三级 / 高级技能
宋思洋	男	5000059081903193	三级 / 高级技能
贾　昊	男	5000059081903194	三级 / 高级技能
刘　杨	男	5000059081903195	三级 / 高级技能

续表

姓名	性别	证书号码	级别
张　昊	男	5000059081903196	三级 / 高级技能
李山虎	男	5000059081903197	三级 / 高级技能
李　兵	男	5000059081903198	三级 / 高级技能
王　天	男	5000059081903199	三级 / 高级技能
王　凯	男	5000059081903200	三级 / 高级技能
赵春新	男	5000059081903201	三级 / 高级技能
梁青林	男	5000059081903202	三级 / 高级技能
邬远辉	男	5000059081903203	三级 / 高级技能
李婉榕	女	5000059081903204	三级 / 高级技能
韩　波	男	5000059081903205	三级 / 高级技能
汪成禹	男	5000059081903206	三级 / 高级技能
刘建新	男	5000059081903207	三级 / 高级技能
李　雄	男	5000059081903208	三级 / 高级技能
盖世英	男	5000059081903209	三级 / 高级技能
韩立冬	男	5000059081903210	三级 / 高级技能
刘骁传	男	5000059081903211	三级 / 高级技能
吕笑白	男	5000059081903212	三级 / 高级技能
顾玉崑	男	5000059081903213	三级 / 高级技能
唐　毅	男	5000059081903214	三级 / 高级技能
高音傑	男	5000059081903215	三级 / 高级技能
吕勤崑	男	5000059081903216	三级 / 高级技能
陈文华	女	5000059081903217	三级 / 高级技能
成　立	男	5000059081903218	三级 / 高级技能
迟行健	男	5000059081903219	三级 / 高级技能
孙永良	男	5000059081903220	三级 / 高级技能
苏　杰	男	5000059081903378	三级 / 高级技能
郭丽丽	女	5000059081903379	三级 / 高级技能
李　京	男	5000059081903380	三级 / 高级技能
付贺林	男	5000059081903381	三级 / 高级技能
付皓林	男	5000059081903382	三级 / 高级技能
郝泓伟	男	5000059081903383	三级 / 高级技能
郭永波	男	5000059081903384	三级 / 高级技能
裴秀琴	女	5000059081903385	三级 / 高级技能
赵　亮	男	5000059081903386	三级 / 高级技能

续表

姓名	性别	证书号码	级别
王栗可	男	5000059081903387	三级 / 高级技能
郭　勇	男	5000059081903388	三级 / 高级技能
牛鸣非	男	5000059081903389	三级 / 高级技能
徐　坤	男	5000059081903390	三级 / 高级技能
孙红阳	男	5000059081903391	三级 / 高级技能
蒋丽丽	女	5000059081903392	三级 / 高级技能
刘京宇	男	5000059081903393	三级 / 高级技能
刘景灿	男	5000059081903394	三级 / 高级技能
王有雄	男	5000059081903395	三级 / 高级技能
高凤斌	男	5000059081904436	四级 / 中级技能
张　薇	女	5000059081904437	四级 / 中级技能
游马强	男	5000059081904207	四级 / 中级技能
王超逸	男	5000059081904208	四级 / 中级技能
林赋景	男	5000059081904209	四级 / 中级技能
万　健	男	5000059081904210	四级 / 中级技能
唐献秋	男	5000059081904211	四级 / 中级技能
许　嘉	男	5000059081904212	四级 / 中级技能
李昱莹	女	5000059081904213	四级 / 中级技能
徐　丹	男	5000059081904214	四级 / 中级技能
倪　阳	男	5000059081904215	四级 / 中级技能
张林浩	男	5000059081904216	四级 / 中级技能
余亚男	女	5000059081904217	四级 / 中级技能
田孝忠	男	5000059081904218	四级 / 中级技能
孙　磊	男	5000059081904219	四级 / 中级技能
李小龙	男	5000059081904220	四级 / 中级技能
韩子誉	男	5000059081904221	四级 / 中级技能
咸　晶	女	5000059081904222	四级 / 中级技能
周云龙	男	5000059081904223	四级 / 中级技能
黄　爽	男	5000059081904224	四级 / 中级技能
李　乐	男	5000059081905192	五级 / 初级技能
吕育恒	男	5000059081905193	五级 / 初级技能
杨宇航	男	5000059081905194	五级 / 初级技能
杨才津	男	5000059081905195	五级 / 初级技能

续表

姓名	性别	证书号码	级别
石 研	男	5000059081905196	五级 / 初级技能
周 威	男	5000059081905197	五级 / 初级技能
陈松亚	男	5000059081905198	五级 / 初级技能
孙 健	男	5000059081905199	五级 / 初级技能
潘凤仪	女	5000059081905200	五级 / 初级技能
李月晰	女	5000059081905329	五级 / 初级技能
徐煊雅	女	5000059081905330	五级 / 初级技能

北京联合大学特殊教育学院

姓名	性别	证书号码	级别
张林旭	男	5000059081903295	三级 / 高级技能
左丹丹	女	5000059081903296	三级 / 高级技能
朱一天	男	5000059081903297	三级 / 高级技能
宋 昱	男	5000059081903298	三级 / 高级技能
王 超	男	5000059081903299	三级 / 高级技能
陈 佳	女	5000059081903300	三级 / 高级技能
侯照昆	男	5000059081903301	三级 / 高级技能
吕绍川	男	5000059081903302	三级 / 高级技能
李 杰	男	5000059081903303	三级 / 高级技能
牟红波	男	5000059081903304	三级 / 高级技能
王国新	男	5000059081903305	三级 / 高级技能
曲振强	男	5000059081903306	三级 / 高级技能
缪国军	男	5000059081903307	三级 / 高级技能
莫彬彬	男	5000059081903308	三级 / 高级技能
周秀霖	女	5000059081903309	三级 / 高级技能
田 庶	男	5000059081903310	三级 / 高级技能
刘 涛	男	5000059081903311	三级 / 高级技能
张金龙	男	5000059081904337	四级 / 中级技能
杜春风	男	5000059081904338	四级 / 中级技能

辽宁省钢琴调律师协会

姓名	性别	证书号码	级别
王小力	男	5000059081903268	三级 / 高级技能
宋雨浓	男	5000059081903269	三级 / 高级技能

续表

姓名	性别	证书号码	级别
赵永耀	男	5000059081903270	三级 / 高级技能
于　鹏	男	5000059081903271	三级 / 高级技能
郭东晨	男	5000059081903272	三级 / 高级技能
李　婧	女	5000059081903273	三级 / 高级技能
李昕阳	男	5000059081903274	三级 / 高级技能
李　政	男	5000059081903275	三级 / 高级技能
于恩阔	男	5000059081903276	三级 / 高级技能
李元普	女	5000059081903277	三级 / 高级技能
王　强	男	5000059081903278	三级 / 高级技能
王家兴	男	5000059081903279	三级 / 高级技能
刘一木	男	5000059081903280	三级 / 高级技能
房立生	男	5000059081903281	三级 / 高级技能
刘童童	男	5000059081903282	三级 / 高级技能
杨志达	男	5000059081903283	三级 / 高级技能
夏丽艳	女	5000059081903284	三级 / 高级技能
黄　猛	男	5000059081903285	三级 / 高级技能
林列文	男	5000059081903286	三级 / 高级技能
于孙传	男	5000059081903287	三级 / 高级技能
赵智勇	男	5000059081904295	四级 / 中级技能
高梦龙	男	5000059081904296	四级 / 中级技能
王守晨	男	5000059081904297	四级 / 中级技能
陈翰成	男	5000059081904298	四级 / 中级技能
赵畦锦	女	5000059081904299	四级 / 中级技能
王彬彬	女	5000059081904300	四级 / 中级技能
张孟丽	女	5000059081904301	四级 / 中级技能
张科玉	女	5000059081904302	四级 / 中级技能
娄　添	男	5000059081904303	四级 / 中级技能
王禹喆	男	5000059081904304	四级 / 中级技能
刘潼鹤	男	5000059081904305	四级 / 中级技能
牛睿彬	男	5000059081904306	四级 / 中级技能
袁丽萍	女	5000059081904307	四级 / 中级技能
车维康	男	5000059081904308	四级 / 中级技能
朱维维	男	5000059081904309	四级 / 中级技能
张　强	男	5000059081904310	四级 / 中级技能

续表

姓名	性别	证书号码	级别
许云龙	男	5000059081904311	四级 / 中级技能
张晓勉	女	5000059081904312	四级 / 中级技能
贾大鑫	男	5000059081904313	四级 / 中级技能
田　帅	男	5000059081904314	四级 / 中级技能
葛沅沅	女	5000059081904315	四级 / 中级技能
李美杰	女	5000059081904316	四级 / 中级技能
王　昊	男	5000059081905258	五级 / 初级技能
王璐璠	女	5000059081905259	五级 / 初级技能
邹天厚	男	5000059081905260	五级 / 初级技能
王音佳	女	5000059081905261	五级 / 初级技能
张萨迦	男	5000059081905262	五级 / 初级技能
田　鹏	男	5000059081905263	五级 / 初级技能
吕希哲	男	5000059081905264	五级 / 初级技能
郭恩成	男	5000059081905265	五级 / 初级技能
田英伟	男	5000059081905266	五级 / 初级技能
杨文光	男	5000059081905267	五级 / 初级技能

2019年取得钢琴调联盟标准“高级钢琴技师”证书的调律师名单

证书编号	姓名	性别	省市和地区
PTSC-2019-S-0017	江伟业	男	中国香港
PTSC-2019-S-0018	苑柏	男	山西太原
PTSC-2019-S-0019	刁云霞	女	江苏苏州
PTSC-2019-S-0020	刘红飞	男	内蒙古包头
PTSC-2019-S-0021	王亚朋	男	河北张家口
PTSC-2019-S-0022	孙晓勇	男	甘肃兰州
PTSC-2019-S-0023	王欣源	男	山东青岛
PTSC-2019-S-0024	闫萍	女	浙江湖州
PTSC-2019-S-0025	张韵铮	男	辽宁沈阳

2019年取得钢琴调联盟标准“钢琴技师”证书的调律师名单

证书编号	姓名	性别	省市和地区
PTSC-2019-T-0001	苑聪贺	男	河北保定
PTSC-2019-T-0002	豆泽赟	男	北京

乐器检测

国家轻工业乐器质量监督检测中心2019年工作总结

国家轻工业乐器质量监督检测中心

2019年度，国家轻工业乐器质量监督检测中心在上级主管部门的领导和全体员工的共同努力下，坚持稳中求进，坚持科技创新，坚持公平公正，以优质服务为主线，积极开拓检测业务、加强制度建设、规范检测行为，提高员工的责任意识、法律意识、廉洁意识。有效地促进了检测中心的持续发展与进步。

一、实验室建设

1. 加强实验室管理

为了满足新形势的需要，我中心开始执行新版的CNAS−CL01：2018及相关领域说明和《检验检测机构资质认定能力评价 检验检测机构通用要求》实验室准则要求，编制并应用新版的质量手册及程序文件。使实验室的管理更加规范化、专业化、有序化。由于严格按照制度进行管理并保持体系正常运转，中心在2019年顺利通过了CNAS的复评审及9月份对中心的突击飞行检查。

2. 提高人员素质

中心积极参加上级主管部门布置的各种培训任务，定期派出人员进行相关岗位专业的培训，以提高员工的素质及技术水平；在日常的工作中能够更科学，更高效地为企业和社会提供服务和帮助。同时，中心还聘用了经验丰富的乐器制作专家对中心工作人员进行不定期的内部培训，以增加员工对乐器制作工艺的了解。在检测过程中，这些知识也有助于减少检测人员操作的不确定性，提高数据的准确性。

3. 完善试验手段

作为独立具有公正性、公平性的第三方检测机构，检测设备必须做到精确、稳定、适用。我们坚持与时俱进，坚持科技创新。及时更新检测技术，购置或研发更多的试验设备。把检测技术的进步作为帮助提升行业整体水平、实现高质量发展的重要手段。

二、乐器检测、乐器产品环保认证

1. 乐器检测工作

2019年度，本中心除日常检测外，先后赴上海、浙江、湖北、河北等地区对部分企业进行了定向及区域性委托及抽样检测。截止到年底，中心共完成了检测任务1400余次，实现了“十三五”规划末期中心任务的稳步增长。

2. 乐器环保认证

随着国民生活质量的提高，顺应国家环保政策、保障人身安全是我们的首要任务。作为中国质量认证中心（CQC）的签约实验室，我们在第一时间为环保认证把好了安全关，完成了各种乐器产品的环保认证检测任务。

三、2020年的工作计划

1. 继续加强实验室管理

实验室管理的完善不是一朝一夕能够完成的，重在持续性、及时性。所以中心将继续加强实验室的管理。我们要充分学习、理解新版的CNAS−

CL01：2018及相关领域说明和《检验检测机构资质认定能力评价 检验检测机构通用要求》实验室准则要求，做到全体员工都能清楚的了解、掌握、严格遵守实验室准则。

2. 持续加强检测技术的更新

中心要切实增强科学发展的自觉性、主动性、坚定性。充分地对市场进行调研，根据新的标准及检测技术开发新的科研项目，以提高检测的准确性、重复性、适用性，填补中心的能力空白。

在即将到来"十四五"规划中，检测中心将全力进行检测能力的提高，加强各实验室之间的合作，力争尽快成为我国乐器行业中满足全能力的国家级实验室，更好地为企业服务，为行业服务。

乐器标准

2019年全国乐器标准化技术委员会工作总结

全国乐器标委会秘书处

一、概况

乐器工业是我国国民经济的传统产业和具有较强国际竞争力的产业，在经济和社会发展中发挥着举足轻重的作用。乐器标准化工作除秉承着提高全民素质教育、发展文化事业和文化产业、开拓农村市场、推进乐器下乡和配合国家教育改革与发展纲要等重要任务外，还承担着轻工业发展规划（2016～2020）中对乐器工业所提出新的要求与部署。乐器是完成音乐教学任务所必需的基本条件，是教育现代化的重要组成部分，受到各级政府的高度重视。

《标准化法》《深化标准化工作改革方案》《消费品标准和质量提升规划》《关于开展消费品质量提升行动的指导意见》《开展消费品工业“三品”专项行动营造良好市场环境的若干意见》，以及《全国专业标准化技术委员管理办法》《关于培育和发展团体标准的指导意见》等全国人大、国务院、国务院各部委等一系列政策与措施的颁布与出台，为深化消费品供给侧结构性改革，标准有效供给，提升消费品标准和质量水平，开展个性化定制产品标准，进一步加大中小学生学习用品标准化力度，倒逼装备制造业转型升级，促进乐器制品品质提升，是乐器标准化工作“十三五”期间新的课题，也是乐器标准化工作“十三五”期间主动适应新常态的关键时期。

经过多年的发展，我国乐器标准已取得了长足发展，形成了门类齐全、科学完善、协调配套的标准体系，有力支撑了我国乐器工业的发展。部分乐器类标准达到或超过了国际先进水平。随着产业升级加速，特别是智能化、网络化、跨领域等新产品、新模式的发展，乐器标准的适应性和时效性也亟待提升。根据国务院关于印发《深化标准化工作改革方案的通知》的要求，在突出政府标准的法规性、基础性和公益性的框架内，进一步加强乐器标准化总体规划和顶层设计，以先进标准引领消费品质量提升和市场自主制定标准协同发展、协调配套的新型标准体系，强化消费品标准和质量提升与装备制造升级紧密结合，引导带动消费市场向中高端发展，倒逼装备制造业转型升级，加快产品安全等重点标准的制定与实施，是加快建设乐器质量强国、制造强国的重要任务。

二、第二届基本情况

（一）委员情况

（1）本届2014年6月由国家标准委批复建立（标委办综合函〔2014〕27号）。本届建立初始原有委员45名，顾问1名。现有委员51名。分别由企业、行业协会、科研、质检、教育机构、院校以及琴行等单位的工程技术人员组成。企业委员分别来自“弦鸣乐器、气鸣乐器、体鸣乐器、膜鸣乐器、电鸣乐器、乐器辅助、乐器用材”等领域。本届委员类属领域及占比为：企业委员41人，占委员总数80.39%；行业协会、科研、质检、教育机构委员7人，占委员总数13.72%；琴行委员2人，占委员总数3.92%；院校委员1人，占委员总数1.96%。

（2）本届期间，根据工作需要和依据原《全国专业标准化技术委员会管理规定》和《全国乐器标准化技术委员会章程》的有关规定，以及为有利于开展全国乐器标委会的各项工作，并按实际情况和经主任委员、秘书长办公会议研究和征得委员表决结果，对部分委员进行了解聘和增补。

（二）工作组情况

为更好开展乐器标准化工作，本着专业的事由专业人做的原则，按照领域划分，乐器标委会分别组建了电鸣、钢琴、民乐、手风琴、提琴五个标准制修订工作组。工作组自建立，承担了各自领域标准项目的制定与修订，有效地开展了工作，为行业标准化事业、标准体系建设承担了应有的责任与贡献。

（三）标准体系建设和维护情况

标准是可量化、可监督、可比较的规范，是配置资源、提高效率、推进治理体系现代化的工具，是衡量工作质量、发展水平和竞争力的尺度，是一种具有基础性、通用性的语言。

在《工业和通信业技术标准体系建设方案》和《轻工业技术标准体系编制要求》的指导下，《乐器标准体系》的编制与《国家标准体系建设工程》保持协调、统一、补充、依托的密切关系。其构建采用了国际通行的现代乐器分类法，即以“弦鸣乐器、气鸣乐器、体鸣乐器、膜鸣乐器、电鸣乐器”五大类作为基础，并按照分类法对门类和门类属下各族系的产品进行划分。依据产品属性、特性以及具有的共性和基本要素，《乐器标准体系》的顶层包括“基础通用、方法、管理”及配套的相关标准。门类通用标准居体系第二层，它是以国际通行的乐器现代分类法而形成，主要是以乐器的音源体及激励方式为划分原则。产品标准是乐器各门类下族系的划分，列为第三层。根据乐器起源所属地，又将其分为国内、国外乐器两个系列。乐器标委会秘书处根据国家产业政策、国标委、工信部各年度立项指南、要点，以及根据乐器行业发展需求、音乐教育改革与发展的需要、填补乐器标准体系缺失等方面，始终对乐器标准体系、体系框图、体系表进行动态调整和管理，并提交全体委员表决后实施。

（四）考核情况

为加强技术委员会管理，促进技术委员会规范运行，提升技术委员会工作能力和管理水平，国家标准委依据《全国专业标准化技术委员会考核评估办法（试行）》及方案，并委托国家标准技术审评中心，于2017年对本届技术委员会进行了考核。

秘书处按“约束性指标和一般性指标”，以及“项目完成率、年度报告、标准体系建设和维护情况、项目申报与标准审查、经费管理、委员管理、标准复审与实施、宣贯培训、标准制修订过程、组织参与国际标准化情况”等10个方面进行了全面的梳理，并严格按照《方案》各条款要求，进行了自查与自评工作，完成了《自评报告》的编制，给出了真实可靠的自评结论。

考核结果分为一级、二级、三级、不合格四个等级。本届技术委员会经国标委考核，被评为二级。

（五）标准现状情况

乐器标委会自2008年建立以来，所归口管理的乐器类现行标准共计112项（国标19项，行标93项）。其中基础通用标准31项、占比28%，方法标准项5项、占比4%，产品标准76项、占比68%。

截至目前，已发布的112项现行标准为乐器标准体系建设做出了有力的支撑。在出厂检验、第三方检验、认证检验、采购检验中被广泛应用，部分标准也被其他行业引用。这些标准的实施，对产业发展起到了积极的促进作用，保证了质量监督部门有据可依、消费者有据可查、承担了采购、招投标等质量验收的工作与责任，起到了标准应有的作用。

（六）标准发布情况

本届期间（2014—2018），国标委、工信部共发布了27项国家、行业标准。27项标准制定18项、修订9项。其中制定国标6项、修订3项；制定行标12项，修订6项；共有41单位，247人次参加了这些标准的编制工作。为《消费品工业“三品”专项行动》中“提品质”、为解决日趋严峻的安全问题、为促进贸易便利化、为标准水平提升、为乐器行业本质安全和持续发展奠定了基础、为乐器行业做出了贡献，在此对参加乐器类标准制修订的单位及人员予以表彰。

（七）标准计划项目安排与执行情况

按照“关系人民群众切身利益、量大面广、出口贸易大宗产品”的立项原则和方向。本届期间（2014—2018），秘书处共申报国家、行业标准项目计划42项，批准立项的有27项，正在网上公示的有12项，未获批准的有3项。申报的42项标准中国家标准9项、行业标准31项、团体标准2项，属制定的有

21项，修订的有21项。批准立项的27项标准计划项目，已完成报批（或发布）18项，有9项在研，实际完成率为43%。上述标准计划项目的申报均征求了全体委员的意见，对计划项目是否同意立项进行了表决。

（八）标准制修订过程

乐器标准化作为产业发展的关键环节，在主动融入国家创新体系建设，以产业发展需求为导向的前提下，基本形成了标准化机构、企业及各相关方共同参与的工作机制。标准制修订步伐明显加快，乐器标准体系基本形成，原有标准老化和缺失问题逐步解决。形成了一批重要标准促进乐器产业调整和升级，提升了我国乐器产品在国际市场的竞争力。特别是《乐器有害物质限量》（GB/T 28489—2012）、《废弃乐器回收利用通用技术规范》（GB/T 31731—2015）、《乐器声学品质评价方法》（GB/T 31109—2014）三项重要基础通用国家标准的制定与实施，为保护“人身和环境，废物利用，音乐性能评价”等提供了科学的依据和易操作的方法。

按照《国家标准管理办法》的要求，乐标委在各类乐器标准制修订过程中，遵循公平、公开、透明的原则，在申请立项阶段、草案阶段、征求意见阶段、送审阶段、审查阶段（包括相关附件），广泛征求了有关方面的意见。并以通讯、网络并存的方式，向社会及相关单位征求意见，得到了积极的反馈。而据此形成的标准报批稿及相关附件，经标准审查部门对标准结构、技术内容、文字表述等的审查均获通过，无一退回。

（九）标准复审与实施

按照国家标准委《推荐性标准集中复审工作方案》（国标委综合[2016]28号）与《工业和通讯业推荐性标准集中复审工作的通知》（工信厅科函[2016]321号）的要求，乐器标委会对所管理归口的现行、在研、项目计划的乐器类国、行标准进行了集中复审，按要求对标准复审的“工作目标、复审对象、工作原则、内容和方法、复审结论的处理、工作步骤”等方面拟订了复审初步方案，且将方案提交委员征求意见。2016年7月25日至26日，乐器标委会秘书处组织委员在北京市召开了《轻工行业（乐器领域）推荐性国家、行业标准集中复审工作会议》，工作会议对全部现行、在研、项目计划进行了逐项审查，针对每项标准的“范围、层级、适用性”等给出了切实准确的复审结论，标准复审率为100%。

（十）标准会议情况

截至目前本届共举行7次工作会议（未计算本次），分别为：2014年1次，2015年1次，2016年3次，2017年1次，2018年1次。51名委员本人参加会议的平均出席率仅为55%，加上委员本人授权其他人替代参加会议的平均出席率也才达到83%。

（十一）参与国际标准化工作情况

经查证，ISO/IEC及其确认并公布的机构内未有乐器TC的设置，因此也从未颁布过乐器类国际标准，但乐器标委会在乐器领域国际标准的转化工作，采取的是采用先进国家（区域）技术法规和剖析同种类产品技术参数的方法。这在已正式颁布的乐器标准中，体现了既符合我国乐器行业实际和以市场化为原则，又切实可行、易操作的良好效果，使其在标准层面不低于先进国家同类标准的质量水平，效果显著，得到了国内标准各使用方的认可。

另外，为贯彻《标准联通“一带一路”行动计划》，“推动标准‘走出去’、促进投资贸易便利化、深化国际合作、提升我国标准的国际化水平、支撑互联互通建设”的目标，秘书处拟对部分经过市场检验并成熟的标准，陆续开展外文版的翻译工作。

（十二）培训与宣贯情况

本届期间（2014—2018），乐器标委会委员接受各级标准化主管部门、标准化机构等组织的培训有9次，培训人数为120多人次，培训内容为：“标准化基础知识（GB/T 1.1—2009）、国际标准化综合知识、轻工标准制修订工作规范性要求”等，同期为乐器行业、企业宣贯了《乐器有害物质限量》《废弃乐器回收利用通用技术规范》《钢琴》三项国家标准，对标准的制定背景、技术内容等进行了解读。

（十三）标准化科研情况

本届期间（2014—2018），由秘书处提出并与北京乐器研究所、珠江钢琴集团股份有限公司、吟飞科技（江苏）有限公司等单位共同承担了《乐器产品中化学物质的分析与研究》《乐器生产粉尘防治及回收利用》两项标准化科研项目，为制定有害物质检测标准和安全生产领域的标准打下了基础和积累了经验。

（十四）标准化技术服务情况

乐器标委会秘书处针对本届拟订的标准制修订计划，为企业、编制单位提供了标准化技术咨询与服务。协助、指导企业进行了计划申报、立项答辩等工作。

（十五）经费情况

乐器标委会秘书处设置在北京乐器研究所，其人员经费、业务经费纳入北京乐器研究所财务部管理，实行单独核算及考核。秘书处主要经费来源分为三部分：（1）秘书处承担单位每年拨付的经费；（2）委员交纳的会费；（3）各级标准化主管部门拨付用于标准制修订工作的补助。经费列支严格执行了国家有关财务制度的规定。委员会费、经费补助的使用范围符合《国家标准制修订经费管理办法》的规定，主要用于：标准编写、试验验证、技术审查、举办会议、调研、办公、咨询以及秘书处日常工作中与秘书处职责相关的活动。在历年的年度工作会议上向委员进行说明、通报。

（十六）存在的主要问题

综上所述，本届标委会做到了自觉遵守国家对标准化工作颁布的规章及制度，标委会以及秘书处在开展的一系列有关标准化工作中未出现违纪、违规现象。但从整体看在以下几个方面还存在不足：

（1）主要是产品标准居多，基础通用标准和方法标准较少，综合利用、节能、安全、安全生产等领域的标准虽然有，但数量少，未形成有效的标准体系，可执行标准较为缺失。

（2）标准化科研力度薄弱，参与标准化活动不够积极。

（3）乐器类国际标准实质性的转化率达不到国家规定百分比的要求。

（4）按行业内外发展需求，个性化、定制类标准还达不到有效供给。

（5）标准化水平有待提升，标准化工作的规范性还需进一步加强。

（6）标准质量还有待提高，标准实施力度有待加强。

国家标准、行业标准（轻工）目录（乐器部分）

国家标准

序号	标准号	标准名称
1	GB/T 10159—2015	钢琴
2	GB/T 12105—2007	电子琴通用技术条件
3	GB/T 12106—2007	电子琴的环境试验要求和试验方法
4	GB/T 23146—2008	十二平均率的音频与音分的计算
5	GB/T 23151—2008	乐器产品使用说明的编制原则
6	GB/T 23173—2008	乐器分类
7	GB/T 25454—2010	电鸣乐器均衡类音效装置通用技术条件
8	GB/T 25455—2010	电鸣乐器放音设备 设备音乐性能评价规范
9	GB/T 25456—2010	钢琴用毡
10	GB/T 25457—2010	钢琴弦轴板
11	GB/T 28484—2012	电鸣乐器压缩与扩展类音效装置通用技术条件
12	GB/T 28489—2012	乐器有害物质限量
13	GB/T 30414—2013	乐器音乐信号采集规范
14	GB/T 31109—2014	乐器声学品质评价方法
15	GB/T 31731—2015	废弃乐器回收利用通用技术规范
16	GB/T 33722—2017	电鸣乐器音色与音乐风格中文通用名称
17	GB/T 33723—2017	乐器声学品质主观评价人员等级规范
18	GB/T 33726—2017	乐器中文通用名称
19	GB/T 34838—2017	电鸣乐器教学系统配备及安装通用技术条件

行业标准

序号	标准号	标准名称
1	QB/T 1153—2014	吉他
2	QB/T 1207.1—2011	民族弦鸣乐器通用技术条件
3	QB/T 1207.2—2011	琵琶
4	QB/T 1207.3—2011	筝
5	QB/T 1207.4—2011	阮
6	QB/T 1207.5—2011	三弦
7	QB/T 1207.6—2011	月琴

续表

序号	标准号	标准名称
8	QB/T 1207.7—2011	京胡
9	QB/T 1207.8—2011	二胡
10	QB/T 1298—2014	手风琴通用技术条件
11	QB/T 1299—2011	口琴
12	QB/T 1477—2012	电子钢琴
13	QB/T 1657.1—2012	唇振动气鸣乐器通用技术条件
14	QB/T 1657.2—2012	小号
15	QB/T 1657.3—2012	圆号
16	QB/T 1657.4—2012	长号
17	QB/T 1657.5—2012	中音号
18	QB/T 1657.6—2012	低音号
19	QB/T 1658.1—2012	簧振动和边棱音气鸣乐器通用技术条件
20	QB/T 1658.2—2012	长笛 短笛
21	QB/T 1658.3—2012	单簧管
22	QB/T 1658.4—2012	高音双簧管
23	QB/T 1658.5—2012	低音双簧管
24	QB/T 1658.6—2012	萨克斯管
25	QB/T 1817—2010	琴弦通用技术条件
26	QB/T 1818—2010	提琴弦
27	QB/T 1947.1—2012	民族气鸣乐器通用技术条件
28	QB/T 1947.2—2012	笛子
29	QB/T 1947.3—2012	笙
30	QB/T 1947.4—2012	箫
31	QB/T 1947.5—2012	唢呐
32	QB/T 1948—2011	柳琴
33	QB/T 1949—2011	扬琴
34	QB/T 1984—2000	风琴
35	QB/T 1985—2000	风琴音簧
36	QB 2100—2007	十二平均律音名标注方法
37	QB/T 2167—2013	小提琴
38	QB/T 2168—2013	小提琴弓
39	QB/T 2169—2014	电吉他
40	QB/T 2175.1—1995(2009)	响铜体鸣乐器通用技术条件
41	QB/T 2175.2—1995(2009)	虎音锣

续表

序号	标准号	标准名称
42	QB/T 2175.3—1995(2009)	武锣
43	QB/T 2175.4—1995(2009)	苏锣
44	QB/T 2175.5—1995(2009)	手锣
45	QB/T 2175.6—1995(2009)	抄锣
46	QB/T 2175.7—1995(2009)	水镲
47	QB/T 2175.8—1995(2009)	吊镲
48	QB/T 2175.9—1995(2009)	军镲
49	QB/T 2279—2013	钢琴击弦机
50	QB/T 2417—2011	校音器
51	QB/T 2444—2010	钢琴零部件名称
52	QB/T 2587—2013	大提琴
53	QB/T 2607—2013	提琴弓通用技术条件
54	QB/T 2663—2013	大提琴弓
55	QB/T 2740—2014	口风琴
56	QB/T 2838—2014	爵士鼓
57	QB/T 2841—2007	乐器音准装置及准确度等级判定
58	QB/T 2916—2007	自由低音手风琴
59	QB/T 2978—2008	钢琴音板
60	QB/T 2979—2008	乐器用材 钢琴锯材
61	QB/T 4014—2010	电子鼓通用技术条件
62	QB/T 4015—2010	MIDI 键盘通用技术条件
63	QB/T 4016—2010	中提琴弓
64	QB/T 4017—2010	倍大提琴弓
65	QB/T 4018—2010	倍大提琴
66	QB/T 4019—2010	中提琴
67	QB/T 4129—2010	吉他弦
68	QB/T 4130—2010	竖笛
69	QB/T 4131—2010	键盘乐器键宽尺寸系列
70	QB/T 4181—2011	古琴
71	QB/T 4220—2011	乐器用材 提琴锯材
72	QB/T 4323—2012	钢琴弦
73	QB/T 4324—2012	电鸣乐器用效果器通用技术条件
74	QB/T 4325—2012	电鸣乐器放音设备 多功能音箱
75	QB/T 4326—2012	电鸣乐器放音设备 电吉他用音箱

续表

序号	标准号	标准名称
76	QB/T 4327—2012	键盘乐器用音箱通用技术条件
77	QB/T 4328—2012	电子鼓用音箱通用技术条件
78	QB/T 4487—2013	电鸣乐器电声性能测量方法
79	QB/T 4488—2013	电子管风琴
80	QB/T 4489—2013	半音阶口琴
81	QB/T 4490—2013	电鸣乐器放音设备 踏板控制器通用技术条件
82	QB/T 4491—2013	电鸣乐器电源适配器通用技术条件
83	QB/T 4771—2014	管钟
84	QB/T 4772—2014	定音鼓
85	QB/T 4773—2014	木琴
86	QB/T 4841—2015	葫芦丝
87	QB/T 4842—2015	陶笛
88	QB/T 4843—2015	巴乌
89	QB/T 5169—2017	板胡
90	QB/T 5170—2017	节拍器
91	QB/T 5171—2017	筝弦
92	QB/T 5172—2017	编钟
93	QB/T 5173—2017	钢琴用琴凳

行业工匠

于慧东：艺无止境处，匠心铸琴魂

意大利克雷莫纳是提琴的故乡，是提琴制作人心目中的圣地。

在意大利克雷莫纳乐器展，常年展出瓜奈里、阿马蒂、斯特拉迪瓦里的作品。世界各国的制琴人总是带着虔敬的心前来参观三位制琴巨匠留给后世的遗存珍品。2016年，有一位中国制琴师的作品受邀在克雷莫纳乐器展展出，吸引了众多参观者的目光。中国提琴能够与意大利三大制琴家族的名琴同台展览，可谓荣耀备至。这位中国制琴师的名字叫于慧东。

作为年轻一代提琴制作师，于慧东曾在中国、意大利、马耳他、保加利亚等国际提琴制作比赛中荣获五项金奖、五项银奖，为中国提琴制作艺术在国际上赢得荣誉，成为中国提琴制作师的杰出代表之一。

受父启蒙　少小痴迷做琴

于慧东出身提琴制作世家，父亲于录先生是著名提琴制作师。作为中国轻工业部乐器制作学校培养的第一批提琴制作师，于录师从于中国提琴界著名的“三王一戴”之一的王福全大师，并得到王兰田、戴洪祥以及上海音乐学院朱象教等大师的指点，是位制琴技艺高超的职业制作师。

受家学熏陶，于慧东少小对手工萌发兴趣。每当父亲做琴时，他就会站在旁边观看，目睹木头是怎样经过父亲手中一道道的工序，逐渐变成工艺精美、声音悦耳的小提琴的过程。于慧东曾用木头做过一把玩具手枪，父亲由此发现他制作手工的灵性与潜质，从此着力培养他。于慧东坦言，父亲是他迈向提琴制作道路的启蒙老师。

1992年，15岁的于慧东正式随父系统学习提琴制作，并很快展露出制琴天赋。他能快速理解三维空间中弧度分布及线条的流畅性等复杂抽象的位置概念，对难度较高的制琴技巧能够快速地掌握。更重要的是，于慧东眼力精准，能够直指问题核心。眼力是制作师最为重要的能力，眼到手到，方能诞生佳作。记得当年，一位中央乐团演奏家试奏于慧东的手工提琴后大为赞赏，他无法相信试奏的提琴出自15岁的少年之手。当确定是于慧东独立制作后，演奏家当即决定买下，并预言于慧东未来在制琴艺术上定有不俗作为。在以后的岁月里，这位演奏家的话真的得到了验证。

投身大师　初赛小试牛刀

1998年，恰逢中央音乐学院提琴制作专业招生，在众多的考生中，21岁的于慧东以优异成绩通过考试，顺利进入中央音乐学院，师从郑荃大师深造。郑荃大师是当代中国提琴制作里程碑式的人物，是中国提琴制作艺术学派的开创者。在郑荃大师的言传身教下，于慧东制作技艺日臻成熟，艺术视野渐趋开阔。鉴于在校学习期间成绩优异，经学校推荐，于慧东被文化部选为中国提琴制作师的代表，接受英国J&Abeare公司的古董提琴鉴定及修复专业培训。在J&Abeare专家的精心指导下，于慧东成为国内掌握古琴修复核心技术的极少数制作师之一。

2003年，第九届意大利制琴比赛在提琴的故乡克雷莫纳举办。赛事系全球最高水平艺术提琴制作比赛，汇聚来自世界各地的专业制作师。于慧东首度携琴前往意大利参赛，其制作的两把小提琴最终获得第18名和第42名的好成绩，这对于一个初次参赛的年轻制作师来说实属不易。赛事期间，于慧东走访了莫拉西、比索罗蒂等意大利当代大师工作室，就一些提琴制作艺术的问题，虚心向大师们请教。通过比赛，于慧东见识到当代一流制作师的作品，开阔了眼界，认识到自己的差距与不足，同时也增强了自信心。

精心雕琢　作品屡屡获奖

2010年5月，由中央音乐学院和中国乐器协会主办的首届中国国际提琴制作比赛在北京举行，赛事吸引来自11个国家和地区近300把琴参赛，赛事评委汇聚国际一流制作与演奏大师。中央电视台、中国国际广播电台、美国哥伦比亚广播公司、意大利晚邮报等中外27家新闻媒体全面报道赛事盛况。经过初赛和决赛评选，于慧东获得大提琴银奖及当届赛事最佳工艺奖。赛后一位大提琴评委对于慧东大提琴获奖作品赞赏有加，并提出购买要求。“这把琴当时并没有卖给他，他追了两年多后才从我手里买到这把琴。”于慧东说，这位大提琴家在各种大师课上都会主动介绍中国的材料和中国的制作师。他赞叹道：“中国的材料一样可以制作出世界一流的好琴。”正所谓好戏连台，在2013年第二届中国国际提琴制作比赛中，于慧东参赛大提琴作品再次荣获银奖。

2016年5月，第三届中国国际提琴琴弓制作比赛中，汇聚9个国家和地区的200余名选手，共377件乐器参与比赛，参赛人数及乐器数量都远超其他国际比赛，竞争非常激烈。赛事由中国提琴制作大师郑荃担任评委会主席，中国小提琴著名演奏家盛中国和意大利提琴制作界元老谢尔巴塔·莫拉西先生为名誉主席。经过来自中、意、法、德、美、澳18位享誉世界的提琴和琴弓制作大师及演奏家们严格专业评审，于慧东参赛作品分获小提琴金奖和银奖，以及中提琴金奖，成为当届赛事中一匹闪亮的黑马。在国家大剧院举行的颁奖典礼及获奖音乐会上，小提琴演奏家吕思清、刘霄，中提琴演奏家图拉分别演奏了于慧东的获奖作品，英国的*Strad*杂志对于慧东的赛事佳绩做了全面报道。

戒骄戒躁　匠心铸造精品

在中国国际提琴琴弓制作比赛中屡获金奖后，于慧东并未满足于眼前的成绩，在世界提琴制作艺术舞台上展现华人提琴制作艺术的风采，于慧东继续秉持恩师郑荃大师的创新与艺术探索精神。2016年，于慧东在具有百年历史传统的意大利罗马Santa Cecilia国际小提琴制作比赛中斩获小提琴项目金奖。2017年“首届马耳他国际提琴制作比赛”，他继续将小提琴金奖收入囊中。2018年，第九届保加利亚国际提琴制作比赛中，于慧东在来自20个国家的选手的120件参赛作品中脱颖而出，再次分获小提琴金奖和银奖。

迄今为止，于慧东在国际提琴制作比赛中已取得十项大奖，创造五项金奖、五项银奖的赛事佳绩。难能可贵的是，他的大、中、小提琴作品都获得过国际大奖。于慧东的作品选材考究、工艺精美、音色华丽饱满，作品风格遵循意大利传统，并融入个人对艺术的理解，深受各国演奏家和收藏家的喜爱。可以说，于慧东没有出国深造的经历，他完全是在中国提琴制作艺术学派的花苑中成长起来的一代青年提琴制作家，他的成功代表着中国本土提琴制作教育的成功，代表着中国提琴制作艺术学派创新精神的薪火相传。于慧东现为中国乐器协会提琴制作师分会理事，他所取得的一系列骄人的成绩，无疑使他迈入了国际一流提琴制作师的行列。

刘正辉：既为操琴者 又作“斫”琴师

“操琴司鼓奏皮黄，字正腔圆韵味香。念白抑扬含顿挫，唱腔委婉透激昂”，京剧，作为国粹之一，以戏曲所独有的感染力和层次丰富的音乐表现力为大众所知，那些懂戏的“票友”要么闲来无事哼唱那么几句经典的选段；要么一头扎进戏院，摇着头，用手敲着板眼，就这么听它一个下午才尽兴而返；还有的觉得单是唱远远不能满足自己对京剧的痴爱，扮上相虽说还早，但操琴司鼓对他们来说没有任何难度，专不专业姑且不论，一副半个京剧人的架势和派头倒是十足。想必，人们不仅衷于京腔京韵、唱念做打、生旦净丑，也喜爱皮黄中的板眼，京胡中的韵味。提到京剧中的伴奏乐器，京胡的地位不可小觑。如今，京胡不仅仅作为京胡伴奏乐器活跃于戏曲舞台，更成为一件独立演奏的民族乐器，个性的音色与灵动的技法相互融合，在民乐艺术中独树一帜。为了更好地适应戏曲艺术与民乐艺术的发展，京胡的改革也从未停止。刘正辉便是京胡改革中的先行者，致力于京胡的改革，他所研制的第三代仿生皮被越来越多行业内外的人所关注，也为京胡艺术的发展带来无限可能。

缘起——继承恩师改革志愿

刘正辉从小随国家京剧院琴师万瑞兴先生学习京胡演奏，高中毕业后正好赶上北京风雷京剧团招聘，顺利被招入职的刘正辉便成为剧团成员。成为演奏员的刘正辉并没有因为这份稳定的工作而止步不前，为了进一步提高自己的京胡演奏，刘正辉继续从中国戏曲学院的京胡演奏家黄金陆习琴，黄金陆先生在演奏之余一直摸索京胡蒙皮材料的改革制作。为了解决以野生蛇皮制成的京胡在户外演奏不受气候影响的问题，黄金陆先生制作出尼龙皮，以取代野生蛇皮，这便是第一代仿生皮的诞生。而黄金陆老师也将这一制作工艺技术毫无保留地传给刘正辉，也正是黄金陆老师，让刘正辉有了与京胡改革的第一次接触。尼龙皮虽然暂时解决了京胡户外演出的问题，但以尼龙皮制作的京胡在演奏时音量太小，为了扩大京胡音量，张瑞龄在黄金陆改革的基础上进一步研制，增加薄纱固化，后将此称为“锦赛革”皮，顺利地解决了音量问题。这样就有了第二代仿生皮的京胡改革。也许，刘正辉自己也没有预见，他将成为第三代的京胡改革者，可这一“命中注定”早已藏在了他为探索京胡改革所做的成百上千的尝试与试验中。

1987年，中国戏曲学院的实验剧团招聘组建一支教师乐队，刘正辉在时任中国戏曲学院院长俞琳的赏识下，以较强的专业能力加入乐队，并追随院长大力改革的步伐，在工作中表现突出。但最终因为种种原因，改革并未达到预期的成效。颓丧之中的刘正辉只好作罢，一心扑在了和岳父——著名的京胡制作大师许学慈学习京胡制作上。1996年，刘正辉被聘为文化部乐器改革专家组成员，参加了全国大大小小的乐器改革会议，结识了众多改革者等民乐大师与专家，使他无论在对民乐的认识还是乐器的改革上都受益匪浅。他也下定决心投身乐改，“一则继承黄老师改革京胡蒙皮材料的志愿；二则出于环保意识；三则归为对社会的责任；四则以此为志鞭策自己”，这便成为他全面走向京胡改革的又一转折。

改革——低碳环保仿生蟒皮

随着环保理念在国际范围内的提倡，以野生蛇皮作为制作京胡的材质已经不再适合，而以尼龙织物为基材，又远远无法达到能与蛇皮相媲美或大大超越蛇皮的可能。刘正辉在一次无意中发现，日本定音鼓的膜皮制作替代牛皮后，在音质、音色以及音量的呈现上都相差无几，于是，他便移花接木将其用在京胡上一试究竟，未料到音量上竟然达到了与蛇皮同样的效果，虽然在音质、音色上未能如愿，但他相信，这些都是可以在日后逐渐调整改善的。就这样，经过一次次的试验、改革，最终，刘正辉研制出了不仅适用于京胡，还适用于京二胡、高胡、民二胡、三弦等乐器的替代仿生皮，这就是第三代人造蛇皮。用此人造蛇皮制作的京胡所演奏出的音色、音质以及音量与野生蛇皮相差无几，这一以高强膜为基材高强纤维为附加材料的仿生蟒蛇皮在保证乐器的艺术呈现效果与音乐表现特色的同时响应了环保，也有效地延长了乐器的寿命，大大地改善了野生蛇皮带来的不易养护的问题。刘正辉的这一改革获得了国家发明专利，2009年获创新发明奖，成为那一年唯一一个个人获奖者。如今，刘正辉已经拥有8项国家专利，成为名副其实的器乐改革家！

京胡的改革一直再继续，而推广与普及才是改革后更重要的意义所在。面对如今第三代仿生皮京胡的推广情况，刘正辉坦言：“由于改革后的京胡还未达到量化生产阶段，所以目前的推广还存在一定的难度与阻力。让我庆幸的是，演奏家们和业界人士一直以来对我这一改革成果的认可与支持。李祖铭先生曾经提议案——使用环保材质制作乐器；我国台湾著名京胡演奏家李超先生、中国戏曲学院李楠教授、中央音乐学院曹德维教授、中国歌剧舞剧院柏淼先生、北京民族乐团首席危晶等，都一直在使用仿生皮京胡。著名作曲家姜延辉、杨健先生也一直在倾力支持仿生皮京胡。正因为有了越来越多的专业人士的支持与肯定，给了我足够的动力和信心，在京胡改革这条路上坚定地向前探索。"

对于京胡改革目前存在的困境，刘正辉也谈到："乐器改革是中国民乐界的一件大事，然而要持续推动这件事并非易事。任何改革须要投入人力、物力，仅凭一己之力和三三两两的小群体是远远不够的。我们要弘扬中国优秀的民族文化，需要国家、政府在政策上的进一步引导，需要有力的支持。有了这样强大的后盾，我想我们的乐改事业才会有效推进，我们的民乐人才会放手、大胆地干下去。"目前，刘正辉工作室已经成立，全力推进着京胡改革事业。

文化——京腔京韵弦外之音

在京胡改革的同时，他还不忘推广普及京胡艺术。1994年，他出版了《京胡铁棍练习法》，随后制成教学盒带出版发行；1996年推出了中国第一本普及类京胡教材《京胡学习与欣赏》，后来又与中国唱片总公司合作，出版发行同名京胡教学录像带；同年还出版了《京剧卡拉OK曲库大全》；2000年，由刘正辉编著的《京胡演奏教程》正式出版，成为京胡演奏研究的名著。值得一提的是，他将京胡音乐与当时风靡一时的电子音乐结合，推出"京剧轻音乐"的概念和音乐作品，被年轻一代接受，成为京胡音乐与流行音乐文化结合的范例。京胡在京剧艺术中作为伴奏乐器而存在，起到垫、包、补、随、带的作用，对于音色，更追求"弦外之音"，在"弦外之音"中才更能感受到京韵、京味儿；而京剧流派的形成与发展又与京胡密不可分。"你仔细去听，就会发现每个流派的京胡演奏风格也不一样，过门、演奏技巧、音律变化等各具特色，因此我们要注重风格、技术的差异性与演变过程的研究。"刘正辉补充。"而在民乐艺术中，京胡的个性不易控制，对京胡的音色也要求干净、纯粹，目前只有仿生皮可以做到。"

虽然刘正辉工作室已经成立，但对于日后第三代仿生皮京胡的发展，刘正辉更希望不仅仅是以现在工作室、作坊这样的生产模式存在，而是能有大型的乐器生产厂家参与进来，形成量化、标准化的生产模式。"厂商与作坊、工作室同时存在，并不矛盾，量化的生产可以为乐器的推广普及带来更多的可能，而作坊、工作室的制作则可以使乐器向着精细化的方向发展。"

考虑到京胡艺术如何能让当下年轻人所接受，刘正辉认为，首先，将京胡艺术中那些复杂的、专业的内容尽可能简单化，让大众不觉繁复；其次，在京胡的音色、音质上下功夫，丰富京胡的艺术表现力，使人们能够被京胡的独特个性所吸引；最后，可适当选择一些京剧的经典唱段与京胡结合，形成普适的教学模式，以美育为原则，陶冶情操，提高审美能力。

回顾京胡改革，20世纪60年代，将京胡丝线改为钢弦，确定音准；20世纪80年代，京胡由伴奏乐器转为独奏乐器；20世纪90年代，京胡制作添加上漆工艺，阻止水分的释放与吸收，利于乐器的保护；继而又有洪广源与王少卿改革京二胡，黄杨木改硬木轴、后筒的平面改圆面以及"预应力"担子的改革。2005年，刘正辉推出仿生皮京胡；2008年，有了戏曲京胡与音乐京胡之分……这不禁让人感慨：正是有诸多民乐前辈与奋斗中的民乐人，在京胡改革事业中的种种付出，对乐器改革的精益求精，才能有今日京胡发展的兴盛之期。民乐艺术振兴之时，中国文化绵延可期。

人物简介：

刘正辉，中国戏曲学院京胡制作专家、演奏家，北京市非遗"洪派京胡制作技艺"传承人，国家乐器信息中心《乐器》杂志科技顾问，中国乐器协会民族器乐学会副会长，北京乐器学会会长。

1996—1997年度被中国戏曲学院推荐选为"文化部乐器改革专家组"成员。致力于京胡演奏、改革事业，他研发的"人造蛇皮的制造方法""多用途乐器声膜"以及其他研发成果分别获得两项国家发明专利和六项实用新型专利。经过业界人士使用鉴定，对他研发的仿生皮京胡等乐器有很高的评价：

"正辉仿生皮环保、取材易、音质好。"

——国家京剧院琴师万瑞兴先生

"正辉仿生皮用实践证明，它是成功的。"

——台湾京胡演奏家李超先生

"仿生皮给演奏家提供了声音上的保证。"

——中国音乐学院曹德维教授

顾冰峰：造"中国芯"发"中国音"

作为得理乐器（珠海）有限公司技术总监、高级乐器设计师，顾冰峰以国内最早一代电声乐器"中国芯"的研发者和领军者的身份走进我们的视野。1993年至1997年期间，先后主导开发了国内第一款PCM力度电子琴、国内第一款PCM力度电钢琴、第一款MIDI键盘，打破了国外厂家在中国市场的垄断局面，也为得理公司带来新的利润增长点。带领团队用了3年多时间，成功研发出国内第一代具有自主产权的64个同时复音数的PCM音源集成电路IC0105。2016年，成功研发出第三代超高性能的PCM合成音源集成电路A5，具有256个同时发音数，8个DSP处理器，内嵌ARM9处理器（32位），A5集成电路已经达到国际领先水平。顾冰峰不断探索、勇于创新，核心技术不但带来巨大的经济价值，也为中国企业跻身国际知名乐器公司行列做出了重要贡献。

投身于电声乐器的26年里，顾冰峰尝试过多种岗位，从电声乐器产品研发、集成电路设计到生产制造管理，他不断转型、不断挑战自己，其带领团队研发的产品填补了国内多项技术空白，打破了国外芯片垄断的局面，助力本土品牌得理乐器（MEDELI）成为世界乐器50强企业、与国际一流电声乐器制造商PK的国内一大厂商。

焦虑过，煎熬过，顾冰峰却从未想过放弃，"专注、用心、持之以恒"是他时常挂在嘴边攻克难关的三大法宝，"用心做事、用心做人，没有迈不过去的坎"，顾冰峰身体力行给后辈做出了榜样，培养出一批电声乐器方面的技术带头人。

十年磨一剑 从零开始自主研发设计

顾冰峰进入电声乐器行业纯属偶然，技术专业出身的他"觉得可以尝试一下"，这一试就是26年。

1988年，顾冰峰大学毕业后在上海的一家国有企业工作了5年；1993年，得理乐器有限公司在深圳成立，同年顾冰峰出任得理乐器的产品研发工程师。当时得理乐器委托了国内的一所知名大学研发PCM（脉冲编码调制）合成音源集成电路，以期开发出得理自己核心技术的音源集成电路。

最早的国产电子乐器普遍用的还是FM（频率调制）的发音技术，成本低，但声音逼真度也较差，它只有9个发音数，最早广泛应用在声卡、玩具琴。而国际一流的电声乐器商雅马哈、卡西欧等都是使用PCM合成技术，音色仿真度高，音乐表现力强，几乎垄断了国内电声乐器市场。1993年，国内PCM合成音源集成电路基本来自法国Dream公司，国内企业无自主研发能力，研发投入也非常高。

然而，大学研究机构不了解市场的需求，加上研究人员不断变动，芯片研发计划泡汤了。1997年，得理集团创始人郑刚找到了顾冰峰讨论，希望他能带领团队在内部研发芯片。作为电子工程师的顾冰峰最开始表示为难。郑刚先生鼓励他说，"十年磨一剑，我们可以用10年的时间来完成这个项目，这对于整个得理集团都是值得的，这对得理未来的发展至关重要！"受到董事长的信任和鼓励，顾冰峰下定了决心，"十年时间，就算从0学起，我相信我们一定可以做到！"

苦心终不负 填补国内多项技术空白

1998年，得理自主知识产权的PCM合成集成电路项目正式启动。研发PCM合成集成电路分为两个阶段，第一阶段是PCM合成的基础理论方面的研发，第二阶段才是集成电路设计，其中第一阶段是最为关键的，也是一个非常艰难和痛苦的过程。

“就像黑夜漂流在汪洋大海中的一条小船，不知道岸的方向，不知道多长时间可以靠岸。”顾冰峰这样描述研发的第一阶段，即PCM音色合成的基础理论和算法研究，这是整个项目的关键，也是最为艰巨的任务。

而在第一阶段中，最难的要数核心的PCM合成模型和DSP数字音频处理技术的研究，当时国内鲜有这方面资料。顾冰峰带领着7人的研发小组攻关，查阅大量的外文资料，每天都要组织研讨，任何细节都需经过演算论证，不容一丝一毫的差错。在很长一段时间内，项目成果只是一堆流程图和计算公式，枯燥乏味，“成就感非常低”，也有小组成员顶不住压力、耐不住寂寞而离职。

作为项目负责人，既要攻克技术壁垒和障碍、保障整个项目的研发任务顺利开展，又要做好项目团队成员的管理和激励，第一阶段的研究工作整整花了1000多个日日夜夜。3年后，PCM合成的基础理论研究获得了成功，但35岁的顾冰峰头发从黑发熬成了白发，从“小顾”熬成了“老顾”。

2001年，得理正式成立集成电路设计公司，启动PCM合成集成电路的设计，命名为IC0105。IC0105集成电路设计过程中，项目团队设计成功了具有自主知识产权16位微处理器（MCU）以及PCM合成算法专用DSP单元，以及特殊架构的音效处理单元，大幅度提高了数字音频的处理速度。

功夫不负有心人，2003年得理第一代具有自主知识产权集成电路IC0105芯片获得成功，该IC具有64个同时发音数，以及强大的数字音效处理，并成功运用于得理大部分的电声乐器产品。万事开头难，集成电路研发团队再接再厉、马不停蹄，相继开发出第二代、第三代具有自主知识产权的PCM合成音源集成电路，最新一代A5集成电路同时发音数已达到了256个，并具备了强大的音效处理能力，技术等级已经达到国际领先水平，填补了国内多项技术空白，打破了国外芯片垄断的局面，也为公司创造了巨大的经济效益。

创新永不停　成为世界乐器50强企业

20世纪90年代末，得理的PCM电子琴、电钢琴已经可以与国外知名品牌相抗衡，并且开始大量出口欧美。得理坚持“让更多人有机会学习音乐”理念，研发生产制造较高性价比的电子琴、电钢琴、电子鼓，得理电声乐器产品市场价格只有国外知名品牌的一半，市场占有率和品牌知名度快速提升。例如，1998年得理推出的MC100电子琴（PCM力度电子琴），由于超高的性价比，连续3年蝉联了国内电子琴行业单型号销量的冠军，远远超过了国外知名品牌。

在销量提升的背后，得理董事会对研发事业部持续不断的大规模投入和支持，也是得理研发团队对电声乐器各个方面不断创新，不断升级的保证。从1998年至今，得理仅在核心技术和核心集成电路方面的投入已经超过了6000万元，得理自主产权的核心集成电路也已形成了从低端到高端全覆盖的系列IC，充分满足了各个层面的顾客需求。

电声乐器除了前面提到的核心技术，还有一些核心部件的研发。例如电钢琴的力度键盘，钢琴专业人员都希望电钢琴键盘的手感和性能能够达到传统钢琴的水平，市场上大部分电钢琴产品的键盘性能无法达到专业音乐人员的要求，其设计难度可想而知。想要电钢琴产品能够拓展国内外市场，想要开发高端电钢琴，高性能的电钢琴键盘是必须攻克的难题。2013年，顾冰峰主动向董事会请缨，承接研发高水平电钢琴键盘的艰巨任务，带领研发团队奋战了近4年，开发成功了两款高性能的电钢琴键盘。其中，K6键盘具有较高的性能价格比，已广泛应用在得理80%的中低端电钢琴产品上，K8键盘的综合性能已经达到国际领先水平，并且获得了专业音乐人士的广泛好评。

得理集团专注在电声乐器行业超过了30年，得理乐器已经成为中国电声乐器行业的国家标准和行业标准的主要起草单位。2009年，深圳得理公司从深圳搬迁到珠海，成立了得理乐器（珠海）有限公司，目前，得理在全球乐器行业销量排名第34位，其中电子鼓产品系列和MIDI键盘系列产品出货量全球排名第一。

记者问答

记者：你理解的工匠精神是什么？

顾冰峰：做一件事情要专注，持之以恒，不要怕困难，不要怕吃亏，用心，老天都会帮你。“用心、专注、持之以恒”的工匠精神，将得理共赢的核心价值理念做到落地。公司内部推行“内部顾客导向”落地，每个部门都需要明确它的顾客是谁，他们的需求是什么，如何积极主动满足他们的需求。

记者：如何传承工匠精神？

顾冰峰：改善成立了得理管理学院和得理艺术培训中心，持续不断提高员工的知识和技能水平，提升了员工对音乐产品的兴趣。制定了“员工购房、购车免息贷款制度”，历年来，资助超过150位员工在珠海安家落户，员工的满意度也获得了持续的提升，员工的稳定也为公司的持续发展奠定了扎实的基础。

公司的PCM合成音源集成电路已经发展到了第三代，顾冰峰的徒弟现在就是公司研发芯片的领军人物。

熊立群：追求卓尔不“群”的琴筝人

熊立群：高级工艺美术师，扬州金韵乐器御工坊有限公司总经理。多年来，他在坚持传承传统工艺的基础上，积极创新创造，不断革新琴筝制作工艺，先后获得国家专利15项，制作的“紫檀云母高级筝”、古筝“古韵华章”等作品多次在国家和省级比赛中摘金夺银，金韵品牌在行业内得到了广泛的认可，金韵商标已获得“江苏省名牌产品”和“江苏省著名商标”；金韵乐器成为中国乐器行业50强企业、扬州市文化产业示范基地、首届江苏民营文化企业30强。他是全国乐器标准化技术委员会委员及民族乐器标准制修订工作组副组长、中国乐器协会常务理事及民族乐器分会副会长、中国民族管弦乐学会乐器改革制作专业委员会副会长、江苏省文化艺术科技协会乐器专业委员会副会长。

在扬州琴筝行业中有这样一个人，他践行“工匠”精神，以传承创新的姿态参与乐器制作与改革，先后获国家专利15项；他制作的“紫檀云母高级筝”“水晶筝”等作品屡次在国家、省级各类比赛中摘金夺银；他创立的品牌“金韵”得到广泛认可，已成为江苏省名牌产品和江苏省著名商标；他与扬州琴筝行业一起抱团出击，打响扬州文化品牌。

他便是高级工艺美术师、扬州金韵乐器御工坊有限公司总经理、扬州市琴筝协会会长熊立群。

变革创新思维让扬州筝远销海外

熊立群，泰州人，1986年，拥有一身木工手艺的他经人介绍来扬学习古筝制作。当时，古筝制作在扬州刚刚兴起，熊立群成为最早“吃螃蟹”的人之一。同年在扬州举办的第一届中国古筝艺术学会交流会，让扬州、古筝、熊立群紧紧联系在一起。“这次交流会让古筝为更多人所知，古筝在乐器市场的大繁荣，也使全国的目光转向了扬州。”熊立群表示，当时上海民族乐器一厂来到扬州、寻找合作伙伴，并将我国乐器制作界老前辈、工艺大师徐振高派到扬州。熊立群有幸成为徐振高招收的八个徒弟之一，系统学习古筝制作。

1988年至1995年间，熊立群先后担任扬州师范学院校办厂扬州乐器厂技术指导、产品质量总检、车间主任、生产厂长等职，并从事新产品开发等，为日后的创业打下基础。1995年，熊立群创办了“金韵乐器”，以传承创新的姿态参与乐器制作与改革，先后获国家专利15项，由其设计制作的琴筝作品屡在全国及省级各类比赛中摘金夺银。1998年，互联网刚刚起步时，熊立群不惜花费5万元通过关键字搜索网页链接的方式，成功将“金韵”品牌推销出去，也成为行业内运用互联网宣传“吃螃蟹的第一人”，成功使扬州筝远销海外。

在寻“变”中坚守传统

“C140钢丝筝”荣获国家知识产权局颁发的外观设计专利证书、“可调筝弦的唐筝”获实用新型专利证、“紫檀云母高级筝”在第七届中国国际乐器展览会上获古筝制作金奖、“水晶筝”荣获江苏省第二届东方工艺美术之都博览会最高奖“迎春花奖”……一张张证书是熊立群创新变革思维最直接的见证。

如今，其一手创办的金韵商标已获得“江苏省名牌产品”和“江苏省著名商标”，金韵乐器成为中国乐器行业50强企业，全年琴筝产量达到一万余台。

在熊立群看来，寻“变”不能脱离传统，从选材到制作的每一道流程，品质一直是他坚守的生命线。如今，年过五旬的熊立群不仅做琴做筝，还学习弹奏古琴。“一把古琴的好坏，拨动琴弦听琴音便能知晓。”熊立群表示，如果不学习弹奏古琴，这些也无从知晓，便不能真正做出一张好琴。当谈及对“工匠精神”的理解时，熊立群谦称自己还不算是工匠，最多就是个匠人、手艺人。“工匠，不是简单的会做手艺就行，他需要有思想。”熊立群表示，自己还需静下心来多看书，吸收其他艺术门类的精华。面对扬州古筝制作技艺的发展，熊立群创意借鉴扬州漆器工艺的刻漆、螺钿（挖嵌）、雕刻、草编、彩绘、贝雕（玉石）、景泰蓝等特色民俗工艺。2013年，他参与创作的紫檀银丝彩贝，荣获了扬州市工艺美术优秀作品。同时，他大胆借鉴汉唐时期制筝工艺，参阅大量文献资料，请教了众多专家学者，新近研发生产出了十三弦丝弦古筝，即失传千年的民族瑰宝唐筝系古筝。此款改良型唐筝，荣获首届中国（苏州）民间艺术博览会精品奖。多年来，熊立群本人坚持设计、制作结合，努力创新，多年来荣获奖项获得省级以上的15项奖，获得的国家专利达19项。

用行动践行民族情怀与琴人担当

2013年，熊立群又多了一个新的身份——扬州市琴筝协会会长。扬州琴筝行业的壮大离不开众多琴筝厂家的通力合作，作为扬州当地琴筝企业的行业组织，协会从2006年成立之初，便秉持着这样的理念。熊立群担任会长后，更是将这一理念践行到底。熊立群表示，琴筝行业未来的健康发展离不开企业之间的良性竞争，一枝独秀不如百花齐放，全市琴筝行业形成一股合力，抱团出击，相互合作，往更高端的市场方向靠拢，同时依靠乐器自身的声音品质与产品质量，打响“中国古筝艺术之乡”“中国琴筝产业之都”的扬州品牌。为此，熊立群以身作则，多方协调，成效呈现。

“金韵乐器，民族情怀”“研仁智之气，觅天下之音”，正如金韵乐器产品展示厅内悬挂的字幅中传递的一样，熊立群用实际行动践行着他的民族情怀与琴人担当。

张建平：与民族乐器行业的不解之缘

张建平，上海民族乐器一厂拉弦、弹拨乐器制作高级技师，1979年7月进入上海民族乐器一厂，跟随其父张龙祥学习民族乐器制作。从80年代初至今，张建平参与的乐器制作比赛有20多次，获得第一名达11次，并在1999年全国二胡制作比赛中获得第二名的好成绩。

1987年张建平和东方歌舞团器乐演员田昌合作，研制如何在二胡音区内控制不协和发音点，获得成功，次年被文化部评为科技成果三等奖。1991年，经考核，张建平被上海市劳动局评为拉弦专业技师。同年5月，上海市第二轻工业局共青团授予张建平“新长征突击手标兵”称号。

2010年前后，张建平开始着力探索中国民族拉弦乐的重奏之路，设计并制作了民族六角拉弦系列乐器，目的是解决民族拉弦乐声部、乐器款型及音色不统一的问题。这一系列乐器以六角二胡为基础，由高胡、中胡及低音大胡琴组成，再配备新创作的六角低音大胡琴，从而使得民族拉弦乐体系更加完善，从视觉、听觉及艺术角度上更统一、更和谐，张建平希望以此开创出一条具有中国特色的民族弦乐重奏之路。值得高兴的是，张建平的研发成果经专业演奏团体的专家试听，得到了广泛的肯定。

张建平认识到，民族低音拉弦乐器的缺乏是困扰我国民族合奏乐队的重大难题，也是中国民族拉弦乐器的薄弱环节，许多专业音乐院校和民乐生产厂家均将研发低音拉弦乐器作为重要课题。因此，研制、开发出既符合科学声学器乐原理、又符合中国传统美学的中国民族低音乐器显得尤其重要和紧迫。2014年，应文化部“民族低音拉弦乐器的研制与开发”课题的研发要求，在上海艺术研究所的牵头组织下，上海民族乐器一厂和上海民族乐团共同加入了课题组，从而形成乐器研制、理论研究、演奏推广的三管齐下的完整体系。张建平勇挑重担，带领团队开启了低音拉弦乐器的研发工作。于2018年正式推出了六角形民族低音拉弦乐器和瓷瓶形民族低音拉弦乐器，该研发成果有效扩充了民族乐器的低音声部，得到了业内专家的认可，并多次被上海民族乐团用于舞台演出中。

2013年，张建平获评为上海市185名首席技师之一。2014年5月，企业挂牌成立了“张建平技师工作室”，2015年，工作室被上海市人社局命名为“张建平技能大师工作室”，2017年，工作室被国家人社部命名为“技能大师工作室”。2016年1月，张建平获得国家人社部颁发的高级技师资格证，成为继徐振高、王根兴、高占春等少数几位老一辈高级技师后的新一代民族乐器制作的高级技师。

从业近40年，张建平与民族乐器制作行业建立了不解之缘。回顾几十年的工作经历，张建平深深体会到，他所制作的不仅仅是乐器，更是文化产品，而他也努力践行着乐器制作师的使命与责任，为民族乐器事业的发展作出了自己的贡献。

熊南方：勇于开拓，在科技创新路上砥砺前行

熊南方，毕业于天津科技大学（原天津轻工业学院），自进厂伊始，便与钢琴结下不解之缘，而且一干就是二十多年，从一名普通的技术人员成长为技术负责人，先后被评为“宜昌市女职工建功立业标兵”“第八届宜昌市专家”。“低调潜行，静水激流”是她的座右铭，是她一贯的做事风格，她始终坚信科技是企业强盛之基，创新是企业进步之魂，以坚韧不拔的意志和矢志不渝的精神追逐着自己的梦想。

用专业知识夯实技术基础

熊南方于2001年加入金宝乐器制造有限公司，而彼时金宝才刚刚成立，一切都需从零开始。这种压力对一般人来说已经相当沉重，更遑论一位既要照顾家庭、又要为工作奔波的女同志。如何快速将自己在大学掌握的专业知识和掌握的实践经验运用于本职工作，快速完成产出第一台钢琴的技术资料，是其人生当中所面临的重要课题。熊南方适时调整自己的状态，不畏艰难，刻苦钻研，勤勤恳恳，亲自设计绘制一张张图纸，亲自研究、跟踪一道道加工工艺。经过一年的努力，金宝乐器的第一台立式钢琴诞生了。

熊南方孜孜不倦的努力，赢得了公司领导的信任，她于2002年被公司任命为技术部负责人。

此后，熊南方并不满足于此时取得的成绩，她刻苦学习，努力掌握钢琴制作工艺。她积极拓宽业务知识，先后参加了“GB/T 1.1—2009国家标准宣贯”培训、“湖北省专利信息利用”培训、“111企业家暨企业科技创新带头人”培训。由于熊南方在钢琴方面雄厚的专业知识和丰富的实践经验，2009年至今连续多年被湖北三峡职业技术学院特聘为钢琴材料学教师。并于2013年取得“钢琴制作工”二级/技师资格。基于她在钢琴方面的专业知识和素养，2013年被聘为《化工轻工商品流通标识》标准的制定专家。

打造专业化的技术管理团队

随着公司钢琴业务的不断发展，迫切需要各项工作和部门向更加专业和规范化发展。在这样的背景下，2002年，熊南方受公司之托组建技术部。是临阵退缩，还是迎难而上，熊南方毅然选择了后者。她清楚地看到，钢琴行业的特殊性，要从社会上招聘到有钢琴技术工作经验的人上手就用并不现实，而公司业务发展并不允许她有丝毫懈怠。时间不等人，熊南方意识到，必须通过不断培训，尽快建立起一支能够满足部门基本职责要求的技术队伍，这是当务之急，也是重中之重。

熊南方开始有系统制定本部门的培训方案，也就是从那时候起，技术部有了自己的系统培训方案。在同事们眼里，熊南方不仅是攻坚克难的“专业技术能手”，更是培养技术人才的“教导员”，她乐于分享自己的专业知识和经验，她的钢琴设计和工艺经验从来不是“独门秘笈”，是技术员可以随时翻阅的“活辞典”。

在熊南方的带领下，公司技术队伍不断地成长和壮大，通过组织各类内部培训，推进开展互帮互进，积极进取的工作态度，逐渐打造出了一个年富力强、团结拼搏、开拓进取的技术队伍。2010年，熊南方率先在技术部推行精细化管理，实行科研成果绩效考核制度，通过目标层层分解，压力层层传递，建立起良性的竞争机制，激发了员工的工作热情和积极性。将技术人员工资和绩效挂钩，突出了以能力和业绩为主要依据、能上能下的公平公正原则，她为公司研发技术人员发挥自己的潜能提供了一个良好的平台，为提高公司整体研发能力奠定了坚实的基础。

天道酬勤，她所带领的产品研发和技术团队，2009年被授予“湖北省企业技术中心”，2013年被授予“湖北省钢琴制造工程技术研究中心”，2015年被授予“教育部教育装备研究与发展中心”。目前公司的产品不论是质量、还是生产规模已在短短的十年跃入全球钢琴制造前3位。十多年的辛勤汗水，终于硕果累累。

创新驱动研发技术再上新台阶

从事技术几十年，熊南方认识到，技术创新是企业不断发展的动力和灵魂，是衡量技术部门价值之所在。为此，她积极组织技术团队进行研发工作，先后组织申报国家专利100余项，并于2017年被授予“国家知识产权优势企业”。2012年，她带领技术团队研究如何建成钢琴共鸣盘柔性制造工艺与标准化生产线，如何提升共鸣盘的生产效率。经过两年时间的努力，项目取得了圆满成功，实现了年产80000套共鸣盘的规模化能力，并获得“中国轻工业联合会科技优秀奖”。

熊南方时刻关注行业先进技术信息，锐意革故创新，取得了可喜可贺的成绩。目前，公司已拥有长江、威廉·史丹堡等九大自有钢琴品牌，覆盖高、中、普及琴各档次，包含三角钢琴、立式钢琴多种型号，满足音乐会、教学、家庭等各种演奏需求的庞大产品体系，并广受市场认可。并先后获得“中国国际专利与名牌博览会金奖”“中国轻工业精品展最具潜力奖”“国家重点新产品”“湖北省科技成果”等荣誉称号。其中开发的长江品牌的钢琴在2014年、2017年连续两届被指定为“深圳国际钢琴协奏曲音乐周”比赛用琴，赢得专家的一致赞誉。

近年来，为了响应国家“绿色发展、科技创新”的号召，熊南方积极规划钢琴发展的绿色核心技术创新体系，并顺利通过了“钢琴环保认证”，公司在国内率先进入“绿色钢琴”时代。

熊南方，她以勤奋刻苦的精神和勇于钻研的干劲，勇于挑战尖端技术，勇攀高峰。正是有像熊南方这样的员工的努力，一点一滴、一步一个脚印，推动“长江”钢琴成为第一个登上世界赛事舞台的中国钢琴品牌。作为世界钢琴市场中的“中国名片”，未来的“长江”钢琴将站在新的起点上，不懈努力，向着“世界一流钢琴品牌”阔步前进。

戴勇才：匠心独运 民族鼓魂

定音鼓是一种西洋乐器，在交响乐中有着灵魂乐器之称，2005年之前我国全靠进口，而且价格昂贵，制造工艺复杂，国外只有几家大公司能够制造，价格完全由它们掌控，每年我国要花大量的外汇进口定音鼓，而天津市津宝乐器有限公司产品设计部总工程师戴勇才却以科研创新精神，在国产定音鼓的生产研发制造领域实现了瓶颈突破。

1962年，戴勇才出生于江西省景德镇乐平市，1985年，他毕业于江西工学院机械专业，同年分配到江西省为民机械厂（军工企业）从事模具设计工作。参加了华东六省在上海市举行的模具培训和全国自学考试，还获得南昌大学机电一体化毕业证书。在军企工作12年后南下广州，并在一家乐器厂从事打击乐器设计工作，四年的设计工作中取得了十几项产品专利。2003年戴勇才进入天津市津宝乐器有限公司工作，担任产品设计部总工程师，在17年打击乐设计工作中为公司获得了近百项产品专利。

钱学森先生的一句名言就是“外国人能干的，中国人为什么不能干”。面对国产定音鼓的技术空白，戴勇才主动向公司请缨，肩负起国产定音鼓的研发制作。公司领导极为重视成立研发小组，经过对市场和世界名牌的定音鼓进行深入细致的分析和研究，并走访中央音乐学院，沈阳音乐学院，中国人民解放军军乐团，天津科技大学，天津音乐学院与他们共同探讨，虚心听取专家教授们使用定音鼓的意见和对世界各大品牌的分析，戴勇才在设计定音鼓时对定音鼓进行充分的改善，确定走世界品牌、高端品牌的设计思路，瞄准设计国际化，制作精细化、产品标准化的开发目标，用先进的PRO/E软件，他对定音鼓的每一个零件进行3D实体造型零件动态装配，确认各个零件的尺寸结构无误的情况下对每个零件进行分类设计和标准的编写。由于定音鼓这种乐器体积比较大，铸件必须要用低压铸造，这样铸件内部气孔沙眼少，抗拉强度高，但当时天津地区低压铸造厂很少，低压铸造模具设计就更少了，无法外协制造低压模具，在这种情况下，他又对每个大铸件用PRO/E进行模具造型设计，并和模具车间进行模具加工，但最困难最艰巨的加工是定音鼓铜腔，要把1.5毫米厚度的铜板压制成直径为890毫米、高820毫米的定音鼓铜腔体不是一件容易的事情，施压过程需要进行多次回火再旋压，稍有不慎就会半途而废，造成几十千克的铜板浪费，他在进行大量计算和反复实验中，定音鼓铜腔终于被旋压成功！定音鼓装配成功后，请来中央音乐学院，沈阳音乐学院，中国人民解放军军乐团，天津科技大学，天津音乐学院的老师专家对津宝的定音鼓进行音质音色、灵活度、外观等综合测试，获得了高度评价。定音鼓乐器的设计和制作成功投放市场后，迅速打开了国内外市场，打破了国外对定音鼓价格的垄断，填补国内空白，结束了中国制造不出定音鼓的历史。多次在美国、德国乐器展会中，获得外商的好评，为国家创造了大量的外汇。他在设计和制造定音鼓的过程中获得20几项专利和2项发明专利。

在进入电子科技时代，国民在享受电子信息带来快捷方便的同时，也催生电子乐器行业的发展。如何把电子鼓与真鼓相融合，使其具有既满足电子鼓优雅之声，又有打击真鼓的激情感受，还可以戴上耳麦家庭练习而不扰民，这种多用途电鼓在国内外还是空白，戴勇才作为一名从事打击乐工作的资深工程师，当然不会放弃这个机会，开始了开发设计工作，对多功能电子鼓结构和零件进行3D实体造型加工。在多功能电子鼓样品制作中，遇到的最大的技术问题是声音失真。他多次到广东深圳请电子专家共同研究调试，经过多项反复试验，终于成功开发出了融真鼓、电子鼓、哑鼓三种功能的多功能鼓！

军鼓是爵士套鼓的灵魂，它的音色的好坏决定整套爵士鼓的品质，为了树立国产品牌，他带领技术团队仅花费半年的时间就打造出高端多功能军鼓——shostakovich，它不仅音质音色优秀而且音高低分挡调节，因为它由多条沙带快慢调节结构组成，可根据鼓手所要求的音色音质来自由调节，随意切换音乐风格，调动音域广泛，更得到了中央音乐学院刘刚教授和沈阳音乐学院的吕青山教授的认可，为中国高端军鼓市场在世界竞争中占有一席之地作出了巨大贡献。

多年来，戴勇才在津宝乐器多次获得科技特殊贡献奖和先进个人奖，设计的很多产品获得天津市和轻工业新产品奖。作为企业资深设计师，戴勇才还代表公司参加乐器制造标准的编写制定工作，其中包括爵士鼓标准、定音鼓标准、管钟标准的定制。他从一个普通机械设计专业毕业的大学生成长为一名优秀的打击乐器设计总工程师，这跟他远大理想和孜孜不倦的努力是分不开的，也与津宝乐器人才平台大环境以及对未来科技人才的重视息息相关。雄鹰和蜗牛都能够到达金字塔的顶端，雄鹰因其与生俱来的天赋毫不费力抵达金字塔顶端，蜗牛没有雄鹰的天赋，它只能一直坚持着，朝着自己的目标一步一步的向着金字塔顶端前进，他就是那意志顽强不懈奋进的蜗牛。

李素芳：年少与筝结缘，一生挚爱古筝

李素芳，上海民族乐器一厂古筝制作技师、调律师和质量总监。1972年，李素芳因有一定的音乐天分，被招入上海民族乐器一厂工业中学就读，由此开始了她在民族乐器行业的生涯。

1975年，李素芳毕业后进入上海民族乐器一厂古筝组工作，师从徐振高。1980年起因工作需要，李素芳先后从事了古筝以外的其他民族乐器制作工作：二胡零配件制作、木琴音板制作、琵琶弦音准测试以及扬琴装配及校音等。这些岗位上的磨砺，为她之后从事古筝调律方面的工作打下了坚实的基础，尤其是扬琴的校音，程序繁复而且对耳音有一定的要求。在进行耳音测试时，相关专家惊奇地发现，李素芳有很强的听音能力，能分辨出音名及度数，甚至能听出某个音是高了还是低了几个音分。

1998年中国民族乐器（古筝、琵琶）制作大赛在北京举行，坐在观众席的李素芳显示出了卓越的听音能力：仅凭声音，她就能依次说出10台上海参赛琴的制作者，甚至能听出某琴的产地是苏州还是北京。大赛之后，李素芳开始全面负责古筝音质的调试鉴定工作，2004年，她被任命为上海民族乐器一厂古筝质量总监。

全国古筝大赛后，很多古筝名家都参与到“敦煌”古筝的制作交流及鉴定等活动中。李素芳在与专家们的交流中不断学习、提升自己的业务水平，对于自己调试过的琴，李素芳会经常回访，询问琴的状态，以便改进。

中央音乐学院的李萌教授在教学过程中，发现中国的五声音阶古筝无法很好地演奏一些外国曲目，于是，李素芳和李萌等开始进行新型古筝的试制工作。不久，一台琴上既有五声音阶，又有七声音阶的古筝问世，并得到了专家认可。后来，根据古筝老师的要求，李素芳又试制出潮州钢丝筝，这种筝音量大、音色明亮。此外，李素芳还与师父徐振高合作，对穿弦孔、筝码高度的标准化及筝码制作材料等进行了改革。近几年，她又与团队一起研制成功了低音古筝、便携式短筝、智能交互古筝、新型伽倻琴等，为古筝音乐文化的发展与传承作出了贡献。

“敦煌”古筝年产量一路飙升，2018年已经突破11万台，早已成为了国内各大专业院校和专业团体的主要用琴。李素芳也成了大忙人，奔波于总厂与各子公司之间，每天都要接到许多咨询古筝的电话。退休后被企业返聘10余年的李素芳，看上去仍精神饱满，充满干劲与活力。“算起来，我已经在上海民族乐器一厂工作了40多年了，我虽然已经不再年轻，但我的心是年轻的，就像‘敦煌’古筝一样——老牌乐器春常在！”李素芳一番深情的话语，表达了她对古筝的挚爱，希望就像她自己所说的那样，与“敦煌”古筝一同永葆青春活力！

周肇麟的琵琶革新路

周肇麟，上海民族乐器一厂琵琶制作技师，1984年进入上海民族乐器一厂，1988年师从钟明敏学习琵琶制作，后追随琵琶制作高级技师高占春学习高档专业琵琶的制作，于1992年获得“敦煌杯”琵琶制作比赛第一名，于1995年获得“敦煌杯”柳琴、“敦煌杯”中阮制作比赛第一名。

1996年，因上海民族乐器一厂发展需要，周肇麟从一名高档专业琵琶制作师，转变为负责琵琶生产、质量管理以及新员工琵琶制作培训的综合型管理者。成为管理者后，周肇麟依然竭力提高自身的琵琶制作技艺，带领团队不断创新求变。

2002年，在企业的任务部署下，周肇麟团队开启了仿真微型民族乐器的研发工作，在没有任何图纸、工艺尺寸的情况下，他们通过缩放比例尺寸、反复设计图纸、制定标准等方式制作微型乐器模板。在制作团队两个月的努力下，第一稿仿真微型琵琶等乐器成功面世。

2002年，周肇麟获得了上级公司——上海红双喜（集团）有限公司授予的“优秀开发创意奖”表彰。

2003年，周肇麟接受研发任务，要解决琵琶坯料的开裂、干燥问题。他每天定时多频次记录木材含水率的变化，半年后，成功探索出了一套琵琶坯料的干燥方法。通过多年的跟踪，目前已经形成了一套合理规范的操作流程。

由于我国南北方的气候差异，南方生产的琵琶运至北方容易出现底部开裂的问题，企业为了进一步开发北方市场，将该问题作为攻关重点。作为一名琵琶生产管理者、制作师，周肇麟勇挑重任，通过长时间的摸索与实验，于2006年完成了防止琵琶底部开裂交叉纹理的工艺创新项目，研发出了防裂条工艺。该工艺被企业广泛使用和普及，已获得了国家专利保护。

周肇麟不仅在琵琶改良上成绩斐然，对其他民族乐器的改良与研发也颇有建树。在柳琴的改良上，他从柳琴头饰、山口、琴码、凤尾的制作到音窗的加工工艺等都进行了改进改良。在月琴的改良上，他解决了普及月琴头饰容易脱落的问题，提高了产品的统一性与美观性。在弹拨乐器所用的竹品方面，他对竹品的制作、存储进行了适当调整，有效改进了竹品容易发霉、虫蛀进而影响到琴身的问题。周肇麟还对柳琴、琵琶的轸孔进行了合理调整，确保了琴轸与轸孔的紧密度，减少了跑弦现象的发生，为消费者提供了便利。在仿敦煌壁画乐器的研发上，周肇麟团队经过长期探索，几易其稿，于2017年研制出“敦煌反弹葫芦琵琶”，由著名华人音乐家谭盾使用于上海、纽约、迪拜、法兰克福等世界各地的巡回演出中。

周肇麟认为，作为制作团队的管理者，要勇于改革、敢于创新，过去斧子、凿子的高强度生产要改变，生产效率要提高，产品质量也要得到保证。这些看似平常的生产要求，却是周肇麟作为一个民族乐器制作行业的制作师、管理者几十年来的心得体会，也将是他未来继续坚守不变的原则。

乐器专利

2019年乐器专利发布分析

根据国家知识产权局数据，2019年1—12月，中国乐器专利发布共计1401项，其中发明专利549项，实用新型683项，外观设计169项。发明专利占发布专利总数的39.18%。专利发布总体以乐器行业规模以上骨干企业申报为主，兼有大中院校、科研院所及个人音乐爱好者申报。申报专利涵盖钢琴、吉他、管乐、民乐等主要乐器产品门类。

2019年，中国乐器协会高度重视知识产权保护工作。在协会举办的会议和展览中均将其列入重点工作内容，协会以“扩品牌，增品种，提品质”三品战略为抓手，持续推动行业高质量发展。2019年度中国乐器协会召开的行业科技大会特邀国家知识产权局原局长就中国知识产权事业发展做专题指导。田局长讲座贴近行业实际，现场互动积极，培训效果良好，进一步增强了乐器行业知识产权维护和乐器专利保护意识；乐器专利信息的另一重要作用在于加强知识产权保护，普及产权意识，提供多种手段应对专利侵权。2019上海国际乐器展期间，乐器参展商普遍注重提高自我知识产权保护，专利维权意识明显提升，主动运用知识产权维护自身合法权益；此外，协会还积极配合中国轻工业联合会面向乐器行业申报轻工业创新升级消费品。一批知识产权含金量高，经济效益好，应用成果突出的乐器新品入围。专利和知识产权保护正越来越受到各大企业重视，尊重知识产权的意识和行动正在全行业蔚然成风。

2019年中国乐器专利发布目录

类别	名称	专利类型	申请（专利）号	公开（公告）日	申请（专利权）人	发明（设计）人
乐器综合	一种可变音色、声音清亮、无杂音的蒙古四胡	发明专利	CN201811202217.5	2019.01.01	哈达	哈达
	一种多功能竖筝	实用新型	CN201821076961.0	2019.01.01	文正球	文正球
	一种基于新里曼理论的可触摸交互电子式乐器	实用新型	CN201820680910.2	2019.01.01	成都信息工程大学	吴琴、秦子雄、黄吉、王敬、陈彦君、翟福谊
	一种艺术素质测评系统	发明专利	CN201810930790.1	2019.01.01	南京光辉互动网络科技股份有限公司	刘云光
	音乐创作方法、装置及存储介质和穿戴式设备	实用新型	CN201811001005.0	2019.01.01	OPPO 广东移动通信有限公司	魏苏龙、林肇堃、麦绮兰
	扬琴精细调音手柄	发明专利	CN201811282268.3	2019.01.01	东北大学	胡广兴、王旗、朱盼盼、朱雨莲
	一种激光乐动器	实用新型	CN201820122670.4	2019.01.01	上海市闵行中学	苏宇彤、胡莞尔
	一种击打乐器的击打节拍的采集处理系统	发明专利	CN201710485481.3	2019.01.01	广州胖达熊动漫科技有限公司	代云海
	电子键盘乐器	外观设计	CN201830511954.8	2019.01.01	卡西欧计算机株式会社	中村周平、神出英
	一种户外音乐器械	实用新型	CN201820588954.2	2019.01.01	重庆西拓游乐设备股份有限公司	
	一种声乐训练辅助装置	实用新型	CN201820025017.6	2019.01.01	聂朋胜	聂朋胜
	管乐器的共鸣器	发明专利	CN201780029090.9	2019.01.04	毛里齐奥・恰尔菲	毛里齐奥・恰尔菲
	音频信息处理方法、装置及存储介质	发明专利	CN201810898492.9	2019.01.04	百度在线网络技术（北京）有限公司	徐力
	基于 AR 增强现实和自适应识别的乐器辅助学习体验系统	发明专利	CN201611034972.8	2019.01.04	快创科技（大连）有限公司	童培诚、段会锋
	一种古琴共鸣桌	发明专利	CN201811129407.9	2019.01.04	王天仪	王天仪
	用于校准音乐装置的系统及方法	发明专利	CN201780023881.0	2019.01.04	森兰信息科技（上海）有限公司	燕斌
	一种音乐演奏方法和装置	发明专利	CN201811292882.8	2019.01.04	北京戴乐科技有限公司	牛亚锋、洪文博
	一种管弦乐器清理器	实用新型	CN201820578354.8	2019.01.04	重庆电子工程职业学院	吴艾佳
	一种角度可调节的乐器演奏架	实用新型	CN201820676130.0	2019.01.04	咸阳师范学院	黄承承
	一种多功能型棋盘鼓	实用新型	CN201820864246.7	2019.01.04	王超	王超、术立君
	一种乐器用的便于放置实用型大提琴	发明专利	CN201710459901.0	2019.01.04	江苏东方乐器有限公司	孔文忠

续表

类别	名称	专利类型	申请（专利）号	公开（公告）日	申请（专利权）人	发明（设计）人
乐器综合	具有整体式颈部支承件和指板支架的弦乐器	发明专利	CN201810631799.2	2019.01.04	泰勒－利斯图有限公司.DBA 泰勒吉他	安德鲁·泰勒·鲍尔斯
	一种音乐教学用弦乐器的琴弦防锈处理装置	实用新型	CN201821046481.X	2019.01.04	蔡志挺	蔡志挺
	吉他面板	发明专利	CN201811259804.8	2019.01.04	董恺颐	董恺颐
	一种智能调音琴头结构	发明专利	CN201811309731.9	2019.01.04	沙洲职业工学院	徐向红、刘主贵、孙刚、王新成
	一种基于 OMR 技术的便携式钢琴伴奏装置	发明专利	CN201510490834.X	2019.01.04	西安音乐学院	金楠、张芳
	金属架双层琴键拇指琴	实用新型	CN201821103801.0	2019.01.04	罗锦铠	罗锦铠
	一种带乐谱的乐器支架	实用新型	CN201820670752.2	2019.01.08	咸阳师范学院	武莺歌
	一种荆山盟乐打击乐演奏台	实用新型	CN201820906819.8	2019.01.08	保康县荆山玉文化研发中心	章茨伍
	一种新型古筝	实用新型	CN201820935871.6	2019.01.08	许学明	许学明
	内外转换葫芦丝	发明专利	CN201410382518.6	2019.01.08	王勇武	王勇武
	一种古筝的新型前岳山结构	实用新型	CN201820935872.0	2019.01.08	许学明	许学明
	一种口风琴吉他联奏乐器	实用新型	CN201820688434.9	2019.01.08	寇庆山	寇庆山
	虚拟乐器处理方法、装置、虚拟乐器设备及存储介质	发明专利	CN201810965724.8	2019.01.08	百度在线网络技术（北京）有限公司	杜雅洁
	一种钢琴键子深度测量装置及其测量方法	发明专利	CN201811263386.X	2019.01.08	郑小海	郑小海、段康伟、袁福德
	一种便于调节的乐器背带	实用新型	CN201820590831.2	2019.01.08	咸阳师范学院	武莺歌
	智能数字显示节拍器	实用新型	CN201821183227.4	2019.01.08	任君	任君
	一种可调琴键的 17 音拇指琴	实用新型	CN201820692648.3	2019.01.08	黄茂增	黄茂增
	一种虚拟键盘乐器的远程教学方法	发明专利	CN201811212235.1	2019.01.11	闫泓颖	闫泓颖
	自动调音器及调音方法	发明专利	CN201811152522.8	2019.01.11	重庆大学	林英撑、何林林、张玲、何伟、刘平净、唐雪、连嘉锐、金小淞、熊光洪
	弦乐器的调音方法以及弦乐器	发明专利	CN201811068665.0	2019.01.11	金丘科技（深圳）有限公司	杨文淼
	一种通过面齿轮行星传动的琴弦微调机构	实用新型	CN201820897335.1	2019.01.11	洛阳金衢工贸有限公司	张明柱、王界中、许家俊、王志强

续表

类别	名称	专利类型	申请（专利）号	公开（公告）日	申请（专利权）人	发明（设计）人
乐器综合	用于乐器的支架	发明专利	CN201780031312.0	2019.01.11	澳大利亚国立大学	J·A·麦基 S·M·霍尔盖特
	大振幅弦鸣琴	实用新型	CN201820782596.9	2019.01.11	张忠本	张忠本
	乐器箱	外观设计	CN201830465916.3	2019.01.11	李宗盛	李宗盛
	一种乐器消音装置	实用新型	CN201821016394.X	2019.01.11	河南潘姆帕特科技有限公司	毛宇
	乐器	发明专利	CN201510030056.6	2019.01.11	沃威克音乐有限公司	H·M·拉什利
	音频处理方法、装置以及音频设备	发明专利	CN201811047439.4	2019.01.11	昊智信息技术（深圳）有限公司	陆彦燊、齐建业
	基于网络的师生平台互动乐器学习系统及微慕课制作方法	发明专利	CN201811322628.8	2019.01.11	南京鸣鸣德教育科技有限公司	陈艺为
	一种电子音乐合成方法和装置	发明专利	CN201510072848.X	2019.01.11	牟晓勇	牟晓勇
	一种利用多功能乐器支座进行支撑乐器的方法	发明专利	CN201811399160.2	2019.01.11	王晓	王晓
	一种号嘴吹奏练习和口型矫正练习器	实用新型	CN201721600553.6	2019.01.11	刘明月	刘明月
	大振幅弦鸣琴	实用新型	CN201820782596.9	2019.01.11	张忠本	张忠本
	一种虚拟键盘乐器的远程教学方法	发明专利	CN201811212235.1	2019.01.11	闫泓颖	闫泓颖
	一种箜篌和竖琴的升降音转调系统	实用新型	CN201821028443.1	2019.01.15	鲁璐	鲁璐、陶润
	折叠式复合材料鼓架	实用新型	CN201821253977.4	2019.01.15	威海光威复合材料股份有限公司	韩克谦、孙友铭、倪亭、李光友、刘昌波
	一种音乐教学用乐器摆放架	实用新型	CN201821016629.5	2019.01.15	湖南理工学院	王桂芹、马万林
	机器人单音演奏的时序控制方法及系统	发明专利	CN201811278104.3	2019.01.15	希格斯动力科技（珠海）有限公司	赵然、侍启山
	一种民族管乐器的半音按键装置	实用新型	CN201821213189.2	2019.01.15	佳木斯大学	王伟、苗加佳、高畅、于诗函
	一种箜篌流线码	实用新型	CN201821028444.6	2019.01.15	鲁璐	鲁璐、陶润
	一种架子鼓及其使用方法	发明专利	CN201811326424.1	2019.01.15	罗应星	罗应星
	钢琴用除尘装置	实用新型	CN201721875354.6	2019.01.15	大庆师范学院	朴力、张浩、佟桂影
	激光投影钢琴及系统	实用新型	CN201821293390.6	2019.01.15	张炜	张炜
	电子管乐器及其控制方法以及程序记录介质	发明专利	CN201810686972.9	2019.01.15	卡西欧计算机株式会社	田畑裕二

续表

类别	名称	专利类型	申请（专利）号	公开（公告）日	申请（专利权）人	发明（设计）人
乐器综合	电子管乐器及电子管乐器的控制方法及存储介质	发明专利	CN201810685459.8	2019.01.15	卡西欧计算机株式会社	春日一贵、滨中秀雄、原田荣一、外山千寿
	乐器的金属体表面光化的方法	发明专利	CN201810671943.5	2019.01.15	昌侑贸易有限公司	陈盈伶
	笛头卡子、单簧管或萨克斯	实用新型	CN201820995865.X	2019.01.15	韩其成	韩其成
	一种三角钢琴顶盖的自动开合装置	实用新型	CN201821232432.5	2019.01.15	邵申弘	邵申弘、郝峰、董健
	一种乐器指力练习盘	发明专利	CN201811287130.2	2019.01.15	中国石油大学胜利学院	薛敏
	一种打击乐表演的演艺设施	实用新型	CN201820696423.5	2019.01.18	石谷	石谷
	一种用于乐器的便携式支撑架	发明专利	CN201811490694.6	2019.01.18	江苏沃格瑞特乐器制造有限公司	罗有航
	一种多功能乐器	发明专利	CN201811006832.9	2019.01.18	湖南师范大学	翁祖团、王贞、段苏栖
	台式高音键盘笙	实用新型	CN201820233944.7	2019.01.18	陈伯泉强汝康；汪菊英	陈伯泉
	打击乐器槌	实用新型	CN201820667448.2	2019.01.18	达达里奥有限公司	伊莱贾·纳瓦罗、埃斯特班·诺亚、理查德·道格拉斯·史迪威
	用于产生鼓型式的装置配置和方法	发明专利	CN201810745089.2	2019.01.18	哈曼国际工业有限公司	P·R·卢皮尼 G·A·拉特利奇 N·坎贝尔 D·戈德洛维奇
	一种电子弦乐器	发明专利	CN201811429911.0	2019.01.18	李志枫	李志枫
	复调乐器音符定位方法和装置	发明专利	CN201510431897.8	2019.01.18	科大讯飞股份有限公司	吴奎、王影、胡国平、胡郁、刘庆峰
	鼓系统	发明专利	CN201310718683.X	2019.01.18	星野乐器株式会社	本庄厚志
	电子乐器	外观设计	CN201830343071.0	2019.01.22	罗兰株式会社	寺田裕司、三浦郁彦、金山亮平
	一种具有抗冲击效果的乐器运输装置	实用新型	CN201821081343.5	2019.01.22	西北民族大学	崔莉
	一种方便携带的电子琴	实用新型	CN201821038193.X	2019.01.22	深圳市柯恩乐器有限公司	李强
	乐器防潮箱	实用新型	CN201820978441.2	2019.01.22	珠海市惠通机电有限公司	杨威
	一种新型埙乐器可拆装吹嘴	实用新型	CN201820856015.1	2019.01.22	许冬林	许冬林

续表

类别	名称	专利类型	申请（专利）号	公开（公告）日	申请（专利权）人	发明（设计）人
乐器综合	检测装置、电子乐器及检测方法	发明专利	CN201810767951.X	2019.01.22	卡西欧计算机株式会社	外山千寿、春日一贵、林龙太郎
	一种乐器箱包	发明专利	CN201811491261.2	2019.01.22	江苏沃格瑞特乐器制造有限公司	罗有航
	混合式多功能拾音头	发明专利	CN201710576235.9	2019.01.22	许昌义	许昌义
	一种基于 PPT 方式的电子乐谱翻页脚踏控制器	实用新型	CN201821232663.6	2019.01.22	颜小莉	颜小莉
	琴槌单元及键盘装置	发明专利	CN201810767997.1	2019.01.22	卡西欧计算机株式会社	久野俊也
	笛子	实用新型	CN201821259632.X	2019.01.25	郑月明	郑月明
	一种吉他专用漆及其制备方法	发明专利	CN201811110163.X	2019.01.25	贵州融合音源乐器有限公司	李仕勇
	一种用于弹奏乐器的手型定位器	实用新型	CN201820321234.X	2019.01.29	郭旭	郭旭
	弦乐器的颤音装置	发明专利	CN201480057267.2	2019.01.29	特奥多尔·季米特洛夫·马斯拉罗夫	特奥多尔·季米特洛夫·马斯拉罗夫
	带键盘吹奏乐器	外观设计	CN201830529830.2	2019.01.29	雅马哈株式会社	P·斯托拉斯基
	用于提琴及弹拨乐器的微调弦轴	实用新型	CN201820253133.3	2019.02.01	周德柱	周德柱、周毅
	用于胡琴类乐器的微调弦轴	实用新型	CN201820252785.5	2019.02.01	周德柱	周德柱、周毅
	一种乐器用油漆	发明专利	CN201811303037.6	2019.02.01	王艳萍	王艳萍
	一种便携式乐器支撑架	发明专利	CN201811051443.8	2019.02.01	广州市和必括乐器制造有限公司	黄斌
	弓弦乐器的模拟设备	实用新型	CN201820699187.2	2019.02.01	深圳配天智能技术研究院有限公司	庞华冲
	用于胡琴类乐器的微调弦轴	实用新型	CN201820252785.5	2019.02.01	周德柱	周德柱、周毅
	一种电子弦乐器	发明专利	CN201811429912.5	2019.02.01	李志枫	李志枫
	一种稳压型笛子	实用新型	CN201821026486.6	2019.02.01	温州浩僧服饰有限公司	苏俊义
	一种弹拨乐器拾音器	实用新型	CN201821236362.0	2019.02.01	胡忻忻	胡忻忻
	用于从乐器相对侧的两个音板产生声音的有弦的乐器及构造方法	发明专利	CN201810491432.5	2019.02.01	罗伯特·L·奥伯格	罗伯特·L·奥伯格
	用于提琴及弹拨乐器的微调弦轴	实用新型	CN201820253133.3	2019.02.01	周德柱	周德柱、周毅
	双层琴键顺序音阶拇指琴	实用新型	CN201820260834.X	2019.02.01	罗锦铠	罗锦铠
	用于键盘乐器的键盘盖的枢转支撑结构	发明专利	CN201510234648.X	2019.02.01	雅马哈株式会社	冲村靖一
	少年弹拨乐器琵琶、阮的综合练习器	实用新型	CN201820926051.0	2019.02.05	乐海乐器有限公司	宋营彬、宋恩辉、宋从甲、陶美玉、于淑清

续表

类别	名称	专利类型	申请（专利）号	公开（公告）日	申请（专利权）人	发明（设计）人
乐器综合	一种自带音乐箱的民谣吉他	实用新型	CN201820308610.1	2019.02.05	那顺吉日嘎	那顺吉日嘎、宝乐德、朝乐孟嘎、格日乐其其格
	手拉乐器	发明专利	CN201810817904.1	2019.02.05	口琴乐器有限责任公司	T. 特拉普 K. 霍耶
	弹拨乐器的模拟设备	发明专利	CN201880002397.4	2019.02.05	深圳配天智能技术研究院有限公司	庞华冲
	乐器练习系统、演奏练习实施装置、内容播放系统、以及内容播放装置	发明专利	CN201780036939.5	2019.02.05	雅马哈株式会社	旭保彦、高桥裕史、芝贤一、臼井旬、早渕功纪、山内健一
	乐音发生装置、乐音发生方法、存储介质及电子乐器	发明专利	CN201810832678.4	2019.02.05	卡西欧计算机株式会社	佐藤博毅、川岛肇
	吉他指板	发明专利	CN201810865228.5	2019.02.12	泰勒－利斯图有限公司.DBA 泰勒吉他	安德鲁·泰勒·鲍尔斯
	一种弹拨类乐器的音频输出方法、装置和一种弹拨类乐器	发明专利	CN201810564955.8	2019.02.12	程建铜	程建铜
	反作用力产生装置和电子键盘乐器	发明专利	CN201810861836.9	2019.02.12	卡西欧计算机株式会社	久野俊也
	一种乐器辅助设备	发明专利	CN201811418788.2	2019.02.15	金华市盛缇智能科技有限公司	张晓诺
	一种便于更换品相的琵琶	发明专利	CN201811630914.0	2019.02.19	安阳师范学院	赵正巍、尹涛、孙磊
	一种钢琴琴键清理装置	实用新型	CN201821203221.9	2019.02.19	哈尔滨师范大学	李广义
	一种立式钢琴搬运车	实用新型	CN201820574925.0	2019.02.19	周国强	周国强
	一种乐器生产用多功能裁切装置	实用新型	CN201821000681.1	2019.02.22	比扬（天津）乐器制造股份有限公司	杨秀娟
	一种钢琴翻谱装置	发明专利	CN201811496636.4	2019.02.22	兰州城市学院	李霞
	一种乐器用携带装置	实用新型	CN201820999307.0	2019.02.22	比扬（天津）乐器制造股份有限公司	杨秀娟
	一种弦乐器调音方法及系统	发明专利	CN201811366596.1	2019.02.22	八和弦科技（深圳）有限公司	占群伟
	一种数字音乐教学系统的乐谱播放模块组件	发明专利	CN201811504115.9	2019.02.22	北京金三惠科技有限公司	魏宏惠、李现峰、魏宏茹
	弹奏机器人的手指舵机控制方法及装置	发明专利	CN201811277130.4	2019.02.22	希格斯动力科技（珠海）有限公司	赵然、侍启山
	一种多功能可拆分式拉奏多弦琴	发明专利	CN201710685956.3	2019.02.26	张树岩	张树岩

续表

类别	名称	专利类型	申请（专利）号	公开（公告）日	申请（专利权）人	发明（设计）人
乐器综合	一种便于户外使用的电乐器	发明专利	CN201710654031.2	2019.02.26	广东合即得能源科技有限公司	向华
	葫芦丝或巴乌的簧片安装底座	发明专利	CN201811647971.X	2019.03.01	李凯	李凯
	一种模拟弓弦类乐器的微感掌上乐器	发明专利	CN201610079656.6	2019.03.01	北京千音互联科技有限公司	黄国君、黄国鹏、黄国坤
	一种新型的钢琴乐谱架	实用新型	CN201721426490.7	2019.03.01	黑龙江民族职业学院	金文日、关宇、金顺福、金学洙、王薪舒
	钢琴精细调音手柄	发明专利	CN201811273788.8	2019.03.01	东北大学	胡广兴、王旗、朱盼盼、朱雨莲
	一种弦管乐器存放箱	实用新型	CN201821100990.6	2019.03.01	鱼翔	鱼翔、窦玉英、单南
	一种乐器教学装置、远程互动教学系统、方法及应用	发明专利	CN201811284384.9	2019.03.01	刘津金	刘津金
	一种铜管乐器腔室清洗装置	实用新型	CN201820685793.9	2019.03.01	佳木斯大学	王阿洋
	音色设定装置、电子乐器系统以及音色设定方法	发明专利	CN201780038030.3	2019.03.01	雅马哈株式会社	冈野忠
	一种便于大型乐器搬运的器乐箱	实用新型	CN201820719025.0	2019.03.01	贺婷	贺婷
	一种弦乐器拨弦结构	发明专利	CN201710734360.8	2019.03.05	南通理工学院	钱黎明、郭峰、沙春、周杰、齐虹
	一种弦乐器移动式压弦结构	发明专利	CN201710734357.6	2019.03.05	南通理工学院	钱黎明、郭峰、沙春、周杰、齐虹
	一种高效率低噪音环形弦乐器拾音器	发明专利	CN201710732045.1	2019.03.05	龙高潮	龙高潮
	一种多模式切换的按键乐器装置	实用新型	CN201820843897.8	2019.03.05	刘术新	刘术新
	键盘装置及键盘乐器	发明专利	CN201510125997.8	2019.03.08	卡西欧计算机株式会社	谷口弘和
	一种笛膜的制备方法及其使用方法	发明专利	CN201811284432.4	2019.03.08	电子科技大学	青芳竹、舒阳、李雪松
	弹拨乐器的模拟设备	实用新型	CN201821235334.7	2019.03.08	深圳配天智能技术研究院有限公司	庞华冲
	一种小提琴琴码震动检测系统	发明专利	CN201811212803.8	2019.03.08	湖南城市学院	余雯
	一种电子鼓控制电路以及电子鼓	实用新型	CN201820258350.1	2019.03.08	北京罗兰盛世音乐教育科技有限公司	程建铜、毛文铭
	一种便于演奏的葫芦丝	发明专利	CN201811514041.7	2019.03.08	枣庄学院	闫雨
	一种立式钢琴顶盖撑杆结构	发明专利	CN201811213970.4	2019.03.08	潍坊工程职业学院	潍坊工程职业学院

续表

类别	名称	专利类型	申请（专利）号	公开（公告）日	申请（专利权）人	发明（设计）人
乐器综合	一种用于弓弦乐器的电热式松香滴液装置	实用新型	CN201821282819.1	2019.03.08	皮开合皮洋	皮开合、皮洋
	一种电吹管及演奏方法	发明专利	CN201811636207.2	2019.03.08	东北大学	胡广兴、朱盼盼、王旗、朱雨莲
	一种乐器放置盒	发明专利	CN201910015162.5	2019.03.08	鹤壁职业技术学院	杨冯圆
	键盘装置及键盘乐器	发明专利	CN201510125997.8	2019.03.08	卡西欧计算机株式会社	谷口弘和
	钢琴凳	外观设计	CN201830525642.2	2019.03.08	成都度仓家具设计有限公司	黄珂
	一种敲击弦乐器的音乐多音符估计方法及系统	发明专利	CN201410325609.6	2019.03.12	中国科学院声学研究所；北京中科信利技术有限公司	周若华、万玉龙、颜永红、王宪亮
	一种电子鼓以及演奏系统	实用新型	CN201820258072.X	2019.03.12	北京罗兰盛世音乐教育科技有限公司	程建铜、毛文铭
	一种基于数字电路的电吹管及演奏方法	发明专利	CN201811636272.5	2019.03.12	东北大学	朱盼盼、王旗、朱雨莲、胡广兴、刘子硕、张廷锋、刘钊鹏
	一种吉他以及音乐系统	实用新型	CN201820329184.X	2019.03.12	北京罗兰盛世音乐教育科技有限公司	程建铜、毛文铭、安宁
	一种吉他以及音乐系统	实用新型	CN201820329182.0	2019.03.12	北京罗兰盛世音乐教育科技有限公司	程建铜、毛文铭、安宁
	一种可兼顾儿童使用的钢琴椅	发明专利	CN201811156647.8	2019.03.12	郑州幼儿师范高等专科学校	杨洁、杨靖
	一种敲击弦乐器的音乐多音符估计方法及系统	发明专利	CN201410325609.6	2019.03.12	中国科学院声学研究所；北京中科信利技术有限公司	周若华、万玉龙、颜永红、王宪亮
	一种吉他乐器聚氨酯漆的配方及其制造方法	发明专利	CN201811491326.3	2019.03.15	江苏沃格瑞特乐器制造有限公司	罗有航
	键盘装置	发明专利	CN201780044842.9	2019.03.15	雅马哈株式会社	小川贤人、市来俊介
	一种少齿差行星齿轮传动的琴弦微调机构	发明专利	CN201811427701.8	2019.03.15	河南科技大学	张明柱、王界中、许家俊、柴蓉、李光耀、黄思源、王步祯
	一种乐器挂钩	实用新型	CN201820913169.X	2019.03.15	昆明国御文化传播有限公司	金欣、展萍芳
	基于虚拟现实技术的打击乐器演奏模拟系统及力反馈装置	发明专利	CN201811346660.X	2019.03.19	天津城建大学	董春华、沈红彬

续表

类别	名称	专利类型	申请（专利）号	公开（公告）日	申请（专利权）人	发明（设计）人
乐器综合	一种改良式排箫及制作方法		CN201811097161.1	2019.03.19	平顶山学院	马利利、董理
	一种可变调管子	发明专利	CN201811129991.8	2019.03.19	赵新乐	赵新乐
	一种带支架的古筝扩音装置	实用新型	CN201820959922.9	2019.03.19	江苏工程职业技术学院	汪智强、魏佳
	一种基于增强现实的虚拟打击乐器训练系统	发明专利	CN201811646500.7	2019.03.19	深圳市掌网科技股份有限公司	汪智强、魏佳
	一种可变调管子	发明专利	CN201811129991.8	2019.03.19	赵新乐	赵新乐
	一种改良式排箫及制作方法	发明专利	CN201811097161.1	2019.03.19	平顶山学院	马利利、董理
	打击乐器用附件	发明专利	CN201310471168.6	2019.03.19	罗兰株式会社	森良彰
	踏板打击乐器	发明专利	CN201310177690.3	2019.03.19	罗兰株式会社	山根秀晓
	一种基于混合现实的钢琴训练系统及方法	实用新型	CN201811646185.8	2019.03.19	深圳市掌网科技股份有限公司	李炜、孙其民
	一种基于计算机视觉技术的辅助钢琴练习者指法检测方法	发明专利	CN201811357902.5	2019.03.19	深圳市象形字科技股份有限公司	邓宏平、陈波
	一种距离矫正钢琴凳	实用新型	CN201721457378.X	2019.03.19	鞍山师范学院	李京容
	一种松香盒	实用新型	CN201820988978.7	2019.03.22	蒲泉伶	蒲泉伶
	一种小提琴面板的加工方法	发明专利	CN201710396643.6	2019.03.22	武强金音教育发展股份有限公司	陈学孔
	一种钢琴辅助训练装置	发明专利	CN201811628375.7	2019.03.22	吕润琪	吕润琪
	一种胡琴乐器不饱和聚酯漆的配方及其制造方法	发明专利	CN201710854023.2	2019.03.26	闫斐斐	闫斐斐
	一种民族乐器琴弦螺旋芯	实用新型	CN201821323835.0	2019.03.26	广州市罗曼士乐器制造有限公司	郑晓明
	一种不含有机硅易消泡双簧管乐器硝基漆配方及方法	发明专利	CN201710854043.X	2019.03.26	闫斐斐	闫斐斐
	一种不含有机硅易消泡单簧管乐器聚氨酯漆配方及方法	发明专利	CN201710846686.X	2019.03.26	闫斐斐	闫斐斐
	转轮式数码乐器	实用新型	CN201821211728.9	2019.03.26	刘志刚	刘志刚
	一种胡琴乐器不饱和聚酯漆的配方及其制造方法	发明专利	CN201710854023.2	2019.03.26	闫斐斐	闫斐斐
	一种民族乐器琴弦螺旋芯	实用新型	CN201821323835.0	2019.03.26	广州市罗曼士乐器制造有限公司	郑晓明
	一种用于乐器箱包布料铺平的加工冲切装置	发明专利	CN201811414057.0	2019.03.26	林木惠	林木惠
	一种便于携带的电子伴奏钢琴	实用新型	CN201820973235.2	2019.03.26	黄淮学院	刘艳晴
	门式数码电子乐器	实用新型	CN201821211657.2	2019.03.26	刘志刚	刘志刚

续表

类别	名称	专利类型	申请（专利）号	公开（公告）日	申请（专利权）人	发明（设计）人
乐器综合	一种胡琴乐器聚氨酯漆的配方及其制造方法	发明专利	CN201710852482.7	2019.03.26	闫斐斐	闫斐斐
	一种易干胡琴乐器不饱和聚酯漆配方及制造方法	发明专利	CN201710852382.4	2019.03.26	闫斐斐	闫斐斐
	一种手套琴	发明专利	CN201610186029.2	2019.03.26	宿州学院	宋启祥、王超、陈国龙、王学峰、张益铭、潘正高、张万礼、董全德、姜飞
	一种用于音乐教学的音乐识谱板	实用新型	CN201820514929.X	2019.03.26	朱广艳	朱广艳、李广松
	一种可分拆民族大鼓	实用新型	CN201820798397.7	2019.03.29	彭旭	彭旭
	一种网状电子鼓	实用新型	CN201721726480.5	2019.03.29	音王电声股份有限公司	钟发志、杜宗辉
	一种乐器音色美化漆及其制作方法	发明专利	CN201811491192.5	2019.03.29	江苏沃格瑞特乐器制造有限公司	罗有航
	数模转换装置、电子乐器、信息处理装置及数模转换方法	发明专利	CN201811048881.9	2019.03.29	卡西欧计算机株式会社	坂田吾朗
	一种方便安装的架子鼓	实用新型	CN201821305305.3	2019.03.29	姚岚	姚岚
	一种乐器合成的培训方法及其装置	发明专利	CN201610910846.8	2019.03.29	楼益程	楼益程
	一种弦乐演奏系统	发明专利	CN201811543987.6	2019.03.29	王曦	王曦
	一种架子鼓支架	实用新型	CN201821305397.5	2019.03.29	姚岚	姚岚
	一种键盘乐器	发明专利	CN201811450939.2	2019.03.29	周建勋	周建勋
	一种精密乐器运输箱	实用新型	CN201821290731.4	2019.03.29	刘骐畅	刘骐畅
	一种钢琴演奏用可调节座椅	实用新型	CN201820068330.8	2019.03.29	长沙师范学院	唐鸣、颜微佳
	哑鼓	发明专利	CN201710887359.9	2019.04.02	天津市津宝乐器有限公司	李中华
	电子乐器、由电子乐器执行的方法及存储介质	发明专利	CN201811119549.7	2019.04.02	卡西欧计算机株式会社	佐藤博毅、川岛肇
	拾音器	实用新型	CN201821190934.6	2019.04.02	深圳发烧友乐器有限公司	黄坚
	一种便于矫正姿势的练习用8孔竖笛	实用新型	CN201821322224.4	2019.04.02	江苏东方乐器有限公司	孔文忠
	音阶转换装置、电子管乐器、音阶转换方法和存储介质	发明专利	CN201811119163.6	2019.04.02	卡西欧计算机株式会社	山本一人
	一种音乐器材展示架	实用新型	CN201721238519.9	2019.04.02	颜玉玲	颜玉玲

续表

类别	名称	专利类型	申请（专利）号	公开（公告）日	申请（专利权）人	发明（设计）人
乐器综合	音孔转接器以及管乐器	发明专利	CN201780044938.5	2019.04.02	雅马哈株式会社	中岛洋、末永雄一朗
	电子乐谱装置	发明专利	CN201780042415.7	2019.04.02	圭多音乐股份有限公司	野口不二夫
	电子乐器及控制方法	发明专利	CN201811114111.X	2019.04.02	卡西欧计算机株式会社	原田荣一、久野俊也
	电子乐器、电子乐器的乐音产生方法以及存储介质	发明专利	CN201811131167.6	2019.04.02	卡西欧计算机株式会社	岩濑广
	一种新型非固定音高排管乐器	实用新型	CN201820870206.3	2019.04.02	中国矿业大学	徐登峰
	电子乐器及电子乐器的控制方法	发明专利	CN201811123526.3	2019.04.02	卡西欧计算机株式会社	濑户口克
	电子乐器、电子乐器的控制方法及其存储介质	发明专利	CN201811103502.1	2019.04.02	卡西欧计算机株式会社	濑户口克
	键单元及键盘乐器	发明专利	CN201811114000.9	2019.04.02	卡西欧计算机株式会社	久野俊也、谷口弘和、西村雄一
	用于弦乐器的支承装置的适配器	发明专利	CN201680087876.1	2019.04.02	伊莎贝尔·莫莉娜	迈克尔·维纳
	电子键盘乐器和键盘发光方法	发明专利	CN201810800456.4	2019.04.02	卡西欧计算机株式会社	川田辽平
	一种琴谱支架	实用新型	CN201820539652.6	2019.04.02	广州珠江艾茉森数码乐器股份有限公司	卢毅明、刘春清
	一种音乐教学用可调节高度的钢琴座椅	实用新型	CN201820482727.1	2019.04.02	许雪连	许雪连、顾春平
	一种带有电子节拍器的钢琴凳	实用新型	CN201820061321.6	2019.04.02	商丘师范学院	张涛、张雪芳
	一种新型非固定音高排管乐器	实用新型	CN201820870206.3	2019.04.02	中国矿业大学	徐登峰
	一种基于混合现实的钢琴训练系统及方法	发明专利	CN201811641386.9	2019.04.02	深圳市掌网科技股份有限公司	孙其民、李炜
	一种用于打击乐器的敲击装置	实用新型	CN201820781492.6	2019.04.05	石谷	石谷
	一种新型打击乐器娱乐装置	实用新型	CN201821455207.8	2019.04.05	石谷	石谷
	一种人体工学口琴	实用新型	CN201821372664.0	2019.04.05	郑州工程技术学院	高飞、张学涛、张檀、赵晶晶、时伟、张战胜、郭亚楠、代卢凯、邵保险、龚志文、朱梦园、侯康平
	号嘴（乐器）	外观设计	CN201830221034.2	2019.04.05	东莞市乐翼乐器有限公司	林启强
	一种带静音功能的音频连接器	实用新型	CN201820963240.5	2019.04.05	音王电声股份有限公司	胡红卫、沈浩杰
	用于乐器的无线接收机	发明专利	CN201810817308.3	2019.04.05	嘉强电子股份有限公司	张洸照

续表

类别	名称	专利类型	申请（专利）号	公开（公告）日	申请（专利权）人	发明（设计）人
乐器综合	一种用于边棱音振动气鸣乐器仿天然竹材音色的复合材料及其制备方法	发明专利	CN201811457063.4	2019.04.05	广东威林工程塑料股份有限公司	陈龙藩、皮正亮、葛嘉宝
	用于乐器的无线接收机	发明专利	CN201810817055.X	2019.04.05	嘉强电子股份有限公司	张洸照
	一种弦乐器音响化的方法	发明专利	CN201710902673.X	2019.04.05	黄志平	黄志平
	一种乐器演奏自动翻谱装置	实用新型	CN201821378998.9	2019.04.05	雷红薇	雷红薇、雷鹏、武霄、郭晓雯、王达亮、赵璞
	一种新型打击乐器娱乐装置	实用新型	CN201821455207.8	2019.04.05	石谷	石谷
	低音六角二胡	实用新型	CN201820234892.5	2019.04.05	上海民族乐器一厂	张建平、周力
	一种用于打击乐器的敲击装置	实用新型	CN201820781492.6	2019.04.05	石谷	石谷
	一种人体工学连续可调的钢琴辅助练习装置	实用新型	CN201820661162.3	2019.04.05	戴阅涵	戴阅涵
	一种尺寸可调的钢琴移动用底座装置	实用新型	CN201821232825.6	2019.04.05	怀化学院	刘纯、金倬昊
	一种具有便于携带的钢琴手指训练器	实用新型	CN201821070478.1	2019.04.05	逄锦山	逄锦山、刘岚、王白璐、王妍
	乐器练习辅助器	发明专利	CN201910106775.X	2019.04.09	厦门大学嘉庚学院	李立
	通过钢琴实现乐器电子音源发音的方法、系统、介质及装置	发明专利	CN201811533197.X	2019.04.09	森兰信息科技（上海）有限公司	刘晓露
	一种吹奏乐器	实用新型	CN201821329429.5	2019.04.09	李丽娟	李丽娟
	一种电子键盘乐器的踏板装置	发明专利	CN201811556517.3	2019.04.09	深圳市蔚科电子科技开发有限公司	曾海、张坤
	乐器埙（永田十孔梨型）	外观设计	CN201830689328.8	2019.04.09	成都永田陶埙文化传播有限公司	余昌珊
	古典军鼓（合金压圈）	外观设计	CN201830691152.X	2019.04.12	天津市津宝乐器有限公司	吴定军、戴永才、裴晓虎
	古典军鼓（木压圈）	外观设计	CN201830691149.8	2019.04.12	天津市津宝乐器有限公司	吴定军、戴永才、裴晓虎
	在支点上具有壳体的钢琴类乐器、特别是钢琴	发明专利	CN201811339255.5	2019.04.12	席梅尔－管理公司	H·稀梅尔－弗格尔
	用于口琴的生产装置的装配机构	发明专利	CN201910025762.X	2019.04.12	江阴嘉德瑞乐器有限公司	顾唯晖、宋继虎、徐挺
	一种弦乐器及其断弦吸能装置	实用新型	CN201820703207.9	2019.04.12	梁志辉	梁志辉
	一种钢琴手指训练器	实用新型	CN201821387271.7	2019.04.12	陈冰洁	陈冰洁
	一种乐器专用不饱和双固化聚酯亮光黑面漆	发明专利	CN201510687959.1	2019.04.16	青岛展辰新材料有限公司	李文艳、朱强、刘志刚、钟荆祥

续表

类别	名称	专利类型	申请（专利）号	公开（公告）日	申请（专利权）人	发明（设计）人
乐器综合	一种自动调节谱架及调节方法	发明专利	CN201811379604.6	2019.04.16	赵浩博	赵浩博
	一种防止交叉感染的口琴	实用新型	CN201821330048.9	2019.04.16	江苏东方乐器有限公司	孔文忠
	一种用于弦乐器振动传感和放大系统的传导结构	实用新型	CN201820692590.2	2019.04.16	广州博创乐器有限公司	布莱德里·罗伊·克拉克
	键盘装置	发明专利	CN201780044725.2	2019.04.16	雅马哈株式会社	小川贤人
	一种乐器专用不饱和双固化聚酯亮光黑面漆	发明专利	CN201510687959.1	2019.04.16	青岛展辰新材料有限公司	李文艳、朱强、刘志刚、钟荆祥
	一种彩色区域钢琴键盘五线谱教学记忆方法	发明专利	CN201710929517.2	2019.04.16	钢琴之眼（天津）科技有限公司	李智斌
	散热器现场探测机构	发明专利	CN201811569344.9	2019.04.16	余姚市荣大塑业有限公司	袁美丽、傅斌、赵红敏
	电子打击乐器	发明专利	CN201780054253.9	2019.04.19	罗兰株式会社	高崎量、森良彰、盛田贤二、吉国典宏
	多功能平台式钢琴	发明专利	CN201811563107.1	2019.04.19	宁波迪比亿贸易有限公司	徐旭栋
	音板铁锈分析平台	发明专利	CN201811569393.2	2019.04.19	宁波迪比亿贸易有限公司	徐旭栋、叶红春、吴梦梦
	钢琴手指肌肉训练器	实用新型	CN201820032535.0	2019.04.19	陈建敏	陈建敏
	一种乐器辅助智能教学系统及其教学方法	发明专利	CN201910134812.8	2019.04.23	苏州缪斯谈谈科技有限公司	江超、张向东
	一种站立式钢琴弹奏教学辅助装置	发明专利	CN201710966151.6	2019.04.23	旺苍县张华镇中心小学校	朱红梅
	一种带节拍器的钢琴乐谱架	实用新型	CN201820586727.6	2019.04.26	西安音乐学院	海瑜、赵垒、金楠
	一种可折叠式口琴	实用新型	CN201821379152.7	2019.04.26	江苏东方乐器有限公司	孔文忠
	一种吉他以及音乐系统	实用新型	CN201820329300.8	2019.04.26	北京罗兰盛世音乐教育科技有限公司	程建铜、毛文铭、安宁
	一种基于增强现实的打击乐器体验系统	发明专利	CN201811646409.5	2019.04.30	深圳市掌网科技股份有限公司	孙其民、李炜
	敲击乐器（KLG-2）	外观设计	CN201830724224.6	2019.04.30	杨菲	陈文祥
	静音吉他练习器	实用新型	CN201820698541.X	2019.04.30	许国新	许国新
	一种人头瓶乐器及其制作方法	发明专利	CN201710981809.0	2019.04.30	祁家利	祁家利、王占云、王建云
	一种品丝和弹拨类乐器	实用新型	CN201820856035.9	2019.04.30	程建铜	程建铜

续表

类别	名称	专利类型	申请（专利）号	公开（公告）日	申请（专利权）人	发明（设计）人
乐器综合	一种管道乐器	实用新型	CN201821194599.7	2019.04.30	安徽莫比乌斯科普展览有限公司	杨健、胡勇启、徐飞、董亚军、鲍可学
	新型扬琴	发明专利	CN201910185482.5	2019.05.03	范清福	范清福
	键盘盖开闭装置以及键盘乐器	发明专利	CN201410809226.6	2019.05.03	卡西欧计算机株式会社	永妻成之
	一种乐器鼓零部件加工用测量装置	实用新型	CN201821392292.8	2019.05.03	天津市蓉宝金属制品有限公司	臧志玲
	木管乐器的键油添加器	实用新型	CN201821052284.9	2019.05.03	新昌县立诺智能科技有限公司	刘付轩、施文俊
	具有精准定位功能的防伪乐器	实用新型	CN201821867451.5	2019.05.03	于委	于委
	乐器辅助练习器	外观设计	CN201830751423.6	2019.05.10	东莞吉乐文化艺术有限公司	邹国武
	弹拨乐器	外观设计	CN201830508112.7	2019.05.10	艾合买提・肉孜	艾合买提・肉孜
	一种低音拓延的管弦共鸣乐器	实用新型	CN201821500673.3	2019.05.10	于君	于君
	磁力连接的可拆分便捷移动式钢琴键盘	实用新型	CN201821263455.2	2019.05.10	李梓豪	李梓豪
	电子键盘乐器	外观设计	CN201830578969.6	2019.05.14	得理电子（上海）有限公司	高超、张光中、张国稳
	乐器及其组装方法	发明专利	CN201611155120.4	2019.05.17	纽沃仪器（亚洲）有限责任公司	马克西米利安・斯潘塞・克利索尔德
	一种乐器手指练习器	实用新型	CN201821590592.7	2019.05.21	彭善霞	彭善霞
	用于智能钢琴的智能检测及反馈系统	发明专利	CN201680089881.6	2019.05.21	森兰信息科技（上海）有限公司	燕斌、刘晓露、严政俊
	一种音乐用电子琴的固定装置	发明专利	CN201910095985.3	2019.05.24	郑州工程技术学院	尚明利、杜亮、路慧湘、郭利红、刘振江
	一种力度演奏键盘	发明专利	CN201711186575.7	2019.05.24	初绍军	不公告发明人
	一种可变音色、声音清亮、无杂音的蒙古四胡	实用新型	CN201821673843.8	2019.05.24	哈达	哈达
	一种手形演奏键盘	发明专利	CN201711186574.2	2019.05.24	初绍军	不公告发明人
	一种弦乐器的调音装置及其调音方法	发明专利	CN201910152015.2	2019.05.24	商洛学院	丁洁
	一种打击乐器	发明专利	CN201910036717.4	2019.05.28	苏畅	苏畅
	箜篌和竖琴的变张力转调系统	发明专利	CN201711172221.7	2019.05.28	鲁璐	鲁璐、陶润
	电子乐器使用的效果赋予装置	发明专利	CN201580031213.3	2019.05.28	株式会社河合乐器制作所	松永郁、加藤威久也

续表

类别	名称	专利类型	申请（专利）号	公开（公告）日	申请（专利权）人	发明（设计）人
乐器综合	键盘乐器的白键	发明专利	CN201510650044.3	2019.05.31	雅马哈株式会社	山本信
	小高胡	实用新型	CN201821548543.7	2019.05.31	张华	张华
	二胡固音微调器	实用新型	CN201821642042.5	2019.05.31	赵桂荣；宫起人	赵桂荣、刘志刚、宫起人
	一种霸琴	实用新型	CN201821595318.9	2019.06.04	倪少波	倪少波
	一种基于陀螺仪技术的微型智能乐器	发明专利	CN201711209602.8	2019.06.04	蓝悦祯	不公告发明人
	一种电子乐器音乐和声确定方法及系统	发明专利	CN201910073474.1	2019.06.04	得理乐器（珠海）有限公司	谢奇彬、肖畅
	一种可振动提醒的微型电子乐器	发明专利	CN201711209600.9	2019.06.04	蓝悦祯	不公告发明人
	一种具备沙带调节功能的双层哑鼓	实用新型	CN201821395370.X	2019.06.07	漳州汉旗乐器有限公司	林天福
	乐器用板材及弦乐器	发明专利	CN201780065774.4	2019.06.07	雅马哈株式会社	松田亚寿美、宫田智矢、小林和幸
	一种提供大拇指压指训练的钢琴指力器	实用新型	CN201821175499.X	2019.06.07	贵州民族大学	朱莎、殷琪、唐德松、洪梅、侯艳龄、蔡昌庆、章晓丰、穆维平、谭莲英、胡娜娜
	一种钢琴练习用电子指力器	实用新型	CN201821176490.0	2019.06.07	贵州民族大学	朱莎、唐德松、管延庆、章晓丰、洪梅、侯艳龄、蔡昌庆、穆维平、谭莲英、胡娜娜
	弦乐器音腔辅音共振组件	发明专利	CN201910170857.0	2019.06.07	河南职业技术学院	胡娟、黄晶晶、祁姗姗
	弹性结构、乐器踏板、及电子钢琴	发明专利	CN201711225440.7	2019.06.07	森兰信息科技（上海）有限公司	滕杨裔、刘则、刘晓露、王昭阳
	信息处理装置、信息处理方法、存储介质以及电子乐器	发明专利	CN201811458736.8	2019.06.07	卡西欧计算机株式会社	加福滋、持永信之、涩谷敦、大塚利彦、井下淳、奥田广子、梅村高
	用于电子弦乐器的便携式扬声器系统	发明专利	CN201780047201.9	2019.06.07	佳姆斯塔克股份有限公司	C·J·普伦德加斯特 D·霍瓦特 B·奇林斯基

续表

类别	名称	专利类型	申请（专利）号	公开（公告）日	申请（专利权）人	发明（设计）人
乐器综合	一种键盘乐器换调用标识尺及包括该标识尺的键盘乐器	实用新型	CN201821530628.2	2019.06.11	晨曦	晨曦
	一种乐器的稳压过滤器	发明专利	CN201910243561.7	2019.06.11	深圳市威拓思音乐有限公司	胡小明
	一种乐器鼓加工用边角打磨装置	实用新型	CN201821378553.0	2019.06.14	天津市蓉宝金属制品有限公司	臧志玲
	打击乐器	发明专利	CN201780067147.4	2019.06.14	雅马哈株式会社	桥本隆二、永井教崇、安部万律
	多鼓琴	实用新型	CN201821475728.X	2019.06.14	滦南建国科技有限公司	李建国
	一种便于拆卸运输的乐鼓支架	实用新型	CN201821372330.3	2019.06.14	天津市蓉宝金属制品有限公司	臧志玲
	乐器（陶笛）	外观设计	CN201830488451.3	2019.06.14	钰丰乐器（福建）有限公司	陈志濬
	一种安装方便的乐器鼓鼓面	实用新型	CN201821373672.7	2019.06.14	天津市蓉宝金属制品有限公司	臧志玲
	调音器	发明专利	CN201780049101.X	2019.06.14	伊扎克·斯里基	伊扎克·斯里基
	一种方便安放乐谱的乐器鼓支架	实用新型	CN201821378419.0	2019.06.14	天津市蓉宝金属制品有限公司	臧志玲
	古筝琴类乐器音腔阻音量调节机构	发明专利	CN201910063370.2	2019.06.14	河南职业技术学院	胡娟、张庆果、杨晓秀
	打击乐器	发明专利	CN201780067147.4	2019.06.14	雅马哈株式会社	桥本隆二、永井教崇、安部万律
	改进的合成打击乐踏板和配接站	发明专利	CN201680090567.X	2019.06.14	智者股份有限公司	大卫·帕库茨
	一种乐器鼓加工用边角打磨装置	实用新型	CN201821378553.0	2019.06.14	天津市蓉宝金属制品有限公司	臧志玲
	一种便于调节的压圈	实用新型	CN201821373039.8	2019.06.14	天津市蓉宝金属制品有限公司	臧志玲
	一种结实耐用的乐器鼓	实用新型	CN201821401894.5	2019.06.14	天津市蓉宝金属制品有限公司	臧志玲
	一种乐器鼓零部件的加工工装	实用新型	CN201821378631.7	2019.06.14	天津市蓉宝金属制品有限公司	臧志玲
	一种使用效果好的乐鼓压圈	实用新型	CN201821391434.9	2019.06.14	天津市蓉宝金属制品有限公司	臧志玲
	一种多功能音乐器材支架	实用新型	CN201821768210.5	2019.06.14	长江师范学院	唐雪
	一种宽音域新竹笛	实用新型	CN201821465601.X	2019.06.14	付晏铭；蔡公勇	蔡公勇、付晏铭
	键盘乐器	发明专利	CN201780068436.6	2019.06.18	雅马哈株式会社	蛭间正浩

续表

类别	名称	专利类型	申请（专利）号	公开（公告）日	申请（专利权）人	发明（设计）人
乐器综合	一种吉他支架	发明专利	CN201711303705.0	2019.06.18	谢小燕	谢小燕
	一种网状电子鼓	发明专利	CN201711323965.4	2019.06.21	音王电声股份有限公司	钟发志、杜宗辉
	木管乐器用支持系统	发明专利	CN201480006709.0	2019.06.21	株式会社巽乐器	巽朗
	鼓踏板	发明专利	CN201780068110.3	2019.06.21	马修·盖尔	马修·盖尔
	一种可收纳的乐谱支架	实用新型	CN201821387979.2	2019.06.25	姚岚	姚岚
	一种用于钢琴演奏的琴谱固定及快速翻页装置	实用新型	CN201821417936.4	2019.06.25	长江大学	靳钦清、叶芳
	一种背带式乐器用的可调式带扣及其使用方法	发明专利	CN201910255483.2	2019.06.28	陈子昂	陈子昂
	一种乐器支撑用的交叉轴式支架及其使用方法	发明专利	CN201910283255.6	2019.06.28	朱苗苗	朱苗苗
	一种乐器	发明专利	CN201510698360.8	2019.06.28	施政	施政、潘峥争、王欣
	一种防摔的巴松	实用新型	CN201821897095.1	2019.06.28	天津华一乐器有限公司	郭俊明、李玉卯、王义起
	一种适用于四手联弹的钢琴琴凳	实用新型	CN201821177177.9	2019.06.28	贵州民族大学	朱莎、唐德松、管延庆、殷琪、管兵、穆维平、洪梅、蔡昌庆、章晓丰、谭莲英、胡娜娜
	一种架子鼓式打击乐器	发明专利	CN201711500243.1	2019.07.02	天津清音乐器有限公司	李存刚
	一种打击乐器	发明专利	CN201711500248.4	2019.07.02	天津清音乐器有限公司	李存刚
	一种鸟形吹奏乐器	发明专利	CN201711500229.1	2019.07.02	天津清音乐器有限公司	李存刚
	一种壶形吹奏乐器	发明专利	CN201711500228.7	2019.07.02	天津清音乐器有限公司	李存刚
	一种打击乐器	发明专利	CN201711500248.4	2019.07.02	天津清音乐器有限公司	李存刚
	一种呐子	实用新型	CN201821770197.7	2019.07.02	韩志强	韩志强
	一种电子乐器合奏系统	发明专利	CN201711500247.X	2019.07.02	天津清音乐器有限公司	李存刚
	一种多功能乐器	发明专利	CN201711500246.5	2019.07.02	天津清音乐器有限公司	李存刚
	一种手指力量训练设备	实用新型	CN201821867551.8	2019.07.02	黄倩倩	黄倩倩
	一种架子鼓式打击乐器	发明专利	CN201711500243.1	2019.07.02	天津清音乐器有限公司	李存刚
	一种胸前乐器助力背带	发明专利	CN201711500241.2	2019.07.02	天津清音乐器有限公司	李存刚
	一种可调节高度的乐器放置架	发明专利	CN201711500230.4	2019.07.02	天津清音乐器有限公司	李存刚
	一种易于使用的乐器拨片	发明专利	CN201711500242.7	2019.07.02	天津清音乐器有限公司	李存刚

续表

类别	名称	专利类型	申请（专利）号	公开（公告）日	申请（专利权）人	发明（设计）人
乐器综合	一种用于乐器加工的定位夹紧装置	发明专利	CN201711499725.X	2019.07.02	天津清音乐器有限公司	李存刚
	一种用于西洋乐器加工的雕刻机夹持机构	发明专利	CN201711500244.6	2019.07.02	天津清音乐器有限公司	李存刚
	一种儿童乐器	发明专利	CN201711500245.0	2019.07.02	天津清音乐器有限公司	李存刚
	音响设备以及电子乐器	发明专利	CN201811585265.7	2019.07.05	卡西欧计算机株式会社	大城淳
	一种可拆卸的洞箫用笛头	发明专利	CN201710657603.2	2019.07.05	余婉红	吴俊
	盖开闭装置及键盘乐器	发明专利	CN201811581766.8	2019.07.05	卡西欧计算机株式会社	今村尚人、川田辽平
	压电元件及乐器	发明专利	CN201780070699.0	2019.07.05	优泊公司；雅马哈株式会社	小池弘、菅俣祐太郎、饭田诚一郎、樋山邦夫、佐佐木优、儿玉秀和
	有源电子板二胡琴头	发明专利	CN201910352020.8	2019.07.05	李凤明	不公告发明人
	具有高模量纤维绕线的乐器弦	发明专利	CN201510120875.X	2019.07.09	达达里奥有限公司	陶凡嘉
	一种古筝	实用新型	CN201821536317.7	2019.07.09	广州羽角乐器有限公司	吕春麒、潘海伟
	一种用于修理民族传统乐器笙的电动磨律机	实用新型	CN201821999332.5	2019.07.09	江西水利职业学院（江西省水利水电学校、江西省灌溉排水发展中心、江西省水利工程技师学院）	龙咏
	键盘乐器及方法	发明专利	CN201811590551.2	2019.07.09	卡西欧计算机株式会社	段城真
	固定器以及弦乐器	实用新型	CN201821502277.4	2019.07.12	金丘科技（深圳）有限公司	杨文淼
	一种管弦乐器清洗器	实用新型	CN201821388011.1	2019.07.12	姚岚	姚岚
	虚拟乐器演奏功能的手套	实用新型	CN201821770011.8	2019.07.12	金陵科技学院	丁世楠、匡才远
	一种底鼓放声系统	发明专利	CN201910372930.2	2019.07.12	上海华新乐器有限公司	林伯龙
	一种组合乐器合成器	实用新型	CN201821759505.6	2019.07.12	冯建堂	冯建堂
	一种自动调节的乐谱架	实用新型	CN201821374130.1	2019.07.12	姚岚	姚岚
	一种具有照明功能的笛子	发明专利	CN201610593771.5	2019.07.12	余婉红	沈宇杰
	古筝用品存放盒	实用新型	CN201821880321.5	2019.07.12	大庆师范学院	朴力、张浩、佟桂影
	踩镲位移检测部件、装置及电子打击乐器	实用新型	CN201821648565.0	2019.07.12	得理电子（上海）有限公司；得理乐器（珠海）有限公司	张继波、陆克明、李兴伟、张国稳、葛兴华
	回路及乐器	发明专利	CN201780063351.9	2019.07.16	雅马哈株式会社	石井润

续表

类别	名称	专利类型	申请（专利）号	公开（公告）日	申请（专利权）人	发明（设计）人
乐器综合	一种弦鸣乐器智能调律装置	实用新型	CN201821841399.6	2019.07.16	西北民族大学	马希刚
	一种电子打击乐器的鼓盘鼓面结构	发明专利	CN201910182560.6	2019.07.16	宁波座头鲸文化科技有限公司	王富国、苏定波
	一种乐器支架	发明专利	CN201910295725.0	2019.07.16	佛山安炜达金属制品有限公司	冯健恒
	一种管弦乐器清理器	实用新型	CN201821655829.5	2019.07.16	江苏旅游职业学院	秦中亚
	操作状态检测装置、操作状态检测用片以及电子乐器	发明专利	CN201811547175.9	2019.07.16	卡西欧计算机株式会社	儿玉雅彦、宗田天志、田锅浩之
	一种乐器演奏支撑架	实用新型	CN201821655830.8	2019.07.16	江苏旅游职业学院	秦中亚
	一种可调型乐器支架	实用新型	CN201821897788.0	2019.07.16	南阳理工学院	王慧忠
	一种具有点位检测功能的电子打击乐器	发明专利	CN201910182559.3	2019.07.16	宁波座头鲸文化科技有限公司	王富国、张建杰、王志江、高琪文、苏定波
	钹式打击乐器的安装装置	发明专利	CN201610041410.X	2019.07.19	雅马哈株式会社	田那边惠美
	一种硅胶乐器鼓皮结构	实用新型	CN201821760798.X	2019.07.19	东莞市精盛橡塑有限公司	张仪
	可提升音质的乐器拾音器组合安装结构	实用新型	CN201822144491.3	2019.07.19	漳州市润德电子工贸有限公司	王哲宏
	一种用于钢琴练习的手腕姿势矫正装置	实用新型	CN201821176488.3	2019.07.19	贵州民族大学	朱莎、唐德松、洪梅、穆维平、章晓丰、蔡昌庆、殷琪、谭莲英、胡娜娜
	一种笛箫	发明专利	CN201910399657.2	2019.07.19	张成平	张成平
	一种乐器及其制作方法	发明专利	CN201811541914.3	2019.07.19	纽沃仪器（亚洲）有限责任公司	马克西米利安·斯潘塞·克利索尔德
	用于电子乐器的操作器装置	发明专利	CN201610848920.8	2019.07.19	雅马哈株式会社	吉村美智子、大须贺一郎、播本宽
	钹式打击乐器的安装装置	发明专利	CN201610041410.X	2019.07.19	雅马哈株式会社	田那边惠美
	传感器单元及乐器	发明专利	CN201811300587.2	2019.07.19	雅马哈株式会社	金子政人
	一种硅胶乐器鼓皮结构	实用新型	CN201821760798.X	2019.07.19	东莞市精盛橡塑有限公司	张仪
	折叠式乐器清洁刷	实用新型	CN201821895589.6	2019.07.19	曲靖师范学院	田向弘、孙海铭
	堂鼓演奏辅助装置	发明专利	CN201910256301.3	2019.07.19	济宁职业技术学院	马祯
	用于古筝乐器上面的话筒架	实用新型	CN201821895580.5	2019.07.19	曲靖师范学院	田向弘、孙海铭

续表

类别	名称	专利类型	申请（专利）号	公开（公告）日	申请（专利权）人	发明（设计）人
乐器综合	一种带吉他架的谱架	实用新型	CN201821056301.6	2019.07.19	鄢仁锋	鄢仁锋
	一种萨克斯风支撑装置	实用新型	CN201821686369.2	2019.07.23	高如昆	高如昆
	具有支撑部件的乐器架，特别是多头－吉他架	发明专利	CN201810064202.0	2019.07.23	汉斯－彼得・威尔弗	R・施密特 K・拉克纳
	乐器监测设备	外观设计	CN201830277931.5	2019.07.23	北京乐界乐科技有限公司	倪卫娟、夏威、高楷荀
	琴弦乐器提示器	外观设计	CN201830716999.9	2019.07.23	深圳悦泛科技有限公司	何华敏、费德里科・爱德华多・罗德里格斯
	一种便于调节的新式防滑古琴桌	实用新型	CN201820703773.X	2019.07.23	南昌师范学院	周玮
	乐器架	外观设计	CN201830712765.7	2019.07.23	乐盟国际股份有限公司	蔡雨婷
	一种新型乐器	实用新型	CN201821684772.1	2019.07.26	王学炜	王学炜
	吹管类乐器口型矫正观察镜	实用新型	CN201821706218.9	2019.07.26	乔成林	乔成林
	一种智能吉他外置提示装置	实用新型	CN201822078049.5	2019.07.26	深圳悦泛科技有限公司	何华敏、费德里科・爱德华多・罗德里格斯
	一种品丝、带有品丝的指板及弦乐器	实用新型	CN201821804511.9	2019.07.26	深圳视感文化科技有限公司	叶俊达、林龙
	乐器支架	外观设计	CN201930188819.9	2019.07.26	海南师范大学	李娅、李修来
	乐器箱	外观设计	CN201930188816.5	2019.07.26	海南师范大学	李娅、李修来
	乐器拾音器	外观设计	CN201930188808.0	2019.07.26	海南师范大学	李娅、李修来
	一种方便调节防止反光的乐谱架	实用新型	CN201821416763.4	2019.07.26	江苏东方乐器有限公司	孔文忠
	便携式架子鼓	发明专利	CN201910064735.3	2019.07.30	鼓工场有限公司	理查德・A・西克拉
	直接驱动打击乐器踏板系统	发明专利	CN201910066104.5	2019.07.30	鼓工场有限公司	理查德・A・西克拉
	一种全音阶口琴的辅助可控式外壳及包含其的全音阶口琴	实用新型	CN201821642717.6	2019.07.30	郑州工程技术学院	高飞、张学涛、时伟、代卢凯、张战胜、郭亚楠、龚志文、臧景义、胡涛、邵保险、侯康平
	一种可调节乐谱放置架	实用新型	CN201821632935.1	2019.07.30	咸阳师范学院	张楠
	调整件及应用其的音柱	实用新型	CN201821709555.3	2019.07.30	大钟好提琴顾问有限公司	钟璨鸿
	摆放乐器架	实用新型	CN201821915257.X	2019.07.30	盛杰	盛杰

续表

类别	名称	专利类型	申请（专利）号	公开（公告）日	申请（专利权）人	发明（设计）人
乐器综合	胡琴上香器	实用新型	CN201821643319.6	2019.07.30	边国光	边国光
	军鼓	外观设计	CN201930065505.X	2019.08.02	福建省优必胜电子科技发展有限公司	黄书林
	一种琴码和弹拨类乐器	实用新型	CN201821502300.X	2019.08.02	程建铜	程建铜、毛文铭、安宁、谢金光、王帅利
	一种多级变调脚踏	实用新型	CN201822070185.X	2019.08.02	成都新海星文化传播有限公司	何岳峰、杨熙、陈漫丹
	两段碗的唢呐	实用新型	CN201822005111.8	2019.08.02	从洋	从洋
	键盘单元	发明专利	CN201610080102.8	2019.08.02	雅马哈株式会社	大须贺一郎、吉村美智子
	一种多级变调脚踏	实用新型	CN201822070185.X	2019.08.02	成都新海星文化传播有限公司	何岳峰、杨熙、陈漫丹
	一种应用于弹拨乐器的变调脚踏	实用新型	CN201822067610.X	2019.08.02	成都新海星文化传播有限公司	何岳峰、杨熙、陈漫丹
	一种新型古琴	实用新型	CN201821579138.1	2019.08.06	王天仪	王天仪
	一种尤克里里拉弦板	实用新型	CN201821968777.7	2019.08.06	星海音乐学院	黄凯思、姚欣
	一种管型乐器演奏装置	发明专利	CN201910403531.8	2019.08.06	河南科技学院	樊一帆、鲜锐、王晓梦
	乐音控制装置、乐音控制方法及电子乐器	发明专利	CN201510607702.0	2019.08.06	卡西欧计算机株式会社	岩濑广
	一种端面呈拱桥型可调仿生皮民族低音乐器	实用新型	CN201822017733.2	2019.08.06	刘正辉	刘正辉
	一种胡琴便携式承载支架	实用新型	CN201822082851.1	2019.08.06	西南民族大学	吴丹
	一种具有敲打音效与甩动乐器音效的蓝牙音箱	发明专利	CN201910451653.4	2019.08.06	东莞市金文华数码科技有限公司	高小军、谢德成
	一种架子鼓	实用新型	CN201821837608.X	2019.08.09	罗应星	罗应星
	可拉伸谱架	发明专利	CN201910369237.X	2019.08.09	上海市格致中学	张佶蕾
	一种能够调整力度的便携式乐器指力练习装置	发明专利	CN201910281102.8	2019.08.09	长沙师范学院	唐鸣
	一种弱音器夹子	实用新型	CN201821830764.3	2019.08.09	广州微奇电子科技有限公司	何子周
	葫芦丝主音管接头组件	发明专利	CN201910483305.5	2019.08.13	李凯	李凯

续表

类别	名称	专利类型	申请（专利）号	公开（公告）日	申请（专利权）人	发明（设计）人
乐器综合	一种触控鼓棒	实用新型	CN201822119032.X	2019.08.13	浙江格莱姆乐器有限公司	杜凌云
	一种自带放音设备的电声乐器	发明专利	CN201910430838.7	2019.08.13	武汉艾立卡电子有限公司	庄严、吴迪、吴东亮、徐勇利
	乐器调音器	外观设计	CN201930093411.3	2019.08.16	达达里奥有限公司	詹姆斯·达达里奥、理查德·内德·施泰因贝格尔、扎卡里·斯特林厄姆、安杰伊·J·克罗尔
	乐器声响放大装置	发明专利	CN201910513940.3	2019.08.16	吕云馨	吕云馨
	一种弦乐器的弦连接结构	实用新型	CN201821897875.6	2019.08.16	八和弦科技（深圳）有限公司	占群伟
	一种弦乐器调音系统	实用新型	CN201821896469.8	2019.08.16	八和弦科技（深圳）有限公司	占群伟
	古筝支撑桌	发明专利	CN201910256240.0	2019.08.16	济宁职业技术学院	马祯
	用于支撑音乐器材的设备	发明专利	CN201780081289.6	2019.08.16	谢尔登·拉文艾维	谢尔登·拉文艾维
	一种电子乐谱架	实用新型	CN201821714368.4	2019.08.16	绍兴市上虞东虞塑料电器有限公司	蒋建谷
	一种弦乐器的闷音结构	实用新型	CN201821905702.4	2019.08.16	八和弦科技（深圳）有限公司	占群伟
	防摔型表演用大提琴固定架	实用新型	CN201821279009.0	2019.08.16	烟台职业学院	刘思文
	一种折叠式乐谱架	实用新型	CN201821715426.5	2019.08.16	绍兴市上虞东虞塑料电器有限公司	蒋建谷
	一种弦乐器的弦连接结构	实用新型	CN201821897875.6	2019.08.16	八和弦科技（深圳）有限公司	占群伟
	乐器音箱	外观设计	CN201930125891.7	2019.08.20	深圳市伊诺乐器有限公司	许伟庭
	一种钢琴缓降器的自动装配机构	发明专利	CN201910612271.5	2019.08.20	李桂青	李桂青
	一种便于组合拆装的乐器架	实用新型	CN201821523918.4	2019.08.20	咸阳师范学院	崔兵
	一种高度可调节的乐器支架	实用新型	CN201821532428.0	2019.08.20	咸阳师范学院	刘琰
	一种可伴音切换卡洪鼓	发明专利	CN201910371742.8	2019.08.23	日照职业技术学院	周薇、韩朔
	原声弦乐器、其制造方法以及其修理方法	发明专利	CN201780083338.X	2019.08.23	雅马哈株式会社	曾我一树、山崎稔久、山内义朗、松岛朗生、中谷宏

续表

类别	名称	专利类型	申请（专利）号	公开（公告）日	申请（专利权）人	发明（设计）人
乐器综合	一种便携式琴谱架	实用新型	CN201822084108.X	2019.08.23	陈柏行	陈柏行、吕舫
	一种适用于竖吹乐器的通用吹嘴	实用新型	CN201822034758.3	2019.08.23	王太平	王太平
	一种用于电子键盘乐器的音槌装置	发明专利	CN201711309383.0	2019.08.23	韦容	韦容
	弦乐器用板材、原声弦乐器以及弦乐器用板材的制造方法	发明专利	CN201780082180.4	2019.08.23	雅马哈株式会社	曾我一树、山崎稔久、中谷宏、宫泽宪一
	一种钢琴乐谱自动翻页装置	实用新型	CN201821757094.7	2019.08.23	福建珠江埃诺教育管理有限公司	郑小海、段康伟、袁福德
	电钢琴及其琴键的安装结构	发明专利	CN201910412574.2	2019.08.23	杭州爱尔科乐器有限公司	蒋峰、肖华、彭广根
	一种单人演奏组合乐器	实用新型	CN201920014627.0	2019.08.27	曹军	曹军
	一种少齿差行星齿轮传动的琴弦微调机构	实用新型	CN201821965315.X	2019.08.27	河南科技大学	王界中、张明柱、许家俊、柴蓉、李光耀、黄思源、王步祯
	一种单柱台大鼓	发明专利	CN201910492819.7	2019.08.30	信缘利众重庆实业有限公司	刘信华
	电子打击乐器	发明专利	CN201910125387.6	2019.09.03	罗兰株式会社	吉野澄
	一种便于调节音调的萨克斯	实用新型	CN201822224668.0	2019.09.03	天津圣迪乐器有限公司	王玉春
	一种吉他的二次共鸣装置	实用新型	CN201821865484.6	2019.09.03	张敬阳	张敬阳
	键盘装置及键盘乐器	发明专利	CN201510125866.X	2019.09.03	卡西欧计算机株式会社	星野晓久、谷口弘和
	电子打击乐器	发明专利	CN201910125387.6	2019.09.03	罗兰株式会社	吉野澄
	用于电子键盘乐器的键盘装置以及用于电子键盘乐器的释放传递构件的安装结构	发明专利	CN201610276318.1	2019.09.03	株式会社河合乐器制作所	石田秀行
	一种侧吹式超低音葫芦丝	发明专利	CN201910497078.1	2019.09.06	云南丝乐吟艺术文化传播有限公司	陈兴彪、杨环宇
	一种弹拨乐器用品线	发明专利	CN201910310151.X	2019.09.06	广州市罗曼士乐器制造有限公司	郑晓明
	一种乐器的辅助练习器	实用新型	CN201822173971.2	2019.09.06	东莞吉乐文化艺术有限公司	邹国武
	一种短笛	实用新型	CN201920010740.1	2019.09.10	万强	万强
	一种可以避免汗水接触面板的吹气式的吉他臂托	发明专利	CN201910424388.0	2019.09.10	王凤娟	王凤娟
	一种电子弦乐器	实用新型	CN201821968823.3	2019.09.10	李志枫	李志枫

续表

类别	名称	专利类型	申请（专利）号	公开（公告）日	申请（专利权）人	发明（设计）人
乐器综合	一种具有拾音功能的琴桥	发明专利	CN201910307405.2	2019.09.10	惠阳倍铃乐器配件有限公司	鲁大现
	弹拨乐器（乃吾塔尔）	外观设计	CN201830508170.X	2019.09.10	艾合买提·肉孜	艾合买提·肉孜
	一种自动调音拍子器	实用新型	CN201920074046.6	2019.09.10	澳门培正中学	梁颖怡
	键盘单元	发明专利	CN201610076835.4	2019.09.10	雅马哈株式会社	大须贺一郎、吉村美智子
	D/A 转换设备、方法、存储介质、电子乐器和信息处理装置	发明专利	CN201880007051.3	2019.09.13	卡西欧计算机株式会社	坂田吾朗
	能快速更换破损笛膜的笛子	发明专利	CN201711117903.8	2019.09.13	吴红平	吴红平
	笛子及其工作方法	发明专利	CN201711117900.4	2019.09.13	吴红平	吴红平
	一种萨克斯弱音背包	发明专利	CN201910672535.6	2019.09.13	唐熙来	唐熙来
	一种组合式架子鼓	实用新型	CN201920121361.X	2019.09.17	王光锋	王光锋
	一种古筝演奏用便于折叠携带的支撑架	实用新型	CN201821820449.2	2019.09.17	李雪梅	李雪梅
	一种音乐风格的转换方法、装置及终端设备	发明专利	CN201910385803.6	2019.09.17	平安科技（深圳）有限公司	梅亚琦、刘奡智、王健宗
	一种乐器金属件抛光装置	实用新型	CN201920010925.2	2019.09.17	天津华一乐器有限公司	王义起、李玉卯、郭俊明
	一种四腿可折叠电子鼓架	发明专利	CN201910614247.5	2019.09.20	音王电声股份有限公司	钟发志、杜宗辉、张龙广
	一种桐鼓	实用新型	CN201821695253.5	2019.09.20	惠州市壁虎文化传播有限公司	赵进荣
	一种竹制吹奏乐器埙的制作方法	发明专利	CN201410395473.6	2019.09.20	唐昭荣	唐昭荣
	用于夹紧到弦乐器的颈部的变调夹	实用新型	CN201821763955.2	2019.09.20	达达里奥有限公司	理查德·内德·施泰因贝格尔
	一种乐器用防啸叫的自带前级连接线	实用新型	CN201920300510.9	2019.09.20	惠州市天音乐器有限公司	张又文
	一种竹制吹奏乐器埙的制作方法	发明专利	CN201410395473.6	2019.09.20	唐昭荣	唐昭荣
	一种桐鼓	实用新型	CN201821695253.5	2019.09.20	惠州市壁虎文化传播有限公司	赵进荣
	一种吉他防摔放置架	实用新型	CN201821982693.9	2019.09.24	杨莉升	杨莉升
	一种多功能民族乐器手法、指法训练装置	实用新型	CN201821852383.5	2019.09.24	舒香阁	舒香阁
	具有使得能够调音的敏感触键的电子乐器键盘和电子乐器	实用新型	CN201821474566.8	2019.09.24	阿图利亚公司	托马斯·奥贝尔、布鲁诺·皮耶、莱昂内尔·费拉古特

续表

类别	名称	专利类型	申请（专利）号	公开（公告）日	申请（专利权）人	发明（设计）人
乐器综合	用于弦乐器的轻质主体结构	发明专利	CN201910197567.5	2019.09.24	芬德乐器公司	T.P. 肖 J.D. 赫斯特
	乐器用拾音器及乐器	发明专利	CN201910145541.6	2019.09.24	雅马哈株式会社	安部万律、山越哲也
	一种钢琴缓降器的自动组装线	发明专利	CN201910611955.3	2019.09.24	李桂青	李桂青
	乐器音阶检测装置、检测方法及记录媒介	发明专利	CN201810993438.2	2019.09.24	才美智有限公司	全大荣、金延洙、金熿旼、吴京锡
	铜管乐器指环	实用新型	CN201920001400.2	2019.09.24	河北正欧实业有限公司	李光民、李恒
	一种军鼓用可调式连接装置	实用新型	CN201822082753.8	2019.09.27	天津达姆特乐器有限公司	杜承柱
	一种可调音色的变音军鼓鼓腔结构	实用新型	CN201822082767.X	2019.09.27	天津达姆特乐器有限公司	杜承柱
	一种双节管黑管	实用新型	CN201920076585.3	2019.09.27	天津华一乐器有限公司	李玉卯、王义起、郭俊明
	一种 MIDI 键盘	实用新型	CN201822244670.4	2019.09.27	东莞市美派电子科技有限公司	叶玉照
	一种铰链机构及具有该铰链机构的键盘乐器	发明专利	CN201910675116.8	2019.09.27	得理乐器（珠海）有限公司	傅杰明
	共振系统和包括共振系统的弦乐器	发明专利	CN201910210826.3	2019.09.27	芬德乐器有限公司	蒂莫西·P·肖、约书亚·D·赫斯特、布莱恩·C·斯沃德佛格尔
	一种吉他弦乐器碳纤维卷弦调音设备	实用新型	CN201920053723.6	2019.09.27	王军	王军
	用于电子乐器的键盘设备	发明专利	CN201410503368.X	2019.09.27	雅马哈株式会社	大须贺一郎、播本宽
	一种踏板控制器	实用新型	CN201822244756.7	2019.09.27	东莞市美派电子科技有限公司	叶玉照
	一种阮类乐器练习器	实用新型	CN201920180556.1	2019.09.27	宋从勇	申婷、宋从勇
	一种乐器的稳压过滤器	实用新型	CN201920412028.4	2019.09.27	深圳市威拓思音乐有限公司	胡小明
	一种复古雅埙	实用新型	CN201821721306.6	2019.09.27	崔涛	崔涛
	一种可折叠的 MIDI 键盘	实用新型	CN201822181324.6	2019.09.27	东莞市美派电子科技有限公司	叶玉照
	键盘口琴	发明专利	CN201880011613.1	2019.09.27	雅马哈株式会社	野口佳孝
	便携式乐器底座	发明专利	CN201910715857.4	2019.10.01	赵广运	赵广运

续表

类别	名称	专利类型	申请（专利）号	公开（公告）日	申请（专利权）人	发明（设计）人
乐器综合	一种便携式电木鼓	实用新型	CN201821652593.X	2019.10.01	广州博创乐器有限公司	布莱德里·罗伊·克拉克
	共鸣音发生装置、共鸣音发生方法以及电子乐器	发明专利	CN201610169137.9	2019.10.01	卡西欧计算机株式会社	伊藤直明
	电子乐器、方法、存储介质	发明专利	CN201910195901.3	2019.10.01	卡西欧计算机株式会社	佐藤博毅、川岛肇
	一种升降琴凳	实用新型	CN201822269949.8	2019.10.01	李品应	李品应
	一种用于乐谱架的支腿座	实用新型	CN201821717489.4	2019.10.01	绍兴市上虞东虞塑料电器有限公司	蒋建谷
	一种具有踏板设备的打击鼓	发明专利	CN201810219972.8	2019.10.01	王小华	王小华
	一种制音踏板	发明专利	CN201810219968.1	2019.10.01	王小华	王小华
	一种便于安装使用的音准器	实用新型	CN201920076021.X	2019.10.01	熊晶	熊晶
	电子乐器、电子乐器课程处理方法	发明专利	CN201910212229.4	2019.10.01	卡西欧计算机株式会社	石冈雪奈
	弦乐器的机身及弦乐器	发明专利	CN201910197468.7	2019.10.08	雅马哈株式会社	石坂健太
	一种四角羊头琴	实用新型	CN201821869278.2	2019.10.08	白文华	白文华、代国礼、朱学良
	一种乐器演奏用松香涂抹器	实用新型	CN201822056323.9	2019.10.08	房娜	房娜
	一种琵琶练习用辅助支架	实用新型	CN201920087989.2	2019.10.08	西北民族大学	王洁
	弦乐器的机身及弦乐器	发明专利	CN201910197468.7	2019.10.08	雅马哈株式会社	石坂健太
	一种长笛按键的加工工艺	实用新型	CN201910553868.7	2019.10.08	天津汇罡科技发展有限公司	张志栋
	一种管状按孔乐器音阶标识块结构	实用新型	CN201920102934.4	2019.10.08	刘永红	刘永红
	用于键盘乐器的键盘装置	发明专利	CN201410501235.9	2019.10.08	株式会社河合乐器制作所	铃木昭裕
	一种乐器零件组装装配线	实用新型	CN201920010958.7	2019.10.08	天津华一乐器有限公司	王义起、郭俊明、李玉卯
	一种贴片拾音器	实用新型	CN201821956676.8	2019.10.08	汪全坤	汪全坤
	电子乐器、演奏信息存储方法以及存储介质	发明专利	CN201910224296.8	2019.10.11	卡西欧计算机株式会社	小西友美
	多挂靠折叠式乐器挂架	实用新型	CN201822018756.5	2019.10.11	威海光威复合材料股份有限公司	张俊强、殷飞、李光友、杨佳成
	自动演奏机械装置及敲击乐器自动演奏系统	发明专利	CN201510756965.8	2019.10.11	清华大学	施炯明、王子宁、于强、李天奇、曹家铭、张泽、宝鑫、郑钢铁
	电子乐器、电子乐器的控制方法以及存储介质	发明专利	CN201910213042.6	2019.10.11	卡西欧计算机株式会社	小西友美

续表

类别	名称	专利类型	申请（专利）号	公开（公告）日	申请（专利权）人	发明（设计）人
乐器综合	触摸检测装置、电子乐器以及方法	发明专利	CN201510486809.4	2019.10.11	卡西欧计算机株式会社	池田晃
	一种双排键电子管风琴用乐谱支撑装置	实用新型	CN201822266511.4	2019.10.11	吉林师范大学	张宇
	拾音设备及其夹持装置	实用新型	CN201920565632.0	2019.10.11	嘉强电子股份有限公司	张洸照
	用于声学换能器的安装结构和乐器	发明专利	CN201510463486.7	2019.10.11	雅马哈株式会社	村上浩之、松尾祥也
	吉他调音系统	发明专利	CN201810268442.2	2019.10.11	葛靖轩	葛靖轩
	一种真实气动弹拨弦乐器的机构	实用新型	CN201822158392.0	2019.10.15	武汉普道蓝图创意工程股份有限公司	柯锋、方楚强
	一种加弦三弦	发明专利	CN201910741515.X	2019.10.15	赵钰宁	赵钰宁、赵果庆
	一种原声乐器音效增强系统	发明专利	CN201910513543.6	2019.10.15	莫双林	莫双林
	一种复合式仿真竹乐器管	实用新型	CN201821788159.4	2019.10.18	陈绍勋	陈绍勋
	吸附式乐器拾音器	外观设计	CN201930123697.5	2019.10.18	舒帮献	舒帮献
	一种吉他电动演奏装置及其电路	发明专利	CN201611186617.2	2019.10.18	安徽理工大学	耿显亚、赵红锦、方贤文、褚静
	原声架子鼓以及包括这种原声架子鼓的乐器总成	发明专利	CN201580016879.1	2019.10.18	萨瓦列斯	达里奥·皮内利
	一种打击乐器基本功练习器	发明专利	CN201910711203.4	2019.10.18	王洪	王洪
	一种古筝演奏放置架	实用新型	CN201822132593.3	2019.10.18	许昌学院	赵艳君
	一种乐器拔孔流水线	实用新型	CN201920189423.0	2019.10.18	天津奥维斯乐器有限公司	张国民
	一种乐器调音器的拉杆导向结构	实用新型	CN201822271644.0	2019.10.22	成都新海星文化传播有限公司	何岳峰、杨熙、陈漫丹
	一种弹拨乐器中调音结构使用的转轴	实用新型	CN201822272699.3	2019.10.22	成都新海星文化传播有限公司	何岳峰、杨熙、陈漫丹
	用于键盘乐器的锤装置	发明专利	CN201410599704.5	2019.10.22	株式会社河合乐器制作所	铃木昭裕
	乐器支架	外观设计	CN201930104793.5	2019.10.22	扬州半桐文化发展有限公司	黄龙、苗红、徐艳、盛金安
	一种有弦乐器自动调音装置	发明专利	CN201910758133.8	2019.10.22	新昌次长电子科技有限公司	朱晓凤
	一种低音提琴的调弦装置	实用新型	CN201822013816.4	2019.10.22	大连大学	郭松
	新型环保乐器及其制备方法	发明专利	CN201910583429.0	2019.10.22	龙口金鸣乐器有限公司	李廷东
	一种低音提琴用加湿装置	实用新型	CN201822055633.9	2019.10.25	长沙师范学院	马鑫

续表

类别	名称	专利类型	申请（专利）号	公开（公告）日	申请（专利权）人	发明（设计）人
乐器综合	一种具有弹奏力度调整功能的钢琴琴键	发明专利	CN201910761571.X	2019.10.25	淄博师范高等专科学校	杨小丽
	一种弦乐乐器的琴弦制作方法及其制作设备	发明专利	CN201910663349.6	2019.10.25	嘉兴贵复贸易有限公司	李爱国
	一种用于乐器的便携式支撑架	实用新型	CN201822048087.6	2019.10.25	江苏沃格瑞特乐器制造有限公司	罗有航
	用于对弦乐器进行加振的装置	发明专利	CN201480032751.X	2019.10.25	小林功儿小林正儿	小林功儿
	电子乐器、电子乐器的控制方法以及存储介质	发明专利	CN201910302710.2	2019.10.29	卡西欧计算机株式会社	段城真、太田文章、濑户口克、中村厚士
	电子乐器、电子乐器的控制方法以及存储介质	发明专利	CN201910302640.0	2019.10.29	卡西欧计算机株式会社	中村厚士、濑户口克、段城真、太田文章
	一种推盖电钢琴	实用新型	CN201822181323.1	2019.10.29	东莞市美派电子科技有限公司	叶玉照
	一种电子打击乐器的工作方法	发明专利	CN201610317076.6	2019.10.29	成都云创新科技有限公司	刘德文、阮广璇、陈洪波
	一种乐器零件密度加工机床	实用新型	CN201920023444.5	2019.10.29	天津华一乐器有限公司	郭俊明、李玉卯、王义起
	钢琴琴箱恒湿系统	实用新型	CN201920230544.5	2019.10.29	徐侨荣；彭竹云	徐侨荣、彭竹云
	葫芦丝或巴乌的簧片安装底座	实用新型	CN201822260829.1	2019.10.29	李凯	李凯
	一种具有琴颈的弦乐器	发明专利	CN201910582271.5	2019.11.01	深圳视感文化科技有限公司	叶俊达、张博涵、何维翰
	可隐匿于钢琴壳体内的功能面板装置及其使用方法	发明专利	CN201910773012.0	2019.11.01	上海九歌乐器音响有限公司	马季平
	一种弹拨乐器配件	发明专利	CN201910817797.7	2019.11.01	广州市罗曼士乐器制造有限公司	郑晓明
	变调装置、变调方法及程序	发明专利	CN201880017205.7	2019.11.01	雅马哈株式会社	松本秀一
	拉弦乐器	发明专利	CN201910682852.6	2019.11.01	唐文均；唐亓齐	唐文均、唐亓齐
	润胡	发明专利	CN201910779744.0	2019.11.05	陈庆金	陈庆金
	一种乐器弦轴部位独立的机械微调结构	实用新型	CN201920188277.X	2019.11.05	河北橡树小院贸易有限公司	王泽志
	电子键盘乐器	发明专利	CN201510358382.X	2019.11.05	罗兰株式会社	高田征英、诸桥有希博、宇野史郎
	高倾角内外反向倍捻琴弦及其制造方法	发明专利	CN201810387627.5	2019.11.05	周文和	周文和

续表

类别	名称	专利类型	申请（专利）号	公开（公告）日	申请（专利权）人	发明（设计）人
乐器综合	一种吉他变调夹	实用新型	CN201822187695.5	2019.11.05	魏惟一	魏惟一
	一种适用于初学的竖琴	实用新型	CN201920320638.1	2019.11.05	李兰竹	李兰竹
	一种小提琴肩托	实用新型	CN201920265393.7	2019.11.05	佳木斯大学	王佳、刘颖、郝伟智、李成龙
	一种具有自反馈调节功能的自动调音方法和调音器	发明专利	CN201910702110.5	2019.11.05	朱亭睿	朱亭睿
	润胡	发明专利	CN201910779744.0	2019.11.05	陈庆金	陈庆金
	一种乐器指力练习盘	实用新型	CN201821760543.3	2019.11.05	陈欣荣	陈欣荣、刘一菲
	一种乐器工件喷涂流水线	实用新型	CN201920189443.8	2019.11.05	天津奥维斯乐器有限公司	张国民
	一种乐器弦轴部位独立的机械微调结构	实用新型	CN201920188277.X	2019.11.05	河北橡树小院贸易有限公司	王泽志
	可相互伸缩的折叠式钢琴支架	发明专利	CN201780081391.6	2019.11.08	H56 公司	大卫・迈克尔・马克斯
	一种可标记谱夹	实用新型	CN201822210862.3	2019.11.08	江西师范大学	赵斌、吴艳艳
	用于乐器标示的乐标结构	实用新型	CN201920161374.X	2019.11.08	快乐旺旺文教事业有限公司	蔡淑婷
	一种立体智能数码钢琴	实用新型	CN201822141078.1	2019.11.12	焦作师范高等专科学校	何娟
	一种乐器演奏自动翻谱装置	实用新型	CN201920109965.2	2019.11.12	威海职业学院	林彦芳
	一种联动翻谱页装置	发明专利	CN201810406263.0	2019.11.12	浙江雅迅眼镜科技有限公司	叶嘉维
	一种弦乐演奏系统	实用新型	CN201822116978.0	2019.11.12	王曦	王曦
	具有自对准响弦的鼓	发明专利	CN201880007025.0	2019.11.15	鼓工场有限公司	鲁本・施泰因豪泽
	具有可调节辅助装置的打击乐器	发明专利	CN201880007019.5	2019.11.15	鼓工场有限公司	理查德・A・西克拉
	一种管制乐器训练装置	发明专利	CN201910865289.6	2019.11.15	郑州幼儿师范高等专科学校	马志飞、朱丽娟、史晓红、张兵、李娜、荆晶、王小龙、赛欢欢、乔春友、贾岚、赵雅芳、白杨、荀雅丹、楚玲玲、靳风林、习珍英、王燕丽、郭岚、王典、杨志强、李海燕、崔浩、王琪兰、谭乐乐

续表

类别	名称	专利类型	申请（专利）号	公开（公告）日	申请（专利权）人	发明（设计）人
乐器综合	一种乐器自锁支架	实用新型	CN201920341091.3	2019.11.15	浙江特诺奇电子有限公司	顾先兵
	具有自对准响弦的鼓	发明专利	CN201880007025.0	2019.11.15	鼓工场有限公司	鲁本·施泰因豪泽
	多功能乐器支架	实用新型	CN201920327101.8	2019.11.15	扬州半桐文化发展有限公司	黄龙、苗红、徐艳、盛金安
	可产生附加性振动音的乐器及方法	发明专利	CN201680079546.8	2019.11.15	雅马哈株式会社	江国晋吾、汤姆·施罗尔
	具有可调节辅助装置的打击乐器	发明专利	CN201880007019.5	2019.11.15	鼓工场有限公司	理查德·A·西克拉
	一种合音笛	实用新型	CN201920279553.3	2019.11.15	聂艺林	聂艺林
	可视互动模拟乐器发音装置	实用新型	CN201920220791.7	2019.11.15	广州市睿风教育科技有限公司	吴庆文、吴文斌、郑炳霖、郑文璇
	一种多功能组合打击乐器	实用新型	CN201920163177.1	2019.11.15	向明	向明、钟易真
	通用乐器站架	实用新型	CN201920325662.4	2019.11.15	扬州半桐文化发展有限公司	黄龙、苗红、徐艳、盛金安
	一种陶笛	实用新型	CN201822143343.X	2019.11.19	张翔雨	张翔雨、张长弟
	口琴的簧板生产用刨簧装置	实用新型	CN201920046036.1	2019.11.19	江阴嘉德瑞乐器有限公司	顾唯晖、宋继虎、徐挺
	一种电子键盘乐器的踏板装置	实用新型	CN201822129971.2	2019.11.19	深圳市蔚科电子科技开发有限公司	曾海、张坤
	一种可以交互教学的智能非洲鼓	实用新型	CN201920340667.4	2019.11.19	王叮咚	王叮咚
	一种手风琴琴身打磨抛光装置	实用新型	CN201920045947.2	2019.11.19	江阴嘉德瑞乐器有限公司	顾唯晖、宋继虎、徐挺
	一种用于弹拨乐器的指套	实用新型	CN201920084056.8	2019.11.19	潘孝法	潘孝法
	胡琴弱音练习装置	实用新型	CN201822058692.1	2019.11.19	山西大学	田菽峰
	一种尤克里里调音器	实用新型	CN201920245555.0	2019.11.19	佳木斯大学	刘颖、孟璐、牟乔、王佳、刘明莉
	一种陶笛	实用新型	CN201822143343.X	2019.11.19	张翔雨	张翔雨、张长弟
	用于口琴的清洗装置	实用新型	CN201920046038.0	2019.11.19	江阴嘉德瑞乐器有限公司	顾唯晖、宋继虎、徐挺
	一种马头琴	实用新型	CN201920286888.8	2019.11.22	王金国	王金国
	用于口琴的生产装置的装配机构	实用新型	CN201920044443.9	2019.11.22	江阴嘉德瑞乐器有限公司	顾唯晖、宋继虎、徐挺
	簧片可校准调节式高音准口风琴	实用新型	CN201920044346.X	2019.11.22	江阴嘉德瑞乐器有限公司	顾唯晖、宋继虎、徐挺

续表

类别	名称	专利类型	申请（专利）号	公开（公告）日	申请（专利权）人	发明（设计）人
乐器综合	一种竹管琴	发明专利	CN201410777123.6	2019.11.22	赣州森泰竹木有限公司	熊晓晶、熊晓洪、邹善旺、罗久兴
	一种天然防霉隔音密度板的制备方法	发明专利	CN201810992033.7	2019.11.22	含山县金中环装饰材料有限公司	郭坤
	用于口琴的生产装置的装配机构	实用新型	CN201920044443.9	2019.11.22	江阴嘉德瑞乐器有限公司	顾唯晖、宋继虎、徐挺
	一种用于电子钢琴的配重装置	发明专利	CN201910801721.5	2019.11.22	东莞市美派电子科技有限公司	黄健恒
	一种阻燃环保密度板的制备方法	发明专利	CN201810991941.4	2019.11.22	含山县金中环装饰材料有限公司	郭坤
	用于乐器支架的螺母装置	发明专利	CN201880007026.5	2019.11.22	鼓工场有限公司	鲁本·施泰因豪泽、理查德·A·西克拉
	一种马头琴	实用新型	CN201920286888.8	2019.11.22	王金国	王金国
	乐器共振装置	外观设计	CN201930144159.4	2019.11.26	贵阳学院	吕宇坤
	乐器埙（小刚满口陶埙）	外观设计	CN201930303264.8	2019.11.26	刘钢	刘钢
	键盘乐器的键盘盖装置和键盘盖的开闭设备	发明专利	CN201410480327.3	2019.11.26	株式会社河合乐器制作所	新町诚策
	新型扬琴	实用新型	CN201920313959.9	2019.11.26	范清福	范清福
	拉弦板古筝	实用新型	CN201920325663.9	2019.11.29	扬州市良匠古筝制作研究院有限公司	王小平、李宜祥、苗红、徐艳、徐正谱
	一种宽音域埙及其使用方法	发明专利	CN201910892480.X	2019.12.06	冯斌飞	王胜祥
	一种微笛口琴	实用新型	CN201822133568.7	2019.12.06	安世亚太科技股份有限公司	杨武保
	一种基于 Tesla 阀逆向流动原理的新型乐器	发明专利	CN201910725832.2	2019.12.06	浙江大学	钱锦远、冯乐耘、金晨、王昊文、林煜琛
	一种螺状拉弦乐器	实用新型	CN201920386264.3	2019.12.10	南宁师范大学	廖东生
	自然音域拓宽小三度的十孔竹笛	实用新型	CN201920156890.3	2019.12.10	罗井昕	罗井昕
	一种便于移动的架子鼓	发明专利	CN201910674245.5	2019.12.13	天津优尼柯乐器有限公司	吴臣
	一种锣	实用新型	CN201920219163.7	2019.12.13	杨凌新声铜鼓乐器有限公司	刘松林
	一种铙钹	实用新型	CN201920222891.3	2019.12.13	杨凌新声铜鼓乐器有限公司	刘松林
	自然音域拓宽小三度的九孔竹笛	实用新型	CN201920158638.6	2019.12.20	罗井昕	罗井昕

续表

类别	名称	专利类型	申请（专利）号	公开（公告）日	申请（专利权）人	发明（设计）人
乐器综合	方便拆装活动笙角	发明专利	CN201810598929.7	2019.12.20	北京宏音斋民族文化发展中心	吴景馨、吴彤
	一种电子打击乐器的鼓盘结构	实用新型	CN201920307220.7	2019.12.20	宁波座头鲸文化科技有限公司	王富国、邓楠、苏定波
	一种新型光电乐器	发明专利	CN201610353180.0	2019.12.20	中山大学	王嘉辉、黄梓钊、郭嘉阳、薛钊鸿、蔡志岗、汤文龙、洪伟槟
	一种组合式架子鼓	实用新型	CN201920135582.2	2019.12.24	长沙师范学院	李朋朋
	超薄型古筝内框	实用新型	CN201920307953.0	2019.12.24	吴大平	
	能快速更换破损笛膜的笛子的工作方法	发明专利	CN201711116449.4	2019.12.27	浙江三腾塑业有限公司	郑少玲、陈新华、其他发明人请求不公开姓名
	一种敲击型管状乐器	实用新型	CN201920477863.6	2019.12.27	南京悟铭公关策划有限公司	赵计东
	镲音横鼓	实用新型	CN201920292689.8	2019.12.31	蒙海滨	蒙海滨
钢琴	一种钢琴自动弹奏系统装置	实用新型	CN201820922349.4	2019.01.01	天津金稻科技有限公司	薛国辉
	一种可以全方位转动和移动的钢琴支架以应用其的钢琴	实用新型	CN201820667643.5	2019.01.01	东北石油大学	孔夺、郭琳
	一种钢琴琴弦紧固装置	实用新型	CN201820923974.0	2019.01.01	天津金稻科技有限公司	薛国辉
	一种制作钢琴配件用的升降式切割台	发明专利	CN201810692025.0	2019.01.01	湖州德盛塑料包装材料有限公司	朱德章
	钢琴	实用新型	CN201820869457.X	2019.01.01	洪雅楠	洪雅楠
	钢琴击弦机包装箱	外观设计	CN201830402834.4	2019.01.01	森鹤乐器股份有限公司	张开峰
	一种具有自卡式琴键的电钢琴键盘	实用新型	CN201820820421.2	2019.01.01	张建阳	张建阳
	一种钢琴教学用辅助教具	实用新型	CN201721813740.2	2019.01.04	大庆师范学院	张浩、佟桂影、李红娟
	一种击弦机及钢琴	发明专利	CN201811156609.2	2019.01.04	森兰信息科技（上海）有限公司	刘晓露、李凯文、滕杨裔
	一种钢琴铸铁板固定连接螺钉	实用新型	CN201820549612.X	2019.01.04	冀辰	冀辰
	一种钢琴音板框压机	发明专利	CN201811021743.1	2019.01.04	黄雪侨	黄雪侨
	一种琴谱的传送夹持机构及应用其的控制装置和钢琴	实用新型	CN201820668316.1	2019.01.04	东北石油大学	李晶瑛、盖广胜、侯艳冰、刘通
	新型钢琴乐谱放置装置	实用新型	CN201821092738.5	2019.01.04	长春大学	李琳
	一种便于翻页的琴谱及可自动翻页的钢琴	发明专利	CN201810984181.4	2019.01.04	姚岚	姚岚

续表

类别	名称	专利类型	申请（专利）号	公开（公告）日	申请（专利权）人	发明（设计）人
钢琴	一种更换钢琴琴弦的工具	实用新型	CN201821072853.6	2019.01.04	黄灵智	黄灵智
	一种击弦机及钢琴	发明专利	CN201811157567.4	2019.01.04	森兰信息科技（上海）有限公司	刘晓露、李凯文、滕杨裔
	一种钢琴下门	发明专利	CN201811021555.9	2019.01.04	黄雪侨	黄雪侨
	一种可调高度的钢琴脚轮	实用新型	CN201820904802.9	2019.01.04	泰州市万达轮业制造有限公司	乔峰、徐兵
	一种排针组件和钢琴弦槌预整音刺针机	发明专利	CN201811175433.5	2019.01.04	烟台博斯纳钢琴制造有限公司	卞连群
	一种钢琴用调律装置	实用新型	CN201820966964.5	2019.01.04	史小溪	史小溪
	一种电钢琴重锤键盘	发明专利	CN201810971754.X	2019.01.04	晋江力达电子有限公司	吴希达
	一种提升音色与手感的电钢琴	实用新型	CN201821045168.4	2019.01.04	上海旭茂文化传播有限公司	吴笑亮
	具有引导标记的可纸上弹奏的便携式电子音频系统	实用新型	CN201820587915.0	2019.01.04	凯涛电子（上海）有限公司	徐志强、邓丹妮、曹伟勋
	钢琴用演奏控制器	外观设计	CN201830470562.1	2019.01.04	雅马哈株式会社	辰巳惠三
	电阻式便携式电子音频装置及系统	实用新型	CN201820588114.6	2019.01.04	凯涛电子（上海）有限公司	徐志强、邓丹妮、曹伟勋
	多模式便携式电子音频装置及系统	实用新型	CN201820587949.X	2019.01.04	凯涛电子（上海）有限公司	徐志强、邓丹妮、曹伟勋
	电钢琴键盘	实用新型	CN201821039335.4	2019.01.04	张建阳	张建阳
	便携式电子音频装置及系统	实用新型	CN201820588105.7	2019.01.04	凯涛电子（上海）有限公司	徐志强、邓丹妮、曹伟勋
	一种基于 OMR 技术的便携式钢琴伴奏装置	发明专利	CN201510490834.X	2019.01.04	西安音乐学院	金楠、张芳
	一种防尘可升降的电钢琴架	发明专利	CN201810703290.4	2019.01.04	吴兴铭锯钢琴厂	陈国新
	一种钢琴中盘	发明专利	CN201811020834.3	2019.01.08	黄雪侨	黄雪侨
	一种钢琴键子深度测量装置及其测量方法	发明专利	CN201811263386.X	2019.01.08	郑小海	郑小海、段康伟、袁福德
	一种便于移动的钢琴用乐谱支架	实用新型	CN201821028104.3	2019.01.08	浙江欧莱克琴业有限公司	赵红强
	一种钢琴音板	实用新型	CN201821028163.0	2019.01.08	浙江欧莱克琴业有限公司	赵红强
	立式钢琴移动式击弦机键盘系统	实用新型	CN201820546756.X	2019.01.08	门德尔松钢琴（江苏）有限公司	项友锦
	一种钢琴乐谱自动翻页装置	发明专利	CN201811263263.6	2019.01.08	郑小海	郑小海、段康伟、袁福德

续表

类别	名称	专利类型	申请（专利）号	公开（公告）日	申请（专利权）人	发明（设计）人
钢琴	立式钢琴背架拉筋助力机构	实用新型	CN201820546758.9	2019.01.08	门德尔松钢琴（江苏）有限公司	项友锦
	一种钢琴手指训练装置	发明专利	CN201811294143.2	2019.01.08	姚溪浏	姚溪浏
	一种智能钢琴教学系统	发明专利	CN201811171097.7	2019.01.08	湖南城市学院	牟华
	一种用于电子钢琴的支撑装置	实用新型	CN201821028081.6	2019.01.08	浙江欧莱克琴业有限公司	赵红强
	一种户外电子钢琴折叠式支撑架	实用新型	CN201821026489.X	2019.01.08	浙江欧莱克琴业有限公司	赵红强
	一种钢琴音色矫正装置	实用新型	CN201820545084.0	2019.01.11	王晶	王晶
	一种新型钢琴辅助踏板	实用新型	CN201821233045.3	2019.01.11	杨雪男	杨雪男
	一种总档支架的加工设备	发明专利	CN201811231341.4	2019.01.11	森鹤乐器股份有限公司	胡央丹、张开峰、岑迪锋、罗迪、胡建迪
	一种钢琴练习系统	发明专利	CN201811270636.2	2019.01.11	程建玲	程建玲
	钢琴（长江系列钢琴CR-123黑檀木颜色琴）	外观设计	CN201830461765.4	2019.01.11	宜昌金宝乐器制造有限公司	杨超、柳毅
	一种教学钢琴及使用方法	发明专利	CN201810960464.5	2019.01.11	扬州大学	单宏健
	钢琴灯	外观设计	CN201830425849.2	2019.01.15	胡涛	胡涛
	一种钢琴教学手指训练装置及其使用方法	发明专利	CN201711187250.0	2019.01.15	烟台南山学院	徐晓旭
	一种钢琴指法练习托架	实用新型	CN201721825489.1	2019.01.15	大庆师范学院	张浩、佟桂影、李红娟
	钢琴手型矫正器	外观设计	CN201830332188.9	2019.01.15	深圳市搜罗乐器有限公司	欧阳斌
	一种三角钢琴顶盖的自动开合装置	实用新型	CN201821232432.5	2019.01.15	邵申弘	邵申弘、郝峰、董健
	一种钢琴乐谱翻页装置	实用新型	CN201820984168.4	2019.01.15	周国强	周国强
	钢琴用除尘装置	实用新型	CN201721875354.6	2019.01.15	大庆师范学院	朴力、张浩、佟桂影
	一种电钢琴控制器	实用新型	CN201821036198.9	2019.01.15	慧鸣科技（天津）有限公司	赵永轩
	一种电子钢琴用支撑架	实用新型	CN201821025973.0	2019.01.15	浙江欧莱克琴业有限公司	赵红强
	一种带钢琴键指示灯的电钢琴	实用新型	CN201821031934.1	2019.01.15	慧鸣科技（天津）有限公司	赵永轩
	激光投影钢琴及系统	实用新型	CN201821293390.6	2019.01.15	张炜	张炜

续表

类别	名称	专利类型	申请（专利）号	公开（公告）日	申请（专利权）人	发明（设计）人
钢琴	一种钢琴教学方法、装置及计算机存储介质	发明专利	CN201811224565.2	2019.01.15	深圳市微蓝智能科技有限公司	徐升、薛冰、任翔、汤恒亮、张永耿、祝武
	一种智能电钢琴	实用新型	CN201821036520.8	2019.01.15	慧鸣科技（天津）有限公司	赵永轩
	一种高附着力的疏水阻燃净味PE钢琴木器漆	发明专利	CN201811133045.0	2019.01.18	韶关市合众化工有限公司合众（佛山）化工有限公司	谢义鹏、康伦国、姚东生、周利军
	一种立式钢琴六音孔全钢板	实用新型	CN201820732297.4	2019.01.18	广东龙健乐器有限公司	梁勇
	一种钢琴乐谱自动翻页装置的工作方法	发明专利	CN201811263269.3	2019.01.18	郑小海	郑小海、段康伟、袁福德
	一种钢琴弦槌打孔器	实用新型	CN201821073776.6	2019.01.18	黄灵智；侯洪亮	黄灵智、侯洪亮
	一种钢琴用可调节琴谱放置架	实用新型	CN201721566633.4	2019.01.18	湖南文理学院	王珊、顾怀美、韦丽花
	不变形钢琴用中盘	实用新型	CN201820718865.5	2019.01.18	湖州华谱钢琴制造有限公司	姚小林、喻国平
	一种钢琴背架立柱压紧机	发明专利	CN201811021742.7	2019.01.18	黄雪侨	黄雪侨
	一种钢琴组合	发明专利	CN201811169547.9	2019.01.18	陈秀兰	陈秀兰
	一种减震式钢琴键盘盖板	实用新型	CN201820864138.X	2019.01.18	胡明星	胡明星
	一种新型钢琴卡钉	实用新型	CN201821253629.7	2019.01.18	西北民族大学	马希刚
	一种基于3D深度摄像模组的虚拟钢琴及其实现方法	发明专利	CN201811146857.9	2019.01.18	南京华捷艾米软件科技有限公司	陶琦、黄骏、周晓军、姜爱鹏、郭玉石、李骊、王行、盛赞、李朔、杨淼
	一种立式钢琴的支架	实用新型	CN201821117727.8	2019.01.22	森鹤乐器股份有限公司	岑迪锋、郁丹杰、罗百权
	一种立式钢琴的铁脚	实用新型	CN201821117112.5	2019.01.22	森鹤乐器股份有限公司	岑迪锋、罗百权、史久祖
	一种钢琴琴键木质盖板	实用新型	CN201820897916.5	2019.01.22	北京卡丹萨文化艺术有限公司	张庆海
	一种可调节角度的钢琴谱架	实用新型	CN201820535881.0	2019.01.22	湖南文理学院	姚岚
	一种钢琴用乐谱架	实用新型	CN201820255291.2	2019.01.22	李娉婷	李娉婷
	一种钢琴音弦布置及校正的机械手	实用新型	CN201820753106.2	2019.01.22	长沙师范学院	李宇涵
	一种新型钢琴防潮装置	实用新型	CN201821014198.9	2019.01.22	怀化学院	魏彦娜、魏彦霄

续表

类别	名称	专利类型	申请（专利）号	公开（公告）日	申请（专利权）人	发明（设计）人
钢琴	一种立式钢琴的铝背档	实用新型	CN201821117089.X	2019.01.22	森鹤乐器股份有限公司	岑迪锋、谢今天、郁丹杰
	一种方便携带的电子琴	实用新型	CN201821038193.X	2019.01.22	深圳市柯恩乐器有限公司	李强
	一种钢琴谱支架	实用新型	CN201721339478.2	2019.01.25	李清扬	李清扬
	一种手指训练器以及钢琴按键训练系统	实用新型	CN201820352225.7	2019.01.25	邝霄霞	邝霄霞
	一种钢琴击弦机调节器	实用新型	CN201821253502.5	2019.01.25	西北民族大学	马希刚
	一种钢琴搬运架	实用新型	CN201821028105.8	2019.01.25	浙江欧莱克琴业有限公司	赵红强
	设有可调踏板的钢琴凳	实用新型	CN201721001761.4	2019.01.25	韩旭	韩旭、乌兰、裴斐、渠晓庆、曹睿
	一种触摸式电子钢琴的控制方法、装置、终端及存储介质	发明专利	CN201811029608.1	2019.01.25	广州维纳斯家居股份有限公司	刘礼新、刘远
	一种智能钢琴的远程固件升级方法	发明专利	CN201810838537.3	2019.01.25	海伦钢琴股份有限公司	陈海伦、陈朝峰
	一种用于电钢琴的按键结构	发明专利	CN201811426583.9	2019.01.25	宁波海宇科技有限公司	俞军
	一种可调节的钢琴键盘	实用新型	CN201821301836.5	2019.01.29	长江师范学院	齐君真
	一种弦槌速度传感器	发明专利	CN201811436103.7	2019.01.29	宜昌金宝乐器制造有限公司	吴天延、李志洲
	一种多功能钢琴教学支架	实用新型	CN201720803336.0	2019.01.29	郑州师范学院	翟玥坤
	钢琴谱架装置	实用新型	CN201821301746.6	2019.01.29	长江师范学院	王逸
	手卷钢琴	外观设计	CN201830532506.6	2019.01.29	林宝泉	林宝泉
	电钢琴（MP-17）	外观设计	CN201830562847.8	2019.01.29	青岛美嘉乐器有限公司	丁桂斌
	电钢琴（MH-40）	外观设计	CN201830562458.5	2019.01.29	青岛美嘉乐器有限公司	丁桂斌
	钢琴手指练习器（八度和弦指力器）	外观设计	CN201830521080.4	2019.02.01	姚溪浏	姚溪浏
	一种钢琴用自动翻谱装置	发明专利	CN201811212937.X	2019.02.01	湖南城市学院	蔡志妮
	一种通过蓝牙串口设备或USB连接的智能静音钢琴	发明专利	CN201811403111.1	2019.02.01	广州珠江恺撒堡钢琴有限公司	龚承忠、卢奇剑、何文宇
	一种电钢琴黑键键锤	实用新型	CN201821096085.8	2019.02.01	惠州市珩兴实业有限公司	姜鑫
	一种电钢琴白键键锤	实用新型	CN201821094610.2	2019.02.01	惠州市珩兴实业有限公司	姜鑫
	一种钢琴乐谱智能翻页系统	发明专利	CN201811270752.4	2019.02.01	陈月娇	陈月娇

续表

类别	名称	专利类型	申请（专利）号	公开（公告）日	申请（专利权）人	发明（设计）人
钢琴	一种钢琴指法练习按键及钢琴指法练习器	实用新型	CN201820122154.1	2019.02.01	姚溪浏	姚溪浏
	一种多功能钢琴琴谱架	实用新型	CN201820614876.9	2019.02.01	上海悠秀信息科技有限公司	邓江涵
	全自动钢琴练琴计数器	实用新型	CN201820096836.X	2019.02.01	郑州航空工业管理学院	曹海旺、薛朝改、王春彦
	一种辅助练习（教学）的钢琴（电子琴）	发明专利	CN201811176276.X	2019.02.01	罗雄	罗雄
	一种钢琴白键安装平整度检测装置与方法	发明专利	CN201811352588.1	2019.02.05	常州大学	陈从平、张润泽、吴喆、马江权、杨德明
	一种键面	实用新型	CN201821143923.2	2019.02.05	森鹤乐器股份有限公司	胡建迪、谢今天
	一种钢琴音板弦码的安装装置	实用新型	CN201820667820.X	2019.02.05	北京星海钢琴集团有限公司	陈高恩
	一种钢琴调音系统及方法	发明专利	CN201811272866.2	2019.02.05	陈月娇	陈月娇
	手拉乐器	发明专利	CN201810817904.1	2019.02.05	口琴乐器有限责任公司	T. 特拉普 K. 霍耶
	一种自动钢琴翻谱器	实用新型	CN201821031104.9	2019.02.12	雷晶	雷晶
	一种钢琴凳	发明专利	CN201811168727.5	2019.02.12	陈秀兰	陈秀兰
	一种具备定时提醒及使用状态实时监控的琴凳	发明专利	CN201811573601.6	2019.02.12	滨州学院	李倩
	一种便于弹奏的键盘	发明专利	CN201811270640.9	2019.02.12	吴崧毅	吴崧毅
	一种用于钢琴脚轮的安装设备	发明专利	CN201811189694.2	2019.02.15	潍坊工程职业学院	闫雨、赵妍
	一种钢琴琴键弹奏力度调整装置	发明专利	CN201811584878.9	2019.02.15	湖南城市学院	曹泓
	辅助上油式木质钢琴	发明专利	CN201811563082.5	2019.02.15	宁波迪比亿贸易有限公司	徐旭栋、叶红春
	一种钢琴演奏评分方法、装置及计算机存储介质	发明专利	CN201811223601.3	2019.02.15	深圳市微蓝智能科技有限公司	薛冰、徐升、任翔、汤恒亮、张永耿、祝武
	一种钢琴调音方法	发明专利	CN201811317813.8	2019.02.15	江苏师范大学	章馨方
	一种钢琴自动演奏辅助装置	发明专利	CN201811184463.2	2019.02.15	王袁	王袁
	钢琴击弦机花边螺母	实用新型	CN201821171871.X	2019.02.15	森鹤乐器股份有限公司	胡央丹
	一种户外太阳能电钢琴	实用新型	CN201820962283.1	2019.02.15	华北理工大学	刘潇潇
	一种钢琴键盘盖板缓降器	发明专利	CN201811500861.0	2019.02.19	吴怡	吴怡
	一种钢琴琴键清理装置	实用新型	CN201821203221.9	2019.02.19	哈尔滨师范大学	李广义

续表

类别	名称	专利类型	申请（专利）号	公开（公告）日	申请（专利权）人	发明（设计）人
钢琴	一种钢琴键盘、记谱方法及乐谱	发明专利	CN201811140099.X	2019.02.19	黄之栋	黄之栋、米少君、黄大明、黄永青、黄乐滢
	一种钢琴盖板夹持装置	实用新型	CN201821182526.6	2019.02.22	延安大学	马晓霜
	一种钢琴翻谱装置	发明专利	CN201811496636.4	2019.02.22	兰州城市学院	李霞
	一种钢琴弹奏练习工具	发明专利	CN201710688897.5	2019.02.26	昆山市玉山镇仕龙设计工作室	唐于恒
	一种钢琴码克弦轴孔综合定位加工方法	发明专利	CN201510732984.7	2019.02.26	湖北大学	胡东红、张玲、刘景源、曹祥杨、叶波、王平江
	一种具有断联手感的数码钢琴键盘结构	发明专利	CN201811450792.7	2019.02.26	森鹤乐器股份有限公司	冯高昆、陈旭
	一种钢琴键连杆打孔装置	实用新型	CN201820987176.4	2019.03.01	门德尔松钢琴（江苏）有限公司	郑明统
	一种可矫正水平的立式钢琴	实用新型	CN201820987449.5	2019.03.01	门德尔松钢琴（江苏）有限公司	郑明统
	耐压罐景深解析系统	发明专利	CN201811569721.9	2019.03.01	宁波迪比亿贸易有限公司	徐旭栋、叶红春、吴梦梦
	一种钢琴消音踏板	实用新型	CN201820973670.5	2019.03.01	门德尔松钢琴（江苏）有限公司	郑明统
	一种钢琴外壳支脚组装用固定装置	实用新型	CN201820988623.8	2019.03.01	门德尔松钢琴（江苏）有限公司	郑明统
	一种基于钢琴表壳制造的打磨装置	实用新型	CN201820973666.9	2019.03.01	门德尔松钢琴（江苏）有限公司	郑明统
	一种具有辅助翻页功能的钢琴演奏乐谱器	实用新型	CN201820822519.1	2019.03.01	长江大学	张雁松、董焰
	一种新型的钢琴乐谱架	实用新型	CN201721426490.7	2019.03.01	黑龙江民族职业学院	金文日、关宇、金顺福、金学洙、王薪舒
	一种音视频与钢琴动作同步直播方法及系统	发明专利	CN201811210905.6	2019.03.01	湖南乐和云服网络科技有限公司	郭立
	电子钢琴	外观设计	CN201830505606.X	2019.03.01	雅马哈株式会社	丸冈萌
	钢琴背架入榫机和钢琴背架入榫方法	发明专利	CN201611158731.4	2019.03.05	广州珠江钢琴集团股份有限公司	梁志和、廖志辉、朱沛枝
	一种具有新型外壳的钢琴	实用新型	CN201821041761.1	2019.03.05	孙新荣	孙新荣

续表

类别	名称	专利类型	申请（专利）号	公开（公告）日	申请（专利权）人	发明（设计）人
钢琴	一种基于云平台的智能钢琴教学系统及方法	发明专利	CN201710754776.6	2019.03.05	一诺云科技（武汉）有限公司云羽钢琴制造（武汉）有限公司	周为民、邓巍
	一种能够远程教学的智能钢琴	发明专利	CN201710766980.X	2019.03.05	一诺云科技（武汉）有限公司云羽钢琴制造（武汉）有限公司	周为民、邓巍
	钢琴联动杆自动加工设备	发明专利	CN201811231329.3	2019.03.08	森鹤乐器股份有限公司	张开峰、罗迪、胡央丹、胡建迪、岑迪锋
	一种立式钢琴顶盖撑杆结构	发明专利	CN201811213970.4	2019.03.08	潍坊工程职业学院	闫雨
	一种钢琴扩展的柔音踏板	发明专利	CN201811059101.0	2019.03.08	烟台南山学院	薛明
	自动补音钢琴	发明专利	CN201811595794.5	2019.03.08	安化县云天阁茶业有限公司	李劲峰
	一种带有强磁铁的钢琴谱架	实用新型	CN201820917449.8	2019.03.08	南充职业技术学院	王璐
	一种钢琴踏板力检测装置	发明专利	CN201811522187.6	2019.03.08	上海科正电子科技有限公司	吴景芳
	一种钢琴监督方法、装置、计算机设备及存储介质	发明专利	CN201811204923.3	2019.03.08	赵笑婷	赵笑婷、葛胜奎
	一种用于自动演奏钢琴的琴键驱动结构	发明专利	CN201510373543.2	2019.03.08	成都伯格特钢琴自动演奏系统有限公司	柯克·乔治·伯格特
	一种基于 Kinect 的虚拟钢琴弹奏系统的构建方法	发明专利	CN201811243690.8	2019.03.08	西北工业大学	吴俊、张子涵、王凯、王家霈、张瑶、何贵青、蒋晓悦、谢红梅、夏召强、冯晓毅、李会方
	钢琴（2）	外观设计	CN201830499744.1	2019.03.12	漾美家居（天津）有限公司	吕东丹
	调音模式选择机构	发明专利	CN201811569107.2	2019.03.12	余姚市荣大塑业有限公司	袁美丽、傅斌
	钢琴（1）	外观设计	CN201830499685.8	2019.03.12	漾美家居（天津）有限公司	吕东丹
	一种教学用智能钢琴承载台	实用新型	CN201820665765.0	2019.03.12	梁琳	梁琳
	电子钢琴	外观设计	CN201830602958.7	2019.03.12	林仁成	林仁成
	钢琴	外观设计	CN201830559003.8	2019.03.15	佘慧瑛	佘慧瑛
	电子钢琴	外观设计	CN201830505679.9	2019.03.15	雅马哈株式会社	冈村淳
	电子钢琴	外观设计	CN201830505699.6	2019.03.15	雅马哈株式会社	大野正晴

续表

类别	名称	专利类型	申请（专利）号	公开（公告）日	申请（专利权）人	发明（设计）人
钢琴	一种方便翻页的钢琴教学乐谱架	实用新型	CN201820587028.3	2019.03.19	西安音乐学院	海瑜、赵垒、张小东
	一种用于钢琴教学的辅助装置	实用新型	CN201820587435.4	2019.03.19	西安音乐学院	赵垒、海瑜、宋委
	一种钢琴轴架自动穿呢机	发明专利	CN201811232341.6	2019.03.19	森鹤乐器股份有限公司	张开峰、岑迪锋、胡央丹、胡建迪、罗迪
	钢琴骨架	外观设计	CN201830506500.1	2019.03.19	黄日八	黄日八
	一种钢琴用乐谱固定装置	实用新型	CN201821141769.5	2019.03.19	李佳雯	李佳雯
	一种钢琴击弦机附加音头	实用新型	CN201821171860.1	2019.03.22	森鹤乐器股份有限公司	胡央丹
	钢琴升降踏板	外观设计	CN201830652358.1	2019.03.22	浙江友谊电子有限公司	陈天浩
	一种钢琴音板肋木胶合定型装置	发明专利	CN201410433327.8	2019.03.22	浙江品创知识产权服务有限公司	王惠忠
	钢琴键子的夹板中座板	实用新型	CN201721889203.6	2019.03.26	广州珠江恺撒堡钢琴有限公司	李伟成
	一种三角钢琴琴弦除锈装置	发明专利	CN201811291265.6	2019.03.26	张飞	张飞
	一种钢琴键擦洗器	实用新型	CN201821084486.1	2019.03.26	温州商学院；徐青青	徐青青
	一种便于携带的电子伴奏钢琴	实用新型	CN201820973235.2	2019.03.26	黄淮学院	刘艳晴
	一种电钢琴	实用新型	CN201820860277.5	2019.03.26	北京盛世雅歌琴行有限公司	于效威
	一种设置有重锤力度键盘的智能钢琴	实用新型	CN201820940311.X	2019.03.26	云羽钢琴制造（武汉）有限公司	周为民、邓巍
	自动移位式三角钢琴	发明专利	CN201811581823.2	2019.03.29	宁波迪比亿贸易有限公司	徐旭栋、叶红春、吴梦梦
	一种具有隐藏式谱架的新型立式钢琴	实用新型	CN201821371688.4	2019.03.29	姚岚	姚岚
	一种辅助记忆钢琴按键的电子装置	实用新型	CN201820421277.5	2019.03.29	上海新啊利网络科技有限公司	邱子皓、唐音
	钢琴键子粘呢机和粘呢工艺	发明专利	CN201811588882.2	2019.03.29	广州珠江钢琴集团股份有限公司	廖倩芬、李浩柱
	一种结构改进的新型立式钢琴	实用新型	CN201821371655.X	2019.03.29	姚岚	姚岚
	钢琴键盘	外观设计	CN201830612647.9	2019.04.02	郭伟和	郭伟和
	一种教学使用桌钢琴	实用新型	CN201820539653.0	2019.04.02	广州珠江艾茉森数码乐器股份有限公司	卢毅明、刘春清
	一种智能钢琴系统	发明专利	CN201780045874.0	2019.04.02	森兰信息科技（上海）有限公司	燕斌、周敏、刘晓露

续表

类别	名称	专利类型	申请（专利）号	公开（公告）日	申请（专利权）人	发明（设计）人
钢琴	钢琴（4）	外观设计	CN201830500251.5	2019.04.02	漾美家居（天津）有限公司	燕斌、周敏、刘晓露
	钢琴（3）	外观设计	CN201830499743.7	2019.04.02	漾美家居（天津）有限公司	吕东丹
	电子乐器及控制方法	发明专利	CN201811114111.X	2019.04.02	卡西欧计算机株式会社	原田荣一、久野俊也
	内置锤电钢琴键盘	实用新型	CN201821369038.6	2019.04.05	张建阳	张建阳
	钢琴（4）	外观设计	CN201830645744.8	2019.04.05	泉州卿点商贸有限公司	关子军
	一种车载多媒体 MP5 悬浮钢琴按键装置	实用新型	CN201821301556.4	2019.04.05	深圳市路畅科技股份有限公司	陈清
	电子钢琴	外观设计	CN201830658946.6	2019.04.05	雅马哈株式会社	铃木俊英
	一种使用弦槌速度传感器的电钢琴	实用新型	CN201821403969.3	2019.04.05	宜昌金宝乐器制造有限公司	李志洲
	自动配乐方法及系统、终端和计算机可读存储介质	发明专利	CN201811368904.4	2019.04.05	平安科技（深圳）有限公司	王义文、刘奡智、王健宗、肖京
	钢琴（1）	外观设计	CN201830645296.1	2019.04.05	泉州卿点商贸有限公司	关子军
	一种盲人钢琴	实用新型	CN201820170626.0	2019.04.05	上海智勇教育培训有限公司	徐凌舟、邹丽萍、黄晓栋、关大勇
	一种便于移动的大学古典音乐教学用智能电子钢琴	发明专利	CN201811603759.3	2019.04.05	淄博职业学院	朱莹
	积木电子琴	发明专利	CN201910071921.X	2019.04.05	张洋	张洋、张虎
	一种钢琴乐谱摆放架	实用新型	CN201820747220.4	2019.04.09	焦作大学	郭静、李薇、陈爽
	钢琴琴谱压谱器	实用新型	CN201821317573.7	2019.04.09	梁煜萱	梁煜萱
	一种带指示灯的钢琴键盘	实用新型	CN201820923242.1	2019.04.09	天津金稻科技有限公司	薛国辉
	一种钢琴音源构件的制造方法	发明专利	CN201610300821.6	2019.04.09	福州和声钢琴股份有限公司	林建忠、黄苏东
	一种钢琴自动翻谱曲谱架	实用新型	CN201821378777.1	2019.04.09	浙江乐韵钢琴有限公司	章顺龙
	一种钢琴键盖粘接机	发明专利	CN201811423834.8	2019.04.09	合肥智慧龙图腾知识产权股份有限公司	祁艳霞
	钢琴的机械单元	发明专利	CN201510204222.X	2019.04.09	菲茨奥丽钢琴股份公司	P·法兹奥利
	一种带感应器的钢琴键盘	实用新型	CN201820923244.0	2019.04.09	天津金稻科技有限公司	薛国辉
	通过钢琴实现乐器电子音源发音的方法、系统、介质及装置	发明专利	CN201811533197.X	2019.04.09	森兰信息科技（上海）有限公司	刘晓露
	一种钢琴键盘智能制动系统及其实现方法	发明专利	CN201910039955.0	2019.04.12	广东龙健乐器有限公司	梁勇

续表

类别	名称	专利类型	申请（专利）号	公开（公告）日	申请（专利权）人	发明（设计）人
钢琴	钢琴油漆件平面抛光设备及其抛光方法	发明专利	CN201811560468.0	2019.04.12	广州珠江恺撒堡钢琴有限公司	陈日明、徐伟雄、徐洁瑞、林启东、黄耿志
	隔温板模式切换系统	发明专利	CN201811569416.X	2019.04.16	宁波迪比亿贸易有限公司	徐旭栋、叶红春
	键盘装置	发明专利	CN201780044725.2	2019.04.16	雅马哈株式会社	小川贤人
	制音器变形鉴定系统	发明专利	CN201811581191.X	2019.04.16	余姚市荣大塑业有限公司	袁美丽、傅斌
	光信号提示设备、便携式指法练习键盘及钢琴	发明专利	CN201910103364.5	2019.04.16	赵屹帆；黄向阳	赵屹帆、黄向阳
	安全型电子钢琴	发明专利	CN201811563439.X	2019.04.16	宁波迪比亿贸易有限公司	徐旭栋、叶红春、吴梦梦
	智能钢琴翻页机器人	实用新型	CN201821206064.7	2019.04.19	安徽新华学院	李宏玲、王涛、闪静洁、孙文芳
	一种可调的钢琴用音响共鸣钟	实用新型	CN201821388012.6	2019.04.23	姚岚	姚岚
	一种钢琴击弦机的背档机构	实用新型	CN201821404833.4	2019.04.23	宜昌金宝乐器制造有限公司	熊南方、周湘利、刘杰玉、吕露
	一种能够自动升降调节的钢琴	实用新型	CN201821573352.6	2019.04.26	李洋	李洋、魏璐璐、姜霄烨、高琼、胡艳芳
	钢琴击弦机联动器（绿 133-2）	外观设计	CN201830726467.3	2019.04.26	森鹤乐器股份有限公司	张开峰
	钢琴盖板长铰链卷圆成型装置	发明专利	CN201811528616.0	2019.04.26	宁波四海琴业有限公司	何四海
	一种钢琴教学用琴谱架	实用新型	CN201821236802.2	2019.04.26	晋城职业技术学院	侯阿妮
	钢琴（2）	外观设计	CN201830645282.X	2019.04.26	泉州卿点商贸有限公司	关子军
	一种可拆卸的钢琴书夹	实用新型	CN201821406118.4	2019.04.26	许昌学院	焦奕博
	钢琴（3）	外观设计	CN201830645755.6	2019.04.26	泉州卿点商贸有限公司	关子军
	一种带节拍器的钢琴乐谱架	实用新型	CN201820586727.6	2019.04.26	西安音乐学院	海瑜、赵垒、金楠
	一种钢琴教学用防倾倒乐谱架	实用新型	CN201910098953.9	2019.05.03	胡乐彬	胡乐彬
	一种方便翻页的钢琴教学乐谱架	实用新型	CN201820800254.5	2019.05.03	安庆师范大学	江梅玲
	钢琴压键条	外观设计	CN201830491998.9	2019.05.03	无锡吾成互联科技有限公司	王二艳、申明华、钦赛勇
	钢琴背架	外观设计	CN201930012923.2	2019.05.07	李洁华	李洁华
	一种用于钢琴教学的辅助装备	实用新型	CN201820923235.1	2019.05.07	天津金稻科技有限公司	薛国辉
	可外接智能终端的便携电子激光钢琴	实用新型	CN201820858526.7	2019.05.07	李曼圆；谢启民	李曼圆、谢启民、张弛、陈芫、王四海

续表

类别	名称	专利类型	申请（专利）号	公开（公告）日	申请（专利权）人	发明（设计）人
钢琴	磁力连接的可拆分便捷移动式钢琴键盘	实用新型	CN201821263455.2	2019.05.10	李梓豪	李梓豪
	一种多功能可拆式电子琴	发明专利	CN201910196049.1	2019.05.10	温州大学瓯江学院	林志源
	一种钢琴压键条	实用新型	CN201821430272.5	2019.05.14	无锡吾成互联科技有限公司	王二艳、申明华、钦赛勇
	电钢琴重锤	实用新型	CN201821371856.X	2019.05.14	晋江力达电子有限公司	吴希达
	钢琴踏板	外观设计	CN201930018355.7	2019.05.14	周口职业技术学院	束雨莲、刘文杰、束松长、刘婷、万峰森
	一种电钢琴键盘	实用新型	CN201821371907.9	2019.05.14	晋江力达电子有限公司	吴希达
	一种导向套一体成型的电钢琴键盘	实用新型	CN201821371520.3	2019.05.14	晋江力达电子有限公司	吴希达
	一种钢琴白键的缓冲消音垫	实用新型	CN201821371819.9	2019.05.14	晋江力达电子有限公司	吴希达
	电钢琴重锤的安装辅助结构	实用新型	CN201821382525.6	2019.05.14	晋江力达电子有限公司	吴希达
	电钢琴重锤的转轴结构	实用新型	CN201821371858.9	2019.05.14	晋江力达电子有限公司	吴希达
	一种带有钢琴琴键防左右摆动结构的钢琴	实用新型	CN201821371576.9	2019.05.14	晋江力达电子有限公司	吴希达
	一种钢琴脚轮的安装结构	实用新型	CN201821671165.1	2019.05.17	湖南人文科技学院	谢东
	一种钢琴琴键标记装置	实用新型	CN201820898885.5	2019.05.17	北京卡丹萨文化艺术有限公司	张庆海
	一种用于钢琴手指练习的敲击装置	实用新型	CN201820947783.8	2019.05.17	姚溪浏	姚溪浏
	一种钢琴乐谱翻页装置	实用新型	CN201821335890.1	2019.05.21	王伟杰	王伟杰、周游
	一种具有自动翻页功能的琴谱支撑架	实用新型	CN201821028103.9	2019.05.21	浙江欧莱克琴业有限公司	赵红强
	弧形球面立体音板	实用新型	CN201821650958.5	2019.05.21	梁美琪	梁美琪
	一种可任意角度调节的钢琴谱架装置	实用新型	CN201821057442.X	2019.05.21	浙江欧莱克琴业有限公司	赵红强
	一种钢琴练习辅助器	发明专利	CN201910246242.1	2019.05.21	厦门大学嘉庚学院	李立
	一种钢琴教学用钢琴椅	实用新型	CN201820506528.X	2019.05.21	王红梅	王红梅、潘江贵
	一种钢琴乐谱分发装置	实用新型	CN201820753070.8	2019.05.21	长沙师范学院	李宇涵
	用于智能钢琴的智能检测及反馈系统	发明专利	CN201680089881.6	2019.05.21	森兰信息科技（上海）有限公司	燕斌、刘晓露、严政俊
	一种电子钢琴架用垫脚	实用新型	CN201821025996.1	2019.05.21	浙江欧莱克琴业有限公司	赵红强
	钢琴击弦机转击器（绿呢 -2）	外观设计	CN201830731237.6	2019.05.24	森鹤乐器股份有限公司	张开峰

续表

类别	名称	专利类型	申请（专利）号	公开（公告）日	申请（专利权）人	发明（设计）人
钢琴	钢琴击弦机联动器（蓝 133-2）	外观设计	CN201830722943.4	2019.05.24	森鹤乐器股份有限公司	张开峰
	一种电子控制钢琴	发明专利	CN201711186572.3	2019.05.24	初绍军	不公告发明人
	一种排针组件和钢琴弦槌预整音刺针机	实用新型	CN201821636380.8	2019.05.24	烟台博斯纳钢琴制造有限公司	卞连群
	钢琴键盘	实用新型	CN201821482500.3	2019.05.24	广州珠江艾茉森数码乐器股份有限公司	卢毅明、刘春清
	钢琴击弦机联动器（蓝 115-1）	外观设计	CN201830722689.8	2019.05.24	森鹤乐器股份有限公司	张开峰
	一种用于钢琴教学的多功能乐谱架	实用新型	CN201820584695.6	2019.05.24	西安音乐学院	赵垒、海瑜、金楠
	便携式电子钢琴	外观设计	CN201930031231.2	2019.05.24	张建强	张建强
	一种三角钢琴共鸣盘	发明专利	CN201510619841.5	2019.05.28	宜昌金宝乐器制造有限公司	杨超、熊南方、凌绪华
	一种带有纠错记录功能的钢琴及其纠错方法	发明专利	CN201910003852.9	2019.05.28	平顶山学院	岳悦、陈曦、阮中秋、许楠
	一种钢琴音乐教学用识谱板	实用新型	CN201820975780.5	2019.05.31	山东管理学院	李天娇
	钢琴（5）	外观设计	CN201830649248.X	2019.05.31	泉州卿点商贸有限公司	关子军
	一种电子钢琴按键电触片热处理装置	发明专利	CN201710733681.6	2019.05.31	浙江欧莱克琴业有限公司	赵红强
	琴键配重杆和钢琴	实用新型	CN201821339624.6	2019.05.31	深圳市蔚科电子科技开发有限公司	曾海、张坤
	钢琴	外观设计	CN201930047760.1	2019.06.04	广西南宁君立天翰乐器有限公司	冉小君
	一种钢琴键盘手感精准调节装置	实用新型	CN201821387727.X	2019.06.04	姚岚	姚岚
	一种便于调节的钢琴琴谱架	实用新型	CN201821387671.8	2019.06.04	姚岚	姚岚
	一种智能钢琴的静音系统	发明专利	CN201910101522.3	2019.06.04	长沙乐和乐器有限公司	郭立
	钢琴	外观设计	CN201930067440.2	2019.06.04	广西南宁君立天翰乐器有限公司	冉小君
	一种用于钢琴键盘的手感调节装置	实用新型	CN201821387672.2	2019.06.04	姚岚	姚岚
	一种钢琴谱架装置	实用新型	CN201821658637.X	2019.06.04	董凡菲	董凡菲
	一种电子钢琴教学系统	实用新型	CN201820212710.4	2019.06.04	吴希达	吴希达
	空调风口定位系统	发明专利	CN201811569724.2	2019.06.07	宁波迪比亿贸易有限	徐旭栋
	一种钢琴压键条辅助教学装置	实用新型	CN201821430344.6	2019.06.07	无锡吾成互联科技有限公司	王二艳、衍翔、申明华、钦赛勇
	一种钢琴的自动翻谱台	实用新型	CN201821753902.2	2019.06.07	山西药科职业学院	常金花

续表

类别	名称	专利类型	申请（专利）号	公开（公告）日	申请（专利权）人	发明（设计）人
钢琴	一种可调节高度的钢琴踏板辅助装置	发明专利	CN201811645462.3	2019.06.07	华南农业大学	陆珊
	钢琴击弦机顶杆	实用新型	CN201821542246.1	2019.06.07	宜昌金宝乐器制造有限公司	吴天延
	一种钢琴练习用电子指力器	实用新型	CN201821176490.0	2019.06.07	贵州民族大学	朱莎、唐德松、管延庆、章晓丰、洪梅、侯艳龄、蔡昌庆、穆维平、谭莲英、胡娜娜
	一种提供大拇指压指训练的钢琴指力器	实用新型	CN201821175499.X	2019.06.07	贵州民族大学	朱莎、殷琪、唐德松、洪梅、侯艳龄、蔡昌庆、章晓丰、穆维平、谭莲英、胡娜娜
	一种带节拍器的钢琴凳	实用新型	CN201821083785.3	2019.06.07	佳木斯大学	曹哲铭
	一种练习钢琴用手型支撑装置	实用新型	CN201821005934.4	2019.06.07	丁莹莹	丁莹莹、廉莹、朱红艳、刘楠、吕帅、朱琳、孔庆伟
	弹性结构、乐器踏板、及电子钢琴	发明专利	CN201711225440.7	2019.06.07	森兰信息科技（上海）有限公司	滕杨裔、刘则、刘晓露、王昭阳
	钢琴（步步高升、锦绣前程）	外观设计	CN201830473037.5	2019.06.11	郑永红	郑永红
	一种钢琴键盘动作的检测、引导及纠错装置	实用新型	CN201821430271.0	2019.06.11	无锡吾成互联科技有限公司	王二艳、申明华、钦赛勇
	一种新型的钢琴固定移动架	实用新型	CN201821523964.4	2019.06.11	曲靖师范学院	宋子龙
	一种键盘乐器换调用标识尺及包括该标识尺的键盘乐器	实用新型	CN201821530628.2	2019.06.11	晨曦	晨曦
	一种用于钢琴训练的乐谱支撑装置	实用新型	CN201821540363.4	2019.06.11	兰州城市学院	郭倩
	一种基于判决隐马尔可夫模型的钢琴指法自动标注方法	发明专利	CN201910087814.6	2019.06.11	天津大学	李晨曦、关欣、李锵
	一种钢琴运输装置	实用新型	CN201821840433.8	2019.06.11	佳木斯职业学院	徐皓妍
	一种钢琴琴谱用支撑结构	实用新型	CN201821607354.2	2019.06.14	阜阳师范学院第二附属中学	屈逸霄
	一种钢琴琴手的矫正装置	实用新型	CN201820381268.8	2019.06.14	滨州职业学院	朱星云
	一种智能钢琴学习机	实用新型	CN201720759596.2	2019.06.14	小叶子（北京）科技有限公司	不公告发明人
	一种新型数码钢琴键盘	实用新型	CN201821648934.6	2019.06.14	浙江友谊电子有限公司	陈天浩、张念念

续表

类别	名称	专利类型	申请（专利）号	公开（公告）日	申请（专利权）人	发明（设计）人
钢琴	钢琴手指练习器	外观设计	CN201930052981.8	2019.06.14	姚溪浏	姚溪浏
	一种钢琴键盖粘接机	发明专利	CN201611267807.7	2019.06.18	安徽鹰龙工业设计有限公司	祁艳霞
	一种钢琴调律冲击扳手	发明专利	CN201910215158.3	2019.06.18	初绍军	不公告发明人
	一种钢琴类多功能琴谱架装置	实用新型	CN201820720640.3	2019.06.18	南京铁道职业技术学院	李慧
	一种新型钢琴教学用板	实用新型	CN201821169515.4	2019.06.18	中北大学	王小侠、石琛琛、范雅文、郭柯成
	一种多功能钢琴凳	实用新型	CN201821275950.5	2019.06.18	无锡汽车工程高等职业技术学校（无锡交通技师学院）	崔曼丽、沈杰、张启森
	一种钢琴共鸣盘弦枕热处理工作台	发明专利	CN201711312390.6	2019.06.21	吕华玲	吕华玲
	一种立式钢琴的音板	实用新型	CN201821711889.4	2019.06.25	晋中职业技术学院	李玉婷
	一种用于钢琴演奏的琴谱固定及快速翻页装置	实用新型	CN201821417936.4	2019.06.25	长江大学	靳钦清、叶芳
	一种适用于四手联弹的钢琴琴凳	实用新型	CN201821177177.9	2019.06.28	贵州民族大学	朱莎、唐德松、管延庆、殷琪、管兵、穆维平、洪梅、蔡昌庆、章晓丰、谭莲英、胡娜娜
	可外接智能终端的便携电子激光钢琴	外观设计	CN201830276922.4	2019.06.28	李曼圆；谢启民	李曼圆、谢启民、张弛、陈芫、王四海
	一种钢琴琴弦检测装置	实用新型	CN201822062295.1	2019.07.02	苏州公爵琴业有限公司	朱庆、孙学发
	一种具有加热功能的钢琴榔头及温度控制电路和钢琴	实用新型	CN201821554100.9	2019.07.02	东北石油大学	钟国富、赵潇然、闫虹、卢鹏
	一种钢琴弦槌的槌脚加工装置	发明专利	CN201711500226.8	2019.07.02	天津清音乐器有限公司	李存刚
	一种钢琴丝位移精度测量装置	发明专利	CN201711500227.2	2019.07.02	天津清音乐器有限公司	李存刚
	一种用于钢琴加工雕刻机主轴轴向微调机构	发明专利	CN201711499723.0	2019.07.02	天津清音乐器有限公司	李存刚
	智能型钢琴	实用新型	CN201821523633.0	2019.07.09	德清车尔尼钢琴有限公司	毛建芬
	一种有保护作用的钢琴凳	实用新型	CN201821378716.5	2019.07.09	浙江乐韵钢琴有限公司	章顺龙
	一种钢琴音色整理支撑架	发明专利	CN201910318213.1	2019.07.09	福建亚东钢琴有限公司	洪亚东、吴烈华、李瑾娟

续表

类别	名称	专利类型	申请（专利）号	公开（公告）日	申请（专利权）人	发明（设计）人
钢琴	钢琴背架自动化铣切设备	发明专利	CN201910318210.8	2019.07.09	福建亚东钢琴有限公司	洪亚东、吴烈华、李瑾娟
	立式钢琴	发明专利	CN201811311771.7	2019.07.12	雅马哈株式会社	深津圭一、吉田安住、驹田洋史、泉谷仁、筱原大志
	一种可调节高度的钢琴脚轮	实用新型	CN201821940697.0	2019.07.12	咸阳师范学院	严琦
	钢琴（PI120E）	外观设计	CN201830743779.5	2019.07.16	广州珠江恺撒堡钢琴有限公司	潘启槟、卢奇剑
	一种钢琴旋转微调式弦轴	实用新型	CN201821841174.0	2019.07.16	西北民族大学	马希刚
	钢琴（RSH119）	外观设计	CN201830754206.2	2019.07.16	广州珠江恺撒堡钢琴有限公司	潘启槟、卢奇剑、招梓华
	立式钢琴	外观设计	CN201830647729.7	2019.07.23	施坦威乐器公司	M·加列戈斯 R·波兰
	一种击弦机定位模具	实用新型	CN201821920482.2	2019.07.23	河北隆尼施钢琴有限公司	方扬
	一种防变形钢琴击弦机总档	实用新型	CN201821447236.X	2019.07.23	许建孟；陆建华	许建孟、陆建华
	一种用于具有声学和静音模式的钢琴的琴槌止动器	发明专利	CN201910345578.3	2019.07.23	南阳理工学院	舒甜、王路、王璐
	一种内置式钢琴琴键动作检测装置	实用新型	CN201821687284.6	2019.07.30	飞来教育科技（深圳）有限公司	曾延寿
	一种具有同时半击琴键设计性能的三角钢琴击弦机	发明专利	CN201910374260.8	2019.07.30	南阳理工学院	舒甜、彭艳、胡青
	一种可提示指法的智能钢琴系统	实用新型	CN201821197459.5	2019.07.30	海伦钢琴股份有限公司	陈海伦、陈朝峰
	一种立式钢琴击弦机磁力复位系统	发明专利	CN201910375333.5	2019.08.02	郝一男	郝一男
	一种钢琴琴弦松紧调节装置	发明专利	CN201910291877.3	2019.08.02	宿州学院	王善虎
	钢琴按键下沉与回升负荷的测量装置	实用新型	CN201822174755.X	2019.08.02	宜昌金宝乐器制造有限公司	吴天延
	一种立式钢琴自动调音系统	实用新型	CN201821834054.8	2019.08.02	江苏师范大学	章馨方
	一种立式钢琴音板的制作工艺	发明专利	CN201910355279.8	2019.08.06	北京华彩龙韵钢琴有限公司	孙炳照
	一种用于钢琴调律的扳手组件	实用新型	CN201821850576.7	2019.08.09	西北民族大学	马希刚
	共鸣盘螺丝孔预加工设备	实用新型	CN201821934098.8	2019.08.09	宜昌金宝乐器制造有限公司	王军、黄维、余桂权
	一种弦槌速度传感器	实用新型	CN201821976790.7	2019.08.09	宜昌金宝乐器制造有限公司	吴天延、李志洲

续表

类别	名称	专利类型	申请（专利）号	公开（公告）日	申请（专利权）人	发明（设计）人
钢琴	立式钢琴	外观设计	CN201930111312.3	2019.08.13	长江大学	王林莺
	电钢琴重锤的消音结构	实用新型	CN201821371317.6	2019.08.13	晋江力达电子有限公司	吴希达
	一种钢琴谱架	实用新型	CN201822148333.5	2019.08.16	苏州公爵琴业有限公司	朱庆、孙学发
	一种加强复奏效果的立式钢琴击弦机构	实用新型	CN201821780208.X	2019.08.20	福州和声钢琴股份有限公司	林建忠、于孙传
	一种钢琴合页结构	实用新型	CN201822062879.9	2019.08.20	苏州公爵琴业有限公司	朱庆、孙学发
	一种钢琴中盘下锁挡结构	实用新型	CN201821795992.1	2019.08.20	福州和声钢琴股份有限公司	林建忠、于孙传
	一种钢结构钢琴中盘	实用新型	CN201822064523.9	2019.08.20	苏州公爵琴业有限公司	朱庆、孙学发
	一种钢琴中踏板定位结构	实用新型	CN201821796248.3	2019.08.20	福州和声钢琴股份有限公司	林建忠、于孙传
	电钢琴及其琴键的安装结构	发明专利	CN201910412574.2	2019.08.23	杭州爱尔科乐器有限公司	蒋峰、肖华、彭广根
	一种钢琴乐谱自动翻页装置	实用新型	CN201821757094.7	2019.08.23	福建珠江埃诺教育管理有限公司	郑小海、段康伟、袁福德
	一种钢琴铉轴	实用新型	CN201822145935.5	2019.08.23	苏州公爵琴业有限公司	朱庆、孙学发
	一种便于固定顶盖的钢琴顶盖合页装置	实用新型	CN201822111911.8	2019.08.23	宜春学院	付小芬
	一种用于电钢琴的按键结构	实用新型	CN201821966766.5	2019.08.23	宁波海宇科技有限公司	俞军
	一种可旋转拆卸便携式电子钢琴支架	实用新型	CN201821944210.6	2019.08.23	深圳佐忠技术有限公司	佐藤实
	一种钢琴及其踏瓣结构	实用新型	CN201822164495.8	2019.08.30	苏州公爵琴业有限公司	朱庆、孙学发
	一种击弦机及钢琴	实用新型	CN201821611833.1	2019.09.03	森兰信息科技（上海）有限公司	刘晓露、李凯文、滕杨裔
	一种击弦机及钢琴	实用新型	CN201821611854.3	2019.09.03	森兰信息科技（上海）有限公司	刘晓露、李凯文、滕杨裔
	一种钢琴琴键	实用新型	CN201920025521.0	2019.09.03	宁夏艺术职业学院	官宝音
	一种击弦机及钢琴	实用新型	CN201821623515.7	2019.09.03	森兰信息科技（上海）有限公司	刘晓露、李凯文、滕杨裔
	用于电子键盘乐器的键盘装置以及用于电子键盘乐器的释放传递构件的安装结构	发明专利	CN201610276318.1	2019.09.03	株式会社河合乐器制作所	石田秀行
	电钢琴键盘	发明专利	CN201610795110.0	2019.09.03	宁波海宇科技有限公司	俞军
	一种钢琴铸铁板结构	实用新型	CN201920062947.3	2019.09.06	周口职业技术学院	束雨莲、刘文杰、束松长、刘婷、万峰森

续表

类别	名称	专利类型	申请（专利）号	公开（公告）日	申请（专利权）人	发明（设计）人
钢琴	一种击弦机及钢琴	实用新型	CN201821623513.8	2019.09.10	森兰信息科技（上海）有限公司	刘晓露、李凯文、滕杨裔
	电钢琴（M123）	外观设计	CN201930126634.5	2019.09.10	青岛美嘉乐器有限公司	丁桂斌
	夹钢琴钢丝的夹线钳	实用新型	CN201822183999.4	2019.09.13	广州珠江钢琴集团股份有限公司	黄耿志、区迎、孔超雄、董胜
	钢琴（NKA1U）	外观设计	CN201830748883.3	2019.09.13	广州珠江钢琴集团股份有限公司	潘启槟
	用于钢琴的制音器	发明专利	CN201910164201.8	2019.09.13	株式会社河合乐器制作所	寺井康志
	一种钢琴压弦杆复位装置	实用新型	CN201920064902.X	2019.09.17	山东管理学院	李天娇
	钢琴	外观设计	CN201930149882.1	2019.09.17	广西南宁君立天翰乐器有限公司	冉小君
	一种通过蓝牙串口设备或USB连接的智能静音钢琴	实用新型	CN201821936427.2	2019.09.17	广州珠江恺撒堡钢琴有限公司	龚承忠、卢奇剑、何文宇
	用于三角钢琴的乐谱架	发明专利	CN201410142774.8	2019.09.20	F.K. 鲁克	F.K. 鲁克
	立式钢琴外壳多色图案部件的加工工艺	发明专利	CN201710573576.0	2019.09.20	海伦钢琴股份有限公司	陈海伦
	盘口机	发明专利	CN201910477159.5	2019.09.20	宁波市北仑乐器配件制造有限公司	靳耀东、俞兆祥
	钢琴键盘配重	实用新型	CN201822174791.6	2019.09.24	宜昌金宝乐器制造有限公司	吴天延
	一种钢琴的音板框粘接用压紧装置	发明专利	CN201910440970.6	2019.09.24	河南教育学院	牛娜娜
	新型材料的钢琴外壳	实用新型	CN201822175829.1	2019.09.24	宜昌金宝乐器制造有限公司	罗扬、熊南方、张勇、刘杰玉
	钢琴（长江三角钢琴 CJ-B-V）	外观设计	CN201930158106.8	2019.10.01	宜昌金宝乐器制造有限公司	乔宪伟、凌绪华、庄联森
	一种钢琴弦槌木芯成型机	实用新型	CN201821940757.9	2019.10.01	咸阳师范学院	严琦
	一种三角钢琴升降流转车	实用新型	CN201920020786.1	2019.10.11	宜昌金宝乐器制造有限公司	胡锋、胡强
	三角钢琴的动作机构	发明专利	CN201910238211.1	2019.10.15	株式会社河合乐器制作所	田口贵彬
	钢琴的长部件安装结构	发明专利	CN201910238164.0	2019.10.15	株式会社河合乐器制作所	山下光夫
	一种可视勺钉扳手	实用新型	CN201821968545.1	2019.10.18	星海音乐学院	曾思萍
	板材切割打孔设备	实用新型	CN201821569665.4	2019.10.18	浙江乐韵钢琴有限公司	章顺龙
	一种钢琴琴键驱动结构	实用新型	CN201822062330.X	2019.10.25	苏州公爵琴业有限公司	朱庆、孙学发

续表

类别	名称	专利类型	申请（专利）号	公开（公告）日	申请（专利权）人	发明（设计）人
钢琴	钢琴绕弦机的夹线尾装置	实用新型	CN201822184054.4	2019.10.25	广州珠江恺撒堡钢琴有限公司	区迎、黄耿志、林启东、孔超雄、董胜
	自动磨白毡机	实用新型	CN201822200846.6	2019.10.25	广州珠江恺撒堡钢琴有限公司	杜宗云、梁俊昉、罗福权、卢洁、黄龙、黄树全、彭森明
	钢琴	外观设计	CN201930323337.X	2019.10.25	广州工商学院	周秦、刘人玮
	一种具有弹奏力度调整功能的钢琴琴键	发明专利	CN201910761571.X	2019.10.25	淄博师范高等专科学校	杨小丽
	钢琴键子粘呢机	实用新型	CN201822184026.2	2019.10.29	广州珠江钢琴集团股份有限公司	廖倩芬、李浩柱
	一种琴腿连接结构和立式钢琴	实用新型	CN201822141341.7	2019.10.29	广州珠江恺撒堡钢琴有限公司	许露然、潘启槟
	一种立式钢琴中踏瓣传动结构	实用新型	CN201822208177.7	2019.10.29	广州珠江恺撒堡钢琴有限公司	陈玉华、龚承忠、毛泳聪
	一种琴键配重调节器	实用新型	CN201920048379.1	2019.10.29	南京艺术学院	李壮、袁寿玉、周晨、胡亮
	音色整理架	实用新型	CN201822144641.0	2019.10.29	广州珠江恺撒堡钢琴有限公司	何文宇、何健玮
	钢琴油漆件平面抛光设备	实用新型	CN201822165682.8	2019.10.29	广州珠江恺撒堡钢琴有限公司	陈日明、徐伟雄、徐洁瑞、林启东、黄耿志
	三角琴压键档的加工刀具	实用新型	CN201822184071.8	2019.10.29	广州珠江恺撒堡钢琴有限公司	丁永康、严泽胜、张勇
	一种推盖电钢琴	实用新型	CN201822181323.1	2019.10.29	东莞市美派电子科技有限公司	叶玉照
	一种具有减震功能的钢琴脚轮	实用新型	CN201920211523.9	2019.11.05	南雄市海伦罗曼钢琴有限公司	刘光星
	一种具有高度可调节功能的钢琴架	实用新型	CN201920211524.3	2019.11.05	南雄市海伦罗曼钢琴有限公司	刘光森
	一种钢琴盖板夹持装置	实用新型	CN201920211515.4	2019.11.05	南雄市海伦罗曼钢琴有限公司	刘光森
	指示弹奏者按键方式的钢琴	实用新型	CN201920247664.6	2019.11.05	重庆师范大学	凌娜
	立式钢琴击弦机总挡	外观设计	CN201930178864.6	2019.11.05	海伦钢琴股份有限公司	陈海伦、李继苗、郑之杰、翟清川
	一种钢琴脚轮安装结构	实用新型	CN201822062905.8	2019.11.05	苏州公爵琴业有限公司	朱庆、孙学发
	智能数码钢琴	外观设计	CN201930209488.2	2019.11.05	浙江友谊电子有限公司	陈天浩

续表

类别	名称	专利类型	申请（专利）号	公开（公告）日	申请（专利权）人	发明（设计）人
钢琴	一种可调节的钢琴谱架	实用新型	CN201920208521.4	2019.11.05	南雄市海伦罗曼钢琴有限公司	刘光森
	一种带有一体式琴架的琴盖	实用新型	CN201920208522.9	2019.11.05	南雄市海伦罗曼钢琴有限公司	刘光星
	钢琴（立式智能钢琴）	外观设计	CN201930245780.X	2019.11.08	广州钢琴玩家科技有限公司	孙灏垚
	钢琴（三角智能钢琴）	外观设计	CN201930245961.2	2019.11.08	广州钢琴玩家科技有限公司	孙灏垚
	一种钢琴共鸣装置	实用新型	CN201822066606.1	2019.11.08	苏州公爵琴业有限公司	朱庆、孙学发
	钢琴（长江冠军系列钢琴 IPC-9 琴）	外观设计	CN201930167833.0	2019.11.08	宜昌金宝乐器制造有限公司	熊南方、吕露
	一种新型钢琴音板肋木的安装装置	发明专利	CN201810422855.1	2019.11.12	北京星海钢琴集团有限公司	汤洁、崔修良、白德刚
	一种新型钢琴音板弦码的安装装置	发明专利	CN201810422857.0	2019.11.12	北京星海钢琴集团有限公司	陈高恩
	支架（钢琴支架）	外观设计	CN201930176806.X	2019.11.12	格尔斯卡尔曼（厦门）钢琴有限公司	杨晓杰
	一种智能钢琴	发明专利	CN201810422853.2	2019.11.12	北京星海钢琴集团有限公司	赵秀伟
	一种可调节手感的电子钢琴	发明专利	CN201910582391.5	2019.11.12	深圳美妙音乐器材有限公司	陈丽娜
	钢琴（2）	外观设计	CN201930211801.6	2019.11.15	浙江乐韵钢琴有限公司	章顺龙
	一种钢琴音源的弦轴栽入设备	发明专利	CN201810422867.4	2019.11.15	北京星海钢琴集团有限公司	吴桓芳、陈高恩
	钢琴（1）	外观设计	CN201930211792.0	2019.11.15	浙江乐韵钢琴有限公司	章顺龙
	钢琴（梦幻海洋）	外观设计	CN201930270550.9	2019.11.15	广西南宁君立天翰乐器有限公司	冉小君
	一种钢琴键盘盖结构	实用新型	CN201822186010.5	2019.11.15	苏州公爵琴业有限公司	朱庆、孙学发
	一种具有透视窗的钢琴盖板	实用新型	CN201920208551.5	2019.11.15	南雄市海伦罗曼钢琴有限公司	刘光森
	一种琴键支承套及装有该支承套的键盘	实用新型	CN201822129965.7	2019.11.19	深圳市蔚科电子科技开发有限公司	曾海、张坤
	一种多接口电子钢琴	实用新型	CN201822231134.0	2019.11.19	一诺云科技（武汉）有限公司	胡雄
	一种立式钢琴背架	实用新型	CN201920341960.2	2019.11.22	湖南外贸职业学院	程荣
	一种钢琴键子多用测深器	实用新型	CN201920811923.3	2019.11.22	湖北理工学院	成惠玲、雷晓伟

续表

类别	名称	专利类型	申请（专利）号	公开（公告）日	申请（专利权）人	发明（设计）人
钢琴	智能钢琴的屏幕定位工装	实用新型	CN201822142719.5	2019.11.22	广州珠江恺撒堡钢琴有限公司	祝如娟、何文宇、李建萍、邓东燕
	一种顶杆轴架	实用新型	CN201822171165.1	2019.11.22	广州珠江恺撒堡钢琴有限公司	何建文、廖志辉、卢洁、何文宇、李浩柱
	钢琴商标粘贴通用模具	实用新型	CN201822144505.1	2019.11.22	广州珠江恺撒堡钢琴有限公司	潘启槟
	一种钢琴联动器	实用新型	CN201920313947.6	2019.11.22	吉林师范大学	刘兰
	一种防滑弦槌总档	实用新型	CN201822171292.1	2019.11.22	广州珠江恺撒堡钢琴有限公司	何建文、廖志辉、卢洁、何文宇
	一种用于电子钢琴的配重装置	发明专利	CN201910801721.5	2019.11.22	东莞市美派电子科技有限公司	黄健恒
	智能设备电钢琴键盘	发明专利	CN201810477478.1	2019.11.26	李赞荣	李赞荣
	一种便携电子琴	实用新型	CN201821913835.6	2019.11.26	揭西县小天使电子电器有限公司	彭作捶
	钢琴琴锤及制作钢琴琴锤的方法	发明专利	CN201910126119.6	2019.11.29	森兰信息科技（上海）有限公司	刘晓露、李凯文、滕杨裔、李政春
	一种钢琴生产加工用钢琴用加固定型装置	实用新型	CN201920150677.1	2019.11.29	上海邦加钢琴有限公司	陈华云、张泽宇
	一种钢琴板	实用新型	CN201822115588.1	2019.12.03	苏州公爵琴业有限公司	朱庆、孙学发
	一种分体式电子乐键盘支架及其键盘	实用新型	CN201822129964.2	2019.12.03	深圳市蔚科电子科技开发有限公司	曾海、张坤
	钢琴扩展的柔音踏板	发明专利	CN201480058949.5	2019.12.03	施坦威乐器公司	M.S. 琼斯 S.Y. 凯纳吉 S.G. 利姆
	一种儿童电子琴	实用新型	CN201920343811.X	2019.12.03	晋江市声乐电子科技有限公司	尤祖乐
	一种节能电子琴	实用新型	CN201920343907.6	2019.12.03	晋江市声乐电子科技有限公司	尤祖乐
	一种多功能电子琴	实用新型	CN201920343864.1	2019.12.03	晋江市声乐电子科技有限公司	尤祖乐
	一种钢琴包装箱码垛用码垛机器人	实用新型	CN201920254745.9	2019.12.06	广州珠江艾茉森数码乐器股份有限公司	卢毅明、刘春清
	一种钢琴包装箱用封箱机	实用新型	CN201920255457.5	2019.12.06	广州珠江艾茉森数码乐器股份有限公司	卢毅明、刘春清
	一种钢琴键盘盖缓降装置	实用新型	CN201920468966.6	2019.12.06	湖南理工学院	刘长旭
	一种防松动的钢琴弦轴组件	发明专利	CN201910788633.6	2019.12.10	青海柏马教育科技有限公司	柏才行

续表

类别	名称	专利类型	申请（专利）号	公开（公告）日	申请（专利权）人	发明（设计）人
钢琴	一种用于生产线上钢琴转向的翻转机	实用新型	CN201920527764.4	2019.12.10	宜春学院	蒋帆
	一种钢琴演奏用能够智能翻页的乐谱架	发明专利	CN201910854914.7	2019.12.10	河南理工大学	李璟
	一种多功能柔性屏电子钢琴	发明专利	CN201910669582.5	2019.12.10	中国地质大学（武汉）	汪勇延、刘学淦、魏悦卿、代棋帆、牛佳乐
	一种电子琴拉簧键盘手感分级调节装置	发明专利	CN201910983554.0	2019.12.13	得理乐器（珠海）有限公司	区骏熙、刘国宗、周鹏
	一种弦槌根部毛毡处理装置	发明专利	CN201910898144.6	2019.12.17	广州珠江恺撒堡钢琴有限公司	何建文
	用于大钢琴的顶板反射防止件	发明专利	CN201910491720.5	2019.12.17	株式会社河合乐器制作所	三浦广彦
	立式钢琴双层音板	实用新型	CN201920484350.8	2019.12.20	广西南宁君立天翰乐器有限公司	冉小君
	一种用于钢琴背架的新型自动化铣切机	实用新型	CN201920542768.X	2019.12.20	福建亚东钢琴有限公司	洪亚东、吴烈华、李瑾娟
	钢琴	外观设计	CN201930291724.X	2019.12.20	伍东伟	伍东伟
	一种钢琴联动杆自动加工设备	发明专利	CN201910734772.0	2019.12.20	长沙师范学院	余琳娜、胡昊
	一种谱架可调节式立式钢琴	实用新型	CN201920506321.7	2019.12.20	淮阴师范学院	郑重
	基于全音域定弦钮设计的钢琴	实用新型	CN201920363911.9	2019.12.24	英国霍普金森钢琴有限公司	曹顺军
	一种新型钢琴制音器	实用新型	CN201920226418.2	2019.12.24	长沙师范学院	王晨帆
	钢琴（中国风）	外观设计	CN201930372378.8	2019.12.24	长江大学	王米蕾、金晶
	采用榉木实木的新型踏板联动系统的钢琴	实用新型	CN201920364627.3	2019.12.24	英国霍普金森钢琴有限公司	曹顺军
	一种钢琴琴盖缓降结构	实用新型	CN201920562115.8	2019.12.24	阜阳幼儿师范高等专科学校	杨宝文、陈可可
	钢琴骨架	外观设计	CN201930260210.8	2019.12.27	黄认识	黄认识
	一种可调节钢琴踏脚	实用新型	CN201920473493.9	2019.12.27	宁波四海琴业有限公司	何四海
	断裂式多层胶合中盘结构的钢琴	实用新型	CN201920526731.8	2019.12.31	无锡斯坦梅尔钢琴有限公司	曹顺军
	钢琴（现代悬浮）	外观设计	CN201930245836.1	2019.12.31	杭州卡米莉娅琴业有限公司	魏增荣
	钢琴（复古皇冠）	外观设计	CN201930245842.7	2019.12.31	杭州卡米莉娅琴业有限公司	魏增荣

续表

类别	名称	专利类型	申请（专利）号	公开（公告）日	申请（专利权）人	发明（设计）人
钢琴	采用低音音箱孔设计的钢琴	实用新型	CN201920526866.4	2019.12.31	无锡斯坦梅尔钢琴有限公司	曹顺军
	电钢琴升降踏板开关	外观设计	CN201930354489.6	2019.12.31	温州皖美电子科技有限公司	陈宏宇、张念念
	一种音质好的电钢琴	实用新型	CN201822179733.2	2019.12.31	东莞市美派电子科技有限公司	叶玉照
管乐器	管乐器的共鸣器	发明专利	CN201780029090.9	2019.01.04	毛里齐奥·恰尔菲	毛里齐奥·恰尔菲
	一种号嘴吹奏练习和口型矫正练习器	实用新型	CN201721600553.6	2019.01.11	刘明月	刘明月
	笛头卡子、单簧管或萨克斯	实用新型	CN201820995865.X	2019.01.15	韩其成	韩其成
	双簧管喇叭口	外观设计	CN201830528448.X	2019.01.15	北京速腾远通国际商	金鑫
	一种碎音笛吹管乐器	发明专利	CN201810915872.9	2019.01.15	中国矿业大学	徐登峰
	乐器的金属体表面光化的方法	发明专利	CN201810671943.5	2019.01.15	昌侑贸易有限公司	陈盈伶
	管乐器用喇叭口、管乐器及边环	发明专利	CN201410386495.6	2019.02.01	雅马哈株式会社	足立启
	一种改进的单簧管笛头	实用新型	CN201821145411.X	2019.02.12	董政宇	董政宇
	单簧管	实用新型	CN201821296535.8	2019.02.26	武强金音教育文化传媒有限公司	陈学孔
	单簧管高音键	外观设计	CN201830444835.5	2019.03.12	武强金音教育文化传媒有限公司	陈学孔
	长号、圆号弱音器	实用新型	CN201830342880.X	2019.03.19	河南潘姆帕特科技有限公司	毛宇
	音孔转接器以及管乐器	发明专利	CN201780044938.5	2019.04.02	雅马哈株式会社	中岛洋、末永雄一朗
	音阶转换装置、电子管乐器、音阶转换方法和存储介质	发明专利	CN201811119163.6	2019.04.02	卡西欧计算机株式会社	山本一人
	连接部件	发明专利	CN201811182473.2	2019.04.19	雅马哈株式会社	西田贤一
	木管乐器的键油添加器	实用新型	CN201821052284.9	2019.05.03	新昌县立诺智能科技有限公司	刘付轩、施文俊
	一种便于固定的长笛	实用新型	CN201821896051.7	2019.06.28	天津华一乐器有限公司	李玉卯、王义起、郭俊明
	一种乐器及其制作方法	发明专利	CN201811541914.3	2019.07.19	纽沃仪器（亚洲）有限责任公司	马克西米利安·斯潘塞·克利索尔德
	长笛	外观设计	CN201930123972.3	2019.08.23	齐齐哈尔大学	王娜、赵妍、苗欢

续表

类别	名称	专利类型	申请（专利）号	公开（公告）日	申请（专利权）人	发明（设计）人
管乐器	一种可调节音域的长笛	实用新型	CN201920076583.4	2019.09.27	天津华一乐器有限公司	李玉卯、王义起、郭俊明
	一种长笛形管的加工机床	实用新型	CN201920023439.4	2019.09.17	天津华一乐器有限公司	李玉卯、王义起、郭俊明
	一种长笛按键的加工工艺	发明专利	CN201910553868.7	2019.10.08	天津汇罡科技发展有限公司	张志栋
	一种圆号按键辅助焊接工装	实用新型	CN201920189536.0	2019.11.08	天津奥维斯乐器有限公司	张国民
	一种双簧管加工固定设备	实用新型	CN201821893055.X	2019.11.15	天津华一乐器有限公司	郭俊明、李玉卯、王义起
提琴	一种小提琴调音用琴马辅助装置	实用新型	CN201820993528.7	2019.01.01	马永红	马永红
	一种提琴机械弦轴	实用新型	CN201821100306.4	2019.01.04	张铁军	张铁军、唐晓毅
	一种乐器用的便于放置实用型大提琴	发明专利	CN201710459901.0	2019.01.04	江苏东方乐器有限公司	孔文忠
	一种电子小提琴	实用新型	CN201820284593.2	2019.01.11	齐鲁师范学院	张倚舲
	用于提琴及弹拨乐器的微调弦轴	实用新型	CN201820253133.3	2019.02.01	周德柱	周德柱、周毅
	小提琴琴头谱架	实用新型	CN201820934681.2	2019.02.12	六盘水市第三中学	陈烨桐
	一种小提琴琴码震动检测系统	发明专利	CN201811212803.8	2019.03.08	湖南城市学院	余雯
	一种小提琴面板的加工方法	发明专利	CN201710396643.6	2019.03.22	武强金音教育发	陈学孔
	一种提琴音柱安装调整工具	实用新型	CN201820529498.4	2019.04.09	向祖树	向祖树
	扩展型电子小提琴	发明专利	CN201811562253.2	2019.04.09	余姚市荣大塑业有限公司	袁美丽
	小提琴弱音器	外观设计	CN201830686707.1	2019.04.23	泰兴市喜洋洋乐器配件厂	翁新忠、翁绍倓
	一种提琴弦自动缠绕排线机	发明专利	CN201910168328.7	2019.06.21	广州市罗曼士乐器制造有限公司	郑晓明
	一种小提琴加工用夹紧固定装置	实用新型	CN201821902462.2	2019.06.25	河南昊韵乐器有限公司	李建明
	一种用于小提琴制作的夹持放置装置	实用新型	CN201821903162.6	2019.06.25	河南昊韵乐器有限公司	李建明
	一种用于小提琴制作的刨边装置	实用新型	CN201821902454.8	2019.06.25	河南昊韵乐器有限公司	李建明
	一种端面呈拱桥型可调仿生皮民族低音乐器	实用新型	CN201822017733.2	2019.08.06	刘正辉	刘正辉
	一种提琴用酒性漆及其制备和应用方法	发明专利	CN201910385585.6	2019.08.09	北京华东乐器有限公司	于淑兰、王洪明
	一种提琴用油性漆及其制备和应用方法	发明专利	CN201910384898.X	2019.08.09	北京华东乐器有限公司	于淑兰、王洪明

续表

类别	名称	专利类型	申请（专利）号	公开（公告）日	申请（专利权）人	发明（设计）人
提琴	弦乐器用板材、原声弦乐器以及弦乐器用板材的制造方法	发明专利	CN201780082180.4	2019.08.23	雅马哈株式会社	曾我一树、山崎稔久、中谷宏、宫泽宪一
	一种方便快速识别指位的新型小提琴结构	发明专利	CN201910540849.0	2019.08.23	九江学院	梁婧
	一种提琴仿真天然虎纹的制作工艺	发明专利	CN201910633769.X	2019.09.10	钱建明	钱建明、钱晓彤、钱晓乐
	一种用于小提琴音板和肋木的压合装置	实用新型	CN201821902456.7	2019.09.20	河南昊韵乐器有限公司	李建明
	一种多功能小提琴琴弓	实用新型	CN201822210864.2	2019.09.24	江西师范大学	吴艳艳、赵斌
	一种新型便捷式低音大提琴组件	实用新型	CN201920114608.5	2019.09.27	王馨璐	王馨璐
	多层复合材料提琴指板及提琴	实用新型	CN201821744824.X	2019.10.15	郑荃	郑荃
	一种低音提琴的调弦装置	实用新型	CN201822013816.4	2019.10.22	大连大学	郭松
	一种提琴	发明专利	CN201910810848.3	2019.10.22	张力中	张力中
	一种古色提琴面板的刷漆方法	发明专利	CN201910642447.1	2019.10.22	泰兴市鸿艺乐器有限公司	翁新年、翁美华
	一种小提琴面板的加工方法	发明专利	CN201910642870.1	2019.10.29	泰兴市鸿艺乐器有限公司	翁新年、翁美华
	原生态提琴漆及制备方法	发明专利	CN201910721980.7	2019.11.01	牡丹江和音乐器有限公司	贾酝
	一种自动调弦的小提琴及其自动调弦方法	发明专利	CN201910812898.5	2019.11.01	闫泰然	闫泰然
	一种琴把带有收缩功能的小提琴	实用新型	CN201822173104.9	2019.11.15	张凯	张凯
	小提琴弱音器	外观设计	CN201930256813.0	2019.12.03	陈永武	陈永武
	电子小提琴	外观设计	CN201930245958.0	2019.12.10	上海工艺美术职业学院	樊思祺、周诗奇、邱秀梅
	提琴消音器	外观设计	CN201930317205.6	2019.12.27	林刚	林刚
吉他	吉他拾音器（部件1）	外观设计	CN201830087745.5	2019.01.01	惠州市天音乐器有限公司	张又文
	吉他拾音器（部件2）	外观设计	CN201830087652.2	2019.01.01	惠州市天音乐器有限公司	张又文
	一种便于调节的新型吉他	实用新型	CN201820974277.8	2019.01.01	张博飞	张博飞
	一种高音质单板吉他	实用新型	CN201821081045.6	2019.01.04	江苏新世纪乐器有限公司	钱庄胜
	一种静音吉他音效处理方法及装置	发明专利	CN201810957154.8	2019.01.04	德阳好哲创意文化科技有限公司	汤楷骅

续表

类别	名称	专利类型	申请（专利）号	公开（公告）日	申请（专利权）人	发明（设计）人
吉他	一种便于放置兼收纳物品的吉他	发明专利	CN201710510185.4	2019.01.04	江苏东方乐器有限公司	孔文忠
	一种便于装卸的吉他	发明专利	CN201710510211.3	2019.01.04	江苏东方乐器有限公司	孔文忠
	一种便于调音的吉他	发明专利	CN201710459987.7	2019.01.04	江苏东方乐器有限公司	孔文忠
	一种便于更换琴弦的木吉他	实用新型	CN201821077546.7	2019.01.04	九江职业大学	刘长洪
	吉他琴桥压紧装置	实用新型	CN201820725555.6	2019.01.08	珠海市英诚电子科技有限公司	范艇海
	一种古典吉他面板内部结构	实用新型	CN201821151576.8	2019.01.08	佛山市南海明德乐器有限公司	申民
	一种可调型吉他弦枕	发明专利	CN201811102880.8	2019.01.08	正安索尔乐器文化发展有限公司	余青平
	一种 Mini 吉他	实用新型	CN201820606711.7	2019.01.08	山东劳立斯世正乐器有限公司	邓莹
	一种折叠式音箱电吉他	实用新型	CN201820725780.X	2019.01.11	青岛宏音木业有限公司	王伟杰
	一种滑行式拾音器的电吉他	实用新型	CN201821081456.5	2019.01.11	李杰胤	李杰胤
	一种可折叠便携吉他	实用新型	CN201821101299.X	2019.01.11	谢崇早	谢崇早
	一种具有双琴体的多功能吉他	实用新型	CN201721812314.7	2019.01.15	宁乐	宁乐
	一种吉他涂覆漆及其制备方法	发明专利	CN201811124641.2	2019.01.18	贵州律动文化发展股份有限公司	韦永勇、王学、王凯、范胜军、董媛媛
	一种可调式吉他弦轴	实用新型	CN201821106110.6	2019.01.22	瑞安市中联电声乐器有限公司	林瑞荣
	可伸缩吉他	实用新型	CN201820274944.1	2019.01.22	张堃	张堃
	一种吉他专用漆及其制备方法	发明专利	CN201811110163.X	2019.01.25	贵州融合音源乐器有限公司	李仕勇
	一种吉他指板	实用新型	CN201820263125.7	2019.02.05	广州优易乐器有限公司	郑礼文
	一种自带音乐箱的民谣吉他	实用新型	CN201820308610.1	2019.02.05	那顺吉日嘎	那顺吉日嘎、宝乐德、朝乐孟嘎、格日乐其其格
	一种吉他面板	实用新型	CN201820835589.0	2019.02.05	广州华丰乐器制造有限公司	黄振熙
	一种双层面板式吉他	实用新型	CN201821295969.6	2019.02.05	广州市易非乐器有限公司	江新安
	吉他（美术馆二号）	实用新型	CN201830378339.4	2019.02.12	厦门巨声文化传播有限公司	厦门巨声文化传播有限公司
	吉他指板	发明专利	CN201810865228.5	2019.02.12	泰勒－利斯图有限公司.DBA 泰勒吉他	安德鲁·泰勒·鲍尔斯

续表

类别	名称	专利类型	申请（专利）号	公开（公告）日	申请（专利权）人	发明（设计）人
吉他	一种内置扩音器的电子吉他	实用新型	CN201820723775.5	2019.02.15	东莞市龙健电子有限公司	刘彦华
	一种便携式多功能前置放大器	发明专利	CN201811387896.8	2019.03.01	恩平市新盈科电声科技有限公司	冼文忠
	折叠式吉他的锁合结构	发明专利	CN201710701658.9	2019.03.01	汤楷骅	汤楷骅
	一种吉他以及音乐系统	实用新型	CN201820329182.0	2019.03.12	北京罗兰盛世音乐教育科技有限公司	程建铜、毛文铭、安宁
	一种吉他以及音乐系统	实用新型	CN201820329184.X	2019.03.12	北京罗兰盛世音乐教育科技有限公司	程建铜、毛文铭、安宁
	一种吉他加工用喷涂装置	实用新型	CN201820745274.7	2019.03.15	临泽县锐翔科技开发有限责任公司	孙守霞
	一种吉他乐器聚氨酯漆的配方及其制造方法	发明专利	CN201811491326.3	2019.03.15	江苏沃格瑞特乐器制造有限公司	罗有航
	一种可复制音色的自学习电吉他	发明专利	CN201811560405.5	2019.03.15	深圳市魔耳乐器有限公司	沈平、唐镇宇、张建雄
	一种用于电吉他的喷漆装置	实用新型	CN201821049201.0	2019.03.22	淮南市乐森黑马乐器有限公司	李勇
	吉他侧边喷漆装置	发明专利	CN201710389523.3	2019.03.26	贵州融合音源乐器有限公司	李仕勇
	吉他指板弧度品冠高度测量尺	外观设计	CN201830202489.X	2019.03.26	HOSCO 株式会社	细川真史
	可变音吉他	发明专利	CN201710847912.6	2019.03.26	别春华	别春华、宋秀琼
	电吉他浮动琴桥	外观设计	CN201830558403.7	2019.03.29	李宏	不公告设计人
	可折叠吉他	发明专利	CN201910063919.8	2019.03.29	河南职业技术学院	胡娟、王志鹏、黄晶晶、胡平
	电吉他固定琴桥	外观设计	CN201830558402.2	2019.03.29	李宏	不公告设计人
	一种吉他头向下折叠机构	实用新型	CN201820963399.7	2019.03.29	音王电声股份有限公司	张赞、熊齐军
	可更换共鸣箱的吉他	发明专利	CN201780047123.2	2019.04.02	金荣爱	金荣爱、金源植
	一种吉他以及音乐系统	实用新型	CN201820329300.8	2019.04.26	北京罗兰盛世音乐教育科技有限公司	程建铜、毛文铭、安宁
	用于吉他涂装的背板、侧板用漆和正板用漆及吉他的涂装方法	发明专利	CN201710004239.X	2019.05.07	衡水美和乐器有限公司	李荣、李昂
	用于吉他的护板	外观设计	CN201830324566.9	2019.05.07	美国迪安吉利科吉他有限责任公司	瑞安·克肖、尼古拉斯·布伦纳·蒲伯

续表

类别	名称	专利类型	申请（专利）号	公开（公告）日	申请（专利权）人	发明（设计）人
吉他	一种基于活动托盘的古典琴马粘接装置	实用新型	CN201821314008.5	2019.05.10	广东红棉乐器股份有限公司	郭炳华、陈钊明、苏婉红、杨志伟、刘子卡
	一种可以使吉他双面板稳定粘合的涂胶粘合装置	实用新型	CN201821315333.3	2019.05.10	广东红棉乐器股份有限公司	黄毅、何志强、陈钊明、邱晓泽、龙均培
	一种具有自锁功能的吉他调音旋钮结构	实用新型	CN201821352784.4	2019.05.10	吉林大学	吴骁
	电吉他	外观设计	CN201830745622.6	2019.05.14	雅马哈株式会社	杉浦由久
	吉他琴柄琴体连接结构	实用新型	CN201821356968.8	2019.05.24	郑汉	郑汉、郑晓彬
	一种多功能吉他	实用新型	CN201821718739.6	2019.06.04	深圳市骄子商贸有限公司	江少君
	用于吉他的内部支撑件	发明专利	CN201610916495.1	2019.06.14	泰勒－利斯图有限公司.D/B/A 泰勒吉他	安德鲁·泰勒·鲍尔斯
	一种新型的吉他音梁结构	实用新型	CN201821542436.3	2019.06.18	江苏华歌乐器有限公司	殷鹏
	新型吉他面板结构	实用新型	CN201821544824.5	2019.06.28	广州市拿火信息科技有限公司	陆子天、钟锐、冼卓恒、周联峰、邵乙迪、周汀沙
	一种吉他粘板用的伸缩十字型胶粘固定装置	实用新型	CN201821552306.8	2019.06.28	贵州凯丰乐器有限公司	张捷峰
	新型的吉他琴颈琴体加强骨连接结构	实用新型	CN201821544841.9	2019.06.28	广州市拿火信息科技有限公司	陆子天、冼卓恒、周联峰、邵乙迪、周汀沙、钟锐
	一种琴箱改良结构	实用新型	CN201821352955.3	2019.06.28	李宗盛	李宗盛
	一种可调型分段式吉他弦枕	实用新型	CN201821543024.1	2019.06.28	正安索尔乐器文化发展有限公司	余青平
	一种可扩展音量的木吉他	实用新型	CN201821634888.4	2019.07.05	深圳市世尊科技有限公司	钞晨
	一种自粘式品丝打磨用指板保护贴	实用新型	CN201821724335.8	2019.07.05	HOSCO 株式会社	细川真史
	一种吉他的琴体内回线结构及吉他	发明专利	CN201910177828.7	2019.07.12	惠州全丰育乐用品有限公司	蔡赖丰、邓勇明
	吉他音梁固定装置	发明专利	CN201710262714.3	2019.07.23	广西贺州市金海乐器有限公司	黄韶羡
	一种吉他手柄的一体化加工设备	实用新型	CN201822173195.6	2019.08.16	浙江金泓乐器有限公司	季晓野
	一种无弦吉他	发明专利	CN201910440090.9	2019.08.16	东南大学	吴昱庚、汤一顺、郑姚生

续表

类别	名称	专利类型	申请（专利）号	公开（公告）日	申请（专利权）人	发明（设计）人
吉他	具有高密度竹子的品柱板的吉他	发明专利	CN201780081805.5	2019.08.23	瑞利什兄弟股份有限公司	P·吉格S·恭M·凯勒
	一种气囊固定式吉他侧板成型固定架	发明专利	CN201910621048.7	2019.08.27	贵州贝加尔乐器有限公司	赵山
	一种吉他的二次共鸣装置	实用新型	CN201821865484.6	2019.09.03	张敬阳	张敬阳
	一种夹层式吉他面板	实用新型	CN201821543663.8	2019.09.06	正安索尔乐器文化发展有限公司	余青平
	一种吉他变音夹	实用新型	CN201821961130.1	2019.09.13	泰兴琴艺乐器有限公司	吴建新、钱富民、林建峰、李飞、黄鹏
	一种吉他功放电路	发明专利	CN201910181195.7	2019.09.17	先歌国际影音有限公司	张太武
	一种便于更换弦的新型吉他	实用新型	CN201920121359.2	2019.09.17	王光锋	王光锋
	一种吉他音高调节结构	发明专利	CN201910616753.8	2019.09.20	广州市桐馨乐器制造有限公司	赵渐华
	一种吉他用可伸缩变调夹	实用新型	CN201820452549.8	2019.10.08	胡勇	胡勇、王梓蔓、胡宇航、武仁杰、彭恢挺、吴立隆
	吉他调音系统	发明专利	CN201810268442.2	2019.10.11	葛靖轩	葛靖轩
	一种光纤吉他	发明专利	CN201910676625.2	2019.10.11	广东复安科技发展有限公司	王超、贾波
	音量可调吉他	发明专利	CN201610330859.8	2019.10.18	青岛美乐克乐器有限公司	胡振华
	一种防断裂的吉他用琴弦	实用新型	CN201822076223.2	2019.10.25	杨庭炜	杨庭炜
	一种吉他柱形螺母连接结构	实用新型	CN201920144351.8	2019.10.29	广州优酷乐器有限公司	孙建忠
	一种使用方便的吉他换弦装置	实用新型	CN201822104800.4	2019.11.08	梅立奇	梅立奇
	一种吉他弦自动安装调音设备	实用新型	CN201920114430.4	2019.11.12	唐山微媒网络科技有限公司	王海霞
	一种吉他琴码粘接工具	实用新型	CN201821822269.8	2019.11.15	王伟杰	王伟杰
	一种电吉他无线传声装置	实用新型	CN201920296586.9	2019.11.19	李莎	李莎
	一种磁吸式吉他变调夹	实用新型	CN201920305493.8	2019.11.26	刘谦	鲁子艮、鲁文波、刘谦
	一种吉他功放电路	实用新型	CN201920303433.2	2019.11.26	先歌国际影音有限公司	张太武
	一种吉他侧板肋条侧压静置设备	实用新型	CN201821552864.4	2019.12.03	贵州凯丰乐器有限公司	张捷峰、张家忠、余林、蒋伟
	一种多规格吉他侧板肋条保压装置	实用新型	CN201821531586.4	2019.12.03	贵州华成乐器制造有限公司	卢彭建

续表

类别	名称	专利类型	申请（专利）号	公开（公告）日	申请（专利权）人	发明（设计）人
吉他	一种吉他面板和音梁架粘合装置	实用新型	CN201821548823.8	2019.12.03	广东声凯乐器有限公司	黄志康
	一种将吉他声音转换成其他乐器声音的实时演奏方法及系统	发明专利	CN201910834872.0	2019.12.03	长沙市回音科技有限公司	沈平、唐镇宇、张建雄、邓小保
	一种新型贴片式传导免工具安装吉他拾音器	实用新型	CN201920820627.X	2019.12.20	惠州市吉姆森林乐器有限公司	赵春东
	吉他旋钮	外观设计	CN201930383071.8	2019.12.20	北部湾大学	刘双全
	一种微型共鸣箱便携式静音吉他及其系统	发明专利	CN201910930703.7	2019.12.20	庄红	庄红、何祖火、何沐
民族乐器	扬琴精细调音手柄	发明专利	CN201811282268.3	2019.01.01	东北大学	胡广兴、王旗、朱盼盼、朱雨莲
	古筝	外观设计	CN201830524559.3	2019.01.04	兰考桐韵民族乐器有限公司	袁玉则
	一种新型的古琴槽腹结构	实用新型	CN201820120890.3	2019.01.08	王平	王平、王天仪、王苏杭
	一种民族管乐器的半音按键装置	实用新型	CN201821213189.2	2019.01.15	佳木斯大学	王伟、苗加佳、高畅、于诗函
	一种古琴调弦器	实用新型	CN201821266879.4	2019.01.25	王玉仁	王玉仁
	一种新型高音准竹笛	实用新型	CN201821228466.7	2019.01.29	傅晔	傅晔
	一种稳压型笛子	实用新型	CN201821026486.6	2019.02.01	温州浩僧服饰有限公司	苏俊义
	古筝	外观设计	CN201830497131.4	2019.02.01	扬州天道民族乐器有限公司	张道成
	古琴琴弦蜻蜓结制作工具	外观设计	CN201730132709.1	2019.02.12	杨致俭	杨致俭
	一种双面板琴体共振古琴	实用新型	CN201821275385.2	2019.02.12	曹阳	曹阳
	面板高度可调式扬琴	发明专利	CN201811581179.9	2019.02.19	余姚市荣大塑业有限公司	袁美丽、傅斌
	一种古琴琴弦蜻蜓结制作方法	发明专利	CN201710257408.0	2019.02.22	杨致俭	杨致俭
	自动化蝴蝶形扬琴	发明专利	CN201811599529.4	2019.03.08	宁波迪比亿贸易有限公司	徐旭栋、叶红春
	一种多段组装式笛子	实用新型	CN201821098755.X	2019.03.26	郑润柏	郑润柏
	低音六角二胡	实用新型	CN201820234892.5	2019.04.05	上海民族乐器一厂	张建平、周力
	二胡（鸿骞凤立）	外观设计	CN201830644699.4	2019.04.05	苏州民族乐器一厂有限公司	张礼东
	二胡（梧凤之鸣）	外观设计	CN201830644680.X	2019.04.09	苏州民族乐器一厂有限公司	张礼东
	二胡（绵连长远）	外观设计	CN201830644527.7	2019.04.09	苏州民族乐器一厂有限公司	张礼东

续表

类别	名称	专利类型	申请（专利）号	公开（公告）日	申请（专利权）人	发明（设计）人
民族乐器	二胡（双龙合璧）	外观设计	CN201830644696.0	2019.04.09	苏州民族乐器一厂有限公司	张礼东
	二胡（高洁祥和）	外观设计	CN201830644532.8	2019.04.09	苏州民族乐器一厂有限公司	张礼东
	二胡（紫檀专业琴）	外观设计	CN201830644521.X	2019.04.09	苏州民族乐器一厂有限公司	张礼东
	二胡（民族情结）	外观设计	CN201830644524.3	2019.04.09	苏州民族乐器一厂有限公司	张礼东
	二胡（暗香疏影）	外观设计	CN201830644722.X	2019.04.09	苏州民族乐器一厂有限公司	张礼东
	古筝（古）	外观设计	CN201830673813.6	2019.04.12	扬州市思美民族乐器厂	胡思林
	古筝（三角式）	外观设计	CN201830673702.5	2019.04.12	扬州市思美民族乐器厂	胡思林
	古筝（月）	外观设计	CN201830677646.2	2019.04.12	扬州市思美民族乐器厂	胡思林
	扬琴发声成分消除系统	发明专利	CN201811589115.3	2019.04.12	宁波迪比亿贸易有限公司	徐旭栋、叶红春
	琴竹破损识别平台	发明专利	CN201811589113.4	2019.04.12	宁波迪比亿贸易有限公司	徐旭栋、吴梦梦
	自适应式转盘转调扬琴	发明专利	CN201811600176.5	2019.04.16	宁波迪比亿贸易有限公司	徐旭栋、叶红春
	二胡（810AAAJ 印象上海）	外观设计	CN201830629831.4	2019.05.03	上海民族乐器一厂	王琳琳
	中阮（666ZY 直项燕尾头饰中阮）	外观设计	CN201830629703.X	2019.05.03	上海民族乐器一厂	周力
	琵琶（8541Y 海上花开）	外观设计	CN201830635091.5	2019.05.03	上海民族乐器一厂	钱冰菁
	二胡（810AAAPP60 敦煌飞天）	外观设计	CN201830629705.9	2019.05.03	上海民族乐器一厂	翁纪军、周力
	二胡（810AAAJ 大唐雅韵 – 六边纹）	外观设计	CN201830629723.7	2019.05.03	上海民族乐器一厂	钱冰菁
	琵琶（8537FFF60 丝路山水）	外观设计	CN201830634597.4	2019.05.03	上海民族乐器一厂	楼卫东、钱冰菁
	二胡（810AAAJY 海上花开）	外观设计	CN201830629704.4	2019.05.03	上海民族乐器一厂	钱冰菁
	新型扬琴	发明专利	CN201910185482.5	2019.05.03	范清福	范清福
	二胡（富贵延年）	外观设计	CN201830644536.6	2019.05.07	苏州民族乐器一厂有限公司	张礼东
	二胡（激昂青云）	外观设计	CN201830644529.6	2019.05.07	苏州民族乐器一厂有限公司	张礼东
	古筝（89698PP60 敦煌乐舞）	外观设计	CN201830648114.6	2019.05.14	上海民族乐器一厂	翁纪军、周力
	古筝（海上凤韵金筝）	外观设计	CN201830648482.0	2019.05.14	上海民族乐器一厂	黄雯、钱冰菁
	古筝（8698TGF60 丝路敦煌）	外观设计	CN201830641506.X	2019.05.14	上海民族乐器一厂	李守白、钱冰菁
	古筝（89698PP60 敦煌飞天）	外观设计	CN201830648105.7	2019.05.14	上海民族乐器一厂	翁纪军、周力

续表

类别	名称	专利类型	申请（专利）号	公开（公告）日	申请（专利权）人	发明（设计）人
民族乐器	古筝（8698J 敦煌佛缘）	外观设计	CN201830641718.8	2019.05.14	上海民族乐器一厂	聂草根
	琵琶（8537PP60 敦煌飞天）	外观设计	CN201830634596.X	2019.05.14	上海民族乐器一厂	翁纪军、钱冰菁
	古筝（89698OE 大唐雅韵—祥云）	外观设计	CN201830641719.2	2019.05.14	上海民族乐器一厂	钱冰菁
	古筝（89698JJ 海上花开）	外观设计	CN201830641483.2	2019.05.14	上海民族乐器一厂	钱冰菁
	古筝（8694PP 山中兰叶）	外观设计	CN201830648476.5	2019.05.14	上海民族乐器一厂	周力
	古筝（8698JLC 贝阙珠衣）	外观设计	CN201830648262.8	2019.05.14	上海民族乐器一厂	吴姝蓉
	古筝（8695O 丝路行云）	外观设计	CN201830648128.8	2019.05.14	上海民族乐器一厂	王琳琳
	古筝（8698J 高山仰止）	外观设计	CN201830641717.3	2019.05.14	上海民族乐器一厂	钱冰菁
	二胡（810AAAPP60 敦煌乐舞）	外观设计	CN201830629721.8	2019.05.14	上海民族乐器一厂	翁纪军、周力
	古筝（8694PP 陆上丝路）	外观设计	CN201830641491.7	2019.05.14	上海民族乐器一厂	钱冰菁
	古筝（8698CF60 青花墨韵－牡丹）	外观设计	CN201830648246.9	2019.05.14	上海民族乐器一厂	朱忠民、钱冰菁
	古筝（8694PP 丝路遐想）	外观设计	CN201830648094.2	2019.05.14	上海民族乐器一厂	王琳琳
	古筝（8695T 春语盈盈）	外观设计	CN201830648351.2	2019.05.14	上海民族乐器一厂	王琳琳
	古筝（8698TG 鹤鸣朝日）	外观设计	CN201830648341.9	2019.05.14	上海民族乐器一厂	王琳琳
	古筝（8694MT 云开见日）	外观设计	CN201830641714.X	2019.05.14	上海民族乐器一厂	聂草根
	古筝（8695OE 大唐雅韵－花纹）	外观设计	CN201830641497.4	2019.05.14	上海民族乐器一厂	钱冰菁
	琵琶（8541F 印象上海）	外观设计	CN201830635088.3	2019.05.14	上海民族乐器一厂	王琳琳
	二胡(810AAJ 大唐雅韵－龟甲纹)	外观设计	CN201830629835.2	2019.05.14	上海民族乐器一厂	钱冰菁
	古筝（8694PP 海上丝路）	外观设计	CN201830641493.6	2019.05.17	上海民族乐器一厂	钱冰菁
	古筝（8698LC 峥嵘榴石）	外观设计	CN201830648243.5	2019.05.17	上海民族乐器一厂	吴姝蓉
	古筝（8698TM 倾城之恋）	外观设计	CN201830641715.4	2019.05.17	上海民族乐器一厂	钱冰菁
	古筝（8694PP 凤鸣敦煌）	外观设计	CN201830648484.X	2019.05.21	上海民族乐器一厂	周力
	琵琶（8537PP60 敦煌乐舞）	外观设计	CN201830634584.7	2019.05.21	上海民族乐器一厂	翁纪军、钱冰菁
	高胡	外观设计	CN201830650851.X	2019.06.04	苏州民族乐器一厂有限公司	张礼东
	古筝（3）	外观设计	CN201830471093.5	2019.06.04	扬州传悦民族乐器有限公司	陈艳芳
	二胡（华夏龙吟）	外观设计	CN201830644698.X	2019.06.04	苏州民族乐器一厂有限公司	张礼东
	古筝（青花墨韵－石榴）	外观设计	CN201830648478.4	2019.06.21	上海民族乐器一厂	朱忠民
	古筝（89698PP60 鹿王本生）	外观设计	CN201830648109.5	2019.06.21	上海民族乐器一厂	翁纪军、周力
	一种板胡及其制作方法	发明专利	CN201610028236.5	2019.06.25	杨新民	杨新民
	古筝（2）	外观设计	CN201830471855.1	2019.07.05	扬州传悦民族乐器有限公司	陈艳芳

续表

类别	名称	专利类型	申请（专利）号	公开（公告）日	申请（专利权）人	发明（设计）人
民族乐器	古筝（1）	外观设计	CN201830471481.3	2019.07.05	扬州传悦民族乐器有限公司	陈艳芳
	一种古琴音色调节装置	发明专利	CN201910304054.X	2019.07.05	平顶山学院	王任亚
	两段碗的唢呐	实用新型	CN201822005111.8	2019.08.02	丛洋	丛洋
	一式二十一座古筝抬弦转调装置	发明专利	CN201810125252.5	2019.08.13	上海陶玉兰民族乐器厂	陶玉兰
	一种古筝干燥装置	实用新型	CN201920037206.X	2019.09.03	兰考县牧桐坊民族乐器有限公司	吴扎根
	一种用于古筝面板蒸煮的装置	实用新型	CN201920037180.9	2019.09.03	兰考县牧桐坊民族乐器有限公司	吴扎根
	一种古筝用喷漆装置	实用新型	CN201920058701.9	2019.09.24	兰考县牧桐坊民族乐器有限公司	吴扎根
	一种古筝压合装置	实用新型	CN201920037281.6	2019.09.24	兰考县牧桐坊民族乐器有限公司	吴扎根
	一种无千斤二胡	发明专利	CN201810233146.9	2019.10.01	苏州民族乐器一厂有限公司	张礼东
	一种琴码固定装置	实用新型	CN201920037208.9	2019.10.08	兰考县牧桐坊民族乐器有限公司	吴扎根
	一种用于制作古筝的烤漆装置	实用新型	CN201920051833.9	2019.10.22	兰考县牧桐坊民族乐器有限公司	吴扎根
	一种古筝穿弦装置	实用新型	CN201920132874.0	2019.10.29	兰考县牧桐坊民族乐器有限公司	吴扎根
	一种古筝模板切割装置	实用新型	CN201920132880.6	2019.11.12	兰考县牧桐坊民族乐器有限公司	吴扎根
	一种古筝安装支架	实用新型	CN201920085674.4	2019.11.12	兰考县牧桐坊民族乐器有限公司	吴扎根
	一种古筝模板成型装置	实用新型	CN201920058703.8	2019.11.15	兰考县牧桐坊民族乐器有限公司	吴扎根
	一种古筝加工固定装置	实用新型	CN201920086508.6	2019.11.15	兰考县牧桐坊民族乐器有限公司	吴扎根
	一种古筝板用打磨装置	实用新型	CN201920051834.3	2019.11.29	兰考县牧桐坊民族乐器有限公司	吴扎根
	一种古筝打孔辅助定位装置	实用新型	CN201920037282.0	2019.11.29	兰考县牧桐坊民族乐器有限公司	吴扎根
	一种多调竹笛	实用新型	CN201920330102.8	2019.11.29	齐齐哈尔大学	李智
	古筝（丰收）	外观设计	CN201930243196.0	2019.12.03	兰考县君谊民族乐器有限公司	赵尚功、赵邦宣
	一种唢呐变音色消音量双功能器	实用新型	CN201920375286.X	2019.12.10	贾鹏	贾鹏

续表

类别	名称	专利类型	申请（专利）号	公开（公告）日	申请（专利权）人	发明（设计）人
民族乐器	一种唢呐音量大小调节器	实用新型	CN201920375270.9	2019.12.13	贾鹏	贾鹏
	一种自动固定螺旋调节腕式唢呐	实用新型	CN201920459610.6	2019.12.13	佳木斯大学	王伟、高畅、高佳
	弱音唢呐	发明专利	CN201810597340.5	2019.12.20	北京宏音斋民族文化发展中心	吴景馨、吴彤、吴来顺
	一种贴膜唢呐	实用新型	CN201920375268.1	2019.12.24	贾鹏	贾鹏
	一种胡琴的琴杆和琴筒及其胡琴	实用新型	CN201822218036.3	2019.12.27	高俊祥	高俊祥

新产品

2019年乐器行业新品纵览

编者按：综观2019年乐器行业发展宏观趋向，全球乐器经济不确定因素增多，中美贸易摩擦继续抑制外贸出口活力，环保、成本要素促进乐器产业向绿色经济持续深度转型。面对产业发展不利因素，全体乐器行业同仁以科技作为第一生产力，精准对接大众音乐制品消费需求，内部设备升级改造，产品标准化、系列化、智能化制造水平有效提升，外部引进国外先进乐器制造技术，乐器行业“三品战略”得到贯彻实施，各分支行业科研创新工作取得积极成果。为客观记录2019乐器行业科研创新历史，本刊特别策划乐器行业新品纵览专题，旨在透过图文汇编形式，集体巡礼全年乐器行业发展的科技创新成果。

一、广州珠江钢琴集团股份有限公司

恺撒堡高档琴KX系列

恺撒堡KX系列立式钢琴在欧洲传统工艺基础上，全系列采用前倾式背架工艺，有效提升立式琴“复振”性能，键盘控制更加灵敏和精确。击弦机弦槌采用国创自主研发的PR2.0高端专用弦槌。众所周知，弦槌是构成钢琴声音品质的重要一环，弦槌对一台钢琴的音色影响约占25%，在民族品牌自主研发的高端定位钢琴弦槌面世前，高端钢琴的弦槌主要来自国外企业生产。而珠江钢琴研发的PR2.0高端新技术弦槌的突破性成果，进一步提升了民族自主钢琴的品质，并以“国创”之傲给KX系列钢琴的演奏带来更好的声学体验。KX系列钢琴的键盘采用原料名贵的乌木黑键，当演奏者连续快速弹奏时，具有防滑性的乌木键可以让演奏者手指施力的角度和力度更稳定。同时，KX系列钢琴采用进口优质木材制作的不等厚单板实木音板，设计专业、选材严格、制作精良，使KX系列钢琴在各种不同的气候条件下均能保持纯正饱满的音质效果。KX系列钢琴脚轮采用人性化设计，可根据放置区域地面情况调节脚轮高度，保证钢琴的平稳放置。KX系列钢琴外观顶盖下端弧形设计，上端笔直向上，琴腿托木简约流线型设计，与琴手弧位完美结合，整台琴设计由内而外显现出一种高贵脱俗，清新典雅的意境。

二、上海民族乐器一厂

“华夏一家”古筝

2019年10月1日，中华人民喜迎共和国70华诞。上海民族乐器一厂特推出“华夏一家”古筝，该筝由上海民族乐器一厂与当代重彩画家、海派剪纸艺术家李守白携手推出。以“民族大团结”为主题，以少数民族题材进行美术创作，用其擅长的绘画表现手法，为新中国成立70周年献礼。古筝筝首展现各民族的风土人情、居所、宜人风景等，让观者仿佛置身于画中；筝尾处，少数民族姑娘们身姿婀娜、气韵灵动，配以少数民族特色服饰，展现出多元的民族文化，从而表达出“华夏一家”的寓意。

“冯少先80寿诞限量版”月琴

冯少先，中国著名月琴演奏家、月琴改革家，国家一级演奏员，黑龙江省音乐家协会副主席，黑龙江省民族管弦乐协会副会长。20世纪70年代初，上海民族乐器一厂月琴制作师韩常树与冯少先先生，根据长期实践和经验积累，一起研制出了新型月琴——“雪梅”月琴。新琴取名借用了毛泽东“梅花欢喜漫天雪”中的“雪”“梅”二字，“雪花”指冯少先身处寒冷的冰城，“梅花”喻韩常树居于山明水秀的江南。风靡一时的“雪梅”月琴至今仍受市场欢迎。

2019年，冯少先先生迎来了80寿诞，上海民族乐器一厂再次与冯少先携手，共同推出“冯少先80寿诞限量版月琴”。琴头在原有的“雪梅”造型上进行再创，梅花花形与雪花选用黄杨木进行雕刻，并将“冯少先”三字以篆刻的形式呈现其中；琴框上用金粉描绘着冯少先1967年创作的《百万雄师过大江》曲谱手稿，以梅花纹点缀。80把月琴由企业技师精心制作，音质结实、音色通透，每把月琴均由冯少先亲自鉴定。

“女娲补天”古筝

随着“开天辟地——中华创世神话”文艺创作与文化传播工程全面启动，一场围绕中华神话的“创作热潮”正在上海文化界浩浩荡荡地展开，并持续升温。对此，上海民族乐器一厂以“创世神话”为设计主题，推出了“女娲补天”古筝。此款古筝由上海民族乐器一厂与上海市工艺美术大师翁纪军合作推出，旨在通过“女娲补天”的画作表达对女娲为开创太平安乐生活所做出的这一惊世创举的敬仰。在工艺方面，用传统大漆遍涂彩绘、敷箔、螺钿镶嵌及莳绘工艺，再经过入荫、磨显、抛光揩清等。在高品质的玫瑰檀古筝胎体上充分体现出大漆工艺特点，运用斑斓的色彩加上金银箔的磨显以及由彩色螺钿表现出的五彩石等，整台古筝华丽精美。

“锦绣团圆”琵琶

当代中国正迎来“中华文化艺术走出去”的历史性机遇，公众对文物和博物馆的兴趣日益高涨，人们对文化素养的诉求正在攀升。故宫博物院的文物繁多，可谓是浓缩了历史的精华。上海民族乐器

一厂2019年推出的“故宫文化” 系列乐器是从故宫饰品、木器、陶瓷、漆器、百宝镶嵌等文物中提取了设计元素，意在打通古今之间的界限，让当下的乐器与传统文化产生紧密的联系，增加乐器的深度、广度和厚度。清代宫廷后妃们的首饰造型高贵典雅，做工细致入微，这些精美绝伦的饰品，以金银、翠玉、珍珠及各种质地的宝石精雕细琢。“锦绣团圆”琵琶的设计灵感来源于此，制作工艺上采用了金银錾刻、珠宝镶嵌以及珐琅工艺等，透露出细腻与温婉，也体现了匠师们高超的工艺水平。

三、海伦钢琴股份有限公司

海伦C3钢琴

该产品正面宽度×侧面宽度×高度：152厘米×60厘米×123厘米。该产品生产全线严格控温控湿，并

用定位孔工艺发明专利贯穿钢琴制造全过程，运用进口的CNC五轴联动加工中心精确加工音板曲面等部件的弧度，铁板上所有的钻孔工作、弦枕筋的铣削、音源各部件间的接合均由高科技数控设备完成。钢琴的背柱上下梁及斜框采用高度色木，弦槌木芯采用硬桃花芯木，具有良好的硬度、韧性和内应力。音板采用实木云杉音板（3A级），保证了音色的优美和声音的良好传导。同时，产品采用德国进口鲁斯劳（ROSLAU）TQ高等级专用琴弦，确保音质优美，并保证弹奏时琴弦的良好泛音。弦轴采用倒牙车丝配合欧洲特制工艺，调律顺手而无杂音。金属框架结构加固中盘，已获得实用新型专利，确保中盘不易变形，进而使琴键的键面平整，弹奏舒适。配置实木键盘、实用新型专利的乌木制造黑键，触感舒适，美观自然，通过内置配重调节，可以改变弹奏的动、静负荷力。

海伦C6钢琴

该产品正面宽度×侧面宽度×高度：1514毫米×615毫米×1255毫米。该产品立足海伦C3钢琴的制作工艺和材料应用基础上，生产过程中运用了自动摩擦琴弦机实用新型专利，确保消除琴弦应力，使音准更长期稳定。金属框架结构加固中盘，已获得实用新型专利，确保中盘不易变形，进而使琴键的键面平整，弹奏舒适。采用插装式弱音挡，已获得实用新型专利，美观大方，角度定位合理，踏瓣联动系统无杂音。色木多层板铝合金调节档（缩吊挡）实用新型专利，能更好地保证调节档长期稳定不变形，增加钢琴工作的稳定性。配置实木键盘、实用

新型专利的乌木制造黑键，触感舒适，美观自然，通过内置配重调节，可以改变弹奏的动、静负荷力。

海伦H-122钢琴拥有诸多技术优点

该新品颜色为红木色亚光，正面宽度：1509毫米，侧面宽度：607毫米，琴体高度：1225毫米。产品制作工艺和材料应用立足海伦钢琴C系列基础上，钢琴的背柱上下梁及斜框采用高度色木，确保背架长久耐用，保证钢琴在琴弦的巨大张力（约17吨）作用下依然恒久稳定。弦槌采用德国进口FFW特制毛毡，整副弦槌的弹性、硬度分布均匀，有效提升音质，外形美观高档，并具有良好的耐用性和耐候性。采用不等厚不等宽梯形音板结构特制音板。不等宽音板更大限度扩大音板的振动面积，特别是增加中高音区的有效振动面积。弦列振动时不同频率与音板各对应区域谐振，基于精确计算的不等厚音板和科学的弧形设计，将音板与不同频率的振波的谐振效果发挥到更佳。该产品采用特殊螺纹为专利设计，弦轴布局严谨，合理扩大弦轴间距，扭矩均匀，提高音准稳定性。强力欧式矩形铁板（专利号：ZL 200720073606.3），铁板呈矩形框架结构，确保音源弦列坚固稳定，孔位精确，布局合理。采用插装式弱音档，已获得实用新型专利，美观大方，角度定位合理，踏瓣联动系统无杂音。击弦机传动设计比例数据准确严谨，工艺精细。用硬质铝合金制作总档、背档、调节梁等重要部件，结构牢固永不变形。全数控自动钻孔新技术，保证击弦机各部分尺寸的精确性。

四、柏斯音乐集团

长江钢琴荣耀之作“柴可夫斯基大赛典藏系列”旗舰型号——TCH-9

2019年，长江钢琴荣登世界顶级三大古典音乐赛事之一——“第16届柴可夫斯基国际音乐比赛”的舞台，成为“柴赛”创立61年以来首次使用的中国钢琴品牌，同时助力安天旭赢得“第16届柴可夫斯基国际音乐比赛”钢琴组“第四名”以及“组委会特别奖”，缔造了中国选手的“柴赛”历史佳绩。为让更多演奏者拥有媲美“柴赛”现场音色、触感、使用强度的专业钢琴，长江钢琴推出以“柴赛”现场用琴为标准，集合全球良材、世界先进工艺和严苛制造标准的荣耀之作——“柴可夫斯基大赛典藏系列”，其旗舰型号——TCH-9甄选数百年树龄的进口云杉实木音板，特有的音板强化工艺，打造杰出声学性能，呈现更雄浑、更震撼的声音；升级版ABS+碳纤维击弦机，搭配拥有国家专利的配件，有效提高击弦效率及使用寿命，满足长时间持续高强度的情感输出；德国FFW优质毛毡搭配高档枫木制作的弦槌木芯，利用先进压制工艺制作的弦槌，还原赛场多层次、丰满圆润的经典音色；弧形大臂弯设计、专业级大谱架等设计，只为每一个细节都力求完美，使TCH-9成为一台能媲美九尺的立式典范。

高天钢琴Wilhelm Grotrian系列——WG-170三角钢琴

GROTRIAN高天钢琴旗下Wilhelm Grotrian系列三角钢琴WG-170，灵感来源于19世纪中后期带

领高天品牌走向辉煌的家族第二代传人——Wilhelm Grotrian，凭借其对精湛工艺与音乐艺术的执着追求，高天钢琴得到了世人的尊重和皇室的青睐，从此贵为宫廷御用。经典黑色亮光琴身，搭配古典金色五金配件，打造欧式传统简约风格；先进的弦槌压制加工工艺，使弦槌外柔内刚、富有弹性，让音色拥有从极柔到极强的细腻表现；德国Kluge键盘，天然上乘乌木黑键，确保了舒适的灵敏度和稳定的演奏性能；高天自主研发实木击弦机，全面提升耐久力、反应力及控制力，确保了弹奏的灵敏度和舒适度；创新设计的双泛音铁板，使WG-170拥有均匀和谐的音色，全音域更加圆润饱满、动听悠扬；进口云杉实木音板、肋木、背柱，同种木材，共振效果更好，音色更加优美悦耳；单板竖拼弦码，使低音更加浑厚、中音更加清脆、高音更加婉约；德国ROSLAU琴钢丝，无沙音、杂音现象，音质纯正。WG-170秉承高天一贯精练、恒久、巨细无遗的精神，记录历史的音符，保持最初的优雅韵味。匠心选材、典雅设计，由内而外散发浓郁饱满的欧洲古典气息，梦回古老中世纪，再现经典人文艺术的激情碰撞。

KAWAI迈向百年系列——声学典范KS-A90

KAWAI旗下迈向百年系列旗舰型号——KS-A90是凝聚了河合家族近百年来对钢琴制作的热爱与对音乐品质极致追求的大成之作。优雅大气的外观造型，非同凡响的音色工艺，突破升级的技术配置，为每一位热爱钢琴艺术的朋友，呈现这充满创造力和想象力的艺术佳品。采用日本进口真空铸造铁板，极大地提升了钢琴的音准稳定性，让您尽享钢琴学习和弹奏的快乐；共鸣盘采用全新的制作工艺，振动效果更强，共鸣更丰富，回响更充分，琴音更具穿透力和明亮度，余韵更加细腻悠长；新增定弦钮，琴弦更加稳定，分弦更加精准；上门板及钢琴铁板新增专属标识，于细节处尽显高雅格调；在可控性极佳的KAWAI原装ABS击弦机基础上，采用自主研发的先进技术，材料升级，全面提高稳定性和灵敏性，为演奏者提供更快的连击、更快速的反应和更舒适的演奏手感；精选年轮细密均匀顺直的阿拉斯加云杉制作抗压性与弹性俱佳的实木音板，在振动获得更饱满琴音的同时，创作出更丰富悦耳的音色。KS-A90是一台能完美驾驭“舞台”的钢琴，无论是色彩丰富的和声，还是如诗如歌的旋律，或是气势宏伟的交响，都能予以淋漓尽致地展示，极弱至极强之间的每一段变化，琴随心动，全情表达。

五、江苏凤灵乐器集团

竹木配制提琴

此提琴采用云杉面板，背板、侧板以及琴头用竹材代替木料制作而成，被国家文化部认定为新材料创新产品。推进“以竹代木”项目有助于保护森林资源，因为制作提琴需采用生长50年左右的树木，而竹材具有生产快、周期短、产量高的特点，其生长周期仅需5年，且中国现有150亿根毛竹，满足生

以竹代木——小提琴

产所需。在前几年的研制过程中发现，纯毛竹提琴音色不够理想，而面板是发音的关键；经研发人员反复试验，改用竹木相结合的方法制作的提琴，音质大有改进，振动发音性能更稳定，抗变形能力更强。在推广过程中，该产品已获得很多国内外客户的认可，并进行批量生产。

直立音板双音箱竹制弦鸣乐器——贝拉琴

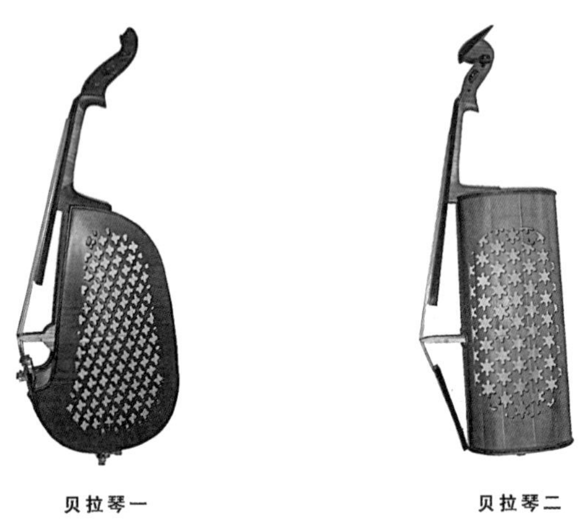

贝拉琴一　　贝拉琴二

“直立音板双音箱竹制弦鸣乐器——贝拉琴”是江苏凤灵乐器集团耗时多年研制成功的世界唯一的结构创新乐器，荣获国家发明专利，国家文化部认定为科技创新产品。贝拉琴采用琴码与发音板直立于音箱并垂直振动的新思路，使其振动有力、发音快、音色骨感强，将共鸣箱体隔成两个音室的复合共鸣体，形成高、中、低音均透亮的演奏效果，改变了世界低音乐器以及中国拉弦乐器的结构和发音特性。公司与南京艺术学院合作，对贝拉琴外形进行创新设计，将乐器制作与传统雕刻艺术相结合，镂空设计使产品外形更为亮丽，受到广大乐器爱好者的喜爱。

六、河北金音乐器集团有限公司

金音集团瑞森品牌吉他

金音集团根据多年对吉他市场信息的收集、市场产品痛点问题，以及大量吉他使用者信息的征集，我们有针对性地研发了多项制作工艺以此来保证我公司新开发的瑞森品牌吉他从稳定性及功能性双方面都能达到同行业一流水平，对于市场上常见的吉他面板、琴柄变形、品丝划手、吉他打品、手感不适等问题，我们的产品从产品的选料、生产工艺、专利技术三个方面都完善的解决了以上问题。

金音集团吉他产品制作工艺经历十几年工艺改进、创新研发申请了多项提升稳定性及功能性的产品专利，本公司吉他设计师都是业内从业十五年以上的专业级设计师，从工艺制作、产品设计，以及公司服务，我们都能保证做到客户买的放心、用的舒心。

金音萨克斯精品系列

中音萨克斯是国内外比较常见的乐器之一。鉴于国内艺术教育的发展趋势，金音集团管理层审时度势，将萨克斯技术开发运用于生产销售的各个环节，作为企业的发展核心项目。历经国内外多名工程师以及大师级演奏家的制作和试验调试，完成了EVA680系列精品萨克斯的研发。该系列萨克斯将产品技艺传承和新技术、新材料叠加运用，例如从最基础的萨克斯配件针簧、垫片等零部件及其箱包配件开始，均与国际知名乐器行业资深企业开展深入和广泛的合作，结合以上开发出这一款适用于金音乐器特质的专属系列产品，款款有特色。金音集团为打造世界高端品质的乐器，不断研发，努力保证每一支出厂的产品都是精品，为集团公司驰骋在国际舞台，始终屹立不倒，奠定坚实的基础。

金音S系列小提琴系列

金音集团凭借30多年来对声音和木材研究的丰富经验，独具匠心的制作工艺一直引领时代。由国内外多名提琴大师亲自监制，每一把金音S系列小提琴都是经典产品。金音S系列小提琴严选天然风干多年的优质板材，配以独特的工艺及技术，每一道工序都是工人呕心沥血的精雕细琢，为金音S系列缔造了精品的手工提琴。一切都为了让更多的提琴爱好者拥有一把符合自身特点的精品小提琴，从外观造型到琴声音色上都尽美，为全世界的提琴爱好者和专业演奏家制作音色丰富，穿透力强的优质提琴。

七、天津津宝乐器有限公司

津宝——朝聲系列五音排鼓

津宝乐器有限公司于2020年申请的专利项目产

品，名为“朝聲”品牌系列——“五音排鼓”，该产品结合西洋鼓乐、物理气压等特点，实现“中西融合”的独特设计，优化弘扬民族传统乐器。五音排鼓调鼓轻松的特点，是结合了定音鼓、架子鼓的配置模式，如：口轮较细，扳手好用、松紧齿轮好调适等数十种细节优化。在鼓圈周围尖端部分配置塑料外壳，以防鼓于鼓之间发生碰撞时造成外观划痕或鼓腔破裂等问题。鼓腔采用白蜡木，金属钢圈、铝合金材质，配合全新支架，保全鼓腔的完整性，使鼓腔震动更好。演奏高度任意调节，排鼓支架可实现自动抬升的调整状态，大大减轻了演奏者的调节的压力，并可选配方便自如的轮子，可随意移动。

太阳号

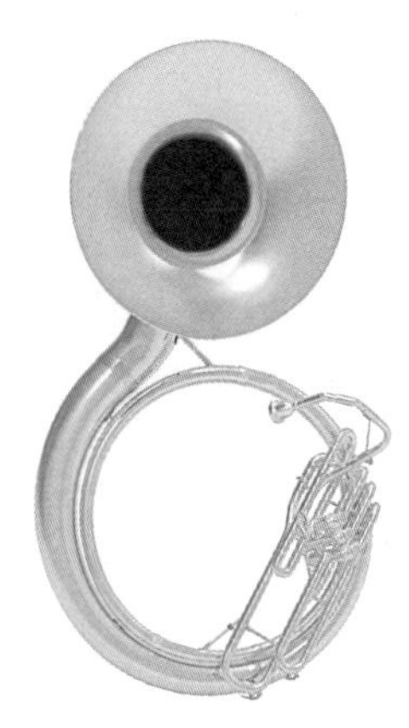

型号JBSH-190，降B调，管径16.8毫米，号口直径508毫米；整体高度1185毫米；黄铜材质，特点重量轻，体积小，适合年龄小的学生使用。在乐队演奏与行进表演中，使用太阳号常常因乐器的体积与重量而选择力量大的演奏员，此款太阳号重量7.8千克，有效地降低了演奏中的困难，适用的演奏者的年龄层次更广泛。

奏鸣曲 5217型^{b}B调 sonata单簧管

5217型^{b}B调 sonata单簧管，主体选用进口非洲黑檀木经过特殊工艺加工而成，管体设计采用无箍古典风格，整体振动平均统一，气流通畅、舒适，声音圆润、饱满，具有很强穿透力，音键采用白铜精铸一体。本产品为演奏级产品，是管乐团和交响乐团首选乐器。

八、乐海乐器有限公司

海之尊系列——紫云君琵琶

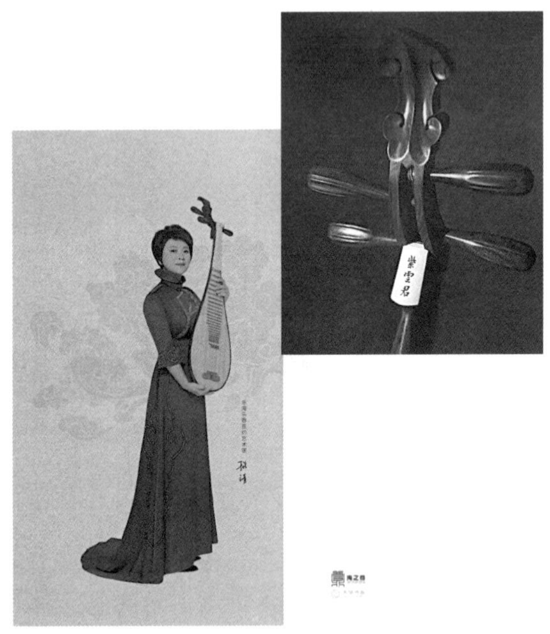

为了使中华琵琶文化得以传承发展，乐海公司研发团队在中国音乐学院杨靖教授的支持下，使用自然存放了50年之久的缅甸酸枝老料、精选存放10年之久兰考桐木，复制献礼祖国70华诞。紫云君——高仿民国苏工代表张云福如意凤尾琴首，琵琶共鸣体选用封存50年酸枝老料，声音品质兼具传统与当代特点，传承打造具有中国传统经典的艺术作品。紫云君在选材上秉承“一木一琴”制作理念，外观纹理自然。音板经过清水浸泡、特殊工艺处理，纹理均匀，颜色一致；用20世纪60年代民间担水挑柴用的老竹子扁担做成琵琶的品条、复手，经过岁月的洗礼，竹面包浆浸染，竹青与竹黄的颜色已经由黄白色变成了褐黄色，质感上乘。琵琶的山口、相、凤凰台及复手端口条，以万年前的猛犸象牙材料，按现琵琶的相位要求径切、打磨抛光而成，更加突显了象牙牙纹的自然之美，琵琶的外观以张云福凤尾如意琵琶琴首为模，兼具传统与当代琵琶声音特点，凤尾头造型别致、曲线蜿蜒流畅，由专业技师精雕细刻制作成乐海公司海之尊系列的琵琶佳品，象牙白与红褐色的琵琶背板黑白相间，浑然一体，彰显了该琵琶的典雅与富贵，并命名为“紫云君”。经中国音乐学院教授、著名琵琶演奏家杨靖品鉴：该琵琶振动通透，音色统一，再现了凤尾如意琵琶的风采，使琵琶的历史文化得以传承发扬。

专家监制系列——张尊连监制二胡

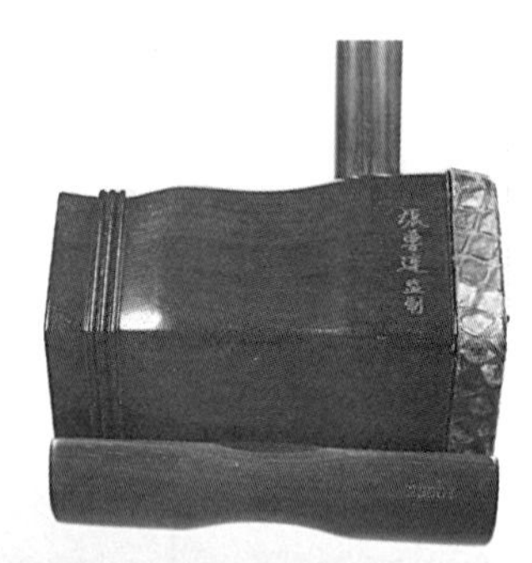

2019年乐海乐器签约中国音乐学院教授、二胡演奏家张尊连为签约艺术家，在二胡领域产学研协同创新，为广大二胡演奏者、爱好者提供更加满意的产品。2020年4月推出张尊连教授监制签名款二胡，从选材、制作、调试上倾力打造并签名鉴证的专业演奏级二胡。材质分别采用特级老挝红酸枝木与一级老挝红酸枝木，经多次筛选将纹理顺直、质地松透、振动频率统一的组装到一起，使二胡共振性整体统一。皮膜选用润度、厚度、韧性、油性均佳的特性，经特殊工艺处理将皮质内的纤维弹性模量达到最佳状态，鞔皮时以琴筒的特性为依据配以合适的皮膜、定以合适的音高，经恒温恒湿的加工环境使音质、音高稳定，同时也达到适合南、北不同地域的使用环境要求，融合了南北方音质、音色特性。琴弦使用乐海乐器高端琴弦“一弦一品”，琴弦的特点是做工精准，内外弦音准、音色和谐统一，音色厚重、绵柔、饱满而又不失明亮，将二胡的音色特色配合至融合的状态。后期由张尊连教授、弓弦顾问罗汉群老师对每把二胡进行调试，将琴马、制音垫、千斤、装配角度进行融合，使每把二胡达到最佳的振动发音状态。

专家监制系列——徐阳阮族

乐海乐器推出的特级微凹黄檀木演奏级阮族中阮，材料选于墨西哥的优质微凹黄檀，根据木材的纹理密度进行径切、旋切开料，在真空度200帕状态下恒压240分钟进行真空处理，疏通木材的纤维管孔，增加木材的振动，提升音质。并经过长达700多天的自然存放，再进行15天蒸汽烘干处理、使木材的含水率达到8%，恒温状态下存放15天让其达到室内的自然状态，使木材的应力降到最低，产品更加稳定。乐海乐器阮研发团队分析测量了100多把音质好的阮的制作参数，从中筛选有代表性的数据，进行综合分析、结合材料的密度最终形成了一套阮的制作数据库，此款阮族的音板弧度定位在5～10毫米，这样的弧度足以承受琴码对音板的压力，避免了塌面现象的产生，既保障了演奏手感又使阮音色浑厚明亮，持久耐用。琴码使用东北白牛子木，白牛子材质细密，相对密度0.65～0.70，纹理顺直，木射线多，音色较为纯净，通透，减少了木材对声音的衰减，是做琴码的最佳材料。配弦采用乐海“一弦一品”阮弦，利用乐海独家研制的自动化设备生产，音色纯净，声音明亮浑厚。钢芯为德国勒斯劳蓝牌琴弦钢丝、经过真空光亮处理技术、利用惰性气体在高温状态下保护琴弦钢丝不被氧化，进行调质降噪处理。中央音乐学院教授，乐海乐器阮族创始人徐阳老师对每把阮进行试奏，对音色音质进行把控，并题字以证！

九、烟台博斯纳钢琴制造有限公司

博斯纳GBS专业系列立式钢琴

博斯纳立式钢琴独有的获国家专利保护的音源设计——悬浮式音板，其显著特点是音域宽广、中低音浑厚、高音明亮透彻。GBS专业系列立式钢琴是博斯纳最新设计制造的升级换代产品。在弦列设计上更加科学严谨，铁排增加一定的高度和宽度，大背及琴壳等也随之加高加宽，有效弦长得到了进一步增加，其音量更加宏大、音色更加优美。音板选用从欧洲进口的精品云杉，与烟台博斯纳独有的、获国家专利保护的、源自德国博斯纳钢琴的“悬浮式音板”的精妙设计相结合，极大地增强了钢琴音板振动的整体共鸣效果，减少了音板振动过程中的振动阻抗与声功率的衰减，使GBS系列立式钢琴的延音更加绵长、共鸣效果更加显著。击弦机和键盘严格精细地进行机械调整，在外观设计上摒弃繁琐浮华，琴壳板件采用加厚设计，彰显厚重大气，共鸣共振效果更好。博斯纳GBS专业系列立式钢琴的音质音色更加优美，音区过渡自然顺和，机械传动更加灵敏，键盘弹奏触感更加舒适，表现力更加丰富，更适合高水平演奏者和专业钢琴演奏家使用。

博斯纳GBT系列升级换代的三角钢琴

这款三角钢琴在音源设计加工、机械装配调整、声学品质、弹奏触感等方面，都采用了德国科学先进的制造技术和工艺，其音质音色优美动人，弹奏触感舒适自如，演奏性能卓越出众，充分彰显了纯正而独特的德国钢琴风韵，更加体现了德国钢琴圆润柔和、厚重绵长的音质特点。其键盘和击弦机的加工装配与调音整音，均采用了严格标准与专业要求，优选国内外的精品击弦机，其机械传动的灵敏性与传递效率更强，部件加工与机械调整更加严格精细。琴弦采用的德国露丝莱精品琴弦钢丝，弦槌采用了德国软纳、贝希斯坦或阿贝尔的名牌产品，击弦发音浑厚而不沉闷，明亮而不刺耳，颇具欧洲德国风韵；从德国进口的精品弦轴板，性能优异；采用整根进口优质木材加工而成的长码桥，使整个音区过渡更加顺畅自然；琴壳外观装饰选用珍贵树榴单板，精心镶嵌拼花工艺，造型古朴典雅，尽显欧洲风范。

博斯纳GBT217BB专业演奏级大型三角钢琴

这款三角钢琴是专为钢琴家、音乐家等技术高超的演奏者在音乐厅、大剧院等专业演奏场合而精心设计制造的大型专业演奏级三角钢琴，这款专业演奏级大型三角钢琴，除了大量采用计算机数据计算和辅助设计外，弦列更加科学先进，其中，高、中、低三部分音区过渡自然顺畅，音质更加出众、音色更加优美，中低音更加浑厚雄壮、激昂有力，延音更加绵长，高音美妙悦耳，清澈通透。大圈采用优质材料，经长时间冷压成型，经长时间静置理化处理，使其更加稳定。进口原装的世界一流的德国RENNER击弦机，机械传动更加灵敏。琴键选用欧洲上等实木云杉精制而成，与击弦机的杠杆力度比例更加科学精准，严格按照琴键下降与回升的技术数据，对每一个琴键逐一地进行测重配铅。其卓越出众的声学品质和舒适灵活的弹奏触感，获得了国内外众多钢琴专业演奏家的高度评价和认可。许多著名钢琴家评论说："它的音质出众、音色迷人，弹奏手感舒适自如，完全可与世界一流钢琴相媲美。"

十、中美合资金杯乐器

金杯C111自由低音巴扬手风琴

C111自由低音巴扬琴手风琴，是江阴安琪乐器有限公司最新研发生产的一款高端演奏用手风琴。吸纳了国际最新手风琴设计理念，外观采用烤漆工艺，加入七彩闪光点，色彩绚丽，能有效增强舞台表现效果。该款手风琴还可满足需求者个性化定制的要求。

C111自由低音巴扬手风琴采用意大利进口高级簧片，发音灵敏度高，音色纯正，音域宽为G—g（倍低音—高音），双系统结构，左手也可演奏旋律。贝司机采用整体式结构，增强了推杆强度，最大限度地减少了贝司机因金属撞击声对演奏效果的影响。C111自由低音手风琴整琴体积较传统自由低音手风琴缩小了18%，重量减轻了20%。能最大限度地满足演奏者需求。

格兰德GHC2017—4回声琴

格兰德GHC2017—4回声琴是江阴金杯安琪乐器有限公司针对市场需求研发制造的演奏用手风琴，该琴有效音为37个，音域宽为G—g（倍低音—高音），回声结构采用2+2音律组合结构模式，该琴采用意大利进口高级簧片，发音灵敏度高。贝司机采用地轴穿键结构，木质琴挡，最大限度缩小了贝司机零部件之间的工差，减少了贝司机的金属撞击杂声，提高了贝司机的耐用性，音色更加纯正。进口高级玛瑙键盘使演奏者手感更好，极大地提高了演奏效果。

十一、吟飞科技（江苏）有限公司

吟飞RS760电子管风琴

吟飞RS760电子管风琴是2019年推出的新品之作，RS760内置50个示范音色，特别邀请电子管风琴大师朱磊教授亲自制作，满足使用者即兴演奏和视奏的要求，在示范音色的基础上做出快速选择和调整。除上下键盘外，还采用25键标准脚键盘，拥有更宽广的脚键盘音域，保证演奏效果，扩充演奏区域。中英文双语系统，适合不同群体，其中中文显示更直观，乐器名称、功能名称一目了然。它全面兼容RS100E/800乐曲数据文件，又继承RS400功能布局，新老朋友使用全无障碍。初始四个音色库，化繁为简，风格多样，让视奏、即兴演奏更简单。好玩的演奏体验感能激发持续的快乐学习动力，RS760在365种优美音色、191种节奏风格、14套打击乐（包含一套民族打击乐）中融入强大的音频播放功能，将乐器演奏、音响、功放集于一身，让学习者获得更丰富的体验感和多元化的学习方式，打破传统的单一教学教具，重新定义了音乐课堂。

Simmons SD1200电子鼓

Simmons SD1200作为一款专为资深鼓手设计

的多功能电子鼓，在动感时尚的外观之下，融学、练、编曲、录制、互动为一体，内置性能混合器，具有动态混合、音高转换、形态参数等多功能。采用优质高弹性双层网面鼓皮进行全网状鼓面设计，兼具真实手感和带边击效果，让每次敲击都能感受到力度的变化。独立的军鼓支架根据人体工程学原理设计，舒适耐用；组合设计，可随心移动。三触发叮叮镲，将镲帽、镲面和镲边有机搭配，让演奏丰富生动。大而明亮的全彩色LCD屏，创造了直观、易于编程的用户界面；还可将采样导入至音源，扩展演奏设置。强大的鼓机控制盒配置西蒙斯鼓音色库，764种最受欢迎的原声鼓、世界打击乐器和复古Simmons音色，让您随心选择所需。您还可通过采样导入功能编辑、练习和添加音色。设计有连接电脑和IOS产品的内置蓝牙和USB接口，可无线连接到智能手机，平板或电脑，让演奏更便捷。

Nektar Aura　MIDI控制器

Nektar Aura是一款功能强大的MIDI控制器，以熟悉的16鼓式鼓机形式将软件和硬件整合在一起，兼具节拍创建和演奏工具两大实用功能。AURA面板上设有16个超灵敏的RGB发光打击垫和板载步进音序器，当按动发光按钮时，灵敏的打击垫立即触动引擎和插件开始工作，带来激动人心的鼓机风格工作流程。16个用户预设可以存储打击垫和控制分配，通过打击垫同时控制16个不同的乐器插件。它适用于任何DAW或外部MIDI设置。

Nektar Aura打击垫控制器和音序器是DAW和MIDI装置的综合主控制器，其核心是随附的Nektarine 2.0软件，该软件可让Aura完全控制您的VST/VST3/AU插件集。内置的DAW集成，一键控制，只需按下“DAW”按钮，即可控制Ableton Live/Logic/Reaper/Studio One和其他流行选项。Aura还可进行自定义设置，立即变身成万能的USB/MIDI控制器，成为你得力的助手。

ESI planet 22x声卡

planet 22x是一个革命性的新音频接口，将基于流行的Dante协议的最现代的网络音频技术与适用于工作室、移动环境的专业高端录音音频接口的要求相结合。具有网线接口供电和12V DC变压器供电两种供电模式。音频接口配备了高品质的24-bit/192kHz AD转换器，具有118dB(a)和123bit(a)动态范围的24-bit/192kHz DA转换器，两个带有专业前置话筒放大器的模拟输入和两个平衡模拟输出的模拟输入，还有Hi-Z乐器输入以及专业品质的耳机放大器。通过Dante协议，planet 22x通过支持Dante/planet 22x，可与音频网络中的所有其他Dante设备兼容和协同工作，这也使之成为一个具有成本效益的解决方案来扩展任何现有的网络与附加音频通道。凭借Dante技术所提供的虚拟通道，planet 22x可以在任何专业的工作室环境中使用Mac和PC上的任何现代录音应用程序。Planet 22x配有拉丝金属外壳，坚固耐用，体积小巧便于携带，无论何时何地，随时可以进行高保真高快速的录音，它也可以通过以太网供电，避免远程录音的麻烦。

十二、赛乐尔三益乐器（上海）有限公司

赛乐尔钢琴170周年纪念款系列

赛乐尔170周年推出的这2款纪念款钢琴：采用德国原装进口的弦槌和顶级勒斯劳琴弦；严格筛选音响传达功能最优秀的上等云杉木料，只用最好的板材打造音板，使得钢琴音色得到本质上的提升，大大加强了音色的纯净度；键盘为双层檀木黑键，演奏时触感舒适，表现力强。外观上，采用原木木纹与经典黑色漆面完美结合，简约典雅不失原有尊贵华丽。再加上赛乐尔钢琴170多年精湛制琴工艺和坚持完美的匠心理念，糅合现代的制琴技艺，用料精益求精，每一个细节都堪称极致，深受专业演奏家以及音乐爱好者们的青睐。

三益钢琴精品系列

三益乐器，自1958年成立以来，始终站在世界乐器发展与乐器工业的前沿。每一台钢琴，都凝聚了全世界天才艺术大师们卓越的才华和超群的技艺。NSG158HS/SA由三益顶级的设计师团队和钢琴制作技师团队，并结合其60多年传统文化和制琴工艺精心制作而成。同时，这款三角钢琴大到音板，小到呢毡均由经验丰富的钢琴技师经过严苛筛选，之后再将合格的零部件储存至恒温恒湿的环境下备用，制造中的每一道工序都那么细致入微，向喜爱钢琴的各界人士展现出完美的SAMICK。

普拉姆伯格钢琴

240多年的历史，历经7代人的智慧结晶。JP122M-WAST采用了现代化技术和传统手工艺相结合的完美设计，音质纯正甜美；缓降式键盖装置给人深刻精神体验和心灵喜悦；榔头采用FFW榔头，使得键盘的演奏触感更加灵敏舒适；外观上，柔和庄重的胡桃木色琴体，古朴典雅，尽显大气风范。

柯纳比钢琴

丰富而奇妙的音质常常被认为最接近人唱歌的声音。其无可匹敌的色调和完美无瑕的外观来自坚定的信念，即在每一个钢琴制作细节上贯注全部的心力。柯纳比琴匠以此为信条，对传统工艺不断优化的技术革新，创造出值得珍藏的传世佳品。

WMV120C—WAST亚光胡桃木色，独特设计的雕花谱架，古朴而富有韵味；再配上经过制琴大师精心挑选的优质云杉实木制作而成的音板、真空处理的钢板以及德国FFW榔头，音色清脆饱满、手感细腻轻柔。

十三、广东声凯乐器有限公司

Clevan重磅新款 脉动星

Clevan（克莱文），是广东声凯乐器有限公司旗下的电吉他品牌，Clevan的品牌理念为“PLAY UNUSUAL”（玩点特别的）。从品牌诞生伊始，从设计、研发到制造，一直有别于其他品牌，更加注重吉他手的使用感受，力求每一个产品都能给大家带来原始的音乐体验。

Clevan脉动星，是精心打造的新款电吉他，以精选加拿大枫木制作而成的琴颈，搭配24品枫木指板，双向调节钢筋，琴颈末端调节，复古而又不失现代，立即带你穿越回到20世纪80年代的摇滚乐时代。琴颈连接处优化切割，即便是高把位也能随心所欲地演奏。琴体以人体工程学进行设计优化，即使长时间演奏舒适度依然不减，弹奏起来得心应手。单音量旋钮与三挡位的电路控制，切换更灵活。Floy Rose双摇琴桥搭配Clevan自主大功率拾音器，专为有野心将他们的技术推向极限的吉他手而生。再搭配上琴身亮粉的配色，在舞台上演奏的吉他手更是彰显与众不同。

Clevan脉动星—狮子LION团长&吉他手、音乐窝超级网络课“摇滚吉他手”合作大师力Q的同款电吉他，在2019年中国（上海）国际乐器展览会音乐窝展位上首次亮相，于2020年7月底重磅上线。

音乐窝IMT智能互动教学机

音乐窝IMT智能互动教学机，基于具备高清大屏的教学机机体，结合音乐窝独特的教学模式及教学理念进行了深度的融合升级。通过在IMT智能互动教学机机体内置嵌入音乐窝智能教学软件，融入了标准化的教学课件、丰富的教学素材，多种课堂互动工具（如智能涂鸦、素材组拼、音视频同步、触控白板等）。在教学应用上，连接音乐窝管理系统、App、小程序，老师可以通过音乐窝教学端App进行课前备课，课堂上通过IMT智能互动教学机进行授课演示及教学互动，课堂结束后直接通过App和小程序布置作业。音乐窝IMT智能互动教学机，不仅可以满足线上陪练课、线下集体课等多种教学场景，而且通过多方面的教学融合，为课堂教学增加趣味、为学员营造快乐学习的课堂氛围、提高学员的学习效率及积极性。音乐窝IMT智能互动教学机与音乐窝管理系统、App、小程序的结合，将标准化教学应用于课前、课中、课后，形成立体式循环课堂，从而提高备课效率、课堂互动、体验课转化及教学质量，让老师教学更轻松、更高效，让学生的每一堂课都更丰富、更有趣。

音乐窝超级网络课“摇滚吉他手”

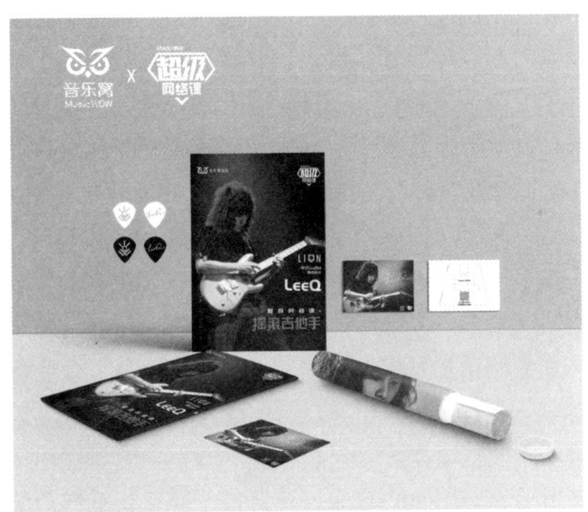

音乐窝超级网络课，是以“音乐窝APP网络教学+实体教材”为创新教育模式的名师系列超级课程。课程均配有高质量原版伴奏及曲谱、签名照、限量款周边配件，极具实用性和收藏价值。大师们结合实体教材通过教学视频进行详细的剖析和讲解，帮助学员更深入更好地理解并吸收各种音乐知识。音乐窝超级网络课，既革新了传统的教育模式，也打破了学员独自阅读琢磨书籍的枯燥。

2019年，继华语乐坛著名编曲大师江建民和中国香港著名职业吉他手TOMMY两位吉他大师的加入后，华语摇滚乐团狮子LION团队&吉他手LeeQ也正式加入音乐窝超级网络课的名师阵营，与音乐窝联合制作了“摇滚吉他手”，并且已经在音乐窝App上线。在超级网络课“摇滚吉他手”中，汇集了最刺激最酷炫的电吉他演奏招式，包括但不限于点弦、泛音、点弦泛音、legato超极速连奏和各种超乎想象的电吉他特效。

音乐窝电声乐队教学体系

音乐窝电声乐队教学体系，是音乐窝MusicWOW独家特色教学体系之一。由音乐窝教研团队基于“普及音乐、启发思维、培养审美”的核心教育理念，以“0基础乐队养成、乐队模式系统教学”为主要目的，通过两年的深度实践调研、半年的专注策划研发，涵盖设计精美强化训练的实体教材、智能化游戏化的互动课堂、音乐窝App线上教辅视频、团队技能风格默契激发式教学、线下乐队实

战演出考核等多个模块，形成一个完整紧密、全方位培养的教学模式。从学习乐理知识、个人演奏技巧强化、不同乐器配合训练、经典乐句分工解析、多种音乐风格实践、团队默契培养等多个教学角度，帮助个人及乐队快速成长成熟，继而成为有独立风格特色和音乐核心思想的乐队。

十四、天津华韵乐器（集团）有限公司

BUGARI-evo 72贝斯电子手风琴

电子手风琴是一种利用现代数字技术来还原手风琴发声原理的电子乐器。它通过数字采样技术，将真实的手风琴声音，采样下来，并且存储在存储芯片当中。然后靠风箱模拟PVA（压力变化放大器），通过高精度的风箱压力传感器，PVA可以控制每个簧片的发声及其力度。72贝斯电子手风琴具有内存123首乐曲，它会通过音色处理芯片来读取你所需要的采样音色，然后通过DSP芯片加入一些必要的效果，再用风箱中的风力传感器来实时对DSP芯片产生的效果进行控制，以达到仿真还原手风琴音色和其他乐器音色的目的。

BUGARI-evo 120贝斯电子手风琴

电子手风琴通过特殊的调节装置对同一音色进行不同的演奏效果处理，如：混响音效、合唱音效、延时音效、音栓音效、活塞音效、触键后音调、风箱灵敏度等。如演奏传统小提琴音色，电子手风琴可将其调整为室内演奏效果、宇宙音演奏效果、大型音乐厅的演奏效果等。如若换成弦乐组音色，一台手风琴就可以演奏出十几把小提琴的音响效果。120贝斯电子手风琴具有内置音色302种，同时还可以通过数字（MIDI）接口录制个性化伴奏，或将制作好的伴奏导入，达到协调演奏的效果。由此可见，如此变化多端的功能，倡导的不仅是高超的演奏技法，更是个性化的演奏风格与精神内涵。

2020中意合资新品MINI120贝斯

手风琴的起源可以追溯至中国的传统乐器"笙"，据资料记载，18世纪下半叶，中国笙传至欧洲，随即便在欧洲开始出现了一些手风琴的前身乐器，但大都没能成形。直至奥地利人西里勒斯·德米安，集当时手风琴的各种前身乐器之大成，成功改良创制了世界上第一架被定名为accordion的手风琴，标志着手风琴的正式诞生。

通过鹦鹉手风琴所有技术人员的努力，成功地研发出了18毫米键盘的坤式手风琴，键盘部分完全按改为双穿丝固定装置，贝斯部分按意大利的工艺杜绝了噪声的产生，整体琴箱比传统的缩小了5厘米，重量降低了3千克，可称为MINI型的完美之作。完全适合儿童和中老年爱好者使用。

十五、扬州金韵乐器御工坊有限公司

金韵乐器历经3年多自主研发和制作的行业首创——电筝，这款电筝具有颠覆性的创新理念，采用环保轻质复合料制作（无一块木料）。音频输出口采用国际通用的6.5毫米音频接口，可以根据用户的需求转接各种效果器，创造各种音色的乐音。最重要的是电筝能解决古筝大课教学过程中的诸多痛点，使用它可以完成类似电钢教学的电子化和数据化，既方便，又静音，这里讲的静音是相对的，即师生皆佩戴耳机，可以自己听到声音，不对外界形成干扰。集流行音乐演奏与古筝教学于一体。

电筝弹出的韵味效果能与传统筝相媲美，左手按滑吟揉皆可完成，能够配摇滚乐队、促进了古筝与现代流行乐队进一步融合。它可以毫无障碍，无论何种音响设备、外部环境下都可以与流行、摇滚乐结合。将中国民乐元素和现代电子乐队有机结合，真正实现了传统文化与现代文明交相辉映，为中国民族乐器融入世界乐器之林创造了更为深邃的空间。

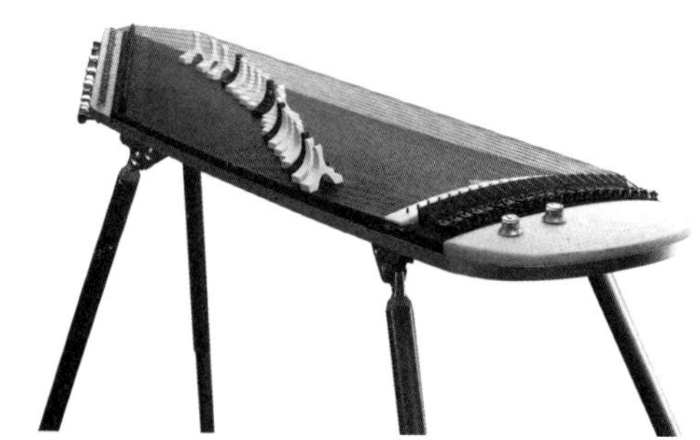

十六、上海乐兰电子有限公司

敦煌·罗兰——智能交互古筝/DHRD001

为实现民乐现代化，革新中国音乐风潮，经上海民乐一厂知名品牌敦煌古筝与罗兰数字音乐教育

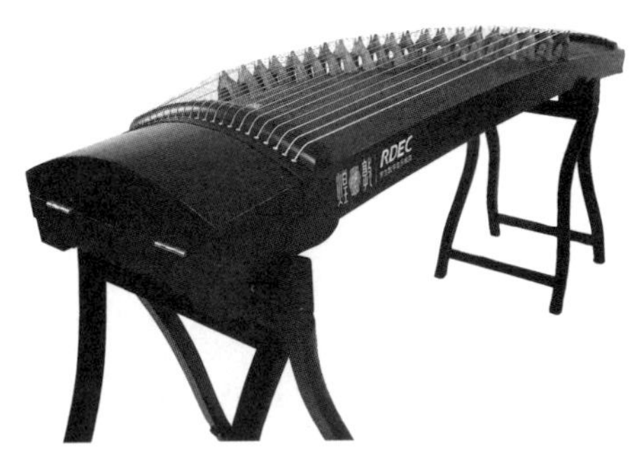

（RDEC）强强联手，共同研发出一款带有MIDI信号的敦煌·罗兰智能交互古筝！与市场上现有的电声古筝不同之处，敦煌·罗兰智能交互古筝不但具备现有电声古筝的所有功能，满足演奏上的全部特效音色以外，还通过RDEC自带的控制器，发送符合RDEC教学平台的MIDI信号，将古筝教学纳入到成熟的数字化教学课程当中，为罗兰数字音乐教育的教学强力注入一股中国风！

RDEC电吉他/GE-60

GE-60是罗兰数字音乐教育专为初学者设计的一款专利智能互动电吉他。帮助初学者高效地学习专业演奏技巧，并结合软件提升学习兴趣与效率！支持多人即时交互，精准识别每个音符，反馈零延迟；音频MIDI双通道，在保留传统电吉他音色的同时，加入MIDI信号用于即时交互；品丝切割传导技术，使每根琴弦、品格上的音都能独立准确地传导信号；提供数字有线和蓝牙无线连接。

RDEC专业级彩色舞台电鼓DR-50

作为一款出色的电鼓产品，无限接近真实的鼓组音色和超凡的演奏打击感仅仅只是听觉与触觉的感受，而我们更在意的是让您与您的电鼓共同在舞台上广受瞩目。DR-50专业级彩色舞台电鼓，专为热爱打击乐演奏和电鼓达人们量身打造，经典音源

设计让你告别子目录烦恼，常用功能一键搞定。内置蓝牙MIDI模块可连接当前主流的罗兰练习软件，精确识别每一次演奏。全网状鼓面让演奏更加细腻，三触发硅胶镲片不仅让鼓组看上去更美观，同时保证高强度击打的使用寿命。录音功能可让您实时聆听自己美妙的演奏，为每一次的灵感留下精彩的瞬间。独立军鼓支架及独立悬挂嗵鼓设计解决了传统电鼓“互相干扰”的问题。RDEC DR-50让你的演奏更精“彩”。

RDEC互动智能声乐设备

该套声乐设备是罗兰数字音乐教育专为互动智能声乐课程配套研发的，包括：律动毯、配套平板电脑及支架、专用耳机和话筒，罗兰教育凭借实力雄厚的教研团队以及创新性优势，结合全球先进的数字音频技术、网络及跨媒体技术，实现在教学过程中，精准识别学员气息、音准、节奏和律动，并通过软件准确判断反馈，全面提升孩子学习效率。特有的律动毯设计，释放孩子天性，规范舞台表演，让声乐学习更有趣。

十七、杭州嘉德威钢琴有限公司

嘉德威皇家贵族系列钢琴——U1（海德堡）

海德堡钢琴是最能代表嘉德威品牌最高成就的立式琴之一，是演奏会级钢琴，采用德国顶尖工艺，定位演奏级高端钢琴。钢琴独特金色城堡徽标，彰显皇室用琴的至尊奢华，散发尊贵气息。嘉德威钢琴作为《钢琴弦轴板》国家标准制定单位，专业定制的演奏级弦轴板，由17层枪木交错拼接而成，为弦轴钉提供强大稳固的握钉力，保证音准稳定性。俄罗斯进口优质鱼鳞松制作的不等厚加强型实木音板，设计贴合钢琴共鸣系统的发声规律，在各种不同的气候条件下均能保持优良的声音表现。德国进口ABLE榔头，世界最佳呢毡及弦槌，能使琴弦发挥超强振动效果。琴键采用进口乌木黑键，触感真实，琴键配重恰到好处，能很好地感知演奏者的手指力量，随心所欲发挥演奏者的水平。键盘为全实木结构，木材经自然风干、技术风干等处理，耐久不易变形。出厂前经过八次调律，保证钢琴使用中更好的抗疲劳强度。专属内嵌式金色湿度计，更好呵护钢琴。

嘉德威皇家贵族系列钢琴——C1（伊丽莎白）

伊丽莎白钢琴是嘉德威钢琴旗下极具盛名的代表之作，定位演奏级高端钢琴。源自欧洲皇室的设计灵感，金质镶嵌的CG标志，代表着嘉德威皇家贵族系列钢琴，唯美的线条，华丽而尊贵。谱架以皇冠造型呈现，展现出如英国女王般的高贵气质。

嘉德威钢琴作为《钢琴弦轴板》国家标准制定单位，专业定制的演奏级弦轴板，由17层枪木交错拼接而成，为弦轴钉提供稳固的握钉力，保证音准

稳定性。铁排采用铸造一体化徽标设计，展现大厂的精湛工艺。秒卸式沙夫档横杆，踏板横杆、顶杆等均由高山榉木打造而成，具有绝佳的稳定性，激光雕刻的GOODWAY专属LOGO更是彰显奢华品位。钢琴内置高精度湿度计，时尚而贴心，更好地呵护钢琴。实木不等厚音板设计，从低音到高音，形成一个自然完美的过渡，让音色更加纯正透亮。全实木肋木与音板珠联璧合、张弛有度，使得轻微的击键也能产生悠扬的共鸣。

嘉德威钢琴华贵至尊——GR6（孔雀女王）

嘉德威钢琴旗下一款高端亚光立式琴，采用德国顶尖技术的演奏会级钢琴，拥有外观设计专利证书，带有浓厚的中国风，整体显得十分古典高雅。外观设计上以灵动高贵的孔雀为原型，雕刻出孔雀开屏的造型，并采用宝格丽、卡地亚等奢侈品大牌常用的珍珠贝母点缀，彰显其精致大气，雍容华贵。钢琴整体采用栗壳色亚光，呈现出奢华的复古风情。

嘉德威钢琴作为《钢琴弦轴板》国家标准制定单位，专业定制的演奏级弦轴板，由17层枪木交错

拼接而成，为弦轴钉提供强大稳固的握钉力，保证音准稳定性。俄罗斯进口优质鱼鳞松制作的不等厚加强型实木音板，设计贴合钢琴共鸣系统的发声规律，在各种不同的气候条件下均能保持优良的声音表现。德国进口防蛀呢毡和名贵红木榔头，使用时间可以达到五十年以上。

嘉德威钢琴唯美典范——GY29（天鹅之恋）

天鹅之恋钢琴外观设计采用经典红木亮和黑亮两种配色，再配以金色及银色天鹅图案，华贵典雅，栩栩如生。天鹅寓意永恒唯美的爱，这一份对孩子浓浓的爱，亦是对音乐、对钢琴的挚爱，也预示着嘉德威钢琴对音乐永恒不变的理念与追求。一对天鹅的唯美设计，浪漫雅致，彰显妍丽不凡、高贵华美的生活品位。

采用德国RENNER式实木击弦机，相比较塑料配件的击弦机，更加灵活可靠，能自然准确传递。作为《钢琴弦轴板》国家标准制定单位，专业定制的演奏级弦轴板，由17层桦木交错拼接而成，为弦轴钉提供稳固的握钉力，保证音准稳定性。俄罗斯进口鱼鳞松不等厚实木板材音板，根据声学原理科学制作，相较云杉木音板，有更好的共鸣性与歌唱性，在各种不同的气候条件下均能保持优良表现。黄金比例配重琴键，仿象牙白键和亚光黑键，手感舒适，观感高雅。键盘为全实木结构，木材经自然风干、技术风干等处理，耐久不易变形。德国进口聚酯钢琴专用油漆，以特殊工艺喷淋，高硬度，强环保。出厂前经过八次调律，保证钢琴使用中更好的抗疲劳强度。

十八、烟台金斯波格钢琴有限公司

KINGSBURG——KH123B

KH123B钢琴内在采用了世界著名设计、制造大师克劳斯·芬纳先生经典设计和工艺，其严格遵照击弦机、键盘“三点一线”、“施坦威钢琴键杆设计比例”的设计理念，使触感灵敏。集160余年的德国技艺与现代精工于一身，让您享受轻盈灵敏流畅的触键与操控，感受音色的通透清澈，演绎丰富而深厚的优美音色，传承着欧洲风格。

此外，KH123B还采用了纯木质踏板杠杆，提供了更多的演奏舒适性；音板涂料选用了更加符合音板振动特性的材料，使声音具有更高的延展性；音源采用了强振式悬浮音板的专利设计，使音质更加浑厚有力；多年来金斯波格不断采用数控设备的加工提升制造水平，本次新品上市期间改良了整音工艺，对每一个弦锤都进行精工细整，使得在整个音域内发音更加均匀饱满。每一台都融入了造琴师对“有色彩的音色”的毕生投入。是从初学者到业余爱好者乃至音乐教育家的心爱之选。

KLAUS FENNER.-K8钢琴

为纪念金斯波格钢琴克劳斯·芬纳先生及其为金斯波格所做出的贡献，将K系列钢琴命名为KLAUS FENNER。K8立式钢琴外观造型是配合整架琴的发音特色而设计，厚重而典雅。上门板分割成三块，巧妙地在两侧安放了放音孔装置，增加了音效。双键臂、上门框和琴腿的造型都更加突出了琴体的庄重典雅。演奏与外观浑然一体。K8P采用优质色木并由数控设备加工装备而成，合金硬铝制造的总挡、

背挡、支架，以及特制框式中盘为击弦系统提供稳定的装配基础，使击弦系统整理状态保持稳定性，特制击弦机在运行中各杠杆组合活动部位传动时有极高的灵敏度，高端典雅的黑色五金加之橘红色毛毡使得整个系列立式钢琴高雅华贵又不失时尚感。低音区按照三角钢琴加工方式安装压弦钮，使弦列更加准确。采用德国进口“A”级ABEL红木弦槌，对音色均匀起很大作用，使声音更稳定，更有弹性，共鸣性更好。实木加工的杠杆传动装置，可以大大减少箱体内的共鸣杂音，使音色更纯净透彻。采用的是德国进口STRUNZ纯实木云杉不等厚音板，使声音更持久连贯，整个音域均匀流畅，共鸣声更清澈稳定，独特的起弧设计，使整个共鸣效果更具有完美音色。采用框式中盘，结构牢固稳定，定位尺寸精确，抗变强度高。为键盘击弦机提供坚实稳固的空间结构定位，保证键盘和击弦机能够精确和稳定地工作。

KINGSBURG—KF175

KF175三角钢琴是金斯波格公司自主研发小型三角钢琴，研发过程吸收了世界著名的钢琴设计大师克劳斯·芬纳先生的设计精髓采用超长低音弦、超大张力，使低音的延音更长，声音更为浑厚，更具穿透力；特别运用钢琴弦列优化设计软件进行优化设计，最大限度地使整个音域内的音量均匀，消除不协和的共振音；并结合现代世界名琴的设计思想，钢琴尾部轮廓形状比一般钢琴加宽，使中低音音板振动更加有效，过渡也更加自然；高音区、次高音区前倍音采用不等距可调的阶梯式弦枕，更加精确地对谐振频率进行细分，声音层次更丰富，更有表现力，音质更加出色。中音区、低音区采用了弦枕钮结构，保证了琴弦的分

布均匀，使得同弦组内的每根琴弦振动精确、振动响应完全一致，进而使得钢琴声音更加纯净。整架琴富有活力，音幅宽广，和声丰富。

十九、广州欧米勒钢琴有限公司

欧米勒Beethoven纪念版

为纪念德国伟大作曲家贝多芬诞辰250周年，博兰斯勒钢琴旗下欧米勒钢琴有限公司特别打造了“欧米勒Beethoven纪念版”钢琴来纪念这位西方古典音乐乐圣。“欧米勒Beethoven纪念版”的打造选择了123cm的高度这一最受欢迎的家庭用琴规格，左侧边木上镶嵌的贝多芬纪念标志彰显了它的身份。外观上的设计延续了欧米勒钢琴大气高雅富有流线感的风格，左侧边木上特别镶嵌有当浑厚而柔美且富有层次的音色从它身上发出时，无人能不被其内在所蕴含的宏伟、深邃所震撼、征服。这正是对贝多芬血脉的最好诠释。

二十、上海施特劳斯钢琴有限公司

“施特劳斯STRAUSS” 创立于1895年，至今已有125年历史。是我国 19世纪末传承至今最早的钢琴品牌之一，上海市著名商标、中华人民共和国商务部认定的中华老字号。2019年10月8日，在国家长三角一体化战略推动下，上海钢琴有限公司与中国乐器行业50强企业浙江乐韵钢琴有限公司正式签约，通过优势资源整合，在产品研发、市场开拓等方面全面展开合作，强强联合组建上海施特劳斯钢琴有限公司，百年民族钢琴品牌施特劳斯STRAUSS钢琴迎来全新发展阶段。

2020年1月1日，全新施特劳斯钢琴重装上市。目前施特劳斯已推出三个系列：东方系列SE、荣耀系列SH、欧美系列EA。并计划于今年下半年推出高端系列环球系列SG。

东方系列——SE123D

2020年，施特劳斯推出了全新的三个系列、27款钢琴。其中东方系列SE传承了施特劳斯的百年制琴工艺，应用到20多项专利技术。高档木料制作的实木键盘，琴键触感灵敏细腻、且充满活力，为使用者带来舒适的弹奏体验。东方系列SE作为施特劳斯的入门级系列，主要应用于家庭使用和教学场景，琴身造型简洁大气，比例设计合理。多种颜色选择，完美融入各种家庭装修风格，极具性价比。

SE123D采用日本进口琴弦，低音弦用精钢丝经实心纯铜线材绕制，音色纯净，音准稳定。铁板采用真空铸造工艺，用锰钢高硬度材料铸制，稳定性强，音色纯正，施特劳斯钢琴独有钢板设计，令钢琴的共鸣区间更广阔，提升音色共鸣度。日本进口的呢毡榔头色泽均匀一致，音色柔和，经久耐用。多层高品质枫木、榉木热压粘合弦轴板，确保钢琴的稳定性。施特劳斯所有出厂钢琴均使用进口环保油漆，运用“浙大冰虫”环保甲醛稀释涂层技术，使钢琴成品甲醛含量趋近于零，保证使用者的安全。SE123D琴身为胡桃木色、古典而优雅，在众多钢琴中脱颖而出。

荣耀系列——SH125

荣耀系列SH为施特劳斯钢琴的中高端系列，更优质的材料、更丰富的细节，为使用者带来极佳的触感，使美感与声音达到完美交融。SH125的上门采用了木纹贴花工艺，极具辨识度。木纹图案经过精心挑选、纯手工拼贴，每一台都是独一无二的。椭圆形镂空大气奢华，一经推出便深受中高端消费者的喜爱。

这款立式钢琴采用德国进口特级FFW榔头，优质羊毛毛毡，具有较高的硬度和弹性，损耗程度低，耐用性高。击弦机为东方击弦机、弦槌无晃动，止音呢毡为原装进口。采用进口的申达针和申达呢，弹奏速度达到10次/秒以上，反应灵敏，可靠耐用。榉木的踏板连接杆，音频低，音色沉，可以降低声音的谐振及共振，达到金属杆所不能达到的解析力和清晰纯净度。多层高品质枫木、榉木热压粘合弦轴板，确保钢琴突出稳定性。为高端家庭使用及小型演奏会的不二选择。

CHINA MUSICAL
INSTRUMENT YEARBOOK

(2020)

音教活动

中乐协音教专委会暨琴行分会2019工作会议在江西举行

2019年3月21日，中国乐器协会音乐教育专业委员会（以下简称音教专委会）及琴行分会联合在江西九江召开2019年度工作会议。有来自全国各地的音乐教育企业及琴行负责人共70余人参加。

江西宏声琴行总经理刘宏介绍了江西琴行联盟的运作情况，该联盟覆江西所有地级市，大家共同发展，互相帮助，取得了很好的效果。中国乐器协会秘书长、音乐教育专业委员会主任陈晋武介绍了音教专委会的组织构架及今后的工作重点，旗下5个专业研究会正式成立，今后将在不同领域开展更加专业的活动。随后中国乐器协会琴行分会会长黄茂强介绍了琴行行业的发展中遇到的问题及未来发展方向。

在社会音教行业经验交流环节当中，长春新博乐琴行总经理周洲的发言主题为“音乐教师的修养及音乐教育新理念”；贵州如微乐器总经理侯百春介绍了“教育培训机构如何获得政府政策支持”；睿卡音乐教育总经理陈向丽主讲了“音乐启蒙教育存在的问题及解决思路”、杭州音乐猫公司总经理夏兆熙的主讲题目为“网络新零售对传统音乐教育行业的影响”、川音大地董经理肖斌则介绍了“新民办教育促进法实施后传统少儿艺术培训机构的转型与规范”、秦川乐器的李妍经理的发言主题为“通过管理创新，持续高效运营”。

在下午的环节中，中国乐器协会音乐教育专委会秘书长张蕾着重介绍了2020年国民音乐教育大会的筹备情况和中国乐器协会推出的“社会音乐教师技能培训项目”，罗兰数字音乐教育翟翀经理则介绍“6·21国际乐器演奏日”的文创项目及联合推广情况。中国乐器协会常务副理事长曾泽民则从行业的整体角度就中国乐器协会重点工作思路及方向做了介绍。

随后，进行了分会场讨论，琴行分会和音教分会分别进行了分组讨论，大家围绕社会音乐教育师资培训的难点和建议等问题展开讨论，并且各自推选出10家机构，为行业发展平台提供数据和素材。

丰台一幼·天鹅乐器“幼儿音乐启蒙教育”启动仪式在京举办

为推动社会音乐教育事业健康发展，强化校企优势资源跨界融合，提升基层单元音乐启蒙教育工作水平，2019年9月，丰台一幼·天鹅乐器“幼儿音乐启蒙教育”启动仪式在京举办。

中国乐器协会副理事长孙瑞勇，副秘书长兼音乐教育专委会常务副主任钱富民，口琴专委会副会长、江苏天鹅乐器有限公司董事长陈红梅，著名口琴演奏家、教育家王志祥，中国乐器协会信息部副主任黄伟，天鹅乐器营销部经理祁一峰，北京丰台区丰台第一幼儿园园长朱继文，副园长赵秀敏，顺八条分园园长徐平，以及丰台一幼的教师、园区儿童及家长近150人参与天鹅乐器“幼儿音乐启蒙教育”启动仪式暨爱心乐器捐赠活动。

中国乐器协会副理事长孙瑞勇致辞中表示，适逢祖国70华诞普天同庆时刻，金秋北京，蓝天白云，鲜花绚烂。为深入推进社会音乐教育事业在基层单位的拓展，中国乐器协会会同江苏省乐器协会和江苏天鹅乐器有限公司，共同在北京市幼教系统开展少儿口琴音乐启蒙教育项目和捐赠爱心乐器善举，同时邀请北京口琴专家王志祥老师展开现场师资培训与互动教学，此举必将积极促进北京市少儿口琴音乐启蒙教育项目的普及与版图拓展。

生活因音乐而变得美好，中国乐器协会在“让乐器成为家庭的标配，百姓生活的刚需”的精神指引下，正在积极推动乐器进校园的各类项目。在口琴音乐描绘的世界中，有蓝天白云，小河流水，万马奔腾，相信在江苏天鹅乐器和口琴演艺专家的共同助力下，口琴会成为学龄前儿童音乐启蒙教育的特色项目，让孩子们从中真正体验音乐带给他们的心灵启迪与快乐美好。

江苏天鹅乐器有限公司董事长陈红梅代表爱心企业致辞，在举国上下喜迎新中国70华诞之际，北京丰台区第一幼儿园·天鹅乐器“幼儿音乐启蒙教育”成功启动，首先要感谢中国乐器协会、口琴名家和北京丰台区幼儿园管理与教师团队的大力支持与协同。为更好地配合中国乐器协会倡导的乐器进校园和音乐教育从幼儿抓起的战略，天鹅乐器与北京市丰台区幼儿园展开跨界资源重组，在北京地区创办幼教系统的口琴少儿音乐启蒙项目试点。作为创新型文化产品企业，天鹅乐器有义务肩负起幼儿音乐启蒙教育拓展的社会责任，不断研发适合幼儿音乐教育新品，以丰台区第一幼儿园作为战略试点，以点带面，以扎实行动促进幼儿启蒙音乐教育的发展，为提高全国幼儿、中小学生的音乐素质做出应有的社会贡献。

据悉，在过去两年来，天鹅乐器在江苏阜宁、青岛黄岛、青岛城阳、浙江宁波等53所中心小学开展了以“音乐让校园更美好”为主题的音乐教育活动，有8.3万师生直接参与，1.3万家长及社会各界人士走进校园，分享了孩子们的音乐教育成果，音乐教育进校园取得了圆满成功。衷心希望丰台区第一幼儿园的音乐启蒙教育，成为丰台区幼儿音乐教育一道亮丽的风景，为全国幼儿启蒙音乐教育起到积极的示范推动作用。

北京丰台区丰台第一幼儿园副园长赵秀敏代表园区管理团队致欢迎辞，赵园长首先对中国乐器协会的领导、演艺专家和爱心企业代表表示由衷谢意。对爱心企业关爱学龄前儿童音乐文化素养的培育，推动基层教育机构的音乐教育事业发展，肩负社会公益文化责任的爱心善举深表敬意。赵园长表示，儿童的健康成长离不开辛勤园丁的培育，父母的悉心呵护，社会教育机构的平台创建等多元要素。特别致谢中国乐器协会，以及会员企业天鹅乐器的教育装备捐赠善举。进入新时代，国家倡导文化事业的纵深拓展，行业企业紧跟文化政策脉搏，积极践行企业的文化社会责任，主动出击，创意培育社会音乐教育事业的蓬勃发展。艺术能提升国民的文化素养，提升国民的精神生活品质，衷心祝愿孩子们在爱心社会结构和人士的善举中不断健康成长。著名口琴演奏家、教育家王志祥现场展开互动乐器展示与教学。

在天鹅乐器“幼儿音乐启蒙教育”启动仪式最后，与会领导、嘉宾和丰台一幼的小朋友和家长共同唱响《我和我的祖国》，歌声汇成欢乐海洋，祝福祖国，讴歌新时代，音乐将伴随新时代的孩子们健康快乐成长。

2019年中国社会音乐艺术教育高峰论坛：共享新理念，共商新路径

2019年10月9日，由中国乐器协会指导，中国乐器协会音乐教育专业委员会主办，中国乐器协会艺培机构发展研究会、帮你教承办的“2019中国社会音乐艺术教育高峰论坛”在上海隆重召开。中国乐器协会常务副理事长曾泽民、中国乐器协会秘书长、中国乐器协会音乐教育专业委员会主任陈晋武，中央音乐学院教授、中央音乐学院原副院长周海宏，著名音乐教育家、中国教育学会音乐教育分会原理事长、人民音乐出版社原社长、党委书记吴斌等行业专家及多位知名音乐教育品牌负责人带来精彩分享，社会音乐教育行业嘉宾及各地音乐艺术培训机构负责人出席。

会上，中国乐器协会常务副理事长曾泽民作主旨发言《中国社会音乐教育的发展趋势与行业对策》。发言通过社会音乐培训市场规模、音乐产业分布、国内乐器市场销量等数据分析，阐述社会音乐艺术教育的重要性，并总结了行业的特点与问题，提出跨界融合，逐步建立健全社会音乐教育体系的建议。

中国乐器协会秘书长、中国乐器协会音乐教育专业委员会主任陈晋武为本次大会致开幕辞。回顾了中国乐器协会音乐教育专业委员会成立以来的重大举措。他表示，“中国社会音乐艺术教育高峰论坛”作为“国民音乐教育大会”的补充，将在形式和内容上不间断地给业内提供交流与沟通的平台和机会，促进我国音乐教育和艺术培训事业的健康发展。

中国乐器协会赴英国、爱尔兰考察音乐教育

2019年11月3日至10日，应爱尔兰皇家音乐学院、英国约克圣约翰大学和英国乐器协会邀请，中国乐器协会王松美副理事长率队赴英国、爱尔兰考察音乐教育及乐器市场。王松美一行四人受到爱尔兰皇家音乐学院德博拉·凯勒校长、约克圣约翰大学李·希金斯教授和英国乐器协会保罗·麦克马努斯会长的热情接待，双方围绕当前乐器产业和市场及社会音乐教育等共同关心的领域及话题进行了广泛深入的沟通及合作探讨。

英国作为现代工业的发祥地，其在音乐教育领域也有着悠久的历史和很多先进的经验值得学习。而国内社会音乐教育刚刚起步，在体系完善、标准制定、教学经验、行业管理等方面都有很多欠缺，需要在世界范围广泛学习先进。此次考察的爱尔兰皇家音乐学院成立于1848年，是国际知名、欧洲历史最悠久的音乐学院之一，是一个充满音乐活力的大家庭，始终传承音乐表演和鉴赏最高水平的音乐艺术学院。爱尔兰皇家音乐学院提供音乐表演专业的学士、硕士、博士学位课程，另外还开设音乐教育、音乐创作学士学位，以及音乐教学与表演文凭课程。

约克圣约翰大学成立于1841年，1990年与利兹大学合并，成为利兹大学的一个附属学院。学校现有学生6000余名，学校设有艺术学院，教育和神学学院，保健和生命科学学院和圣约翰商学院，以社区音乐教育理论及实践的研究、教学及推广著名。英国乐器协会长期以来伴随着英国本土产业发展和转变，在主要工作内容上转向了协调和联络，特别是加强了与国际化品牌公司、国内相关音乐教育服务机构的合作，在与圣三一大学、英皇考级以及RockSchool等都有很好的合作关系。

王松美副理事长分别向外方介绍了中国乐器行

业包括乐器制造、音乐教育等的发展情况，以及中国乐器协会当前的重点工作，特别是新开展的社会音乐教育和职业技能人才培训等，包括国民音乐教育大会、6·21国际乐器演奏日活动的基本情况。德博拉·凯勒校长、李·希金斯教授和保罗·麦克马努斯会长都对中国当前乐器行业的发展和在国际乐器领域的地位表示认同，也分别介绍了各自机构和领域的主要情况，并针对乐器协会此次考察的主要目的，进行了针对性的详细介绍，认真探讨了可能的合作方向，几方都表示了对中国快速发展的社会音乐教育的关注和兴趣，愿意在后续就具体合作进行更加深入细致的沟通。

此次考察，王松美副理事长对爱尔兰皇家音乐学院的国家考核体系、教师培训课程以及社会师资培训等领域的工作印象深刻。对希金斯教授在社区音乐教育理论和实践领域的研究成果，以及其在国际音乐教育领域的贡献表示认可和敬意。对英国乐器协会在转型后积极开展行业信息服务，在积极推进音乐文化教育，组织音乐活动和搭建音乐教育公益平台等方面取得的成果表示赞赏。

王松美表示，协会随后会根据相关工作进展和需要，与对方做进一步具体沟通，尤其将在音教师资培训认证体系、社区音教推广的理论与实践，乐器学习公益平台建设等方面重点研讨合作的机会和方式。

经济全球化，音乐无国界，中国的社会音乐教育在发展过程中，将以更加积极的开放心态，努力学习和吸取国内外各种先进经验和成果，努力让更多人加入到音乐学习的队伍，更快让乐器成为家庭的标配，音乐成为生活的必需，音乐教育成为人生的必修课。

国民音乐教育大会

2019年国民音乐教育大会总结报告

国民音乐教育大会组委会

2019国民音乐教育大会于5月25日至27日在北京国际会议中心举行，本次大会由中央音乐学院、中国乐器协会、上海国展展览中心有限公司、全国音乐教育服务联盟合作平台共同主办，大会主题是“快乐学习”。

一、大会概况

本次大会主办单位为中央音乐学院、中国乐器协会、上海国展展览中心有限公司、全国音乐教育服务联盟；承办单位为中国乐器协会和上海国展展览中心有限公司；协办单位包括中国民族管弦乐学会陶笛专业委员会、北京乐器学会、国际键盘手风琴联盟、北京学前教育学会、深圳市乐器行业协会、辽宁省乐器学会、江苏省文化艺术科学技术协会；国际合作单位包括美国国际银制品协会、国际音乐教育学会、欧洲音乐产业联盟、国际键盘手风琴联盟。

本次大会，共有来自美国、英国、澳大利亚、奥地利、法国、意大利、捷克等国家和中国香港、中国台湾地区以及中国内地的共150余位音乐教育界的专家齐聚一堂，与来自国内各省市的近千名音乐教育工作者代表一起，以“快乐学习”为主题，交流探讨音乐教育的未来发展。

三天的会议，从内容上分为钢琴、民乐、管乐、幼儿启蒙、学校音乐教育、远程音乐教育、社会音乐教育、合唱、舞蹈共九大板块。主要活动包括欢迎晚宴、开幕式、开幕论坛、对话、点评、主题发言、工作坊、音乐会等。同时还配套了音乐教育装备展、音乐教师海报展。参与观众来自全国各地，总人数约1000人，观众主要以幼儿园教师、普通中小学音乐教师、高校音乐教育专业教师及研究生、社会琴行培训机构负责人等几方面人员构成。

二、大会内容分析

本次大会共123场主题活动，形式包括主题发言、论坛、工作坊、大师课、教学展示与点评、社会音乐教师海报展等形式。主讲嘉宾共150人次，分别来自中国、美国、澳大利亚、英国、捷克、德国、奥地利、法国、意大利等国家和中国香港、中国台湾地区。

1. 大会总体水平稳中有升

与去年相比，今年总体的嘉宾层次稳中有升。第一天大会几位主题发言嘉宾的名气分量与去年不相上下，而且除了主题发言，还增加互动性更强的主题论坛，很受观众欢迎。后两天的分会场，今年按照内容的学科门类划分为9个分会场，分别是钢琴、管乐、合唱、舞蹈、学校音乐教育、启蒙音乐教育、在线音乐教育、社会音乐教育（培训机构）、社会音乐教育（音乐教师），划分更加清晰，结构更加合理。与去年相比，中小学音乐教学展示与点评、社会音乐教师海报展、合唱、舞蹈都是全新增加的板块，对此观众的反映也很好。

5月25日第一天大会由音乐教育家吴斌主持，共有8场主题发言，主要是关注音乐教育发展的前沿理念和当下特征等。8场主题发言分别是：美国国际音乐制品协会国际事务总监石碧天女士——《乐器在儿童启蒙教育中扮演的重要角色》、中央音乐学院周海宏教授——《走向美与爱的音乐教育》、美国国家音乐教师协会主席琳达·桑顿——《在成长中变强大：写给勇往直前的音乐教师们》、上海音乐学院杨燕迪教授——《关注中国、关注当下、音乐教育中应包纳更多中国当代音乐的内容》、中国音协管乐学会主席于海——《全国中小学器乐社团的现状及建议》、香港教育大学教授梁宝华——《成功和快乐地学习音乐：学习动机、自我调整、后续认知、建构主义》、英国约克圣约翰大学博士露丝·卡瑞——《探索英国社区音乐的目标》、中国舞蹈家协会主席冯双白——《“快乐成长”在儿童舞蹈教学中的实践与思考》。8场主题发言角度不同，视角各异，都十分精彩。

除了主题发言，第一天大会还安排了一场主题论坛，论坛主持人同样是吴斌，5位嘉宾包括首师大音乐学院郑莉教授、中国音乐学院谢嘉幸教授、刘沛教授、中央音乐学院继续教学院孔聪院长、中国联通网络技术研究院张涌院长，几位嘉宾围绕“音乐教育的快乐学习和未来学习”展开讨论。论坛当中，几位嘉宾的发言都很具吸引力，郑莉教授还代领嘉宾们玩起了节奏游戏，也成为了当天最受欢迎的内容之一。

总体来说，第一天大会安排紧凑，整体水平很高，应该说可以代表近几年来国内音乐教育行业综合会议的最高水平。

2. 内容定位更加明确

大会后两天为分会场活动，今年在内容策划上，按照教学内容划分了九大板块，分别为钢琴、管乐、民乐、合唱、舞蹈、音乐启蒙、学校音乐教育、社会音乐教育（培训机构）、社会音乐教育（音乐教师），与去年相比，今年的划分条理更加清晰，分类更加明确，在内容的策划上也更加符合观众的实际需求。

从观众反映来看，这种安排的效果非常好，特别是钢琴、合唱、学校音乐教育、启蒙音乐教育等几个会场，因为定位精准，目标人群明确，内容设计注重实际需要，2天的时间里一直保持着很高的上座率。其中，钢琴会场共安排了11位专家，周铭孙、常桦、李民、韩瀚、茅为蕙、叶文、白敬徵、黄凯盈、米兰·弗兰克、蒂姆·欧文斯、维克托·米特里琴，几乎每一位专家的讲座都很受欢迎，特别是周铭孙、常桦、李民、韩瀚、茅为蕙等几位，基本都是座无虚席。

学校音乐教育分会场是本次大会最成功的板块之一。第一天的内容是中小学课程展示与点评环节，上午是北京市西城区推荐的6位老师进行的带主题说课，下午是北京市海淀区展示的音乐课教学评成果展示，点评嘉宾包括吴斌、郑莉、刘沛几位专家，这个环节吸引了大量的观众来会上聆听，自始至终人都非常多，是本次大会当中非常受欢迎的一个部分。

此外，学校音乐教育分会场其他几位嘉宾，包括谢呈、曹利、张乐瑄、柯小斌、朱则平、陈彦宏、李茉、刘俊、刘颖等的工作坊也都很受欢迎。整体来看，本次大会学校分会场的整体内容策划非常成功，切中了学校音乐教育当中老师们最需要的内容。

音乐启蒙分会场是本次大会的另一个亮点，该分会场与魔笛音乐教育合作，从内容策划、嘉宾邀请、观众邀约等都是双方共同策划，凭借对方在幼教领域内的专业优势和资源优势，该会场最终效果也很好，内容符合目标人群实际需要，除了有工作坊课程展示，还有主题论坛、课例论坛征集与评选等形式，王丹、贺洁、赖达富、韩瀚、周海宏等几位专家课程非常精彩，另外赤峰市教育局、广西河池教育局以及广州、北京地区的幼儿园和幼教结构都有参与。

合唱分会场尽管场次不多，只有两场，分别是马宁和孟大鹏，两位专家的讲座水平也很高，吸引了大量的观众。舞蹈分会场两位老师水平很高，但因为第一次举办，吸引的观众人数并不多，还需继续探索。

3. 互动交流环节受欢迎

主要针对社会音乐教师的“musiclife”板块是这次全新增加的内容，展现形式包括教师海报展、工作坊讲座、和教师教学方法理念的展示。本板块邀请了琳达桑顿、张乐、刘锐等几位专家进行专题讲座和工作坊展示，另外还有40多张海报入选，海报的主要内容是音乐教师自己的教学理念、观点及方法，除了现场展示，入选的老师们还会有宣讲的机会。从现场来看，这种形式非常受欢迎，来自各地的音乐老师们对于同行之间的教学方法和经验的交流很感兴趣。

除了教师海报展环节之外，前面提到的学校音乐教育分会场，除了教师进行展示，还增加了教师和专家之间、教师与教师之间的交流环节，也很受欢迎。可见，除了聆听专家的讲座，参会教师也非常希望能够和同行之间进行经验交流，对于他们来说，这样的机会也是非常难得的。

除了针对音乐教师的“海报展”，今年教育大会还设立了专门针对琴行和培训机构的“机构专场”，主要内容是音乐培训机构的运营、管理以及整个市场行业的趋势发展把握等，定位也十分明确。从今年社会音教分会场的内容来看，既有关注当今社会音乐教育行业的发展现状、特点及未来趋势的论坛，也有关于艺术内涵、教育本质的高端对话等，主讲嘉宾除了在培训机构的经营管理者，邀请了许多行业之外的专家，比如吴斌、梁洪来、周海宏、雷达、袁莎等。与上述幼教分会场和音乐教育分会场相仿，纵观社会音乐机构会场，凡是注重交流，互动性比较强的场次，比如几场对话和论坛，都很受欢迎。相比之下，如果是单纯宣讲式的经验介绍，除非是内容非常好或者嘉宾名气非常大，否则很难引起观众的兴趣。

今年管乐和舞蹈分会场在总体大会的内容当中占比并不高，但几堂工作坊讲座的嘉宾和内容都水平较高，现场观众人数虽并不是很多，但观众都表示讲座水平很高，内容非常实用。

总体来看，今年大会的总体内容策划比较成功，邀请专家水平高，内容具有前瞻性、引领性和实用性，观众反映大部分内容都很好。

三、大会组织情况

1. 观众组织

本次大会在组织结构以专业院校、行业协会（学会）、社会培训机构为重点，尽管并没有体制内的行政手段要求，但依靠内容吸引，最终仍然有大量的体制内的老师参加了本次大会，占总人数的60%左右，这说明我们的内容策划还是成功的。

由于前期大会组织过程中也受到一些外部因素的影响，但组委会大胆布局，多方沟通，调动多方资源深度参与，形成了多个系统广泛发动的态势，最终落实了百余场活动，千人参与，实现了预期目标。

本次大会观众报名来源主要有两方面：一是个人报名，主要通过“乐动北京”微信报名通道；二是集体报名，主要通过中国乐器协会集体报名。从集体报名情况来看，幼教分会场、教师会分会场、社会音教培训机构会场各自都贡献了几十人，这几个会场从前期内容策划到观众邀约都深度介入，今年初步尝试效果不错，今后可继续延续这种操作模式。

2. 乐器行业资源组织

本次大会，中国乐器协会各分支机构和骨干企业积极参与，组织音乐教育、社会培训相关人员报名参加音教大会，获取教育信息和资源，探讨体制内外合作项目。与此同时，本届大会现场还设置名优特产品和项目展示区并为企业定制品牌宣传展示。广州珠江钢琴、海伦钢琴、宜昌金宝乐器、上民一、雅马哈、天津津宝、乐海乐器等企业参与赞助与支持。其中，珠江钢琴、海伦钢琴、宜昌金宝乐器、雅马哈作为本次大会的指定乐器提供商，为大会每个会场提供了钢琴，欧艺视界则提供了全套的奥尔夫打击乐器，保证了所有奥尔夫课程正常进行，乐海乐器为大会提供了挂绳广告，柚子练琴提供了赞助用水等，其他企业也都为大会提供了不同程度的支持和赞助。今后可继续开发不同形式的赞助广告形式。

3. 宣传组织

今年大会的整体宣传更加依靠口碑传播，大会内容汇总的H5成为最主要的传播方式。其中前期以上海国展展览公司制作的H5为主，后期主要以协会制作的H5为主，协会版H5阅读数量为1.9万次，有关大会内容及嘉宾更新都会及时在H5上跟进，这也成为教育大会内容宣传的最主要阵地。

大会前期并未召开新闻发布会，而是邀请了几家行业媒体进行了内容通气会，大会现场也邀请了若干媒体到场，并且邀请了专业公司进行视频摄制，总体整体宣传效果较好，但今后还应该继续探索宣传报到的深入性和立体性，以获得更好的效果。

在会中及会后宣传方面，大会第一天邀请了若干媒体到场，但大部分报道也只是以消息报道为主，欠缺深入报道。在会议期间，中国乐器协会官微每天推出一条当天情况的微信报道，及时、全面，也起到了很好的作用。“中国少儿音乐培训” 在会后推出了一篇综合报道，采访了5位专家，阅读量达到9000多人次，成为有关国民教育大会的报道当中，阅读量最高的一篇。

4. 会议现场组织

大会涉及内容广泛，组织单位众多，代表来自全国各地各个系统，是个复杂多元的系统工程。整个大会的组织工作基本能够做到有序、有效，各个部门分工明确，也可以做到协调合作，保证了整个活动的顺利进行会前主要工作集中在嘉宾的邀请、资料的收集与整理、观众的组织、场馆及有关器材的协调安排等几个方面，工作量大，内容非常繁杂琐碎。有了去年的经验，今年在内容组织上更加有序，效率也更高，应该说并未造成太大压力。

从会议现场组织来看，今年的场地更加方便，各方面条件也更加便利，整体会议组织有条不紊，并未出现太大疏漏。

四、大会主要成果

经过第二年的试水，国民音乐教育大会的品牌影响力进一步提升，目前已经在国内外音乐教育行业取得了一定的影响力，已经成为音乐教育行业重要的年度事件之一。大会内容丰富，规模宏大，规格和专业水平都很高，体现在邀请专家级别、发言的水平及圆桌论坛及工作坊的水平，既有高度和深度，又直面当今音乐教育发展趋势和关注热点。参会教师普遍反映大会的内容很好，既有学术高度，又有许多实用的音乐教育理论和技能，大部分参会代表和讲课嘉宾都表示不虚此行，受益匪浅。

大会坚持市场为导向，从内容到形式采取集中与分散、引导与自由选择相结合的市场运作方法。主旨主题发言由组委会反复研究，专家委员会推荐，邀请知名专家，保证了大会的学术高度和专业高度。不受条块系统的限制，坚持内容为王，强调提升服务质量和用户感受，争取做成国内同类型会议的标杆。同时大会又是各系统之间交流协作的一次大胆尝试，体制内、体制外、培训机构和企业跨界融合。

国际化合作进一步加强，提升了大会的高度和广度。大会得到了美国国际音乐制品协会、欧洲音乐产业联盟和国际各国行业协会及著名院校领导的专家的支持，收到了很好的效果，今年邀请的国外嘉宾无论从质量和数量上，与去年相比都是稳中有升，在保证会议质量的同时也扩大了国际影响力。

最后，大会组委会感谢各主办、承办、协办单位和支持单位，感谢所有讲课嘉宾和全体代表，感谢媒体及社会各界的厚爱与支持。

社会音教培训

2019年中国乐器协会社会音乐教师专业技能培训概况

中国乐器协会社会音乐教师专业技能培训是近年来协会推出的一项全新服务，其目的是引导和规范国内社会音乐教育市场，提高我国社会音乐教育师资水平，推动社会音乐教育行业的规范化发展。通过培训向学员颁发“中国乐器协会社会音乐教师专业技能证书”，将以此作为行业协会对社会音乐教育行业进行规范和引导的重要手段之一。

获得培训证书的学员，将被编入中国乐器协会“社会音乐教师资源库”。该库教师将按档案编号，通过中国乐器协会官网可查询，并同时成为中国乐器协会的储备教师资源，如有合适机会可以推荐使用。同时，获得本证书的学员，参加中国乐器协会组织的相关活动均可享受不同程度的优惠，如上海国际乐器展、北京音乐生活展、国民音乐教育大会、6·21国际乐器演奏日以及其他相关的音乐教育教研、培训活动等。

2019年，中国乐器协会社会音乐教师专业技能培训工作开展顺利，共计598人取得证书。该项培训工作由中国乐器协会选择有资质、有实力的合作机构共同开展，该项目一经推出就受到广大乐器企业及音乐培训行业的关注和欢迎，包括江苏新基因文化发展有限公司、东方乐器、昌乐雅特乐器有限公司、北京唐采文化发展有限公司、魔菇音乐、天津七弦琴院、北京过云楼书院、河北兰致乐器等在内的多家企业及机构参与了这项合作。

2019年中国乐器协会社会音乐教师技能培训取得证书名单

1. 2019 年 1 月雅特电吉他培训班学员证书信息

序号	姓名	专业	证书编号
1	马德广	电吉他	SMT2019-EG-0035
2	王艳娜	古筝	SMT2019-EG-0036
3	王艳艳	打击乐	SMT2019-EG-0037
4	李友元	电吉他	SMT2019-EG-0038
5	王建森	电吉他	SMT2019-EG-0039
6	邵冬梅	电吉他	SMT2019-EG-0040
7	严义洋	电吉他	SMT2019-EG-0041
8	冷　冰	电吉他	SMT2019-EG-0042
9	王　辉	电吉他	SMT2019-EG-0043
10	陈志超	电吉他	SMT2019-EG-0044
11	王成寅	电吉他	SMT2019-EG-0045
12	张　路	电吉他	SMT2019-EG-0046
13	路　遥	电吉他	SMT2019-EG-0047
14	曹海生	电吉他	SMT2019-EG-0048

序号	姓名	专业	证书编号
15	张　凯	电吉他	SMT2019-eg-0049
16	李岳勇	电吉他	SMT2019-eg-0050
17	王广程	电吉他	SMT2019-EG-0051
18	翟孝鑫	电吉他	SMT2019-EG-0052
19	孙冬阳	电吉他	SMT2019-EG-0053
20	林　叶	电吉他	SMT2019-EG-0054
21	周德金	电吉他	SMT2019-EG-0055
22	赵　羲	电吉他	SMT2019-EG-0056
23	王梓仰	电吉他	SMT2019-EG-0057
24	刘秀臣	电吉他	SMT2019-EG-0058
25	潘希跃	电吉他	SMT2019-EG-0059
26	张龙滨	电吉他	SMT2019-EG-0060
27	何修华	电吉他	SMT2019-EG-0061

2. 2019 年 1 月广东河源小提琴培训班学员证书信息

序号	姓名	专业	证书编号
1	叶　菲	小提琴	SMT2019-V-0001
2	田　团	小提琴	SMT2019-V-0002
3	刘凌虹	小提琴	SMT2019-V-0003
4	赵子竹	小提琴	SMT2019-V-0004
5	蔡骏涛	小提琴	SMT2019-V-0005
6	郭　静	小提琴	SMT2019-V-0006
7	刘　芳	小提琴	SMT2019-V-0007
8	吴汝熙	小提琴	SMT2019-V-0008
9	谭沃均	小提琴	SMT2019-V-0009
10	梁善儿	小提琴	SMT2019-V-0010
11	刘　琪	小提琴	SMT2019-V-0011
12	易　超	小提琴	SMT2019-V-0012
13	颜叶芸	小提琴	SMT2019-V-0013
14	于珊珊	小提琴	SMT2019-V-0014
15	陈晓林	小提琴	SMT2019-V-0015
16	唐菲韩	小提琴	SMT2019-V-0016
17	朱博纳	小提琴	SMT2019-V-0017
18	徐　涛	小提琴	SMT2019-V-0018

3. 2019 年 1 月魔菇音乐爵士鼓培训班学员证书信息

序号	姓名	专业	证书号
1	张恩暄	爵士鼓	SMT2019-JD-0001
2	李衡阳	爵士鼓	SMT2019-JD-0002
3	张增强	爵士鼓	SMT2019-JD-0003
4	刘旸青	爵士鼓	SMT2019-JD-0004
5	刘鑫浩	爵士鼓	SMT2019-JD-0005
6	陈　浩	爵士鼓	SMT2019-JD-0006
7	王天祺	爵士鼓	SMT2019-JD-0007
8	把　宁	爵士鼓	SMT2019-JD-0008
9	解彦武	爵士鼓	SMT2019-JD-0009
10	王　虎	爵士鼓	SMT2019-JD-0010
11	郑　原	爵士鼓	SMT2019-JD-0011
12	尤敏智	爵士鼓	SMT2019-JD-0012
13	詹啸风	爵士鼓	SMT2019-JD-0013
14	王　峰	爵士鼓	SMT2019-JD-0014
15	王振宇	爵士鼓	SMT2019-JD-0015
16	张煜伟	爵士鼓	SMT2019-JD-0016
17	赵英杰	爵士鼓	SMT2019-JD-0017
18	范星亮	爵士鼓	SMT2019-JD-0018
19	王　琴	爵士鼓	SMT2019-JD-0019
20	柴艳峰	爵士鼓	SMT2019-JD-0020

序号	姓名	专业	证书号
21	贾玉杰	爵士鼓	SMT2019–JD–0021
22	郭　垒	爵士鼓	SMT2019–JD–0022
23	佟金鑫	爵士鼓	SMT2019–JD–0023
24	王　浩	爵士鼓	SMT2019–JD–0024

4. 2019 年 3 月北京古琴培训班学员证书信息

序号	姓名	专业	证书编号
1	李盈霖	古琴	SMT2019–CZ–0041
2	张　丽	古琴	SMT2019–CZ–0042
3	夏冬燕	古琴	SMT2019–CZ–0043
4	雷红莲	古琴	SMT2019–CZ–0044
5	徐　波	古琴	SMT2019–CZ–0045
6	杜红侠	古琴	SMT2019–CZ–0046
7	张秀娟	古琴	SMT2019–CZ–0047
8	车燕丽	古琴	SMT2019–CZ–0048
9	王　蓓	古琴	SMT2019–CZ–0049
10	朱诚峰	古琴	SMT2019–CZ–0050
11	汤海琴	古琴	SMT2019–CZ–0051
12	晏　慧	古琴	SMT2019–CZ–0052
13	袁麒俊	古琴	SMT2019–CZ–0053
14	袁嘉晏	古琴	SMT2019–CZ–0054
15	骆　宾	古琴	SMT2019–CZ–0055
16	赵　翔	古琴	SMT2019–CZ–0056
17	刁春波	古琴	SMT2019–CZ–0057

5. 2019 年 3 月雅特电吉他培训班学员证书信息

序号	姓名	专业	证书编号
1	张大为	电吉他	SMT2019–EG–0035
2	陈娜菲	电吉他	SMT2019–JD–0025
3	周庆玉	电吉他	SMT2019–EG–0036
4	周雨谦	电吉他	SMT2019–EG–0037
5	梁健鹏	电吉他	SMT2019–EG–0038
6	赵火礼	电吉他	SMT2019–EG–0039
7	郝建新	电吉他	SMT2019–EG–0040
8	张　权	民谣吉他	SMT2019–FG–0011
9	王　勇	民谣吉他	SMT2019–FG–0012
10	王明利	电吉他	SMT2019–EG–0041
11	李明飞	电吉他	SMT2019–EG–0042
12	孙　越	电吉他	SMT2019–EG–0043
13	曹　璐	电吉他	SMT2019–EG–0044
14	李志宾	电吉他	SMT2019–EG–0045
15	白继兆	电吉他	SMT2019–EG–0046
16	田　帅	电吉他	SMT2019–EG–0047
17	邹　明	电吉他	SMT2019–EG–0048
18	谢展志	电吉他	SMT2019–EG–0049
19	贯桂华	电吉他	SMT2019–EG–0050
20	谷兴淼	电吉他	SMT2019–EG–0051
21	黄国武	电吉他	SMT2019–EG–0052
22	丁　超	电吉他	SMT2019–EG–0053
23	王新涛	电吉他	SMT2019–EG–0054
24	马志远	电吉他	SMT2019–EG–0055
25	张欢欢	电吉他	SMT2019–EG–0056
26	卫　磊	电吉他	SMT2019–EG–0057
27	郭　宏	电吉他	SMT2019–EG–0058
28	李贤君	电吉他	SMT2019–EG–0059
29	陈敬舜	电吉他	SMT2019–EG–0060
30	陈　科	电吉他	SMT2019–EG–0061

序号	姓名	专业	证书编号
31	段　强	电吉他	SMT2019−EG−0062
32	段小菡	电吉他	SMT2019−EG−0063
33	高　杰	电吉他	SMT2019−EG−0064
34	孔令威	电吉他	SMT2019−EG−0065
35	饶阳光	电吉他	SMT2019−EG−0066
36	夏　时	电吉他	SMT2019−EG−0067
37	魏文敏	电吉他	SMT2019−EG−0068
38	李希侠	电吉他	SMT2019−EG−0069
39	潘　凯	电吉他	SMT2019−EG−0070
40	邬小松	电吉他	SMT2019−EG−0071
41	刘振兴	电吉他	SMT2019−EG−0072
42	李　鑫	电吉他	SMT2019−EG−0073
43	曲磊本	电吉他	SMT2019−EG−0074
44	王　力	电吉他	SMT2019−EG−0075
45	朱传恺	电吉他	SMT2019−EG−0076
46	张人秀	电吉他	SMT2019−EG−0077
47	章　雄	电吉他	SMT2019−EG−0078
48	王瑞强	电吉他	SMT2019−EG−0079
49	王卫东	电吉他	SMT2019−EG−0080
50	徐世伟	电吉他	SMT2019−EG−0081
51	罗建华	电吉他	SMT2019−EG−0082
52	刘旭东	电吉他	SMT2019−EG−0083
53	吴军红	电吉他	SMT2019−EG−0084
54	李小勇	电吉他	SMT2019−EG−0085
55	刘献宇	电吉他	SMT2019−EG−0086
56	李　爽	电吉他	SMT2019−EG−0087
57	徐　宁	电吉他	SMT2019−EG−0088
58	刘云海	电吉他	SMT2019−EG−0089
59	苏光辉	电吉他	SMT2019−EG−0090
60	赵　彬	电吉他	SMT2019−EG−0091
61	张志豪	电吉他	SMT2019−EG−0092

6. 2019 年 3 月黄桥吉他培训班学员证书信息

序号	姓名	专业	证书号
1	李建设	吉他	SMT2019−G−0013
2	覃　颖	吉他	SMT2019−G−0014
3	吴吉瀚	吉他	SMT2019−G−0015
4	史　立	吉他	SMT2019−G−0016
5	马　晨	吉他	SMT2019−G−0017
6	关　胜	吉他	SMT2019−G−0018
7	江　彪	吉他	SMT2019−G−0019
8	常红君	吉他	SMT2019−G−0020
9	毕小军	吉他	SMT2019−G−0021
10	陈　涛	吉他	SMT2019−G−0022
11	刁文龙	吉他	SMT2019−G−0023
12	都斌斌	吉他	SMT2019−G−0024
13	侯顺祥	吉他	SMT2019−G−0025
14	李世明	吉他	SMT2019−G−0026
15	聂锦江	吉他	SMT2019−G−0027
16	汤培庆	吉他	SMT2019−G−0028
17	王正坤	吉他	SMT2019−G−0029
18	肖　松	吉他	SMT2019−G−0030
19	刘海明	吉他	SMT2019−G−0031
20	庞亚金	吉他	SMT2019−G−0032
21	李　腾	吉他	SMT2019−G−0033
22	张晓明	吉他	SMT2019−G−0034
23	杨瑞峰	吉他	SMT2019−G−0035
24	严义洋	吉他	SMT2019−G−0036
25	王　斌	吉他	SMT2019−G−0037
26	万哲君	吉他	SMT2019−G−0038
27	朱　永	吉他	SMT2019−G−0039
28	刘　江	吉他	SMT2019−G−0040
29	陈岩峰	吉他	SMT2019−G−0041
30	孙国瑞	吉他	SMT2019−G−0042

序号	姓名	专业	证书号
31	何泽建	吉他	SMT2019-G-0043
32	高苛苛	吉他	SMT2019-G-0044
33	靳一帆	吉他	SMT2019-G-0045
34	米志国	吉他	SMT2019-G-0046
35	葛　威	吉他	SMT2019-G-0047
36	杨　肖	吉他	SMT2019-G-0048
37	王　涛	吉他	SMT2019-G-0049
38	王成斌	吉他	SMT2019-G-0050
39	吴　杰	吉他	SMT2019-G-0051
40	孙　虎	吉他	SMT2019-G-0052
41	吴朝辉	吉他	SMT2019-G-0053

序号	姓名	专业	证书号
42	王子兴	吉他	SMT2019-G-0054
43	姚　利	吉他	SMT2019-G-0055
44	陈　伟	吉他	SMT2019-G-0056
45	印黄帅	吉他	SMT2019-G-0057
46	熊梦祥	吉他	SMT2019-G-0058
47	符　颖	吉他	SMT2019-G-0059
48	叶鹏飞	吉他	SMT2019-G-0060
49	褚　娜	吉他	SMT2019-G-0061
50	叶萌萌	吉他	SMT2019-G-0062
51	吴小青	吉他	SMT2019-G-0063
52	章立峰	吉他	SMT2019-G-0064

7. 2019 年 3 月贵州吉他培训班学员证书信息

序号	姓名	专业	证书编号
1	李文峰	吉他	SMT2019-G-0065
2	康鼎丰	吉他	SMT2019-G-0066
3	杜正平	吉他	SMT2019-G-0067
4	赵　龙	吉他	SMT2019-G-0068
5	丁邵京	吉他	SMT2019-G-0069
6	熊　建	吉他	SMT2019-G-0070
7	刘向东	吉他	SMT2019-G-0071
8	孙梓涵	吉他	SMT2019-G-0072

序号	姓名	专业	证书编号
9	李云辉	吉他	SMT2019-G-0073
10	刘景华	吉他	SMT2019-G-0074
11	刘景华	吉他	SMT2019-GD-0049
12	刘瑞华	吉他	SMT2019-G-0074
13	陆　正	吉他	SMT2019-G-0074
14	许兆平	吉他	SMT2019-GD-0050
15	石青菊	吉他	SMT2019-P-0042

8. 2019 年 4 月北京古琴培训班学员证书信息

序号	姓名	专业	证书编号
1	郭书郎	古琴	SMT2019-CZ-0001
2	肖　娟	古琴	SMT2019-CZ-0002
3	黄　静	古琴	SMT2019-CZ-0003
4	陈　洪	古琴	SMT2019-CZ-0004
5	顾宇君	古琴	SMT2019-CZ-0005
6	张　曾	古琴	SMT2019-CZ-0006
7	霍伟民	古琴	SMT2019-CZ-0007

序号	姓名	专业	证书编号
8	师斌博	古琴	SMT2019-CZ-0008
9	裴　蕾	古琴	SMT2019-CZ-0009
10	茅　健	古琴	SMT2019-CZ-0010
11	宋　丽	古琴	SMT2019-CZ-0011
12	周铭珍	古琴	SMT2019-CZ-0012
13	武鸣丽	古琴	SMT2019-CZ-0013
14	曲晓篁	古琴	SMT2019-CZ-0014

序号	姓名	专业	证书编号
15	徐艳雯	古琴	SMT2019-CZ-0015
16	宋海峰	古琴	SMT2019-CZ-0016
17	王小倩	古琴	SMT2019-CZ-0017
18	李　丹	古琴	SMT2019-CZ-0018
19	范格文	古琴	SMT2019-CZ-0019
20	梁永娜	古琴	SMT2019-CZ-0020
21	李津红	古琴	SMT2019-CZ-0021
22	陈　阳	古琴	SMT2019-CZ-0022
23	刘臻玮	古琴	SMT2019-CZ-0023
24	刘雨思	古琴	SMT2019-CZ-0024
25	吕宗阳	古琴	SMT2019-CZ-0025
26	李丽梅	古琴	SMT2019-CZ-0026
27	张　瑶	古琴	SMT2019-CZ-0027
28	徐　燕	古琴	SMT2019-CZ-0028
29	闫　苹	古琴	SMT2019-CZ-0029
30	杨晓明	古琴	SMT2019-CZ-0030
31	刘永莲	古琴	SMT2019-CZ-0031
32	孟立娜	古琴	SMT2019-CZ-0032
33	郭苏扬	古琴	SMT2019-CZ-0033
34	屠　丹	古琴	SMT2019-CZ-0034
35	赵　越	古琴	SMT2019-CZ-0035
36	于　晶	古琴	SMT2019-CZ-0036
37	周兴慧	古琴	SMT2019-CZ-0037
38	侯小莉	古琴	SMT2019-CZ-0038
39	李　静	古琴	SMT2019-CZ-0039
40	汪　利	古琴	SMT2019-CZ-0040

9. 2019 年 4 月江阴口琴培训班学员证书信息

序号	姓 名	专业	证书编号
1	夏翠萍	口琴	SMT2018-H-0125
2	李锡敏	口琴	SMT2018-H-0126
3	沈秋魏	口琴	SMT2018-H-0127
4	张信军	口琴	SMT2018-H-0128
5	李　明	口琴	SMT2018-H-0129

10. 2019 年 4 月魔菇音乐电吉他、爵士鼓培训学员证书信息

序号	姓名	专业	证书编号
1	甄迎新	电吉他	SMT2019-EG-0068
2	脱　芮	电吉他	SMT2019-EG-0069
3	翟方义	电吉他	SMT2019-EG-0070
4	郑泽晖	电吉他	SMT2019-EG-0071
5	周宇声	电吉他	SMT2019-EG-0072
6	叶　楠	电吉他	SMT2019-EG-0073
7	冯耀华	电吉他	SMT2019-EG-0074
8	孟　浩	电吉他	SMT2019-EG-0075
9	刘　强	电吉他	SMT2019-EG-0076
10	张乐乐	电吉他	SMT2019-EG-0077
11	平伟奇	电吉他	SMT2019-EG-0078
12	杨　浩	电吉他	SMT2019-EG-0079
13	郑　路	电吉他	SMT2019-EG-0080
14	张持铭	电吉他	SMT2019-EG-0081
15	何　勇	电吉他	SMT2019-EG-0082
16	蒋　超	电吉他	SMT2019-EG-0083
17	房　磊	电吉他	SMT2019-EG-0084
18	郑安迪	电吉他	SMT2019-EG-0085
19	王心蕊	电吉他	SMT2019-EG-0086
20	葛　飞	电吉他	SMT2019-EG-0087

序号	姓名	专业	证书编号
21	郎兴宝	电吉他	SMT2019-EG-0088
22	王宾宾	电吉他	SMT2019-EG-0089
23	高　原	电吉他	SMT2019-EG-0090
24	高　彬	电吉他	SMT2019-EG-0091
25	李任鹏	电吉他	SMT2019-EG-0092
26	邢艺泽	电吉他	SMT2019-EG-0093
27	王　帅	电吉他	SMT2019-EG-0094
28	潘希中	电吉他	SMT2019-EG-0095
29	徐晓光	电吉他	SMT2019-EG-0096
30	孙　操	民谣吉他	SMT2019-G-0073
31	张　辉	民谣吉他	SMT2019-G-0074
32	郭　刚	民谣吉他	SMT2019-G-0075
33	王鹏鹏	民谣吉他	SMT2019-G-0076
34	刘　威	民谣吉他	SMT2019-G-0077
35	周继尧	民谣吉他	SMT2019-G-0078
36	葛　飞	民谣吉他	SMT2019-G-0079
37	王金玉	民谣吉他	SMT2019-G-0080
38	王琳梅	民谣吉他	SMT2019-G-0081
39	郎兴宝	民谣吉他	SMT2019-G-0082
40	孙亮亮	民谣吉他	SMT2019-G-0083
41	穆振江	民谣吉他	SMT2019-G-0084
42	张　浩	民谣吉他	SMT2019-G-0085
43	高　原	民谣吉他	SMT2019-G-0086
44	陈主赐	民谣吉他	SMT2019-G-0087
45	李任鹏	民谣吉他	SMT2019-G-0088
46	黄泳晔	民谣吉他	SMT2019-G-0089
47	邓梓栋	指弹吉他	SMT2019-G-0090
48	贺宜轩	指弹吉他	SMT2019-G-0091
49	蒋　超	指弹吉他	SMT2019-G-0092
50	吴雪峰	指弹吉他	SMT2019-G-0093
51	张伟超	指弹吉他	SMT2019-G-0094
52	李　骁	指弹吉他	SMT2019-G-0095
53	房　磊	指弹吉他	SMT2019-G-0096
54	脱　芮	指弹吉他	SMT2019-G-0097
55	谭华虎	指弹吉他	SMT2019-G-0098
56	顾绍超	指弹吉他	SMT2019-G-0099
57	潘希中	指弹吉他	SMT2019-G-0100
58	李康铨	指弹吉他	SMT2019-G-0101
59	宋　卓	古典吉他	SMT2019-G-0102
60	李立高	古典吉他	SMT2019-G-0103
61	葛　飞	尤克里里	SMT2019-U-0001
62	翟方义	爵士鼓	SMT2019-GD-0037
63	徐晓光	爵士鼓	SMT2019-GD-0038
64	何　勇	爵士鼓	SMT2019-GD-0039
65	祁雪梅	爵士鼓	SMT2019-GD-0040
66	杜心怡	爵士鼓	SMT2019-GD-0041
67	张雨生	爵士鼓	SMT2019-GD-0042
68	李纪峰	爵士鼓	SMT2019-GD-0043
69	杨　波	爵士鼓	SMT2019-GD-0044
70	王宾宾	爵士鼓	SMT2019-GD-0045
71	程　敏	爵士鼓	SMT2019-GD-0046
72	罗　冲	爵士鼓	SMT2019-GD-0047
73	吴小东	爵士鼓	SMT2019-GD-0048
74	黄　梅	爵士鼓	SMT2019-GD-0049

11. 2019 年 6 月贵州如微远程培训学员证书信息

序号	姓名	专业	编号
1	储发发	二胡	SMT2019-EH-0001
2	段景华	古筝	SMT2019-GZ-0001
3	马　林	单簧管	SMT2019-CL-0001
4	赵佳洁	古筝	SMT2019-GZ-0002
5	李晓虹	古筝	SMT2019-GZ-0006

12. 2019年6月雅特吉他、电吉他培训班信息

序号	姓名	专业	证书号
1	沈联洲	民谣吉他	SMT2019–G–0120
2	杨旭东	民谣吉他	SMT2019–G–0121
3	陈灿光	民谣吉他	SMT2019–G–0122
4	汤海潮	民谣吉他	SMT2019–G–0123
5	李海龙	民谣吉他	SMT2019–G–0124
6	于　鹏	民谣吉他	SMT2019–G–0125
7	马　茜	民谣吉他	SMT2019–G–0126
8	董金梁	民谣吉他	SMT2019–G–0127
9	郭　阁	民谣吉他	SMT2019–G–0128
10	廖时芳	民谣吉他	SMT2019–G–0129
11	胡　怡	民谣吉他	SMT2019–G–0130
12	顾　巍	民谣吉他	SMT2019–G–0131
13	曾　彬	电吉他	SMT2019–EG–0146
14	张钰珩	电吉他	SMT2019–EG–0147
15	林秀丽	电吉他	SMT2019–EG–0148

序号	姓名	专业	证书号
16	吴正宝	电吉他	SMT2019–EG–0149
17	孙嘉良	电吉他	SMT2019–EG–0150
18	刘迦南	电吉他	SMT2019–EG–0151
19	李海龙	电吉他	SMT2019–EG–0152
20	罗　洋	电吉他	SMT2019–EG–0153
21	于天雷	钢琴	SMT2019–P–0048
22	金　玲	钢琴	SMT2019–P–0049
23	高淑倩	架子鼓	SMT2019–JD–0075
24	曹　乐	电吉他	SMT2019–EG–0135
25	王玉龙	电吉他	SMT2019–EG–0136
26	李一男	电吉他	SMT2019–EG–0137
27	王　斌	电吉他	SMT2019–EG–0138
28	吴梦琪	电吉他	SMT2019–EG–0139
29	李友元	电吉他	SMT2019–EG–0140
30	张存玉	电吉他	SMT2019–EG–0141

13. 2019年7月北京古琴培训学员证书信息

序号	姓名	专业	证书号
1	封桂花	古琴	SMT2019–CZ–0093
2	李凤霞	古琴	SMT2019–CZ–0094
3	李秋红	古琴	SMT2019–CZ–0095
4	赵玉洁	古琴	SMT2019–CZ–0096
5	张庆兰	古琴	SMT2019–CZ–0097
6	王金珍	古琴	SMT2019–CZ–0098
7	李　静	古琴	SMT2019–CZ–0099

序号	姓名	专业	证书号
8	周　慧	古琴	SMT2019–CZ–0100
9	龚爱华	古琴	SMT2019–CZ–0101
10	穆　蕾	古琴	SMT2019–CZ–0102
11	张　利	古琴	SMT2019–CZ–0103
12	董俊宏	古琴	SMT2019–CZ–0104
13	范旭霞	古琴	SMT2019–CZ–0105

14. 2019年7月山东古琴培训学员证书信息

序号	姓名	专业	证书号
1	鞠耀辉	古琴	SMT2019–CZ–0058
2	郝志红	古琴	SMT2019–CZ–0059
3	肖玲玲	古琴	SMT2019–CZ–0060

序号	姓名	专业	证书号
4	王　瑛	古琴	SMT2019–CZ–0061
5	白云龙	古琴	SMT2019–CZ–0062
6	秦　瑀	古琴	SMT2019–CZ–0063

序号	姓名	专业	证书号
7	陈　鑫	古琴	SMT2019-CZ-0064
8	王文琪	古琴	SMT2019-CZ-0065
9	朱　玛	古琴	SMT2019-CZ-0066
10	王文静	古琴	SMT2019-CZ-0067
11	李廉鑫	古琴	SMT2019-CZ-0068
12	邬昳帆	古琴	SMT2019-CZ-0069
13	唐　旭	古琴	SMT2019-CZ-0070
14	张　敏	古琴	SMT2019-CZ-0071
15	庄海鹰	古琴	SMT2019-CZ-0072
16	王新华	古琴	SMT2019-CZ-0073
17	平　平	古琴	SMT2019-CZ-0074
18	李广晨	古琴	SMT2019-CZ-0075
19	孙玉华	古琴	SMT2019-CZ-0076
20	赵丽娟	古琴	SMT2019-CZ-0077
21	邵　芳	古琴	SMT2019-CZ-0078

序号	姓名	专业	证书号
22	林利华	古琴	SMT2019-CZ-0079
23	徐晶静	古琴	SMT2019-CZ-0080
24	李桂荣	古琴	SMT2019-CZ-0081
25	宋　冰	古琴	SMT2019-CZ-0082
26	马海英	古琴	SMT2019-CZ-0083
27	戴　威	古琴	SMT2019-CZ-0084
28	丁　萍	古琴	SMT2019-CZ-0085
29	张珊珊	古琴	SMT2019-CZ-0086
30	郭怡君	古琴	SMT2019-CZ-0087
31	崔　莲	古琴	SMT2019-CZ-0088
32	孟芹芹	古琴	SMT2019-CZ-0089
33	赛续东	古琴	SMT2019-CZ-0090
34	曹　阳	古琴	SMT2019-CZ-0091
35	赛中赛	古琴	SMT2019-CZ-0092

15. 2019 年 8 月北京古琴培训学员证书信息

序号	姓名	培训地点	证书号
1	李冬丽	北京	SMT2019-CZ-0106
2	刘　红	北京	SMT2019-CZ-0107
3	刘钟燕	北京	SMT2019-CZ-0108
4	吕恒红	北京	SMT2019-CZ-0109

序号	姓名	培训地点	证书号
5	吕世飞	北京	SMT2019-CZ-0110
6	邱孟典	北京	SMT2019-CZ-0111
7	谢稚冬	北京	SMT2019-CZ-0112
8	杨　蕾	北京	SMT2019-CZ-0113

16. 2019 年 8 月北京钢琴培训学员证书信息

序号	姓名	专业	证书号
1	赵燕燕	钢琴	SMT2019-P-0001
2	吴晓静	钢琴	SMT2019-P-0002
3	董淑梅	钢琴	SMT2019-P-0003

序号	姓名	专业	证书号
4	邢梦芊	钢琴	SMT2019-P-0004
5	杨　丽	钢琴	SMT2019-P-0005
6	庞娟霞	钢琴	SMT2019-P-0006

17. 2019 年 8 月北京民族乐器培训学员证书信息

序号	姓名	培训地点	证书号
1	曹天娇	琵琶	SMT2019–PP–0001
2	王　平	琵琶	SMT2019–PP–0002
3	王　晴	中阮	SMT2019–R–0001
4	潘依玲	中阮	SMT2019–R–0002
5	蒋柳僮	中阮	SMT2019–R–0003
6	高　敏	中阮	SMT2019–R–0004
7	杨　君	中阮	SMT2019–R–0005
8	吴敏霞	中阮	SMT2019–R–0006
9	刘怡君	中阮	SMT2019–R–0007
10	刘　云	中阮	SMT2019–R–0008
11	郭雅楠	中阮	SMT2019–R–0009
12	赵　佳	中阮	SMT2019–R–0010
13	李　丽	中阮	SMT2019–R–0011
14	胡旭舟	中阮	SMT2019–R–0012
15	唐清华	中阮	SMT2019–R–0013
16	刘伊雯	中阮	SMT2019–R–0014
17	胡静娴	中阮	SMT2019–R–0015
18	张明湘	中阮	SMT2019–R–0016
19	邵力平	中阮	SMT2019–R–0017
20	杨　敏	中阮	SMT2019–R–0018
21	黄　超	中阮	SMT2019–R–0019
22	陈　虹	中阮	SMT2019–R–0020
23	吴逸梅	中阮	SMT2019–R–0021
24	张晓丹	中阮	SMT2019–R–0022
25	张瑞竹	中阮	SMT2019–R–0023
26	杨春霞	中阮	SMT2019–R–0024
27	程　璐	中阮	SMT2019–R–0025
28	宫思瑶	中阮	SMT2019–R–0026
29	李雨平	中阮	SMT2019–R–0027
30	姜玥含	中阮	SMT2019–R–0028
31	吕　瑛	中阮	SMT2019–R–0029
32	骆诗怡	中阮	SMT2019–R–0030
33	姚梦君	中阮	SMT2019–R–0031
34	于　睿	中阮	SMT2019–R–0032
35	高　微	中阮	SMT2019–R–0033
36	纪文蕙	中阮	SMT2019–R–0034
37	陶　冶	中阮	SMT2019–R–0035
38	黄金香	中阮	SMT2019–R–0037

18. 2019 年 9 月新疆吉他、爵士鼓培训学员证书信息

序号	姓名	乐器种类	证书号
1	胡　泉	电吉他	SMT2019–EG–0142
2	周继春	电吉他	SMT2019–EG–0143
3	蒋文杰	电吉他	SMT2019–EG–0144
4	马治江	电吉他	SMT2019–EG–0145
5	严　东	指弹吉他	SMT2019–G–0106
6	张立鹏	指弹吉他	SMT2019–G–0107
7	李新阳	指弹吉他	SMT2019–G–0108
8	徐嗣航	指弹吉他	SMT2019–G–0109
9	何俊彬	指弹吉他	SMT2019–G–0110
10	余　继	指弹吉他	SMT2019–G–0111
11	余　革	民谣吉他	SMT2019–G–0112
12	王　洋	民谣吉他	SMT2019–G–0113
13	褚方刚	民谣吉他	SMT2019–G–0114
14	刘志文	民谣吉他	SMT2019–G–0115
15	李有君	民谣吉他	SMT2019–G–0116
16	鲁　峰	民谣吉他	SMT2019–G–0117
17	蒋宗海	民谣吉他	SMT2019–G–0118
18	李新阳	爵士鼓	SMT2019–JD–0056
19	胥笑天	爵士鼓	SMT2019–JD–0057
20	陈新鹏	爵士鼓	SMT2019–JD–0058
21	蒋宗海	爵士鼓	SMT2019–JD–0059
22	黄　晨	爵士鼓	SMT2019–JD–0060
23	蒋宗善	爵士鼓	SMT2019–JD–0061

19. 2019 年 9 月河北打击乐培训学员证书信息

序号	姓名	专业	证书号（不填）
1	王　寅	打击乐	SMT2019–JD–0062
2	许晓佳	打击乐	SMT2019–JD–0063
3	董　霞	打击乐	SMT2019–JD–0064
4	蔡祥博	打击乐	SMT2019–JD–0065
5	赵火礼	打击乐	SMT2019–JD–0066
6	惠　刚	打击乐	SMT2019–JD–0067
7	王雅琪	打击乐	SMT2019–JD–0068
8	刘腾兮	打击乐	SMT2019–JD–0069

序号	姓名	专业	证书号（不填）
9	常红月	打击乐	SMT2019–JD–0070
10	丁占一	打击乐	SMT2019–JD–0071
11	曹　旗	打击乐	SMT2019–JD–0072
12	蔡雨航	打击乐	SMT2019–JD–0073
13	王峰峰	打击乐	SMT2019–JD–0074
14	宋文豪	钢琴	SMT2019–P–0046
15	梁　悦	钢琴	SMT2019–P–0047
16	李金龙	吉他	SMT2019–G–0119

20. 2019 年 9 月重庆古琴培训学员证书信息

序号	姓名	专业	证书号
1	王洪源	古琴	SMT2019–CZ–0114
2	陈红霞	古琴	SMT2019–CZ–0115
3	文　冕	古琴	SMT2019–CZ–0116
4	潘　冬	古琴	SMT2019–CZ–0117
5	杨　锋	古琴	SMT2019–CZ–0118
6	王　娟	古琴	SMT2019–CZ–0119

序号	姓名	专业	证书号
7	严　彦	古琴	SMT2019–CZ–0120
8	郑训普	古琴	SMT2019–CZ–0121
9	王映涵	古琴	SMT2019–CZ–0122
10	徐小艳	古琴	SMT2019–CZ–0123
11	尚志红	古琴	SMT2019–CZ–0124

21. 2019 年 10 月北京钢琴培训证书信息

序号	姓名	专业	证书号
1	陈碧云	钢琴	SMT2019–P–0007
2	邓慧敏	钢琴	SMT2019–P–0008
3	陈小燕	钢琴	SMT2019–P–0009
4	廖梦华	钢琴	SMT2019–P–0010
5	柏韶洽	钢琴	SMT2019–P–0011
6	张　楠	钢琴	SMT2019–P–0012
7	张　桐	钢琴	SMT2019–P–0013
8	李艳玲	钢琴	SMT2019–P–0014
9	谢冠颖	钢琴	SMT2019–P–0015
10	莫婉琳	钢琴	SMT2019–P–0016
11	李　静	钢琴	SMT2019–P–0017

序号	姓名	专业	证书号
12	陈威威	钢琴	SMT2019–P–0018
13	郭美慧	钢琴	SMT2019–P–0019
14	淤张旭	钢琴	SMT2019–P–0020
15	国语嫣	钢琴	SMT2019–P–0021
16	宋淑华	钢琴	SMT2019–P–0022
17	贺　倩	钢琴	SMT2019–P–0023
18	何思萱	钢琴	SMT2019–P–0024
19	刘　硕	钢琴	SMT2019–P–0025
20	崔家根	钢琴	SMT2019–P–0026
21	王瑞瑶	钢琴	SMT2019–P–0027
22	王　雪	钢琴	SMT2019–P–0028

序号	姓名	专业	证书号
23	谷亚南	钢琴	SMT2019-P-0029
24	刘　贺	钢琴	SMT2019-P-0030
25	林志禧	钢琴	SMT2019-P-0031
26	熊　巍	钢琴	SMT2019-P-0032
27	何一戈	钢琴	SMT2019-P-0033
28	刘晓芹	钢琴	SMT2019-P-0034
29	陈翎毓	钢琴	SMT2019-P-0035
30	闫芸芳	钢琴	SMT2019-P-0036
31	刘　爽	钢琴	SMT2019-P-0037
32	陈林林	钢琴	SMT2019-P-0038
33	席慧文	钢琴	SMT2019-P-0039
34	彭　岑	钢琴	SMT2019-P-0040
35	李海平	钢琴	SMT2019-P-0041
36	常乔乙	钢琴	SMT2019-P-0042
37	李云飞	钢琴	SMT2019-P-0043
38	刘　彪	钢琴	SMT2019-P-0044
39	俞　帆	钢琴	SMT2019-P-0045

22. 2019 年 10 月北京古琴培训学员证书信息

序号	姓名	专业	证书号
1	杨钧岚	古琴	SMT2019-CZ-0125
2	孙晓晴	古琴	SMT2019-CZ-0126
3	宋海璇	古琴	SMT2019-CZ-0127
4	鞠立新	古琴	SMT2019-CZ-0128
5	麦　丽	古琴	SMT2019-CZ-0129
6	孔浩泉	古琴	SMT2019-CZ-0130
7	陆　城	古琴	SMT2019-CZ-0131
8	吴征红	古琴	SMT2019-CZ-0132
9	何嘉玫	古琴	SMT2019-CZ-0133
10	侯　旻	古琴	SMT2019-CZ-0134
11	靳冬梅	古琴	SMT2019-CZ-0135
12	黄少婷	古琴	SMT2019-CZ-0136
13	陈玉华	古琴	SMT2019-CZ-0137
14	陆信言	古琴	SMT2019-CZ-0138
15	张春柳	古琴	SMT2019-CZ-0139
16	祁　鹏	古琴	SMT2019-CZ-0140
17	马利亚	古琴	SMT2019-CZ-0141
18	陈　媛	古琴	SMT2019-CZ-0142
19	谭　莉	古琴	SMT2019-CZ-0143
20	刘雪容	古琴	SMT2019-CZ-0144
21	兰慧君	古琴	SMT2019-CZ-0145
22	黎华龙	古琴	SMT2019-CZ-0146
23	刘凤珍	古琴	SMT2019-CZ-0147
24	刘建平	古琴	SMT2019-CZ-0148
25	陈奕宗	古琴	SMT2019-CZ-0149

23. 2019 年 10 月北京民乐培训学员证书信息

序号	姓名	专业	证书号
1	来　源	竹笛	SMT2019-BF-0001
2	张英太	竹笛	SMT2019-BF-0002
3	赵建农	竹笛	SMT2019-BF-0003
4	陶　典	竹笛	SMT2019-BF-0004
5	耿孝鹏	二胡	SMT2019-EH-0001
6	董琛琛	二胡	SMT2019-EH-0002
7	白永平	二胡	SMT2019-EH-0003
8	满　波	二胡	SMT2019-EH-0004

序号	姓名	专业	证书号
9	叶秀琳	二胡	SMT2019-EH-0005
10	刘小玲	二胡	SMT2019-EH-0006
11	刘　涛	二胡	SMT2019-EH-0007
12	寇玲丽	二胡	SMT2019-EH-0008
13	钟　琦	二胡	SMT2019-EH-0009
14	孙　丽	古筝	SMT2019-GZ-0002
15	常　琴	古筝	SMT2019-GZ-0003
16	郑　松	古筝	SMT2019-GZ-0004
17	张　杜	古筝	SMT2019-GZ-0005
18	黄金香	琵琶	SMT2019-PP-0001
19	陈明雪	琵琶	SMT2019-PP-0002

序号	姓名	专业	证书号
20	钟志慧	琵琶	SMT2019-PP-0003
21	周灵艺	琵琶	SMT2019-PP-0004
22	袁夏颖	琵琶	SMT2019-PP-0005
23	陈　虹	琵琶	SMT2019-PP-0006
24	职文君	琵琶	SMT2019-PP-0007
25	刘园园	琵琶	SMT2019-PP-0008
26	张亚玲	琵琶	SMT2019-PP-0009
27	王　玲	琵琶	SMT2019-PP-0010
28	王俊平	琵琶	SMT2019-PP-0011
29	郭维帅	阮	SMT2019-R-0038

24. 2019 年月武汉该古琴培训证书学员信息

序号	姓名	专业	证书号
1	滕燕燕	古琴	SMT2019-CZ-0148
2	罗艳平	古琴	SMT2019-CZ-0149
3	李春莲	古琴	SMT2019-CZ-0150
4	左晓艳	古琴	SMT2019-CZ-0151
5	洪　辰	古琴	SMT2019-CZ-0152
6	赵慧慧	古琴	SMT2019-CZ-0153
7	邓菁朵	古琴	SMT2019-CZ-0154

序号	姓名	专业	证书号
8	吕　晴	古琴	SMT2019-CZ-0155
9	郭洪亮	古琴	SMT2019-CZ-0156
10	刘　晶	古琴	SMT2019-CZ-0157
11	宋梅英	古琴	SMT2019-CZ-0158
12	牛　萍	古琴	SMT2019-CZ-0159
13	任晓霞	古琴	SMT2019-CZ-0160
14	张志平	古琴	SMT2019-CZ-0161

CHINA MUSICAL INSTRUMENT YEARBOOK

（2020）

海外资讯篇之一：全球乐器与音响制品行业225强

2018年度世界乐器与音响225强综述

编者按：2019年第12期美国《音乐贸易》杂志近期公布2018年度全球乐器和音响225强。汇聚国际音乐制品行业精华的225强年度营业收入总额达225亿美元，员工总数11.2万人。据最新统计，2018年度225强公司来源国家和地区前10位分别是美国（69家），中国大陆（28家），日本（26家），德国（19家），意大利（18家），加拿大（8家），英国（7家），韩国（6家），巴西和中国台湾（均为5家），澳大利亚和法国（均为4家）。

受生产模式变化影响，乐器自主化生产越来越向承包方式转变，2018年，全球乐器与音响225强营业收入总计225亿美元，与2017年持平，员工总数11.2万人，同比减少4%。2018年度225强公司来源国家和地区前10位分别是美国（69家），中国大陆（28家），日本（26家），德国（19家），意大利（18家），加拿大（8家），英国（7家），韩国（6家），巴西和中国台湾（均为5家），澳大利亚和法国（均为4家）。入围的中国内地企业数量列世界第二，共计28家企业榜上有名。

全球225强榜单唯一的变化是企业规模有变。2018年225强企业平均营业收入是88万美元，营业收入中位数为3400万美元。位于榜首的雅马哈营收总额为40亿美元，员工总数2万名，乐器生产种类齐全，制造工厂和分销中心遍及全球。而榜单末尾的盖琴公司则是一家位于美国威斯康辛州的专业铜管乐器制造商。

225强榜单上的每家企业面临各种挑战，尽管如此，各家企业都在不断为市场创造价值，努力让买家感到物超所值。客户对于产品品质的追求倒逼厂商内部升级改良，无法适应竞争的厂家则被淘汰出局。自榜单发布以来，出局消失的公司已有20家。

从公司类型分析，2018年度225强榜单中制造商165家，营业收入180亿美元；分销商49家，营业收入19亿美元；承包商11家，营业收入14亿美元；另有多家兼具制造、分销、零售于一体、不便分类的混合型公司。

225强榜单反映出音乐制品行业各类不同产品的分布：2018年榜单中，音响制造商数量最多，共计45家，营收总额62亿美元。紧随其后的是弦乐器制造商37家，营收金额21亿美元；电声乐器及软件制造商23家，营收金额19亿美元；钢琴制造商11家，营收金额6.97亿美元；打击乐器公司8家，金额3.41亿美元。此外，225强榜单包括11家混合型乐器制造商，如雅马哈生产音响和几乎各门类乐器；施坦威乐器集团除制造钢琴外，还通过康塞尔玛和路德威格子公司生产管乐和打击乐器；三益乐器主要生产钢琴，也以OEM方式生产大批量吉他。

2018年全球音乐产品市场总金额为165亿美元，而全球225家公司总收入竟高达225亿美元，为何超过全球音乐制品市场整体规模？这在榜单上音响音频制造商中体现尤为明显。首先是除音响外，此类公司还生产非移动通信产品，电影院的音响系统、消费市场的耳机、酒店寻呼系统以及超过专业音乐制品范围的其他产品。

另一原因是重复计算。例如金峰公司和吟飞公司均为专业制造商，但产品被入围225强榜单的一些大公司以某些乐器品牌销售之后，又被下游公司计入销售收入，导致金额被重复计算。榜单上还有59家国际乐器分销公司，其转销收入也被计入重复销售。例如马丁公司吉他的销售收入，通过不少国家和地区的国际分销商转售，其营收同时被其他国际品牌公司计入转销总额。在无法保证甄别重复计算的情况下，我们只能计算总销售收入，重复计算的金额大致估算为20亿美元。此外，南撒哈拉非洲，中亚地区的乐器数据交易缺乏有效数据获取渠道，也未计入销售。以上因素造成统计数据偏高。

225强榜单位次的变化为业内人士研究各家公司

经营状况和绩效管理提供了有价值的数据参考。注重分数排名是业内考量一家公司的重要依据。排名背后体现的是各大乐器和音响公司辛勤耕耘，对行业执着的热爱。

大家坚信乐器产品和音乐服务是一种无形而伟大的艺术形式，让世界变得更美好。尽管音乐制品行业金额与大行业相比无法相提并论，但无法抹煞它为社会创造的巨大音乐艺术价值。为编制榜单，最后再解释一下相关数据的获取方式。上榜的各大公司均为2018年度营业收入。统计数据源自多种渠道：榜单上有12家公司为上市公司，财务报表必须公开发布，例如英国、德国、荷兰、瑞典、意大利等欧洲国家的入围上市乐器公司，上市财报会精确显示这些公司的销售业绩。对于非上市乐器公司，统计采用了各家公司自报数据、世界贸易组织进出口统计及相关行业协会提供的数据，以各种方式估算其营业收入。为便于比较，本文所涉销售金额均根据2018年12月31日的汇率换算为美元。（编译自美国《音乐贸易》2019年第12期）

2018年全球乐器与音响制品225强榜单

2018年排名	2017年排名	公司名称	2018销售收入（美元）	2018年员工数（人）	负责人	国家和地区
1	1	YAMAHA CORPORATION	4,136,650,000.00	20,375	Takuya Nakata	Japan
2	3	HARMAN PROFESSIONAL SOLUTIONS (div. Samsung)	1,000,000,000.00	3,000	Mohit Parasher	USA
3	4	金山工业（集团）有限公司	862,700,000.00	4,800	罗仲荣	中国香港
4	5	SENNHEISER ELECTRONIC	787,300,000.00	2,734	Jorg Sennheiser	Germany
5	7	SHURE INC.	715,000,000.00	1,300	Christine Schyvinck	USA
6	6	KAWAI MUSICAL INSTRUMENTS MFG. CO., LTD.	680,000,000.00	2,813	Hirotaka Kawai	Japan
7	8	FENDER MUSICAL INSTRUMENTS CORP.	635,895,000.00	1,800	Andy Mooney	USA
8	9	PIONEER DJ	575,000,000.00	373	Akio Moriwaki	Japan
9	11	STEINWAY MUSICAL INSTRUMENTS	450,380,000.00	1,800	Ron Losby	USA
10	10	ROLAND CORPORATION	440,000,000.00	1,300	Jun-ichi Miki	Japan
11	12	MUSIC TRIBE	410,000,000.00	3,800	Uli Behringer	Philippines
12	13	柏斯音乐集团	395,000,000.00	5,000	吴天延	中国大陆
13	15	INMUSIC	391,000,000.00	530	Jack O'Donnell	USA
14	16	JAM INDUSTRIES	330,000,000.00	500	Martin Szpiro	Canada
15	14	功学社乐器股份有限公司	320,000,000.00	3,200	王安迪	中国台湾
16	2	GIBSON BRANDS	300,000,000.00	890	James Curleigh	USA
17	17	AUDIO-TECHNICA CORPORATION	291,300,000.00	600	Kazuo Matsushita	Japan
18	18	广州珠江钢琴集团股份有限公司	272,000,000.00	1,975	李建宁	中国大陆

续表

2018年	2017年	公司名称	2018 销售收入（美元）	2018年员工数（人）	负责人	国家和地区
排名						
19	22	上海朗骏智能科技股份有限公司	253,000,000.00	2,500	黄诚允	中国大陆
20	23	HAL LEONARD CORPORATION	245,422,000.00	788	Larry Morton	USA
21	21	QSC AUDIO PRODUCTS, LLC	243,500,000.00	505	Joe Pham	USA
22	19	CASIO COMPUTER CO., LTD.	232,000,000.00	N/A	Kasuhiro Kashio	Japan
23	20	SAMICK MUSICAL INSTRUMENTS COMPANY LTD.	215,000,000.00	3,900	Jong Sup Kim	South Korea
24	31	宁波音王电声股份有限公司	198,000,000.00	1,780	王祥贵	中国大陆
25	24	D'ADDARIO & COMPANY	189,000,000.00	1,150	James D'Addario	USA
26	N	RØDE MICROPHONE	185,000,000.00	350	Damien Wilson	Australia
27	26	KORG, INC.	140,000,000.00	290	Seiki Kato	Japan
28	25	通利琴行有限公司	130,000,000.00	440	李敬章	中国香港
29	28	ALGAM	130,000,000.00	250	Gerard Garnier	France
30	29	BUFFET GROUP	128,750,000.00	950	Jérôme Perrod	France
31	33	MARTIN GUITAR COMPANY	122,000,000.00	1,000	Christian F. Martin IV	USA
32	39	TAYLOR GUITAR	120,170,000.00	1,103	Kurt Listug	USA
33	34	得理电子有限公司	120,000,000.00	1,200	郑荃文	中国香港
34	35	HOSHINO GAKKI CO., LTD.	115,000,000.00	136	Kimihide Hoshino	Japan
35	32	AVID AUDIO (div. Avid Technology)	107,000,000.00	300	Jeff Rosica	USA
36	37	RCF S.P.A.	106,519,600.00	284	Arturo Vicari	Italy
37	41	CORT MUSICAL INSTRUMENT CO., LTD.	105,000,000.00	2,950	Young H. Park	South Korea
38	40	北京星海钢琴集团有限公司	105,000,000.00	3,900	祝宁伟	中国大陆
39	30	MACKIE DESIGNS	105,000,000.00	161	Alex Nelson	USA
40	42	ADAM HALL GROUP	103,400,000.00	250	Alexander Pietschmann	Germany
41	46	FOCUSRITE AUDIO ENGINEERING LTD.	97,540,000.00	1,225	Tim Carroll	U.K.
42	27	MRH / LUTHMAN / 4SOUND	97,000,000.00	290	Anders Endertorp	Sweden
43	36	PEAVEY ELECTRONICS CORP.	95,000,000.00	178	Hartley Peavey	USA
44	50	YORKVILLE SOUND	92,232,308.00	249	Steve Long	Canada
45	44	ACT / THE RAPCOHORIZON COMPANY	91,118,835.00	620	Ben Saltzman	USA
46	43	SAMSON TECHNOLOGIES CORP.	89,500,000.00	65	Jack Knight	USA
47	47	CHAUVET & SONS INC.	85,000,000.00	149	Albert Chauvet	USA

续表

2018 年	2017 年	公司名称	2018 销售收入（美元）	2018 年员工数（人）	负责人	国家和地区
排名						
48	48	AVEDIS ZILDJIAN/VIC FIRTH COMPANY	84,480,000.00	265	John Stephans	USA
49	49	AMERICAN D.J.	83,500,000.00	95	Charles Davies	USA
50	52	GEWA MUSIC GMBH	81,584,000.00	278	Hans–Peter Messner	Germany
51	53	DRUM WORKSHOP, INC.	77,000,000.00	237	Chris Lombardi	USA
52	38	NATIVE INSTRUMENTS GMBH	75,000,000.00	430	Daniel Haver	Germany
53	67	ZOOM CORPORATION	72,840,000.00	84	Masahiro Iijima	Japan
54	56	海伦钢琴股份有限公司	72,500,000.00	1,350	陈海伦	中国大陆
55	55	BLUE MICROPHONES	72,300,000.00	70	John Maier	USA
56	54	ERNIE BALL / MUSIC MAN	70,000,000.00	404	Sterling Ball	USA
57	45	全域股份有限公司	68,880,000.00	200	王敏烈	中国台湾
58	63	MUSIK MEYER GROUP	65,580,000.00	193	Matthias Meyer	Germany
59	58	GODIN GUITAR COMPANY	65,000,000.00	400	Simon Godin	Canada
60	51	HDC YOUNG CHANG AKKI	65,000,000.00	675	Hongjin Kim	South Korea
61	57	SFM	64,500,000.00	120	Randal Tucker	Canada
62	84	ABLETON	62,600,000.00	340	Gerhard Behles	Germany
63	79	THE MUSIC PEOPLE	61,600,000.00	82	Sharon & John Hennessey	USA
64	61	吟飞电子（上海）有限公司	61,500,000.00	1,000	范廷国	中国大陆
65	66	MUZTORG / A&T TRADE	61,200,000.00	487	Aleksey Kurochkin	Russia
66	71	SINGING MACHINE COMPANY	60,800,000.00	24	Yi Ping Chang	USA
67	62	SKB CORPORATION	60,000,000.00	250	Dave Sanderson	USA
68	59	ALFRED MUSIC	59,000,000.00	150	Gear Fisher	USA
69	74	PAUL REED SMITH GUITARS	58,500,000.00	304	Paul Reed Smith	USA
70	68	PRESONUS AUDIO ELECTRONICS	58,000,000.00	135	Stephen Fraser	USA
71	65	森鹤乐器股份有限公司	58,000,000.00	850	罗森鹤	中国大陆
72	70	EASTMAN MUSIC COMPANY	57,750,000.00	900	Qian Ni	USA
73	60	BEYERDYNAMIC	57,620,000.00	261	Edgar van Velzen	Germany
74	69	PEARL MUSICAL INSTRUMENTS CO., LTD.	56,000,000.00	134	Masakatsu Yanagisawa	Japan
75	72	KYORITSU CORP.	54,000,000.00	141	Shinichi Suzuki	Japan
76	83	ESP CO., LTD.	54,000,000.00	420	Hisatake Shibuya	Japan
77	73	COSMOS CORP.	52,000,000.00	88	Kwanki Min	South Korea

续表

2018 年	2017 年	公司名称	2018 销售收入（美元）	2018 年员工数（人）	负责人	国家和地区
排名						
78	77	NONAKA BOEKI CO., LTD.	52,000,000.00	73	John Nonaka	Japan
79	103	MARSHALL AMPLIFICATION PLC	51,444,372.00	190	Jonathan Ellery	U.K.
80	N	DPA MICROPHONES, INC.	51,000,000.00	200	Kalle Hvidt Nielsen	Denmark
81	64	PRO SHOWS (BRASIL)	50,000,000.00	68	Vladimir de Souza	Brazil
82	92	C. BECHSTEIN PIANOFORTEFABRIK AG	49,292,000.00	415	Stefan Freymuth	Germany
83	82	DB TECHNOLOGIES	49,262,480.00	42	Giovani Barbieri	Italy
84	76	宏寰贸易股份有限公司	49,000,000.00	62	陈少宏	中国台湾
85	81	KöNIG & MEYER	48,670,000.00	290	Gabriela Konig	Germany
86	75	天津津宝乐器有限公司	47,800,000.00	2,147	刘运斌	中国大陆
87	78	河北金音乐器制造有限公司	47,500,000.00	2,200	陈学孔	中国大陆
88	88	B&C SPEAKERS	46,942,456.00	115	Lorenzo Coppini	Italy
89	85	TAKEMOTO PIANO CO., LTD.	46,000,000.00	69	Koichi Takemoto	Japan
90	91	TEVELAM S.R.L.	45,000,000.00	67	Hugo L. Martellotta	Argentina
91	97	FUJIGEN INC.	45,000,000.00	253	Hiromi Kamijo	Japan
92	90	PRIMA GAKKI CO., LTD.	45,000,000.00	100	Hitoshi Ohashi	Japan
93	87	DUNLOP MANUFACTURING	44,800,000.00	229	James Dunlop	USA
94	86	MATTH. HOHNER GMBH	44,000,000.00	208	Stefan Althoff	Germany
95	96	PIRASTRO GMBH	42,000,000.00	175	Annette Muller–Zierach	Germany
96	93	ZEN–ON MUSIC CO., LTD.	42,000,000.00	120	Tsuneaki Kasai	Japan
97	112	EKO MUSIC GROUP SPA	41,220,000.00	60	Stelvio Lorenzetti	Italy
98	94	STAMER GROUP	40,644,000.00	170	Hans/Lothar/Nils Stamer	Germany
99	114	ST. LOUIS MUSIC COMPANY	39,500,000.00	75	Mark Ragin	USA
100	95	REMO INC.	39,000,000.00	175	Ami Belli	USA
101	99	INTELLIMIX CORP. / AVL MEDIA GROUP	38,000,000.00	35	Stephen Kosters	Canada
102	106	EMD MUSIC GROUP	38,000,000.00	130	Leonardo Baldocci	Belgium
103	101	CASA VEERKAMP S.A. DE C.V.	38,000,000.00	135	Thomas Veerkamp	Mexico
104	110	SUZUKI MUSICAL INSTRUMENT CO., LTD.	38,000,000.00	190	Manji Suzuki	Japan
105	89	HENRI SELMER, ET CIE	37,485,000.00	505	Jerome Selmer	France
106	102	杭州沃尔特数码钢琴有限公司	37,200,000.00	500	N/A	中国大陆

续表

2018年	2017年	公司名称	2018销售收入（美元）	2018年员工数（人）	负责人	国家和地区
排名						
107	100	PROEL SPA	36,430,000.00	77	Fabrizio Sorbi	Italy
108	166	江苏凤灵乐器集团	36,000,000.00	1,270	李书	中国大陆
109	107	EM NORDIC AB	36,000,000.00	90	Benny Englund	Sweden
110	104	高琳乐器制造有限公司	35,780,000.00	40	吴懋仁	中国台湾
111	N	广州蓝深科技有限公司	35,000,000.00	499	何海峰 / 袁奕宏	中国大陆
112	116	MUSIC & LIGHTS S.R.L.	34,687,409.00	43	N/A	Italy
113	109	G.A. YUPANGCO & CO.	34,500,000.00	300	Philip Yupangco	Philippines
114	108	ELECTRO-HARMONIX	33,000,000.00	125	Mike Matthews	USA
115	118	深圳市蔚科电子科技开发有限公司	32,450,000.00	400	赵哲	中国大陆
116	111	WARWICK GMBH & CO.-MUSIC EQUIPMENT	30,250,000.00	60	Hans-Peter Wilfer	Germany
117	125	CLAVIA DIGITAL MUSIC INSTRUMENTS	29,975,000.00	38	Hans Nordelius	Sweden
118	121	HHB COMMUNICATIONS LTD.	29,630,171.00	65	Ian Jones	U.K.
119	139	PRASE ENGINEERING	29,106,708.00	150	Ennio Prase	Italy
120	122	广州市长城乐器有限公司	29,000,000.00	380	叶劲斌	中国大陆
121	129	FISHMAN TRANSDUCERS	28,923,158.00	75	Larry Fishman	USA
122	119	CORDOBA MUSIC GROUP	28,150,000.00	105	Tim Miklaucic	USA
123	115	EXHIBO S.P.A.	28,032,996.00	55	Anotonio Becherucci	Italy
124	80	ROLAND MEINL MUSIKINSTRUMENTE GMBH	28,000,000.00	120	Reinhold Meinl	Germany
125	113	ARAI & CO., INC.	28,000,000.00	50	Kazuyuki Matsuda	Japan
126	123	广东红棉乐器股份有限公司	27,800,000.00	400	陈向旻	中国大陆
127	141	DANSR INC.	27,750,000.00	33	Michael Skinner	USA
128	120	HARRIS-TELLER INC.	27,500,000.00	51	Mike Harris	USA
129	124	UNIVERSAL AUDIO	27,250,000.00	147	Bill Putnam Jr.	USA
130	98	TROPICAL MUSIC GROUP	27,000,000.00	40	Oscar Mederos	USA
131	131	CMI MUSIC & AUDIO	26,500,000.00	40	Peter Trojkovic	Australia
132	N	STEINBERG MEDIA TECHNOLOGIES AG	26,200,000.00	186	Andreas Stelling	Germany
133	126	KALA BRAND MUSIC CO.	25,800,000.00	75	Mike Upton	USA
134	132	TKL PRODUCTS CORPORATION	25,250,000.00	80	Thomas Dougherty	USA
135	135	ARMADILLO ENTERPRISES	25,000,000.00	45	Evan Rubinson	USA
136	133	RBX INTERNATIONAL CO. LTD.	24,500,000.00	126	Yoel Brand	Israel

续表

2018年	2017年	公司名称	2018 销售收入（美元）	2018 年员工数（人）	负责人	国家和地区
排名						
137	140	AUSTRALIS MUSIC GROUP PTY. LTD.	24,100,000.00	56	Trevor Morrow	Australia
138	134	SABIAN LTD.	24,000,000.00	106	Andy Zildjian	Canada
139	153	RADIAL ENGINEERING	22,000,000.00	95	Michael Belitz	Canada
140	130	TODOMUSICA S.A.	22,000,000.00	65	Rafael Pedace	Argentina
141	147	SHIMRO	22,000,000.00	50	Won Jung, Kim	South Korea
142	146	LOUIS RENNER GMBH	22,000,000.00	78	Clemens von Arnim	Germany
143	149	GLOBAL & CO., INC.	22,000,000.00	42	Shinichi Fukuda	Japan
144	143	F.B.T. ELECTRONICA SPA	21,799,800.00	75	Bruno Tanoni	Italy
145	150	MAPES PIANO STRING COMPANY	21,519,000.00	121	William L. Schaff	USA
146	145	EMINENCE SPEAKER LLC	21,336,000.00	96	Chris Rose	USA
147	171	ARTURIA	21,077,000.00	65	Fr é d é ric Brun	France
148	155	MOOG MUSIC	21,074,000.00	110	Mike Adams	USA
149	154	深圳伏荣科技有限公司	21,000,000.00	780	李卫	中国大陆
150	144	ELIXIR STRINGS (div. W. L. Gore and Assoc.)	21,000,000.00	N/A	Terri L. Kelly	USA
151	136	KANDA SHOKAI CORPORATION	21,000,000.00	62	Masatoshi Kojima	Japan
152	158	CONNOLLY MUSIC COMPANY	20,500,000.00	26	John M. Connolly III	USA
153	142	深圳市帕思高电子有限公司	20,000,000.00	125	林俊杰	中国大陆
154	152	WILHELM SCHIMMEL PIANOFORTEFABRIK GMBH	20,000,000.00	128	Zhaoyin Chen	Germany
155	175	WHIRLWIND MUSIC DISTRIBUTORS, INC.	19,837,000.00	150	Michael Laiacona	USA
156	165	BREEDLOVE GUITARS	19,800,000.00	102	Tom Bedell	USA
157	151	MORIDAIRA MUSICAL INSTRUMENTS CO., LTD.	19,651,000.00	44	Toshimasa Oka	Japan
158	176	THOMASTIK–INFELD GMBH	19,500,000.00	205	Peter Infeld	Austria
159	163	MARSHALL ELECTRONICS/MXL MICROPHONES	19,250,000.00	87	Leonard Marshall	USA
160	167	FATAR S.R.L.	19,145,880.00	75	Ragni Marco	Italy
161	161	浙江友谊电子科技有限公司	19,000,000.00	280	N/A	中国大陆
162	162	SARA–TRANS GROUP	19,000,000.00	550	Jasbeer Siingh	India
163	180	TAKAMINE GUITARS, LTD.	19,000,000.00	74	Hayami Tate	Japan
164	168	GHS / ROCKTRON	19,000,000.00	67	Russell S. McFee	USA

续表

2018年	2017年	公司名称	2018销售收入（美元）	2018年员工数（人）	负责人	国家和地区
排名						
165	148	MOGAR MUSIC S.P.A.	18,118,450.00	28	Antonio Monzino	Italy
166	169	广东龙声乐器制造有限公司	18,000,000.00	390	李庆炎	中国大陆
167	159	上海华新乐器有限公司	17,800,000.00	1,100	N/A	中国大陆
168	160	GRAND GLOBE 鼓厂	17,800,000.00	325	Tony Huang	中国台湾
169	177	THE MUSIC LINK	17,300,000.00	45	Steve Patrino	USA
170	164	AUSTRALASIAN MUSIC SUPPLIES PTY, LTD.	17,200,000.00	45	Kevin Hague	Australia
171	178	DAS AUDIO S.A.	17,000,000.00	56	Jose Vila Ortiz	Spain
172	173	ALGAM BENELUX (AB)	16,600,000.00	16	Alain Bokken	Belgium
173	128	GIANNINI S/A	16,500,000.00	200	Roberto Giannini	Brazil
174	205	WAVES, INC.	16,500,000.00	29	Gilad Keren	USA
175	172	ALLEN ORGAN COMPANY, LLC	16,400,000.00	140	Steve Markowitz	USA
176	156	LEADING TECHNOLOGY	16,123,610.00	15	Marco Porro	Italy
177	182	SCHECTER GUITAR RESEARCH	16,000,000.00	35	Michael Ciravolo	USA
178	188	MURAMATSU INC.	16,000,000.00	83	Akio Muramatsu	Japan
179	181	SEYMOUR DUNCAN	15,250,000.00	100	Cathy Carter Duncan	USA
180	215	SALVI / LYON & HEALY HARPS	15,121,937.00	63	Marco Salvi	Italy
181	186	SEQUENTIAL (Dave Smith Instruments LLC)	15,000,000.00	22	Dave Smith	USA
182	157	ROYAL INSTRUMENTOS	15,000,000.00	100	Rene Moura	Brazil
183	184	JOHANNUS ORGELBOUW BV	15,000,000.00	55	Marco Vandeweerd	Netherlands
184	179	IK MULTIMEDIA PRODUCTION SRL	14,938,367.00	42	Enrico Iori	Italy
185	174	聊城山石麦尔乐器有限公司	10,000,000.00	150	刘树广	中国大陆
186	193	TATSUNOYA CO., LTD.	14,000,000.00	23	Munehiro Okada	Japan
187	202	APOGEE ELECTRONICS CORPORATION	14,000,000.00	36	Betty Bennett	USA
188	185	TYCOON MUSIC CO., LTD.	14,000,000.00	158	Stephen Yu	Thailand
189	105	JULIUS BLUTHNER PIANO GMBH	14,000,000.00	67	Christian Blüthner-Haessler	Germany
190	192	LUTNER SPB LTD.	13,800,000.00	33	Sergey Antonov	Russia
191	196	深圳市卓乐科技有限公司	14,000,000.00	600	N/A	中国大陆
192	195	乐盟国际股份有限公司	13,650,000.00	350	蔡志强	中国大陆
193	199	HALILIT	13,300,000.00	42	Hagai Greenspoon	Israel
194	197	SHADOW ELEKTROAKUSTIK	13,000,000.00	120	Joe Marinic	Germany
195	194	FRENEXPORT S.P.A.	12,875,233.00	18	Romano Frenquelli	Italy

续表

2018年	2017年	公司名称	2018销售收入（美元）	2018年员工数（人）	负责人	国家和地区
排名						
196	N	ROLI	12,761,000.00	60	Roland Lamb	U.K.
197	200	NEIL A. KJOS MUSIC COMPANY	12,750,000.00	75	Neil A. Kjos, Jr.	USA
198	201	BLACKSTAR AMPLIFICATION LTD.	12,308,779.00	60	Ian Robinson	U.K.
199	N	MUSIC MARKETING INC.	12,250,000.00	24	Ray Williams	Canada
200	N	南京爱韵乐器有限公司	13,600,000.00	42	童磊	中国大陆
201	N	深圳市魔耳乐器有限公司	12,000,000.00	198	朱四华	中国大陆
202	204	PIANODISC	12,000,000.00	78	Kirk Burgett	USA
203	209	MEGA MUSIC SP. Z.O.O.	11,800,000.00	22	Dariusz Adamowicz	Poland
204	207	MANUFACTURAS ALHAMBRA, S.L.	11,800,000.00	110	Valeriá Torregrosa	Spain
205	203	JOHN HORNBY SKEWES & COMPANY LTD.	11,738,000.00	55	Dennis Drumm	U.K.
206	211	PARSEK SRL	11,547,800.00	33	Marco De Virgiliis	Italy
207	190	ORANGE MUSIC ELECTRONIC COMPANY	11,225,000.00	75	Clifford Cooper	U.K.
208	212	KIKUTANI MUSIC CO., LTD.	11,000,000.00	26	Toshi Kikutani	Japan
209	N	MARK OF THE UNICORN	10,800,000.00	35	Robert Nathaniel	USA
210	216	ENRIQUE KELLER S.A.	10,785,000.00	35	Cristina Keller	Spain
211	219	COLLINGS GUITARS	10,500,000.00	84	Steve McCreary	USA
212	213	CHESBRO MUSIC	10,500,000.00	47	Tana Jane Stahn	USA
213	206	惠州全丰育乐用品有限公司	12,000,000.00	400	蔡赖丰	中国大陆
214	210	MESA BOOGIE	10,100,000.00	92	Randall Smith	USA
215	170	VISCOUNT INTERNATIONAL	10,094,030.00	120	Loriana Galanti	Italy
216	223	FAZIOLI PIANOFORTI S.P.A.	10,033,865.00	55	Paolo Fazioli	Italy
217	137	GRUPO CLASSIC	10,000,000.00	178	Rogerio Bousas	Brazil
218	208	RENKUS-HEINZ, INC.	10,000,000.00	67	Roscoe Anthony	USA
219	214	广州保嘉乐器制造厂有限公司	10,300,000.00	575	邢宝嘉	中国大陆
220	N	LEEM PRODUCTS CO., LTD.	10,000,000.00	89	Ick Chan Leem	South Korea
221	191	PRIDE MUSIC	10,000,000.00	50	Lucio Grossman	Brazil
222	217	EMG, INC.	9,850,000.00	51	Robert A. Turner	USA
223	221	CAE, INC.	9,750,000.00	35	Jim Fackert	USA
224	N	EVENTIDE INC.	9,700,000.00	57	CJ Scioscia	USA
225	N	GETZEN COMPANY	9,515,000.00	91	Brett Getzen	USA
总计			22552913244	119402		

中国大陆乐器企业进入2018年全球乐器与音响制品225强基本情况

排名	公司名称	销售收入（美元）	员工数（人）	负责人
12	柏斯音乐集团	395000000	5000	吴天延
18	广州珠江钢琴集团股份有限公司	272000000	1975	李建宁
19	上海朗骏智能科技股份有限公司	253000000	2500	黄诚允
24	宁波音王电声股份有限公司	198000000	1780	王祥贵
38	北京星海钢琴集团有限公司	105000000	3900	祝宁伟
54	海伦钢琴股份有限公司	72500000	1350	陈海伦
64	吟飞电子（上海）有限公司	61500000	1000	范廷国
71	森鹤乐器股份有限公司	58000000	850	罗森鹤
86	天津津宝乐器有限公司	47800000	2147	刘运斌
87	河北金音乐器制造有限公司	47500000	2200	陈学孔
106	杭州沃尔特数码钢琴有限公司	37200000	500	N/A
108	江苏凤灵乐器集团	36000000	1270	李书
111	广州蓝深科技有限公司	35000000	499	何海峰 / 袁奕宏
115	深圳市蔚科电子科技开发有限公司	32450000	400	赵哲
120	广州市长城乐器有限公司	29000000	380	叶劲斌
126	广东红棉乐器股份有限公司	27800000	400	陈向旻
149	深圳伏荣科技有限公司	21000000	780	李卫
153	深圳市帕思高电子有限公司	20000000	125	林俊杰
161	浙江友谊电子科技有限公司	19000000	280	N/A
166	广东龙声乐器制造有限公司	18000000	390	李庆炎
167	上海华新乐器有限公司	17800000	1100	N/A
185	深圳市卓乐科技有限公司	14000000	600	N/A
191	乐盟国际股份有限公司	13650000	350	蔡志强
192	南京爱韵乐器有限公司	13600000	42	童磊
200	深圳市魔耳乐器有限公司	12000000	198	朱四华
201	惠州全丰育乐用品有限公司	12000000	400	蔡赖丰
213	广州保嘉乐器制造厂有限公司	10300000	575	邢宝嘉
219	聊城山石麦尔乐器有限公司	10000000	150	刘树广

中国香港乐器企业进入2018年全球乐器与音响制品225强基本情况

排名	公司名称	销售收入（美元）	员工数	负责人
3	金山工业（集团）有限公司	862700000	4800	罗仲荣
28	通利琴行有限公司	130000000	440	李敬章
33	得理电子有限公司	120000000	1200	郑荃文

中国台湾乐器企业进入2018年全球乐器与音响制品225强基本情况

排名	公司名称	销售收入（美元）	员工数	负责人
15	功学社乐器股份有限公司	320000000	3200	王安迪
57	全域股份有限公司	68880000	200	王敏烈
84	宏寰贸易股份有限公司	49000000	62	陈少宏
110	高琳乐器制造有限公司	35780000	40	吴懋仁
168	GRAND GLOBE 鼓厂	17800000	325	Tony Huang

2018年全球乐器市场评估报告

2018年，全球前42个国家和地区的音乐制品市场零售总额为165亿美元，较上年同比增长0.8%。这种缓慢增幅可能会让期待快速增长的人有所失望。然而音乐制品和其他成熟产业一样，都在随全球人口增长而变化，从这个角度来看，总量微增仍令人欣慰。

静态数据给人一种市场稳定假象，实际市场运行更为复杂，每个国家都有迥异的乐器市场表现。南美货币震荡、英国脱欧和贸易紧张局势升级搅乱了金融市场，但音乐产品销售几乎不变，北美市场表现强劲；亚洲地区音乐制品销售收入强劲增长，南美洲则大幅萎缩。人均零售额也相应表现出类似变化：美国人均音乐制品销售额最高，为23.08美元，印度最低仅为0.12美元。

本刊《音乐贸易》试量化全球五大洲42个国家所销售的各类乐器、音响及相关配件的零售额。这些国家颇具代表性，人口比重约占世界70%，经济活动总量占到全球份额90%以上。宏观经济、人口数据由美国和全球各类专业经济机构汇编，一般被用来透视各行业数据。例如国内生产总值（GNP）是衡量经济活动总量的指标，而人均国内生产总值（GDP）是衡量经济繁荣程度的指标，该指标为评估某国市场潜力提供基准。2018年本报告跟踪调研的42个国家和地区中，实现销售增长的有32个国家和地区，10个国家和地区的市场销售收入出现萎缩。美国作为高端市场，音乐制品销售总额达76亿美元，约占全球市场的46%。而财政拮据的希腊，市场零售总额仅为1200万美元，不到全球市场的1%。

什么原因造成销售增长率和市场间销售水平的巨大差异？结合42个国家的总体特点来看，传统风俗、人口数量、法律制度、地理宗教等因素，均构成影响特定国家"音乐性"不同的相关变量。

乐器音响消费还有一些可量化因素，与特定人群相关，最明显的是人均国内生产总值（GDP），用以衡量经济繁荣程度。浏览附表数据，会发现一国经济总量与该国音乐制品消费具有密切关系。以马来西亚为例，该国人均国内生产总值为3851美元，人均音乐支出仅为0.18美元。相比之下在繁荣的瑞士，人均国内生产总值（GDP）高达8.2万美元，人均音乐制品消费支出11.94美元，远高于前者。

大多数音乐产品销售对象是14～30岁的年轻群体，因此人口年龄的中位数也在统计之列。撒哈拉以南的非洲地区和中亚地区人口占世界人口总数30%，人口规模相对较小，数据难以获取，可用信息缺乏，根据测算，这些地区将在音乐制品销售总额增加2亿美元。

除经济繁荣程度外，人口数据在决定市场规模方面起着重要作用。虽然45岁以上年龄组已成为吉他市场的重要组成部分，但老龄化人口通常被解读为音乐制品接受度较低的客户群。这一点在日本尤为明显，日本是世界老龄化程度最高的国家，平均年龄为47.7岁。日本人口老龄化，再加上青少年数量减少，导致音乐产品销量逐渐下滑。2018年日本的工业销售额下降9%。与日本类似，西欧人口平均年龄41.6岁，这也是北美和澳大利亚音乐制品销售增长滞后的主要因素。

音乐制品行业同比增长趋势与世界各地经济运行密切相关。与之前流行的业界神话相反，音乐产品并非"抗衰退"产业。巴西市场的表现就说明了这点。由于经济形势严峻，2018年巴西经济急剧下降28%，加上汇率估值暴跌，抬高了外国进口乐器和音响制品的价格。南美洲这场旷日持久的经济衰退，受南美经济疲软影响，巴西的邻国阿根廷，工业销售同样感受到经济衰退带来的严重影响。

中国市场与南美洲国家形成鲜明对比。2018年中国国内生产总值增长6.0%，居民收入增加，带动音乐制品销售增长4.3%，特别是中国的钢琴销售市场比重占到全球70%以上。但过去12个月，美中贸易摩擦将对市场产生多大影响仍有待观察。

如何解释吉他在英语国家的消费远远高于其他国家？再比如，什么原因使中国极其钟爱钢琴？目前，中国国内钢琴销量占全球市场的70%以上。实际上，在诸多可量化的变量组合中存在着“文化”因素的作用。

本报告中数据统计估计来自多个来源，包括世界贸易组织汇编的数据、世界银行的经济数据以及近75家重要跨国公司上市财务文件。过去50年，从飞机到X光机，世贸组织的技术专家们已经为每一种可以想到的产品实施了标准化数字代码。由于各公司被要求在所有出口文件中包括这些代码，各类商品的国际贸易轨迹非常详细，世界上约有20个国家和地区生产制造大量音乐产品，包括中国大陆、日本、中国台湾、韩国、越南、美国和大部分欧盟国家。利用世贸组织的数据来跟踪其出口的数量和目的地，可以量化从阿尔巴尼亚到赞比亚等世界各国音乐产品市场的规模，将出口数据与公司财务数据进行比对来增加精确度。2018年音乐产品产业的规模高达165亿美元，在全球经济格局总量中，几乎相当于四舍五入的小数点。产业总规模相当于全球石油一天的产量，6天的啤酒消费量或全球一次性尿布市场的一半。然而，尽管音乐制品规模很小，但产业布局已经完全全球化。

从日本到苏里南，美国制造的吉他销往黎巴嫩，世界195个国家和地区都有美国制造的吉他，反映出制造商到全球各地寻求业务的决心。音乐创作的热情遍及世界，体现出世界各地不懈追求乐音的美好期望。（编译自美国《音乐贸易》2019年第12期）

2018年全球主要国家和地区乐器市场份额排名

排名	国家和地区	2018年乐器销售额（万美元）	同比（%）	人均乐器销售额（美元）	占全球乐器市场份额（%）	2018年人口	国民生产总值（十亿美元）	人均国民生产总值	10年平均增长率（%）	国民平均年龄（岁）
1	美国	7600	2.1	23.08	45.8	329,256,465	19490	62,606	2.1	38.2
2	中国大陆	1800	4.3	1.30	10.8	1,384,688,986	12000	9,608	7.0	37.7
3	德国	980	1.0	12.18	5.9	80,457,737	3701	48,264	1.5	47.4
4	日本	900	−9.1	7.13	5.4	126,168,150	5443	39,306	0.5	47.7
5	加拿大	745	3.5	20.76	4.5	35,881,659	1653	46,261	1.9	42.4
6	法国	590	−4.5	8.76	3.5	67,364,357	2588	42,878	0.9	41.5
7	英国	550	1.9	8.45	3.3	65,105,246	2628	42,558	2.1	40.5
8	意大利	310	−4.6	4.98	1.9	62,246,674	1939	34,260	0.3	45.8
9	韩国	310	1.6	6.03	1.9	51,418,097	1540	31,346	2.4	42.3
10	澳大利亚	223.6	6.0	9.53	1.3	23,470,145	1380	50,400	2.3	38.8
11	墨西哥	220	−0.5	1.75	1.3	125,959,205	1151	9,807	3.3	28.6
12	荷兰	171	0.6	9.97	1.0	17,151,228	832.5	53,106	1.2	42.7
13	印度	151	−2.0	0.12	1.0	1,296,834,042	9474	7,200	4.4	28.1
14	比利时	144	1.4	12.45	0.9	11,570,762	494	46,600	1.8	41.5
15	中国香港	138	−6.0	19.13	0.8	7,213,338	341.2	42,036	2.0	44.8
16	瑞典	100	2.0	9.96	0.6	10,040,995	537	51,200	2.0	41.1
17	中国台湾	100	1.0	4.25	0.6	23,545,963	573.3	24,971	3.0	41.3
18	巴西	99	−28.3	0.47	0.6	208,846,892	2055	8,968	1.1	32.4
19	西班牙	89	1.0	2.01	0.6	49,331,076	1314.2	30,697	0.7	43.1

续表

排名	国家和地区	2018年乐器销售额（万美元）	同比（%）	人均乐器销售额（美元）	占全球乐器市场份额（%）	2018年人口	国民生产总值（十亿美元）	人均国民生产总值	10年平均增长率（%）	国民平均年龄（岁）
20	瑞士	99	−4.8	11.94	0.6	8,292,809	679.4	82,950	1.9	42.5
21	俄罗斯	92	2.8	0.65	0.6	142,122,776	1575	11,327	0.2	39.6
22	挪威	91	1.1	16.94	0.5	5,372,191	399.2	69,945	1.9	39.3
23	菲律宾	83	1.2	0.78	0.5	105,893,381	314.4	7,002	2.0	23.7
24	泰国	77	5.5	1.12	0.5	68,615,858	455.7	7,187	2.2	37.7
25	丹麦	73	1.4	12.57	0.4	5,809,502	326.3	60,692	1.2	42.6
26	奥地利	71.1	1.7	8.09	0.4	8,793,370	417.6	50,000	1.1	44.2
27	芬兰	70	2.2	12.64	0.4	5,537,364	253.2	44,500	1.2	42.6
28	土耳其	68	0.7	0.84	0.4	81,257,239	852.3	9,346	2.1	31.4
29	阿根廷	67.8	−7.9	1.52	0.4	44,694,198	638	11,627	0.6	31.9
30	新加坡	66	3.9	11.01	0.4	5,995,991	324.6	64,041	2.8	34.9
31	智利	63	1.6	3.51	0.4	17,925,262	277.2	11,982	2.2	34.8
32	以色列	59	3.3	7.00	0.4	8,424,904	351	36,400	2.0	30.1
33	波兰	57	3.6	1.48	0.3	38,420,687	525.1	15,431	1.9	41.1
34	阿联酋	50	−9.1	5.15	0.3	9,701,315	383.2	40,711	1.1	37.2
35	印度尼西亚	47	4.4	0.18	0.3	262,787,403	1015	3,871	2.9	30.5
36	马来西亚	42	5.0	1.32	0.2	31,809,660	312	10,942	3.0	28.7
37	爱尔兰	40	9.6	7.89	0.2	5,068,050	332	58,789	3.0	37.1
38	捷克	39	0.8	3.65	0.4	10,686,269	216	22,850	1.9	42.5
39	哥伦比亚	38.1	1.6	0.79	0.2	48,168,996	315.1	6,684	2.1	30.4
40	秘鲁	30	3.4	0.96	0.2	31,331,228	214.3	13,500	2.2	28.4
41	葡萄牙	15	0.7	1.45	0.1	10,355,493	218.3	23,186	1.7	43.7
42	希腊	12	0.8	1.12	0.07	10,761,523	299.7	20,408	−0.5	44.9

海外资讯篇之二：美国乐器市场

2019年度美国乐器市场调查

2019年美国乐器和音响制品市场零售总额80亿美元，同比上年增长3.8%，高于美国整体经济增速2.3%。2019年美国失业率降低，股市回暖，工资水平提高，制造商产品技术含量不断提升，加之市场销售活跃，综合因素促使美国经济持续改善。过去18个月的贸易摩擦背景下，美国经济仍能保持3.8%的增长水平颇为不易。

2019年，为打开美国商品销售市场，特朗普政府与中国谈判，要求降低贸易门槛，打击盗版，加强知识产权保护。自2018年6月以来，美方将来自中国的进口产品关税从6%一路提高到25%，实施惩罚性的关税税率。假定中国进口产品占行业零售总金额的40%，商品价格飙升更易让消费者产生心理恐慌。特别是"清单4"几乎涵盖了所有中国乐器门类，打乱了正常贸易节奏。

关税提高，贸易问题前景不明，让乐器制造商忧心忡忡。高额关税造成产品价格，特别是电子产品价格提高，多数供应商选择薄利快销，避免库存积压。

提高关税也影响到行业整体供应链布局。2019年印度尼西亚三角钢琴供应首次超过中国。吉他制造商也将生产基地从中国逐渐转向印度尼西亚，不少电子产品制造商正在研究评估在马来西亚的工厂选址。美中贸易摩擦迫使厂商不得不考虑多元化制造策略，对冲未来经营风险，保证乐器及时供应。

宏观层面看，执行何种关税和贸易政策是动态调整的，取决于政府决策；微观来看，行业的市场环境也在随着时间推移出现重要变化。传统大件乐器属于耐用消费品，将形成规模庞大的存量二手乐器市场，无疑对新品销售造成挤压。据美国钢琴经销商反馈，美国二手钢琴销售规模大致是新钢琴的四倍，尚不包括个人之间私下交易或馈赠。作为当前美国最大的乐器销售专业网站，列沃博二手吉他销量至少占到吉他销售总量一半，且二手销售份额仍在增长。

本报告中，乐器销售数据来自多种渠道，进出口数据源自世界贸易组织、业内15家大型上市公司发布的报表、行业协会数据及估算数字。以下音乐制品分类报告反映出美国乐器批发额，根据批发金额测算销售总额。

弦乐器（含吉他、贝斯、功放、琴弦及相关制品）

2019年，美国弦乐器及相关产品市场零售总额22亿美元，同比飙升8.3%，弦乐产品门类售价提高，特别是电吉他价格销量同比实现两位数增长。统计数据显示，功放、琴弦和效果器表现良好。但乌克丽丽销量下滑9.2%，销售金额下滑6.6%。吉他用户主要分为两类，一是12～25岁青少年群体，他们接受音乐培训有限，属入门级用户；35岁以上消费群体被称为成熟型客户，价格承受能力更强。吉他销售数据虽无精确信息，但据经销商反馈，35岁以上客户实力更强，是2019年美国吉他市场的消费主力。

近10年来，电子信息技术迅速发展，数码界面或音响设备使吉他的音响外放渠道多样化，也导致常规吉他功放销量不断下降。但2019年这种形势有所扭转，市场对传统功放的兴趣再次复燃。2019年，美国电吉他市场销售额1.53亿美元，同比增长1.6%。

过去，新吉他销量一直是衡量市场容量的准确指标。然而网上几近无限供应的二手吉他，让这一指标逐渐"失灵"。2019年亿贝网等电商网站销售的二手吉他金额为8亿美元，占到新吉他销售金额的一半。二手吉他畅销正在积压新吉他销售空间，反映出当前吉他市场发展的新动向。

校园乐器（含木管乐器、铜管乐器，管弦乐器）

2019年，美国乐器平均价格不断升高，木管乐器、铜管乐器和管弦乐器零售总金额7.87亿美元，同比增长3.1%。销量94.7万件，同比下降3.5%。

2019年木管乐器销量微增2.4%，主要是黑管销量增加。长笛、萨克斯与上年持平。木管乐器市场销售额为3.54亿美元，同比增长6.3%。铜管乐器销量25.8万支，同比下降3%，与木管类乐器一样，铜管乐器销量下降，但销售均价提高，销售金额为3.07亿美元，同比增长3.1%。

以上两类管乐器基本稳定，乐团用管弦乐器销量34.4万件，同比下降9%。究竟是短期库存调整还是市场需求发生变化，仍有待观察。

据经销商调查报告显示，学生是参与校园乐器项目的主体，乐器租赁比例高于直接购买。新乐器购买仅占三分之一，其他均为二手租赁乐器。新乐器销量下降并非表明参与校园音乐项目人数在减少，相反，1～12年级的入学学生人数保持稳定，校园音乐活动仍受学生广泛支持和家长的普遍重视。

配件

乐器配件包括箱包、支架、背带、调音器、簧片、口琴等各类乐器小件物品。2019年乐器配件销售额6.8亿美元，同比增长5.9%。配件类乐器主要是演奏人士希望增强音乐表演性和音色表现力而配制的小物件，这种一次性购买的物品价格多在100美元以下，数量非常可观，一般不受宏观经济形势波动的影响，被视为“抗衰退”产品。

键盘乐器（含声学、数码钢琴及自动演奏钢琴）

2019年美国键盘乐器销量97.2万件。得益于美国经济强劲增长，股市繁荣，地产回暖，这些有利因素让更多富裕客户青睐购买三角钢琴。2019年美国三角钢琴销量9655架，同比增长9.9%，销售金额2.11亿美元，同比增长15.7%。2019年钢琴市场最大变化莫过于钢琴产地发生转移。美政府对来自中国的进口钢琴实施惩罚性关税，使钢琴来源地迅速从中国转向印度尼西亚。来自中国的进口三角钢琴下降28%，来自印度尼西亚的进口三角钢琴增长飙升40%。

常规声学立式钢琴销量17543架，销售金额与上年持平。声学钢琴销量受到成本适中、简学易用的数码钢琴影响。2019年，数码钢琴销量17.4万架，同比增长4.8%，但销售金额1.82亿美元，同比下降4.3%。过去10年来，数码钢琴平均销售价格降幅近20%。

便携式键盘销售持续下降，一方面来自其他电子设备冲击，另一方面在于智能手机和平板电脑中各项替代性键盘类app数量显著增多。2019年，便携式键盘销量76.7万台，同比下降14.4%。销售金额1.27亿美元。

打击乐器

2019年，打击乐器销售额3.74亿美元，同比增长0.6%。特别是套鼓销量一举扭转下跌趋势，销量达12.4万套，同比微增0.9%。销售金额1亿美元，同比增长2.2%。套鼓销量增长同时带动了个人用鼓、硬件和鼓皮等销售，但由于使用电子鼓的鼓手不用木槌和镲片，镲片和鼓槌销售分别下降4.9%和1.9%。

教育用鼓包括定音鼓，行进打击乐器和鼓槌，销售金额6200万美元，同比增长3.3%。此外，手鼓销售金额微降，为3580万美元。

电声乐器

2019年，美国电声乐器销售总额2.83亿美元，同比增长2.8%。电子信息技术飞速发展，使平板电脑、电视价格逐年下降，也对键盘集音器，电子鼓和其他内置芯片的电子乐器价格造成影响。

2019年键盘集音器销量13.5万，同比增长15.4%，销售金额1.59亿美元。此类用品技术水平日渐完善，产品细分程度不断提高，为用户提供了优质性价比。

市场对电子鼓需求持续扩大，2019年销售金额6890万美元。普通电子鼓具备静音练习功能，还有系统自带的电子教学文件，对家长有一定吸引力，750美元以下的低价入门级电子鼓销售已超过传统声学鼓；对高级鼓手来说，电子鼓还可连接音响系统和录音设备产生特色音效，为产品畅销市场提供了附加值。

管风琴

2019年，机构用管风琴销量仅为700台，持续下降，销售金额2590万美元。现代风格音乐演奏增多，教堂管风琴需求减少，造成管风琴销售平平。

（编译自美国《音乐贸易》2020年第4期）

2010—2019年美国乐器市场零售概览

（金额单位：美元）

年份	销量	同比（%）	批发额	零售额	同比（%）	平均单价
吉 他						
声学吉他						
2019 年	1,540,000	3.40	577,808,000	862,400,000	5.20	560
2018 年	1,490,000	−1.30	549,065,000	819,500,000	10.80	550
2017 年	1,510,000	8.60	495,733,000	739,900,000	8.60	490
2016 年	1,390,000	−4.10	456,337,000	681,100,000	−2.10	490
2015 年	1,450,000	−2.20	466,320,000	696,000,000	2.60	480
2014 年	1,498,700	10.00	454,506,000	678,368,000	12.40	453
2013 年	1,362,900	2.70	404,141,000	603,195,000	13.30	443
2012 年	1,326,500	1.10	356,606,194	532,248,050	10.10	401
2011 年	1,311,585	9.20	323,856,694	483,368,200	15.50	369
2010 年	1,200,831	8.20	280,455,000	418,589,000	6.90	349
电吉他						
2019 年	1,253,000	15.00	474,323,000	707,945,000	19.20	565
2018 年	1,090,000	−2.90	398,013,000	594,050,000	0.80	545
2017 年	1,123,000	5.00	395,015,000	589,575,000	9.10	525
2016 年	1,070,000	6.50	362,035,000	540,350,000	8.60	505
2015 年	1,005,000	−11.20	333,308,000	497,475,000	−1.70	495
2014 年	1,132,250	2.00	338,972,000	505,929,000	8.30	447
2013 年	1,109,800	−4.60	312,930,000	467,059,000	−0.30	421
2012 年	1,162,890	−3.20	313,846,814	468,428,080	3.70	403
2011 年	1,200,831	2.10	302,574,178	451,603,250	7.40	381
2010 年	1,176,479	1.10	281,675,000	420,411,000	−2.10	357
吉他总计						
2019 年	2,793,000	8.30	1,052,131,000	1,570,345,000	11.10	562
2018 年	2,580,000	−2.00	947,078,000	1,413,550,000	6.30	548
2017 年	2,633,000	7.00	890,748,000	1,329,000,000	8.80	505

续表

年份	销量	同比（%）	批发额	零售额	同比（%）	平均单价
2016 年	2,460,000	0.20	818,372,000	1,221,450,000	2.30	497
2015 年	2,455,000	−6.70	799,628,000	1,193,475,000	0.80	486
2014 年	2,630,950	6.40	793,479,000	1,184,298,000	10.60	450
2013 年	2,472,000	−0.70	717,071,000	1,070,254,000	7.00	433
2012 年	2,489,390	−0.90	670,453,007	1,000,676,130	7.00	402
2011 年	2,512,416	5.70	626,430,872	934,971,450	11.40	372
2010 年	2,377,310	4.60	562,130,000	839,000,000	2.20	353
注 1：声学吉他类含班卓琴、曼陀林、冬不拉及其他声学弦乐器，不含夏威夷四弦琴						
注 2：电吉他类含电贝斯						
功放						
2019 年	655,000	1.60	100,051,250	153,925,000	1.60	235
2018 年	645,000	−4.40	98,523,000	151,575,000	2.10	235
2017 年	675,000	−0.70	96,525,000	148,500,000	−2.90	220
2016 年	680,000	−5.60	99,450,000	153,000,000	−5.60	225
2015 年	720,000	−7.10	105,300,000	162,000,000	−12.90	225
2014 年	775,000	−1.60	120,900,000	186,000,000	−1.60	240
2013 年	788,000	−6.60	122,920,000	189,120,000	−1.70	240
2012 年	8,444,000	−5.20	125,080,800	192,432,000	−11.70	228
2011 年	890,000	−1.30	141,732,500	218,050,000	−5.10	245
2010 年	901,400	3.20	149,407,000	229,857,000	−9.20	255
钢琴						
三角钢琴						
2019 年	9,655	9.90	118,408,920	211,444,500	15.70	21,900
2018 年	8,784	−1.20	102,316,032	182,707,200	2.70	20,800
2017 年	8,893	3.00	99,601,000	177,860,000	7.30	20,000
2016 年	8,630	−15.80	92,790,000	165,696,000	−10.30	19,200
2015 年	10,253	−9.00	103,407,000	184,656,000	−5.00	18,010
2014 年	11,268	−5.10	108,817,000	194,316,000	−0.30	17,245
2013 年	11,870	4.60	109,180,000	194,964,000	8.90	16,425
2012 年	11,350	−1.80	100,297,680	179,103,000	2.10	15,780
2011 年	11,554	−8.20	98,035,000	175,375,000	0.20	15,179
2010 年	12,587	25.50	97,977,000	174,959,000	36.20	13,900

续表

年份	销量	同比（%）	批发额	零售额	同比（%）	平均单价
立式钢琴						
2019 年	17,543	−1.80	53,541,236	95,609,350	0.10	5,450
2018 年	17,857	−5.60	53,499,572	95,534,950	−4.70	5,350
2017 年	18,921	1.40	56,157,000	100,281,000	3.70	5,300
2016 年	18,655	−5.70	54,166,000	96,726,000	−2.50	5,185
2015 年	19,780	−10.40	55,550,000	99,196,000	−9.90	5,015
2014 年	22,083	9.10	61,646,000	110,083,000	12.50	4,985
2013 年	20,242	−8.30	54,796,000	97,849,000	−4.70	4,834
2012 年	22,070	−13.30	57,470,280	102,625,500	−11.00	4,650
2011 年	25,450	−7.00	65,408,000	115,358,000	2.80	4,533
2010 年	27,379	37.40	63,984,000	112,253,000	54.80	4,100
自动演奏钢琴						
2019 年	3,875	0.00	56,420,000	100,750,000	18.70	26,000
2018 年	3,875	4.30	47,523,000	84,862,500	7.20	21,900
2017 年	3,716	5.90	44,324,448	79,150,800	7.40	21,300
2016 年	3,510	−7.10	41,277,000	73,710,000	2.40	21,000
2015 年	3,780	−3.10	40,325,000	72,009,000	7.60	19,050
2014 年	3,902	−3.20	37,461,000	66,895,000	−0.90	17,144
2013 年	4,032	6.70	37,820,000	67,536,000	12.40	16,750
2012 年	3,780	−6.70	33,657,120	60,102,000	−6.90	15,900
2011 年	4,050	6.20	36,089,000	64,559,000	16.00	15,940
2010 年	3,812	23.00	31,166,000	55,655,000	32.90	14,600
钢琴销售总计						
2019 年	31,073	1.80	228,370,000	407,803,850	12.30	13,124
2018 年	30,516	−3.20	203,338,604	363,104,650	1.60	11,900
2017 年	31,530	2.40	200,083,000	357,292,000	6.30	11,332
2016 年	30,795	−8.90	188,234,000	336,132,000	−5.50	10,915
2015 年	33,813	−9.20	199,282,000	355,861,000	−4.20	10,524
2014 年	37,253	3.10	207,924,000	371,294,000	3.00	9,967
2013 年	36,144	−2.80	201,796,000	360,350,578	5.40	9,970
2012 年	37,200	−9.40	191,425,080	341,830,500	−3.80	9,189
2011 年	41,054	−6.20	199,532,000	355,292,000	3.60	8,654
2010 年	43,778	32.40	193,128,000	342,868,000	41.20	7,832

续表

年份	销量	同比（%）	批发额	零售额	同比（%）	平均单价
数码钢琴						
2019 年	174,000	4.80	102,312,000	182,700,000	−4.30	1,050
2018 年	166,000	3.10	106,904,000	190,900,000	−1.20	1,150
2017 年	161,000	7.30	108,192,000	193,200,000	7.80	1,200
2016 年	150,000	6.10	100,380,000	179,250,000	0.30	1,195
2015 年	141,343	4.50	100,127,000	178,798,000	8.40	1,265
2014 年	135,257	3.70	99,008,000	165,013,000	1.20	1,220
2013 年	130,432	1.90	97,824,000	163,040,000	2.70	1,250
2012 年	128,000	6.50	95,232,000	158,720,000	6.20	1,240
2011 年	120,200	1.90	87,986,400	146,644,000	13.00	1,220
2010 年	118,000	15.70	77,880,000	129,800,000	29.90	1,100
校园乐器						
铜管乐器						
2019 年	258,000	−3.00	168,861,000	307,020,000	3.10	1,190
2018 年	266,000	−3.30	163,856,000	297,920,000	0.30	1,120
2017 年	275,000	1.00	163,350,000	297,000,000	6.50	1,080
2016 年	272,200	3.50	153,450,000	279,000,000	4.60	1,025
2015 年	263,000	9.10	146,712,000	266,750,000	10.50	1,014
2014 年	241,000	2.80	132,815,000	241,482,000	3.20	1,002
2013 年	234,000	−5.70	128,645,000	233,900,000	3.50	1,000
2012 年	248,055	9.90	124,294,500	225,990,000	15.10	911
2011 年	225,741	4.40	108,027,000	196,394,000	5.10	870
2010 年	216,315	3.30	102,787,000	186,886,000	−1.10	864
木管乐器						
2019 年	345,000	2.40	195,063,000	354,660,000	6.30	1,028
2018 年	337,000	−2.90	183,496,500	333,630,000	8.00	990
2017 年	347,000	2.40	169,856,000	308,830,000	3.60	890
2016 年	339,000	−0.60	163,900,000	298,000,000	−0.80	879
2015 年	341,066	−0.90	165,263,000	300,479,000	−0.20	881
2014 年	344,000	3.00	165,550,000	301,000,000	4.60	875
2013 年	334,000	−2.50	158,345,000	287,900,000	2.40	862
2012 年	342,500	−2.80	154,695,750	281,265,000	5.00	821
2011 年	352,462	1.30	147,343,000	267,871,000	2.80	760

续表

年份	销量	同比（%）	批发额	零售额	同比（%）	平均单价
2010 年	348,022	−3.10	143,312,000	260,567,000	−1.90	749
弦乐器						
2019 年	344,000	−9.00	69,058,000	125,560,000	−5.10	365
2018 年	378,000	−2.60	72,765,000	132,300,000	0.30	350
2017 年	388,000	2.10	72,556,000	131,920,000	5.50	340
2016 年	380,000	0.50	68,750,000	125,000,000	0.80	329
2015 年	378,000	13.90	68,191,000	123,985,000	14.90	328
2014 年	332,000	−3.20	59,345,000	107,900,000	−1.00	325
2013 年	343,000	−9.20	59,950,000	109,000,000	−3.50	318
2012 年	377,960	2.10	62,120,300	112,946,000	5.20	299
2011 年	370,200	24.80	59,046,000	107,358,000	27.40	290
2010 年	296,610	1.90	46,330,000	84,237,000	3.60	284
校园乐器总计						
2019 年	947,000	−3.50	432,982,000	787,240,000	3.10	831
2018 年	981,000	−2.90	420,117,000	763,850,000	3.50	779
2017 年	1,010,000	1.90	405,762,000	737,750,000	5.10	730
2016 年	991,200	0.90	386,100,000	702,000,000	1.60	708
2015 年	982,066	7.10	380,166,000	691,214,000	6.30	704
2014 年	917,000	0.60	357,710,000	650,382,000	3.10	709
2013 年	911,400	−5.90	346,940,000	630,800,000	1.70	692
2012 年	968,515	2.10	341,110,550	620,201,000	8.50	640
2011 年	948,403	10.20	314,416,000	571,623,000	7.50	603
2010 年	860,947	0.20	292,430,000	531,691,000	−0.80	618
电声乐器						
键盘合成器						
2019 年	135,000	15.40	108,642,600	159,300,000	5.50	1,180
2018 年	117,000	6.40	102,934,000	150,930,000	5.50	1,290
2017 年	110,000	13.70	97,526,000	143,000,000	5.70	1,300
2016 年	96,750	2.90	92,267,000	135,290,000	9.00	1,398
2015 年	94,000	15.80	84,622,000	124,080,000	18.90	1,320
2014 年	81,200	−6.10	71,161,000	104,342,000	−7.60	1,285
2013 年	86,500	6.10	76,986,000	112,882,500	13.50	1,305
2012 年	81,500	−3.60	67,811,260	99,430,000	−3.90	1,220

续表

年份	销量	同比（%）	批发额	零售额	同比（%）	平均单价
2011 年	84,500	−4.20	70,595,525	103,512,500	−2.20	1,225
2010 年	88,200	19.50	72,182,000	105,840,000	8.70	1,200
电钢琴、专业管风琴						
2019 年	9,300	3.30	11,416,680	16,740,000	−4.60	1,800
2018 年	9,000	1.10	11,969,100	17,550,000	−1.40	1,950
2017 年	8,900	−2.20	12,139,000	17,800,000	−6.90	2,000
2016 年	9,100	−5.20	13,033,000	19,110,000	3.40	2,100
2015 年	9,600	−1.00	12,603,000	18,480,000	0.30	1,925
2014 年	9,700	−15.70	12,569,000	18,430,000	−12.20	1,900
2013 年	11,500	−5.70	14,313,000	20,987,000	−4.40	1,825
2012 年	12,200	−23.30	14,976,720	21,960,000	−22.80	1,800
2011 年	15,900	3.20	19,410,402	28,461,000	7.10	1,790
2010 年	15,400	−4.90	18,117,000	26,565,000	−7.90	1,725
电子鼓						
2019 年	n/a	n/a	46,989,800	68,900,000	4.40	n/a
2018 年	n/a	n/a	45,012,000	66,000,000	11.90	n/a
2017 年	n/a	n/a	40,238,000	59,000,000	5.40	n/a
2016 年	n/a	n/a	38,192,000	56,000,000	0.50	n/a
2015 年	n/a	n/a	37,987,000	55,700,000	6.1	n/a
2014 年	n/a	n/a	35,805,000	52,500,000	2.50	n/a
2013 年	n/a	n/a	34,918,000	51,200,000	5.60	n/a
2012 年	n/a	n/a	33,077,000	48,500,000	4.10	n/a
2011 年	n/a	n/a	31,781,200	46,600,000	−3.90	n/a
2010 年	n/a	n/a	33,077,000	48,500,000	3.60	n/a
电声乐器销售总计						
2019 年	n/a	n/a	192,940,080	283,015,000	2.80	n/a
2018 年	n/a	n/a	187,666,000	275,290,000	5.50	n/a
2017 年	n/a	n/a	298,425,000	609,031,000	5.20	n/a
2016 年	n/a	n/a	170,444,000	250,035,000	4.90	n/a
2015 年	n/a	n/a	163,437,000	238,290,000	9.90	n/a
2014 年	n/a	n/a	147,819,000	216,771,000	−1.00	n/a
2013 年	n/a	n/a	155,249,484	227,806,000	5.60	n/a
2012 年	n/a	n/a	147,112,740	215,730,000	−2.70	n/a

续表

年份	销量	同比（%）	批发额	零售额	同比（%）	平均单价
2011 年	n/a	n/a	151,244,763	221,791,500	−1.90	n/a
2010 年	n/a	n/a	154,177,000	226,070,000	14.10	n/a
打击乐器						
套鼓						
2019 年	124,500	0.90	66,557,700	100,845,000	2.20	810
2018 年	123,400	−5.80	65,155,000	98,720,000	6.10	800
2017 年	131,000	−3.00	61,386,000	93,010,000	−1.60	710
2016 年	135,000	−1.50	62,370,000	94,500,000	0.00	700
2015 年	137,000	−1.40	62,389,000	94,530,000	5.40	690
2014 年	139,000	−1.10	59,172,000	89,655,000	0.40	645
2013 年	140,600	−11.20	58,925,000	89,281,000	−6.00	635
2012 年	158,300	−9.00	62,686,800	94,980,000	−7.50	600
2011 年	174,000	−3.20	67,755,600	102,660,000	−2.40	590
2010 年	179,800	7.00	69,420,000	105,183,000	6.10	585
鼓（含支架、踏板、相关零件等）						
2019 年	n/a	n/a	34,188,000	51,800,000	1.50	n/a
2018 年	n/a	n/a	33,660,000	51,000,000	−3.90	n/a
2017 年	n/a	n/a	34,980,000	53,000,000	−1.90	n/a
2016 年	n/a	n/a	35,640,000	54,000,000	−3.30	n/a
2015 年	n/a	n/a	36,828,000	55,800,000	2.00	n/a
2014 年	n/a	n/a	36,089,000	54,680,000	−1.10	n/a
2013 年	n/a	n/a	36,490,500	55,288,000	−5.50	n/a
2012 年	n/a	n/a	38,614,286	58,506,494	−7.80	n/a
2011 年	n/a	n/a	41,881,004	63,456,067	2.50	n/a
2010 年	n/a	n/a	40,859,000	61,908,000	6.00	n/a
教学用打击乐器（含行进打击乐器、槌棒、工具等）						
2019 年	n/a	n/a	40,920,000	62,000,000	3.30	n/a
2018 年	n/a	n/a	39,600,000	60,000,000	0.00	n/a
2017 年	n/a	n/a	39,600,000	60,000,000	2.00	n/a
2016 年	n/a	n/a	38,808,000	58,800,000	3.30	n/a
2015 年	n/a	n/a	37,554,000	56,900,000	5.50	n/a
2014 年	n/a	n/a	35,581,000	53,911,000	3.50	n/a
2013 年	n/a	n/a	36,141,000	54,759,000	2.50	n/a

续表

年份	销量	同比（%）	批发额	零售额	同比（%）	平均单价
2012 年	n/a	n/a	35,260,013	53,424,262	1.50	n/a
2011 年	n/a	n/a	35,796,968	54,237,830	1.50	n/a
2010 年	n/a	n/a	36,342,000	55,063,000	−1.00	n/a
镲片						
2019 年	n/a	n/a	34,650,000	52,500,000	−1.90	n/a
2018 年	n/a	n/a	35,310,000	53,500,000	−2.80	n/a
2017 年	n/a	n/a	36,333,000	55,050,000	2.90	n/a
2016 年	n/a	n/a	35,310,000	53,500,000	−2.40	n/a
2015 年	n/a	n/a	36,168,000	54,800,000	−5.60	n/a
2014 年	n/a	n/a	38,314,000	58,052,000	−2.00	n/a
2013 年	n/a	n/a	39,097,000	59,237,000	−8.50	n/a
2012 年	n/a	n/a	42,728,850	64,740,682	−9.50	n/a
2011 年	n/a	n/a	47,214,199	71,536,665	2.00	n/a
2010 年	n/a	n/a	46,288,000	70,133,000	3.50	n/a
鼓槌和槌棒						
2019 年	n/a	n/a	25,410,000	38,500,000	−4.90	n/a
2018 年	n/a	n/a	26,730,000	40,500,000	−3.60	n/a
2017 年	n/a	n/a	27,720,000	42,000,000	−4.50	n/a
2016 年	n/a	n/a	29,040,000	44,000,000	−3.70	n/a
2015 年	n/a	n/a	30,162,000	45,700,000	−2.30	n/a
2014 年	n/a	n/a	30,879,000	46,787,000	−1.50	n/a
2013 年	n/a	n/a	31,350,000	47,500,000	−4.50	n/a
2012 年	n/a	n/a	58,680,715	88,910,174	−4.00	n/a
2011 年	n/a	n/a	61,125,744	92,614,764	3.00	n/a
2010 年	n/a	n/a	59,345,000	89,917,000	1.00	n/a
手鼓						
2019 年	n/a	n/a	22,554,000	35,800,000	−0.60	n/a
2018 年	n/a	n/a	22,680,000	36,000,000	0.00	n/a
2017 年	n/a	n/a	22,680,000	36,000,000	−2.70	n/a
2016 年	n/a	n/a	23,310,000	37,000,000	−2.90	n/a
2015 年	n/a	n/a	24,003,000	36,100,000	1.90	n/a
2014 年	n/a	n/a	23,562,000	37,400,000	−2.00	n/a
2013 年	n/a	n/a	24,043,000	38,163,000	1.10	n/a
2012 年	n/a	n/a	23,781,289	37,748,078	2.50	n/a

续表

年份	销量	同比（%）	批发额	零售额	同比（%）	平均单价
2011 年	n/a	n/a	23,201,258	36,827,393	4.00	n/a
2010 年	n/a	n/a	22,308,000	35,410,000	9.00	n/a
鼓皮						
2019 年	n/a	n/a	21,105,000	33,500,000	1.50	n/a
2018 年	n/a	n/a	20,790,000	33,000,000	−2.90	n/a
2017 年	n/a	n/a	21,420,000	34,000,000	−2.90	n/a
2016 年	n/a	n/a	22,050,000	35,000,000	−1.40	n/a
2015 年	n/a	n/a	22,365,000	35,500,000	−2.00	n/a
2014 年	n/a	n/a	22,818,000	36,220,000	−3.00	n/a
2013 年	n/a	n/a	23,500,000	37,340,000	−4.50	n/a
2012 年	n/a	n/a	24,200,000	39,100,000	−7.00	n/a
2011 年	n/a	n/a	26,000,000	42,000,000	4.00	n/a
2010 年	n/a	n/a	25,000,000	40,400,000	5.00	n/a
打击乐器总计						
2019 年	n/a	n/a	245,384,700	374,945,000	0.60	n/a
2018 年	n/a	n/a	243,925,000	372,720,000	−0.10	n/a
2017 年	n/a	n/a	244,119,000	373,060,000	−1.00	n/a
2016 年	n/a	n/a	246,528,000	376,800,000	−1.20	n/a
2015 年	n/a	n/a	249,469,000	381,330,000	1.20	n/a
2014 年	n/a	n/a	246,418,000	376,708,000	−0.60	n/a
2013 年	n/a	n/a	249,571,000	381,568,000	−4.80	n/a
2012 年	n/a	n/a	258,171,000	397,289,000	−5.70	n/a
2011 年	n/a	n/a	274,049,000	422,617,000	1.30	n/a
2010 年	n/a	n/a	271,419,000	418,400,000	3.90	n/a
注："n/a"表示数据不适用、无统计						

海外资讯篇之三：各国乐器市场概述

日本

为研究日本乐器产量，日本乐器协会已完成2018年度行业问卷调查。该协会于2018年4月1日至2019年3月31日期间，共向71家制造商和364家零售商发送调查表，其中50家制造商与116家音乐零售商反馈参与此次调查。

2018年度制造商调查摘要

国内产量下降4%，但金额553亿日元（合5.137亿美元），同比增长8.9%。乐器单价上涨不仅利好出口，也为国内销售带来出色业绩。

键盘乐器。三角钢琴产量3375台，同比增长3%，但其单价略有下降。立式钢琴单价小幅上涨，但产量却下降至9344台，减少3%。数码钢琴略有减少，单价小幅下降，销量停滞不前，自2017年以来，这一趋势即已显现。带有标准尺寸键的电子键盘产量下降7%，但其金额激增40%，表明市场中成年弹奏者的量在增加。多家制造商纷纷报告表示，已在日本及海外加快立式钢琴和三角钢琴生产。

管乐器和弦乐器。成人音乐创作者的需求不断增长，笛子、单簧管、萨克斯、双簧管、巴松和长号的国内产量及金额均有所增加，但销量却未能达到2017年水平。2018年，日本从欧盟进口的管乐器数量增加14%，金额增长12%。与上年相比，小号和短号销量下降21%，金额减少15%，显示出不利信号。小号是最受欢迎的铜管乐器之一，且与木管乐器相比更易于维护。大部分小号可能通过批发商销售。小提琴、大提琴、中提琴、低音提琴和电子小提琴等弦乐器产量及销量均呈下降态势，但由于单价上涨，此类弦乐器的成交金额也随之上升。竖琴之类的乐器价格较为昂贵，曼陀铃、班卓琴和竖琴等的成交金额涨幅均超过销量涨幅。

打击乐器。架子鼓、配套硬件、鼓棒和鼓槌的国内产量、销量及金额均有所下降，继上年良好表现之后，2018年出现小幅放缓。响板、铃鼓、三角铁、电子架子鼓和单鼓等教育类打击乐器的国内销量超过了2017年。具体而言，教育类打击乐器销量增长25%，金额增长18%。这一现象可能反映出简单节奏乐器在老年人群中的普及程度不断提高——据说使用此类乐器可防止老年痴呆症，并为他们带来音乐创作的乐趣，有助于身心健康。

吉他及相关产品。木吉他、电吉他、贝斯以及吉他功放的国内产量有所增加。部分制造商向成年吉他演奏群体推出一些高端型号，电吉他和贝斯产量大增，带动金额同比上年大幅增长2.3倍。

数码乐器。键盘合成器及其他数码乐器在日本国内市场稳步增长。日本消费者更倾向于选择高级型号的键盘合成器。显而易见，近年来不少声学钢琴、数码钢琴、合成器和吉他的日本制造商正在加快海外生产布局。

2018年度乐器零售商调查摘要

钢琴（包括声学钢琴、数码钢琴、自动弹奏钢琴和二手钢琴）。声学钢琴市场变化不大，三角钢琴和二手立式钢琴单价略有上涨。新琴销售受到数码钢琴和二手钢琴影响。新琴、自动弹奏钢琴和数码钢琴的单价小幅下降。各种新产品以创新构造和优惠价格为特色，甫一问世便吸引市场注意力。目前日本乐器协会正在大规模推进市场开发，大力宣传“乐器演奏可使大脑重获生机并带来幸福生活”。专家研究表明，音乐表演有助于预防老年痴呆，有利于维持老年人良好的身心健康。从长远看，键盘乐器可能成为市场亮点。

风琴和便携式键盘。本年度风琴平均单价从30000日元（合279美元）增至416000日元（合3864美元），反映出该乐器在成年弹奏者中颇为流行。尽管电子管风琴被广泛认为是一种适合儿童弹奏的教育类乐器，但随着学龄儿童数量减少，风琴销量在持续下降。便携式键盘销量整体略有下降，但带有标准尺寸键的型号在销量和金额方面大幅增加，平均单价上涨约20%。年轻群体对便携式键盘需求呈下降趋势，但该类乐器在老年人群中越来越受欢迎。

管乐器和弦乐器。从学龄儿童到成年乐队演奏群体，管乐器和弦乐器均有拥趸，具有广泛、庞大的客户基础。日本学龄儿童数量持续减少，对学校等机构用户市场产生不利影响。未来几年，具有丰富音乐经验的中老年管乐弹奏者将成为新的用户群体，预计市场规模将保持稳定。

弦乐器市场未出现波动迹象。欧洲进口管乐数量有所下降，降幅处于适度水平，而随着质量标准的提高，中国乐器在日本市场逐步复兴，表明管乐市场健康稳步发展。

吉他（包括声学吉他、电吉他、功放、效果处理器和夏威夷四弦琴）。吉他类乐器总销量下降约10%，但单价上升，销售总额增加。电吉他和贝斯销量和金额均小幅增加，表明吉他乐队演奏活动受老中青群体的欢迎程度不断提高。二手电吉他和贝斯销售状况良好。销量增长4%，金额增长2%。二手市场通过现有琴行经销网络及互联网等线上线下渠道逐渐扩张。本年度，消费者兴趣继续转向更小巧、价位更适中的吉他和贝斯功放型号。这些产品销售金额与上年持平，销量稍有下降。吉他效果器销量减少4%。吉他和琴弦销售额下降15%。受音乐创作者持续青睐，网购超过实体零售，夏威夷四弦琴的金额增长37%，平均单价有所提高。

打击乐器（包括架子鼓、行进鼓、教育类打击乐器、木琴、钟琴、数字鼓、箱鼓、鼓槌和配件）。打击乐器销量下降27%，但销售金额增长2%。其中，架子鼓销量和金额降幅约为10%，军鼓销量和金额双双下降30%。镲钹、鼓棒、鼓槌和数字鼓占打击乐器市场销售额50%以上。数码架子鼓销售金额增长30%，但平均单价略有下降。镲钹销售金额上涨了10%，鼓棒和鼓槌销售金额则下降了30%。教育类打击乐器中木琴和钟琴所占的份额相对较小，从3%到8%不等，但销售金额却大幅增长200%至300%。

数码乐器（包括键盘合成器）。2017年，键盘合成器总销量仅为3000台左右，2018年恢复到10000多台，创下2016年之后销量和金额的又一个记录。键盘合成器平均单价74000日元（合687美元），行业分析专家指出，中端产品在萎缩，市场正向高端和入门两个方向演化。

其他小型乐器（包括口琴、按键式口琴、手风琴、竖笛和陶笛）。口琴和竖笛占此类乐器市场销售总额20%至30%，市场占有率达80%。本年度这些乐器销售情况保持稳定。竖笛销售额与去年持平，但口琴增加37%。学龄儿童数量减少，校园乐器市场疲软，造成此类乐器销售受到严重影响。另一方面，随着越来越多老年演奏群体重新找到乐器创作的乐趣，业余爱好者消费市场在不断扩大。此外，陶笛在社区音乐活动中受到乐器爱好者青睐，销量和金额均增长10%。

2019年度日本乐器进出口

钢琴和声学吉他的出口增长。经济产业省统计数据显示，过去五年来，声学钢琴总产量首次超过40000台，同比增长4%。

静冈乐器制造商协会统计数据也证实了去年钢琴行业良好表现，三角钢琴和立式钢琴产量及出口均实现增长。国内立式钢琴销量9758架（略增2%），但出口18159架，增长6%，实现自2011年以来最大增幅。三角钢琴国内销量3832台，同比增长4%；出口8843台，同比增长3%，出口金额为97.7亿日元（合9070万美元）

据经济产业省统计，电钢琴和电子家用风琴销量下降3%，销量为历史最低水平，仅13.9万台。电子键盘销量7.9万台，增幅为6%，但单价却跌至历史低点。

财务省进出口数据显示，日本音乐制品出口总额707亿日元（合6.567亿美元），增幅2%。立式钢琴和三角钢琴出口金额229亿日元（合2.127亿美元），占出口总额50%，其中立式钢琴出口增长8%，三角钢琴出口增长3%。

其他管乐器出口增长7%，达97亿日元（合9,010万美元）。钢琴零部件与配件出口增长5%，达48亿日元（合4,460万美元）。

电吉他出口额29亿日元（合2,690万美元），同比下降6%，但吉他和其他弦乐器出口额增长8%，达11亿日元（合1,020万美元）。

2018年日本乐器进口总额增长2%，达554亿日元（合5.146亿美元）。表现最佳的乐器门类包括：带键盘的电子乐器（112亿日元/1.04亿美元，增长8%），吉他（42亿日元/3,900万美元，增长8%），钢琴零部件与配件（30亿日元/2,790万美元，增长9%），三角钢琴（19亿日元/1,760万美元，增长40%）和立式钢琴（12亿日元/1,110万美元，增长15%）。（评注：《日本音乐贸易》杂志社Shuncho Mori）

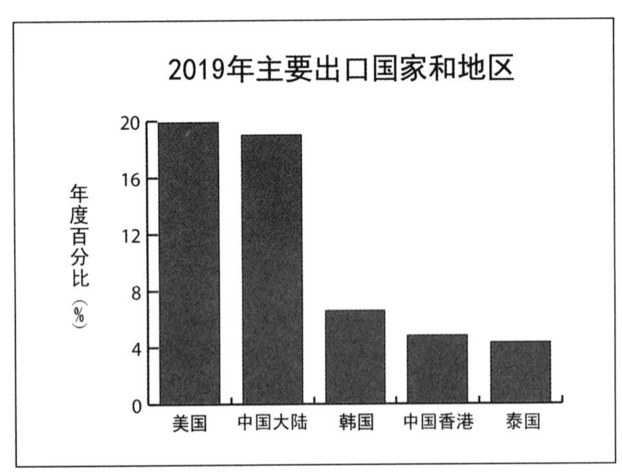

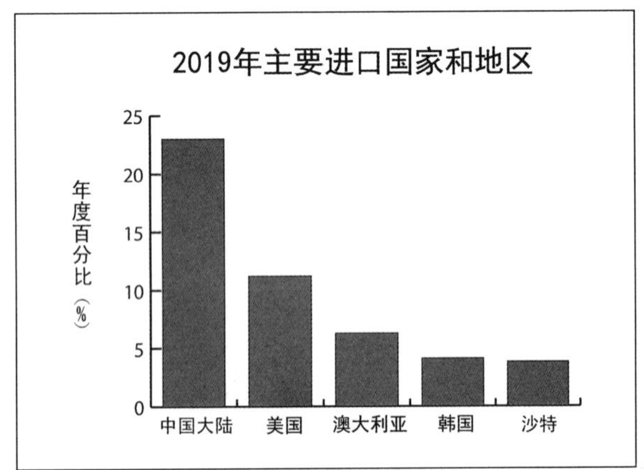

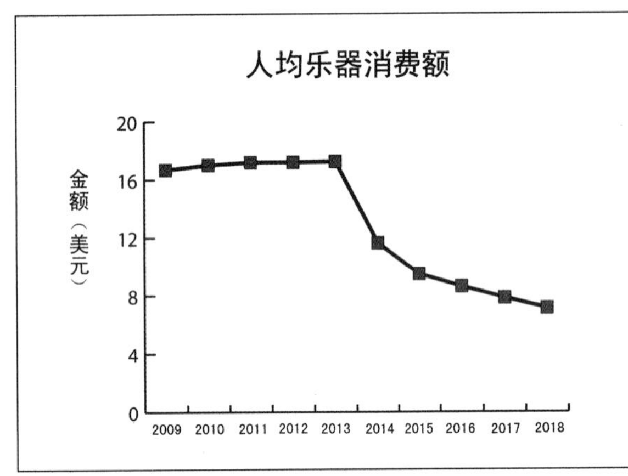

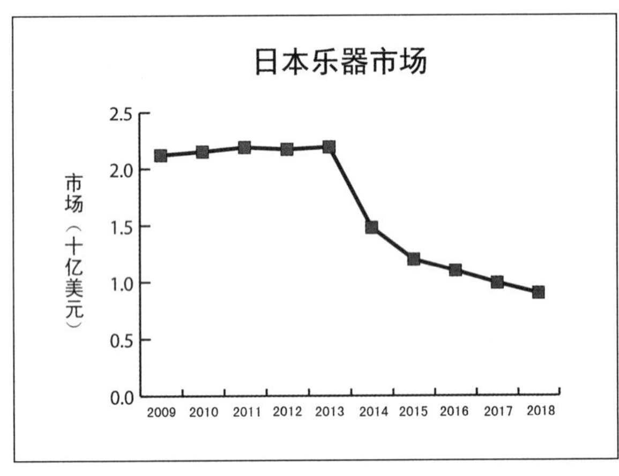

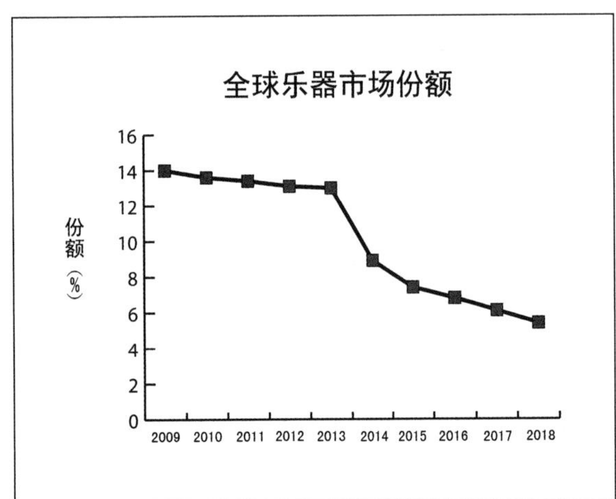

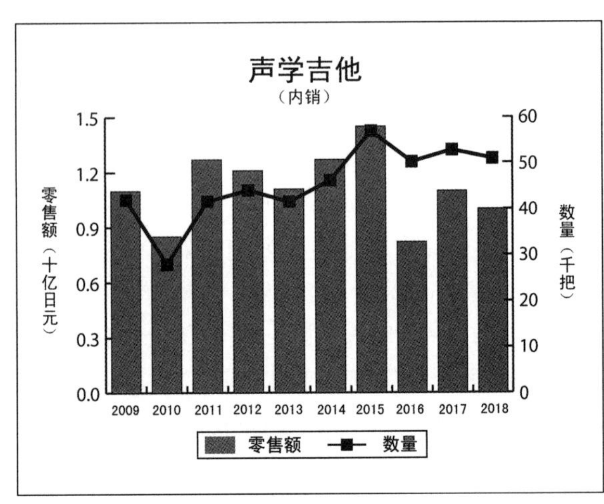

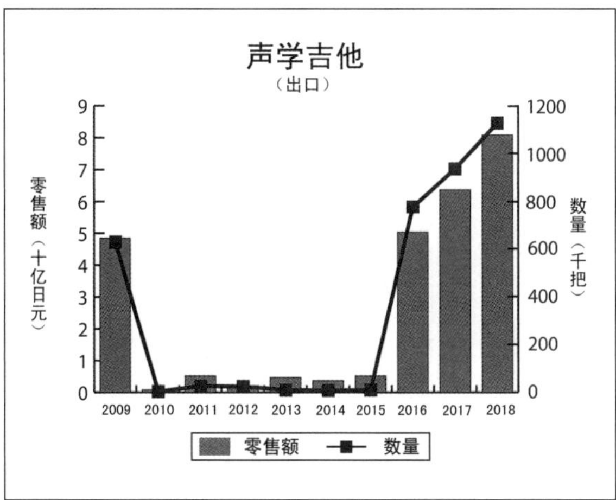
声学吉他
（出口）
零售额（十亿日元）
数量（千把）
2009 2010 2011 2012 2013 2014 2015 2016 2017 2018
零售额 数量

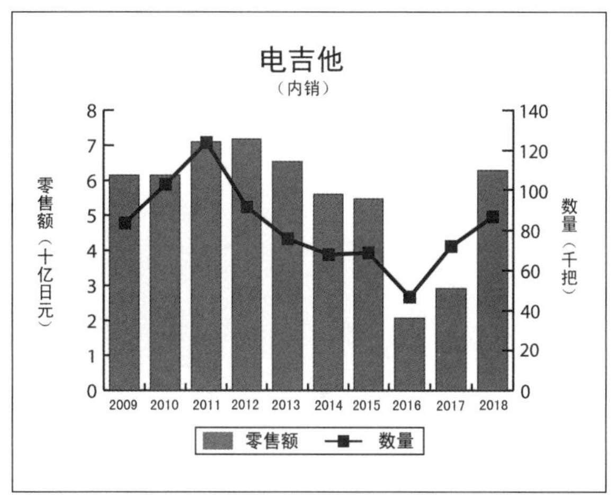
电吉他
（内销）
零售额（十亿日元）
数量（千把）
2009 2010 2011 2012 2013 2014 2015 2016 2017 2018
零售额 数量

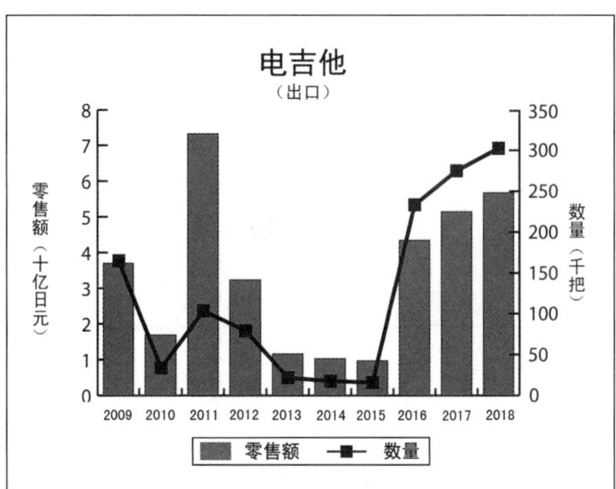
电吉他
（出口）
零售额（十亿日元）
数量（千把）
2009 2010 2011 2012 2013 2014 2015 2016 2017 2018
零售额 数量

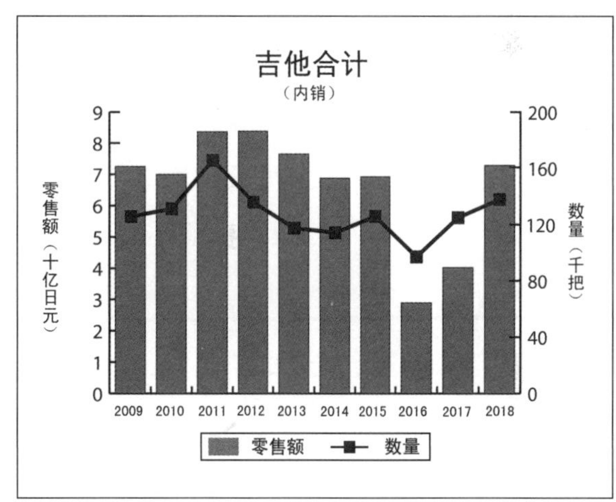
吉他合计
（内销）
零售额（十亿日元）
数量（千把）
2009 2010 2011 2012 2013 2014 2015 2016 2017 2018
零售额 数量

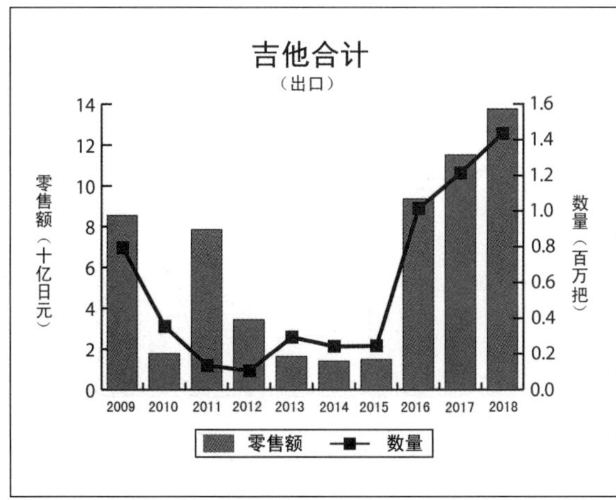
吉他合计
（出口）
零售额（十亿日元）
数量（百万把）
2009 2010 2011 2012 2013 2014 2015 2016 2017 2018
零售额 数量

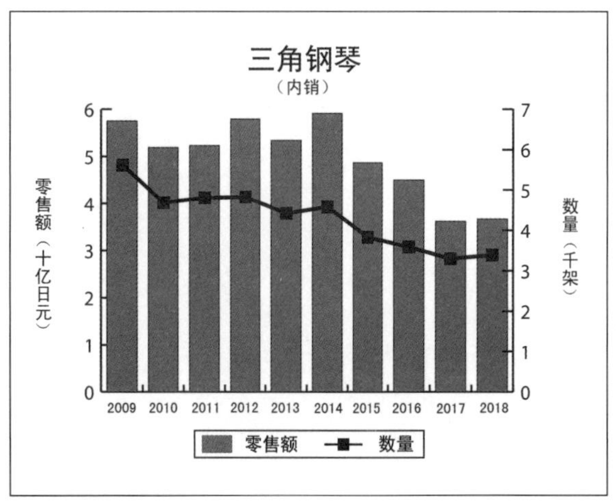
三角钢琴
（内销）
零售额（十亿日元）
数量（千架）
2009 2010 2011 2012 2013 2014 2015 2016 2017 2018
零售额 数量

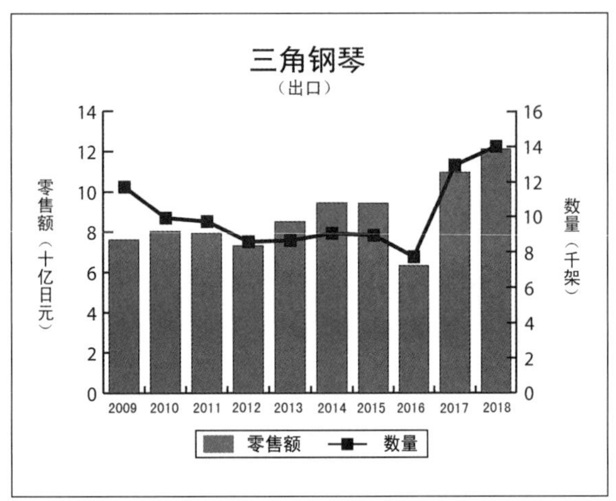
三角钢琴
（出口）
零售额（十亿日元）
数量（千架）
零售额
数量

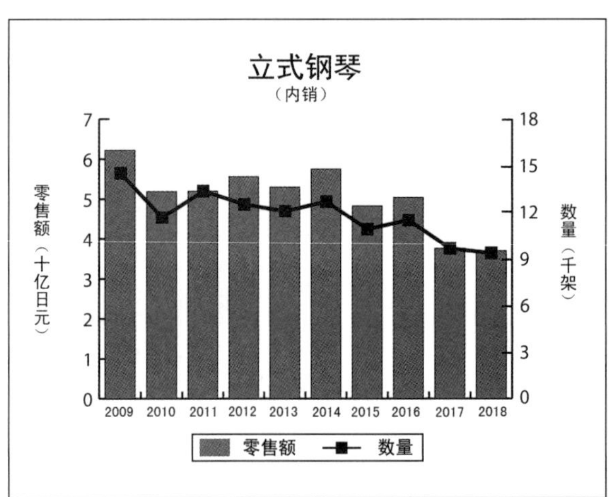
立式钢琴
（内销）
零售额（十亿日元）
数量（千架）
零售额
数量

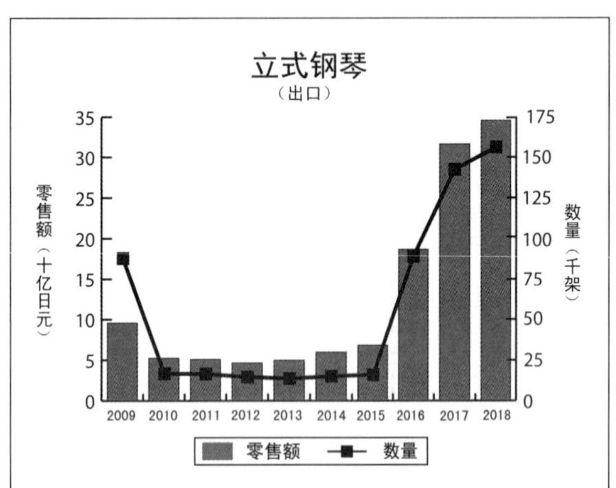
立式钢琴
（出口）
零售额（十亿日元）
数量（千架）
零售额
数量

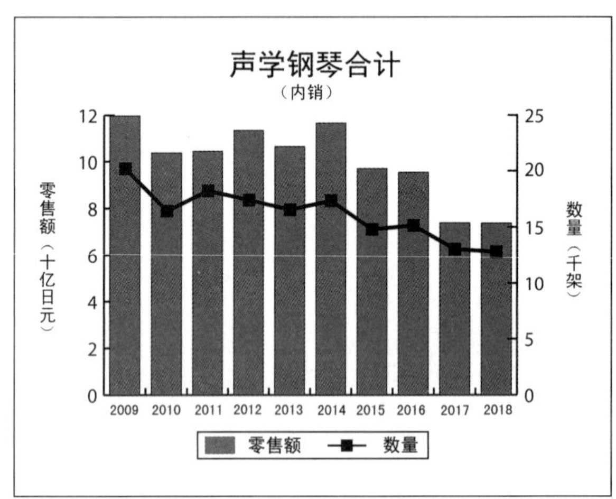
声学钢琴合计
（内销）
零售额（十亿日元）
数量（千架）
零售额
数量

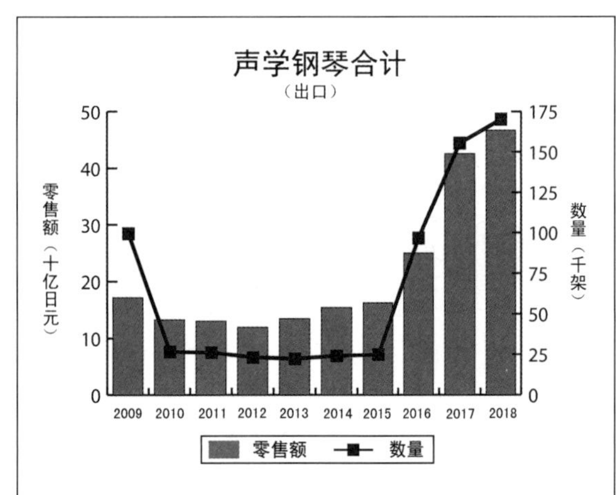
声学钢琴合计
（出口）
零售额（十亿日元）
数量（千架）
零售额
数量

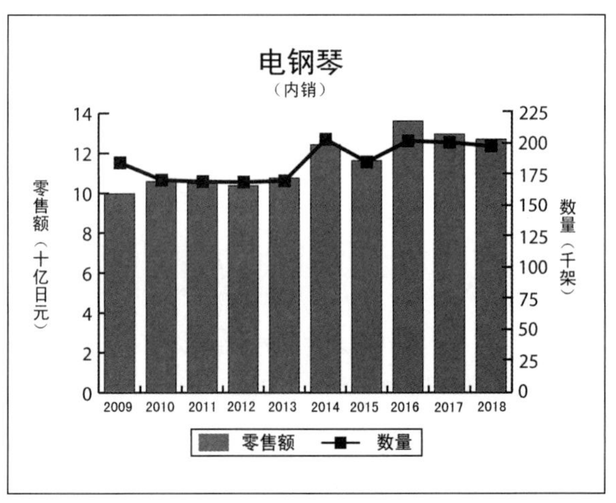
电钢琴
（内销）
零售额（十亿日元）
数量（千架）
零售额
数量

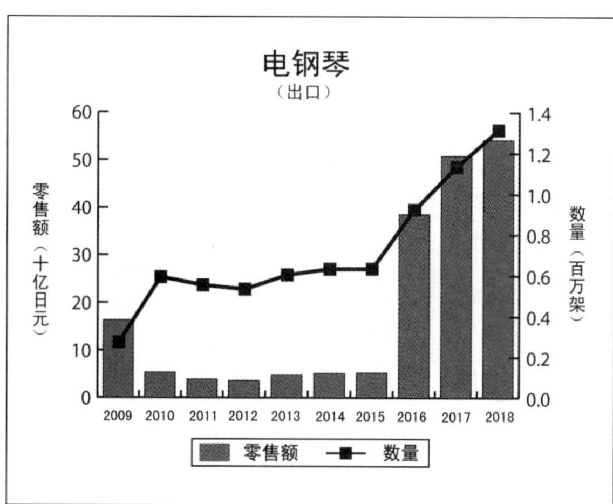
电钢琴
（出口）
零售额（十亿日元）
数量（百万架）
60
50
40
30
20
10
0
1.4
1.2
1.0
0.8
0.6
0.4
0.2
0.0
2009 2010 2011 2012 2013 2014 2015 2016 2017 2018
零售额 数量

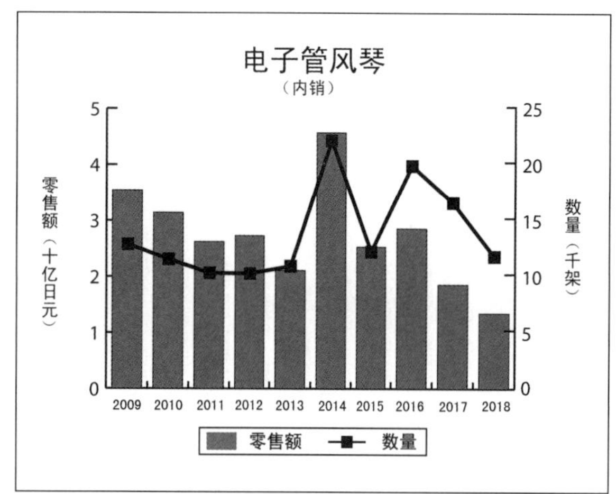
电子管风琴
（内销）
零售额（十亿日元）
数量（千架）
5
4
3
2
1
0
25
20
15
10
5
0
2009 2010 2011 2012 2013 2014 2015 2016 2017 2018
零售额 数量

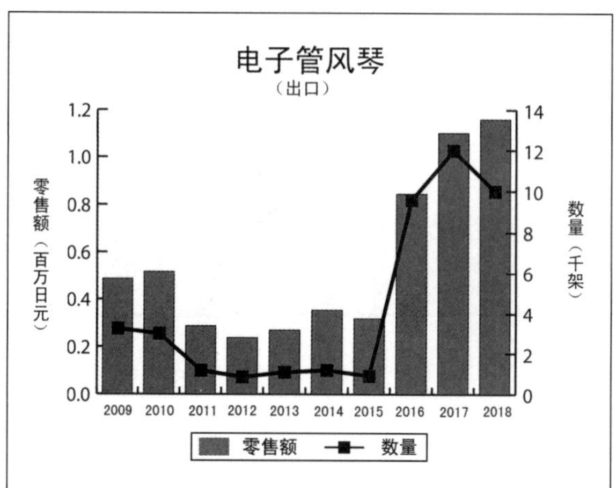
电子管风琴
（出口）
零售额（百万日元）
数量（千架）
1.2
1.0
0.8
0.6
0.4
0.2
0.0
14
12
10
8
6
4
2
0
2009 2010 2011 2012 2013 2014 2015 2016 2017 2018
零售额 数量

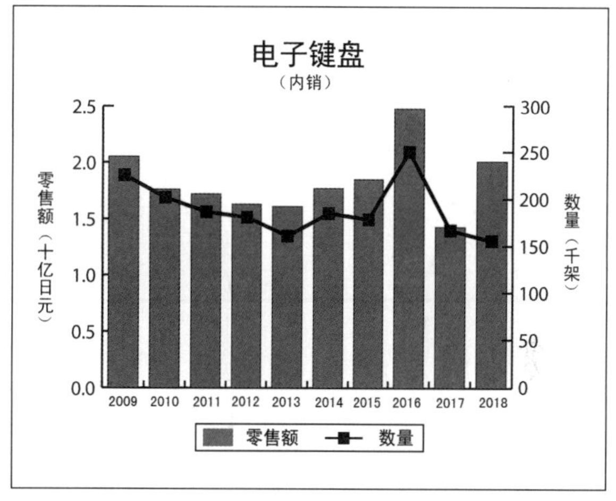
电子键盘
（内销）
零售额（十亿日元）
数量（千架）
2.5
2.0
1.5
1.0
0.5
0.0
300
250
200
150
100
50
0
2009 2010 2011 2012 2013 2014 2015 2016 2017 2018
零售额 数量

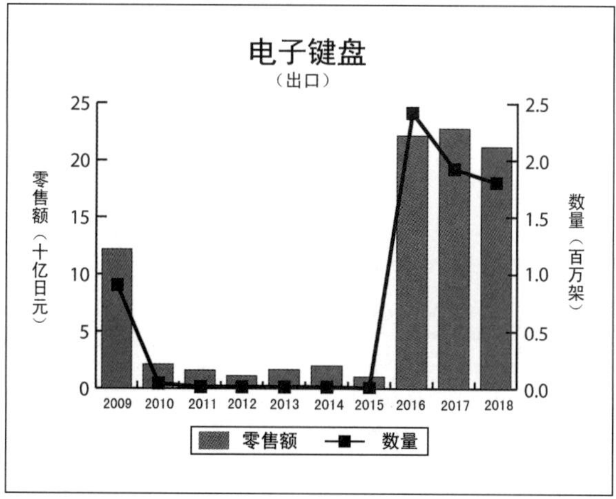
电子键盘
（出口）
零售额（十亿日元）
数量（百万架）
25
20
15
10
5
0
2.5
2.0
1.5
1.0
0.5
0.0
2009 2010 2011 2012 2013 2014 2015 2016 2017 2018
零售额 数量

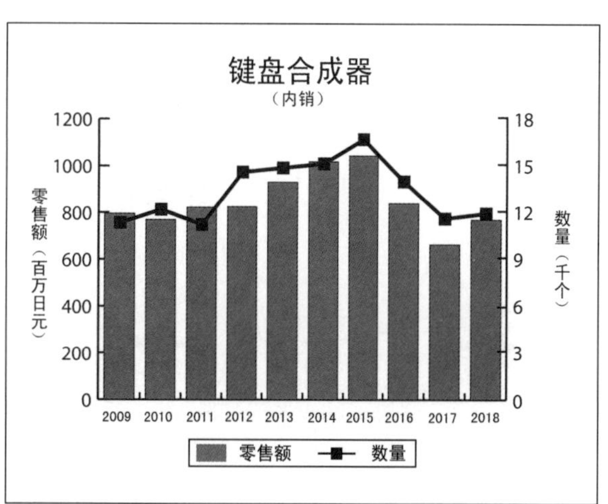
键盘合成器
（内销）
零售额（百万日元）
数量（千个）
1200
1000
800
600
400
200
0
18
15
12
9
6
3
0
2009 2010 2011 2012 2013 2014 2015 2016 2017 2018
零售额 数量

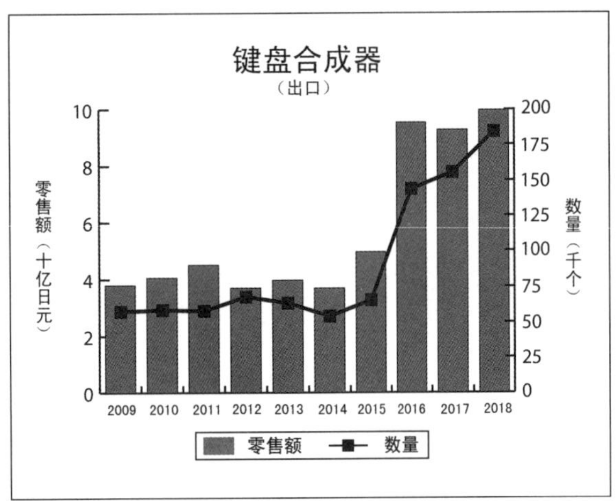
键盘合成器
（出口）
零售额（十亿日元）
数量（千个）
10
8
6
4
2
0
200
175
150
125
100
75
50
25
0
2009 2010 2011 2012 2013 2014 2015 2016 2017 2018
零售额 数量

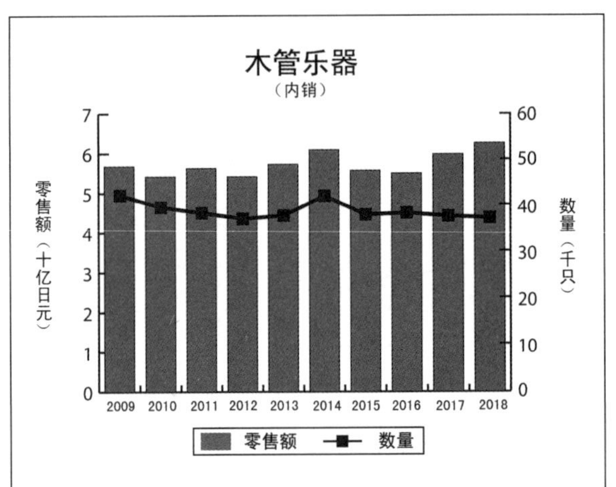
木管乐器
（内销）
零售额（十亿日元）
数量（千只）
7
6
5
4
3
2
1
0
60
50
40
30
20
10
0
2009 2010 2011 2012 2013 2014 2015 2016 2017 2018
零售额 数量

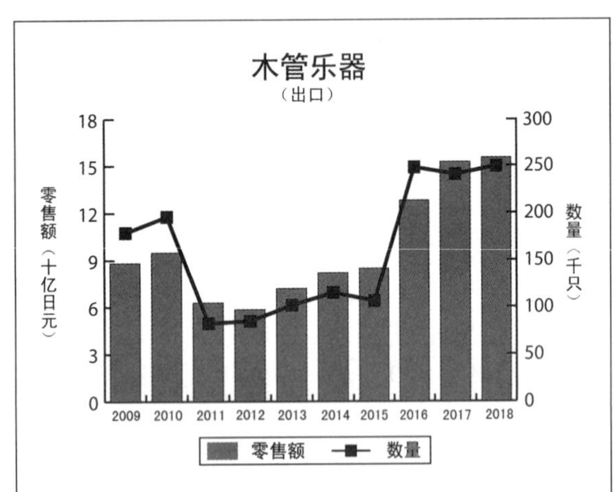
木管乐器
（出口）
零售额（十亿日元）
数量（千只）
18
15
12
9
6
3
0
300
250
200
150
100
50
0
2009 2010 2011 2012 2013 2014 2015 2016 2017 2018
零售额 数量

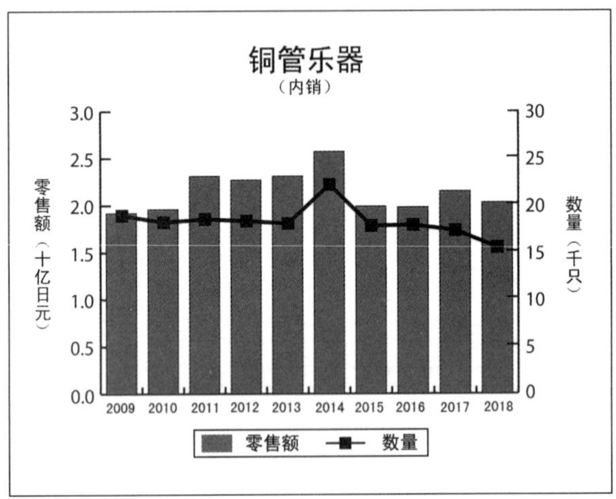
铜管乐器
（内销）
零售额（十亿日元）
数量（千只）
3.0
2.5
2.0
1.5
1.0
0.5
0.0
30
25
20
15
10
5
0
2009 2010 2011 2012 2013 2014 2015 2016 2017 2018
零售额 数量

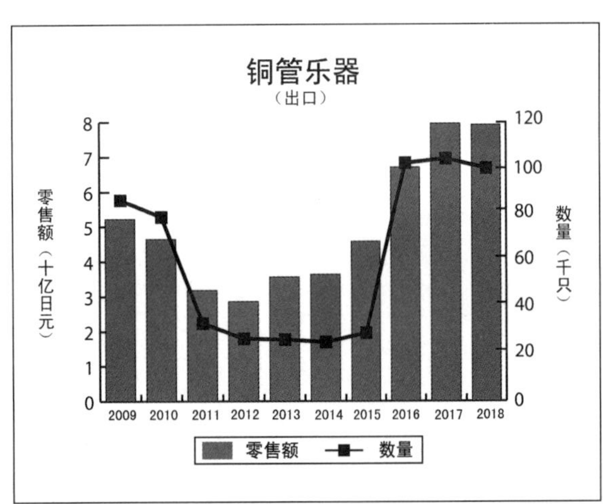
铜管乐器
（出口）
零售额（十亿日元）
数量（千只）
8
7
6
5
4
3
2
1
0
120
100
80
60
40
20
0
2009 2010 2011 2012 2013 2014 2015 2016 2017 2018
零售额 数量

德国

德国乐器行业总体上可概括为：销售增长强劲，国内销售稳定，海外销售大幅增长。据2018年最新增值税统计数据，德国总共1297家制造商，销售额实现7.079亿欧元（合8.36亿美元），而1635家各类乐器零售商销售额实现13.7亿欧元（合16.2亿美元）。过去十年，制造商和经销商的营业额增幅约25%。十年来，制造商数量增加10%，而经销商数量则下降25%。96%制造商为小企业，但仅占行业营业总额三分之一。2019年，员工超过20人的只有57家，比2018年增长3.6%。2019年，57家公司共计4081名员工，营业额4.797亿欧元（合5.37亿美元），同比增长5.6%。

德国国内零售市场

与2018年相比，德国乐器、专业音响设备和音乐出版物市场增长3.1%，2019年全年达到10.1亿欧元。

外贸大幅增长

2019年德国出口增长7.3%，达6.942亿欧元（合7.765亿美元，同比增长1.8%）；进口增长6.8%，达6.818亿欧元（合7.624亿美元，同比增长1.3%），实现外贸顺差1,240万欧元（合1,410万美元）。

德国出口最重要的出口目的地包括法国、美国、中国、英国、奥地利、日本、瑞士、荷兰和波兰，以上国家占德国全部出口近60%。对瑞士出口增长21.5%，增速高于平均水平。对法国出口增长17.4%，对美国出口增长14.0%，对中国出口增长9.9%，对荷兰出口增长8.7%，对英国出口增长7.8%。对波兰出口呈疲软态势，仅增长1.7%。

德国所有进口乐器中，75%来自以下五国：中国，印度尼西亚，美国，日本和荷兰。从印度尼西亚进口增长14.6%，高于平均水平。从美国进口增长13.1%。从中国进口低于平均水平，增幅3.4%，从荷兰进口增长2.5%，从日本进口增长近3.9%。需要说明，从荷兰进口并未反映出荷兰国内生产情况，荷兰更多体现在德国第三方转口贸易平台。

2020年展望

2020年初，销售呈稳定态势，但年初新型冠状病毒肺炎（COVID-19）爆发之后，关于2020年进一步发展的说法纯属臆测。目前跌幅程度难以估计，但2020年德国乐器进出口下降已成定局。

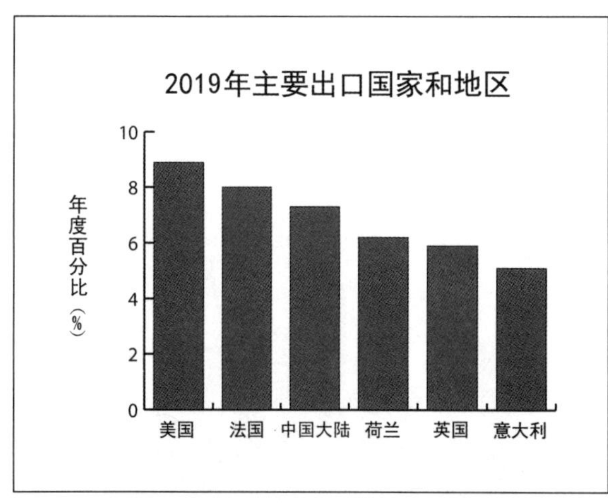

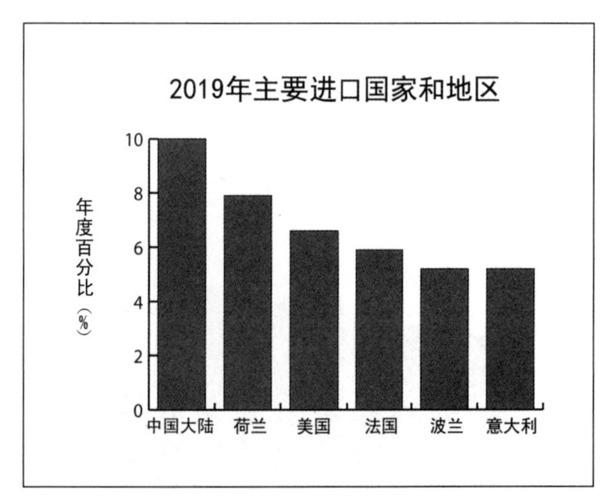

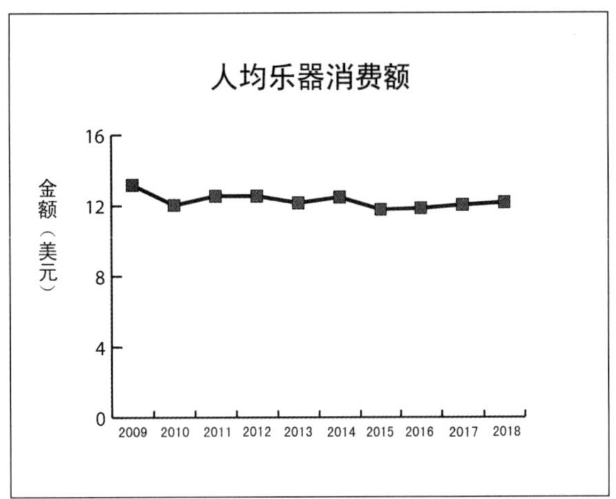
人均乐器消费额
金额（美元）
16
12
8
4
0
2009 2010 2011 2012 2013 2014 2015 2016 2017 2018

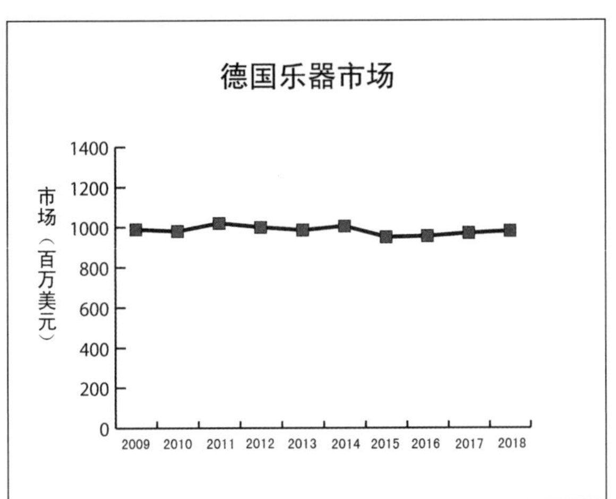
德国乐器市场
市场（百万美元）
1400
1200
1000
800
600
400
200
0
2009 2010 2011 2012 2013 2014 2015 2016 2017 2018

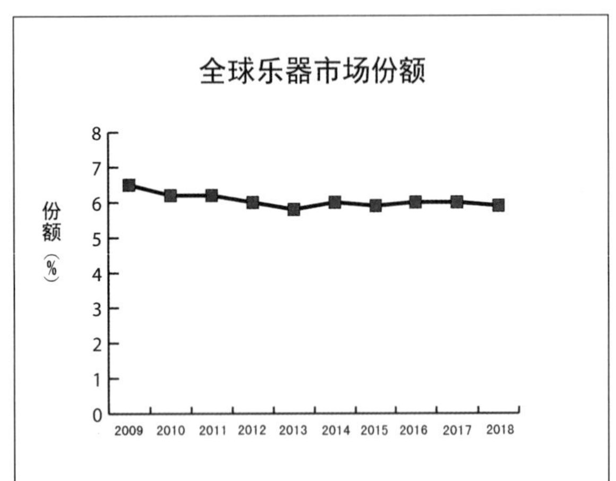
全球乐器市场份额
份额（%）
8
7
6
5
4
3
2
1
0
2009 2010 2011 2012 2013 2014 2015 2016 2017 2018

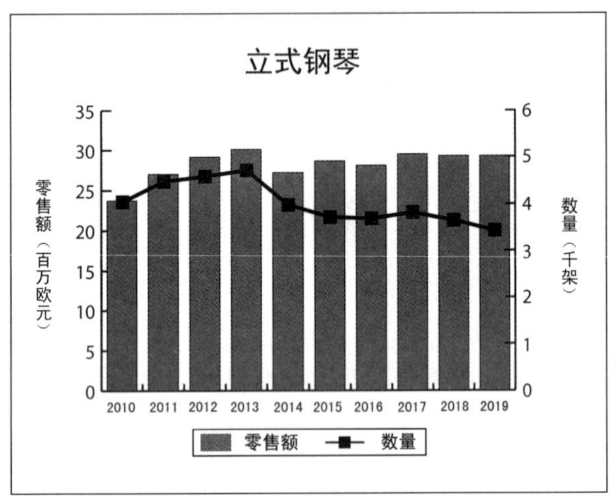
立式钢琴
零售额（百万欧元）
35
30
25
20
15
10
5
0
数量（千架）
6
5
4
3
2
1
0
2010 2011 2012 2013 2014 2015 2016 2017 2018 2019
零售额
数量

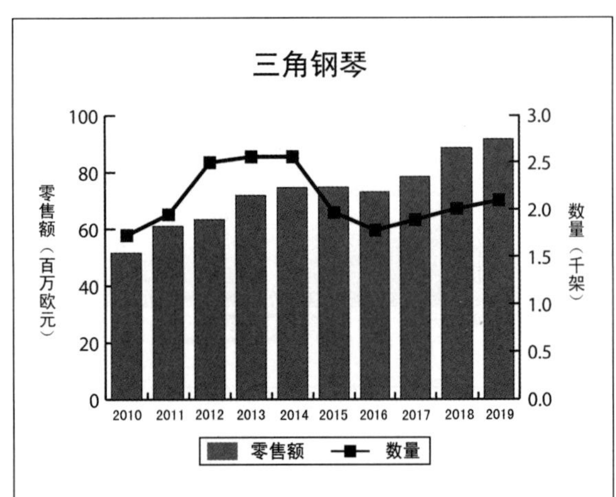
三角钢琴
零售额（百万欧元）
100
80
60
40
20
0
数量（千架）
3.0
2.5
2.0
1.5
1.0
0.5
0.0
2010 2011 2012 2013 2014 2015 2016 2017 2018 2019
零售额
数量

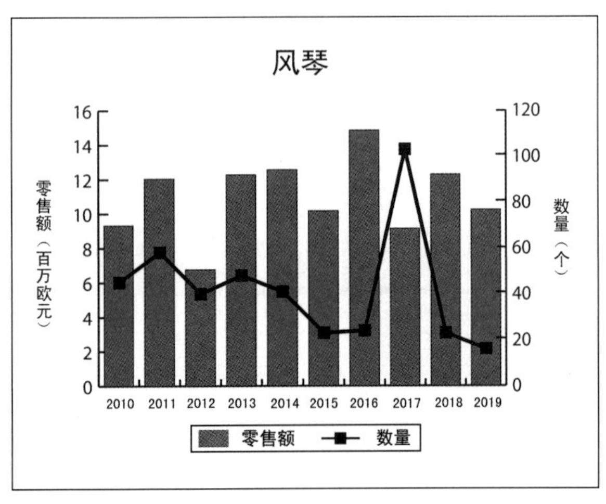
风琴
零售额（百万欧元）
16
14
12
10
8
6
4
2
0
数量（个）
120
100
80
60
40
20
0
2010 2011 2012 2013 2014 2015 2016 2017 2018 2019
零售额
数量

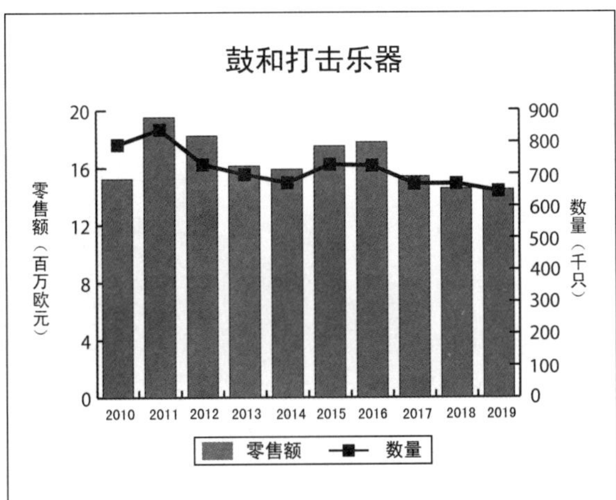
鼓和打击乐器
零售额（百万欧元）
数量（千只）
20
16
12
8
4
0
900
800
700
600
500
400
300
200
100
0
2010 2011 2012 2013 2014 2015 2016 2017 2018 2019
零售额
数量

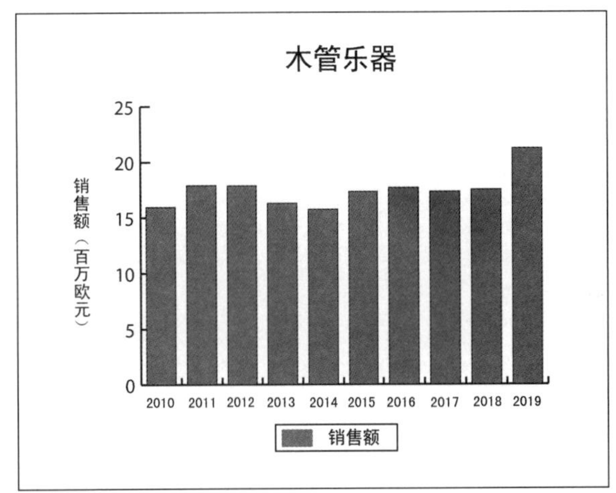
木管乐器
销售额（百万欧元）
25
20
15
10
5
0
2010 2011 2012 2013 2014 2015 2016 2017 2018 2019
销售额

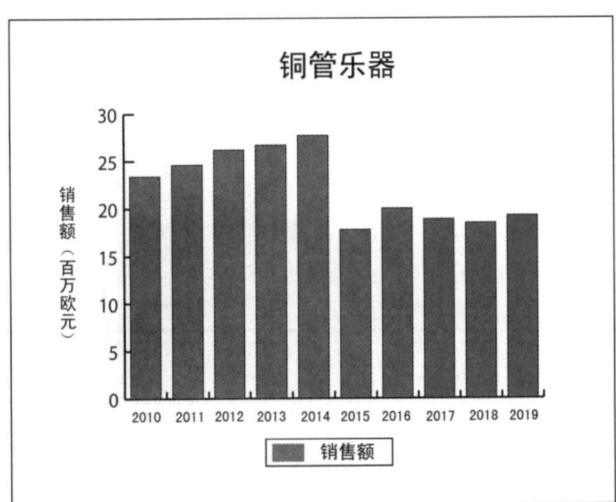
铜管乐器
销售额（百万欧元）
30
25
20
15
10
5
0
2010 2011 2012 2013 2014 2015 2016 2017 2018 2019
销售额

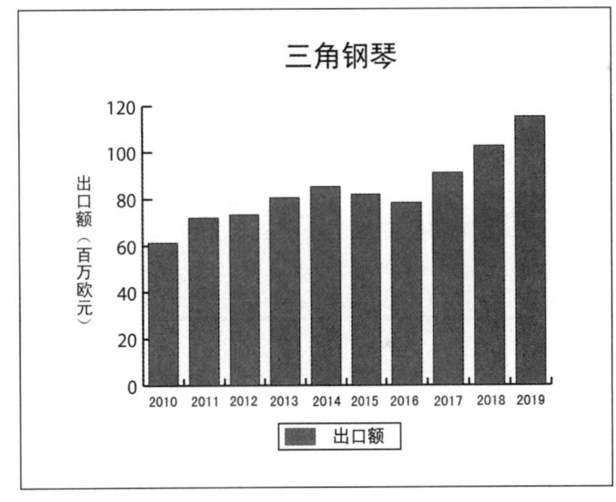
三角钢琴
出口额（百万欧元）
120
100
80
60
40
20
0
2010 2011 2012 2013 2014 2015 2016 2017 2018 2019
出口额

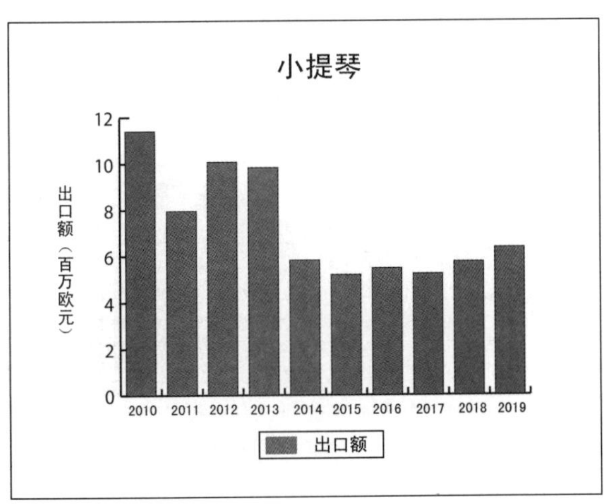
小提琴
出口额（百万欧元）
12
10
8
6
4
2
0
2010 2011 2012 2013 2014 2015 2016 2017 2018 2019
出口额

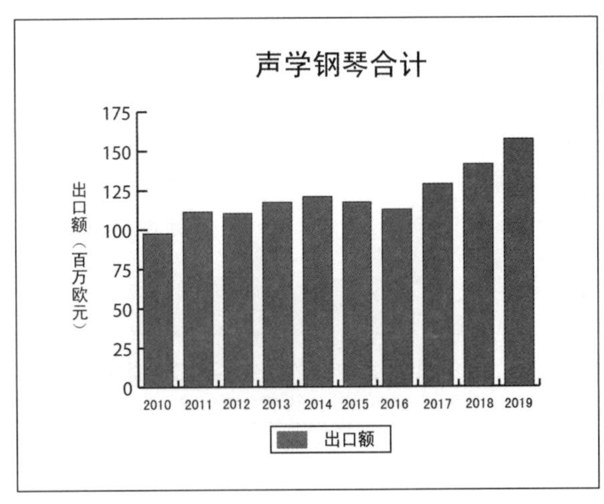
声学钢琴合计
出口额（百万欧元）
175
150
125
100
75
50
25
0
2010 2011 2012 2013 2014 2015 2016 2017 2018 2019
出口额

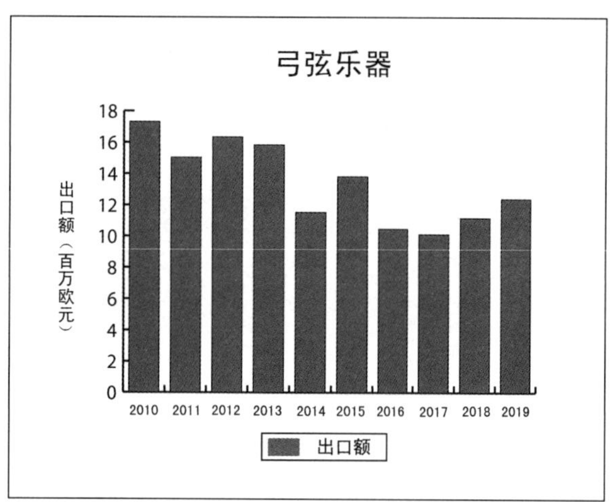
弓弦乐器
出口额（百万欧元）
0 2 4 6 8 10 12 14 16 18
2010 2011 2012 2013 2014 2015 2016 2017 2018 2019
出口额

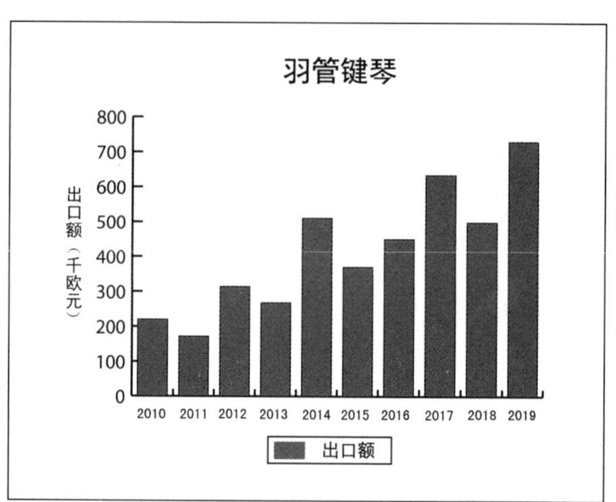
羽管键琴
出口额（千欧元）
0 100 200 300 400 500 600 700 800
2010 2011 2012 2013 2014 2015 2016 2017 2018 2019
出口额

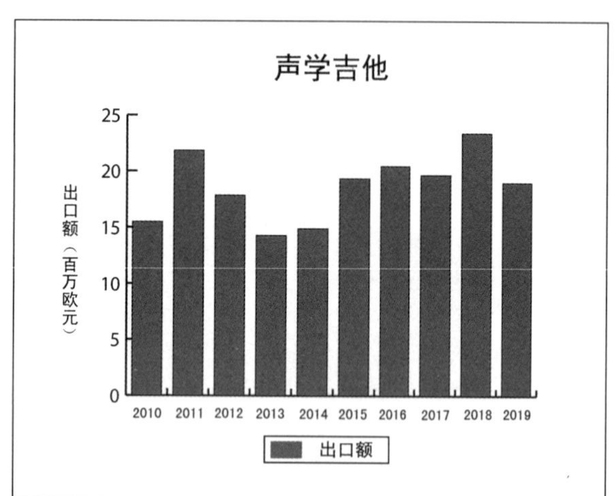
声学吉他
出口额（百万欧元）
0 5 10 15 20 25
2010 2011 2012 2013 2014 2015 2016 2017 2018 2019
出口额

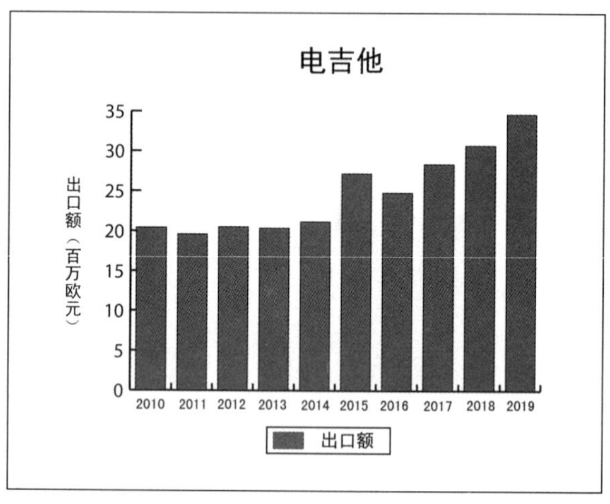
电吉他
出口额（百万欧元）
0 5 10 15 20 25 30 35
2010 2011 2012 2013 2014 2015 2016 2017 2018 2019
出口额

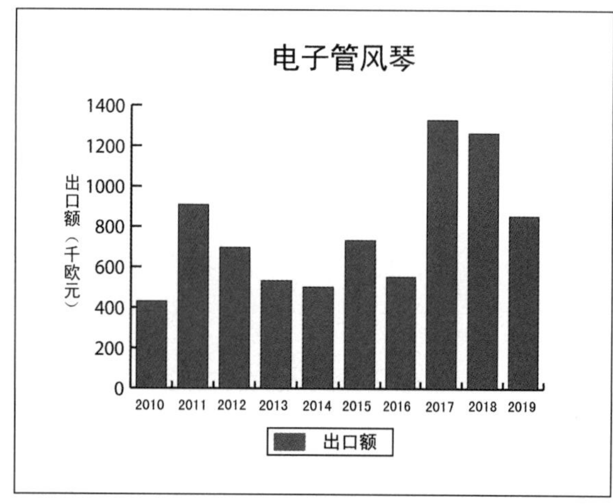
电子管风琴
出口额（千欧元）
0 200 400 600 800 1000 1200 1400
2010 2011 2012 2013 2014 2015 2016 2017 2018 2019
出口额

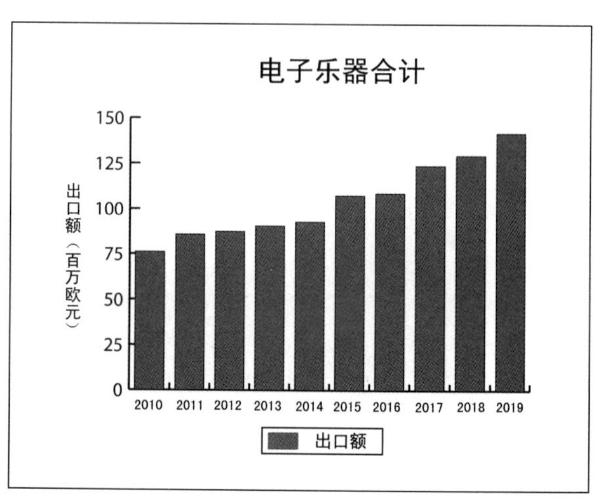
电子乐器合计
出口额（百万欧元）
0 25 50 75 100 125 150
2010 2011 2012 2013 2014 2015 2016 2017 2018 2019
出口额

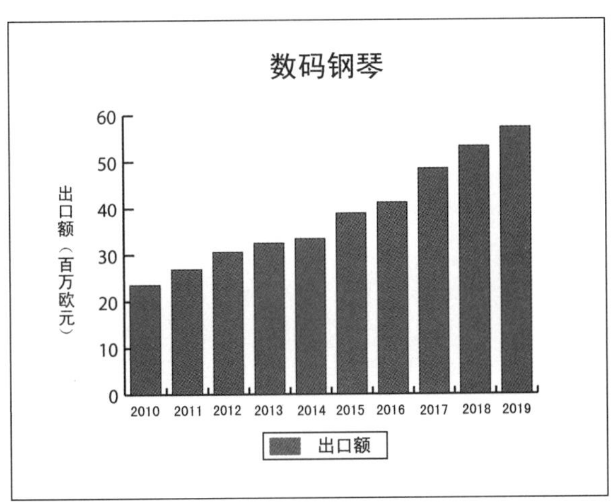
数码钢琴
出口额（百万欧元）
60
50
40
30
20
10
0
2010 2011 2012 2013 2014 2015 2016 2017 2018 2019
出口额

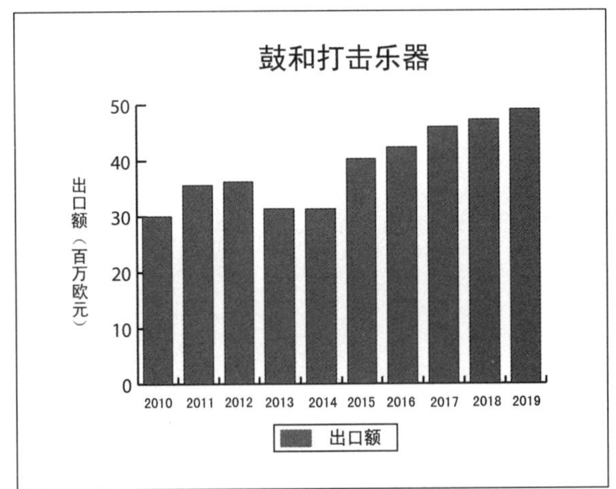
鼓和打击乐器
出口额（百万欧元）
50
40
30
20
10
0
2010 2011 2012 2013 2014 2015 2016 2017 2018 2019
出口额

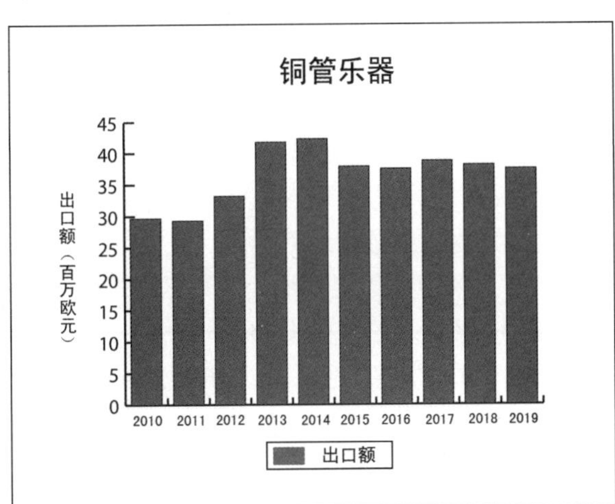
铜管乐器
出口额（百万欧元）
45
40
35
30
25
20
15
10
5
0
2010 2011 2012 2013 2014 2015 2016 2017 2018 2019
出口额

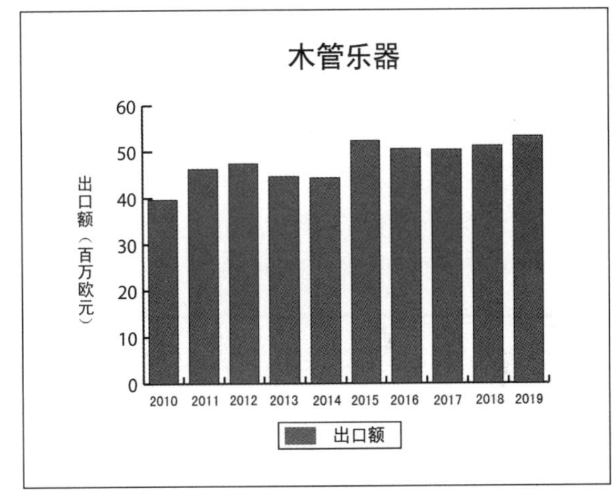
木管乐器
出口额（百万欧元）
60
50
40
30
20
10
0
2010 2011 2012 2013 2014 2015 2016 2017 2018 2019
出口额

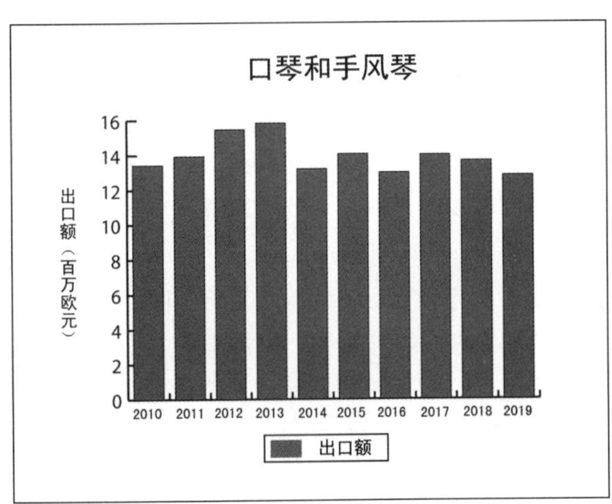
口琴和手风琴
出口额（百万欧元）
16
14
12
10
8
6
4
2
0
2010 2011 2012 2013 2014 2015 2016 2017 2018 2019
出口额

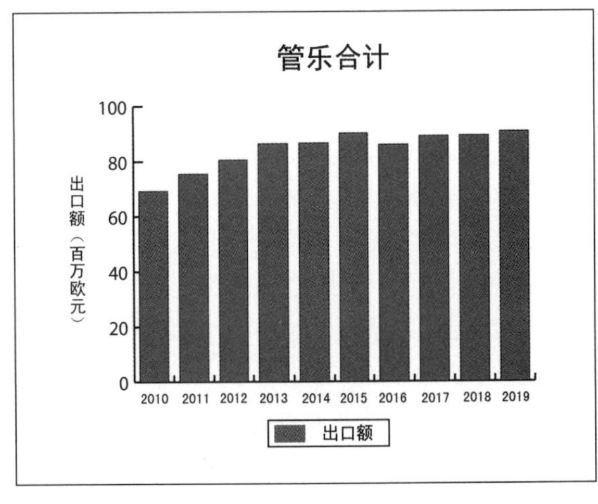
管乐合计
出口额（百万欧元）
100
80
60
40
20
0
2010 2011 2012 2013 2014 2015 2016 2017 2018 2019
出口额

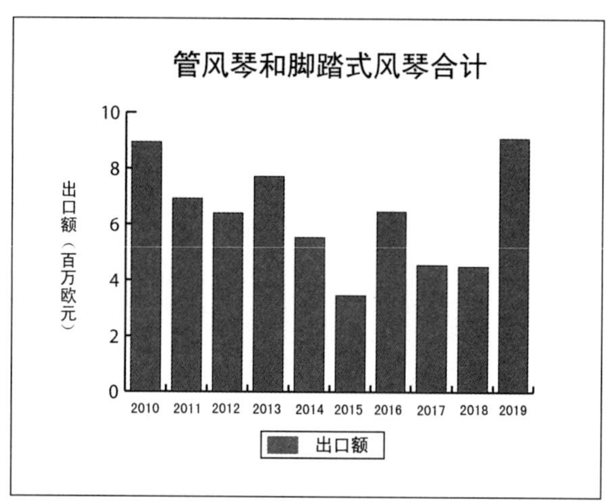

加拿大

在加拿大国内销售的大多数乐器均由美国、中国和欧洲进口，着重于创新的加拿大本土乐器制造业也在不断壮大。加拿大消费者可通过乐器琴行、百货公司、电子产品零售商、礼品店和电商网站选购各种乐器。电商网站主要位于加拿大和美国，均由实体琴行运营。

加拿大乐器制造商，经销商、批发商，乐谱出版商以及音乐教育工作者同为乐器行业供应链上下游相关者，均已表达出拓展加拿大乐器业务的强烈需求。加拿大乐器协会曾每年举办加拿大乐器展和音响技术展，但是自2014年该协会终止后，加拿大乐器行业再未举行类似活动，行业贸易展览依旧空白。

加拿大乐器展取消后，加拿大参加美国NAMM国际乐器展和NAMM夏季乐器展的人数稳步增长。纵观过去五年，2016年有54家加拿大参展商参展，而2020年美国NAMM展迎来68家加拿大展商参展；2016年美国NAMM国际乐器展吸引2521名加拿大人，到2020年展会则有3100人参加。美国NAMM冬季乐器展还设立加拿大接待处，专门面向加拿大乐器制造的专业人士，已成为加拿大业内人士规模最大的年度聚会。但是，对在加拿大国内举办乐器展的广泛需求仍然存在。

近年来，加拿大乐器供应链中的同质化趋势十分普遍。不少制造商和经销商在市场上都取得了成功，近五年来，许多大中型乐器经销实体及制造商或停止运营，或被大型实体收购，运作知名品牌的专业营销琴行乏善可陈。

加拿大乐器销售代表绝大多数已超50岁， 而新进及留在该行业的30岁以下的年轻人相对较少，这种状况十年前就已存在。随着越来越多年轻人进入就业市场，加拿大乐器行业发展日趋多元化。加拿大开设三家以上门店的乐器琴行数量不断增长。Long & McQuade是加拿大最大的乐器零售连锁琴行，目前在加拿大各地开设了80多家分店。

2020年新型冠状肺炎大流行严重影响加拿大音乐制品行业发展。加拿大联邦政府出台一揽子经济扶持计划，包括紧急工资补贴、紧急商业租金援助、低息贷款、共同贷款计划、放宽所得税缴纳时间等多重优惠。《加拿大音乐贸易》 杂志2020年5月下旬的一项调查显示，遭遇市场挫折后，大多数加拿大乐器零售商对政府出台的新冠经济应对计划感到满意。

此外，零售商反馈，新冠疫情期间，首次购买乐器的居家客户显著增加，家用录音设备、入门级键盘、吉他、夏威夷四弦琴、音乐出版物及乐器配件等多类乐器制品逆势飞扬，销售强劲。

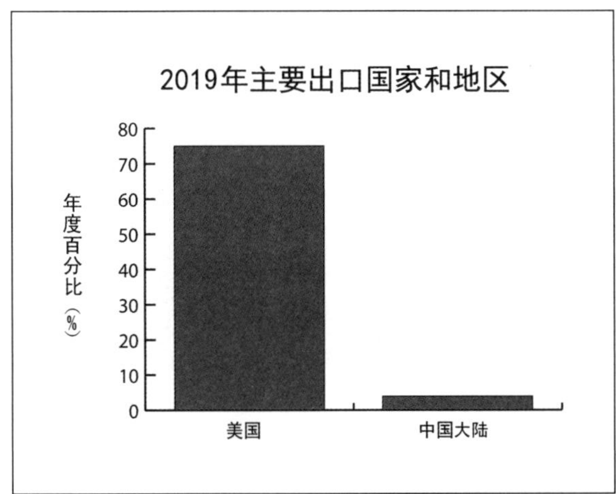
2019年主要出口国家和地区
年度百分比（%）
80
70
60
50
40
30
20
10
0
美国
中国大陆

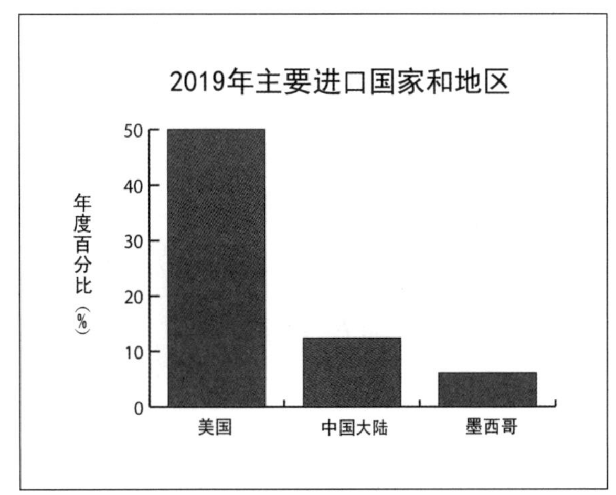
2019年主要进口国家和地区
年度百分比（%）
50
40
30
20
10
0
美国
中国大陆
墨西哥

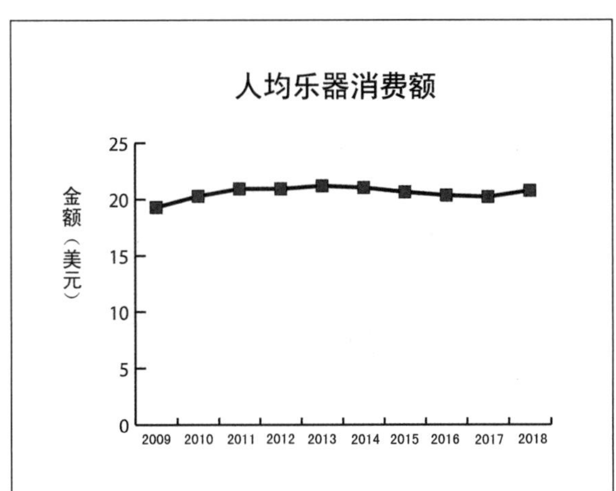
人均乐器消费额
金额（美元）
25
20
15
10
5
0
2009 2010 2011 2012 2013 2014 2015 2016 2017 2018

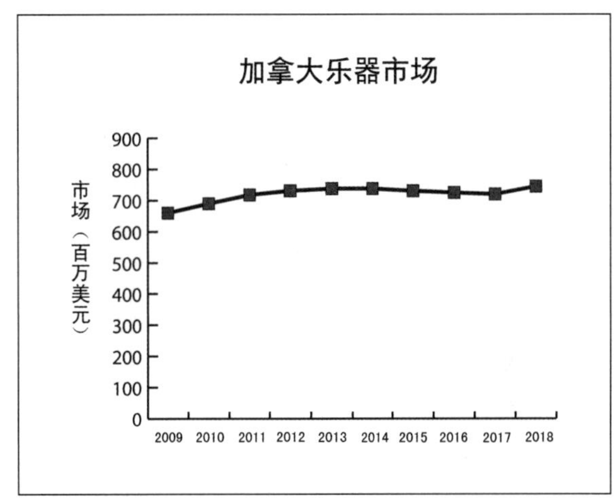
加拿大乐器市场
市场（百万美元）
900
800
700
600
500
400
300
200
100
0
2009 2010 2011 2012 2013 2014 2015 2016 2017 2018

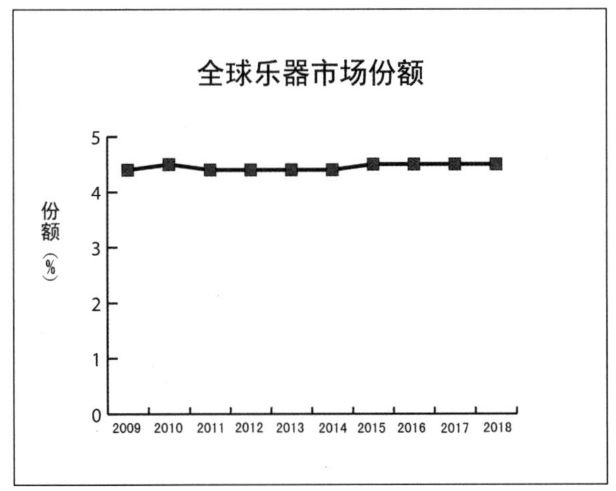
全球乐器市场份额
份额（%）
5
4
3
2
1
0
2009 2010 2011 2012 2013 2014 2015 2016 2017 2018

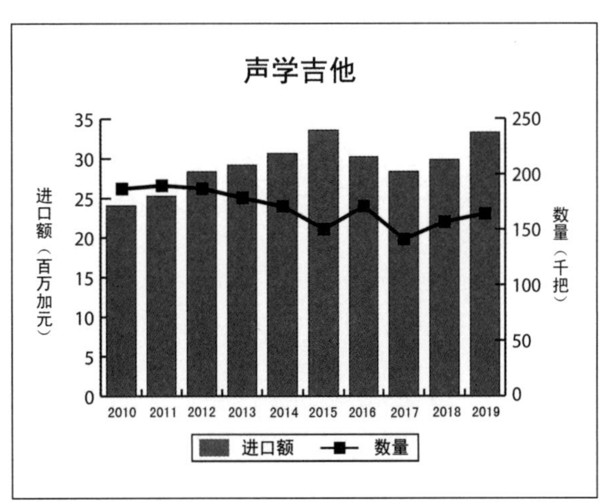
声学吉他
进口额（百万加元）
35
30
25
20
15
10
5
0
数量（千把）
250
200
150
100
50
0
2010 2011 2012 2013 2014 2015 2016 2017 2018 2019
进口额
数量

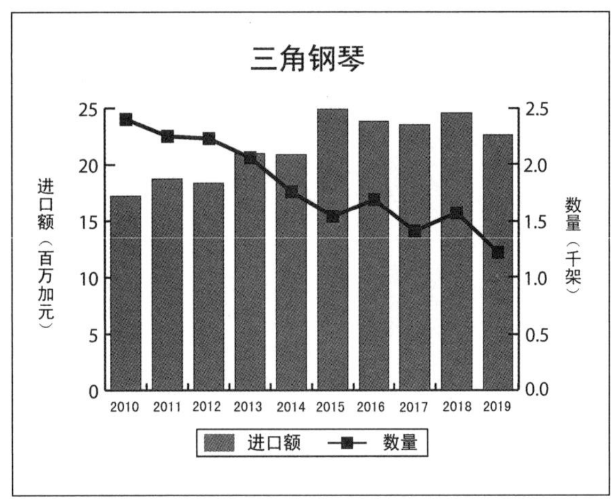
三角钢琴
进口额（百万加元）
数量（千架）
25
20
15
10
5
0
2.5
2.0
1.5
1.0
0.5
0.0
2010 2011 2012 2013 2014 2015 2016 2017 2018 2019
进口额 数量

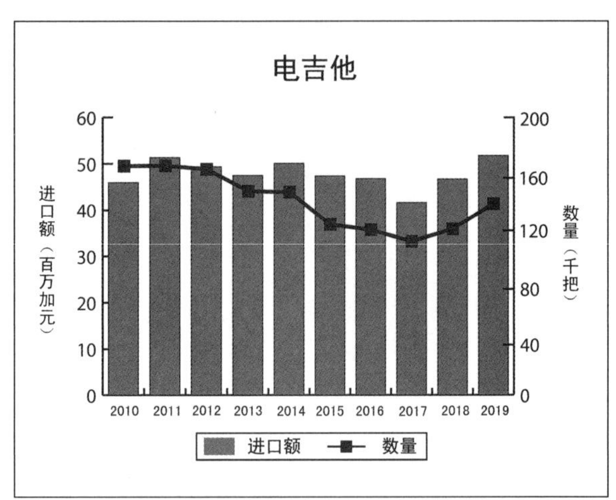
电吉他
进口额（百万加元）
数量（千把）
60
50
40
30
20
10
0
200
160
120
80
40
0
2010 2011 2012 2013 2014 2015 2016 2017 2018 2019
进口额 数量

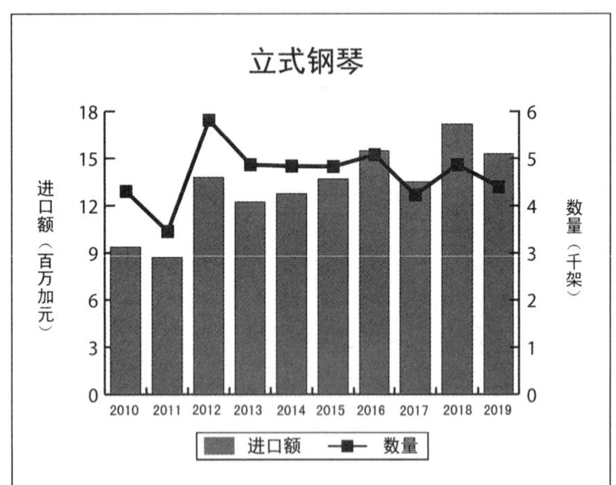
立式钢琴
进口额（百万加元）
数量（千架）
18
15
12
9
6
3
0
6
5
4
3
2
1
0
2010 2011 2012 2013 2014 2015 2016 2017 2018 2019
进口额 数量

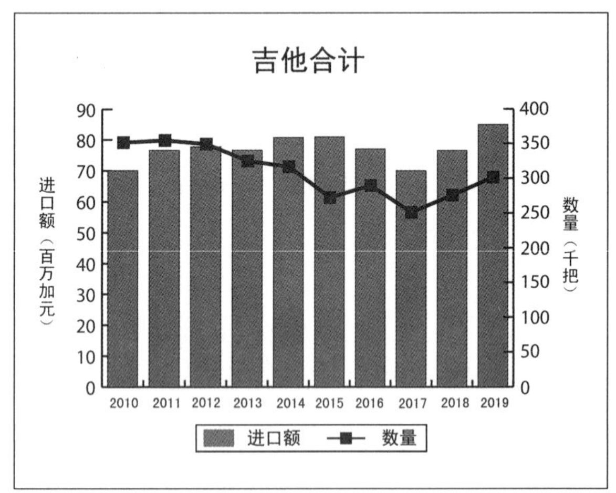
吉他合计
进口额（百万加元）
数量（千把）
90
80
70
60
50
40
30
20
10
0
400
350
300
250
200
150
100
50
0
2010 2011 2012 2013 2014 2015 2016 2017 2018 2019
进口额 数量

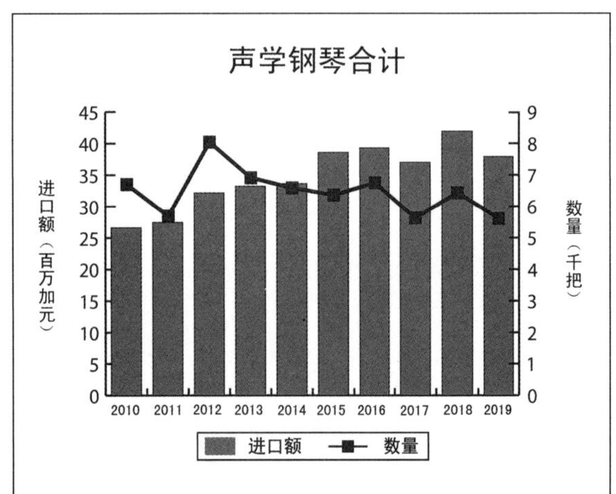
声学钢琴合计
进口额（百万加元）
数量（千把）
45
40
35
30
25
20
15
10
5
0
9
8
7
6
5
4
3
2
1
0
2010 2011 2012 2013 2014 2015 2016 2017 2018 2019
进口额 数量

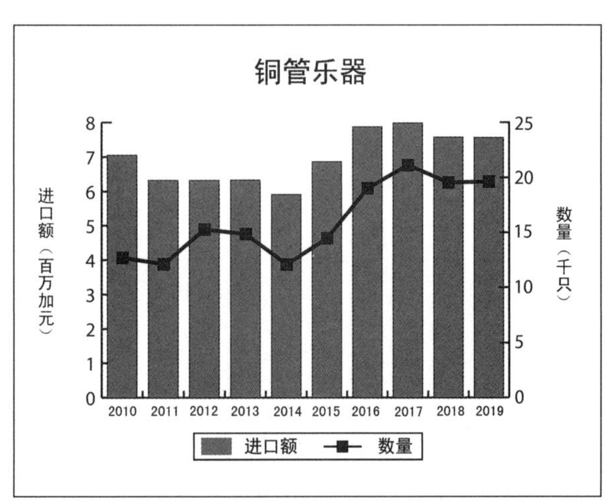
铜管乐器
进口额（百万加元）
数量（千只）
8
7
6
5
4
3
2
1
0
25
20
15
10
5
0
2010 2011 2012 2013 2014 2015 2016 2017 2018 2019
进口额 数量

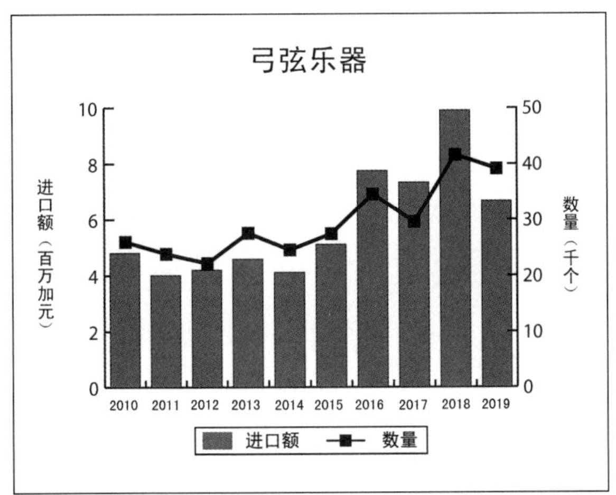
弓弦乐器
进口额（百万加元）
数量（千个）
2010 2011 2012 2013 2014 2015 2016 2017 2018 2019
进口额 数量

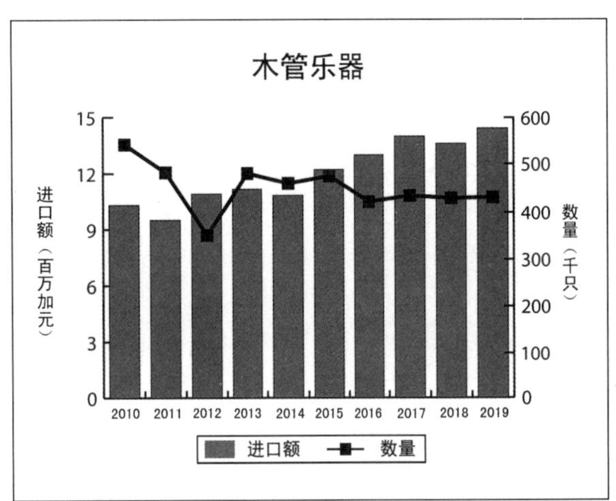
木管乐器
进口额（百万加元）
数量（千只）
2010 2011 2012 2013 2014 2015 2016 2017 2018 2019
进口额 数量

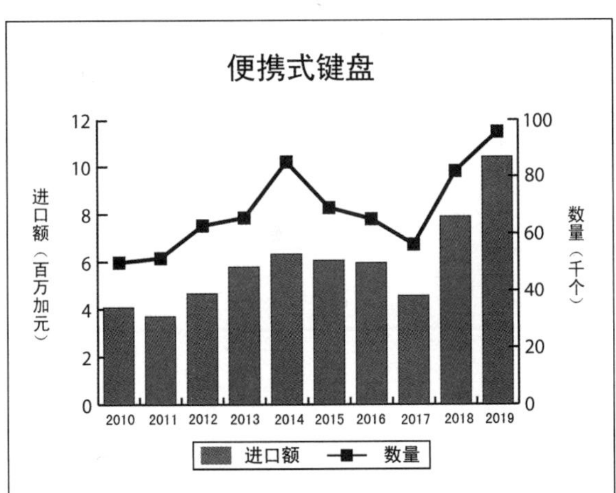
便携式键盘
进口额（百万加元）
数量（千个）
2010 2011 2012 2013 2014 2015 2016 2017 2018 2019
进口额 数量

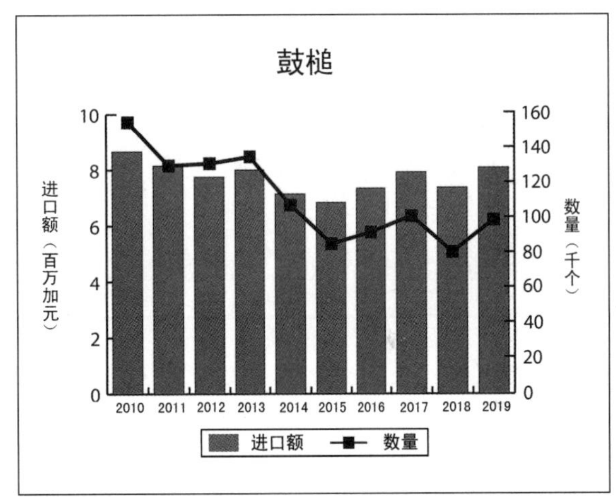
鼓槌
进口额（百万加元）
数量（千个）
2010 2011 2012 2013 2014 2015 2016 2017 2018 2019
进口额 数量

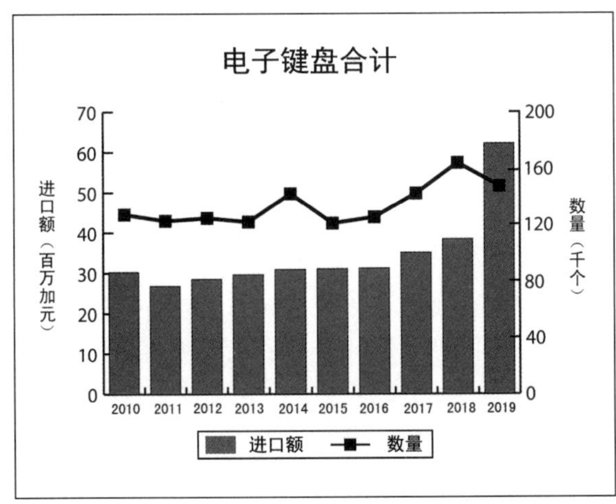
电子键盘合计
进口额（百万加元）
数量（千个）
2010 2011 2012 2013 2014 2015 2016 2017 2018 2019
进口额 数量

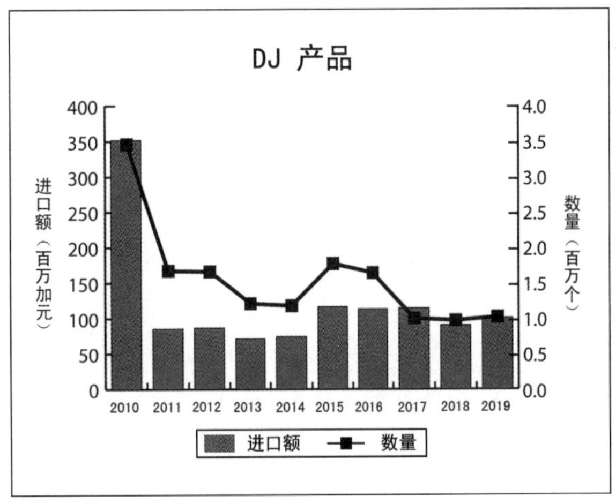
DJ 产品
进口额（百万加元）
数量（百万个）
2010 2011 2012 2013 2014 2015 2016 2017 2018 2019
进口额 数量

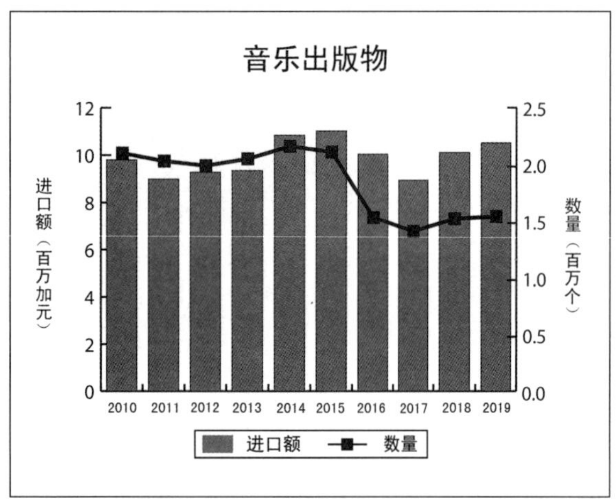

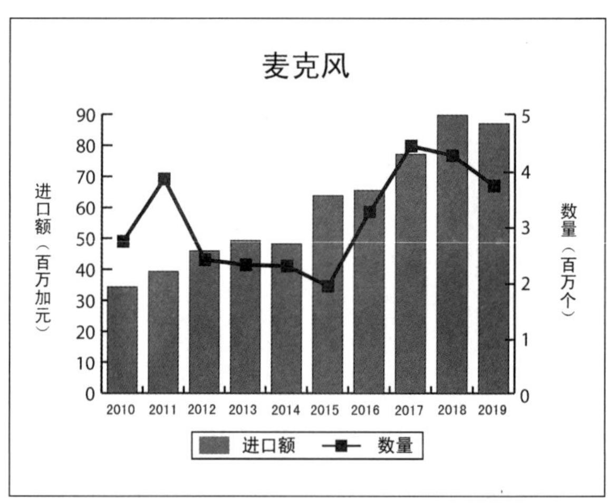

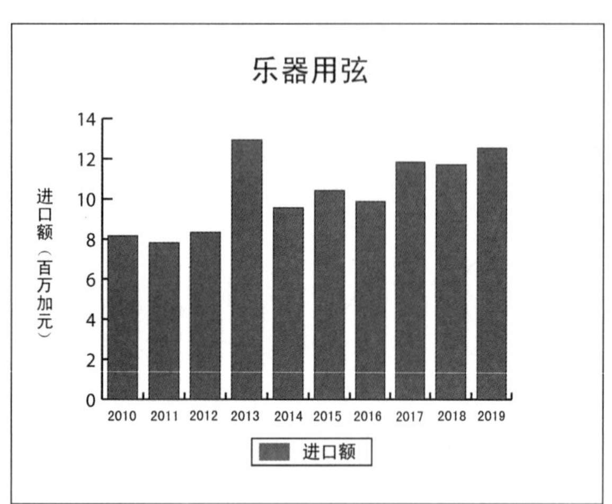

法国

2019年法国乐器行业发展与往年持平，暂无可用统计数据，但我们估计2019年最终结果接近2017年的数据：乐器总销量约为150万件，其中四分之一为二手乐器。入门级产品销售占新品市场一半，主要类别仍为弹拨乐器，其次是键盘乐器、铜管乐器、木管乐器、打击乐器及弦乐器。法国乐器厂家要在范围更广的欧洲市场上与其他对手激烈竞争，国内经销商处境维艰。

2019年5月，在法国乐器协会大力协助下，法国音乐博览会在巴黎举办。法国乐器厂商积极参与，制订了不少活动计划促进音乐创作和乐器演奏（更多信息请访问法国乐器协会网站）。

但2020年突如其来的新型疫情打乱了正常节奏……截至2020年5月初撰写本文时，法国乐器同行面临着整个行业暂停的局面：工厂、经销商、音乐学校、音乐会……一切都戛然而止。

对于那些一直关注本报告的读者来说，多年来我们见证了行业诸多变化，包括在线乐器销售的崛起，远程音乐学习、在线音乐会增加，更不用说社交媒体的重要性。危中藏机，所有这些现象都伴随新冠疫情危机加速发展。请放心，法国乐器界正和我们的国际合作伙伴一样，努力适应新变化，竭尽所能加快行业复苏，希望能在明年的报告中向大家汇报更多积极消息！（评注：法国弯德隆乐器公司总经理及欧洲音乐产业联盟主席托纳利尔）

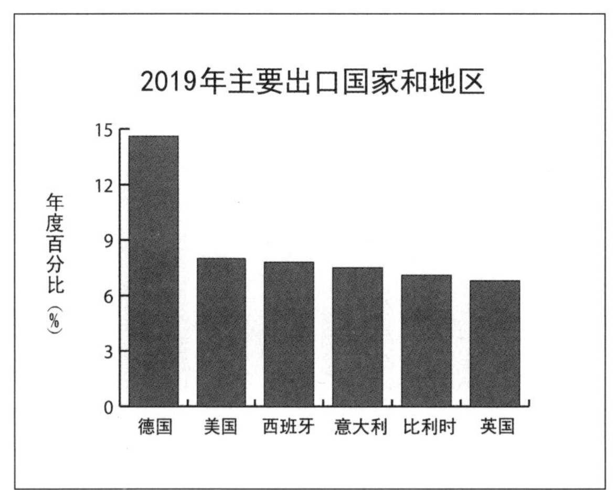
2019年主要出口国家和地区
年度百分比（%）
15
12
9
6
3
0
德国
美国
西班牙
意大利
比利时
英国

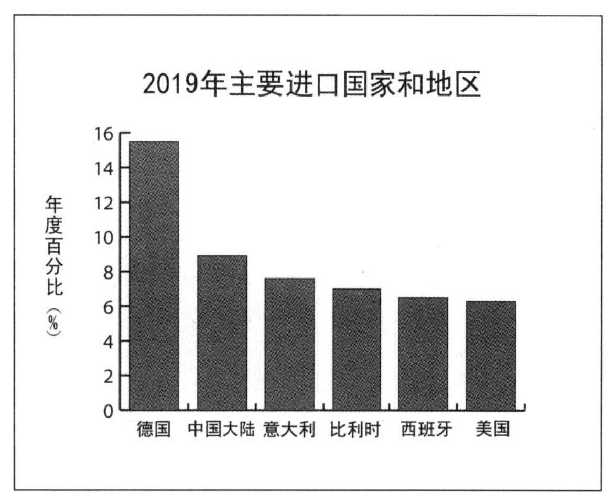
2019年主要进口国家和地区
年度百分比（%）
16
14
12
10
8
6
4
2
0
德国
中国大陆
意大利
比利时
西班牙
美国

人均乐器消费额
金额（美元）
16
14
12
10
8
6
4
2
0
2009 2010 2011 2012 2013 2014 2015 2016 2017 2018

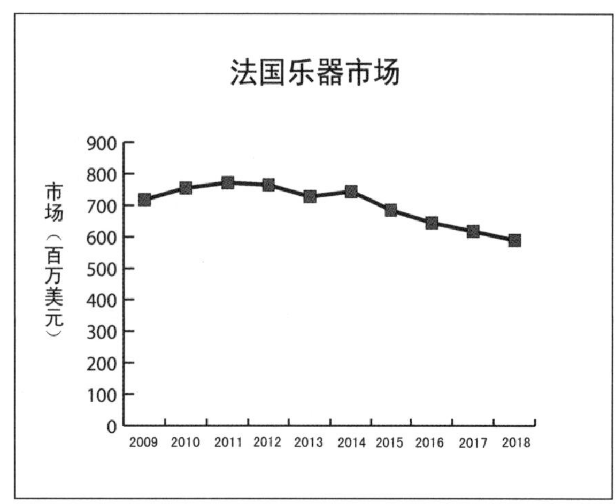
法国乐器市场
市场（百万美元）
900
800
700
600
500
400
300
200
100
0
2009 2010 2011 2012 2013 2014 2015 2016 2017 2018

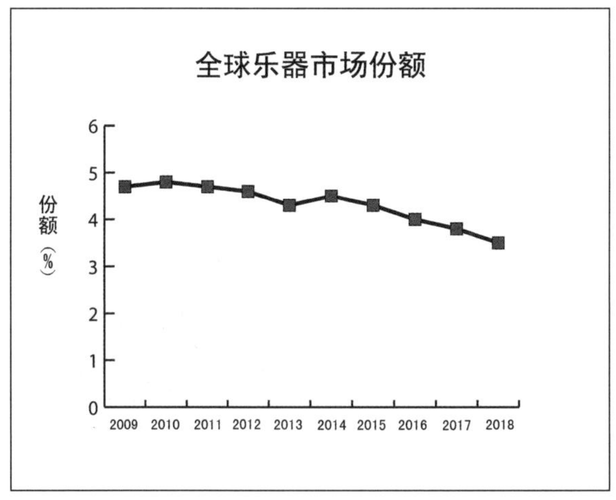
全球乐器市场份额
份额（%）
6
5
4
3
2
1
0
2009 2010 2011 2012 2013 2014 2015 2016 2017 2018

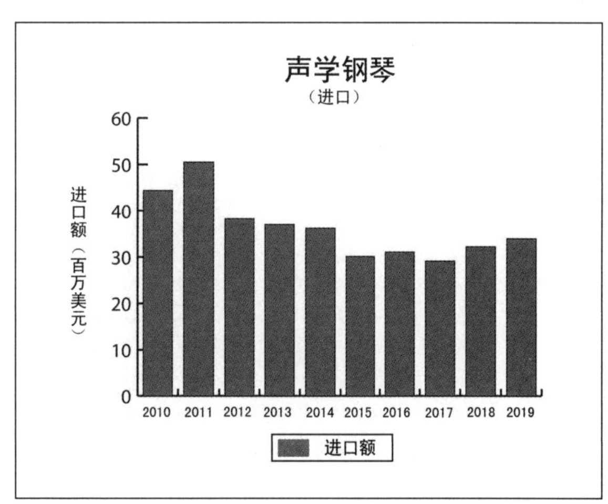
声学钢琴
（进口）
进口额（百万美元）
60
50
40
30
20
10
0
2010 2011 2012 2013 2014 2015 2016 2017 2018 2019
进口额

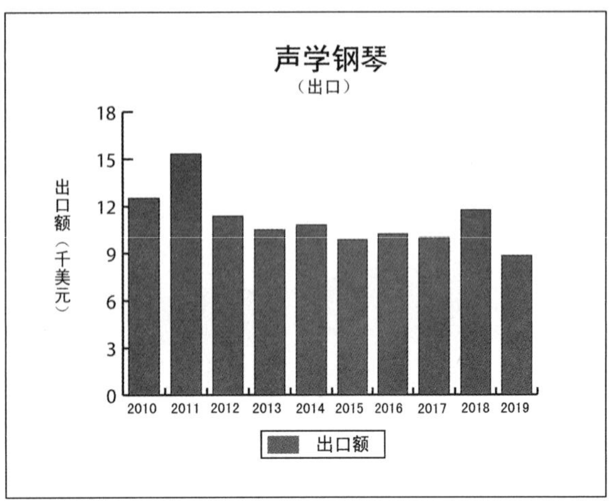
声学钢琴
（出口）
出口额（千美元）
18
15
12
9
6
3
0
2010 2011 2012 2013 2014 2015 2016 2017 2018 2019
出口额

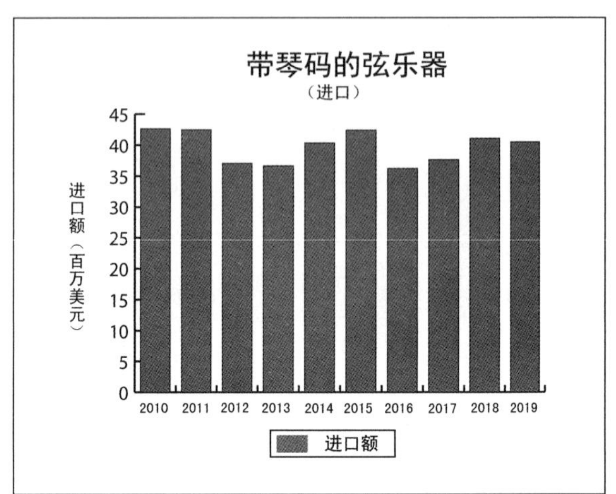
带琴码的弦乐器
（进口）
进口额（百万美元）
45
40
35
30
25
20
15
10
5
0
2010 2011 2012 2013 2014 2015 2016 2017 2018 2019
进口额

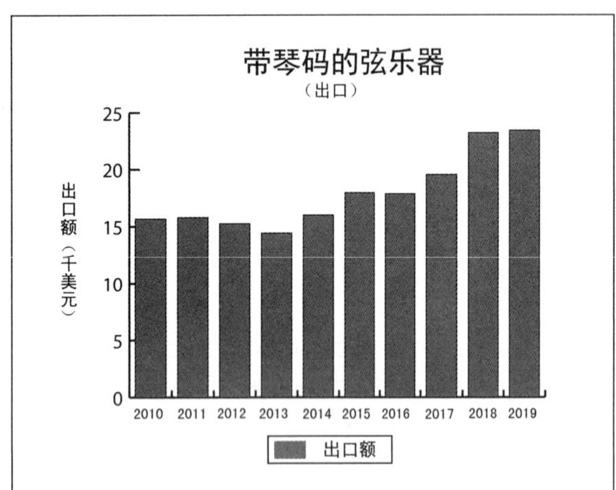
带琴码的弦乐器
（出口）
出口额（千美元）
25
20
15
10
5
0
2010 2011 2012 2013 2014 2015 2016 2017 2018 2019
出口额

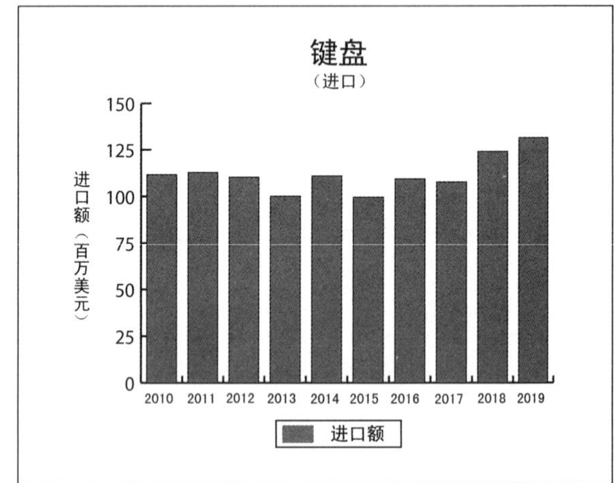
键盘
（进口）
进口额（百万美元）
150
125
100
75
50
25
0
2010 2011 2012 2013 2014 2015 2016 2017 2018 2019
进口额

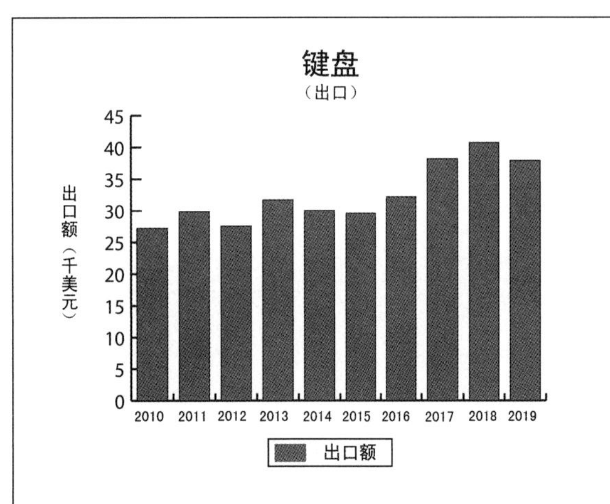
键盘
（出口）
出口额（千美元）
45
40
35
30
25
20
15
10
5
0
2010 2011 2012 2013 2014 2015 2016 2017 2018 2019
出口额

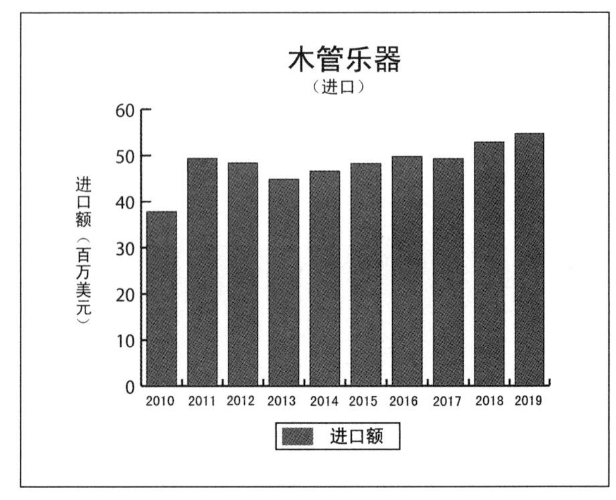
木管乐器
（进口）
进口额（百万美元）
60
50
40
30
20
10
0
2010 2011 2012 2013 2014 2015 2016 2017 2018 2019
进口额

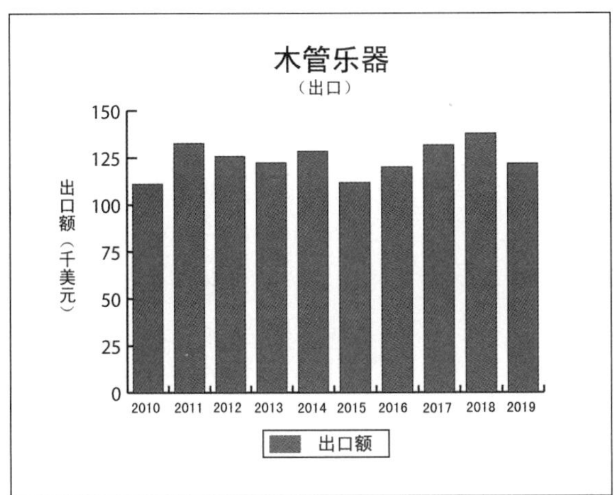
木管乐器
（出口）
出口额（千美元）
150
125
100
75
50
25
0
2010 2011 2012 2013 2014 2015 2016 2017 2018 2019
出口额

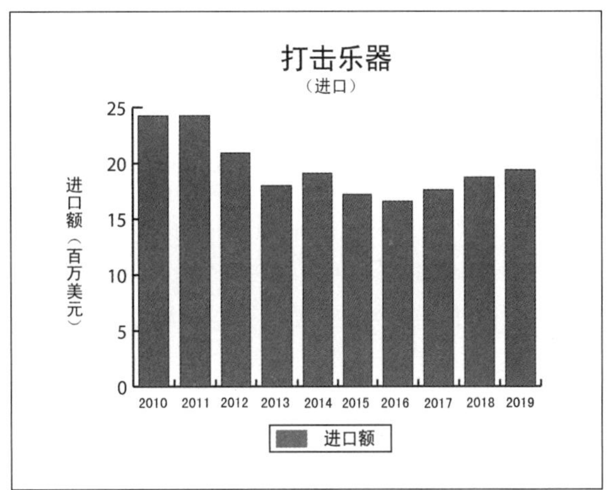
打击乐器
（进口）
进口额（百万美元）
25
20
15
10
5
0
2010 2011 2012 2013 2014 2015 2016 2017 2018 2019
进口额

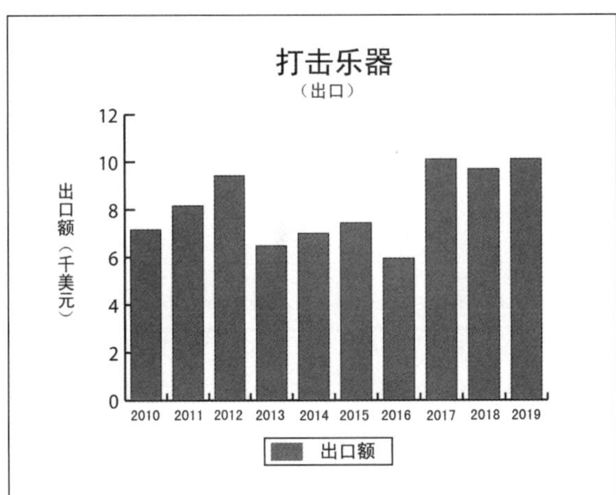
打击乐器
（出口）
出口额（千美元）
12
10
8
6
4
2
0
2010 2011 2012 2013 2014 2015 2016 2017 2018 2019
出口额

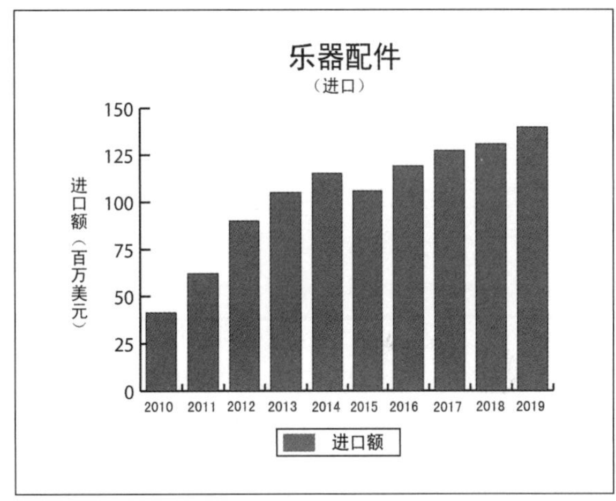
乐器配件
（进口）
进口额（百万美元）
150
125
100
75
50
25
0
2010 2011 2012 2013 2014 2015 2016 2017 2018 2019
进口额

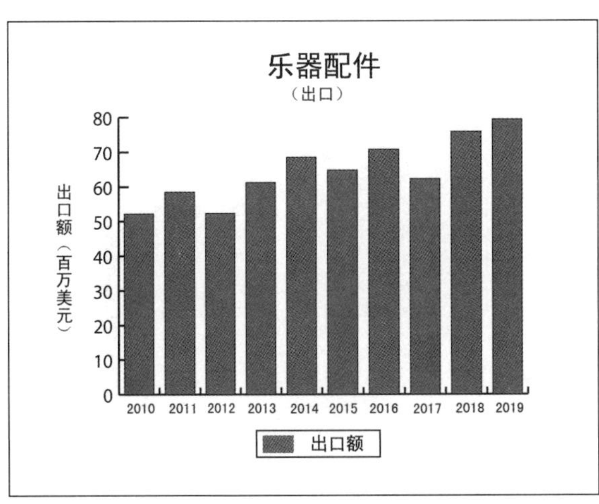
乐器配件
（出口）
出口额（百万美元）
80
70
60
50
40
30
20
10
0
2010 2011 2012 2013 2014 2015 2016 2017 2018 2019
出口额

英国

俗话说："生于忧患，死于安乐"。2019年英国仍深陷脱欧计划，各种商业活动和消费市场不确定性萦绕其间。在此背景下，英国主要商业街艰难度日。众多知名品牌销售欠佳，引发对未来实体店路径走向的讨论。英国乐器琴行纷纷应势调整，其中的佼佼者不仅在完善电商产品方面领先同行，同时创建了充满活力的社交媒体，以吸引客户浏览线上网站，光顾线下琴行。2019年英国乐器市场渐趋稳定，逐步显示出温和增长迹象。2020年，风云骤变……新冠疫情大爆发使英国和世界其他地区遭受巨大破坏，乐器琴行停业对上游企业造成负面影响，我们对此倍感担忧，即便停业措施解除后，并非所有企业都能在短期内恢复元气。英国乐器同行正在努力制定相应计划，以此应对未来尚不可知的"新常态"。

与过去十年商业街整体情况相比，我们乐器行业在零售关门潮中几乎"逆势而上"。愿这种情况长久保持下去！无论通过线下琴行还是线上网站，英国最好的零售商都将继续靠乐器营销而生存。乐器行业的惊奇之处在于，当外部环境艰难时，创新力总会应运而生。我们见证了许多逆境时刻依然蓬勃发展的乐器琴行和线上供应商，他们颇具现代思维，即使在疫情期间也能通过安全经营方式继续销售产品及服务，为广大客户交付各种乐器。在新冠疫情期间，在线音乐教学加速发展，英国最好的琴行和乐器供应商积极开发极具创意的教学服务，从容迎接挑战。

可以预计，未来在线交易规模将大大拓展，远程开展业务成为常态，在线教学服务机会增加……当前停摆状态过后，我们的行业将从意想不到的教训中吸取颇具价值的经验。

可以说，新冠疫情期间，在线零售总体业已在英国形成新的规模。英国各大城市商业街的实体店铺将无法维持目前数量，无疑对乐器琴行造成不利影响。从许多方面看，这一天终将到来，而新冠疫情可能使这一趋势提前五年到来。

正如我之前曾写过，正是英国无数乐器零售商的努力，为我们的生活带来幸福。他们之所以经营乐器琴行，除谋求生计外，也饱含了对音乐的情怀和挚爱。与其他商品零售类型相比，这种音乐热情让我们独具特色。在我看来，经受新冠疫情洗礼后，英国乐器行业将脱颖而出，将发展成为更干练、更健康、更加面向未来的行业，随时准备以各种方式为客户提供音乐服务！（评注：英国乐器协会首席执行官保罗）

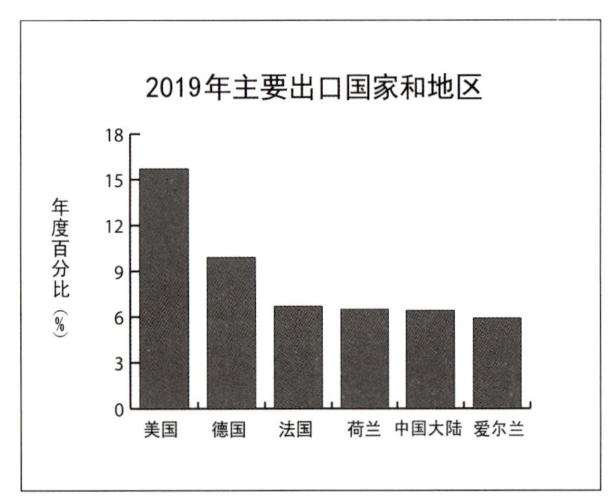

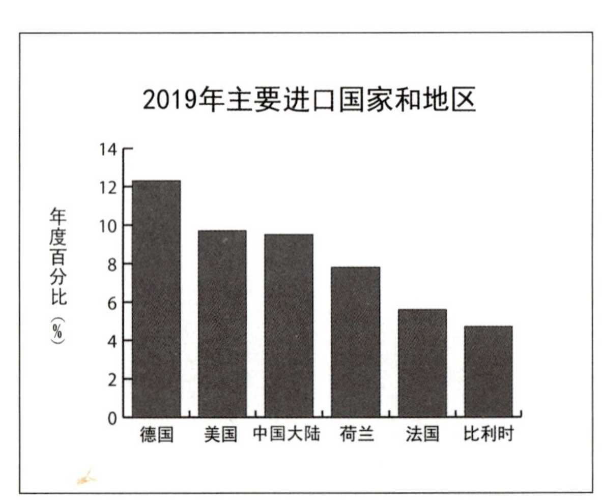

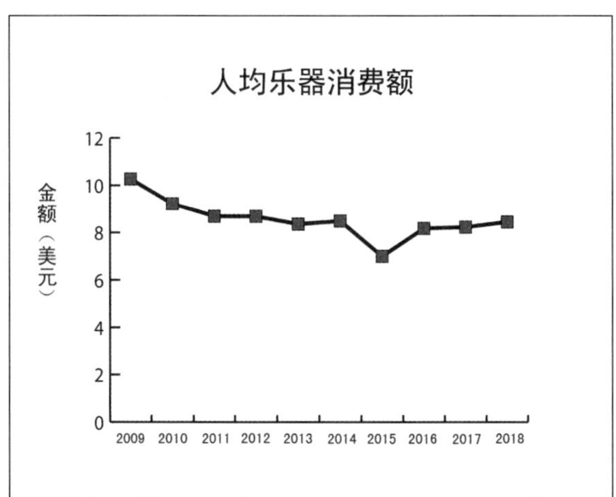
人均乐器消费额
金额（美元）
12
10
8
6
4
2
0
2009 2010 2011 2012 2013 2014 2015 2016 2017 2018

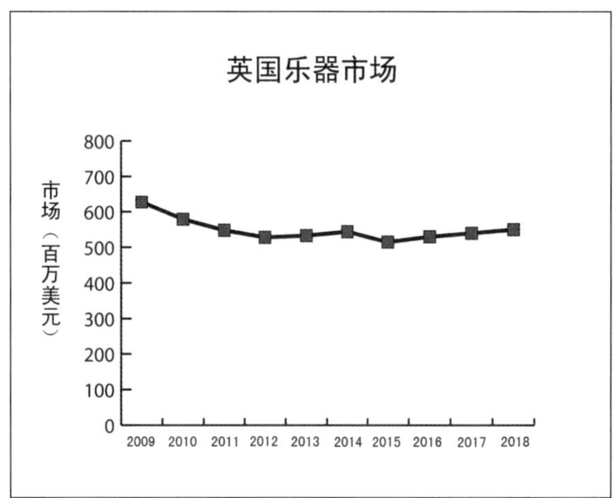
英国乐器市场
市场（百万美元）
800
700
600
500
400
300
200
100
0
2009 2010 2011 2012 2013 2014 2015 2016 2017 2018

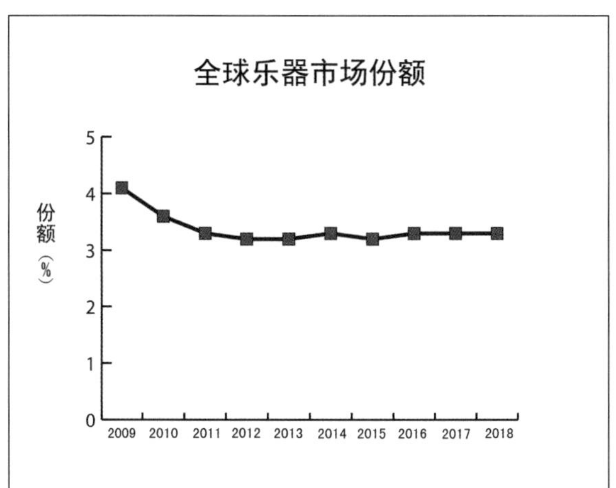
全球乐器市场份额
份额（%）
5
4
3
2
1
0
2009 2010 2011 2012 2013 2014 2015 2016 2017 2018

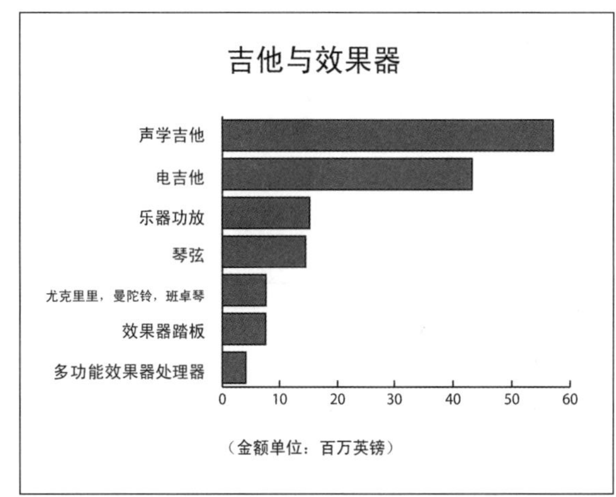
吉他与效果器
声学吉他
电吉他
乐器功放
琴弦
尤克里里，曼陀铃，班卓琴
效果器踏板
多功能效果器处理器
0 10 20 30 40 50 60
（金额单位：百万英镑）

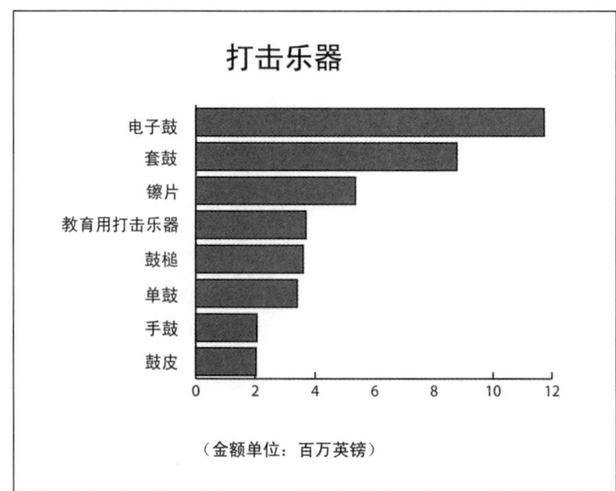
打击乐器
电子鼓
套鼓
镲片
教育用打击乐器
鼓槌
单鼓
手鼓
鼓皮
0 2 4 6 8 10 12
（金额单位：百万英镑）

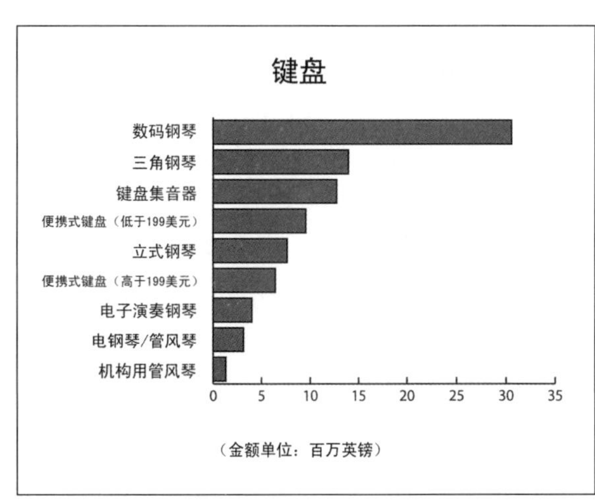
键盘
数码钢琴
三角钢琴
键盘集音器
便携式键盘（低于199美元）
立式钢琴
便携式键盘（高于199美元）
电子演奏钢琴
电钢琴/管风琴
机构用管风琴
0 5 10 15 20 25 30 35
（金额单位：百万英镑）

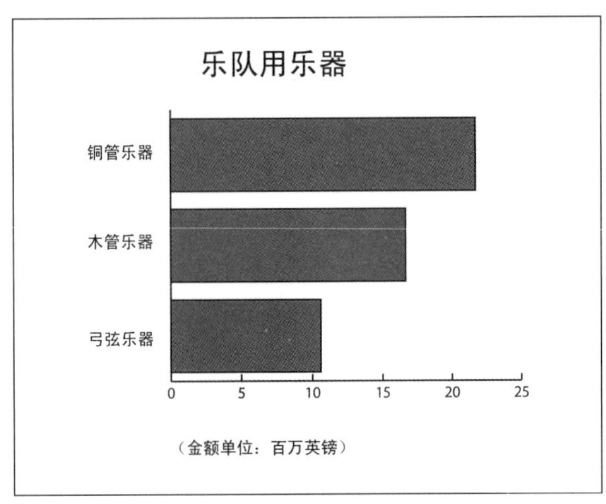

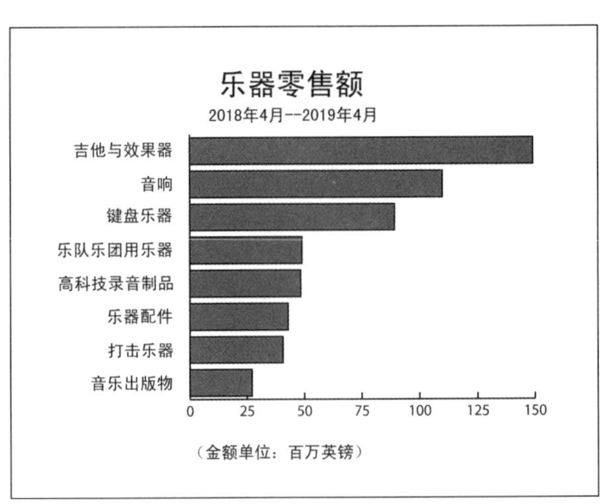

澳大利亚

2019年见证了澳大利亚音乐制品市场整体增长，在乐器销量增长9.5%的带动下，乐器销售金额比2018年提升近9%。澳元始终保持稳定，到2019年末，澳元兑美元汇率略呈弱势，约为1澳元兑70美分。2019年的澳大利亚进口金额超3.22亿澳元（合2.096亿美元），是迄今为止最高纪录。

2019年12月澳大利亚零售额低于预期。2019年澳大利亚多次降低利率，联邦减税措施并未奏效，大多数家庭正在偿还债务，力求增加储蓄。疲软情况涉及范围广泛，不少非必需消费领域首当其冲，但音乐零售富有特色，业绩数字令人满意，全年收入增长强劲。新南威尔士州和维多利亚州房价复苏出现回升，消费者信心得以恢复。由于收入增长疲软，许多家庭被迫抑制支出。全年GDP增长率2.8%，澳大利亚采矿业依然是经济主要驱动力，拥有连续26年增长的全球纪录，但工资增长始终低于GDP数字，且这种状况已持续多年，越来越多纳税人问询新增资金是否流向实体经济。2014年，澳大利亚乐器行业开始从2012-2013年低谷启动复苏。当我们把2019年与过去五年趋势进行比对时发现，2019年数据显示澳大利亚乐器销量超过180万件，已接近2014年水平（约200万件）。与2014年2.37亿澳元（合1.413亿美元）相比，2019年乐器进口总额已恢复至3.326亿澳元（合2.165亿美元），达到历史最高水平。

2019年调查结果显示，键盘类乐器再次强劲增长，销售金额增幅6%，超过6600万澳元（4290万美元）。受低价值便携式键盘销量下降影响，该类别乐器销量下降近4%；立式钢琴销量减少400多架，但销售金额增长近6%，达到2000万澳元（约合1300万美元）。良好的绩效表明对高价值乐器需求仍然坚挺。进口立式钢琴销售金额增长8%，为稳健的局面锦上添花。

在经历2017年疲软之后，打击乐器于2018年底实现强劲增长。架子鼓异常火爆，其金额和销量比2017年增长50%，同比分别增长23%和9%。单鼓销量有所减少。总体而言，声学鼓业绩表现良好；管弦乐器和“其他打击乐器”类别轻松反弹，其金额（19%）和销量（12.5%）均大幅增加；铙钹的情况耐人寻味：金额激增39%，但销量却减少9%。

吉他类别整体销量在2019年增长12%，销售金额增长12%，平均单价与去年持平。仅从吉他类别来看，2019年的结果令人十分满意。电吉他进口量增长20%以上，销售额增长近19%。去年吉他均价增长依然保持上升劲头，这一趋势在整个类别中都得到体现，2018年声学吉他增长11%，得益于16.6万把进口量以及澳大利亚本土生产10000把，最终数字将超过2017年记录。吉他和贝斯功放进口额持续稳定。总体来看，电吉他市场的反弹打破了近年来下降趋势。其他细分市场也取得了不错的成绩，吉他市场的金额与2017

年相比反弹近20%。乐器配件堪称行业领头羊，虽然在2018年大幅上涨后稍有下降，但进口总值仍保持在2400万澳元（合1560万美元）以上的历史高位。

《音乐贸易》杂志报道称，2019年美国乐器市场零售总额同比增长近4%，是继2008年金融危机之后连续第11个增长年份。由于经济与股市走强及价格上涨，大多数产品类别都表现出积极一面，其中一些更是个中翘楚。从这个角度看，澳大利亚与美国市场表现颇为相似。（评注：澳大利亚音乐协会首席执行官沃克尔）

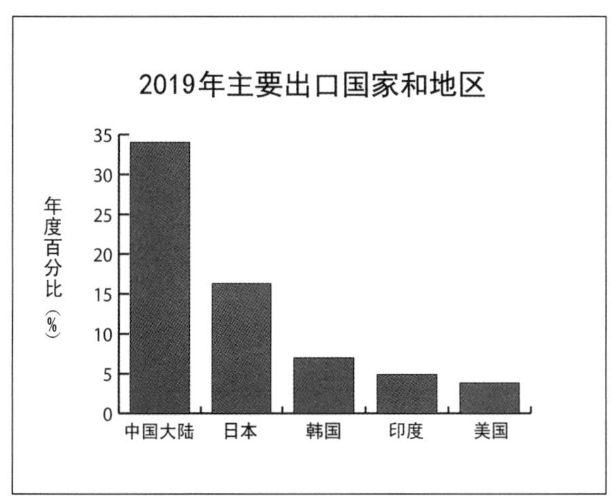

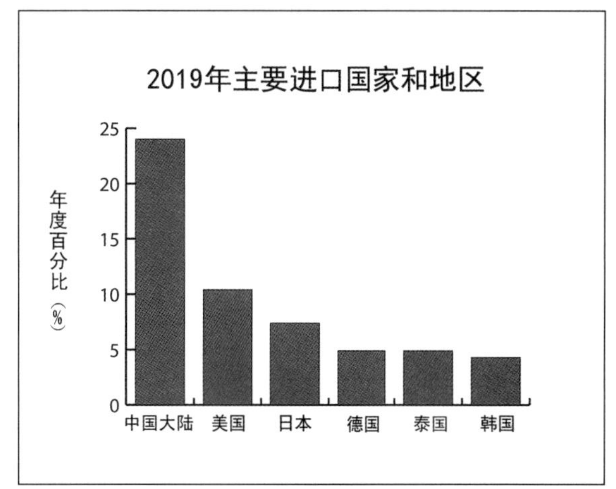

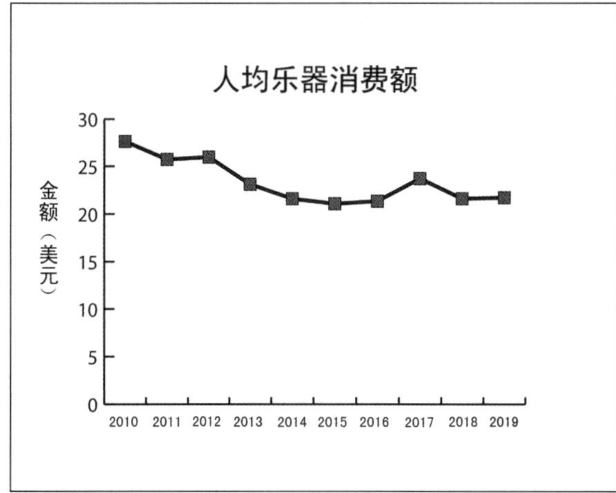

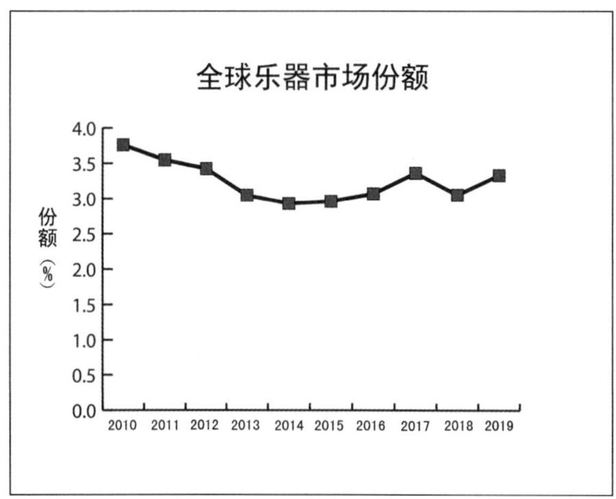

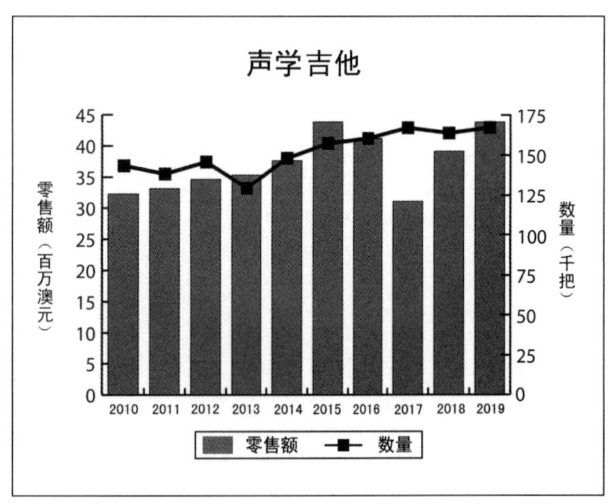

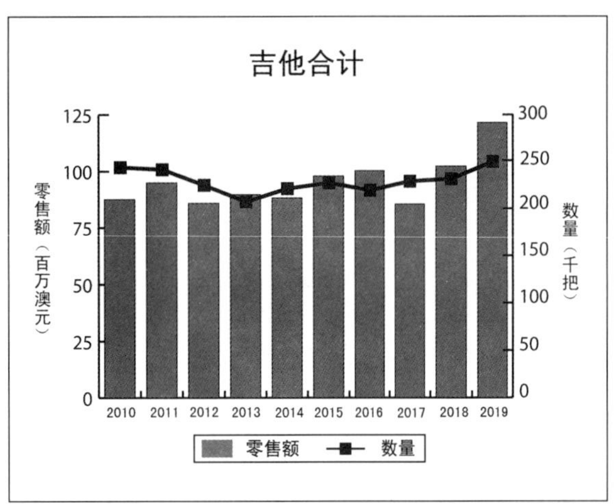
吉他合计
零售额（百万澳元）
数量（千把）
125
100
75
50
25
0
300
250
200
150
100
50
0
2010 2011 2012 2013 2014 2015 2016 2017 2018 2019
零售额
数量

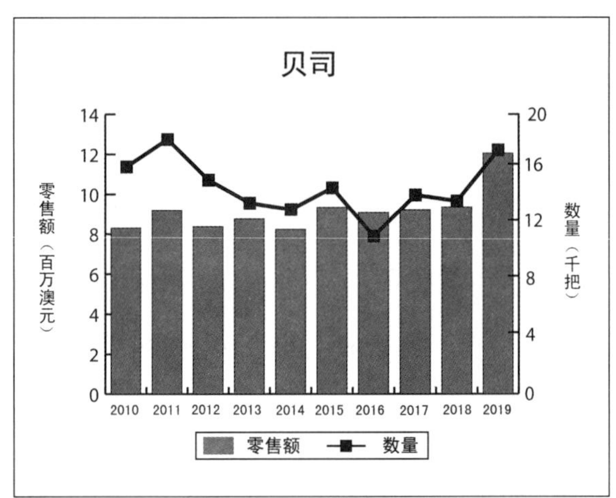
贝司
零售额（百万澳元）
数量（千把）
14
12
10
8
6
4
2
0
20
16
12
8
4
0
2010 2011 2012 2013 2014 2015 2016 2017 2018 2019
零售额
数量

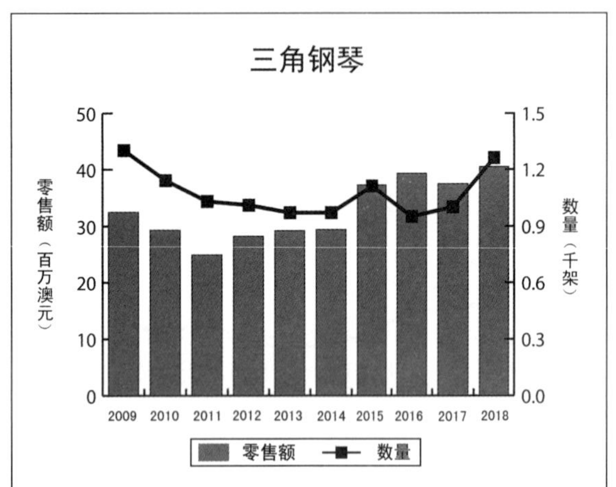
三角钢琴
零售额（百万澳元）
数量（千架）
50
40
30
20
10
0
1.5
1.2
0.9
0.6
0.3
0.0
2009 2010 2011 2012 2013 2014 2015 2016 2017 2018
零售额
数量

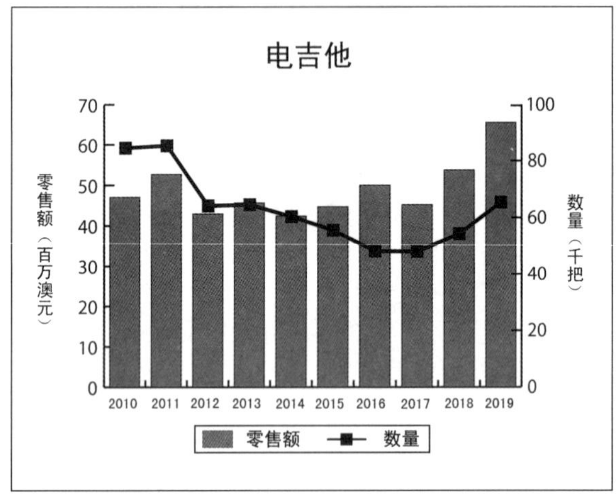
电吉他
零售额（百万澳元）
数量（千把）
70
60
50
40
30
20
10
0
100
80
60
40
20
0
2010 2011 2012 2013 2014 2015 2016 2017 2018 2019
零售额
数量

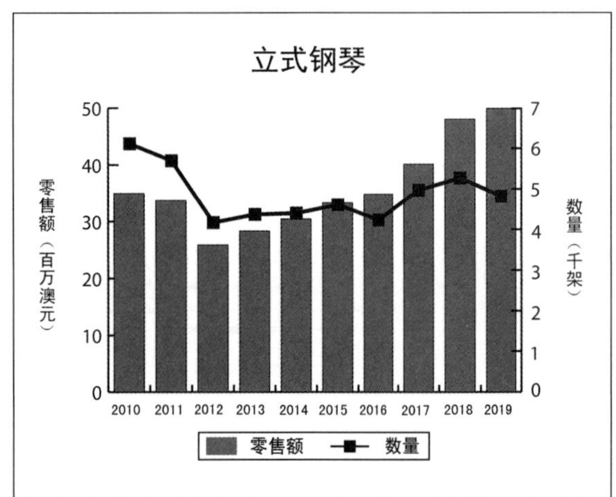
立式钢琴
零售额（百万澳元）
数量（千架）
50
40
30
20
10
0
7
6
5
4
3
2
1
0
2010 2011 2012 2013 2014 2015 2016 2017 2018 2019
零售额
数量

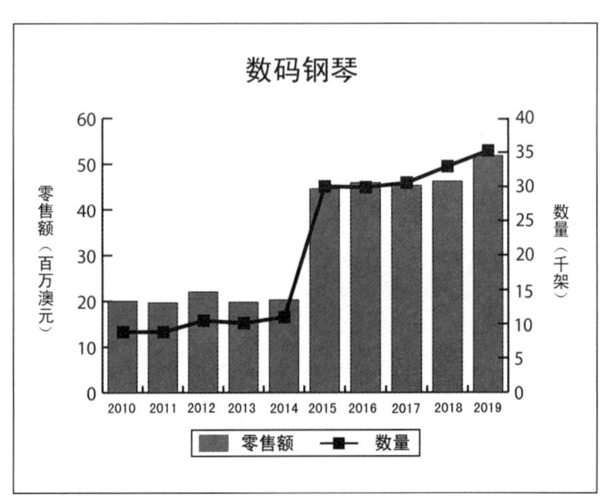
数码钢琴
零售额（百万澳元）
数量（千架）
60
50
40
30
20
10
0
40
35
30
25
20
15
10
5
0
2010 2011 2012 2013 2014 2015 2016 2017 2018 2019
零售额
数量

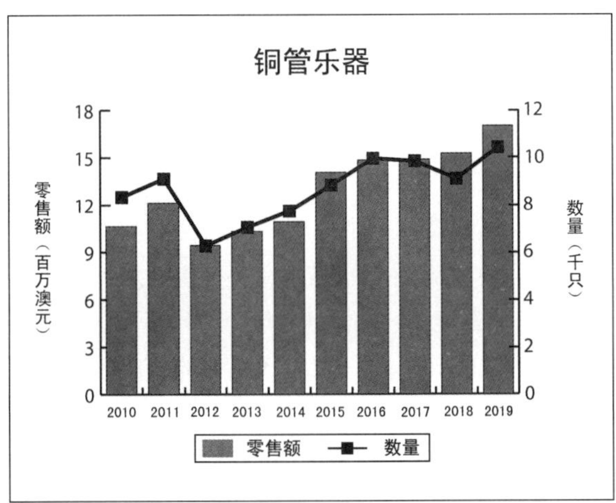
铜管乐器
零售额（百万澳元）
数量（千只）
18
15
12
9
6
3
0
12
10
8
6
4
2
0
2010 2011 2012 2013 2014 2015 2016 2017 2018 2019
零售额 数量

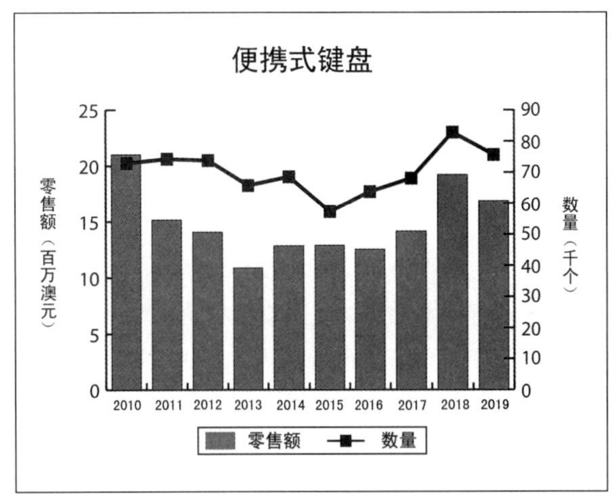
便携式键盘
零售额（百万澳元）
数量（千个）
25
20
15
10
5
0
90
80
70
60
50
40
30
20
10
0
2010 2011 2012 2013 2014 2015 2016 2017 2018 2019
零售额 数量

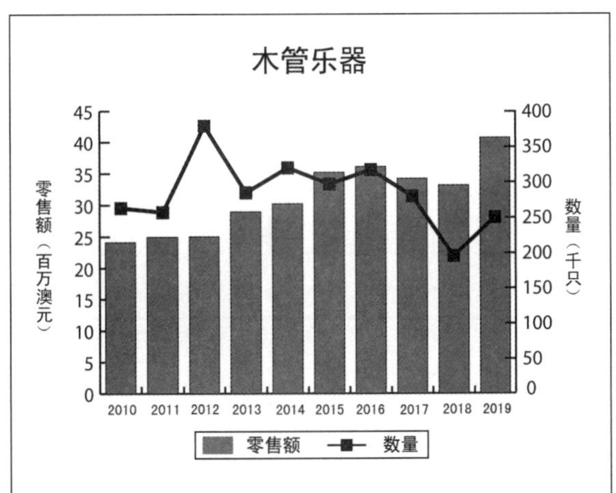
木管乐器
零售额（百万澳元）
数量（千只）
45
40
35
30
25
20
15
10
5
0
400
350
300
250
200
150
100
50
0
2010 2011 2012 2013 2014 2015 2016 2017 2018 2019
零售额 数量

管弦乐队弦乐器
零售额（百万澳元）
数量（千只）
16
14
12
10
8
6
4
2
0
30
25
20
15
10
5
0
2010 2011 2012 2013 2014 2015 2016 2017 2018 2019
零售额 数量

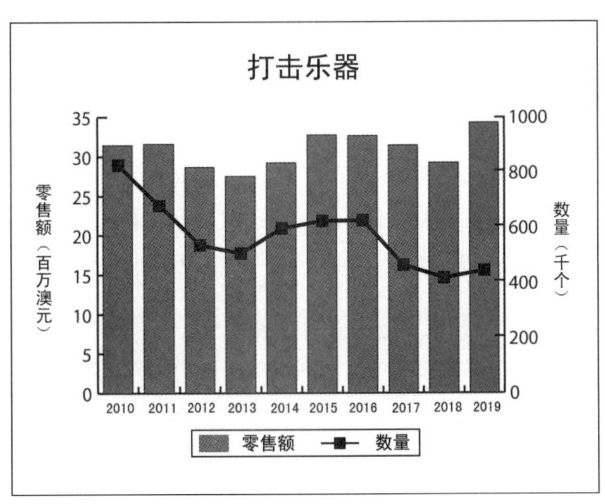
打击乐器
零售额（百万澳元）
数量（千个）
35
30
25
20
15
10
5
0
1000
800
600
400
200
0
2010 2011 2012 2013 2014 2015 2016 2017 2018 2019
零售额 数量

意大利

根据119家乐器、音响设备和书报杂志专业零售商提供的数据，2018年意大利市场销售金额为5.416亿欧元。受新型疫情影响，2019年数据收集尚未完成。我们将参考2018年以来观察机构提供的最新数据，对于意大利乐器市场来说，2019年是至关重要的一年。大多数指标均表明，意大利市场环境经历了自2013年以来最严重的恶化程度。特别是与上年相比，多个领域均出现了下降：制造商和乐器批发商的销售营业额下降3.86%，专业乐器零售商的销售金额下降3.62%，进口贸易减少11.85%。

2001年，意大利共有1289家专业零售商，但17年后仅剩下965家，人员就业水平也受到不利影响。乐器制造商的趋势正好相反。过去5年，乐器制造商从997家增至2018年的1083家，但这些公司平均规模并未按比例增加，因此可以认为制造工匠的作用越来越重要，他们在推动着意大利制造业发展。五年来，意大利乐器出口增长30.84%，2018年达到1.39亿欧元，这也是自2014年以来资产负债表首次出现正量。钢琴、管乐器、弦乐器和配件是意大利出口产品的主要支柱。

另一大趋势是，在线销售呈增长态势。随着线上渠道逐渐在乐器经销系统中确立了自己的地位，在线渠道于2016年仅占制造商和批发商总收入的6.38%，两年后的2018年已增至11.05%。我们对制造商、批发商和专业零售商的经济绩效和财务报表进行了分析。乐器制造商的总营业额以及未计利息、税项、折旧和摊销的利润稳定增长，而批发商的收入则较低且呈下滑趋势，因此预测后者将出现结构性危机，市场职能也将相应更新。就专业零售商而言，规模较小的琴行收入和利润正在下降。中型商店和连锁店的利润率也不断缩水，信用风险逐渐增加。与在线卖家之间激烈的价格战是导致传统经销系统利润率降低的原因之一。

意大利学校体系中推广音乐教育的活动仍然是重中之重。意大利乐器零售商协会曾与意大利教育部合作，发起了一项为期7年（1990年至1997年）的乐器进校园计划。一位前任教育部长成立的专门委员会将继续执行该计划，并已为初中学校增加了1845节音乐和乐器课，为高中学校增加140节乐器课程。虽然学校的课程计划已涵盖音乐课，但由于官僚主义、行政困难和延误等原因，执行率很低，只有不到15%的学生可以参与乐器课程。因此我们协会仍致力于支持这一努力，使所有学生都能享受音乐课的乐趣。

乐器行业对机构“决策者”的影响不大，因为行业对直接经济和就业安排的贡献并不算多。我们正努力与更广泛的音乐创作者结成联盟，这些顶级音乐人才在金融、经济和就业方面均可施加巨大影响。他们来自于现场表演、广播、电视、唱片等与乐器平行的音乐产业，并与铜管乐队、摇滚歌手、音乐学校关系密切。这些联盟可能有助于我们获得一些机构影响力。

在撰写本文时，协会已与意大利顶级音乐人开展了一场针对社交领域的宣传活动，名为“Artisti insieme per l'Italia（艺术家与意大利在一起）”。每家琴行的存在对当地社区来说都是重要的资源。琴行不仅出售乐器，更要为当地社区提供服务，为音乐学院、现场表演、乐团乐队支持，为业余音乐爱好者及专业音乐人的钢琴调音与维修给予专业建议等等。此次活动鼓励公众在意大利本土购买乐器，不仅有益于意大利乐器零售商，而且还促使乐器琴行保持活力，使意大利琴行成为担当宣传意大利文化空间的重要组成部分。（评注：意大利乐器经销商协会总裁安托尼奥）

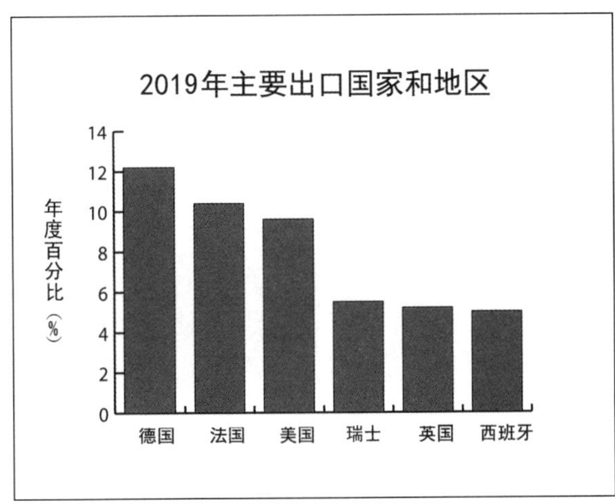
2019年主要出口国家和地区
年度百分比（%）
14
12
10
8
6
4
2
0
德国
法国
美国
瑞士
英国
西班牙

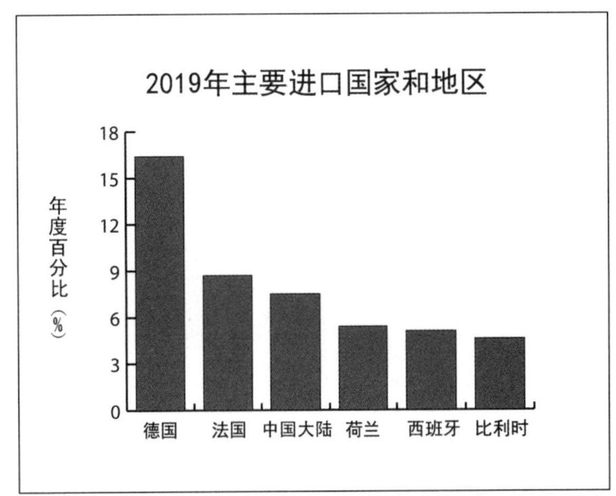
2019年主要进口国家和地区
年度百分比（%）
18
15
12
9
6
3
0
德国
法国
中国大陆
荷兰
西班牙
比利时

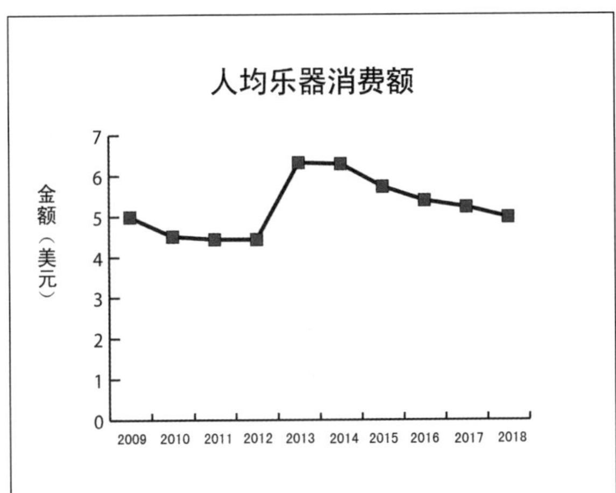
人均乐器消费额
金额（美元）
7
6
5
4
3
2
1
0
2009
2010
2011
2012
2013
2014
2015
2016
2017
2018

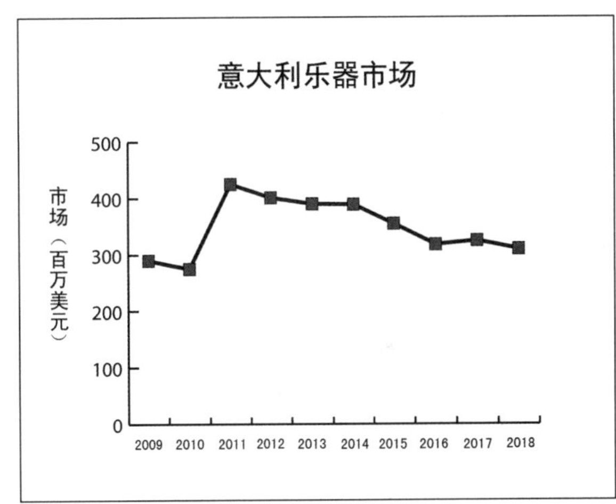
意大利乐器市场
市场（百万美元）
500
400
300
200
100
0
2009
2010
2011
2012
2013
2014
2015
2016
2017
2018

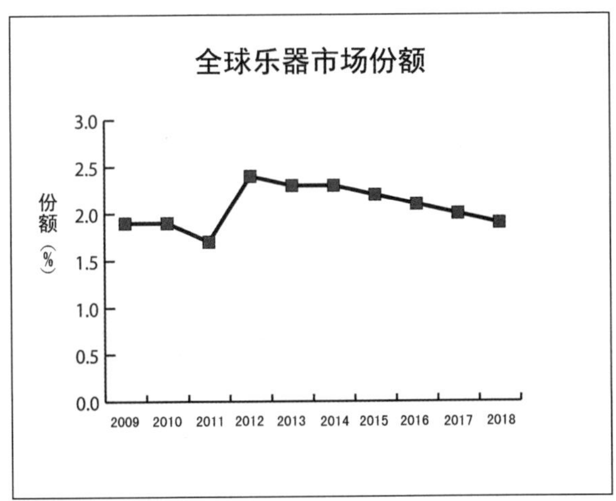
全球乐器市场份额
份额（%）
3.0
2.5
2.0
1.5
1.0
0.5
0.0
2009
2010
2011
2012
2013
2014
2015
2016
2017
2018

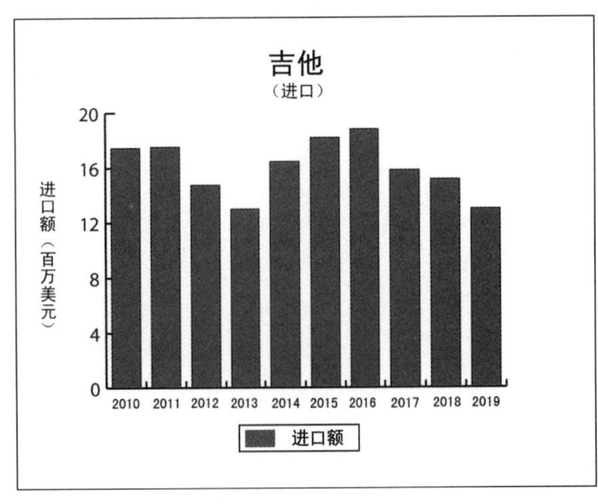
吉他
（进口）
进口额（百万美元）
20
16
12
8
4
0
2010
2011
2012
2013
2014
2015
2016
2017
2018
2019
进口额

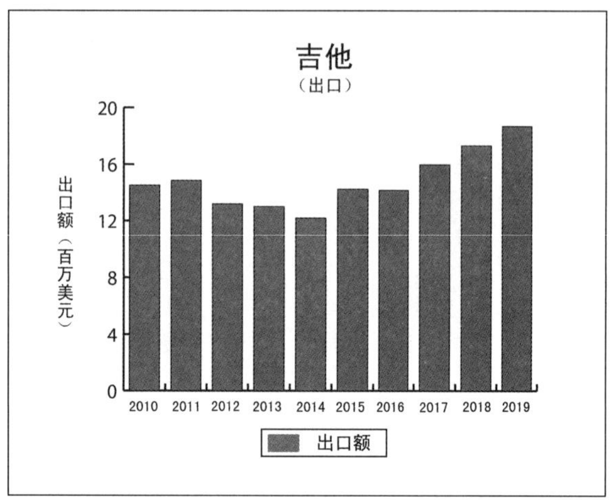
吉他
（出口）
出口额（百万美元）
20
16
12
8
4
0
2010 2011 2012 2013 2014 2015 2016 2017 2018 2019
出口额

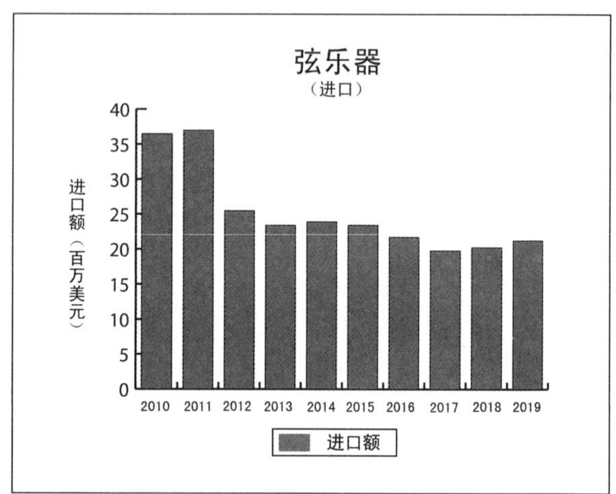
弦乐器
（进口）
进口额（百万美元）
40
35
30
25
20
15
10
5
0
2010 2011 2012 2013 2014 2015 2016 2017 2018 2019
进口额

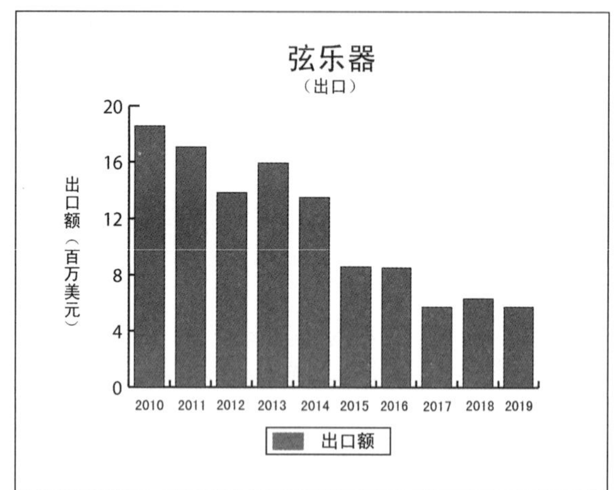
弦乐器
（出口）
出口额（百万美元）
20
16
12
8
4
0
2010 2011 2012 2013 2014 2015 2016 2017 2018 2019
出口额

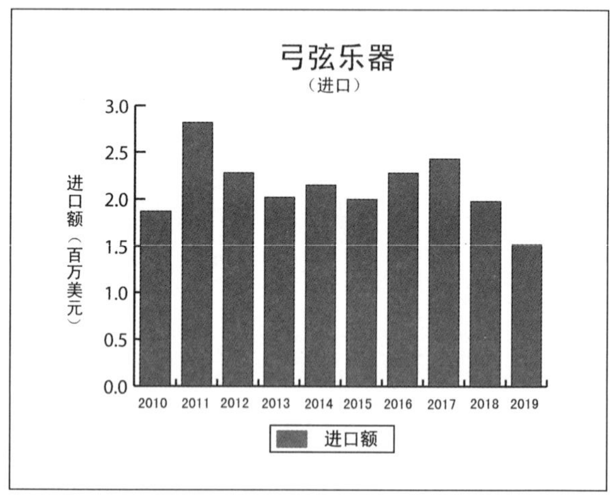
弓弦乐器
（进口）
进口额（百万美元）
3.0
2.5
2.0
1.5
1.0
0.5
0.0
2010 2011 2012 2013 2014 2015 2016 2017 2018 2019
进口额

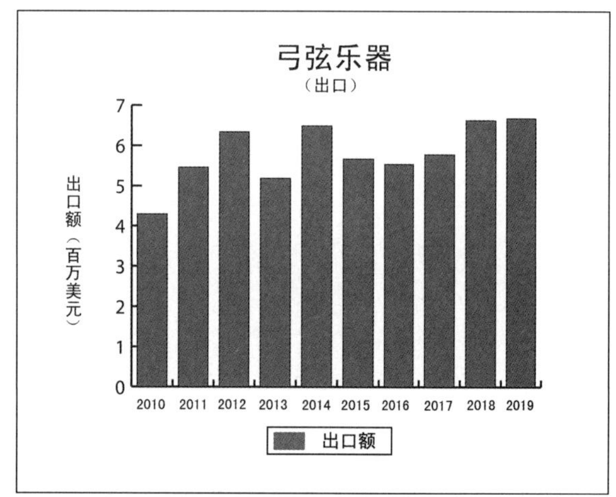
弓弦乐器
（出口）
出口额（百万美元）
7
6
5
4
3
2
1
0
2010 2011 2012 2013 2014 2015 2016 2017 2018 2019
出口额

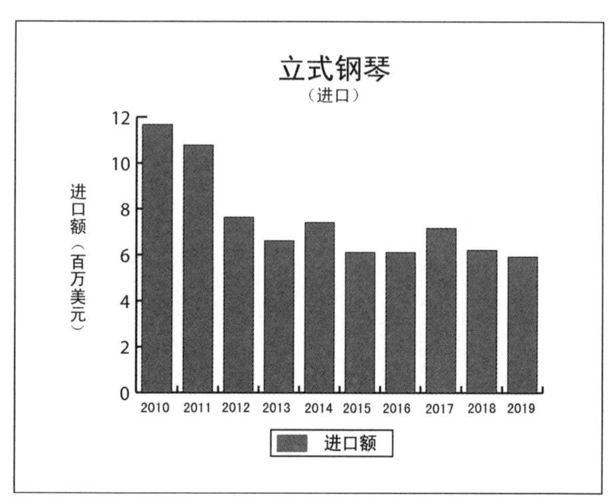
立式钢琴
（进口）
进口额（百万美元）
12
10
8
6
4
2
0
2010 2011 2012 2013 2014 2015 2016 2017 2018 2019
进口额

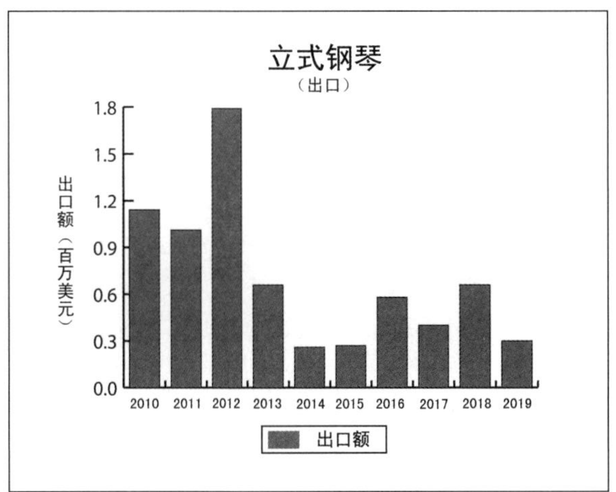
立式钢琴
（出口）
出口额（百万美元）
1.8
1.5
1.2
0.9
0.6
0.3
0.0
2010 2011 2012 2013 2014 2015 2016 2017 2018 2019
出口额

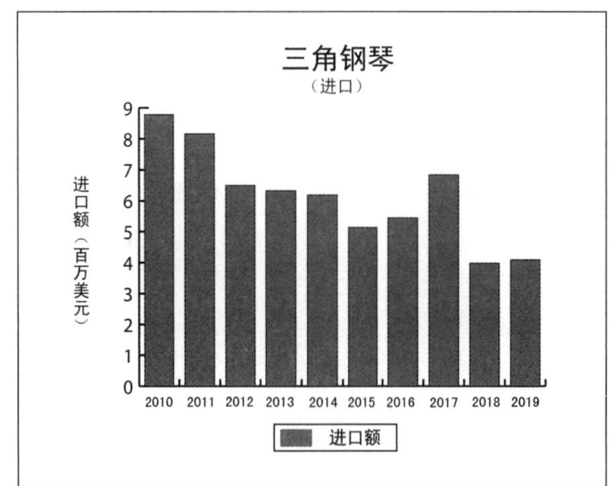
三角钢琴
（进口）
进口额（百万美元）
9
8
7
6
5
4
3
2
1
0
2010 2011 2012 2013 2014 2015 2016 2017 2018 2019
进口额

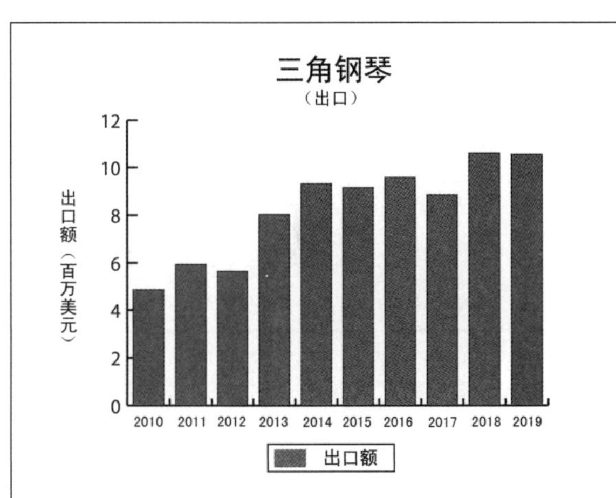
三角钢琴
（出口）
出口额（百万美元）
12
10
8
6
4
2
0
2010 2011 2012 2013 2014 2015 2016 2017 2018 2019
出口额

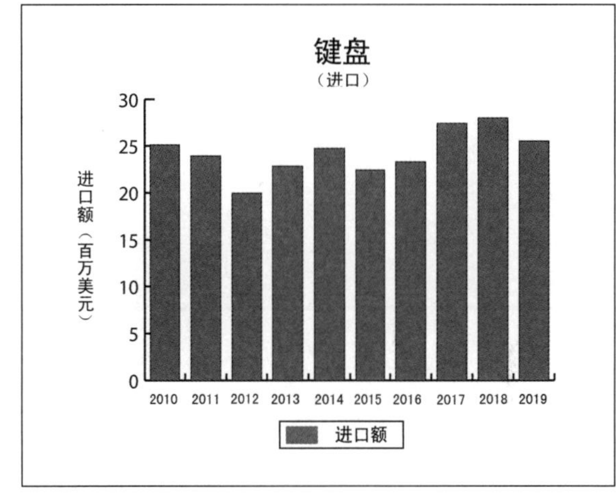
键盘
（进口）
进口额（百万美元）
30
25
20
15
10
5
0
2010 2011 2012 2013 2014 2015 2016 2017 2018 2019
进口额

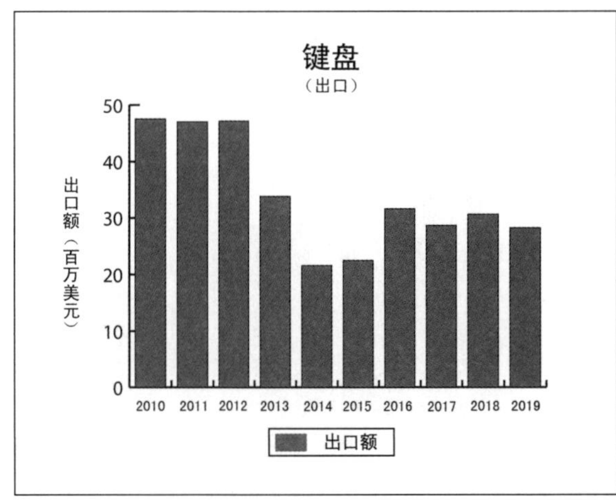
键盘
（出口）
出口额（百万美元）
50
40
30
20
10
0
2010 2011 2012 2013 2014 2015 2016 2017 2018 2019
出口额

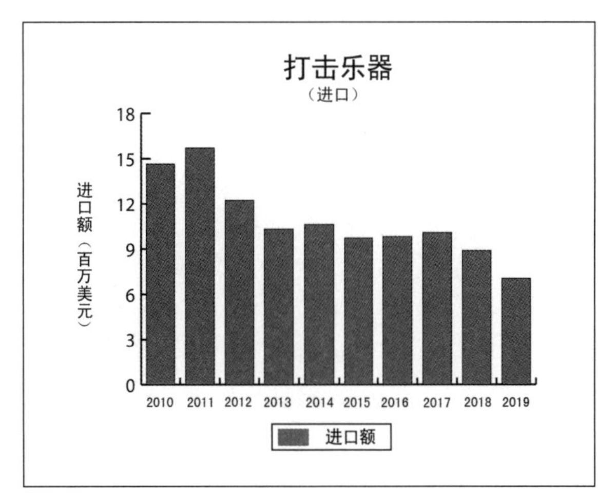
打击乐器
（进口）
进口额（百万美元）
18
15
12
9
6
3
0
2010 2011 2012 2013 2014 2015 2016 2017 2018 2019
进口额

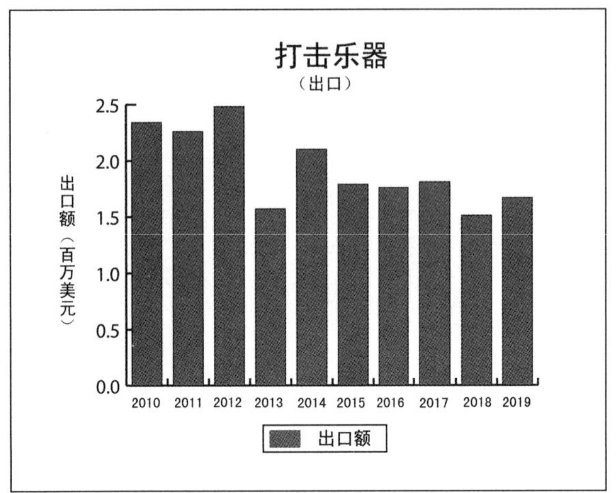
打击乐器
（出口）
出口额（百万美元）
2.5
2.0
1.5
1.0
0.5
0.0
2010 2011 2012 2013 2014 2015 2016 2017 2018 2019
出口额

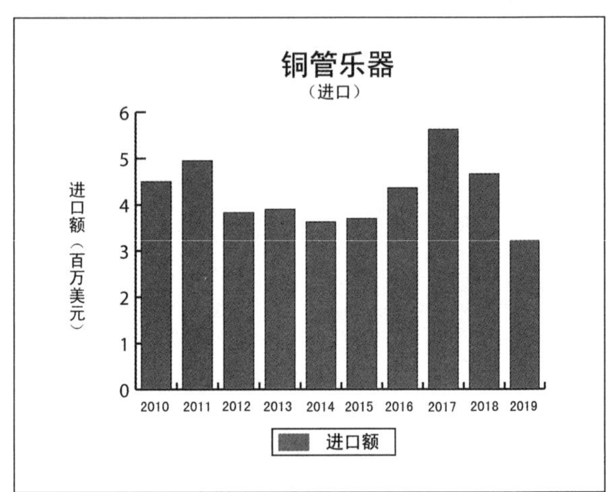
铜管乐器
（进口）
进口额（百万美元）
6
5
4
3
2
1
0
2010 2011 2012 2013 2014 2015 2016 2017 2018 2019
进口额

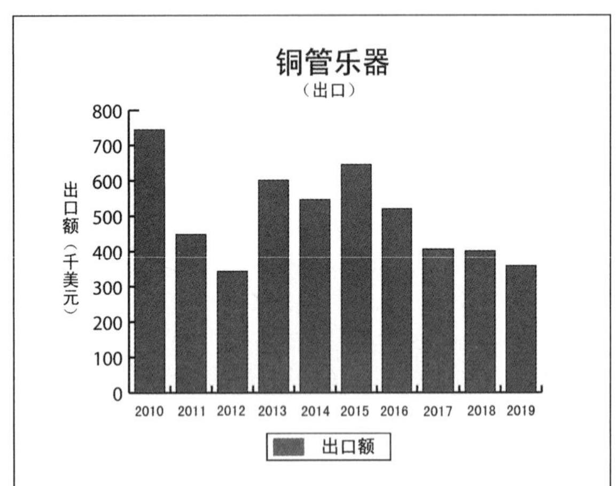
铜管乐器
（出口）
出口额（千美元）
800
700
600
500
400
300
200
100
0
2010 2011 2012 2013 2014 2015 2016 2017 2018 2019
出口额

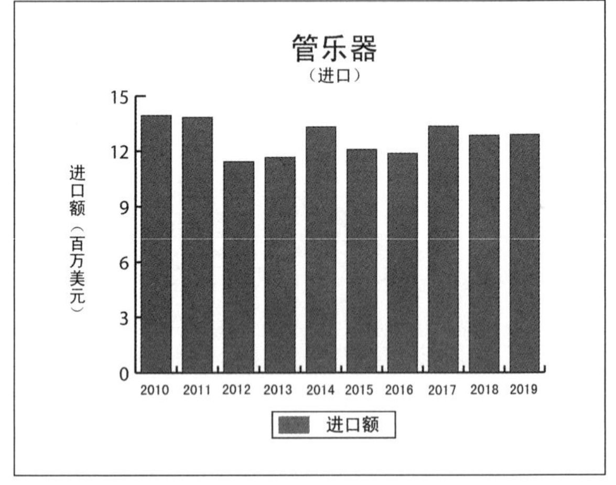
管乐器
（进口）
进口额（百万美元）
15
12
9
6
3
0
2010 2011 2012 2013 2014 2015 2016 2017 2018 2019
进口额

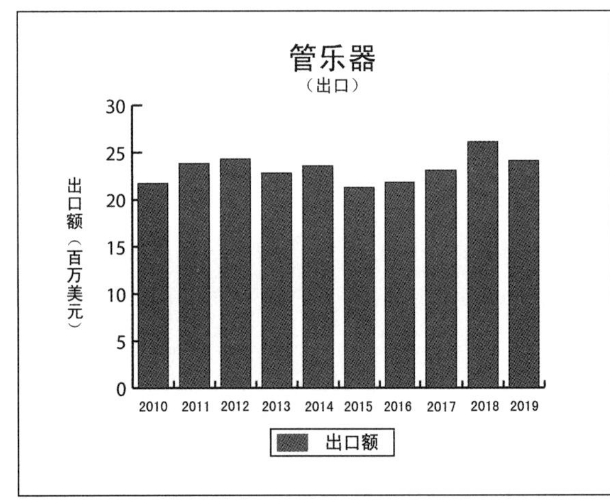
管乐器
（出口）
出口额（百万美元）
30
25
20
15
10
5
0
2010 2011 2012 2013 2014 2015 2016 2017 2018 2019
出口额

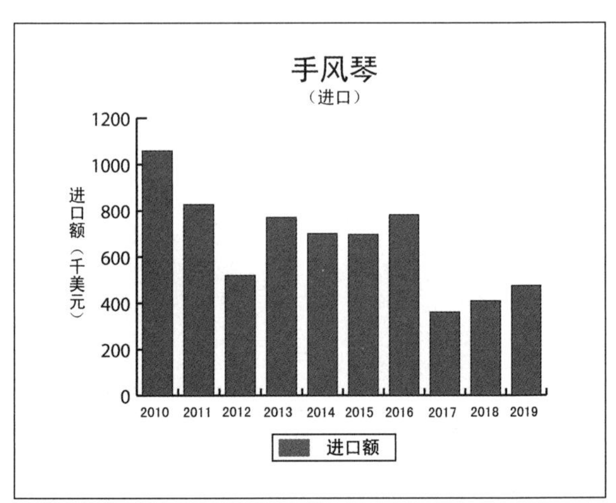
手风琴
（进口）
进口额（千美元）
1200
1000
800
600
400
200
0
2010 2011 2012 2013 2014 2015 2016 2017 2018 2019
进口额

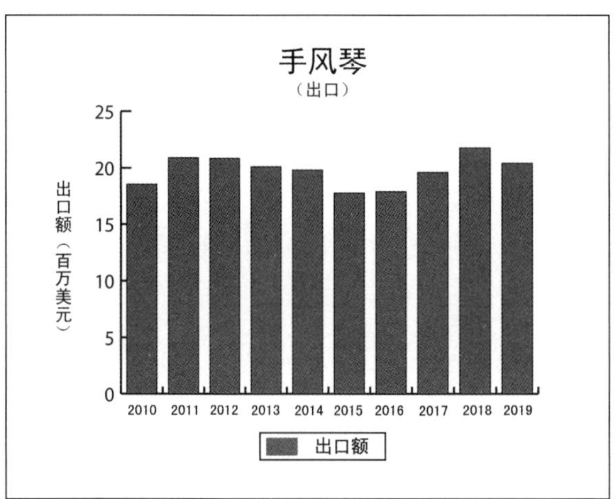
手风琴
（出口）
出口额（百万美元）
25
20
15
10
5
0
2010 2011 2012 2013 2014 2015 2016 2017 2018 2019
出口额

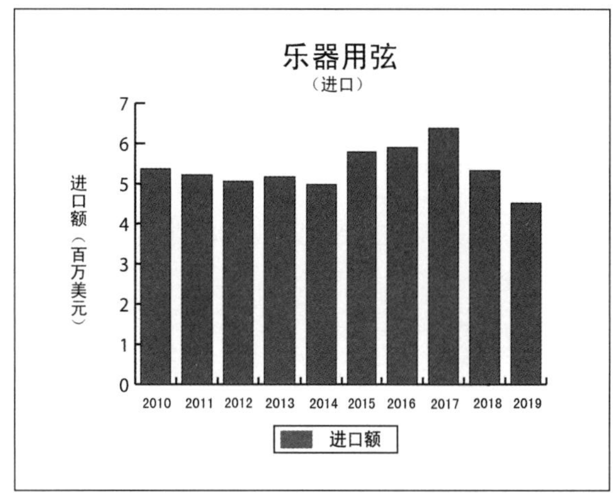
乐器用弦
（进口）
进口额（百万美元）
7
6
5
4
3
2
1
0
2010 2011 2012 2013 2014 2015 2016 2017 2018 2019
进口额

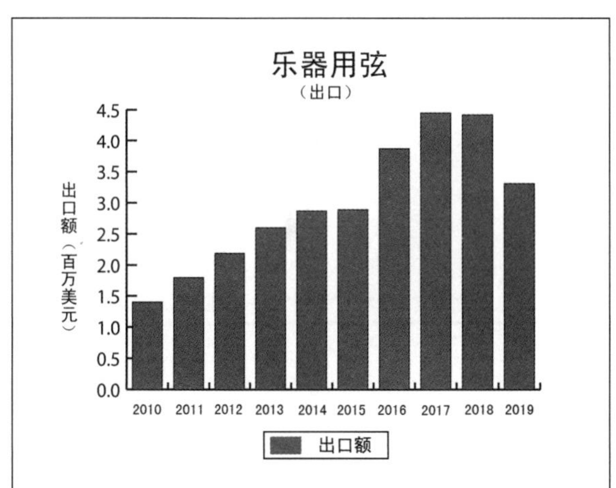
乐器用弦
（出口）
出口额（百万美元）
4.5
4.0
3.5
3.0
2.5
2.0
1.5
1.0
0.5
0.0
2010 2011 2012 2013 2014 2015 2016 2017 2018 2019
出口额

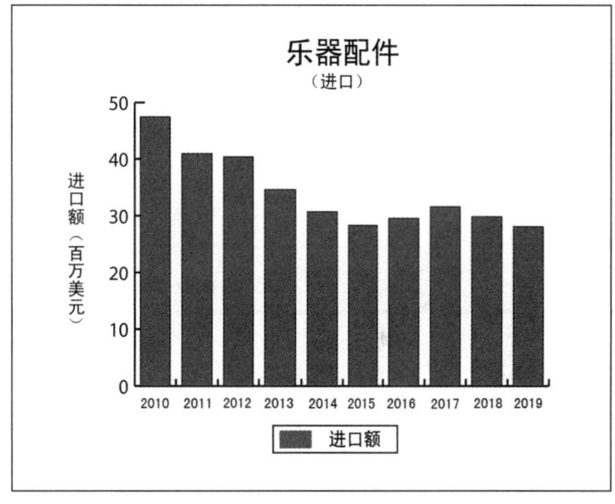
乐器配件
（进口）
进口额（百万美元）
50
40
30
20
10
0
2010 2011 2012 2013 2014 2015 2016 2017 2018 2019
进口额

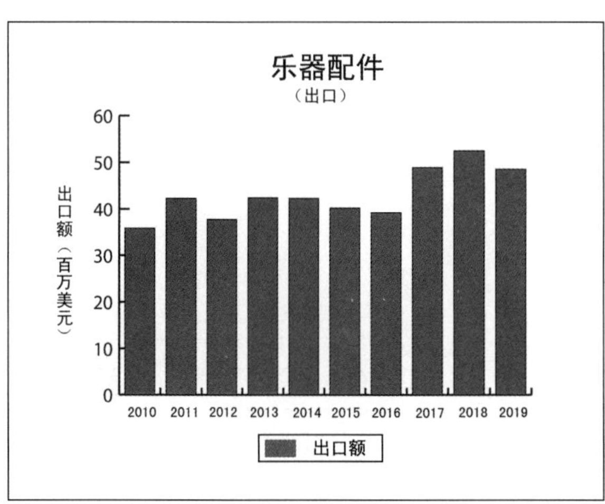
乐器配件
（出口）
出口额（百万美元）
60
50
40
30
20
10
0
2010 2011 2012 2013 2014 2015 2016 2017 2018 2019
出口额

荷兰

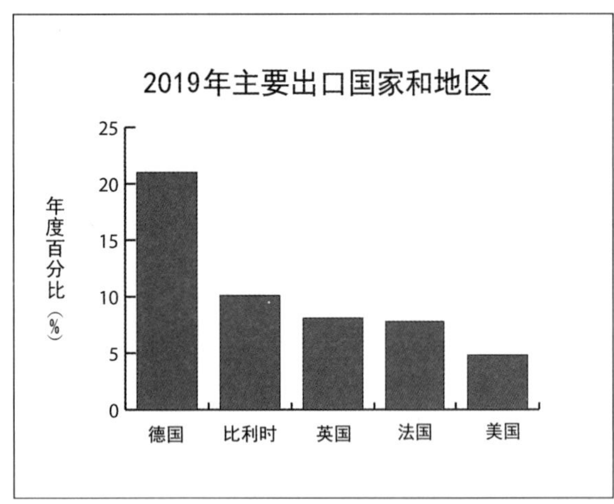

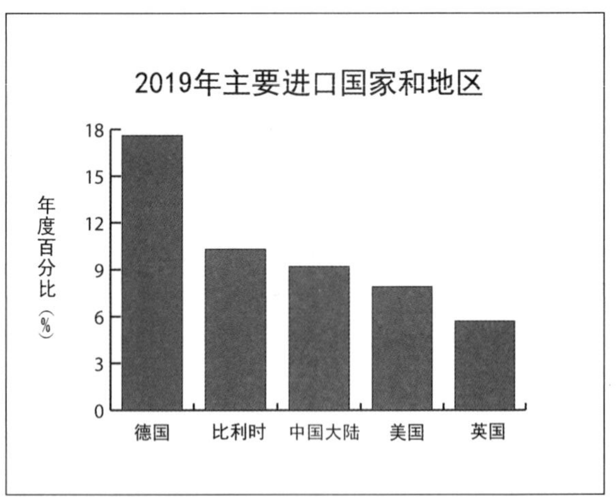

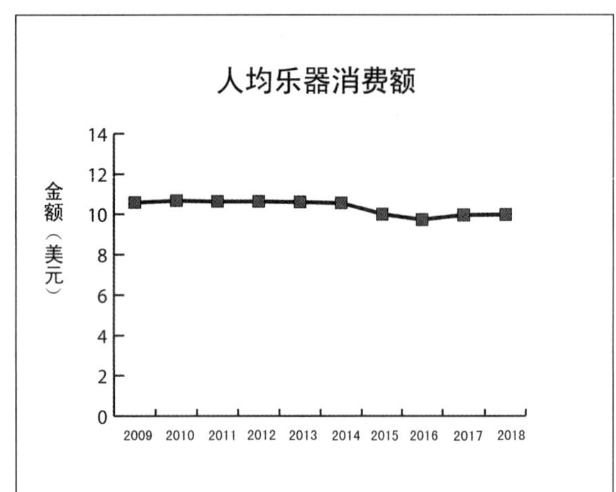

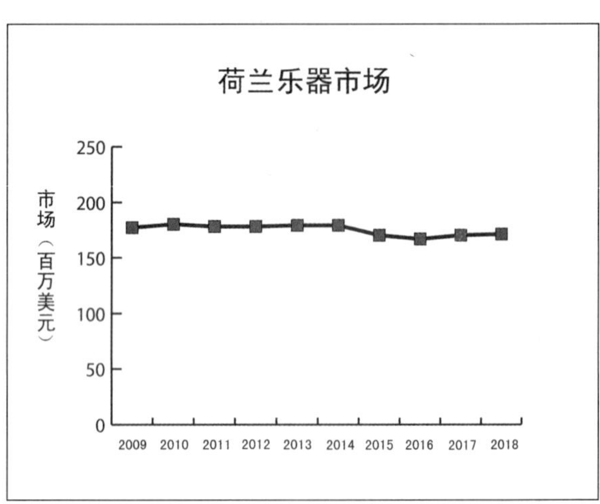

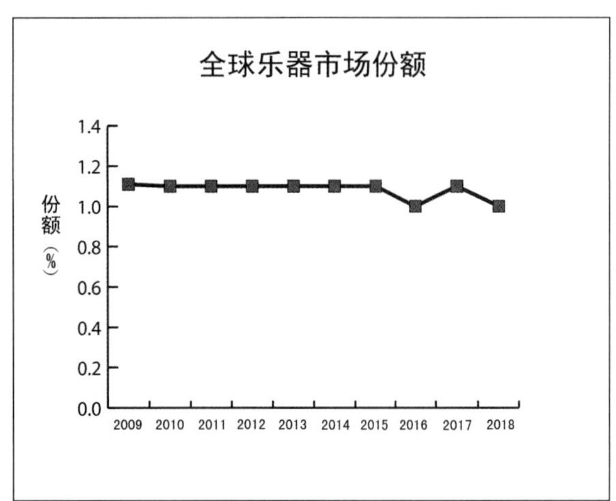

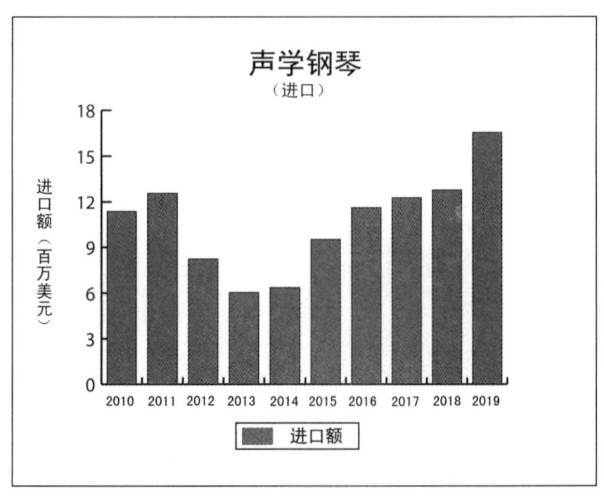

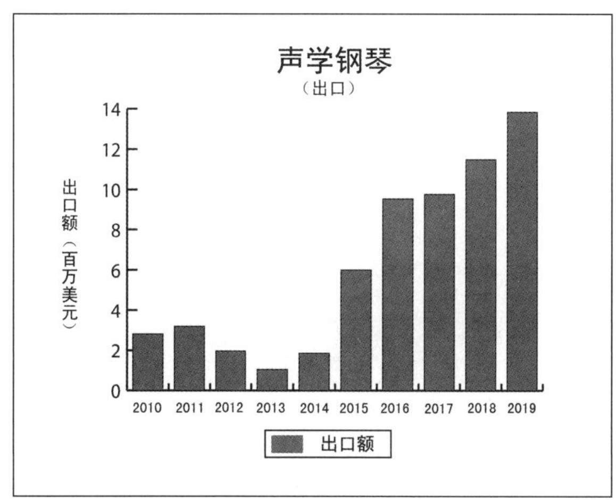
声学钢琴
（出口）
出口额（百万美元）
14
12
10
8
6
4
2
0
2010 2011 2012 2013 2014 2015 2016 2017 2018 2019
出口额

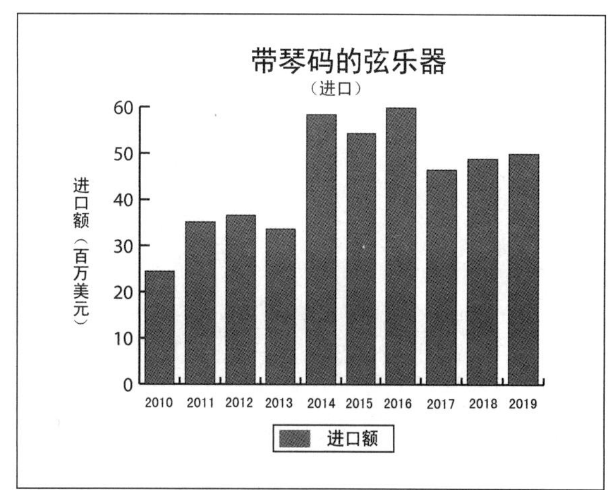
带琴码的弦乐器
（进口）
进口额（百万美元）
60
50
40
30
20
10
0
2010 2011 2012 2013 2014 2015 2016 2017 2018 2019
进口额

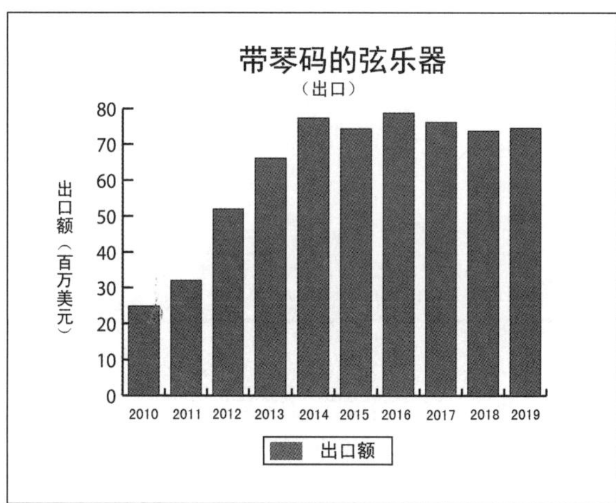
带琴码的弦乐器
（出口）
出口额（百万美元）
80
70
60
50
40
30
20
10
0
2010 2011 2012 2013 2014 2015 2016 2017 2018 2019
出口额

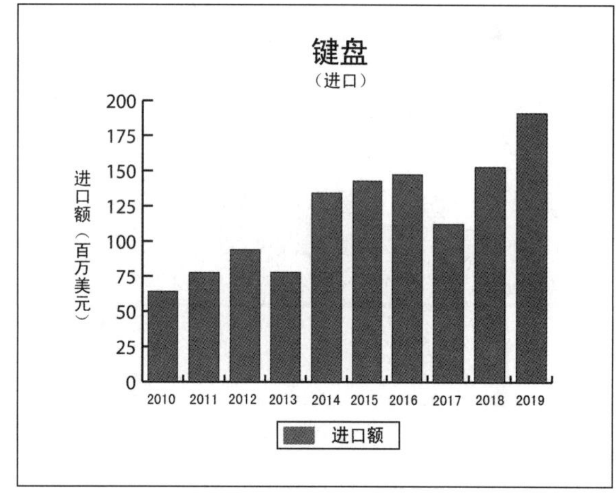
键盘
（进口）
进口额（百万美元）
200
175
150
125
100
75
50
25
0
2010 2011 2012 2013 2014 2015 2016 2017 2018 2019
进口额

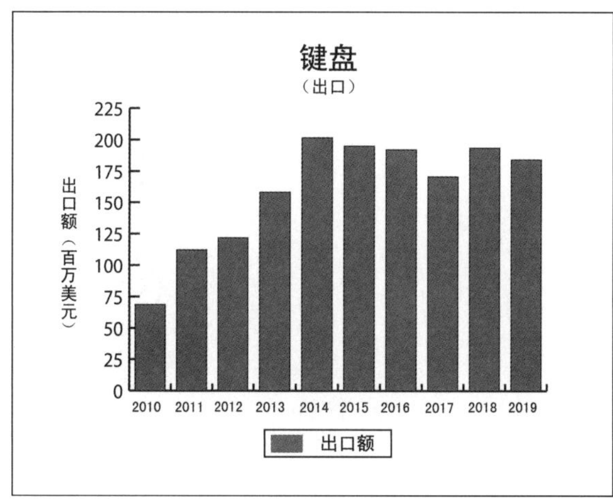
键盘
（出口）
出口额（百万美元）
225
200
175
150
125
100
75
50
25
0
2010 2011 2012 2013 2014 2015 2016 2017 2018 2019
出口额

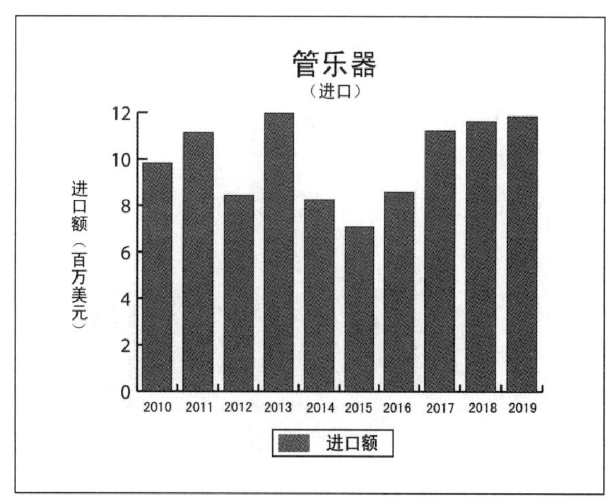
管乐器
（进口）
进口额（百万美元）
12
10
8
6
4
2
0
2010 2011 2012 2013 2014 2015 2016 2017 2018 2019
进口额

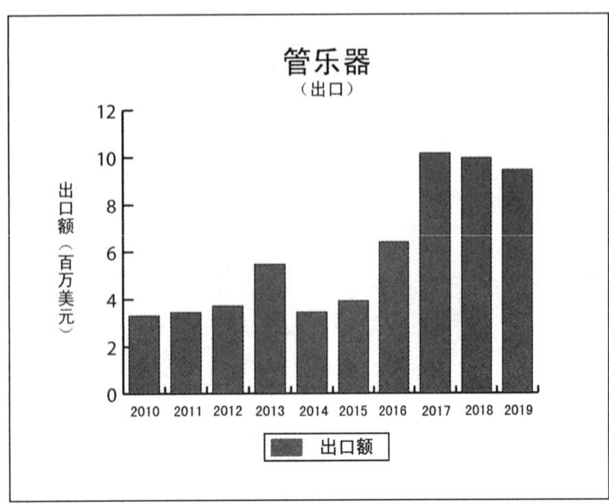
管乐器
（出口）
出口额（百万美元）
12
10
8
6
4
2
0
2010 2011 2012 2013 2014 2015 2016 2017 2018 2019
出口额

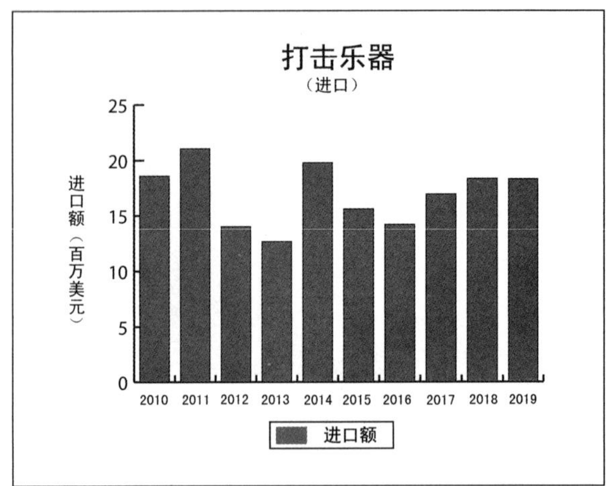
打击乐器
（进口）
进口额（百万美元）
25
20
15
10
5
0
2010 2011 2012 2013 2014 2015 2016 2017 2018 2019
进口额

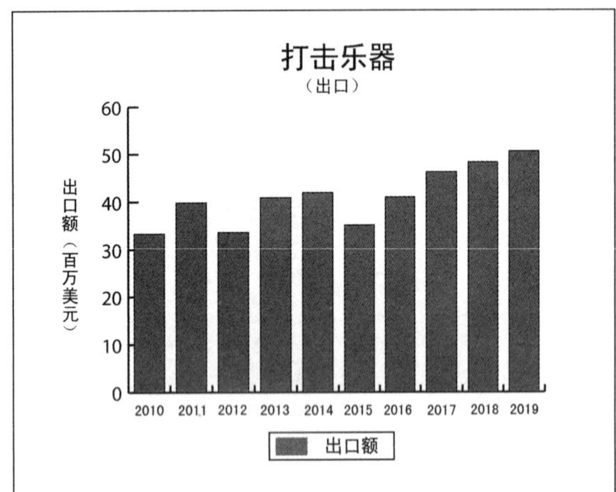
打击乐器
（出口）
出口额（百万美元）
60
50
40
30
20
10
0
2010 2011 2012 2013 2014 2015 2016 2017 2018 2019
出口额

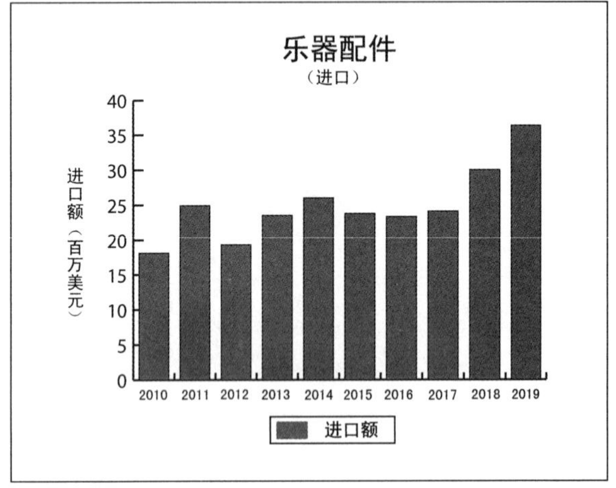
乐器配件
（进口）
进口额（百万美元）
40
35
30
25
20
15
10
5
0
2010 2011 2012 2013 2014 2015 2016 2017 2018 2019
进口额

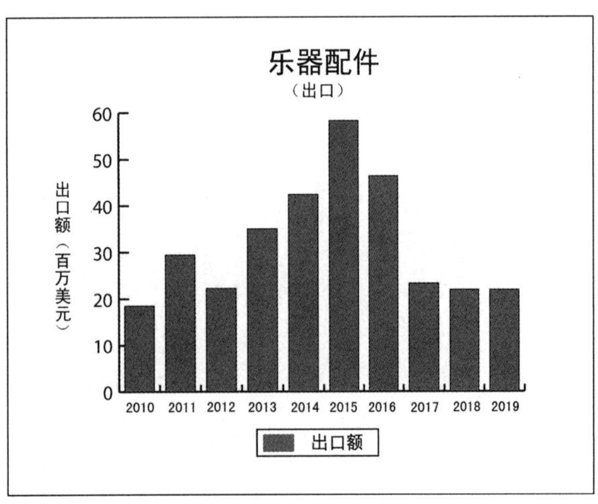
乐器配件
（出口）
出口额（百万美元）
60
50
40
30
20
10
0
2010 2011 2012 2013 2014 2015 2016 2017 2018 2019
出口额

俄罗斯

俄罗斯乐器市场取决于整体经济形势。自2017年初至今，俄罗斯经济一直受到多重外部因素影响：油价下跌、制裁以及资本外流。但2019年发生了几件重要事情。石油价格从2016年每桶30美元上升至2019年的60美元，意味着俄罗斯的财政预算业已增加。但是，俄罗斯乐器市场最重要的发展因素是俄政府批准了多个领域的国家计划，如国家“文化”计划和国家“教育”计划。这些计划项目为各大学校、爱乐团体、乐团和音乐厅购买新的乐器及设备。

在组织政府招标时，俄罗斯国产乐器将获得优先考虑。但总的来说，整个市场已翻了一番。某些乐器并不被音乐学校或乐团所接受，但对这些乐器的需求甚至也有所增长，表明国家计划已经提升了人们对音乐和音乐教育的兴趣。

国家采购不仅引发了乐器市场的增长，而且也使得管弦乐器平均价格出现上涨。举例来说，小提琴平均价格从2017年的35.12美元增至2019年的75.46美元。其他弓弦乐器的价格则从105.63美元增至1071.67美元。铜管乐器以及其他管乐器的进口亦增长三到四倍。整个管弦乐器市场增长200%～300%，甚至连弓弦乐器的市场也增长698%。

展望未来

我们已面临油价下跌一半的问题。另一方面，俄罗斯政府的新货币政策允许卢布波动的幅度较小，因此卢布仅贬值了10%。现阶段难以做出任何预测。没人知道新型疫情将对全球经济和作为其中一部分的俄罗斯经济产生怎样影响。

从2019年1月1日开始到2024年底结束，国家“文化”计划和国家“教育”计划将持续六年。由于新型冠状病毒肺炎（COVID-19）这一突发情况影响，国家预算总体结构可能作出大范围调整，预计对经济制造业的支持有所增加。（评注：俄罗斯Dynatone音乐公司总裁阿莱玛斯）

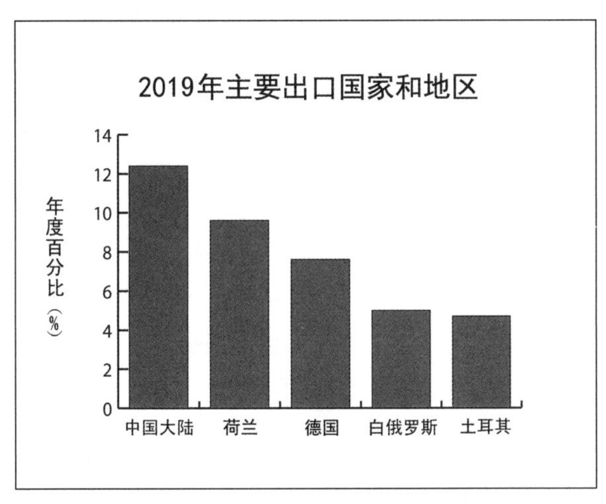

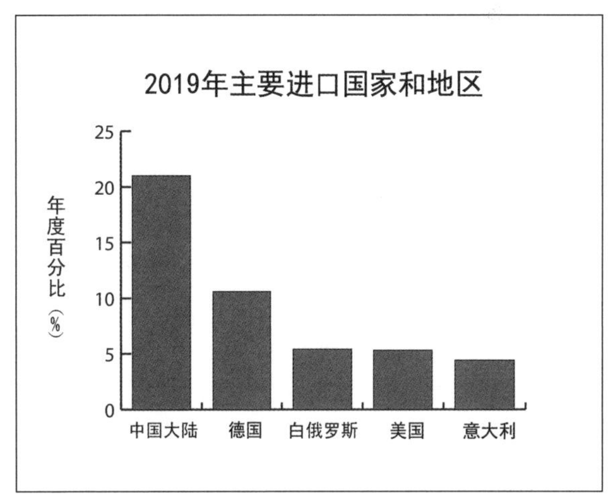

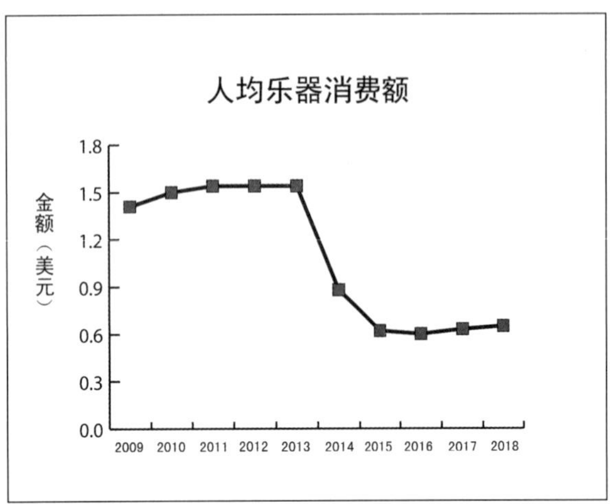
人均乐器消费额
金额（美元）
1.8
1.5
1.2
0.9
0.6
0.3
0.0
2009 2010 2011 2012 2013 2014 2015 2016 2017 2018

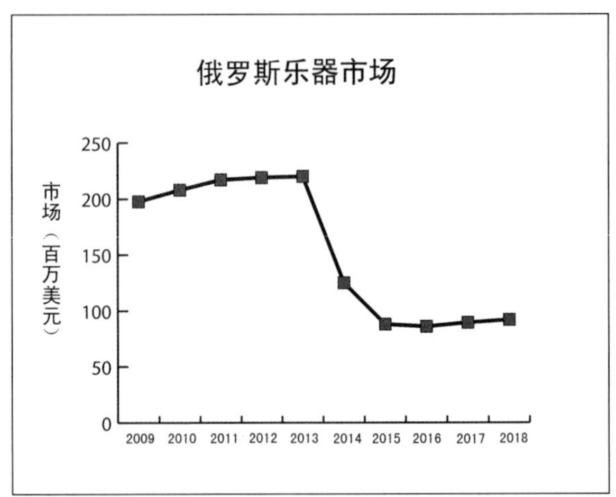
俄罗斯乐器市场
市场（百万美元）
250
200
150
100
50
0
2009 2010 2011 2012 2013 2014 2015 2016 2017 2018

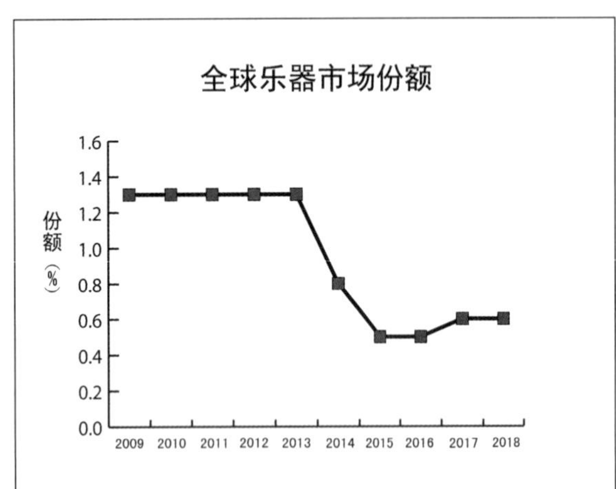
全球乐器市场份额
份额（%）
1.6
1.4
1.2
1.0
0.8
0.6
0.4
0.2
0.0
2009 2010 2011 2012 2013 2014 2015 2016 2017 2018

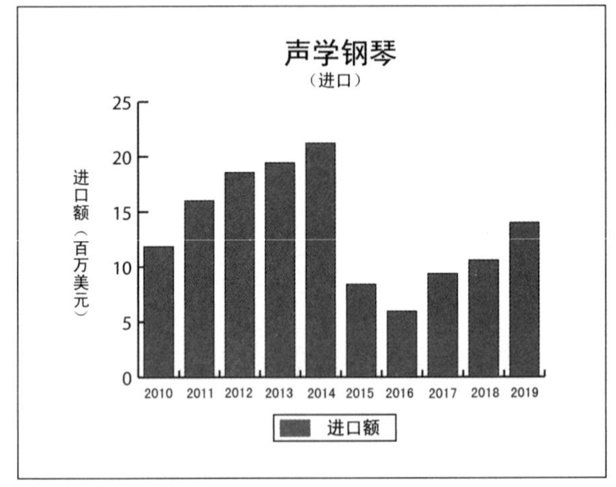
声学钢琴
（进口）
进口额（百万美元）
25
20
15
10
5
0
2010 2011 2012 2013 2014 2015 2016 2017 2018 2019
进口额

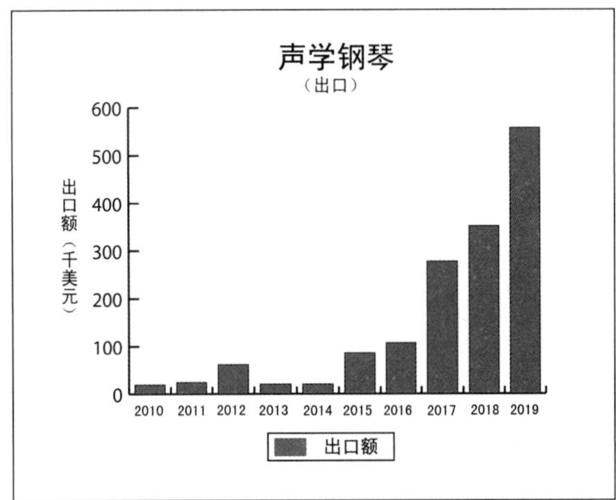
声学钢琴
（出口）
出口额（千美元）
600
500
400
300
200
100
0
2010 2011 2012 2013 2014 2015 2016 2017 2018 2019
出口额

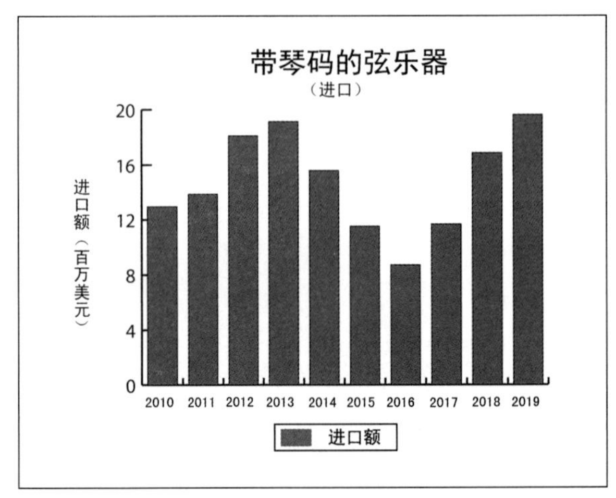
带琴码的弦乐器
（进口）
进口额（百万美元）
20
16
12
8
4
0
2010 2011 2012 2013 2014 2015 2016 2017 2018 2019
进口额

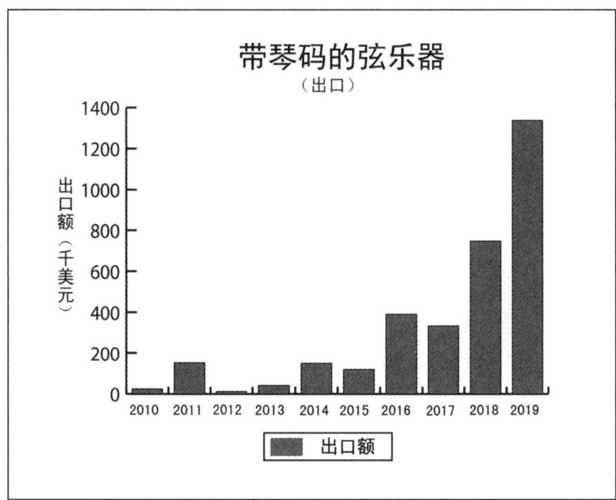
带琴码的弦乐器
（出口）
出口额（千美元）
1400
1200
1000
800
600
400
200
0
2010 2011 2012 2013 2014 2015 2016 2017 2018 2019
出口额

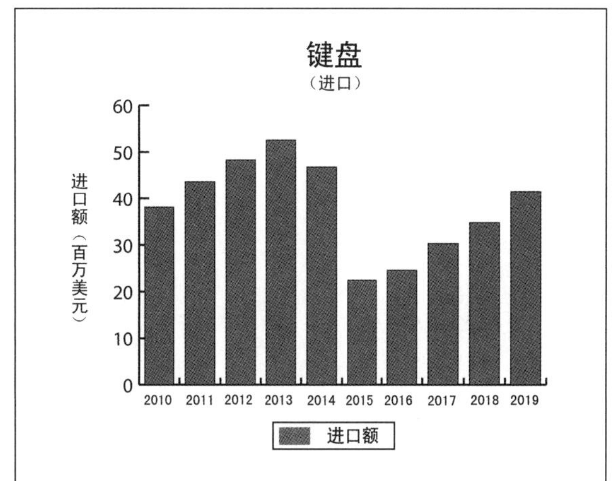
键盘
（进口）
进口额（百万美元）
60
50
40
30
20
10
0
2010 2011 2012 2013 2014 2015 2016 2017 2018 2019
进口额

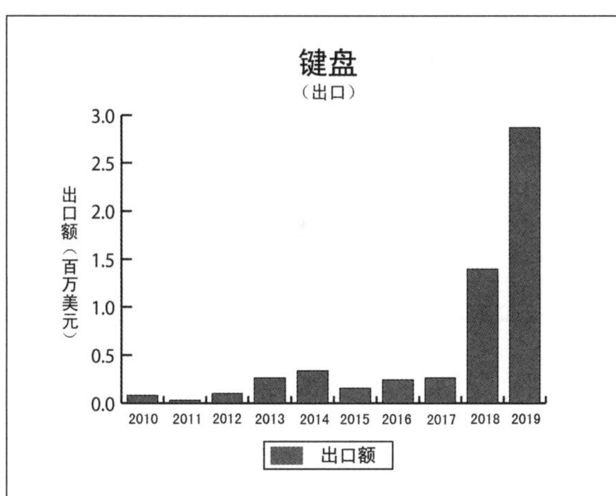
键盘
（出口）
出口额（百万美元）
3.0
2.5
2.0
1.5
1.0
0.5
0.0
2010 2011 2012 2013 2014 2015 2016 2017 2018 2019
出口额

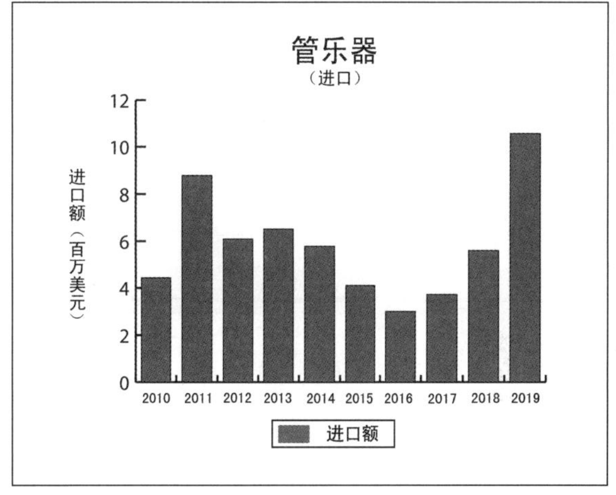
管乐器
（进口）
进口额（百万美元）
12
10
8
6
4
2
0
2010 2011 2012 2013 2014 2015 2016 2017 2018 2019
进口额

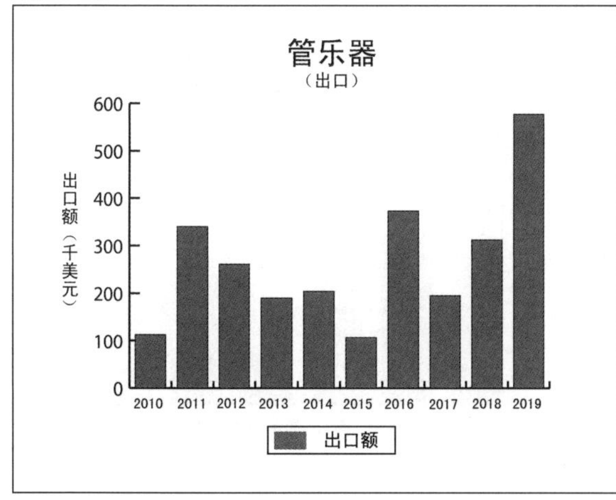
管乐器
（出口）
出口额（千美元）
600
500
400
300
200
100
0
2010 2011 2012 2013 2014 2015 2016 2017 2018 2019
出口额

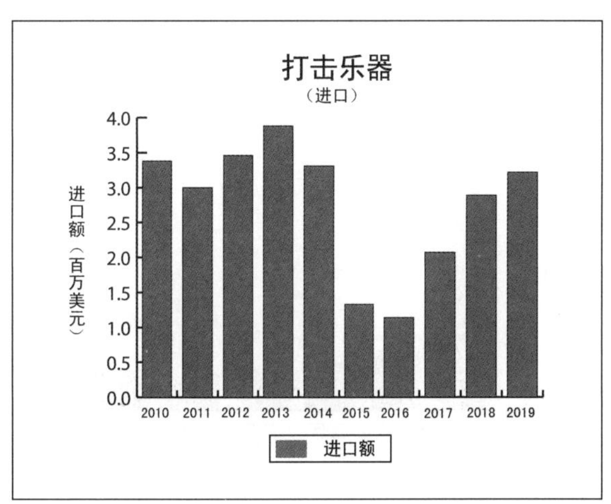
打击乐器
（进口）
进口额（百万美元）
4.0
3.5
3.0
2.5
2.0
1.5
1.0
0.5
0.0
2010 2011 2012 2013 2014 2015 2016 2017 2018 2019
进口额

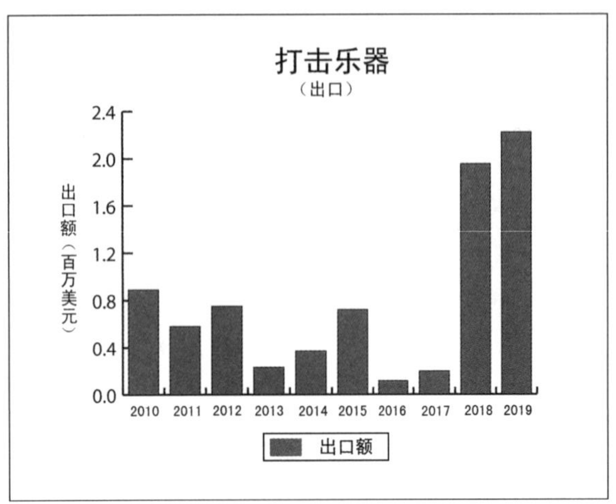

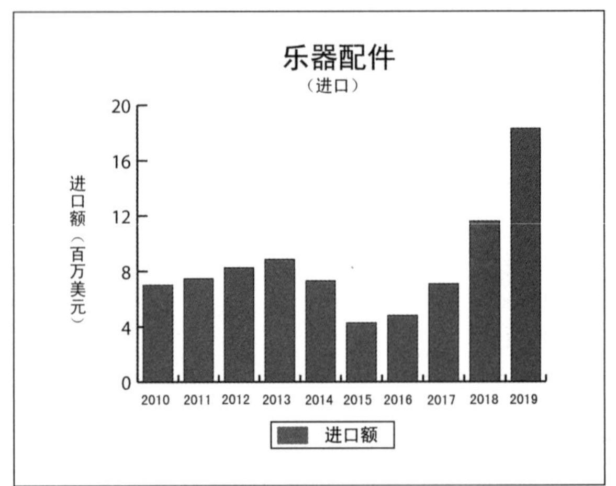

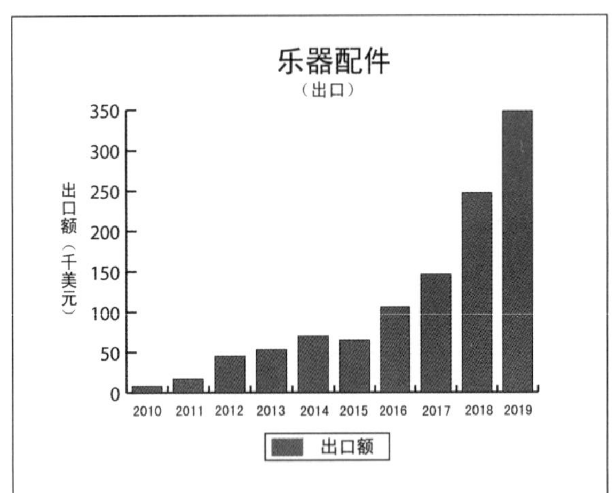

捷克

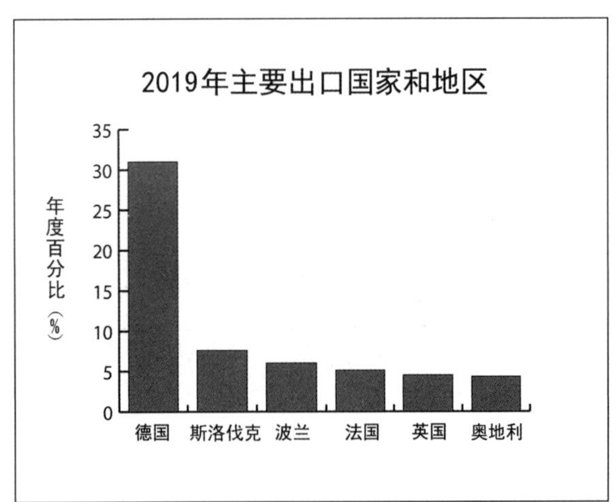

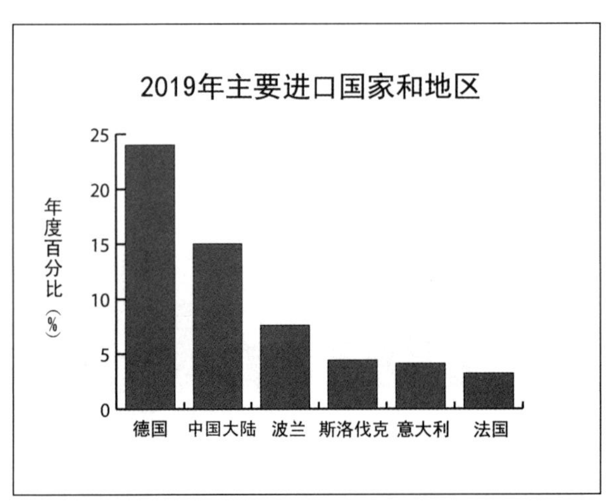

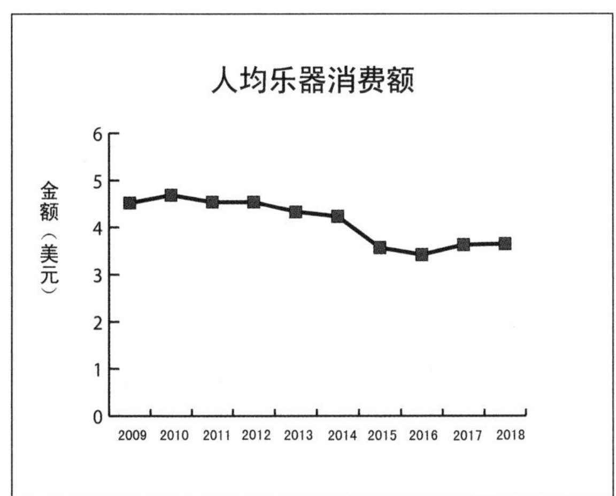
人均乐器消费额
金额（美元）
0
1
2
3
4
5
6
2009 2010 2011 2012 2013 2014 2015 2016 2017 2018

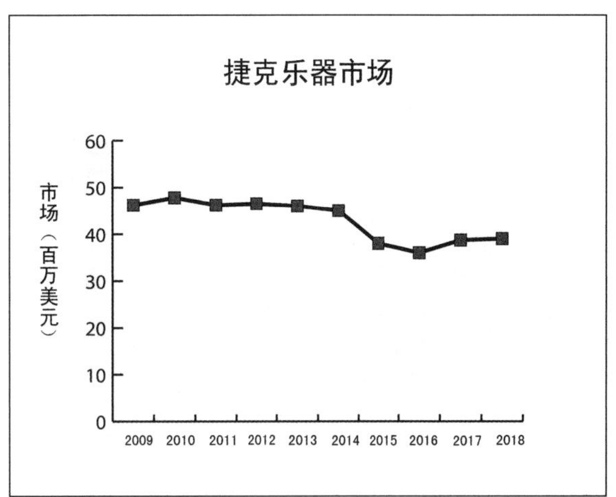
捷克乐器市场
市场（百万美元）
0
10
20
30
40
50
60
2009 2010 2011 2012 2013 2014 2015 2016 2017 2018

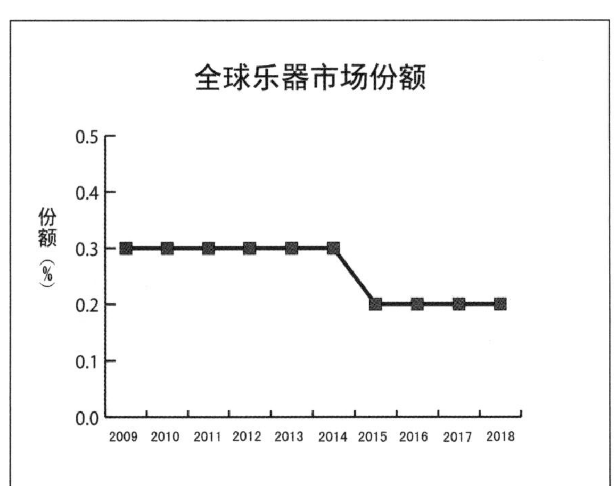
全球乐器市场份额
份额（%）
0.0
0.1
0.2
0.3
0.4
0.5
2009 2010 2011 2012 2013 2014 2015 2016 2017 2018

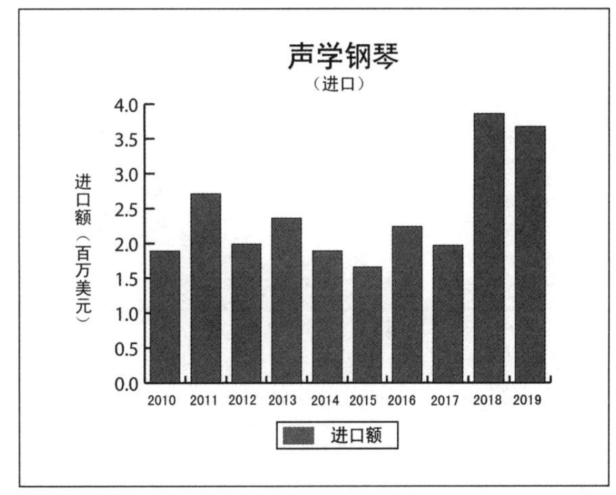
声学钢琴
（进口）
进口额（百万美元）
0.0
0.5
1.0
1.5
2.0
2.5
3.0
3.5
4.0
2010 2011 2012 2013 2014 2015 2016 2017 2018 2019
进口额

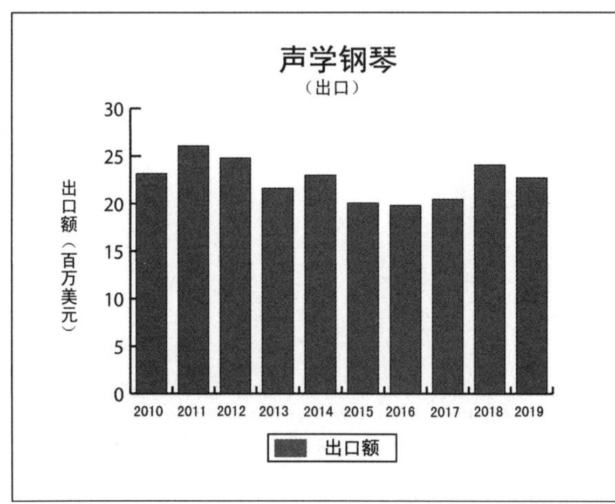
声学钢琴
（出口）
出口额（百万美元）
0
5
10
15
20
25
30
2010 2011 2012 2013 2014 2015 2016 2017 2018 2019
出口额

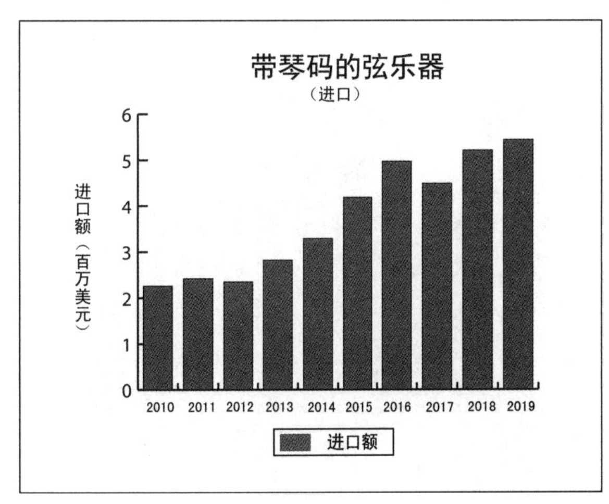
带琴码的弦乐器
（进口）
进口额（百万美元）
0
1
2
3
4
5
6
2010 2011 2012 2013 2014 2015 2016 2017 2018 2019
进口额

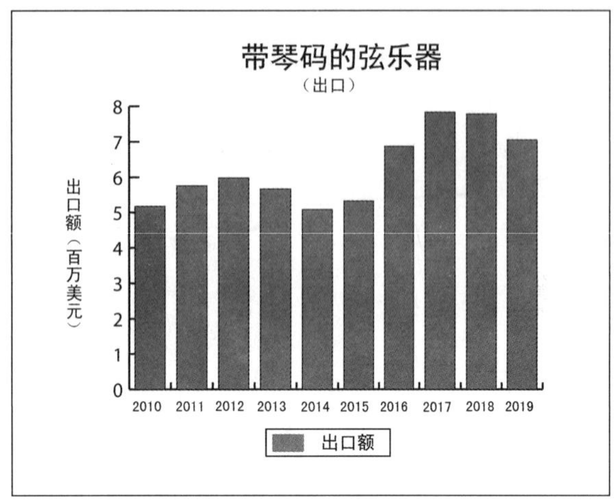
带琴码的弦乐器
（出口）
出口额（百万美元）
0
1
2
3
4
5
6
7
8
2010
2011
2012
2013
2014
2015
2016
2017
2018
2019
出口额

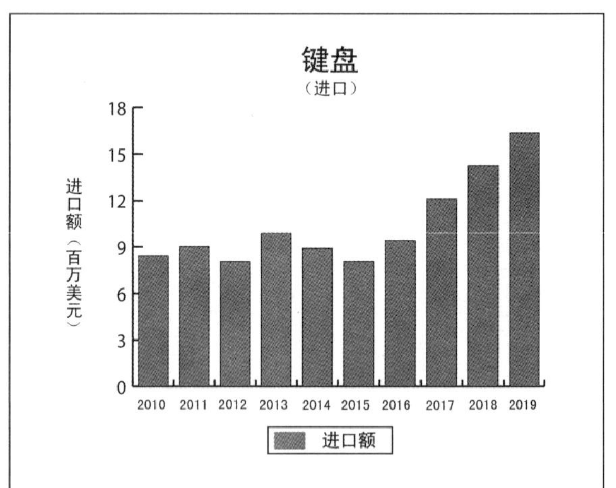
键盘
（进口）
进口额（百万美元）
0
3
6
9
12
15
18
2010
2011
2012
2013
2014
2015
2016
2017
2018
2019
进口额

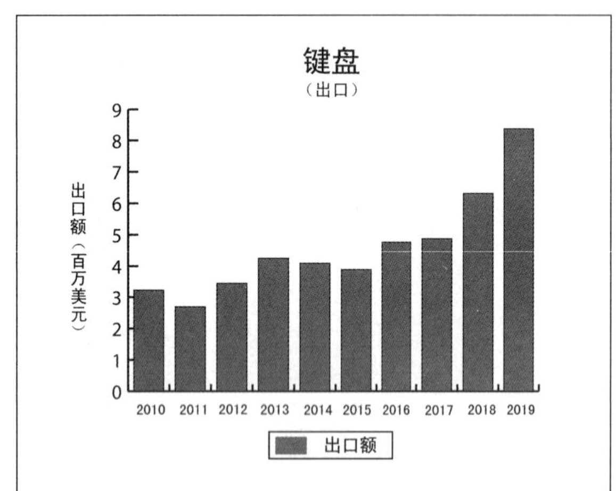
键盘
（出口）
出口额（百万美元）
0
1
2
3
4
5
6
7
8
9
2010
2011
2012
2013
2014
2015
2016
2017
2018
2019
出口额

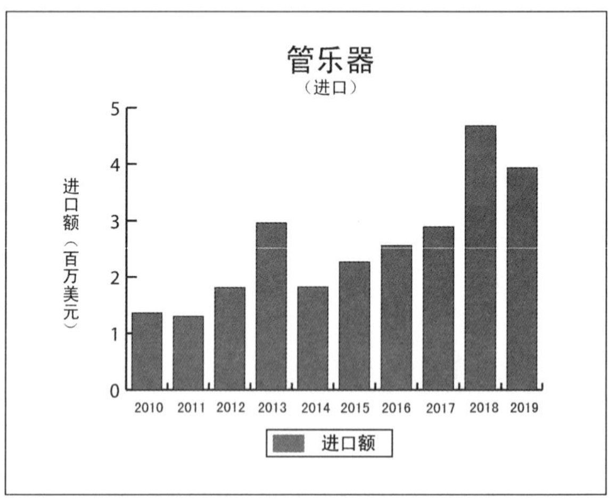
管乐器
（进口）
进口额（百万美元）
0
1
2
3
4
5
2010
2011
2012
2013
2014
2015
2016
2017
2018
2019
进口额

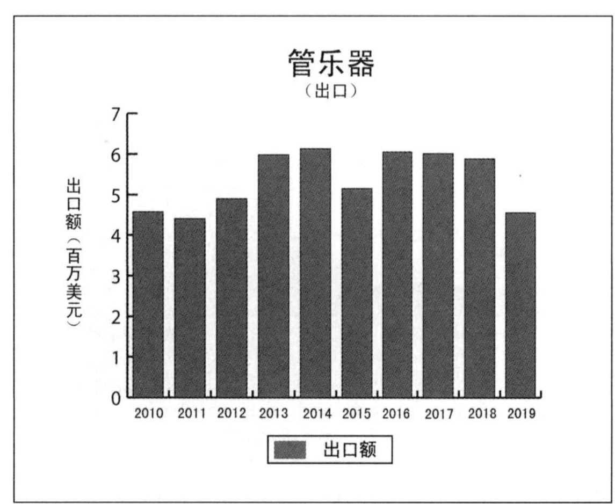
管乐器
（出口）
出口额（百万美元）
0
1
2
3
4
5
6
7
2010
2011
2012
2013
2014
2015
2016
2017
2018
2019
出口额

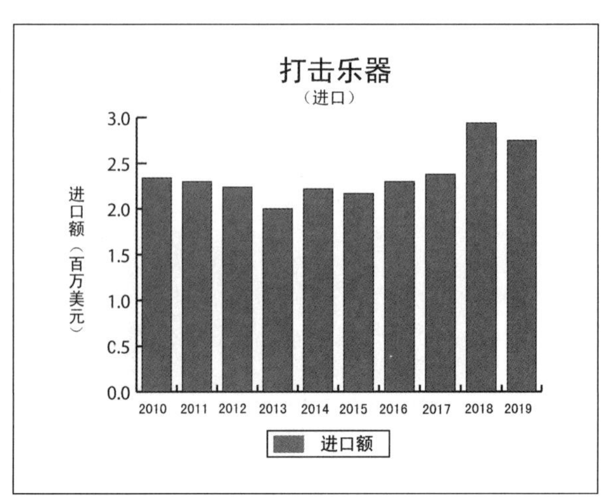
打击乐器
（进口）
进口额（百万美元）
0.0
C.5
1.0
1.5
2.0
2.5
3.0
2010
2011
2012
2013
2014
2015
2016
2017
2018
2019
进口额

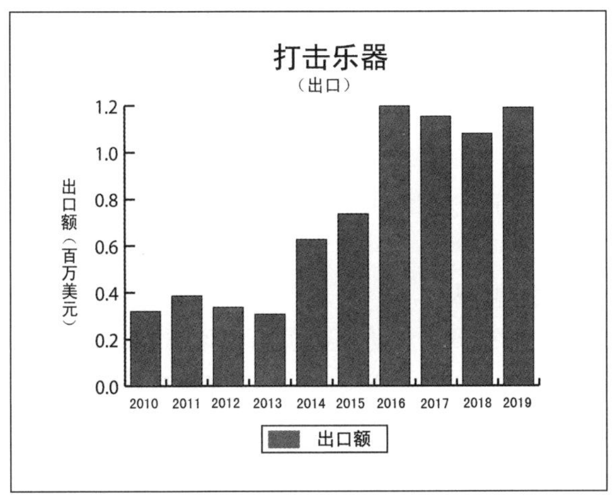

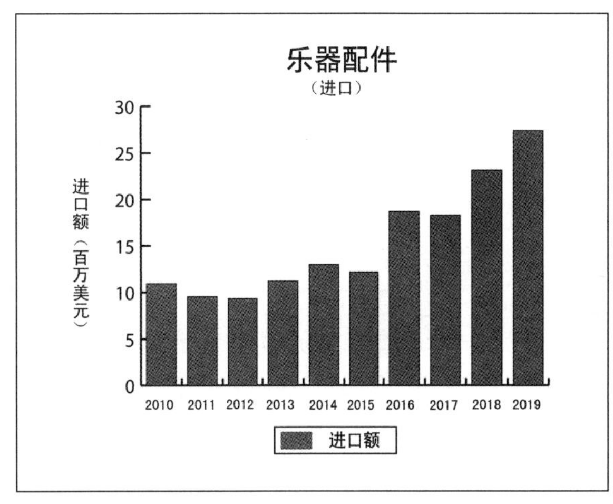

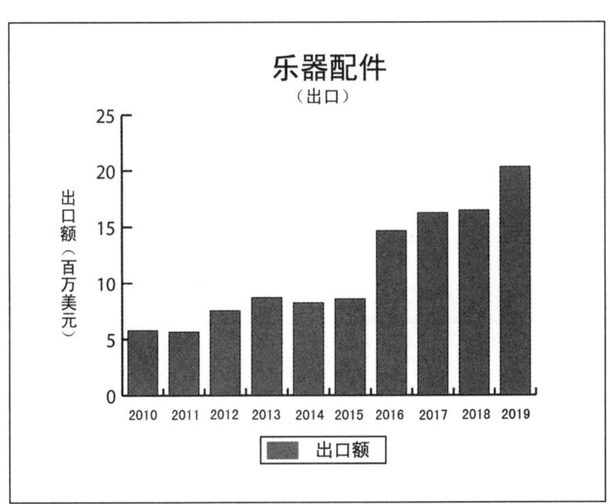

巴西

2019年巴西乐器和配件市场比2018年增长4%。亚洲继续成为巴西乐器行业的主要贸易伙伴，占乐器原产地的72.3%，其次是欧盟和北美。

与巴西雷亚尔相比，美元汇率于2019年增长8%。在缓慢复苏期间，吉他和其他弦乐器（NCM类别92021000和92029000）等产品在2019年的进口总值比2018年下降了12.7%。但是，下降12.7%的进口总值并未反映在保持稳定的产品数量上。每公斤弦乐器的价格下降了2美元，从平均17美元降至15美元。

管乐器

萨克斯、长笛等风琴（NCM类别92051000和92059000）在2019年的业绩高于平均水平。在2018年期间，它们增加了170万美元，增幅达32.5%，并且实现了连续第三年增长。进口至巴西的数量/重量也反映了该类别的出色表现，分别比2018年增长22%。

打击乐器

NCM 92060000类别包括打击乐器、鼓和其他配件，在2017–2018年增长强劲，但在2019年放慢了增长速度。该类别进口商品的总值和重量（公斤）均小幅下降了3%。

合成器

在巴西，合成器的市场份额并未减少，但是进口产品的总值却有所下降，这表明人们倾向于寻找更加便宜的产品。虽然进口总值减少7.5%，但数量保持稳定。

吉他和贝斯吉他

与鼓和打击乐器一样，2018年吉他和贝斯吉他市场的增长步伐也不尽相同。另一方面，金额减少15%，重量也减少19%。

2020年巴西重建

与2019年同期相比，巴西乐器市场在2020年第1季度下降约80%。如果您认为这已经是一个庞大的数字，那么同期下降了90%的专业音频和灯光类别肯定更会令您瞠目结舌。新型冠状病毒肺炎（COVID–19）不仅摧毁了整个市场，还凸显了巴西在线销售基础设施的脆弱性。

2020年第1季度进口总值与2019年同期相比减少11%，显示了货币兑换带来的价格压力。

新冠对市场影响

巴西乐器工业协会对乐器市场290家公司和155家零售商进行了一项调查，概述了新冠隔离对贸易的影响。根据调查，49%的琴行已经开展了某种类型的电子商务销售。但是，仍有51%的巴西零售商尚无任何在线销售系统。

截至2020年5月底，新冠对巴西零售业的影响主要是暂时停工、减少雇员工作时间以及给予雇员带薪假期。10%的受访者使用了特殊的信贷额度，而18%的受访者表示他们没有参与任何政府计划。在2020年6月撰写本文时，裁员率并不算高低，只有16%的琴行宣布了裁员措施。6月份，巴西某些地区的检疫趋向宽松，经济活动开始重启。（评注：巴西乐器市场杂志主编丹尼尔）

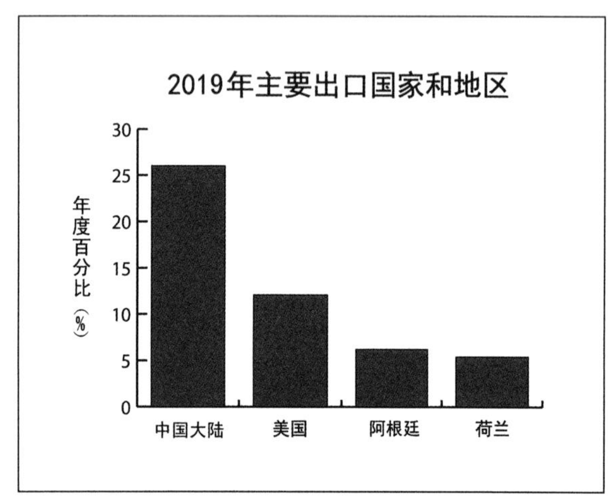

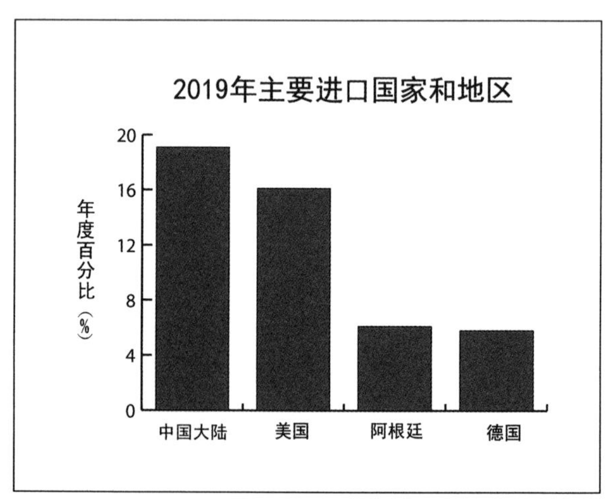

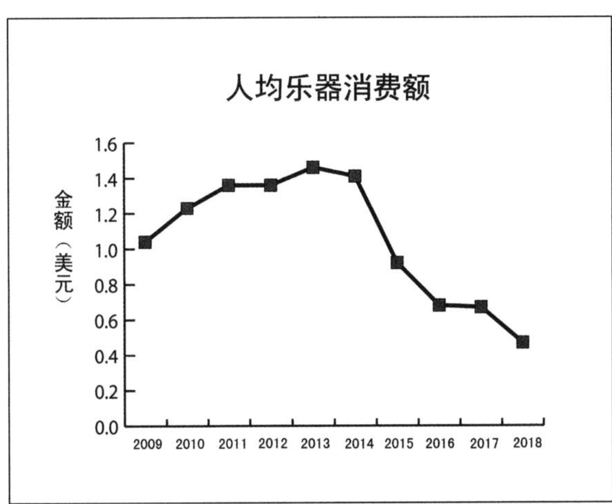
人均乐器消费额
金额（美元）
1.6
1.4
1.2
1.0
0.8
0.6
0.4
0.2
0.0
2009 2010 2011 2012 2013 2014 2015 2016 2017 2018

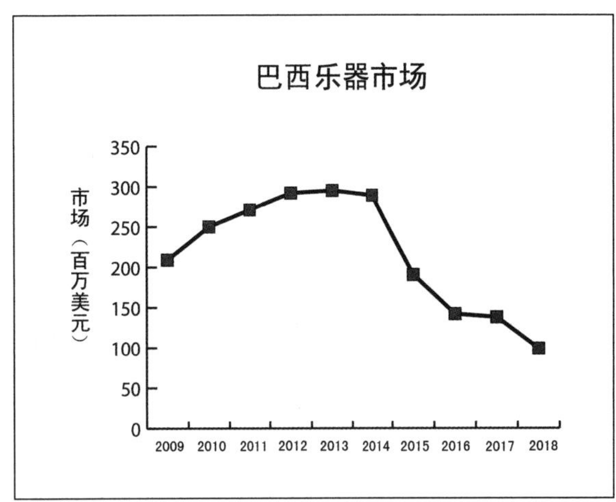
巴西乐器市场
市场（百万美元）
350
300
250
200
150
100
50
0
2009 2010 2011 2012 2013 2014 2015 2016 2017 2018

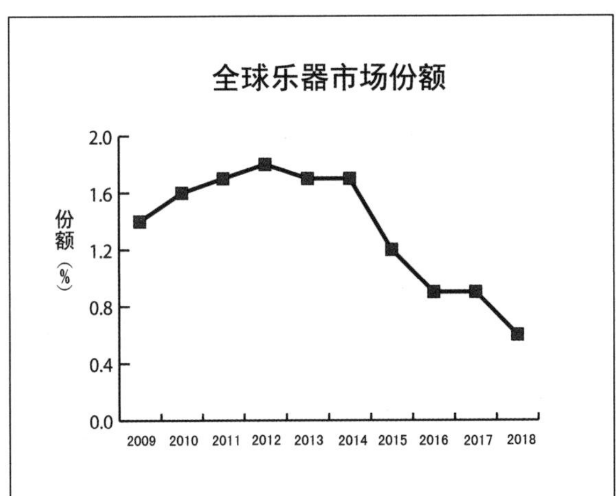
全球乐器市场份额
份额（%）
2.0
1.6
1.2
0.8
0.4
0.0
2009 2010 2011 2012 2013 2014 2015 2016 2017 2018

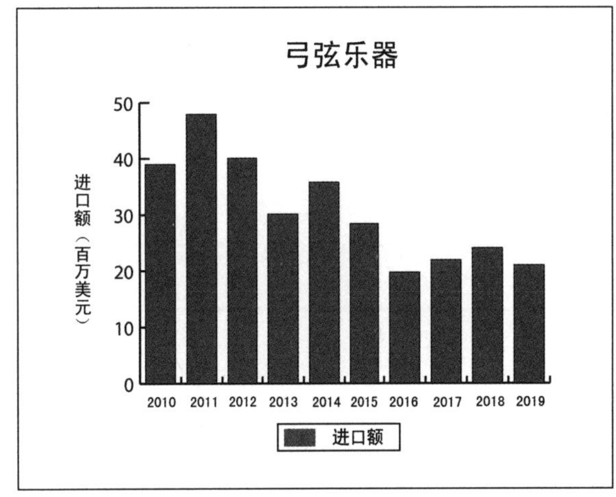
弓弦乐器
进口额（百万美元）
50
40
30
20
10
0
2010 2011 2012 2013 2014 2015 2016 2017 2018 2019
进口额

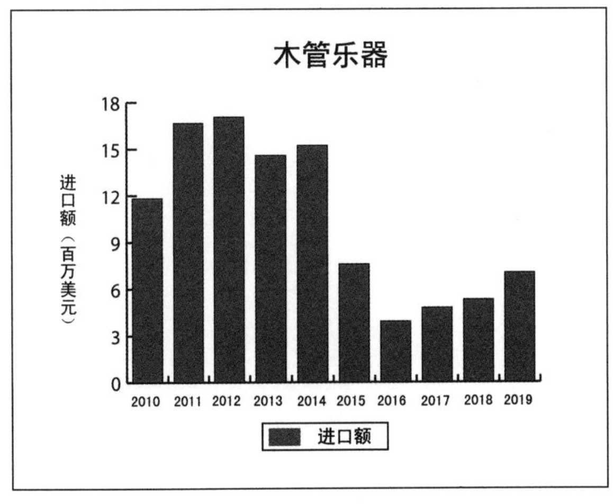
木管乐器
进口额（百万美元）
18
15
12
9
6
3
0
2010 2011 2012 2013 2014 2015 2016 2017 2018 2019
进口额

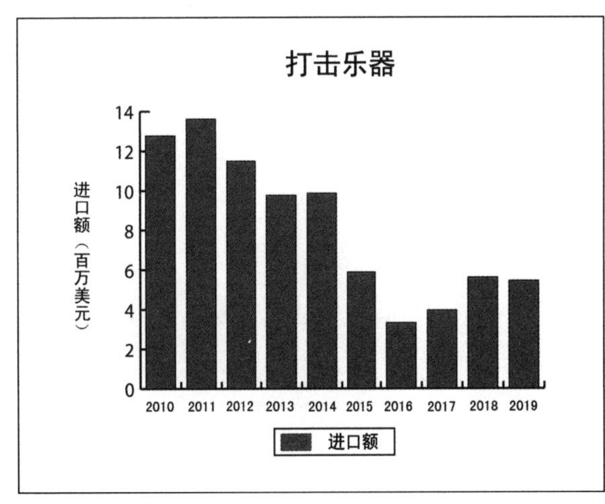
打击乐器
进口额（百万美元）
14
12
10
8
6
4
2
0
2010 2011 2012 2013 2014 2015 2016 2017 2018 2019
进口额

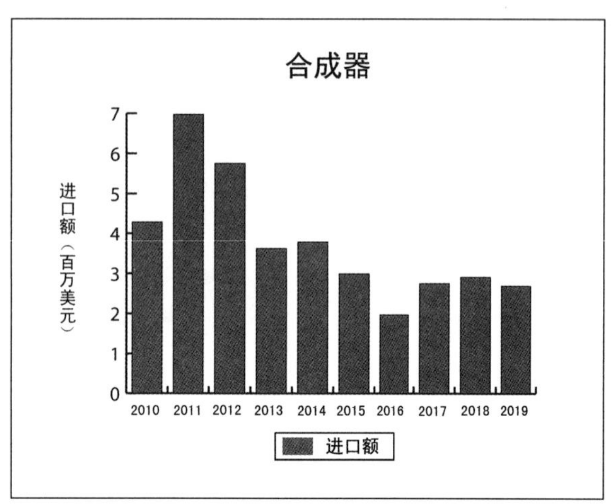
合成器
进口额（百万美元）
7
6
5
4
3
2
1
0
2010 2011 2012 2013 2014 2015 2016 2017 2018 2019
进口额

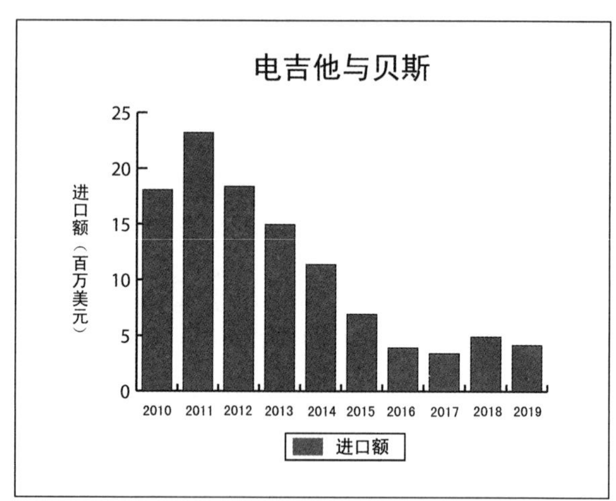
电吉他与贝斯
进口额（百万美元）
25
20
15
10
5
0
2010 2011 2012 2013 2014 2015 2016 2017 2018 2019
进口额

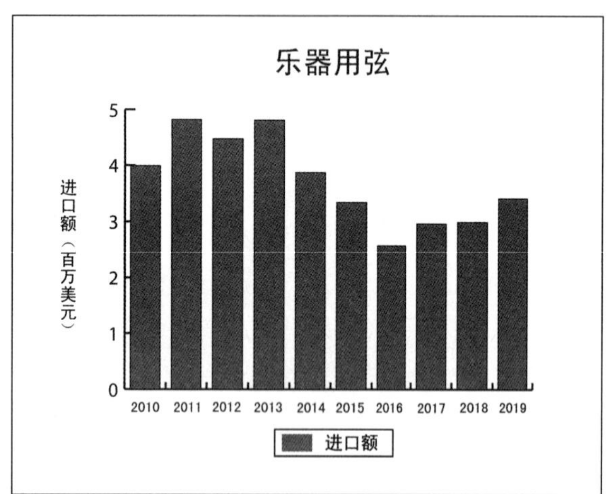
乐器用弦
进口额（百万美元）
5
4
3
2
1
0
2010 2011 2012 2013 2014 2015 2016 2017 2018 2019
进口额

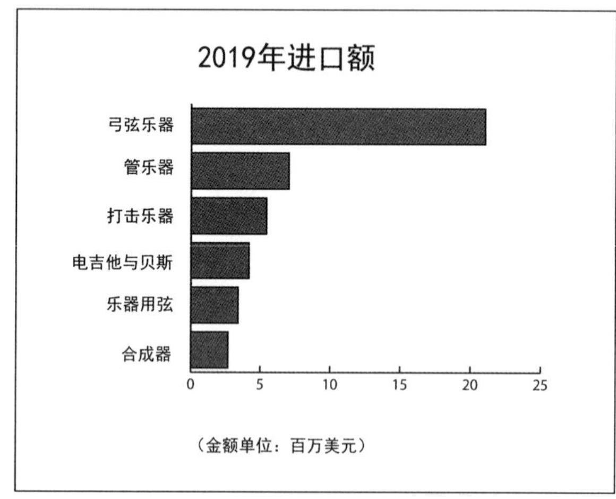
2019年进口额
弓弦乐器
管乐器
打击乐器
电吉他与贝斯
乐器用弦
合成器
0 5 10 15 20 25
（金额单位：百万美元）

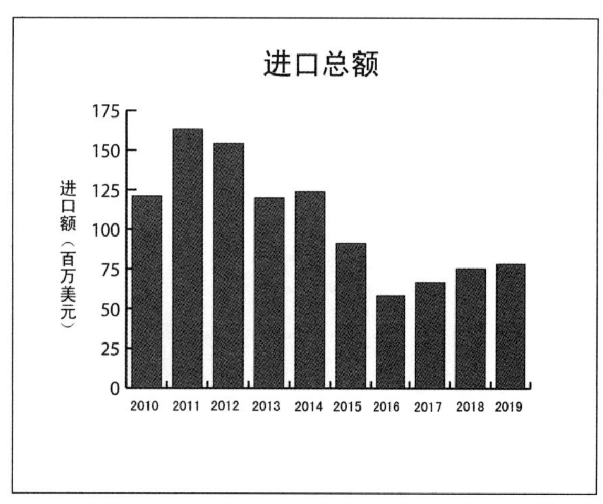
进口总额
进口额（百万美元）
175
150
125
100
75
50
25
0
2010 2011 2012 2013 2014 2015 2016 2017 2018 2019

图书在版编目（CIP）数据

中国乐器年鉴. 2020 / 中国乐器协会编. —北京：中国轻工业出版社，2020.10

ISBN 978-7-5184-3143-4

Ⅰ. ①中… Ⅱ. ①中… Ⅲ. ①乐器—制造工业—中国—2020—年鉴 Ⅳ. ①TS953-54

中国版本图书馆CIP数据核字（2020）第153150号

责任编辑：杜宇芳　　　　责任终审：李建华　　整体设计：锋尚设计
策划编辑：刘云辉　杜宇芳　　责任校对：吴大鹏　　责任监印：张　可

出版发行：中国轻工业出版社（北京东长安街6号，邮编：100740）
印　　刷：艺堂印刷（天津）有限公司
经　　销：各地新华书店
版　　次：2020年10月第1版第1次印刷
开　　本：889×1194　1/16　印张：28
字　　数：850千字　　　　插页：27
书　　号：ISBN 978-7-5184-3143-4　定价：380.00元
邮购电话：010-65241695
发行电话：010-85119835　传真：85113293
网　　址：http://www.chlip.com.cn
Email：club@chlip.com.cn
如发现图书残缺请与我社邮购联系调换
200616K4X101HBW